U0378422

清华
开发者书库

The Definitive Guide to ARM Cortex-M0 and Cortex-M0+ Processors
（2nd Edition）

ARM Cortex-M0 与 Cortex-M0+

权威指南

（第2版）

Joseph Yiu◎著

吴常玉 张淑 吴卫东◎译

清华大学出版社

北京

本书封底贴有 **Elsevier 防伪标签**，无标签者不得销售。
版权所有，侵权必究。举报：010-62782989，beiqinquan@tup.tsinghua.edu.cn。

图书在版编目(CIP)数据

ARM Cortex-M0 与 Cortex-M0＋权威指南(第 2 版)/(英)姚文祥著；吴常玉，张淑，吴卫东译. —北京：清华大学出版社，2018(2023.9重印)
(清华开发者书库)
书名原文：The Definitive Guide to ARM Cortex-M0 and Cortex-M0＋Processors，2nd Edition
ISBN 978-7-302-47331-2

Ⅰ. ①A… Ⅱ. ①姚… ②吴… ③张… ④吴… Ⅲ. ①微处理器—指南 Ⅳ. ①TP332-62

中国版本图书馆 CIP 数据核字(2017)第 124546 号

责任编辑：盛东亮 赵晓宁
封面设计：李召霞
责任校对：梁 毅
责任印制：丛怀宇

出版发行：清华大学出版社
　　　　网　　址：http://www.tup.com.cn，http://www.wqbook.com
　　　　地　　址：北京清华大学学研大厦 A 座　　　　　　邮　编：100084
　　　　社 总 机：010-83470000　　　　　　　　　　　　邮　购：010-62786544
　　　　投稿与读者服务：010-62776969，c-service@tup.tsinghua.edu.cn
　　　　质量反馈：010-62772015，zhiliang@tup.tsinghua.edu.cn
　　　　课件下载：http://www.tup.com.cn,010-62795954
印 装 者：三河市铭诚印务有限公司
经　　销：全国新华书店
开　　本：186mm×240mm　　印　张：40.25　　　　　　　字　数：923 千字
版　　次：2018 年 1 月第 1 版　　　　　　　　　　　　　印　次：2023 年 9 月第 6 次印刷
定　　价：128.00 元

产品编号：069089-01

译者序
FOREWORD

从 2008 年开始，基于 Cortex-M3 的单片机以其高性能、低成本及易于使用等诸多优势，已经取代 ARM7，成长为 32 位微控制器的主流。而同属于 Cortex 系列的 Cortex-M0 和 Cortex-M0＋处理器则以低功耗、低成本为突出特点，其性能相对于传统的 8 位/16 位处理器具有巨大优势，因此在市场上也占有一席之地。

从最初的 8051、ARM7 到今天的 Cortex-M0 和 Cortex-M3 等处理器，我使用单片机已经超过 10 年，在项目开发过程中，个人体会最深的就是芯片的高性能和易用性。

以前编写 8 位机的代码时，为了保证任务的正确执行，我们可能还需要考虑代码的执行速度能否满足任务的需求，而对于 Cortex-M0，由于芯片本身的性能及编译器的效率，一般情况下，我们无须为执行时间而优化代码，编写单片机的代码就如同计算机程序一样方便。

另一方面，因为这些单片机具有诸多外设以及众多控制和状态寄存器，了解它们需要花费一定的时间，但厂家一般都提供了丰富的底层驱动库，结合开发工具提供的工程示例，我们无须在底层代码上花费太多时间，从而可以专注于应用功能的实现。由于这些单片机都具有相同的内核架构，因此熟悉了其中一个，其他产品也能很快上手。

在所有介绍 Cortex-M0/M0＋的书籍中，本书无疑是最经典的一本，一方面，作者本人就是 ARM 公司的专家，了解 Cortex-M0/M0＋架构的设计；另一方面，作者选取的角度非常合适，既有架构设计的细节，也有程序代码实现示例，而且对容易出现问题的地方进行了说明。另外，由于 Cortex-M0/M0＋处理器版本的更新，本书作为第二版，也对上一版的内容进行了修改和补充。

本书内容丰富，相信无论是新手还是熟练开发人员，都可以从中找到有用的信息。限于译者水平，疏漏之处敬请批评指正，最后希望这本书能给读者带来帮助。

译　者

2017 年 11 月

我的职业生涯始于 1982 年，在微处理器软件部门工作，20 世纪 90 年代主要使用的微控制器架构是 8051，因为那时所有的嵌入式应用都是基于 8051 的。多年以来，嵌入式取得了巨大进展，且出现了许多种处理器架构。目前来说，由于芯片厂家和技术极多，微控制器市场已经非常分散。数年以前，每个嵌入式应用都是从头开始设计的，根本没有软件重用，而且工程师要应对项目的挑战，也需要从头培训。

但近年来，微控制器系统变得越来越复杂，且为了满足更多特性及方便操作的要求，所需的性能也越来越高。这些系统一般对价格敏感，因此许多微控制器系统都是基于高性能 32 位处理器的单芯片设计。同时，成本压力使得软件开发工作也需要标准化，而复杂些的 I/O 连接则会涉及多种设备。

为了解决这些挑战，业界已经将 ARM Cortex-M 处理器系列当作了标准微控制器架构。超过 200 家公司获得了这些处理器的授权，涉及标准微控制器、各种传感器以及完整的物联网无线通信系统等产品。

为了支持多种应用，ARM 在 Cortex-M 架构的基础上开发了多款处理器，在低端领域，Cortex-M0 和 Cortex-M0＋处理器可用于之前 8 位微控制器占主流的应用。毫无疑问，这些处理器目前已经广泛应用于低成本设备。

有了这些特性更加丰富的微控制器，基于这些设备的软件开发工作也变得更加复杂。实时操作系统和预编译中间件的使用，已经被无数人所接受，且在软件工程中的作用越发重要。对于开发人员而言，将这些部件组合起来可能会有一些问题，但遵循工业标准，可以降低系统开发成本，并加快推向市场的时间。Cortex-M 处理器架构和 CMSIS 软件编程标准就是这种硬件和软件标准化的基础。

Joseph 所著的本书介绍了基于 ARM Cortex-M0 或 Cortex-M0＋处理器的应用设计方法。由于这本书可以让你加深对自己日常工作的理解，因此我将这本书推荐给每位嵌入式工程师。

Reinhard Keil

ARM MCU 工具总监

前 言
PREFACE

从 2011 年开始,嵌入式系统技术有了很大的变化,当时本书的第一版刚好出版。2012年,ARM 发布了 Cortex-M0＋处理器,并在 2014 年发布了 Cortex-M7。今天,Cortex-M 处理器应用广泛,其中包括多种微控制器、混合信号以及无线通信芯片。

除了处理器设计,嵌入式软件开发技术也有了一定的进步,随着 ARM Cortex-M 微控制器的广泛应用,微控制器软件开发人员在开发方面也越发成熟。同时,随着开发组件的优化,人们也在继续改进电池寿命以及能耗效率。

有了这些变化,微控制器用户需要快速适应新的技术,本书的这一版也有了许多新信息和内容的提升。除了和 Cortex-M0＋处理器有关的信息外,还介绍了使用多种常见开发组件的例子。例如,本书详细描述了微控制器低功耗特性的使用,并在一个简单的应用中使用了 RTOS。

由于物联网(IoT)受到了越来越多的关注,且正在成为主流,越来越多的人都开始学习嵌入式编程。另外,许多高校在教学方面,也从老式的 8 位和 16 位微控制器转向了 ARM Cortex-M 等 32 位处理器。因此,本书中的许多部分都进行了重新编写,并且还加入了许多基本的例子,以满足初学者、学生或业余爱好者的需求。

当然,专业嵌入式软件开发人员、研究人员或半导体产品设计人员等许多读者都希望看到一些更加深入的信息,为了满足这些人的需求,本书还增加了不少技术细节以及高级应用示例。

希望你能从本书中学到东西,并在下一个项目中使用 Cortex-M 处理器时找到乐趣。

学习资源下载地址:http://booksite.elsevier.com/9780128032770。

Joseph

致 谢
ACKNOWLEDGEMENTS

在本书以及本书第一版的调查和书写过程中，我得到了许多人的帮助。

首先要感谢给我提供第一版反馈的各位读者，有了你们的帮助，第二版才能有进步。

包括 Colin Jones 和 Edmund Player 在内的 ARM 公司不少同事，他们都对本书的内容进行了检查，许多公司也给予了我很大的帮助，比如 ST Microelectronics、Freescale 和 IAR Systems。

当然，没有第一版的成功，第二版也就无从谈起，因此我对下面这些在第一版时就给了我很大帮助的人员表示感谢：Amit Bhojraj、Bob（Robert）Boys、David Donley、Derek Morris、Dominic Pajak、Drew Barbier、Jamie Brettle、Jeffrey S. Mueller、Jim Kemerling、Joe Yu、John Davies、Jon Marsh、Kenneth Dwyer、Milorad Cvjetkovic、Nick Sampays、Reinhard Keil、Simon Craske 以及 William Farlow。

我还要感谢 Elsevier 的工作人员，本书的出版有赖于他们专业的工作。

最后，非常感谢我工作和生活中的朋友，有了他们不遗余力的鼓励，本书才得以开始并完成。

Joseph

术语和缩写

缩写	含义
AAPCS	ARM 架构过程调用标准
AHB	高级高性能总线
ALU	算术逻辑单元
AMBA	高级微控制器总线架构
APB	高级外设总线
API	应用编程接口
BE8	字节不变大端模式
BPU	断点单元
CMOS	互补金属氧化物半导体
CMSIS	Cortex 微控制器软件接口标准
CPU	中央处理单元
DAP	调试访问端口
DDR	双倍速率(存储器)
DS-5	开发平台 5
DWT	数据监视点和跟踪单元
EABI/ABI	嵌入式应用二进制接口
EWARM	IAR ARM 嵌入式开发平台
EXC_RETURN	异常返回
FPGA	现场可编程门阵列
GCC	GNU C 编译器
GPIO	通用输入输出
GPU	图形处理单元

HAL	硬件抽象层
ICE	在线仿真器
IDE	集成开发环境
ISA	指令集架构
ISR	中断服务程序
JTAG	联合测试行动小组（一种标准测试和调试接口）
LR	链接寄存器
LSB	最低位
MCU	微控制器单元
MDK/MDK-ARM	ARM Keil 微控制器开发套件
MSB	最高位
MTB	微跟踪缓冲
MSP	主栈指针
NMI	不可屏蔽中断
NVIC	嵌套向量中断控制器
OS	操作系统
PC	程序计数器
PCB	印刷线路板
PSP	进程栈指针
PSR/xPSR	程序状态寄存器
RTC	实时时钟
RVDS	ARM RealView 开发组件
RTOS	实时操作系统
RTX	Keil 实时执行内核
SCB	系统控制块
SCS	系统控制空间
SoC	片上系统

SP	栈指针
SPI	串行外设接口
SWD	串行线调试
TAP	测试访问端口
TRM	技术参考手册
UART	通用异步收发器
ULP	超低功耗
USB	通用串行总线
WIC	唤醒中断控制器

本 书 约 定

本书中使用了多种约定,例如,

(1) 普通汇编程序代码:

MOV R0, R1　;将数据从寄存器 R1 送至寄存器 R0 中

(2) 汇编程序语法("＜＞"中的内容需要被实际的寄存器名代替):

MRS ＜ reg ＞, ＜ special_reg ＞

(3) 程序代码:

for (i = 0; i < 3; i++) {func1(); }

(4) 伪代码

if(a > b) {...

(5) 数值:

- $4'hC$、0x123 都是十六进制数值;
- ♯3 表示 3 号条目(例如,IRQ♯3 表示编号为 3 的 IRQ);
- ♯immed_12 表示 12 位立即数;
- 寄存器位主要用于表示基于位的一部分数值,例如,bit[15:12]表示 15 到 12 位。

(6) 寄存器访问类型:

- R 为只读;
- W 为只写;
- R/W 为可读可写;
- R/Wc 表示可读,可被写操作清除。

目 录
CONTENTS

## 第 1 章

概　　论

1.1　欢迎来到嵌入式处理器的世界

1.1.1　处理器有什么作用

若不熟悉基于 ARM 处理器的微控制器,首先我会向您表示欢迎。

多数电子产品中都有处理器,例如手机、电视、洗衣机、汽车、银行卡,无线电遥控器等。多数情况下,芯片内的这些处理器被称作微控制器。在现代微控制器中,片内还有存储器系统和接口硬件(常被称作外设)等重要的部分。微控制器有很多种,它们可能具有不同处理器、存储器大小以及内部外设,而且封装也各具形式(见图 1.1)。

图 1.1　多种封装形式的微控制器

许多微控制器在设计之初就是通用的,这也就意味着它们可以用于多种应用中。有些芯片中的处理器是专门用于特殊目的或者特定产品的,它们也常被称作专用集成电路(ASIC)。

有些芯片用于执行特定功能,不过可应用的产品也有很多,这些芯片通常被称作专用标准产品（ASSP）。

有些芯片设计可被称作片上系统（SoC），不过它的定义不是很具体，从用于移动计算的非常复杂的应用处理器（如手机应用处理器芯片由多个处理器组成）到智能传感器等超低功耗的设计都可以被称作 SoC。

由于这些产品大多要利用软件使得其具有一些特性以达到控制系统的目的，因此它们一般会用到处理器。有些情况下，一个产品中可能包含多个处理器。

ARM Cortex-M0 和 Cortex-M0＋处理器可用于微控制器、ASIC、ASSP 和 SoC 等，有时，这些处理器可能还会用在复杂 SoC 设备的子系统中。本书重点关注微控制器产品。不过对于这些设备而言，编程常识和软件开发技巧都是相通的。

1.1.2　处理器、CPU、内核、微控制器及其命名

如果已经学过计算机科学或者 20 世纪 80 年代的计算机工程，读者也许能回忆起 CPU 指的是计算机内用的主处理器芯片，通常是以芯片产品实体出现的，并且还具有外部存储器芯片。CPU（中央处理器）这个说法现在用得也非常频繁，不过其中的"中央"已经和许多系统没有关系了，因为这些系统中存在多个处理器。因此，我们通常将处理单元称作"处理器"。

下面是一些常用的术语：

- 处理器内核/CPU 内核。一般用于芯片产品或微控制器产品内的处理器，但不包括存储器系统、外设以及其他辅助的系统部件（比如电源管理以及时钟生成电路）。在某些文章中，"内核"可能还会表示处理器内处理软件执行的部分，但不包括中断控制器和调试支持硬件。
- 微处理器。含有一个或多个处理器的芯片设备，主要用于执行计算任务，也可以处理控制任务。为了构建一个完整的微处理器系统，设计人员一般需要加入存储器和其他的外设硬件。"微处理器"和"CPU"这两种说法在一些场合中是可以互换的。
- 微控制器。包含一个或多个处理器的芯片设备，主要用于执行控制和计算任务，这种芯片一般具有存储器系统（如程序 ROM 用的 Flash 存储器和静态随机访问存储器（SRAM）以及多个外设）。

1.1.3　嵌入式系统的编程

如果做过计算机或 App（移动平台的应用）的编程，你会发现微控制器设备在编程时和它们有很大的差异。一般来说，我们在微控制器上构建的系统被称作"嵌入式系统"，这也就意味着它们融合在产品中，并且不易被人看到（用户接口除外）。

和传统的计算平台相比，多数嵌入式系统具有下面的特点：

- 许多嵌入式系统的存储器容量很小（如基于 Flash 存储器技术的 16KB 程序存储器以及 8KB 用于存储数据的 SRAM）。
- 许多嵌入式系统的用户接口都很简单（比如一些按键以及很少的几个 LED 或简单的 LCD 显示）。

- 多数基于微控制器的简单系统都没有文件系统,并且若是微控制器应用需要 SD 卡接口等存储设备,软件开发人员则需要添加 SD 卡接口设备驱动(微控制器供应商也可能会提供),而且为了支持文件系统还需要增加相应的软件程序(可从第三方得到文件系统中间件)。

- 许多嵌入式系统不需要操作系统(OS),我们有时可以将这些系统称作"裸机",其中只会运行一个应用,可能还会有多个中断驱动的进程。

- 有些系统中可能会运行专为嵌入式系统开发的 OS,比如实时操作系统(RTOS)。这些操作系统所需的存储非常小,并且运行开销也不大。当然,这些系统往往只能提供任务切换和基本的任务管理特性。

- 若要进行软件开发,你可能还需要使用计算机(或者 MAC/工作站),由于嵌入式系统非常小且功能有限,软件开发环境要运行在 PC/MAC/工作站,而且还需要利用其他工具将开发的程序代码转换到微控制器中。许多情况下,这个过程会涉及 Flash 存储器编程,这是因为许多微控制器都利用 Flash 存储器来保存程序。许多微控制器开发环境本身都支持 Flash 编程,不过要将微控制器连接到 PC/MAC/工作站,你可能还需要一个转换器。

对于许多读者而言,微控制器的开发和以前的软件开发有很大不同,不过也是很有吸引力的,你可以看到并控制许多底层操作的细节。例如,在执行一句简单的"printf("Hello world! \n")"C 语句时,你需要控制如何将这条消息送到用户接口(如 LCD 模块),不过这些细节在其他高级编程环境中则是不可见的。

1.1.4　学习微控制器需要了解什么

在本书中,我们假定读者对 C 编程有一定的了解,若具有使用微控制器的经验就更好了。

若是具有数字接口电路等电子工程领域的知识,在理解本书中的实例以及创建自己的工程时会更加容易。读者可以设计自己的微控制器板,不过这对个人的要求会更高一些。若要加快学习进程,初学者或者不熟悉电子工程的读者应该考虑使用市面上现有的开发板。它们上手比较容易,也可以省下硬件调试的时间。

1.2　理解处理器的类型

1.2.1　处理器为什么有很多种类

目前市场上的处理器种类繁多,ARM 对于不同的应用也有多种不同的处理器。例如,若是要设计服务器,那么处理器则要具有很强的数据处理能力,并且可以运行相当高的时钟频率以提供所需的性能;若是用在可穿戴设备等电池供电的产品上,则一般不需要太高的性能,电池寿命是更重要的因素,因此处理器和系统的剩余部分需要具有较低的功耗。正是因为应用的多种需求,处理器才会有不同的种类。

对于许多应用,只有高性能是不够的,例如,智能电话所需的处理器可能还要具有其他特性,比如对虚拟存储器的支持等。

对于芯片设计人员非常不利的是,它们无法打破物理定律。所需的性能越高,要并行执行的事情就越多,因此也就需要更多的晶体管。当时钟频率变大时,动态功耗也会随之上升。当增加其他更多的特性时,也会有类似的事情发生。硅片面积的增加也会提高产品的成本(见图1.2)。

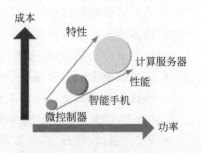

图 1.2　处理器的功耗成本对比

综合考虑多个因素,不同的应用就需要不同的处理器。基于应用的技术需求,芯片设计人员需要为项目选择适合的处理器,有时还要综合考虑多种需求后才能得到适用于目标应用的设计。市面上有很多种处理器可供选择,除了不同的性能和大小外,还有些特殊的特性以满足特定的市场。例如,综合考虑性能、特性和功耗,ARM 设计的一系列处理器可以很好地满足目标应用。

1.2.2　ARM 处理器家族概述

多年以来,ARM 开发了许多款处理器(见图1.3),不熟悉 ARM 处理器的用户可能会很难分清楚。为了帮助读者理解,我们首先看一下几年以前都有哪些产品。

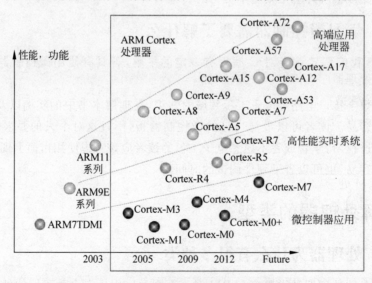

图 1.3　ARM 处理器家族一览

ARM 设计处理器已经超过 20 年,ARM 设计的多数处理器都是 32 位的,近年来,ARM 还开发了同时支持 32 位和 64 位架构的处理器。

ARM7TDMI 是 ARM 的第一个至关重要的处理器,其应用非常广泛,具有较高的能耗效率。因为创造性地采用了一种名为 Thumb 的 16 位操作状态,所以其代码密度非常高。因此,许多的第二代移动电话和微控制器产品都使用了这个处理器。从那时起,ARM 继续开发了许多具有更高性能和更多特性的新处理器,例如 ARM9/9E 处理器家族和 ARM11 处理器家族。

2003 年左右,ARM 通过开发多样化的 CPU 扩展了自己的产品线,"Cortex"这一新的处理器名也因此而来。Cortex 系列处理器包括三类。

1) Cortex-A 处理器

Cortex-A 处理器是处理高端操作系统(OS,如 iOS、Android、Linux 以及 Windows)等复杂应用的应用处理器。这些处理器一般具有较长的处理器流水线,并且可以运行在相对较高的时钟频率下(如超过 1GHz)。就特性而言,这些处理器具有高级 OS 的虚拟存储器寻址操作所需的存储器管理单元(MMU)、可选的增强 Java 支持和名为 TrustZone 的安全程序执行环境。

Cortex-A 处理器一般用于移动电话、移动计算设备(如平板电脑)、电视机以及一些注重能耗效率的服务器。

尽管 Cortex-A 处理器的性能非常高,但其却无法对硬件事件作出快速反应(即实时性需求),因此需要另一种高性能的处理器,即 Cortex-R 处理器。

2) Cortex-R 处理器

Cortex-R 处理器是实时、高性能的处理器,尤其适合数据分析,可以运行在比较高的时钟频率下(如 500MHz~1GHz),同时还可以对硬件事件作出快速反应。它们具有缓存存储器以及有助于中断处理器实时性的紧耦合存储器,Cortex-R 处理器还具有其他的特性,例如支持存储器系统的纠错编码(ECC)和双核锁步特性(也就是为了错误检测而增加的内核逻辑)。

Cortex-R 处理器的应用包括硬盘控制器、移动通信的基带控制器以及汽车系统和工业控制等领域的特殊微控制器。

尽管 Cortex-R 处理器特别适合高性能微控制器应用,它们一般具有比较复杂的设计而且会消耗相当多的能量,因此也就需要另外一组适用于低功耗嵌入式产品的处理器,我们称之为 Cortex-M 处理器。

3) Cortex-M 处理器

Cortex-M 处理器面向主流微控制器市场,其对处理能力要求较低,但功耗要非常低。多数 Cortex-M0 处理器的流水线较短,比如 Cortex-M0＋有两级,而 Cortex-M0、Cortex-M3 以及 Cortex-M4 处理器则具有三级。为了满足性能需求,Cortex-M7 处理器的流水线较长(六个阶段),但还是比高端应用处理器短得多。由于流水线较短而且进行了低功耗优化,这些处理器的最高时钟频率要低于 Cortex-R 和 Cortex-A,但是这不会有什么问题,因为运行在 100MHz 的 Cortex-M 微控制器也可以做许多工作。

Cortex-M 处理器的设计需要提供快速且确定的中断响应,为了实现这个目的,处理器的执行控制部分和内置的名为嵌套向量中断控制器(NVIC)的中断控制器紧密相连,有了

NVIC,中断管理的功能强大且易于使用。Cortex-M 处理器使用起来非常简单,几乎整个程序都可以用 C 语言实现。

由于具有低功耗、相对较高的性能以及易于使用的特点,Cortex-M 处理器被多数主流微控制器厂商选为他们的旗舰微控制器产品。Cortex-M 处理器还可用于传感器、无线通信芯片组、混合信号 ASIC/ASSP,甚至是作为复杂应用处理器/SoC 产品中的部分子系统。

除了 Cortex 处理器家族,ARM 还有特别为安全敏感产品设计的处理器,其具有回火稳定性等特性,这种处理器属于 SecurCore 系列,例如 SC000,这也是一款基于 Cortex-M0 处理器的 SecurCore 产品(和 Cortex-M0 的指令集相同,且使用 NVIC 进行中断管理)。SecurCore 产品可用于 SIM 卡、银行/支付系统以及某些电子 ID 卡。

1.2.3 模糊边界

从一定意义上来说,微控制器这个说法有些模糊。一些微控制器基于应用处理器,例如 ARM9E 处理器家族的 ARM926EJ-S。最近几年,有些微控制器厂商开始生产基于 ARM Cortex-A 处理器(如 Freescale Vybrid 和 Atmel SAMA5D3)和 Cortex-R 处理器(如 Texas Instruments 的 TMS570 和 Spansion Traveo 系列)的微控制器产品。

同时,Cortex-M 处理器还可在许多复杂 SoC 设备中用作电源管理控制器以及 I/O 子系统控制器等。

对于下一代基于 ARMv8-R 架构的 Cortex-R 处理器,架构定义上还允许在处理器中加入一个 MMU,因此它可以在使用 Linux 或 Android 等全特性 OS 的同时,处理基于虚拟机制的实时任务。

1.2.4 ARM Cortex-M 处理器系列

如表 1.1 所示,Cortex-M 处理器家族包含一系列的处理器。

表 1.1　Cortex-M 处理器家族

处理器	描　　述
Cortex-M0	最小的 ARM 处理器,最低配置只有 12000 逻辑门,功耗低但能耗效率高
Cortex-M0＋	最具能耗效率的 ARM 处理器,大小和 Cortex-M0 类似,但系统级和调试特性更多(都是可选的),且比 Cortex-M0 的能耗效率高,支持的指令集和 Cortex-M0 处理器相同
Cortex-M1	应用于现场可编程门阵列(FPGA)的小型处理器,和 Cortex-M0 具有相同的指令集及架构,但具有专用于 FPGA 的存储器系统特性
Cortex-M3	和 Cortex-M0 以及 Cortex-M0＋处理器相比,Cortex-M3 的指令集功能强大,且存储器系统支持更高的处理能力(例如利用哈佛总线架构)。其系统级和调试特性也更多,代价是硅片面积更大(最小为 40000 门),而且能耗效率也稍微降低。一般来说,由于性能高不少,Cortex-M3 处理器的能耗效率比许多 8 位和 16 位控制器都高,非常受 32 位微控制器市场欢迎

续表

处理器	描　　述
Cortex-M4	Cortex-M4 处理器支持 Cortex-M3 的所有特性,另外还支持 DSP 应用的指令,且可以选择添加浮点单元(FPU),它的系统级及调试特性和 Cortex-M3 完全相同
Cortex-M7	高性能处理器,面向现有 Cortex-M3 和 Cortex-M4 无法应对的领域,指令集是 Cortex-M4 的超集,例如同时支持单精度和双精度浮点运算。另外还支持缓存和分支预测等存在于高端处理器中的其他特性

　　仔细观察图 1.4 中的指令集,可以看到 Cortex-M0、Cortex-M0＋和 Cortex-M1 处理器只支持一个很小的指令集(56 条指令)。这些指令大多数是 16 位的,因此可以提供很好的代码密度,这也就意味着和许多架构相比,要实现同样的任务,其所需的程序存储器更小。

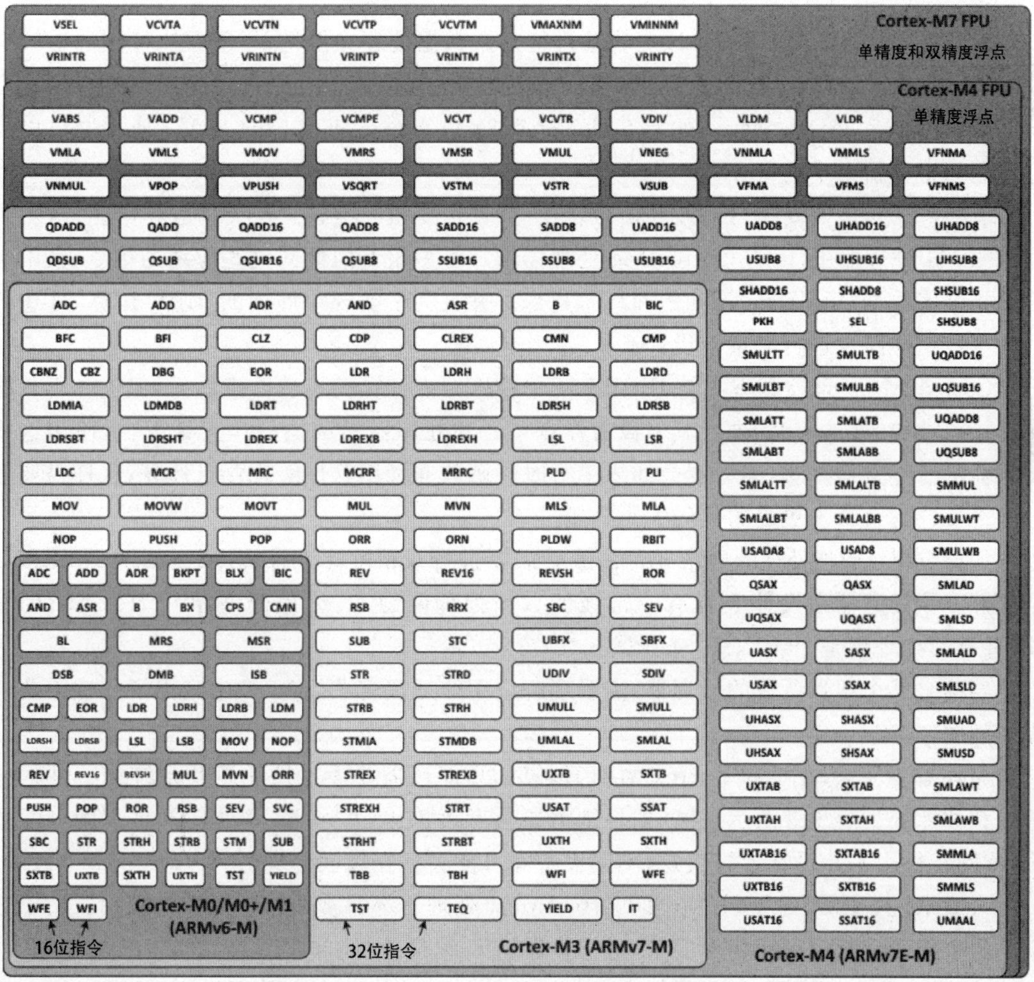

图 1.4　Cortex-M 处理器家族的指令集

Cortex-M0 和 Cortex-M0＋处理器的指令集非常简单，但是如果应用任务涉及复杂的数据处理，则会由于指令集太过简单而导致完成某项运算所需的指令更多。在这种情况下，使用 Cortex-M3 可能会更好，因为 Cortex-M3 处理器支持的指令更多（多是 32 位指令），其具有以下特点：

- 更多存储器寻址指令；
- 32 位指令中的立即数更大；
- 更大的跳转和条件跳转范围；
- 更多跳转指令；
- 乘累加（MAC）指令；
- 位域处理指令；
- 饱和调整指令。

因此，Cortex-M3 处理器可以更快地进行复杂数据处理。但是，尽管在执行相同运算时 Cortex-M3 所需的指令更少，由于这些功能强大的指令多是 32 位的，因此代码大小可能会同 Cortex-M0 和 Cortex-M0＋的差不多。这些 32 位指令还使得 Cortex-M3 处理器可以更好地利用寄存器组中的寄存器。

有些应用可能需要执行滤波和信号转换（如快速傅里叶变换）等 DSP 运算，这时就用到 Cortex-M4 处理器了，因为 Cortex-M4 处理器增加了一组专门面向这些应用的指令，其中包括单指令多数据（SIMD）运算和饱和算术指令。并且为了实现单周期的 MAC 运算，处理器的内部数据通路也进行了重新设计。

Cortex-M4 处理器具有支持 IEEE-754 单精度浮点计算的可选浮点单元，但这并不意味着 Cortex-M0、Cortex-M0＋或其他没有浮点单元的处理器无法执行浮点处理，在使用这些处理器进行浮点运算时，编译器会插入运行时库函数并利用软件实现浮点计算，这样需要的时间更长并且会带来更多的代码大小开销。

如果应用对数据处理的要求非常高或者需要进行双精度浮点计算，那么使用 Cortex-M7 会更好。该处理器在设计上具有非常强的数据处理能力，其编程模型和 Cortex-M4 的相同，并且其指令集是 Cortex-M4 的超集。

要确定某个项目所需的处理器，需要理解应用的处理需求，表 1.2 中列出了一些需要考虑的问题。

另外需要注意，在选择 Cortex-M 处理器时，可能还需要考虑性能以及系统级特性的差异。整体差异如表 1.3 所示，性能差异则需要参考表 1.4。Cortex-M 处理器是高度可配置的，实际特性由芯片设计人员决定，不同设备间可能会存在较大差异。

一般来说，ARM Cortex-M0 和 Cortex-M0＋处理器都非常适合超低功耗应用。由于它们的指令集和编程模型都相对简单，且架构适合 C 编程，因此非常适合初学者。例如，和许多 8 位和 16 位架构不同，无须了解大量的工具链相关的关键字或数据类型，都可以让应用在 Cortex-M 微控制器上运行起来。

表 1.2　Cortex-M 处理器应用

处理器	描　述
Cortex-M0、 Cortex-M0＋处理器	一般的数据处理和 I/O 控制任务 超低功耗应用 8 位/16 位微控制器的更新/替代 低成本 ASIC、ASSP
Cortex-M1	现场可编程门阵列(FPGA)应用,可以处理复杂度一般的数据(高复杂度数据处理的 FPGA 一般内置 Cortex-A 处理器,例如 Xlinx Zynq-7000 以及 Altera Arria SoC 和 Cyclone V SoC)
Cortex-M3	特性丰富/高性能/低功耗微控制器,轻量级的 DSP 应用
Cortex-M4	特性丰富/高性能/低功耗微控制器,DSP 应用 经常进行单精度浮点运算的应用
Cortex-M7	特性丰富/性能非常高的微控制器 DSP 应用 经常进行单精度或双精度浮点运算的应用

表 1.3　各种 Cortex-M 处理器的系统级和调试特性

特性	Cortex-M0	Cortex-M0＋	Cortex-M1	Cortex-M3	Cortex-M4	Cortex-M7
中断数量	1-32	1-32	1、8、16、32	1-240	1-240	1-240
中断优先级	4	4	4	8-256	8-256	8-256
FPU	—	—	—	—	可选(单精度)	可选(单精度/双精度)
OS 支持	Y	Y	可选	Y	Y	Y
缓存	—	—	—	—	—	可选
调试	可选	可选	可选	可选	可选	Yes
指令跟踪	—	可选 MTB	—	可选 ETM	可选 ETM	可选 ETM
其他跟踪	—	—	—	可选	可选	可选

表 1.4　各种 Cortex-M3 处理器在常用测试平台上的性能

特性	Cortex-M0	Cortex-M0＋	Cortex-M3	Cortex-M4	Cortex-M7
Dhrystone2.1(每 MHz)	0.9	0.95	1.25	1.25	2.14
CoreMark1.0(每 MHz)	2.33	2.46	3.34	3.40	5.01

1.2.5　ARM Cortex-M0 和 Cortex-M0＋处理器简介

Cortex-M0 和 Cortex-M0＋处理器特性如下:

- 都是 32 位精简指令集(RISC)处理器,基于名为 ARMv6-M 的架构规范,总线接口和内部数据通路都是 32 位宽的。
- 寄存器组中存在 16 个 32 位寄存器(R0 到 R15),这些寄存器中部分具有特殊用途

（例如，R15 为程序计数器，R14 为链接寄存器，R13 则为栈指针）。
- 指令集为 Thumb 指令集的子集，其中多数指令为 32 位，且可以提供非常高的代码密度。
- 支持多达 4GB 的地址空间，该空间被架构分成了多个区域。
- 基于冯·诺依曼总线架构（虽然用可选的独立总线接口实现外设寄存器的快速访问，Cortex-M0＋处理器具有混合的总线架构，参见 4.3.2 节"单周期 I/O 接口"）。
- 为低功耗应用而设计，其中包括架构支持的休眠模式以及设计/实现层级的各种低功耗特性。
- 包括一个名为 NVIC 的中断控制器，NVIC 提供了非常灵活且强大的中断管理功能。
- 系统总线接口基于流水线结构，符合名为 Advanced High-performance Bus（AHB）Lite 的总线协议。该总线接口支持 8 位、16 位和 32 位数据传输，并且允许插入等待状态。Cortex-M0＋处理器中还存在一个用于高速外设寄存器的可选总线接口（参见 4.3.2 节"单周期 I/O 接口"），它和主系统总线是相互独立的。
- 支持 OS（操作系统）所需的各种特性，其中包括系统节拍定时器、影子栈指针以及专门用于 OS 操作的异常。
- 具有多个调试特性，软件开发人员可以快速构建自己的应用。
- 使用起来非常容易，基本上整个程序都可以用 C 语言实现，多数情况下无须为数据类型或中断处理进行特殊的 C 语言扩展。
- 在多数数据处理和 I/O 控制应用中具有很好的性能。

Cortex-M0 和 Cortex-M0＋处理器中没有存储器，只有一个主要用于 OS 操作的内置定时器。因此，芯片设计人员需要自己添加其他部件。

1.2.6　从 Cortex-M0 处理器到 Cortex-M0＋处理器

ARM Cortex-M0 处理器于 2009 年发布，是一款具有开创性的产品，因其是第一个将 32 位处理器在同 8 位或 16 位处理器差不多大小的硅片上实现的，在保持可用性的同时还具有极佳的能耗效率。并且对于 32 位处理器而言，它的性能也是可以接受的。

尽管 Cortex-M0 处理器比 Cortex-M3（于 2005 年发布）处理器小得多，它还是保留了 Cortex-M3 处理器的许多关键特性：
- 利用内置的名为 NVIC 的中断控制器实现灵活的中断管理；
- OS 支持特性，其中包括 SysTick（系统时钟节拍）以及专用于 OS 操作的异常类型；
- 高代码密度；
- 休眠模式等低功耗特性；
- 集成的调试支持；
- 易于使用（几乎全可用普通 C 语言编程）。

Cortex-M0 处理器已经取得了很大的成功，是 2009 年最快发出授权的 ARM 处理器。

Cortex-M0 发布以后，ARM 的设计人员从客户、微控制器用户和芯片设计人员等处得到反馈，确定 Cortex-M0 处理器存在升级的可能，就得到了接下来的 Cortex-M0＋处理器。

Cortex-M0＋处理器不但支持 Cortex-M0 处理器中存在的所有特性，还添加了使其变得更加强大的其他特性（由芯片设计人员配置）：

- 非特权执行等级和存储器保护单元（MPU），该特性存在于 Cortex-M3 等其他 ARM 处理器中。OS 可以在非特权等级执行某些任务，以便 OS 设置一些存储器访问权限。例如，非特权软件无法访问 NVIC 寄存器等处理器中关键的系统寄存器，而存储器访问权限则是由 MPU 管理。这样，由于误动作的非特权任务无法破坏 OS 内核以及其他任务用的关键数据，系统的健壮性也就提高了。

- 向量表重定位，这也是 Cortex-M3 处理器中已经存在的特性。向量表默认存在于存储器的开始部分（地址 0x00000000），利用向量表偏移寄存器，向量表可以被定义在 SRAM 或程序存储器中的其他位置，这对于微控制器设备非常重要，因为启动进程和用户应用的向量表可能是分开的。

- 单周期 I/O 接口，这是一个独立的总线接口，专门用于实现单周期内对频繁访问的 I/O 寄存器的读写。若是没有这个特性，加载/存储操作需要遍历整个流水线结构的系统总线，而每次访问则需要 2 个时钟周期。该特性提高了微控制器或嵌入式系统的 I/O 性能以及 I/O 操作的能耗效率。

处理器设计内部也有重大修改，Cortex-M0＋未采用 Cortex-M0 和 Cortex-M3 处理器的三级流水线，而是改为了两级，这样就降低了处理器内振荡器的数量，动态功耗也随之下降。由于跳转开销降低了一个时钟周期，性能也同时提升。

如图 1.5 所示，在 Cortex-M0＋处理器的流水线中，指令进入处理器总线接口时就会进行一小部分的解析操作，而剩下的解析操作则是和执行阶段一起进行的。

在取指阶段加入解析逻辑，设计的定时会受到一定的影响。但是，在设计上已经对预解析和主解析逻辑进行了很好的平衡，使得对可以达到的最高时钟频率的影响降到了最低。另外，和最高处理器速度相比，多数低功耗微控制器运行的时钟频率非常低，因此这种设计对于多数芯片而言也不会有什么问题。

有些情况下，Cortex-M0 和 Cortex-M0＋处理器的功耗可能会相差 30％之多，但是在系统层级，由于存储器系统所需的功耗最多，因此差别也没有那么大。

为了降低系统级功耗，设计上增加了一些优化以减少程序存储器的访问。

首先，通过将处理器减少为 2 级流水线，处理器的跳转信息不用存储那么多份。在流水线结构的处理器中，当执行跳转指令时，其后的指令会被处理器取出，这些被取出的指令被称作"跳转影子"（见图 1.6），他们会被处理器舍弃，因较长的跳转影子也就意味着功耗的增加。

其次，在跳转操作产生时，若跳转目标指令只占 32 位存储器空间的后半部分（如图 1.7 所示），取指令操作会被当做 16 位传输执行。这样，程序存储器可以关掉一半的字节通道，功耗也会随之降低。

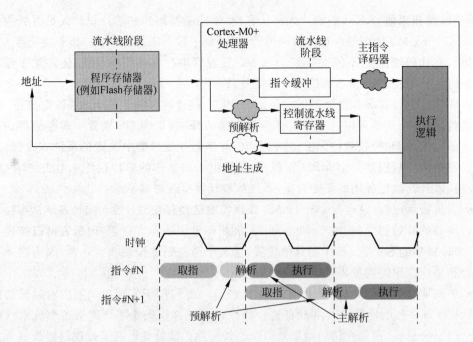

图 1.5　ARM Cortex-M0＋处理器中的两级流水线

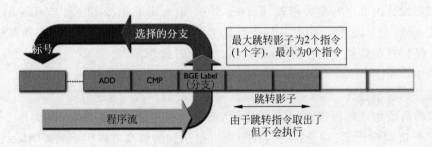

图 1.6　通过减少跳转影子降低了功耗的浪费

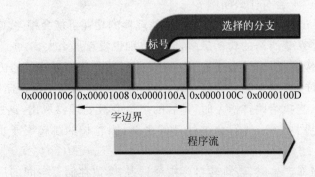

图 1.7　通过最低传输大小取出跳转目标以降低功耗的浪费

　　至于这些技术能够将功耗降低多少，还要取决于应用代码中的跳转操作执行得有多频繁。

　　最后，在代码线性执行过程中，取程序操作是 32 位的，由于多数指令为 16 位，每次取指可以得到最多两条指令，这也就意味着若无数据访问指令执行，处理器可以在一半的时间内处于空闲状态（见图 1.8）。芯片设计人员可以利用这个特点降低程序存储器（如 Flash 存储器）的功耗。

　　Cortex-M0＋处理器的一项重要改进是增加了一个名为微跟踪缓冲（MTB）的特性，可以借助该部件实现低成本的指令跟踪，这对于软件开发是非常有帮助的，例如可以用于分析软件失败的原因。要了解 MTB 的详细内容，可以参考第 13 章和附录 E 的内容。

　　在芯片设计方面，Cortex-M0＋处理器相对于 Cortex-M0 处理器还有其他改进（多数对微控制器用户不可见）。例如，增加了一个硬件接口，可以延迟处理器的启动流程，这对于许多具有多处理器的 SoC 设计非常有用。

图 1.8　一次取出两个指令以降低取指功耗

目前，许多微控制器供应商已经开始销售基于 Cortex-M0＋处理器的微控制器产品。

1.2.7　Cortex-M0 和 Cortex-M0＋处理器的应用

Cortex-M0 和 Cortex-M0＋处理器可用于多种产品。

1）微控制器

　　最大的用途就是微控制器，许多 Cortex-M0 和 Cortex-M0＋微控制器的成本和功耗都非常低，可用于包括计算机外设和附件、玩具、白色家电、工业和 HVAC（供热、通风、空气调节）控制以及家具自动化等应用。

　　和传统的 8 位及 16 位微控制器产品相比，基于 Cortex-M0 和 Cortex-M0＋处理器的微控制器具有更多的特性、更复杂的用户接口、更大的地址空间、强大的中断控制和更高的性能。

　　更高的性能和更小的代码体积还带来了更高的能耗效率。例如，对于同一个处理任务，处理时间可以更短，这样可以让系统在休眠模式下待机更长的时间。

　　使用基于 ARM Cortex-M 处理器的微控制器的另外一个优势为，它们用起来非常方便，因此对许多微控制器供应商都非常有吸引力，和其他一些处理器架构相比，它们对客户做产品支持时会更加容易。

2）ASIC 和 ASSP

Cortex-M0 和 Cortex-M0＋处理器的另外一个重要应用为 ASIC 和 ASSP。例如，许多触摸屏控制器、传感器、无线控制器、电源管理 IC（PMIC）和智能电池控制器都是基于 Cortex-M0 或 Cortex-M0＋处理器的。

在这些应用中，由于 Cortex-M0 和 Cortex-M0＋处理器的低门数的优势，以前只能用 8 位或简单的 16 位处理器的芯片设计也可以具有很高的性能。

3）片上系统

对于复杂的 SoC，整个设计可以分为主应用处理器系统和包括 I/O 控制、通信协议处理和系统管理等在内的多个子系统。有些情况下，Cortex-M0 和 Cortex-M0＋处理器可用作某些子系统，分担一些主应用处理器的工作，这样在主处理器处于待机模式时也可以执行部分处理任务（例如电池供电的产品中）。它还能被用作系统控制处理器（SCP），实现启动流程管理和电源管理。

1.3 微控制器内部有什么

1.3.1 微控制器内常见部件

微控制器由许多个部分构成，图 1.9 所示为一个简单的框图实例。

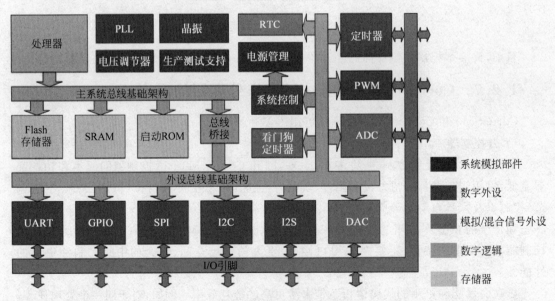

图 1.9 简单的微控制器

图中有很多缩写，其具体含义可以参见表 1.5。

如图 1.9 所示，微控制器由多个部分构成（不包括以太网、USB 等其他复杂接口）。某些微控制器中可能还具有直接存储器访问（DMA）控制器以及实现密码功能的硬件加速器。

表 1.5 微控制器中的常见外设

外设	描述
ROM	只读存储器,程序代码用的非易失存储器
Flash 存储器	一种特殊类型的 ROM,可以多次重复编程,一般用于程序代码
SRAM	静态随机访问存储器,用于数据存储
PLL	锁相环,可以基于参考时钟产生可编程时钟频率的设备
RTC	实时时钟,计秒用的低功耗定时器(一般基于低功耗振荡器)
GPIO	通用目的输入/输出,具有并行数据接口的外设,控制外部设备并读回外部时钟信号状态
UART	通用异步收发传输器,以简单串行数据协议处理数据传输的外设
I2C	以串行数据协议处理数据传输的外设,和 UART 不同,其需要时钟信号且可以提供更高的速率
SPI	串行外设接口,用于片外外设的另外一种串行通信接口
I2S	IC 内置音频总线,主要用于音频信息传输
PWM	脉宽调制,输出具有可编程占空比的外设
ADC	模拟到数字转换器,模拟信号转换为数字信号的外设
DAC	数字到模拟转换器,数字信号转换为模拟信号的外设
看门狗定时器	可编程的定时器设备,确保处理器在一定的时间内执行程序。若程序崩溃,看门狗会超时,且可以触发复位或中断事件

即便使用相同的处理器,不同的微控制器在设计上也具有不同的外设、不同的存储器映射以及不同的系统级特性。例如,芯片厂商 A 设计的基于 Cortex-M0 的微控制器和芯片厂商 B 的可能会具有完全不同的外设编程模型(如外设寄存器的定义),尽管在纸面上它们可能会有相同的外设特性。

1.3.2 微控制器应用的处理器的特点

一般来说,不同类型的微控制器对处理器的技术需求也会有所差异。性能需求很明显是不一样的(这也是 ARM 开发多种处理器的原因),不过下面的一些需求对许多应用都是适用的。

1) 低功耗

许多微控制器产品都用于电池供电的应用,例如室内无绳电话、遥控器、健康监测设备、闹钟以及计算器等。即便对于其他许多电子产品而言,低功耗也变得越来越重要。因此,用于许多微控制器产品的处理器需要是低功耗的。

2) 快速中断响应

在许多应用中,处理器都需要对硬件事件作出快速响应,这一点是由中断机制控制的。当外设等产生了一个中断请求(IRQ)时,处理器会暂停当前任务并执行中断服务程序(ISR),而在 ISR 执行完毕后,处理器会继续执行之前被中断的任务。从硬件 IRQ 产生到 ISR 开始执行之间的时间通常被称作中断等待,一般用时钟周期数来衡量。中断等待越小越好，但系统设计人员还需要考虑 ISR 响应请求时所需的执行时间。

3）高代码密度

对于同一个处理任务，处理器具有高代码密度的好处在于，所需的程序代码的体积更小。这样可以将应用放在一个具有较小程序存储器（一般为 Flash 存储器）的微控制器里以降低成本和功耗。但是，具体的代码大小还要取决于所使用的编译工具和编译选项。若在编译时为高性能进行了优化，则会由于采用了循环展开等优化技术而导致代码大小急剧增加。

4）调试

在软件开发期间，调试是一种非常重要的特性。例如，程序执行可能会出错，而调试特性则有助于软件开发人员找到引发错误的问题所在。

5）OS 支持

许多应用需要使用实时 OS 等嵌入式操作系统，为使这些 OS 高效运行，处理器对 OS 的内置支持需求是非常迫切的。

6）易于使用

处理器容易使用，软件开发人员的工作也会更快一些。理想情况是，处理器架构需要同高层级编程环境生成的代码高效配合，而软件开发人员在创建应用时无须花时间学习使用架构相关的 C 语言扩展。

7）软件的高度可移植性和重用性

架构相关的 C 语言扩展所带来的另外一个问题是，它们并不总是可移植的。例如，要将应用从芯片厂商 A 的微控制器中移植到芯片厂商 B 的微控制器中，能否移植可能还是一个问题。另外，如果可以重用不同项目的软件代码则可以省下不少时间。

8）升级和降级

有些情况下，你可能想将微控制器升级为另外一个以丰富产品线，此时，切换的方便性也是非常重要的。在设计低成本的产品时也是一样的。

9）工具链支持

微控制器产品中的处理器需要有多种可用的开发工具，因为世界上很多嵌入式软件开发人员都在使用微控制器，而每个人喜欢使用的工具各不相同。

10）低成本

尽管微控制器设备越来越便宜，产品设计人员一直在寻找适合技术需求的最低成本的微控制器，因此所使用的微控制器应该非常小（降低硅片面积），这样可以降低成本。

对于许多微控制器供应商，ARM Cortex-M 处理器可以满足大部分需求，因此 ARM Cortex-M 处理器在当代微控制器市场取得了很大的成功。2014 年，ARM 在微控制器市场的份额达到了 26%（ARM 2014 年第四季度数据），2013 年基于 Cortex-M 的设备的出货量超过了 29 亿片。

1.3.3 硅片技术

除了我们已经介绍的部分,还要注意芯片基本上是由晶体管构成的(从数百万到数以亿计)。这些晶体管以各种方式进行连接,从而组成逻辑门、存储器和模拟电路。

晶体管的设计受到半导体技术的限制,多数微控制器基于 CMOS 设计(互补金属氧化物半导体),但还是有些是基于双极 CMOS 等技术的。CMOS 工艺有很多种,例如,你可能会听说过 90nm 低功耗(LP)工艺以及 65nm 工艺等。这是依据晶体管的通道长度分类,晶体管越小,切换也就越快。尽管使用小的晶体管可以降低动态功耗,但是也会显著增加泄漏功耗。

使用较小的晶体管所带来的其他问题在于,Flash 存储器技术可能没有相匹配的,而且有些模拟模块可能无法适用于这种先进的半导体工艺。因此,在最新的半导体技术使用方面,微控制器一般会落后于高端 SoC 设计。

1.4 ARM 介绍

1.4.1 ARM 生产芯片吗

对于初学者而言,最常见的一个问题可能是,在哪里能买到 ARM 微控制器?

然而,ARM 不生产或销售芯片产品,ARM 只是有时会设计研发用或系统级验证用的测试芯片(或者测试最新的低功耗技术),但是 ARM 不会把这些芯片当做产品卖。

ARM 盈利的模式是知识产权(IP)授权。芯片厂商要生产一款新的芯片时,需要给 ARM 付一定的授权费用,然后他们的芯片设计人员就可以利用已经获得授权的 ARM 处理器,并将其集成到自己的芯片设计中。多数情况下,芯片厂商开始销售芯片产品时,需要给 ARM 付一定的费用。

1.4.2 ARM 的产品是什么

除了处理器,ARM 还会提供下面的多种 IP:

- 基于 AMBA(高级微控制器总线架构)技术的总线基础部件;
- 存储器控制器,包括 DDR、静态存储器控制器(即 ARM CoreLink);
- UART、SPI、GPIO 和定时器等外设,以及 DMA 控制器等系统部件;
- 图形处理器(如 Mali GPU 产品)、显示处理器以及视频引擎;
- 复杂 SoC 用的调试部件(CoreSight 产品线);
- 包括元件库在内的用于许多半导体工艺、存储器和 I/O 板等的物理 IP(Artisan 产品线);
- 包括编译器、调试器、调试和跟踪适配器等在内的软件开发工具;
- 基于 ARM 的微控制器的开发板(使用 Keil 品牌)和 FPGA 板。

有些微控制器中包含多个 ARM IP 产品，例如处理器、总线基础部件、外设、存储器控制器和物理 IP 等。

1.4.3　芯片厂商为什么不设计自己的处理器

开发一款处理器的投资是相当大的，复杂的处理器尤其如此，因为验证需要花费很多时间。对于一个成功的微控制器产品，微控制器厂商需要有多个处理器，以满足多种应用的不同性能需求。

除了实际处理器的成本之外，微控制器还需要各种开发工具，例如 C 编译器、调试器和 RTOS 等中间件。一般来说，在这些工作中，芯片设计公司需要利用外部的资源，因为要组建各种团队应付各部分工作是非常困难的。

利用 ARM 处理器，微控制器厂商能够节省很大一笔开发费用，并可以从 ARM 生态系统中获得各种开发工具。由于很多软件开发人员都知道 ARM 处理器，这些厂商也能很容易地赢得客户。

如果微控制器厂商要扩大产品线、新增高性能的微控制器产品，他们可以从 ARM 获得授权，而无须自己研发用于新市场的处理器。

当然这样有一个不利之处，某个公司可以获得高质量 ARM 处理器的授权，其他公司也可以得到相同的授权并生产有竞争力的产品。因此，这些公司都要努力在自己的产品中加入高性能的外设、低功耗设计以及各种软件解决方案。

1.4.4　ARM 生态系统有什么特殊之处

和其他私有架构相比，ARM 架构有什么特殊之处？除了处理器技术，围绕 ARM 产品开发的生态系统扮演了重要角色。

除了和生产基于 ARM 处理器的设备的微控制器厂商直接合作外，ARM 还同生态系统中为这些设备提供支持的供应商紧密联系，其中包括提供编译器、中间件、操作系统、开发工具的供应商以及设计服务公司、分销商、学校研究人员等。

ARM 生态系统提供了多种选择，除了可以从不同厂商处选择微控制器设备外，还可以选择多种软件工具，例如 Keil、IAR Systems、TASKING、Atollic、Rowley Associates 和 GNU 编译器等开发工具，因此，软件开发人员在项目开发中的自由度也就更大。要了解这些编译器产品的使用，可以参考第 14 章～第 18 章中的例子。

ARM 还投资了很多开源项目，以帮助开源团体开发 ARM 平台上的软件。在多方的努力下，不仅使 ARM 产品变得更好，硬件和软件解决方案也有了更多的选择。

ARM 生态系统还有助于知识共享，这也使得开发人员更快、更高效地实现基于 ARM 微控制器的产品。除了许多可用的以太网资源外，你还可以在 ARM 的技术论坛和 ARM 微控制器厂商处得到很多专家建议（本章的最后列出了一些链接）。微控制器厂商、分销商或其他培训服务机构也会定期举行 ARM 微控制器的培训课程。ARM 生态系统的开放性使得竞争更加良性，用户也因此能以优惠的价格得到高质量的产品（见图 1.10）。

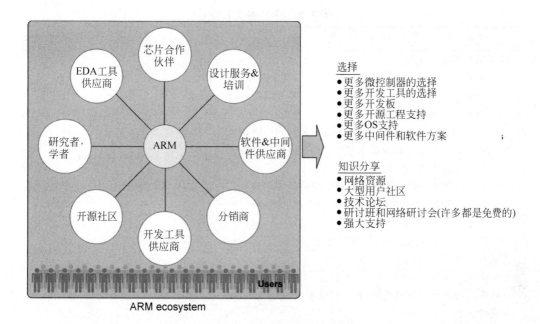

图 1.10 ARM 生态系统

1.5 ARM 处理器和 ARM 微控制器方面的资源

1.5.1 ARM 主页

在 ARM 主页（www.arm.com），可以很容易地找到一些通用的产品信息，详细的文档在 ARM 主页中名为 Info Center 的部分（http://infocenter.arm.com/），本页面中有各种规范、应用笔记以及知识文章等。表 1.6 列出了 Cortex-M0 和 Cortex-M0＋处理器方面的参考文档。

Info Center 中还有对微控制器开发人员非常有用的应用笔记（见表 1.7）。

如果想将 Cortex-M 处理器集成到 SoC 设计或 FPGA 中，可以参考表 1.8 中列出的文档。

ARM Connected Community 是 ARM 网站中一个重要的部分（http://community.arm.com），其中有世界上很多公司提供的基于 ARM 架构产品的多种资源，包括从设计到终端用户的完整解决方案。还可以找到许多用户论坛，其中有很多 ARM 技术方面的文章和博客。

要想加入 ARM Connected Community（见图 1.11），可以参考 ARM Connected Community 中的内容。

表 1.6　ARM 参考文档

文　档	参考文档
ARMv6-M 架构参考手册	1
Cortex-M0 和 Cortex-M0＋所基于的架构规范，其中包括指令集和架构定义行为的详细信息，在经过一个简单的注册过程后就可以从 ARM 网站找到该文档	
Cortex-M0 设备普通用户指南	2
Cortex-M0 处理器的软件开发人员可以使用的用户指南，提供了编程模型方面的信息、NVIC 等内核外设的细节以及指令集等方面的内容	
Cortex-M0＋设备普通用户指南	3
Cortex-M0＋处理器的软件开发人员可以使用的用户指南，提供了编程模型方面的信息、NVIC 等内核外设的细节以及指令集等方面的内容	
Cortex-M0 技术参考手册	4
Cortex-M0 处理器的规格说明，其中包括指令时序等设计相关内容以及一些接口信息（供芯片设计人员使用）	
Cortex-M0＋技术参考手册	5
Cortex-M0＋处理器的规格说明，其中包括指令时序等设计相关内容以及一些接口信息（供芯片设计人员使用）	
ARM 架构过程调用标准	6
该文档规定了软件代码的调用方式，混合使用汇编和 C 语言的软件工程一般会用到这些信息	

表 1.7　微控制器软件开发人员可以参考的 ARM 应用笔记

文　档	参考文档
AN237——从 8051 移植到 Cortex 微控制器	7
AN321——从 PIC 微控制器移植到 Cortex-M3	8

表 1.8　SoC/FPGA 设计人员可以参考的 ARM 应用笔记

文　档	参考文档
AMBA 3 AHB-Lite 协议规范	11
AHB(高级高性能总线)Lite 协议规范，用于 Cortex-M 处理器的总线接口。AMBA(高级微控制器总线架构)为 ARM 开发的片上协议集，多家 IC 设计公司都在使用	
AMBA 3 APB 协议规范	12
APB(高级外设总线)Lite 协议的设计规范，用于将外设连接到内部总线系统，以及将调试部件连接到 Cortex-M 处理器。APB 为 AMBA 规范的一部分	
CoreSight 技术指南	13
提供给芯片/FPGA 设计人员的简介，有助于他们理解 CoreSight 调试结构的基本信息。Cortex-M 处理器的调试系统基于 CoreSight 调试架构	

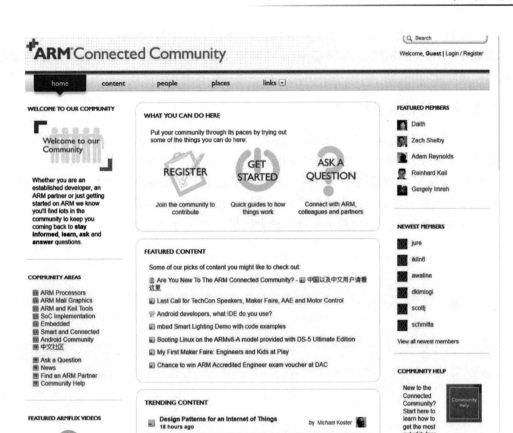

图 1.11 ARM 社区主页

1.5.2 微控制器厂商提供的资源

微控制器厂商提供的文档和资源在嵌入式软件开发过程中也非常重要,一般可以找到下面的这些资料:

- 微控制器芯片的参考手册,其中包括外设的编程模型、存储器映射和软件开发所需的其他信息。
- 微控制器的数据手册,其中包括封装、引脚分布以及操作条件(如温度)、电压电流特性以及在设计 PCB 时所需的其他方面的信息。
- 应用笔记,其中包括微控制器的外设或特性的使用示例或某个方面的信息(如 Flash 编程)。

读者还可以找到开发套件方面的其他资源以及其他的固件库。

1.5.3 工具厂商提供的资源

软件开发工具供应商还会提供许多有用信息,除了工具链手册(如编译器和链接器),读者还可以找到一些应用笔记。例如，Keil 网站（http：//www. keil. com/appnotes/list/arm. htm）提供了使用 Keil MDK-ARM Cortex-M 开发套件的帮助信息，以及涉及一些通用编程信息的应用笔记。

1.5.4　其他资源

在 Youtube 等社交媒体网站上（如 https：//youtube. com/user/ARMflix），读者还可以找到使用基于 Cortex-M 的产品的用户指南，例如微控制器产品介绍和软件工具。

提供 Cortex-M 处理器用的 RTOS 等软件产品的软件厂商也很多，这些公司一般会在他们的网站上提供一些如何使用他们产品的有用文档和设计指南等。

提供微控制器芯片的分销商也可以给读者提供一些有用的信息。

第 2 章

技 术 综 述

2.1　Cortex-M0 和 Cortex-M0＋处理器

ARM Cortex-M0 处理器和 Cortex-M0＋处理器都是 32 位的,寄存器中的内部寄存器、数据通路和总线接口也是 32 位的。它们都有一个主系统总线接口,因此属于冯·诺依曼总线架构。

Cortex-M0＋处理器中存在一个可选的单周期 I/O 接口,主要用于快速外设 I/O 寄存器访问。因此,Cortex-M0＋处理器也具有哈佛总线架构的部分特征,因为指令访问和 I/O 寄存器访问可以同时执行。需要理解的是,尽管存在两套总线接口,但由于存储器空间是共享的(统一分配),多余的总线接口并没有增加可寻址的存储器空间的大小。

Cortex-M0 和 Cortex-M0＋处理器的关键特性如下所示。

1) 处理器流水线
- Cortex-M0 处理器具有三级流水线(取指、解析和执行)。
- Cortex-M0＋处理器具有两级流水线(取指＋预解析,解析＋执行)。

2) 指令集
- 指令集基于 Thumb 指令集架构(ISA),但是只使用了 Thumb ISA 的一个子集(56 条指令),多数指令是 16 位,只有少数一些是 32 位。
- 一般来说,尽管指令具有不同大小,Cortex-M 处理器可被归为精简指令集架构。
- 支持可选的单周期 32 位×32 位乘法或用于小硅片面积设计的更小的多周期乘法。

3) 存储器寻址
- 32 位寻址,支持最多 4GB 的存储器空间。
- 系统总线接口基于名为 AHB-Lite 的片上总线协议,支持 8 位、16 位和 32 位数据传输。
- AHB-Lite 协议是流水线结构的,支持高运行频率。外设可以通过 AHB 到 APB 总线桥连至基于 APB 协议(高级外设总线)的简单总线。

4）中断处理

- 处理器内有一个名为嵌套向量中断控制器（NVIC）的中断控制器，其具有控制中断优先级和掩码功能，并且支持各外设产生的最多 32 个中断请求（和芯片厂商有关）、1 个不可屏蔽中断（NMI）输入以及多个系统异常。
- 每个中断都可被设置为 4 个可编程优先级中的 1 个，NMI 的优先级是固定的。

5）操作系统（OS）支持

- 处理器中的两个系统异常（SVCall 和 PendSV）用于 OS 操作。
- 一个名为 SYSTick（系统节拍定时器）的 24 位硬件定时器用于 OS 周期定时。
- Cortex-M0＋处理器支持特权和非特权等级（芯片设计人员可选），OS 可以在非特权等级下执行某些应用任务，并可以给这些任务设置存储器访问权限。
- Cortex-M0＋处理器中存在一个可选的存储器保护单元（MPU），OS 可以借此在运行期间定义应用任务的存储器访问权限。

6）低功耗支持

- 架构定义了普通休眠和深度休眠两种休眠模式，这些休眠模式的实际表现是和设备相关的（取决于你所使用的芯片）。芯片设计人员还可以添加节省功耗的控制寄存器以增加休眠模式的数量，这样可以定义芯片中的每个部分的休眠行为。
- 可以使用 WFI（等待中断）或 WFE（等待事件）进入休眠模式，也可以利用一种名为退出时休眠的特性让处理器自动进入休眠。
- 芯片设计人员可以基于休眠模式特性、利用其他的硬件等级进一步降低功耗，例如唤醒中断控制器等（WIC）。

7）调试

- 调试系统基于 ARM CoreSight 调试架构，支持简单的单处理器设计到复杂的多处理器设计。
- 调试接口可以基于 JTAG 协议（4 个或 5 个引脚）或串行线调试协议（2 个引脚），软件开发人员可以利用调试接口访问处理器的调试特性。
- 支持最多 4 个硬件断点、2 个数据监视点以及用 BKPT（断点）指令实现的不限数量的软件断点。
- 支持通过调试连接程序计数器（PC）采样得到的基本程序执行概况。
- Cortex-M0＋处理器中有一个名为微跟踪缓冲（MTB）的可选特性，可以利用它实现指令跟踪。

Cortex-M 处理器是可配置的设计，芯片设计人员得到的是 Verilog 源代码文件，并且有多个参数可以选择。芯片设计人员可以去掉项目中用不到的一些特性，以节省功耗并减小硅片面积。因此，基于 Cortex-M0 和 Cortex-M0＋处理器所支持的中断数量是不同的，Cortex-M0＋中可能存在也可能不存在可选的 MPU。

在设计阶段（见图 2.1），处理器同系统中的其他部分组合在一起，并被转换为由逻辑门组成的设计，然后被芯片设计工具转换为晶体管。基于项目所选择的半导体工艺和各种设

计限制,最大时钟频率等特性会在这些阶段中被确定下来。另外,不同产品中的 Cortex-M0
和 Cortex-M0＋处理器的实际最大速度和功耗可能也会各不相同。

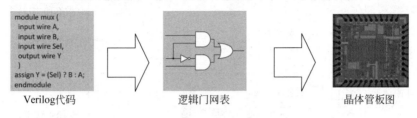

Verilog代码   逻辑门网表   晶体管板图

图 2.1 芯片设计简化流程

2.2 模块框图

处理器内核中有寄存器组、ALU、数据通路和控制逻辑,流水线分为三个阶段:取指、解
析和执行。寄存器组中存在 16 个 32 位寄存器,这些寄存器中有几个是有特殊用途的(如
PC),其他的则可用于一般数据处理。

NVIC 可以接收最多 32 个中断请求信号和 1 个 NMI 输入,其可以比较中断请求和当
前优先级之间的大小,以便自动处理嵌套中断。在中断被确认后,NVIC 会和处理器进行通
信,以使得处理器执行正确的中断处理。

WIC 是可选部件,在低功耗应用中,微控制器可以进入待机模式,同时处理器的多数部
分会掉电。此时,WIC 可以在 NVIC 和处理器不活动时执行中断屏蔽的功能。在检测到中
断请求时,WIC 会通知电源管理部分给系统上电,然后 NVIC 和处理器内核可以继续处理
中断的剩余部分。

调试子系统包括调试控制、程序断点和数据监视点的各种模块,在发生调试事件时,处
理器内核处于暂停状态,而嵌入式开发人员可以检查处理器的状态。

处理器内核中的内部总线系统、数据通路以及 AHB-Lite 总线接口都是 32 位字宽的,
AHB-Lite 是被多种 ARM 处理器采用的片上总线协议,该协议符合 ARM 开发以及 IC 设
计业界广泛使用的 AMBA(高级微控制器总线架构)规范。

JTAG 或串行线接口单元提供了总线系统和调试功能的入口,JTAG 协议为常用的 4
针(包含测试信号则是 5 针)通信协议,一般用于 IC 和 PCB 测试。串行线协议是一种较新
的通信协议,只需要两根线就可以实现与 JTAG 相同的功能。如模块框图 2.2 和图 2.3 所
示,调试接口模块是独立于处理器设计的,这是 CoreSight 调试架构的要求,因为多个处理
器可能会共享同一个调试连接。用于多处理器调试支持的其他多个信号未显示在框
图中。

Cortex-M0＋处理器和 Cortex-M0 非常类似(如图 2.3 所示),增加的部分包括可选的
MPU、单周期 I/O 接口总线和 MTB 接口。处理器内核的内部设计也被改为两级流水线。

MPU 是可编程的,用于定义存储器映射的访问。对于一些使用 OS 的应用,应用任务

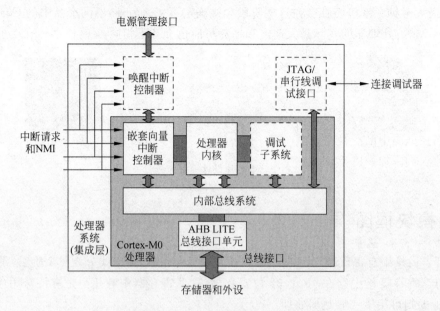

图 2.2　Cortex-M0 处理器简图

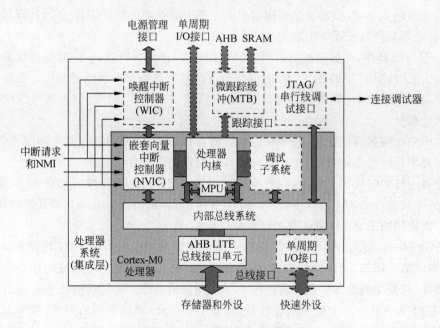

图 2.3　Cortex-M0＋处理器简图

可能会运行在非特权等级，且访问权限由可被 OS 编程的 MPU 定义。

　　单周期 I/O 接口则提供了另外一种总线接口，和 AHB-Lite 系统总线（流水线操作）相比更快。MTB 可用于指令跟踪。

在 Cortex-M0 和 Cortex-M0＋这两种处理器中，多个部件都是可选的，例如调试部件、MPU 和 WIC，而 NVIC 等则是可配置的，芯片设计人员可以定义中断请求（IRQ）的数量等特性。

2.3 典型系统

我们在框图中已经看到，Cortex-M0 和 Cortex-M0＋处理器中没有存储器和外设，需要芯片设计人员添加。因此，不同的 Cortex-M 微控制器可能具有不同的存储器大小、地址映射、外设和中断设计等。

简单的 Cortex-M 微控制器一般会包含以下几个部分：

- 存放程序代码的存储器，通常是只读存储器（ROM）部件或 Flash 等可重新编程的存储器。
- 用于数据存储的读写存储器，通常基于静态随机访问存储器（SRAM）。
- 各种外设。
- 总线基础部件，用于连接处理器和所有的存储器以及外设。

有些情况下，可能还会有一个独立的 ROM 设备，用于存储用户 Flash 里的程序执行前启动微控制器的启动代码，该设备一般被称作启动 ROM 或 Bootloader。

具有 Cortex-M0 处理器的简单设计的一般形式如图 2.4 所示。

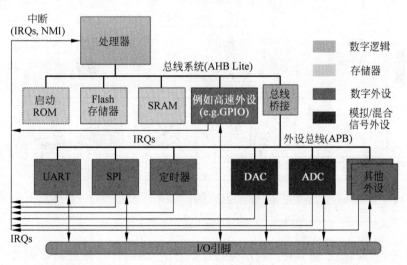

图 2.4 Cortex-M0 处理器简单系统

基于 Cortex-M0 处理器的典型设计的总线系统可以分为两个部分：

- 连接到包括 ROM、Flash 存储器（用于用户程序存储）、SRAM 以及一些外设的存储器的系统总线，通过总线桥连接到外设总线系统。
- 和外设相连的外设总线，其运行频率可能和系统总线有差异。

有些外设也可能会被连到独立的外设总线上，该总线则通过总线桥连接到主系统中。这种外设总线协议一般基于 APB，在 AMBA 中定义。

独立 APB 外设总线的用途包括如下几个方面：

- 由于 APB 协议（非流水线操作）比 AHB-Lite（流水线操作）简单，硬件成本也会更低。
- 外设总线的运行可以和主系统总线不同。
- 避免在主系统总线中增加大的组合逻辑，这样就可避免高运行频率的瓶颈，一个微控制器中可能会出现多个外设，而外设的总线网络也可能会非常庞大。

中断是另外一种重要连接，多个外设都可能会产生中断请求，其中包括通用目的的输入/输出（GPIO）模块。对于大多数微控制器设计，通过一些控制和同步逻辑，连接到某个 GPIO 引脚上的外部设备可以产生到处理器的中断请求。

如图 2.5 所示，基于 Cortex-M0＋处理器的系统差别不大。

在该设计中，为了提高 I/O 性能，高速外设被移到了单周期 I/O 接口总线，且在 AHB-Lite 系统总线和 SRAM 间加入了 MTB 以支持指令跟踪捕获。

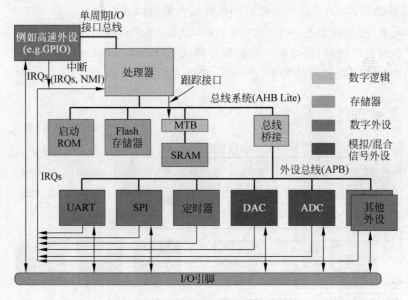

图 2.5　Cortex-M0＋处理器简单系统

处理器可能并不是系统中唯一能产生总线信号的部件，许多微控制器产品中都会存在一个名为直接存储器访问（DMA）控制器的部件，设置好以后，DMA 控制器会根据外设的请求执行存储器访问，而无须处理器干预（见图 2.6）。

DMA 控制器可以执行存储器和外设或者存储器之间（如存储器拷贝）的数据传输，一般用于以太网或者 USB 等高带宽通信接口。这对一些低功耗应用也会有很大的帮助，例如可以在处理器处于休眠模式时从外设中读取少量数据。

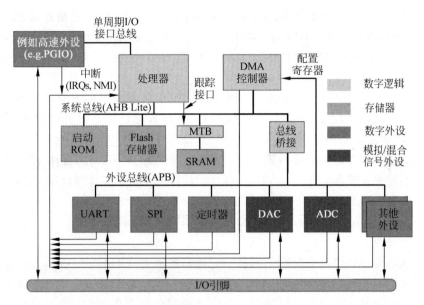

图 2.6　具有 DMA 控制器的 Cortex-M0＋处理器系统

2.4　什么是 ARMv6-M 架构

Cortex-M0 和 Cortex-M0＋处理器都基于 ARMv6-M 架构,对于 ARM 处理器,架构指的是以下两个方面:

- 架构,ISA(指令集架构)、编程模型(对于软件可见)和调试方式(调试器可见)。ARMv6-M 是 ARM 的架构之一。
- 微架构,接口信号、指令执行时序和流水线阶段等设计相关的细节,微控制器架构和处理器设计有关,例如 Cortex-M0 处理器具有三级流水线微架构。

多年以来,为了满足不同处理器的需要,ARM 设计了多个架构,例如,Cortex-M3 和 Cortex-M4 处理器都基于 ARMv7-M 架构。一个 ISA 可能具有多个微架构,例如不同数量的流水线阶段和不同类型的总线接口协议等。

要了解 ARMv6-M 架构的细节,可以参考《ARMv6-M Architecture Reference Manual》(也被称作 ARMv6-M ARM),该文档包括以下内容:

- 指令集细节;
- 编程模型;
- 异常模型;
- 存储器模型;
- 调试架构。

经过一个简单的注册过程,读者就可以从 ARM 网站下载该文档。ARM 还为软件开发人员提供了另外一个相对简单的文档，其名为《Cortex-M0/M0＋/M3/M4/M7 Devices Generic User Guide》，位于 ARM 网站中的 http：//infocenter.arm.com.->Cortex-M series processors-> Cortex-M0/M0t/M3/M4/M7-> Revision number-> Cortex-M0/M0＋/M3/M4/M7 Devices Generic User Guide。

若要了解指令执行时序等微架构方面的信息，可以参考 ARM 网站上的《Technical Reference Manuals of the Cortex-M processors》，处理器接口细节等其他微架构信息则在 Cortex-M 产品的其他文档中，一般只提供给芯片设计人员。

理论上软件开发人员在开发 Cortex-M 产品的软件时，无须了解微架构的任何信息。但是了解一些微架构的知识会有所帮助，特别是在优化软件甚至是 C 编译器以得到最优性能时。

2.5 Cortex-M 处理器间的软件可移植性

Cortex-M0、Cortex-M0＋和 Cortex-M1 处理器都基于 ARMv6-M 架构，而 Cortex-M3、Cortex-M4 和 Cortex-M7 处理器则基于 ARMv7-M 架构。它们所支持的指令集是不同的。

Cortex-M0 和 Cortex-M0＋处理器具有完全相同的指令集和相似的编程模型（Cortex-M0＋可以选择是否支持非特权执行等级和 MPU，而 Cortex-M0 则不行），但是它们的指令时序等物理特性是不同的，并且系统特性也各不相同。

Cortex-M3 和 Cortex-M4 处理器都基于 ARMv7-M 架构，它们的 Thumb-2 指令集是 ARMv6-M 架构所使用的指令集的超集，因此，假定存储器映射和外设都相同，在 Cortex-M0 和 Cortex-M0＋处理器上编写的软件无须修改，多数情况下是可以在 Cortex-M3 和 Cortex-M4 上运行的。Cortex-M7 处理器则支持 Cortex-M4 的所有指令，并且还可以选择是否支持双精度浮点指令。

Cortex-M 处理器间的相似性带来了各种好处，首先提高了软件的可移植性，多数情况下，C 程序可以在无须修改的情况下进行移植，而且由于向上兼容，Cortex-M0 或 Cortex-M1 处理器上的二进制映像可以在 Cortex-M3 处理器上运行（见图 2.7）。

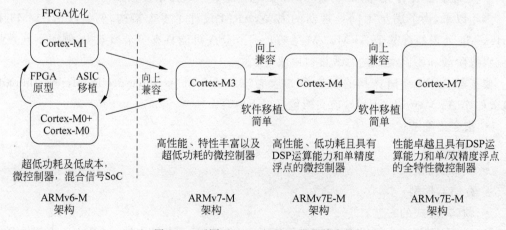

图 2.7 不同 Cortex-M 处理器的兼容性

　　第二个好处在于 Cortex-M 处理器的相似性,使得开发工具链可以很容易地支持多个处理器,除了指令集和编程模型的相似性,调试架构也具有相似性。

　　由于指令集和编程模型间的一致性,嵌入式编程人员无须特别学习就可以很轻松地在不同产品和项目间进行移植。

2.6　ARM Cortex-M0 和 Cortex-M0＋处理器的优势

2.6.1　低功耗和能耗效率

　　Cortex-M0 和 Cortex-M0＋处理器的一个重要目标就是降低功耗,利用 90nm 半导体工艺,Cortex-M0 处理器只消耗 12.5μW/MHz,而在 180nm 工艺下则是 66 μW/MHz。而 Cortex-M0＋处理器的能耗效率则更高,90nm 工艺下只有 9.8μW/MHz,180nm 则为 50μW/MHz,这些数值对于 32 位处理器而言是非常低的,那么这是如何实现的?

　　为了降低功耗,ARM 在多个方面进行了努力,其中包括

- 低门数;
- 高效率;
- 低功耗特性(如休眠模式);
- 逻辑单元提升。

下面逐一介绍这些内容。

1) 低门数

Cortex-M0 和 Cortex-M0＋处理器的低门数特点直接降低了处理器的动态电流和漏电流,这些处理器的开发应用了多种技术和优化以尽可能地降低电流的大小。每个部分都经过精心设计和反复确认(和用汇编语言编写应用程序类似,获得最佳优化),最低配时门数仅有 12K。实际应用中,由于需要加入其他特性,门数会更多一些。其大小和典型的 16 位微控制器差不多,甚至更小,而系统性能却不止翻了一倍。

2) 高效率

由于具有高效的架构,嵌入式系统设计人员所开发的产品可以在较低的时钟频率下依然具有所需的性能,这降低了产品的动态电流。这个特点可以和 Cortex-M0/M0＋处理器中的休眠模式一起使用,使得嵌入式可以在低功耗模式待机时间更长,在未损失性能的情况下降低了平均功耗。

3) 休眠模式和低功耗特性

Cortex-M 处理器具有多个低功耗特性,设计人员可以构建低功耗的应用。首先,处理器具有两个架构定义的休眠模式"休眠"和"深度休眠",实际应用中还可以利用设备相关的功耗控制寄存器进一步扩展休眠模式的数量。

　　进入休眠模式的方法有多种,可以利用特殊的指令"WFE"和"WFI"或"退出时休眠",利用该特性,处理器只会在中断服务需要执行时才运行。

芯片设计人员可以利用各种硬件级特性，以充分实现设计的低功耗能力。例如，Cortex-M 处理器支持一种名为 WIC 的特性，在处理器的多数部分掉电时，仍然可以检测到中断事件，而当需要时系统几乎可以立即继续执行。这样可以极大地降低系统休眠期间的漏电流（待机功耗）。

另外，若不需要 Cortex-M0 处理器的调试系统等部分则可以将其关掉。

4）逻辑单元提升

近年来，逻辑单元的设计也有了一些进步，除了晶体管更小之外，ARM 的物理 IP（知识产权）部门经过努力也发现了降低嵌入式系统功耗的新方法。主要成果之一为超低泄露（ULL）逻辑单元库，最初的 ULL 单元库是用 $0.18\mu m$ 工艺开发的，除了降低了漏电流外，新的单元库还支持特殊的状态保持单元，它可以在系统的其余部分掉电的情况下保存状态信息。ARM 还和业内领先的 EDA 工具商紧密合作，使得芯片供应商可以在他们的芯片设计中使用这些新技术。

2.6.2　高代码密度

由于多数指令是 16 位大小的，Cortex-M 处理器具有很高的代码密度，可以在具有较小 Flash 存储器的微控制器上实现应用。设计人员也可以使用更便宜的微控制器，有时还因为所需的 Flash 存储器更小而降低了功耗。

较低的 Flash 存储器需求还具有另外一个好处：低功耗和小硅片封装可降低电磁干扰。

2.6.3　低中断等待和确定行为

对于许多微控制器应用，低中断等待是一个很重要的需求，Cortex-M0 处理器的中断等待只有 16 个周期，而 Cortex-M0＋的则为 15 个周期，中断等待包括一定数量寄存器的压栈，因此在无须保存寄存器状态等其他软件开销的情况下，中断服务程序（ISR）也可以立即执行。

NVIC 也可以立即处理优先级并通过向量表确定 ISR 的起始地址，因此也无须软件开销以确定要服务的 IRQ 或者跳转到哪个 ISR。再结合良好的程序执行效率，总的中断响应比许多 8 位或 16 位微控制器要好得多。

另外一个重要特点为确定的行为，中断到来时，中断等待数值是确定的且和处理器执行的指令无关，唯一能影响中断等待的是存储器等待状态。

2.6.4　易于使用

与其他包括 32 位在内的处理器相比，ARM Cortex 微控制器在使用时要简单得多。ARM Cortex 微控制器的多数软件代码可以用 C 编写，这样可以减少软件开发所需的时间，并提高了软件的可移植性。即使软件开发人员决定使用汇编代码，指令集理解起来也是非常容易的。另外，由于编程模型和 ARM7TDMI 类似，如果读者已经熟悉 ARM 处理器，则学习 Cortex 微控制器也会非常容易。

为使软件开发更容易,ARM 还定义了一套 API(应用编程接口),其属于 CMSIS-CORE (Cortex 微控制器软件接口标准)软件框架的一部分。根据这些 API 的定义,访问 NVIC 在内的处理器的方式是一致的。CMSIS 工程中还存在一个用于所有的 Cortex-M 处理器的免费 DSP 库、RTOS 用的一组 API 以及方便软件开发的其他解决方案。

除此之外,需要容易使用的开发组件都支持基于 Cortex-M 的微控制器和 CMSIS-CORE 软件框架。

2.6.5 系统级特性和 OS 支持特性

Cortex-M 处理器在设计上支持多种应用,因此,其包含许多系统级特性,其中包括对低功耗的支持以及利用 NVIC 实现的灵活中断管理。

有些系统级特性是硬件级的,对软件开发人员不可见。例如,Cortex-M0＋处理器上的可选的单周期 I/O 接口总线,它可以提高 I/O 操作的性能以及 I/O 操作频繁的应用的能耗效率。

许多系统级特性都存在于多个 Cortex-M 处理器中,例如,Cortex-M0＋处理器的向量表可以重定位,提高了微控制器设备存储器映射的灵活性。Cortex-M3 和 Cortex-M4 处理器中也存在这个特性。

另外,Cortex-M 处理器在设计上可以高效地支持多种嵌入式 OS,许多特性都是为了 OS 添加的,其中包括名为 SysTick 的系统节拍定时器以及用于高效进程栈管理的分组栈指针。这些 OS 特性在所有的 Cortex-M 处理器中都是存在的。

2.6.6 调试特性

另外还有多个特性是为了软件开发和问题查找更方便的。除了暂停、单步、复位、断点和监视点等标准调试特性,Cortex-M 处理器还允许调试器访问存储器空间,而无论处理器是否正在运行。另外,有了串行线调试协议,只用两个引脚就可以支持所有的这些特性。若是更喜欢用传统的 JTAG 协议,也是可以实现的。

Cortex-M0＋处理器还支持可以提供指令跟踪特性的可选 MTB,这个功能非常强大,在许多传统的 8 位和 16 位微控制器中都是不存在的。

Cortex-M 处理器上的调试系统设计具有很高的可扩展性,在多处理器系统中也有广泛的应用。

2.6.7 可配置性、灵活性和可扩展性

Cortex-M 处理器非常灵活,芯片设计人员可以设置多种配置选项,以设计出他们所需的芯片。例如,若系统中不需要 MPU,芯片设计人员可以通过参数设置将 MPU 去掉。

尽管 Cortex-M0 和 Cortex-M0＋处理器支持的指令集相当简单,一般的数据处理还是很有效率的,而且可以很好地应对许多微控制器应用。借助系统级特性,处理器可用于多种

应用，其中包括需要高确定性并且非常灵活的存储器系统。

Cortex-M0 和 Cortex-M0＋处理器非常容易扩展，既可用于非常小的简单微控制器设计，也可以用于大得多的多处理器系统。总线架构（基于 AMBA AHB-Lite）支持具有其他总线连接部件的复杂总线系统，而且调试架构还支持一个调试接口调试多个处理器。另外还具有一些调试同步接口，使得调试事件可以在多个处理器间共用，调试器也可以同时控制多个处理器。

2.6.8　软件可移植性和可重用性

使用 Cortex-M 处理器的一个重要优势在于，几乎所有代码都可以用 C/C++或其他高级编程语言实现。因此，无须使用许多不可移植的汇编代码或工具链相关的关键字，软件具有很高的可移植性。

有了 CMSIS 项目后，和传统的微控制器相比，软件的可移植性就更高了。从一个基于 Cortex-M 的微控制器移植到另外一个微控制器是非常容易的，很多为 Cortex-M 处理器开发的中间件也可以用于微控制器。

读者甚至可以将 PC（个人计算机）环境中的源代码文件移植过来，再利用 ARM 微控制器开发组件编译并添加设备驱动代码后，程序就可以运行起来了。

这种可移植性还意味着，可以很容易地重用很多软件代码，并使投资获得更高的回报。

2.6.9　产品选择的多样性

2014 年，基于 ARM Cortex-M 处理器的微控制器超过了 3000 多种。而基于 Cortex-M0 和 Cortex-M0＋的微控制器，很多公司都在出货，其中包括 Freescale、NXP、Nuvoton、ST Microelectronics、Infineon、Silicon Labs、Atmel、Nordic Semiconductor、Cypress Semiconductor 和 Sonix Semiconductor。

另外还有基于 Cortex-M0/M0＋处理器的专用 ASSP，其中包括无线通信芯片（如 ZigBee 和蓝牙产品）、传感器以及触摸屏传感器等。

除了基于 Cortex-M 的芯片产品外，还包括以下产品：

- ARM 编译器工具链产品（如 ARM/Keil、mbed. org、IAR Systems、Green Hill Systems、Atollic Truestudio、Rowley Associates Crosswork for ARM、Raisonance ride7、Mentor Graphics Sourcery CodeBench、Tasking VX-Toolset、mikroC Pro for ARM、ImageCraft ICCV8 for ARM Cortex、Cosmic ARM/Cortex-M Cross Development tools、Atmel Studio、Cypress PSoC Creator、Infineon DAVE、gcc 以及 Coocox）。
- 调试工具（如 Segger、Lauterbach、iSystem 以及生产编译工具链的公司）。
- 多种嵌入式 OS。
- Java 平台（Oracle Java ME 以及 IS2T MicroEJ）。
- 中间件（如通信协议栈以及 GUI 库）。

- 硬件开发板。

因此,开发基于 ARM Cortex-M 架构的产品是非常容易的。

2.6.10 生态系统支持

庞大的生态系统是 ARM 取得成功的关键因素之一,除了和多个芯片伙伴紧密合作外,ARM 还同 EDA 公司、软件方案供应商以及开源社区等保持紧密沟通。例如,为了改进 ARM Cortex 处理器用的 gcc(GNU 编译器套件),ARM 已经做了一定的投资,各家公司都可以利用 gcc 创建高质量以及成功的微控制器工具链。

ARM 还同包括多个大学在内的许多高校组织建立了合作关系,给予他们在微控制器和处理器架构课程上一定的帮助。例如,2014 年 2 月,ARM 大学发布了"Lab-in-a-Box"行动,另外还有许多提供技术培训、设计服务和咨询服务的公司。

由于 ARM Cortex-M 处理器的技术细节的开放性很高并且容易得到,读者可以找到很多基于 ARM Cortex-M 处理器的微控制器设计方案(如实例代码、教程和书籍)。

2.7 Cortex-M0 和 Cortex-M0＋处理器的应用

2.7.1 微控制器

显而易见,Cortex-M0 和 Cortex-M0＋处理器最常见的用途是微控制器,目前基于这两种处理器的微控制器的种类很多。微控制器是有很多不同类型的,Cortex-M0 和 Cortex-M0＋处理器尤其适合以下应用:

1) 超低功耗微控制器

由于 Cortex-M0 和 Cortex-M0＋处理器已经为低功耗应用进行了优化(如小硅片面积、支持多种休眠模式、支持低功耗芯片设计技术以及高代码密度等),它们在超低功耗微控制器领域取得了很大的成功。

2) 低成本微控制器市场

不过,对于许多应用而言,成本才是最重要的因素。由于 Cortex-M0 和 Cortex-M0＋处理器非常小,并且可以提供很好的代码密度,基于这两种处理器的微控制器设备的硅片面积可以非常小,因此生产成本也会随之降低。

3) 混合信号微控制器

对于一些具有各种模拟电路的专用微控制器,由于晶体管体积较大,因此处理器的门数要非常低。由于 Cortex-M0 和 Cortex-M0＋的低门数的特点,因此就非常适合这类应用。

4) 无线通信微控制器

有些无线应用的数据传输速率非常低,由于低功耗的处理器可以降低电磁干扰并提供更优的无线通信性能,因此就非常需要超低功耗的处理器。另外,这些产品多用于对价格敏感的应用中，因此小硅片面积也是很关键的。

2.7.2　传感器

现代电子系统中有很多种类型的传感器，例如，移动电话中就存在触摸屏传感器、温度传感器、加速度计、陀螺仪以及电池中的传感器等。为了降低功耗，很多传感器都要在特定事件产生时运行并通知主处理器，因此，这些处理器中很多都需要有数据处理能力，因此可被称作智能传感器，其包含一个处理器系统并可以进行数据处理。

增加的处理器系统给这些传感器还带了其他的好处，例如自测、自我校准、温度补偿以及各种自适应滤波操作都可以由软件执行。并且传感器还可以将休眠模式等用于微控制器的低功耗策略，进一步延长电池寿命。

Cortex-M0 和 Cortex-M0＋处理器的低功耗特点使得他们非常适合这些应用，若这些传感器需要支持低功耗，也可以利用处理器的休眠模式。

例如，Cortex-M0 和 Cortex-M0＋处理器可以用于多种触摸屏传感器以及加速度计等。尽管 Cortex-M0 和 Cortex-M0＋处理器的数据处理性能比不上 Cortex-M3 和 Cortex-M4处理器，但是很多传感器根本用不上很高的数据处理带宽（因为采样率很低），因此像Cortex-M0 或 Cortex-M0＋这样的小处理器就足够了。

2.7.3　传感器集线器

在手机和平板电脑等设备中，需要有一个传感器集线器来处理各传感器的数据，有时还要合并这些数据以提供其他的信息。这些处理器集线器中的一些是可以基于 Cortex-M0/Cortex-M0＋处理器实现的（如 Kionix KX23H）。

2.7.4　电源管理 IC

在许多手机和平板电脑中，都有一个名为 PMIC（电源管理 IC）的芯片，该芯片控制主应用处理器的电源供应，并管理电池充电，同时还会处理一些音频功能。多种 PMIC 产品中都使用了 Cortex-M 处理器。

在复杂的 SoC 设计中，芯片需要多种电压，在不同的场合中，OS 中的电源管理软件会基于当前工作荷载进行电源切换。在切换过程中，需要根据适当的步进流程相应地调整多种电压和时钟系统。PMIC 中处理器的使用使得这些切换过程可由软件控制，因此具有很大的灵活性，设计也可以根据产品需求进行相应的调整。

2.7.5　ASSP 和 ASIC

利用 Cortex-M 处理器设计的 ASSP 和 ASIC 也有很多种，其中包括无线通信 IC（如Nordic Semiconductor nRF51 系列）、智能电表控制器（如 Toshiba TMPM061）、MEMS（如ST Microelectronics 的 LIS331EB 加速度计）以及电源控制器（如 Active-semi PAC 系列）。

2.7.6 片上系统中的子系统

在许多复杂 SoC 中，Cortex-M 处理器常用于以下用途：

- 电源管理；
- 启动流程控制；
- 执行部分 I/O 处理和外设监控。

利用 Cortex-M 作为 I/O 处理子系统，主应用处理器可以在休眠模式中待机更长的时间以降低功耗。应用处理器中的上下文切换会占用一定的时间，这样可以更快地响应 I/O 事件。

2.8 为什么要在微控制器应用中使用 32 位处理器

2.8.1 性能

相对于传统的 8 位和 16 位处理器，Cortex-M0 和 Cortex-M0＋处理器最大的一个优势在于其能耗效率高。Cortex-M0 处理器的大小和典型的 16 位处理器类似，只比一些 8 位处理器大一点（由于 Thumb 指令集的高代码密度，总的硅片面积可能还会更低）。但是，其性能要比一般的 16 位和 8 位架构要高得多，因此，在相同的大小和动态功耗下，可以将处理器系统（包括存储器）置于休眠模式更长时间，以将功耗降至最低。

一般而言，需要用基准检测程序来确定处理器的性能，但是由于以下原因，处理器的性能是存在一定争议的：

- 检测程序代码无法反映真实的需求。
- 所有基于 C 语言的检测程序都要受到所使用 C 编译器质量的限制。
- 编译器优化会极大地影响一些测试结果。
- 典型测试无法涵盖真实应用的所有需求。

但是，仍然可以用检测结果对性能进行评估。

目前，在微控制器性能检测领域，CoreMark 是比较可靠的平台之一。CoreMard 由 Embedded Microprocessor Benchmark Consortium（EEMBC）开发，其开放访问，且网站上公开了许多 CoreMark 得分（www.eembc.org/coremark/）。Cortex-M0 和 Cortex-M0＋处理器的 CoreMark 得分如表 2.1 所示。

表 2.1 基于 Embedded Microprocessor Benchmark Consortium（EEMBC）网站的 CoreMark/MHz

处 理 器	CoreMark/MHz
Cortex-M0＋处理器	2.49
Cortex-M0 处理器	2.33
Atmel AT89C51RE2（基于 8051，每 CPU 周期 6 个时钟周期）	0.11
Atmel Atmega644	0.54

续表

处 理 器	CoreMark/MHz
Altera NIOS Ⅱ	1.60
Microchip dsPIC33(每 CPU 周期 2 个时钟周期)	1.89(机器周期)/0.9(时钟周期)
Microchip PIC24(每 CPU 周期 2 个时钟周期)	1.88(机器周期)/0.9(时钟周期)
Microchip PIC18	0.04
Renesas RL78/G14	0.89
TI MSP430	1.11

作为参考,Cortex-M0 和 Cortex-M0＋处理器的 Dhrystone 2.1 性能得分如表 2.2 所示。

表 2.2　Dhrystone/MHz 结果

	官方数据	最高优化
Cortex-M0	0.87DMIPS/MHz	1.27DMIPS/MHz
Cortex-M0＋	0.95DMIPS/MHz	1.36DMIPS/MHz

官方数据是在内联和多文件优化禁止的基础上得到的,和最初的 Dhrystone 平台一样。由于有些微控制器厂商是基于最大优化得到 Dhrystone 结果的,因此这里也引用了最大优化的结果。

一般来说,基于 Cortex-M0 和 Cortex-M0＋处理器的微控制器的最大频率范围不会超过 100MHz,很多都是在 50MHz 左右。从技术上而言,利用合适的硅片工艺,时钟频率要高得多,但是 Flash 存储器的速度却无法跟上。可以在构建速度较快的 Cortex-M0 和 Cortex-M0＋处理器时,加入一块 Flash 访问加速器或缓存,作为 Flash 存储器速度限制的补偿。需要高性能的应用时会更加倾向于使用 Cortex-M3、Cortex-M4 或 Cortex-M7 处理器,因为它们丰富的指令对性能提升很有帮助。

2.8.2　代码密度

有一点经常会被误解,就是 32 位处理器的代码要比 8 位或 16 位处理器大得多,有些人认为 8 位具有 8 位指令,16 位处理器的指令则是 16 位的,这是不正确的(见图 2.8)。事实上,8 位微控制器中的许多指令都是 16 位、24 位或者 8 位外的其他大小,例如 PIC18 的指令为 16 位。

即便是传统的 8051 架构,尽管有些指令是 1 字节长的,其他许多指令则是 2 字节或 3 字节长,16 位架构的情况也是一样的,例如,有些 MSP430 的指令是 6 字节长的(MSP430X 甚至是 8 字节)。Cortex-M0 和 Cortex-M0＋处理器的多数指令都是 16 位宽,只有几个指令是 32 位的。作为一种加载-存储架构(在处理前,数据需要从存储器中加载,并在处理完成后写回存储器中),Cortex-M 处理器可能要多执行几条指令,不过由于整体的指令效率,总的代码大小可能仍会比较低。

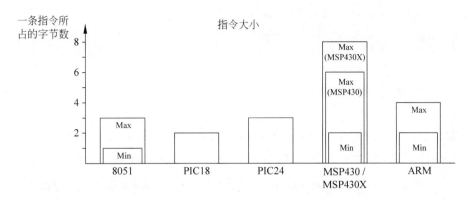

图 2.8 常用微控制器的指令大小

例如,ARM 处理器支持单条指令处理多个寄存器的栈操作(PUSH/POP),这个特性在其他多数架构中是不存在的。另外,各种寻址模式也使得对有符号和无符号局部变量的访问非常容易(例如,在数据加载期间对有符号数据的符号展开会立即完成)。最后,对于 8 位微控制器,整数仍然是 16 位的,因此每次整数运算都需要一系列的指令,同时也加大了代码体积。

由于 Flash 存储器在微控制器芯片中占据了很大的面积(见图 2.9),因此代码密度对功耗有着很大的影响。对于特定的应用,若从 8 位处理器转向 ARM Cortex-M 处理器,可以选择 Flash 存储器小得多的芯片,有可能只有一半大小。因此,可以使用的芯片可能会具有较小的硅片面积、较小的芯片封装、低功耗且同时具有更高的性能。

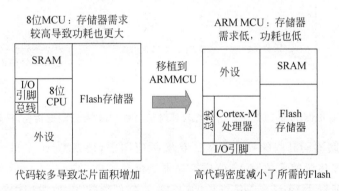

图 2.9 ARM Cortex-M 处理器的高代码密度降低了功耗和设计大小

由于处理器只占芯片中的一小部分,在系统层级,和其他 8 位/16 位微控制器相比,基于 ARM Cortex-M 的微控制器的动态功耗范围是差不多的。若考虑代码密度和性能因素,ARM Cortex-M 微控制器的能耗效率要比 8 位和 16 位微控制器产品高得多。图 2.10 是一个中断驱动的应用实例,其中基于 Cortex-M 的微控制器的平均功耗要低得多。

如图 2.11 所示,对于其他并非中断驱动的应用,和 8 位/16 位处理器相比,Cortex-M0 处理器可以用小得多的时钟频率以降低功耗。图中假定 Cortex-M0/M0＋微控制器具有比

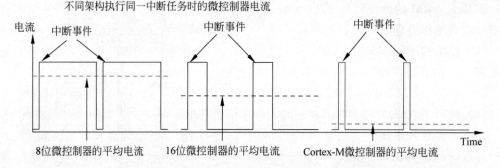

图 2.10　在芯片级，基于 Cortex-M 的微控制器的能耗效率可能会显著提高

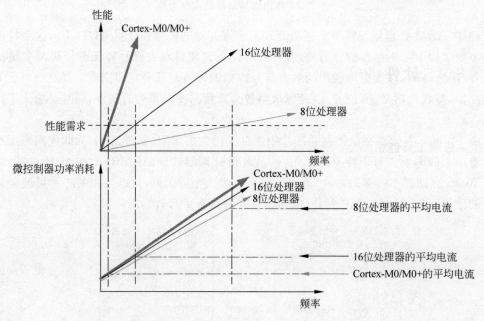

图 2.11　由于基于 Cortex-M 的微控制器运行在较低时钟频率，因此可以降低功耗，只是电流会稍高一些

16 位和 8 位微控制器稍高些的峰值电流。在实际应用中，很多 Cortex-M0/M0＋微控制器的峰值电流比很多传统的 8 位和 16 位微控制器要低。

尽管其他性能好于 Cortex-M0 和 Cortex-M0＋处理器的 32 位微控制器有很多，它们的处理器一般都要比 Cortex-M0/M0＋大得多，因此这些微控制器的平均功耗也要大于基于 Cortex-M0 和 Cortex-M0＋的产品。

2.8.3　ARM 架构的其他优势

8 位和 16 位架构中一般会存在诸多限制，除了明显的数据大小局限外，地址大小可能也是问题。例如，这些架构大都无法处理超过 64KB 的存储器，如果所需的存储器空间超过 64KB，就要用到会带来巨大软件开销的存储器分组。存储器分组还会增加软件开发的难度。而基于 ARM 的微控制器使用 32 位寻址,可以使用更大的地址空间(超过 4GB,不过一小部分空间用作处理器的内部外设),因此大型项目的软件开发也更容易一些。

和 8 位架构不同,ARM 处理器的栈位于主存储器地址空间,8051 等 8 位架构需要将栈放在特定的存储器区域,并且大小有限,这样会给软件开发造成很多障碍。

8 位微控制器架构的另外一个局限性在于有限的指令集以及某些指令使用固定的寄存器,例如,8051 在数据处理和存储器传输时非常依赖累加寄存器和数据指针寄存器,由于需要一直将数据放入累加器并在操作前和操作后取出,因此会增加代码大小。例如,用 8051 执行整数(16 位)乘法时,需要多次传输将数据移入和移出 ACC(累加器)寄存器和 B 寄存器。对于 Cortex-M 处理器,寄存器使用的限制就没有这么多了。

对于很多多任务的应用,ARM Cortex-M 处理器系列中的 OS 支持也是很有用的。例如,ARM Cortex-M 处理器中的分组栈指针提高了上下文切换的效率并降低了所需的栈大小。

2.8.4 软件可重用性

对于私有架构,程序代码一般会用到多个编译器相关的语言扩展,学习和重用这种软件代码是非常困难的。ARM Cortex-M 的编程则不同,基本上可以用 C/C++实现整个应用,并且很少依赖工具链相关的特性,软件的可重用性也得到提高且编程学习也更加容易。

第3章

嵌入式软件开发介绍

3.1　欢迎进入嵌入式系统编程

如果以前从未进行过微控制器编程，不用担心，做起来也不是很困难。事实上，ARM Cortex-M 处理器使用起来非常容易，尽管本书涉及的处理器架构细节非常多，读者也不必了解全部内容或者成为应用设计专家。只要对 C 编程语言有基本的了解，很快就能在 Cortex-M0 和 Cortex-M0＋处理器上开发简单的应用。

如果使用过其他的微控制器，读者会发现在基于 Cortex-M 的微控制器上编程是非常容易的，由于多数寄存器（如外设）都已经进行了存储器映射，基本上整个程序都可以用 C/C++实现，甚至中断处理也可以全部用 C/C++编写。另外，和其他一些处理器架构不同，对于大多数的一般应用，无须使用编译器相关的语言扩展。

如果只有计算机软件的开发经验，读者会发现微控制器软件的开发有很大的不同。很多嵌入式系统中不存在任何操作系统（这些系统有时被称作裸机）并且没有计算机上的用户接口。

3.2　基本概念

如果是第一次使用微控制器，那么请继续阅读；如果已经进行过微控制器编程，则可以跳过本部分，直接进入 3.3 节。

首先介绍一些基本概念。

3.2.1　复位

程序执行前，微控制器需要被复位到一种已知状态，复位一般由外部的硬件信号产生，例如开发板上的复位按钮（见图 3.1），多数微控制器设备都有一个用于复位的输入引脚。

对于基于 ARM 的微控制器，复位还可由连接到微控制器板的调试器产生，软件开发人员可以通过 IDE（集成开发环境）对微控制器进行复位。有些调试适配器还可以利用调试接

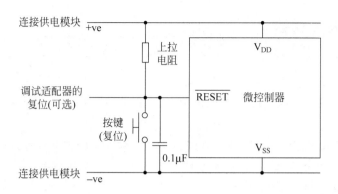

图 3.1 低成本微控制器板的复位连接示例(假定复位引脚为低有效)

头上的特定引脚产生一次复位,对于 ARM Cortex-M 处理器,调试器可以通过调试连接产生复位请求。

复位信号无效后,微控制器硬件内部可能还需要等待一定的时间(如等待时钟振荡器稳定),之后处理器才会开始执行程序。这个延迟通常非常小,用户一般察觉不出来。

3.2.2 时钟

几乎所有的处理器和数字电路都需要时钟信号才能运行,微控制器一般利用外部晶振来产生参考时钟。有些微控制器还具有内部振荡器(但是 R-C 震荡等方式产生的输出频率不是很准确)。

对于许多现代微控制器,可以利用软件控制所使用的时钟源,并且通过编程锁相环(PLL)和时钟分频器来产生所需的各种频率。因此,微控制器电路可能具有 12MHz 的外部晶振,而处理器系统运行的时钟频率可能会高得多(如超过 100MHz),同时有些外设运行的速度可能是分频后的数值。

为了降低功耗,许多微控制器都允许软件开/关每个振荡器和 PLL,并且可以关掉每个外设的时钟信号。

3.2.3 电压

所有的微控制器都需要电源才能运行,因此可以在微控制器上找到供电引脚。多数现代微控制器所需的电压都非常低,例如 3V 等,而有些则需要 1.5V 以下的电压。

如果要设计自己的微控制器开发板或者原型电路,需要确认正在使用的微控制器的数据手册以及微控制器连接部件的电压。例如,中继开关等一些外部接口可能需要 5V 的信号,若是接到 3V 微控制器产生的 3V 输出信号上则会无法工作。

如果是设计自己的开发板,还应该确保供电电压是校准过的,从电网供电到 DC 适配器的电压可能都是不准的,随时都可能会升高或降低,因此在未加稳压器的情况下,是不适合微控制器使用的。

3.2.4 输入和输出

和个人计算机不同,多数嵌入式系统并不具备显示器、键盘和鼠标。可用的输入和输出可能仅限于简单的电子接口,例如数字和模拟输入输出(I/O)、UART、I2C以及SPI等。许多微控制器还提供USB、以太网、CAN、图形LCD以及SD卡接口,这些接口由微控制器内的外设控制。

对于基于ARM的微控制器,外设由经过了存储器映射的寄存器控制(访问寄存器的实例在本章的3.3.2节中介绍)。有些外设要比8位和16位微控制器中的外设更加复杂,在设置外设时会涉及更多的寄存器。

一般来说,外设的初始化过程由以下步骤组成:

- 编程时钟控制回路以使能连接到外设的时钟信号,如果需要还要设置相应的I/O引脚。对于许多低功耗微控制器,为了降低功耗,用于芯片中不同部分的时钟信号可以单独打开或关闭。多数时钟信号默认是关着的,在设置外设前需要对其进行使能。有些情况下,还需要使能总线系统的时钟信号。
- 进行I/O配置,多数微控制器会复用I/O引脚以实现更多的用途,为使外设接口正常工作,需要对I/O引脚进行设置(如复用器的配置寄存器)。另外,有些微控制器I/O引脚的电气特性也可以配置,这时需要在I/O配置时加入一些步骤。
- 外设配置,多数接口外设中存在多个用于行为控制的可编程寄存器,为使外设正常工作,通常需要遵循一定的编程顺序。
- 中断配置,若外设操作需要中断处理,则需要加入设置中断控制器(如Cortex-M处理器中的NVIC)的步骤。

为便于软件开发,多数微控制器厂商提供了外设/设备驱动库。虽然有设备驱动库,仍然有由应用决定的一定量的底层工作,例如,若需要用户接口,为了实现用户友好以及优秀的嵌入式系统,可能需要开发自己的用户接口函数(注:还有用于创建GUI的商业版中间件)。但是,微控制器厂商提供的设备驱动库确实给嵌入式应用开发带来了方便。

对于大多数深度嵌入式系统的开发,丰富的用户接口是没有必要的。但是,LED、DIP开关以及按键等简单接口虽然只能传递一些基本的信息,为有助于软件调试,一个简单的文字输入/输出控制台程序还是非常有用的,可以通过微控制器上的UART接口,利用简单的RS232连接连到计算机上的UART接口(或者通过USB适配器)来实现。根据这种设计,我们可以利用终端应用实现微控制器上文字消息的显示以及用户输入(见图3.2)。要了解创建这种消息通信的细节,可以参考第17章和18章的内容。

3.2.5 嵌入式软件程序流程介绍

应用处理流程有多种结构,这里只介绍一些基本概念,请注意,和计算机编程不同,多数嵌入式应用的程序流程都没有结束。

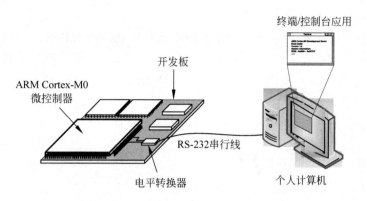

图 3.2　利用 UART 接口实现用户输入和输出

1) 轮询

对于简单的应用,轮询(见图 3.3,有时也被称作超级循环)实现起来非常容易而且特别适合简单任务。

但是,当应用变得复杂且需要更高的处理性能时,轮询就不合适了。例如,如果某个进程需要花费较长的时间,则其他的进程可能在一段时间内无法得到服务。使用轮询的另外一个弊端在于,即使没有要处理的任务,处理器也必须一直执行轮询程序,这样降低了能耗效率。

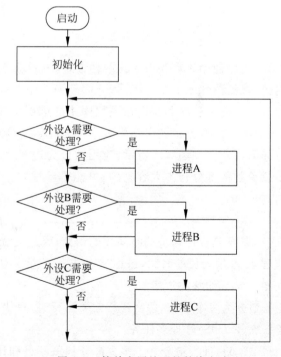

图 3.3　简单应用处理的轮询方式

2）中断驱动

对于有低功耗要求的应用，可以在中断服务程序中执行处理任务，在没有任务执行时，处理器就可以进入休眠模式。中断一般是外部或片上外设产生的，会将处理器唤醒。

在中断驱动的应用中（见图3.4），来自不同设备的中断可被设置为不同的优先级。即便是在低优先级的中断服务正在执行时，高优先级的中断也可以得到执行，而低优先级的中断则会暂时停止，因此高优先级中断的等待时间就变短了。

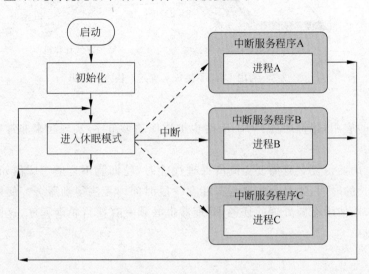

图3.4　中断驱动应用

许多情况下，应用可以组合使用轮询和中断这两种方式，中断服务程序和应用进程可以利用软件变量进行信息传递（见图3.5）。

将外设处理任务分成中断服务程序和运行在主程序中的进程后，可以降低中断服务的持续时间，使得更低优先级的中断服务也能得到更多执行的机会。同时，系统仍然可以在没有任务需要执行时进入休眠模式。如图3.5所示，应用被分为进程A、进程B和进程C，但是有些情况下将应用分成单独的部分是不太容易的，可能需要写成一个较大的进程。尽管如此，外设中断也是可以执行的。

3）处理并发进程

有些情况下，应用进程需要花费相当长的时间才能结束，因此无法在如图3.5所示的一个大循环中处理。若进程A占用太长的时间，进程B和进程C就无法快速响应外设请求，这样可能会导致系统失败。常见的解决方案如下：

（1）将长的处理任务划分为多个状态，每次进程需要运行时，只执行一个状态。

（2）利用实时操作系统（RTOS）管理多任务。

对于第一种方法（见图3.6），进程被分为了多个部分和跟踪进程状态的软件变量，进程每次执行时，都会更新状态信息，这样进程再执行时，就可以继续之前的处理了。

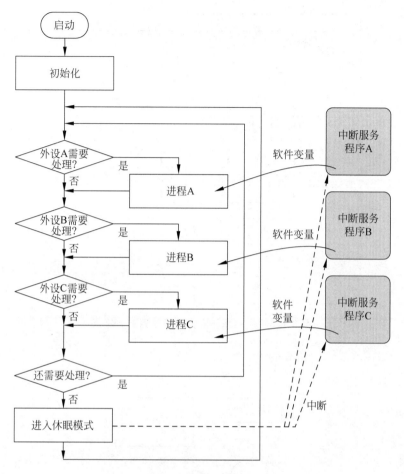

图 3.5　轮询和中断驱动应用的组合

由于进程的执行路径变短,主循环中的其他进程就可以得到更多执行的机会。尽管处理所需的总时间不变(或者由于状态保存和恢复的开销而导致时间稍微增加),但系统的响应速度却提高了。然而,在应用变得更复杂时,拆分应用任务是不现实的。

对于更加复杂的应用,可能就会用到 RTOS(见图 3.7),RTOS 在执行多个任务时将处理器执行时间分为多个时间片,并给每个任务分配相应的时间片。在每个时间片结束时,定时器会产生中断并触发确定是否应该执行上下文切换的 RTOS 任务调度器。如果需要执行上下文切换,任务调度器会暂停当前任务的执行,并切换到下一个准备就绪的任务。

因为可以保证所有任务在一定时间内执行,RTOS 的使用提高了系统的响应速度,第 20 章中有使用 RTOS 的示例。

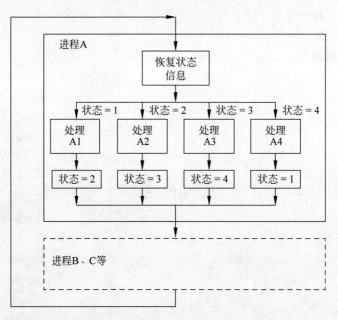

图 3.6　在应用循环内将进程分为多个部分

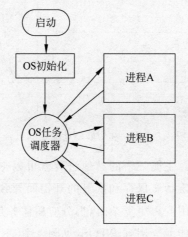

图 3.7　利用实时操作系统处理多个并发应用进程

3.2.6　编程语言选择

对于多数项目，Cortex-M 处理器在编程时可以选择 C/C++语言、汇编语言或者两者的组合。Cortex-M 处理器在设计上是 C 友好的，因此在使用基于 Cortex-M 处理器的微控制器时，无须学习汇编语言。现在还可以使用其他高级语言，例如 Java 和 Matlab/Simulink 等。

对于初学者而言，C/C++语言通常是最佳选择，因其容易学习且多数现代 C 编译器都可以生成 Cortex 微控制器使用的高效代码。表 3.1 对比了 C 语言和汇编语言的差异。

可以在一个工程中混合使用 C 语言和汇编代码,这样程序中的多数部分可以用 C 语言编写,而无法用 C 语言实现的部分则采用汇编。

要了解这方面的详细内容,可以参考第 21 章的内容。

表 3.1　C 语言和汇编语言编程对比

语言	优　缺　点
C/C++	**优点** 易于使用 可移植 处理复杂数据结构时简单 **缺点** 对内核寄存器和栈无法直接访问或访问受限 无法直接控制生成的指令序列 无法直接控制栈的使用
汇编	**优点** 可以直接控制每个指令步骤和所有的存储器操作 可以使用无法用 C 语言生成的指令 **缺点** 学习时间较长 处理数据结构困难 可移植性不高(不同工具链的汇编语法可能不同)

3.3　ARM Cortex-M 编程介绍

3.3.1　C 编程数据类型

C 语言支持多种"标准"数据类型,数据类型的实际情况还要取决于处理器架构和 C 编译器,对于包括 Cortex-M0 和 Cortex-M0＋在内的 ARM 处理器,所有的 C 编译器都支持表 3.2 所示的数据类型。

表 3.2　Cortex-M 处理器支持的数据类型

C 和 C99(stdint.h)数据类型	位数	范围(有符号)	范围(无符号)
char,int8_t,uint8_t	8	−128 到 127	0 到 255
short,int16_t,uint16_t	16	−32768 到 32767	0 到 65535
int,int32_t,uint32_t	32	−2147483648 到 −2147483647	0 到 4294967265
long	32	−2147483648 到 −2147483647	0 到 4294967265
long long,int64_t,uint64_t	64	$-(2^{63})$ 到 $(2^{63}-1)$	0 到 $(2^{64}-1)$
float	32	$-3.4028234 \times 10^{38}$ 到 3.4028234×10^{38}	

C 和 C99(stdint. h)数据类型	位数	范围(有符号)	范围(无符号)
double	64	$-1.7976931348623157 \times 10^{308}$ 到 $1.7976931348623157 \times 10^{308}$	
long double	64	$-1.7976931348623157 \times 10^{308}$ 到 $1.7976931348623157 \times 10^{308}$	
pointers	32	0x0 到 0xFFFFFFFF	
enum	8/16/ 32	若没有编译器选项设置,为可能的最小数据 类型	
bool(c++),_Bool(C)	8	真或假	
wchar_t	16	0 到 65535	

从其他处理器向 ARM 处理器移植应用时,若数据的大小不同,为保证程序可以正常执行,可能需要修改 C 程序代码。要了解从 8 位和 16 位架构进行软件移植的详细信息,可以参考第 22 章的内容。

在对 Cortex-M0 和 Cortex-M0+进行编程时,位于存储器中的数据变量的地址需要为其大小的倍数,这方面的细节内容将在第 7 章介绍(参见 7.9.1 节"数据对齐")。

在 ARM 编程中,还可以将数据大小称作字、半字和字节(见表 3.3)。

读者可以在指令集细节等 ARM 文献中找到这些叫法。

表 3.3　ARM 处理器中的数据长度定义

条目	大小
字节	8 位
半字	16 位
字	32 位
双字	64 位

3.3.2　用 C 访问外设

ARM Cortex-M 微控制器的外设是经过存储器映射的,且可以通过数据指针访问。多数情况下,可以使用微控制器厂商提供的设备驱动,这样使得软件开发更加方便,且有利于不同微控制器间的软件移植。若有必要直接访问外设寄存器,则可以使用下面的方法。

若仅要访问几个寄存器,可以将每个外设寄存器都定义为指针。

1) 利用指针定义和访问 UART 外设寄存器的实例

```
# define UART_BASE 0x40003000   //ARM Primecell PL011 基地址
# define UART_DATA ( * ((volatile unsigned long *)(UART_BASE + 0x00)))
# define UART_RSR ( * ((volatile unsigned long * )(UART_BASE + 0x04)))
# define UART_FLAG ( * ((volatile unsigned long * )(UART_BASE + 0x18)))
# define UART_LPR ( * ((volatile unsigned long * )(UART_BASE + 0x20)))
```

```
#define UART_IBRD ( * ((volatile unsigned long * )(UART_BASE + 0x24)))
#define UART_FBRD ( * ((volatile unsigned long * )(UART_BASE + 0x28)))
#define UART_LCR_H ( * ((volatile unsigned long * )(UART_BASE + 0x2C)))
#define UART_CR ( * ((volatile unsigned long * )(UART_BASE + 0x30)))
#define UART_IFLS ( * ((volatile unsigned long * )(UART_BASE + 0x34)))
#define UART_MSC ( * ((volatile unsigned long * )(UART_BASE + 0x38)))
#define UART_RIS ( * ((volatile unsigned long * )(UART_BASE + 0x3C)))
#define UART_MIS ( * ((volatile unsigned long * )(UART_BASE + 0x40)))
#define UART_ICR ( * ((volatile unsigned long * )(UART_BASE + 0x44)))
#define UART_DMACR ( * ((volatile unsigned long * )(UART_BASE + 0x48)))
//----- UART 初始化 ----
void uartinit(void)                //ARM Primecell PL011 的简单初始化
{
  UART_IBRD = 40;                  //ibrd : 25MHz/38400/16 = 40
  UART_FBRD = 11;                  //fbrd : 25MHz/38400 - 16 * ibrd = 11.04
  UART_LCR_H = 0x60;               //线控 : 8N1
  UART_CR = 0x301;                 //cr : 使能 TX 和 RX, UART 使能
  UART_RSR = 0xA;                  //清除缓冲溢出
}
//----- 发送一个字符 ----
int sendchar( int ch)
{
  while (UART_FLAG & 0x20);        //忙,则等待
  UART_DATA = ch;                  //写字符
  return ch;
}
//----- 收到一个字符 ----
int getkey(void)
{
  while ((UART_FLAG & 0x40) == 0); //无数据,则等待
  return UART_DATA;                //读取字符
}
```

　　这种方法非常适合简单应用,若系统中存在同一外设的多个实例,则需要为这些外设分别定义寄存器,这会增加维护的难度。另外,将每个寄存器定义为单独的指针,也可能会增加程序代码,因为每次寄存器访问都需要一个位于 Flash 存储器中的 32 位地址常量。

　　为简化代码,可将外设寄存器定义成数据结构体,并将外设定义为指向这个数据结构体的存储器指针。

　　2) 利用结构体指针访问数据结构定义的 UART 寄存器实例

```
typedef struct {                   //ARM Primecell PL011 的基地址
volatile unsigned long DATA;       //0x00
volatile unsigned long RSR;        //0x04
unsigned long RESERVED0[4];        //0x08 - 0x14
volatile unsigned long FLAG;       //0x18
unsigned long RESERVED1;           //0x1C
```

```
    volatile unsigned long LPR;            //0x20
    volatile unsigned long IBRD;           //0x24
    volatile unsigned long FBRD;           //0x28
    volatile unsigned long LCR_H;          //0x2C
    volatile unsigned long CR;             //0x30
    volatile unsigned long IFLS;           //0x34
    volatile unsigned long MSC;            //0x38
    volatile unsigned long RIS;            //0x3C
    volatile unsigned long MIS;            //0x40
    volatile unsigned long ICR;            //0x44
    volatile unsigned long DMACR;          //0x48
    } UART_TypeDef;
    #define Uart0 ((UART_TypeDef *) 0x40003000)
    #define Uart1 ((UART_TypeDef *) 0x40004000)
    #define Uart2 ((UART_TypeDef *) 0x40005000)

    /* ----- UART 初始化 ---- */
    void uartinit(void)                    //Primecell PL011 的简单初始化
    {
      Uart0->IBRD = 40;                    //ibrd : 25MHz/38400/16 = 40
      Uart0->FBRD = 11;                    //fbrd : 25MHz/38400 - 16 * ibrd = 11.04
      Uart0->LCR_H = 0x60;                 //线控：8N1
      Uart0->CR = 0x301;                   //cr : 使能 TX 和 RX, UART 使能
      Uart0->RSR = 0xA;                    //清除缓冲溢出
    }
    /* ----- 发送一个字符 ---- */
    int sendchar(int ch)
    {
    while (Uart0->FLAG & 0x20);            //忙, 则等待
    Uart0->DATA = ch;                      //写字符
    return ch;
    }
    /* ----- 收到一个字符 ---- */
    int getkey(void)
    {
      while ((Uart0->FLAG & 0x40) == 0);   //无数据, 则等待
      return Uart0->DATA;                  //读字符
    }
```

在上面的例子中，UART ＃0 的 IBRD（整数波特率分频器）寄存器通过符号 Uart0->IBRD 访问，而 UART ＃1 的同一个寄存器则需要通过 Uart1->IBRD 访问。

按照这种处理，外设的一个寄存器数据结构体可被多个实例共用，这样有利于代码维护。另外，由于所需的立即数存储减少，编译后的代码也更小。

经过进一步修改后，可得到多个实例共用的外设函数，访问每个实例则需要传递相应的参数。

3）UART 寄存器定义实例和利用参数传递支持多个 UART 的驱动代码

```
typedef struct {                        //ARM Primecell PL011 的基地址
volatile unsigned long DATA;            //0x00
Volatile unsigned long RSR;             //0x04
unsigned long RESERVED0[4];             //0x08 - 0x14
volatile unsigned long FLAG;            //0x18
unsigned long RESERVED1;                //0x1C
volatile unsigned long LPR;             //0x20
volatile unsigned long IBRD;            //0x24
volatile unsigned long FBRD;            //0x28
volatile unsigned long LCR_H;           //0x2C
volatile unsigned long CR;              //0x30
volatile unsigned long IFLS;            //0x34
volatile unsigned long MSC;             //0x38
volatile unsigned long RIS;             //0x3C
volatile unsigned long MIS;             //0x40
volatile unsigned long ICR;             //0x44
volatile unsigned long DMACR;           //0x48
} UART_TypeDef;
#define Uart0 (( UART_TypeDef * ) 0x40003000)
#define Uart1 (( UART_TypeDef * ) 0x40004000)
#define Uart2 (( UART_TypeDef * ) 0x40005000)


/* ----- UART 初始化 ---- */
void uartinit(UART_Typedef * uartptr)
{
    uartptr -> IBRD = 40;           //ibrd : 25MHz/38400/16 = 40
    uartptr -> FBRD = 11;           //fbrd : 25MHz/38400 - 16 * ibrd = 11.04
    uartptr -> LCR_H = 0x60;        //线控: 8N1
    uartptr -> CR = 0x301;          //cr : 使能 TX 和 RX, UART 使能
    uartptr -> RSR = 0xA;           //清除缓冲溢出
}
/* ----- 发送一个字符 ---- */
int sendchar(UART_Typedef * uartptr, int ch)
{
    while (uartptr -> FLAG & 0x20);     //忙,则等待
    uartptr -> DATA = ch;               //写字符
    return ch;
}
/* ----- 收到一个字符 ---- */
int getkey(UART_Typedef * uartptr)
{
    while ((uartptr -> FLAG & 0x40) == 0);      //无数据,则等待
    return uartptr -> DATA;                     //读取字符
}
```

多数情况下，外设被定义为 32 位字，这是因为多数外设都连到了将所有传输作为 32 位处理的外设总线（使用 APB 协议，参见 2.3 节）。有些外设可能还会被连到处理器的系统总线（AHB 协议，支持各种传输大小，参见 2.3 节），此时寄存器可能还会以其他宽度访问。请参考微控制器的用户手册，以确定每个外设所支持的传输大小。

需要注意的是，在定义外设访问的存储器指针时，应该在寄存器定义中使用"volatile"关键字，以确保编译器生成正确的访问。

3.3.3　程序映像内有什么

除了所创建的程序代码，程序映像中还存在多种软件部件：

- 向量表；
- 服务处理/启动代码；
- C 启动代码；
- 应用代码；
- C 运行时库函数；
- 其他数据。

在本节中，将会简单介绍以下这些部件。

1）向量表

ARM Cortex-M 处理器的向量表中包含每个异常和中断的起始地址，而对于 Cortex-M0 和 Cortex-M0 ＋ 处理器，复位后，向量表定义在存储器空间的起始位置（地址 0x00000000）。向量表的一个字还定义了主栈指针的初始值，下一章将会做进一步的介绍（4.2 节"编程模型"），向量表是和设备相关的（取决于所支持的异常），一般位于启动代码中。

2）复位处理/启动代码

复位处理是可选的，若没有复位处理，则会直接执行 C 启动代码。复位处理中的代码在处理器从复位中退出时会立即执行，有些情况下其中还会存在一些硬件初始化代码。对于使用 CMSIS-CORE（Cortex-M 处理器用的软件框架，本章稍后将会介绍）的工程，复位处理执行"SystemInit()"函数，其会在跳转到 C 启动代码前设置时钟和 PLL。

启动代码一般由微控制器厂商提供，有时还会出现在工具链软件中，其可能是 C 代码或汇编代码。

3）C 启动代码

若用 C/C++或其他许多高级语言编程，处理器需要执行一些程序代码以设置程序执行环境（如设置全局变量以及 SRAM 中的初始值），对于加载时未初始化的数据存储器中的变量，需要将它们初始化为 0。若应用需要使用 malloc()等 C 函数，C 启动代码还需要初始化控制堆存储的数据变量，初始化后，C 启动代码会跳转到"main"程序的开头。

C 启动代码会被工具链自动生成，因此是和工具链相关的，如果是完全用汇编编写的程序，则可能会不存在启动代码。对于 ARM 编译器，C 启动代码的标号为"__main"，而 GNU

C编译器生成的启动代码的标号一般为"_start"。

4）应用代码

应用代码一般是从main()开始的,其中包括用以执行所需任务的应用程序代码生成的指令,除了指令序列外,还有其他类型的数据如下所示:

- 变量初始值,函数或子例程中的局部变量需要被初始化,在程序执行期间会设置这些初始值。
- 程序代码中的常量,应用代码中的常量数据有多种用法:数据值、地址或外设寄存器以及常量字符串等。这些数据一般被称作文本数据,且在程序映像中会以多个名为文本池的形式分组出现。
- 有些应用中可能还包含查找表、图形映像数据(如位图)等其他常量数据。

5）C库代码

在使用某些C/C++函数时,C库代码会被链接器插入程序映像中。另外,在进行浮点运算和除法等数据处理任务时可能也会包含C库代码。Cortex-M0和Cortex-M0＋处理器不支持除法指令,除法运算一般由C库中的除法函数执行。

为了应对不同用途,有些开发工具会提供各种版本的C库。例如,对于Keil MDK或ARM Development Studio 5(DS-5),可以选择使用名为Microlib的特殊版本的C库。Microlib面向微控制器应用,并且体积非常小,但是无法提供标准C库的所有特性。对于不需要很高的数据处理能力且存储器需求非常紧张的应用,Microlib是降低代码大小的好方法。

对于不同的应用,C库代码可能不会出现在简单的C应用(无C库函数调用)或纯汇编语言工程中。

向量表必须放在存储器映射的开头处,程序映像的其他部分就没有什么限制了。有些情况下,若程序存储器中各部分的布局有特殊的要求,则可以利用链接器脚本控制程序映像的生成。

6）其他数据

程序映像中还包含其他数据,例如全局或静态变量的初始值等。

3.3.4 SRAM中的数据

处理器系统中的SRAM具有以下用途:

（1）数据,存储在RAM末端的数据通常包含全局和静态变量。(注:局部变量可以存储在处理器的寄存器中,或者放在栈中以减少RAM的使用,未使用函数中的局部变量不会占用存储器空间。)

（2）栈,栈存储的作用包括临时数据存储(一般的栈PUSH和POP操作)、局部变量的存储器空间、函数调用时的参数传递以及异常流程中的寄存器保存等。Thumb指令集在处理器数据访问时非常高效,其使用栈指针(SP)相关的寻址模式,并且在很小的指令开销下就可以访问栈存储中的这些数据。

（3）堆，堆存储是可选的，用于 C 函数中存储器空间的动态分配，如"alloc()"、"malloc"和其他使用这个功能的函数。为保证这些函数能够正确地分配存储空间，C 启动代码需要初始化堆存储及其控制变量。

对于 ARM 处理器，还可以将程序代码复制到内存中并从这里开始执行，但是对于多数微控制器应用，程序一般从 Flash 等非易失性存储器中开始执行。

将这些数据放到 SRAM 中的方法有很多种，一般是和工具链相关的。对于不具备 OS 的简单应用，SRAM 中的存储器分布情况如图 3.8 所示。ARM 处理器的栈指针会被初始化为栈存储空间的顶部，在使用栈 PUSH 操作将数据放入栈中时会减小，而当利用 POP 操作将数据移出时会增大。

对于具有嵌入式 OS(如 μClinux)或 RTOS(如 Keil RTX)的微控制器系统，每个任务的栈都是独立的。许多 OS 都允许软件开发人员定义每个任务/线程所需的栈大小，有些 OS 可能会将 RAM 分割为多个部分，并将每个部分分配给一个任务，其中都包含各自的数据、栈和堆（见图 3.9）。

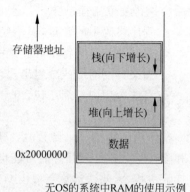

图 3.8　单任务系统内存使用实例（无操作系统）

具有 RTOS 的多数系统会使用如图 3.9 左侧的数据布局，这里的全局和静态变量以及堆存储都是共用的。

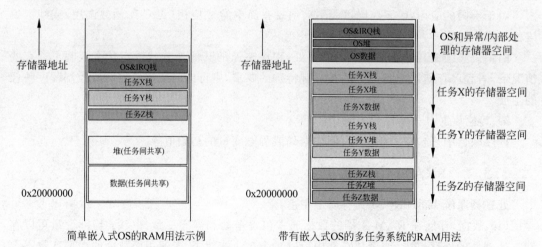

图 3.9　多任务系统内存使用示例（有操作系统）

3.3.5　微控制器启动时会发生什么

多数现代微控制器使用片上 Flash 存储器来存储编译后的程序，Flash 存储器的程序是以二进制的形式存放的,因此用 C 编写的程序在烧入 Flash 存储器前必须进行编译。有些微控制器可能还会包含一个独立的启动 ROM,其中存在一段 Bootloader 程序,该程序会在微控制器执行 Flash 存储器中的用户程序前启动。多数情况下,只有 Flash 存储器中的程序代码才能被修改,而 Bootloader 中的程序代码则已被生产商固化。

编程完 Flash 存储器(或其他类型的程序存储器)后,程序可被处理器访问。处理器复位后会执行复位流程(见图 3.10)。

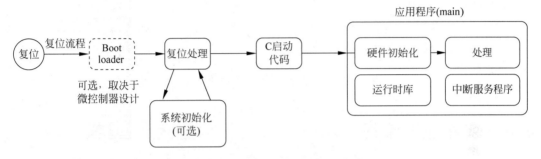

图 3.10　处理器复位之后的工作步骤

在复位流程中,处理器从向量表中取出初始栈指针以及复位向量(异常的起始地址)的数值,然后执行启动代码中的复位处理,复位处理可以选择执行一些硬件的初始化工作。

对于用 C 开发的应用,C 启动代码会在进入主应用代码前执行(见图 3.11),C 启动代码会初始化应用所需的变量和存储器,并被 C 开发组件插入程序映像中。

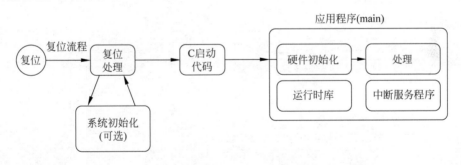

图 3.11　微控制器启动后,C 启动代码所做的工作

在执行了 C 启动代码后,应用就会被启动起来(见图 3.12),应用程序一般由以下部分组成:

- 硬件的初始化;
- 应用的处理部分;
- 中断服务例程。

另外,应用中可能还会存在 C 库函数,此时 C 编译器/链接器会将所需的库函数加入到编译后的程序映像中。

硬件的初始化可能涉及多个外设以及 Cortex-M0/M0＋处理器中的一些系统控制寄存

器和中断控制寄存器，若复位处理未执行系统时钟控制和 PLL 初始化，此处也需要进行处理。在初始化外设后，就可以执行应用处理部分的程序了。

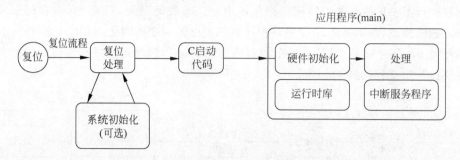

图 3.12　微控制器启动后，应用程序的工作

3.4　软件开发流程

ARM 微控制器可用的开发工具链有很多种，其中多数支持 C/C++ 以及汇编语言，多数情况下，程序生成流程可以被总结为如图 3.13 所示的形式。

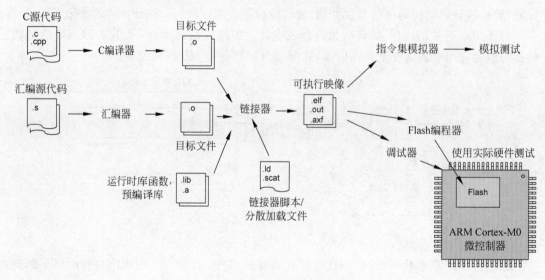

图 3.13　典型的程序生成流程

对于多数简单应用，程序可以全部用 C 语言实现。C 编译器将 C 程序编译为目标文件，然后利用链接器生成可执行程序映像文件。对于 GNU C 编译器，编译和链接阶段一般会被合并为一个步骤。

需要汇编编程的工程利用汇编器将汇编源代码生成目标代码，然后目标文件和其他的目标文件链接在一起以生成可执行映像。

除了程序代码,目标文件和可执行映像中可能还存在各种调试信息。

有的开发工具可以利用命令行选项指定链接器的存储器布局,但是,对于使用 GNU C 编译器的工程,一般需要用链接器脚本来指定存储器布局。当存储器的布局非常复杂时,其他开发工具也需要用链接器脚本。对于 ARM 开发工具,链接器脚本通常被称作分散加载文件。若使用的是 Keil 微控制器开发套件(MDK),则分散加载文件可从存储器布局窗口自动生成。如果需要,可以使用分散加载文件。

生成可执行映像之后,可以将其下载到微控制器的 Flash 存储器或 RAM 中并进行测试。整个过程相当简单,多数开发组件都有界面友好的 IDE。再加上在线调试器(有时也被称作在线模拟(ICE)、调试探测或 USB-JTAG 适配器),经过几个步骤以后,就可以创建一个工程并且在构建自己的应用后将嵌入式应用下载到微控制器中(见图 3.14)。

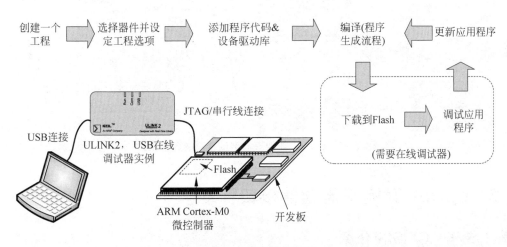

图 3.14 开发流程示例

许多情况下,在线调试器都需要将调试主机(个人计算机)连接到目标板,Keil ULINK2(见图 3.15)就是其中一种产品,且可用于 Keil 微控制器开发套件。

Flash 编程功能可由开发组件中的调试器软件执行,有时可以从微控制器厂商的网站下载至 Flash 编程工具。然后就可以在微控制器上运行程序并执行测试,将调试器连接到微控制器后,程序执行过程就可控了,并且芯片执行的操作也可以被观察到。所有这些功能都可通过 Cortex-M 处理器的调试接口执行(见图 3.16)。

图 3.15 ULINK2 USB-JTAG 适配器

对于简单的程序代码,还可以利用模拟器来测试程序。这样可以观察到程序执行的全部过程,并且测试时也不需要实际硬件。有些开发组件提供的模拟器可以模拟外设的行为,例如,Keil MDK 提供了许多基于 ARM Cortex-M 处理器的微控制器的设备模拟。

除了不同 C 编译器表现不同的事实外，不同开发组件还提供了不同的 C 语言扩展特性，并且汇编语言也有不同的语法和伪指令。本书的第 5 章、第 6 章和第 21 章将会介绍 ARM 开发工具（包括 ARM Development Studio 5 和 Keil MDK）和 GNU 编译器的汇编语法。另外，不同的开发组件在调试、工具方面的特性会有所差异，并且对调试硬件的支持也不同。

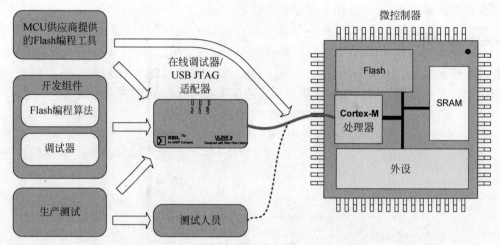

图 3.16　Cortex-M 处理器调试接口的各种用途

3.5　Cortex 微控制器软件接口标准

3.5.1　CMSIS 介绍

随着嵌入式系统复杂度的增加，软件代码的兼容性和可重用性也变得愈加重要。具有可重用性的软件开发可以减少后续项目的开发时间，并能让产品更快地推向市场；软件的兼容性则对第三方软件部件的使用有很大的好处。例如，嵌入式系统工程可能会涉及如下几个软件部件：

- 内部开发人员开发的软件；
- 重用的其他工程的软件；
- 微控制器厂商的设备驱动库；
- 嵌入式 OS/RTOS；
- 通信协议栈和编解码器等第三方软件产品。

如果在同一个项目中使用了所有这些软件部件，那么对于许多大型软件工程来说，兼容性就是一个非常关键的问题。另外，系统开发人员还想在以后的工程中重用现在已经开发的软件，而且使用的处理器可能还是不同的。

为使这些软件产品具有高度的兼容性，并提高软件的可移植性和可重用性，ARM 同各家微控制器供应商、工具供应商和软件解决方案提供商一同开发了 CMSIS——一个涵盖了大多数 Cortex-M 处理器和 Cortex-M 微控制器产品的软件框架。

CMSIS 文件被集成在微控制器供应商提供的设备驱动库软件包中,并提供了访问中断控制和系统控制功能等处理器特性的标准接口(见图 3.17)。这些处理器特性访问函数中的许多函数都是适用于所有 Cortex-M 处理器的,因此在基于这些处理器的微控制器间移植程序也会非常简单。

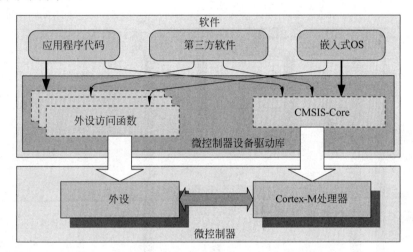

图 3.17 CMSIS-CORE 针对处理器特性提供标准化的操作函数

CMSIS-CORE 对于多家微控制器厂商都是标准的,而且还被多家 C 编译器厂商支持。例如,它可用于 Keil MDK、ARM Development Studio 5(DS-5)、IAR Embedded Workbench TASKING 编译器以及 Atollic TrueStudio 等多个基于 GNU 的编译器组件。

CMSIS-CORE 是 CMSIS 项目的第一部分,并已经逐渐地覆盖了更多的处理器,同时增加了对其他工具链的支持。多年来,CMSIS 已经扩展为多个项目(见表 3.4)。

表 3.4 现有 CMSIS 项目

CMSIS 项目	描 述
CMSIS-CORE	包括处理器特性应用编程接口(API)、寄存器定义在内的软件框架,与设备驱动库的形式差不多
CMSIS-DSP	适用于所有 Cortex-M 处理器的免费 DSP 软件库
CMSIS-RTOS	应用代码和 RTOS 产品间的 API 接口规范,中间件可以借其同多个 RTOS 配合使用
CMSIS-PACK	软件供应商可以利用它实现软件包,很容易就可以集成到开发组件中
CMSIS-Driver	中间件访问常用设备驱动函数的设备驱动 API
CMSIS-SVD	系统视图描述(SVD)基于 XML 文件标准,对微控制器设备内的外设寄存器进行了描述,CMSIS-SVD 文件由微控制器供应商提供,支持 CMSIS-SVD 的调试器则可以引入这些文件并显示外设寄存器的内容

CMSIS 项目	描　述
CMSIS-DAP	USB 到调试连接适配器的参考设计，开发组件中的调试器可以通过它和 USB 调试适配器通信，这样微控制器供应商可以设计出适用于多种工具链的低成本调试适配器

多个 CMSIS 项目间的关系如图 3.18 所示。

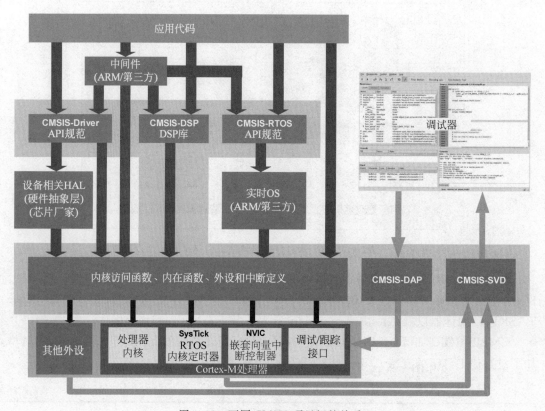

图 3.18　不同 CMSIS 项目间的关系

3.5.2　CMSIS-CORE 所做的标准化

CMSIS 为嵌入式软件提供了以下标准化的内容：

- 标准的访问函数/应用编程接口（API）用以访问内部外设（如 NVIC、系统控制块（SCB）和系统节拍定时器（SysTick）），例如中断控制和 SysTick 的初始化等。本书的多个章节以及附录 C"CMSIS-CORE 快速参考"都会涉及这些函数。
- 处理器内部寄存器的标准定义，为了获得最佳的可移植性，应该使用标准访问函数，但是有些情况下，还需要直接访问这些寄存器。此时，标准的寄存器定义则有助于提高软件的可移植性。

- 访问 Cortex-M 微控制器中特殊指令的标准函数,Cortex-M 处理器中的一些指令无法用普通的 C 代码生成,需要时可以用 CMSIS 提供的这些函数得到,否则,必须用 C 编译器提供的内在函数或者嵌入式/内联汇编语言来实现,但是它们都是和工具链相关的,因此可移植性要差一些。
- 系统异常处理的标准化命名,嵌入式 OS 一般需要系统异常,系统异常有了标准的名称后,嵌入式 OS 在支持不同的设备驱动库时也就更加容易。
- 系统初始化函数的标准化命名,有了系统初始化函数"void SystemInit(void)",软件开发人员可以很容易地对系统进行设置。
- 名为"SystemCoreClock"的标准软件变量用于确定处理器的时钟频率。
- CMSIS-CORE 还为设备驱动库提供了一个通用平台,每个设备驱动库看起来都是一样的,初学者学习起来更加容易且软件移植也更方便。

CMSIS 是为了保证基本操作的兼容性而开发的,微控制器厂商可以在自己的驱动库中加入其他的函数,以完善他们的软件解决方案,CMSIS 并不会对嵌入式产品的功能加以限制。

3.5.3　CMSIS-CORE 的组织

符合 CMSIS 的设备驱动包括以下内容:

- 内核外设访问层,名称定义、地址定义以及访问内核寄存器和 NVIC 及 SysTick 定时器等内核内部外设的辅助函数。
- 设备外设访问层(MCU 相关),寄存器名称定义、地址定义和访问外设的设备驱动代码。
- 外设的访问函数(MCU 相关),外设访问的可选辅助函数,请注意另一个名为 CMSIS-Driver 的项目已经启动,目的是实现一组 API,使得开发的应用代码和中间件能够适合多种微控制器平台。

这些层的作用如图 3.19 所示。

3.5.4　使用 CMSIS-CORE

CMSIS 文件被集成在微控制器供应商提供的设备驱动库软件包中,如果在软件开发中使用了设备驱动库,那么就是已经在使用 CMSIS-CORE 了。如果未使用微控制器提供的设备驱动库,仍然可以使用 CMSIS-CORE:从 ARM 网站(www.arm.com/cmsis)下载 CMSIS 软件包、解压文件并将所需文件添加到自己的工程中。

对于 C 程序代码,一般只需包含微控制器厂商提供的设备驱动库中的一个头文件,这个头文件会把 CMSIS-CORE 特性以及外设驱动等所有需要的头文件包含进来。

还可以包含符合 CMSIS 的启动代码,其可能是 C 也可能是汇编代码。CMSIS-CORE 提供了用于不同工具链的多种启动代码模板。

图 3.20 为使用 CMSIS 设备驱动库软件包的简单工程设置,其中一些文件的命名取决于微控制器设备的名称(图 3.20 中显示为< device >),在使用设备驱动库中的头文件时,其他所需头文件会被自动包含进来(见表 3.5)。

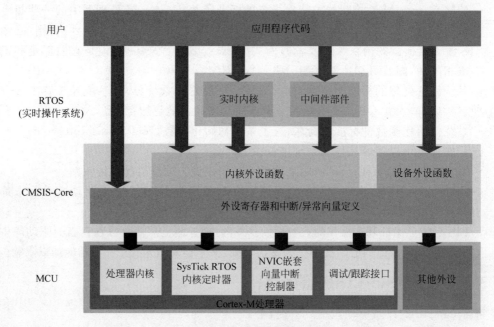

图 3.19 CMSIS 结构

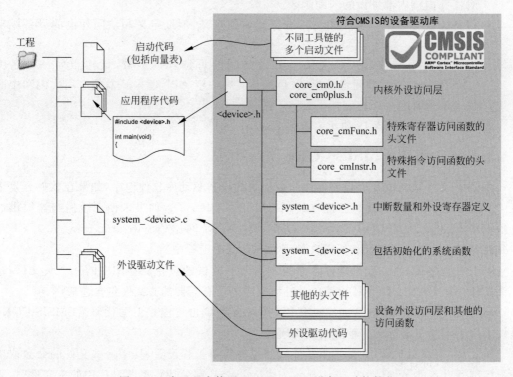

图 3.20 在工程中使用 CMSIS-CORE 设备驱动软件包

表 3.5 CMSIS-CORE 中的文件

文 件	描 述
< device >. h	微控制器供应商提供的文件,包括其他头文件以及 CMSIS 需要的多个常量定义、设备特有的异常类型定义、外设寄存器定义以及外设地址定义,实际的文件名同设备相关
core_cm0. h/ core_cm0plus. h	该文件包含处理器外设寄存器的定义,包括 NVIC、SysTick 定时器、系统控制块(SCB)等,还提供中断控制和系统控制等内核操作函数
core_cmFunc. h	提供内核寄存器访问函数
core_cmInstr. h	提供内在函数
启动代码	由于是工具相关的,CMSIS 包含多个版本的启动代码,该代码包含向量表和多个系统异常处理的虚拟定义,从版本 1.30 开始,在跳转到 C 启动代码之前,复位处理也会执行系统初始化函数"void SystemInit(void)"
system_< device >. h	该文件为 system_< device >. c 中函数的头文件
system_< device >. c	该文件包含系统初始化函数"void SystemInit(void)"、变量"SystemCoreClock(处理器时钟频率)"的定义以及一个名为"void SystemCoreClockUpdate(void)"的函数定义,该函数用于在时钟频率改变后更新"SystemCoreClock"。"SystemCoreClock"和"SystemCoreClockUpdate"从 CMSIS 版本 1.3 开始使用
其他文件	其他文件包含外设控制代码和其他辅助函数,这些文件提供了 CMSIS 的设备外设访问层

图 3.21 为简单工程中使用符合 CMSIS 驱动的实例。

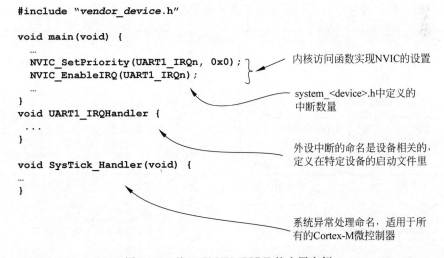

图 3.21 基于 CMSIS-CORE 的应用实例

一般来说,符合 CMSIS 设备驱动库的相关信息和实例位于微控制器厂商提供的代码库包中,ARM 网站(www. arm. com/cmsis)的 CMSIS 包中也有一些使用 CMSIS 的简单实例,要了解 CMSIS 项目的最新信息,可以访问 http://www.keil.com/CMSIS/。

3.5.5 CMSIS 的优势

对于大多数用户而言,CMSIS 的关键优势在于以下几方面:

1) 软件可移植性和可重用性

从基于 Cortex-M 的微控制器移植到另外一个微控制器也更加容易,例如,多数中断控制函数在所有的 Cortex-M 处理器中都是可用的(由于 Cortex-M3/M4 处理器的功能更多,因此 Cortex-M3/M4 的少数几个函数是不能用在 Cortex-M0/M0+上的,参见 22.5 节),这样就可以很容易地将同一段应用代码用在其他工程中了。可以从 Cortex-M3 工程移植到 Cortex-M0/M0+以降低功耗,或者从 Cortex-M0/M0+工程移植到 Cortex-M3 以提高性能。

2) 易于学习新设备的编程

学习使用新的 Cortex-M 微控制器也非常容易。由于所有符合 CMSIS 的设备驱动库都具有相同的内核函数和类似的形式,只要使用过一个基于 Cortex-M 的微控制器,就可以很快地开始使用另外一个。

3) 软件部件兼容性

在使用第三方软件部件时,CMSIS 还降低了不兼容的风险。由于中间件和嵌入式 RTOS 基于 CMSIS 文件中相同的内核外设寄存器定义以及内核访问函数,这就降低了代码冲突的风险。当多个软件部件都有自己的内核访问函数和寄存器定义时,就可能会产生冲突。如果没有 CMSIS-CORE,不同的第三方软件都有自己的驱动函数,这样就会由于多个函数的命名类似而导致命名的冲突、混乱,且由于重复的函数而带来代码空间的浪费(见图 3.22)。

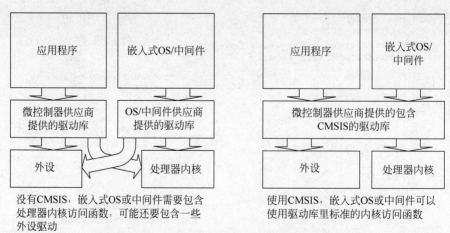

图 3.22 CMSIS 避免驱动代码的重复

4) 不会过时

CMSIS 使得软件代码不会过时,未来的 Cortex-M 处理器和基于 Cortex-M 的微控制器也会支持 CMSIS,因此可以将程序代码重用到未来的产品中。

5）质量

CMSIS 内核访问函数占用的存储器非常少,并且经过多方测试,可减少软件测试时间,CMSIS 符合 MISRA(汽车工业软件可靠性联会)规范。

对于开发嵌入式 OS 或中间件产品的公司,CMSIS 的优势巨大,由于 CMSIS 支持多种编译器组件并得到多家微控制器厂商的支持,因此利用 CMSIS 开发的嵌入式 OS 或中间件可以同多种编译器产品配合工作,且可用于多种微控制器。使用 CMSIS 也意味着这些公司无须开发自己的可移植设备驱动,节省了开发和验证的时间。

3.6 软件开发的其他信息

多数 C 编译器提供在 C 代码中使用汇编代码的方法,例如,ARM 编译器提供嵌入汇编和内联汇编,可以很容易地将汇编函数插入到 C 程序代码中。但是,嵌入汇编和内联汇编的语法是和工具链相关的(不可移植)(注:对于 ARM 编译器,内联汇编对 Thumb 指令的支持始于版本 5.01)。

包括 Development Studio 5(DS-5)和 Keil MDK 中的 ARM C 编译器在内的一些 C 编译器还提供可以插入无法用普通 C 代码生成的特殊指令的内在函数。内在函数一般是和工具相关的,但是利用 CMSIS-CORE 也可以实现 Cortex-M 处理器用的独立于工具的类似函数,21.9 节"访问特殊寄存器"将会介绍这方面的内容。

可以在一个工程中混合使用 C、C++和汇编代码,因此,大部分程序可以用 C/C++编写,而无法用 C 实现的部分则可以使用汇编,此时函数间的接口必须保持一致,以确保输出参数和返回值的正确传递。对于 ARM 软件开发,函数间的接口要符合名为 ARM 架构过程调用标准(AAPCS)的规范文档,AAPCS 属于嵌入式应用二进制接口(EABI)的一部分。在使用嵌入汇编时,应遵循 AAPCS 的规定。AAPCS 和 EABI 文档可从 ARM 网站下载。

要了解这方面的更多细节,可以参考第 21 章的内容。

第4章

架　构

4.1　ARMv6-M 架构综述

4.1.1　架构的含义

ARM Cortex-M0 和 Cortex-M0＋处理器都基于 ARMv6-M 架构,我们在第 2.4 节已经介绍过,架构指的是如下两个方面:

- 架构:定义程序如何执行以及调试如何同处理器交互。
- 微架构:处理器的确切实现细节,例如多少个流水线阶段、指令周期以及所使用的总线接口的类型等。

ARMv6-M 的定义并不都是固定的,例如以下几方面:

- 有些定义在架构中的特性是可选的,例如存储器保护单元(MPU)以及设备支持的中断源的数量等都可以由芯片设计人员配置。
- 架构中的某些部分可由芯片设计人员定义,例如某条指令执行的周期数等。类似地,根据架构定义,需要一系列的编号(ID)寄存器,但是编号的实际数值则由处理器决定。
- 处理器的一些特性并不算是架构特性,例如 Cortex-M0 处理器的单周期 I/O 接口就不是 ARMv6-M 架构规范定义的,但是对许多应用而言都非常重要。

因此,基于 ARMv6-M 架构的 Cortex-M0 和 Cortex-M0＋处理器可以具有不同的流水线设计以及不同的特性。但是,在执行某段代码时,可能会得到相同的结果,只是时序可能会有所差异(也就是需要的时钟周期数)。

4.1.2　ARMv6-M 架构背景

第一个基于 ARMv6-M 架构的微处理器是名为 Cortex-M1 的 ARM 处理器,其主要用于 FPGA 应用,Cortex-M0 处理器和之后的 Cortex-M0＋处理器后来才被开发出来。

Cortex-M3 处理器在微控制器应用取得成功后,ARM 扩展了 FPGA 应用。经过一些调查后,ARM 工程组发现尽管 Cortex-M3 就能很好地用在 FPGA 中,但其未对 FPGA 硬件进行优化,因此最大时钟频率有点跟不上。另外,Cortex-M3 处理器具有多种需要连接到

存储器块上的总线接口(基于 AHB-Lite 协议),因此设计人员在将处理器加到他们的
FPGA 工程中时需要多花些工夫。

仔细研究了设计需求后,许多 FPGA 应用只需一个简单的处理器实现控制功能,而复
杂的数据处理则由 FPGA 硬件实现。另外,Cortex-M3 处理器的异常处理和系统特性对
FPGA 设计人员非常有吸引力,ARM 决定基于这些需求开发一款新的处理器架构。

因此有了 ARMv6-M 架构和 Cortex-M1 处理器,Cortex-M1 处理器的编程模型和异常
处理器模型都是基于 Cortex-M3 处理器的,而指令集则基于 ARMv6 架构的 Thumb 指令
集,另外再加上 Cortex-M 处理器所需的其他系统指令(如特殊寄存器访问)(见图 4.1)。

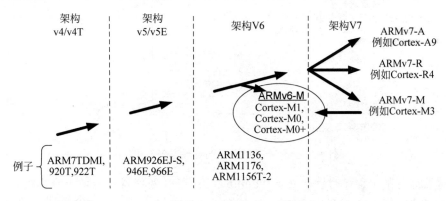

图 4.1 ARMv6-M 处理器架构的发展历程

开发了 Cortex-M1 处理器后,许多客户都对基于 ARMv6-M 架构的微控制器产品非常
感兴趣。根据我同事的说法,某个微控制器厂商的管理团队和 ARM 的产品市场团队一天
晚上在酒吧聊天时,就有了这个想法—很多种微控制器和 ASSP/ASIC 应用都需要一个具
有小指令集以及中断处理能力的简单处理器,而 Cortex-M1 处理器适用于 FPGA 应用,并
不适合这些低功耗的应用。ARM 决定基于 ARMv6-M 架构设计一款新的处理器,适用于
低功耗设计和低成本微控制器。

Cortex-M0 处理器就是努力后的结果,并且它已经成为 ARM 历史上最快被授权的处
理器产品。由于最低门数只有 12K,Cortex-M0 突破性地使许多低功耗设计得到了很高的
性能(和 8 位以及 16 位处理器相比),例如传感器、无线通信芯片组、智能模拟部件等。

近年来,ARMv6-M 架构还增加了包括 MPU 支持(Cortex-M0 和 Cortex-M1 处理器中
不存在)等在内的其他系统特性。除了 Cortex-M1、Cortex-M0 和 Cortex-M0+处理器,
ARMv6-M 架构还用在 SC000 中,这是为智能卡和其他安全产品开发的处理器产品。

4.2 编程模型

4.2.1 操作模式和状态

如图 4.2 所示,ARMv6-M 架构具有两个操作模式和两个状态,另外,它还具有特权和

非特权访问等级。特权访问等级可以访问处理器内的所有资源，而非特权等级则意味着有些存储器区域是无法访问的，并且有些操作无法执行。非特权访问等级在 Cortex-M0 处理器中不存在，而在 Cortex-M0＋处理器中则是可选的（和设备有关）。

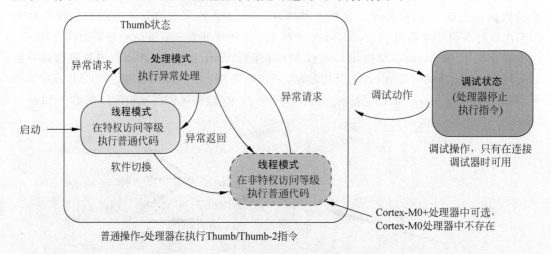

图 4.2　ARMv6-M 架构的处理器模式和状态

　　处理器运行某个程序时就会处于 Thumb 状态，此时处理器可能处于线程模式，也可能处于处理模式。对于 ARMv6-M 架构，线程模式和处理模式的编程模型基本上是完全相同的，唯一的区别在于，通过配置一个名为 CONTROL 的特殊寄存器，线程模式可以使用影子栈指针，本章稍后将会介绍栈指针选择的相关内容（见 4.4 节）。

　　从架构上来说，线程模式可被配置为

- 特权；
- 非特权（某些存储器空间有限制，并且无法访问一些内核寄存器），这在架构定义中是可选特性。

　　对于 Cortex-M0＋处理器，运行在特权状态的程序可以通过设置 CONTROL 寄存器将自身切换为非特权等级（如果实现了非特权等级），但无法切换回非特权状态。要想回到特权状态，必须通过异常流程。这套机制可以避免未受信任的程序在没有得到操作系统同意的情况下获得特权访问权限。

　　Cortex-M0 处理器总是执行在特权状态，非特权状态则不可用。

　　在处理器暂停时调试状态就会被激活，比如调试器通过调试接口连接时，调试状态只用于调试操作，允许调试器访问或修改处理器寄存器的值。无论是 Thumb 状态还是调试状态，调试都可以访问系统存储器位置。

　　当处理器上电后，就可以在 Thumb 状态和线程模式下运行代码，且默认为特权访问等级。

4.2.2 寄存器和特殊寄存器

数据处理和控制的执行需要用到处理器内核中的多个寄存器,如果要处理存储器中数据,则需要将其从存储器加载到寄存器组中的寄存器里,并在处理器内部进行处理,然后有必要还得写入存储器中,或者保存在寄存器组中用于其他操作,这种结构通常被称作"加载-存储架构"。由于寄存器组中有足够的寄存器,这种机制使用起来也非常简单,并且容易用C语言实现。C编译器可以很容易地就能将C程序编译为具有良好性能的机器码。

Cortex-M0 和 Cortex-M0+处理器中存在一个包含 16 个 32 位寄存器(多数是通用目的的,R13-R15 具有特殊用途)的寄存器组,以及多个特殊寄存器(见图 4.3)。

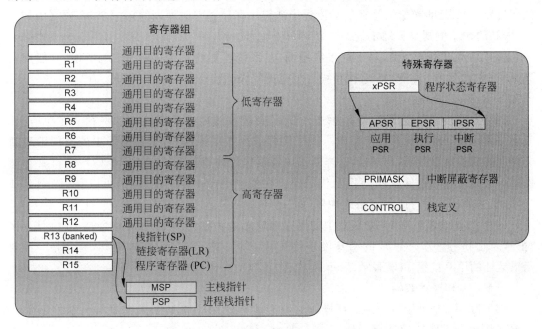

图 4.3 Cortex-M0 和 Cortex-M0+处理器中的寄存器

下面详细介绍这些寄存器。

1) R0-R12

R0-R12 是通用目的寄存器,由于 16 位 Thumb 指令的空间有限,许多 Thumb 指令只能访问被称作低寄存器的 R0-R7,而 MOV(移动)等指令则可使用所有的寄存器。在 ARM 汇编器等 ARM 开发工具中使用这些指令时,可以用大写(如 R0)或小写(如 r0)来指定所用的寄存器。R0-R12 在复位后的初始值是不确定的。

2) R13:栈指针

R13 是栈指针,用于 PUSH 和 POP 操作对栈存储器的访问,Cortex-M0 和 Cortex-M0+处理器中实际上存在两个不同的栈指针:

• 主栈指针(MSP,ARM 文献中也称之为 SP_main)为复位后的默认栈指针,在执行异常处理时会用到。

- 进程栈指针（PSP，ARM 文献中也称之为 SP_process）只能用于线程模式（未处理异常时）。

栈指针的选择由 CONTROL 寄存器决定，稍后将会介绍该寄存器。

在使用 ARM 开发工具时，可以通过"R13"或"SP"这两种方式来访问栈指针，而且大写或小写格式均可（如"r13"或"sp"），同一时间只有一个栈指针可见。但是，在使用特殊寄存器操作指令 MRS 和 MSR 时，可以直接访问 MSP 或 PSP，此时应该使用寄存器名"MSP"和"PSP"。

栈指针的最低两位一直为 0，对这两位的写操作不会起作用。在 ARM 处理器中，由于寄存器是 32 位宽，因此 PUSH 和 POP 总是 32 位宽的，栈操作中的传输也必须对齐到 32 位字边界。MSP 的初始值是在启动流程中从程序存储器中向量表的第一个 32 位字中加载的，PSP 的初始值则是不确定的。

PSP 是可以不使用的，对于许多应用而言，系统可能会完全依赖 MSP。PSP 一般用在具有 OS 的设计中，其中 OS 内核和线程级应用代码的栈空间必须要分开。

3）R14：链接寄存器

R14 为链接寄存器（LR），LR 用于子例程或函数调用中返回地址的保存。在执行 BL 或 BLX 时，返回地址保存在 LR 中。在子例程或函数结束时，存储在 LR 中的返回地址就会被加载到程序计数器（PC）中，这样就可以继续执行调用程序了。若有异常产生，LR 还会提供一个用于异常返回机制的特殊代码值。在使用 ARM 开发工具时，可以利用"R14"或"LR"来访问 LR，大写或小写格式均可（如"r14"或"lr"）。

尽管 Cortex-M0/M0＋处理器中的返回地址总是偶数（由于最小的指令是 16 位且半字对齐，因此 bit[0]为 0），LR 的第 0 位是可读可写的。对于 ARMv6-M 架构，有些指令需要函数地址的第 0 位置 1，以表示 Thumb 状态。

4）R15：程序计数器

R15 为 PC，是可读可写的。读操作返回当前指令地址加 4（由流水线设计决定），而写入 R15 则会引发跳转（和函数调用不同，LR 并不会更新）。

若使用 ARM 汇编，可以利用"R15"或"PC"来访问 PC，大小写均可（如"r15"或"pc"）。Cortex-M0/M0＋处理器中的指令地址必须要对齐到半字地址，这就意味着 PC 的第 0 位一直为 0。但是，若要利用跳转指令（BX 或 BLX）执行跳转操作，则 PC 的 LSB 应该置 1，这么做是为了表明跳转目标是 Thumb 程序区域。否则，处理器就会试图切换至不支持的 ARM 状态（取决于所使用的指令），这样会引发错误异常。

5）xPSR：组合程序状态寄存器

组合程序状态寄存器（PSR）提供了 ALU 标志和程序执行状态信息，其中包括下面的三个 PSR（见图 4.4）：

- 应用 PSR（APSR）；
- 中断 PSR（IPSR）；
- 执行 PSR（EPSR）。

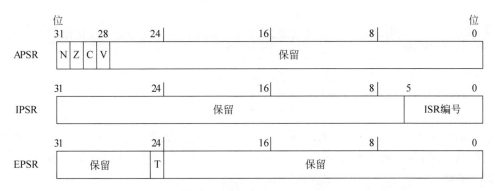

图 4.4　应用 PSR(APSR)、中断 PSR(IPSR)和执行 PSR(EPSR)

APSR 包含 ALU 标志：N(负数标志)、Z(零标志)、C(进位或借位标志)以及 V(溢出标志)。它们位于 APSR 的最高 4 位,这些标志一般用于控制条件跳转。

IPSR 中含有当前正在执行的 ISR(中断服务程序)编号,Cortex-M0/M0+处理器中的每个异常都有唯一的 ISR 编号(异常类型),其可用于在调试期间识别当前中断的类型,且左多个异常共用一个异常处理时可以区分出当前异常。

Cortex-M0/M0 处理器中 EPSR 中 T 位表示处理器正处于 Thumb 状态。由于 Cortex-M0/M0+处理器只支持 Thumb 状态,因此一般被设置为 1,若此位被清除,则会在下一条指令执行时引发 HardFault 异常。

这三个寄存器可通过一个名为 xPSR 的寄存器进行访问,例如,若产生了某个中断,xPSR 寄存器会随着其他寄存器一起被自动存储到栈空间,并且会在异常返回时自动恢复。在栈的存储和恢复过程中,xPSR 被当做一个寄存器(见图 4.5)。

只有通过特殊寄存器访问指令才能直接访问 PSR,APSR 的数值会影响到条件跳转,而 APSR 中的进位标志还可用于一些数据处理指令。

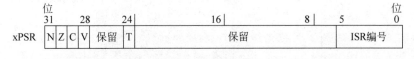

图 4.5　xPSR

6) PRIMASK：中断屏蔽特殊寄存器

PRIMASK 是一位宽的中断屏蔽寄存器,在置位时,会阻止除不可屏蔽中断(NMI)和 HardFault 异常外的所有中断。它实际上会将当前中断优先级提升到 0,这也是可编程异常的最高优先级(见图 4.6)。

PRIMASK 寄存器可通过特殊寄存器访问指令(MSR 和 MRS)以及一个名为 CPS 的指令进行访问,其一般用于处理时间关键程序。

7) CONTROL：特殊寄存器

前面已经介绍过 Cortex-M0/M0+处理器中存在两个栈指针,而栈指针的选择由处理

图 4.6　PRIMASK

器模式以及 CONTROL 寄存器的配置（第 1 位—SPSEL）决定。Cortex-M0＋处理器的线程模式可以是特权也可以是非特权的，而这点同样由 CONTROL 决定（第 0 位—nPRIV）（见图 4.7）。

图 4.7　CONTROL

复位后使用 MSP，当线程模式中设置 CONTROL 寄存器中的 bit[1]后，可以切换为 PSP（未运行异常处理）。在异常处理运行期间（处理器位于处理模式），只会使用 MSP，而 CONTROL 寄存器读出为 0，CONTROL 寄存器的 bit[1]只有在线程模式或者利用异常进入和退出流程时才能被修改（见图 4.8）。

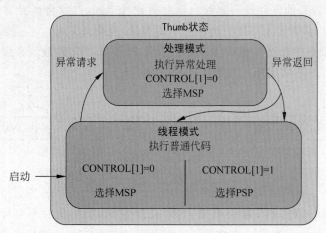

图 4.8　栈指针选择

CONTROL 寄存器的 bit[0]用于线程模式中选择特权和非特权状态，一些基于 Cortex-M0＋和所有基于 Cortex-M0 处理器的设备并不支持非特权状态，因此该位始终为 0（见图 4.9）。

若使用 C/C++或其他高级语言进行编程，则寄存器组中的寄存器（R0-R12）可被编译器

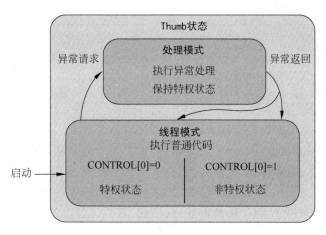

图 4.9 特权状态选择

直接使用,若不是在处理汇编代码和 C/C++代码的接口(这种混合语言开发将会在第 21 章介绍),多数情况下,无须担心使用的是哪个寄存器。

其他特殊寄存器则要通过一些特殊指令(MSR 和 MRS)才能访问,CMSIS-CORE 提供了多个这种作用的 API,需要注意的是,有些特殊寄存器是无法由软件访问或修改的(见表 4.1)。

表 4.1 特殊寄存器访问权限

	特权	非特权
APSR	R/W	R/W
EPSR	无访问(T 位读出为 0)	无访问(T 位读出为 0)
IPSR	只读	只读
PRIMASK	R/W	只读
CONTROL	R/W	只读

4.2.3 APSR 的行为

数据处理指令会影响目的寄存器以及在其他处理器架构中被称为 ALU 状态标志的 APSR,APSR 对于控制条件跳转非常重要。另外,APSR 标志中的 C 位(进位)也可用于加法和减法运算。

Cortex-M0 和 Cortex-M0+处理器中存在 4 个 APSR 标志(见表 4.2)。

表 4.2 Cortex-M0 处理器的 ALU 标志

标志	描述
N(第 31 位)	设置执行指令结果的 31 位,为"1"时结果为负数(被解析为有符号整数时),设为"0"时,结果为整数或 0
Z(第 30 位)	如果执行指令的结果为 0 置位,两个相同数值经比较后也会置"1"

续表

标志	描 述
C(第 29 位)	结果的进位,对于无符号加法,如果产生了无符号溢出,该位置"1";对于无符号减法,该位为借位输出状态取反
V(第 28 位)	结果溢出,对于有符号加法和减法,如果发生有符号溢出,该位置"1"

ALU 标志的结果实例如表 4.3 所示。

对于 Cortex-M0 和 Cortex-M0＋处理器,基本上所有的数据处理指令都会影响 APSR,但是其中有些不会更新 V 标志和 C 标志,例如 MULS(乘法)指令只会修改 N 标志和 Z 标志。

ALU 标志可用于超过 32 位的数据处理,例如,我们可以将 64 位加法拆成两个 32 位加法,这种运算可以表示为如下形式:

```
//计算 Z = X + Y, 其中 X、Y 和 Z 都是 64 位的
Z[31:0] = X[31:0] + Y[31:0];              //计算低字加法
//进位标志更新
Z[63:32] = X[63:32] + Y[63:32] + 进位;  //计算高字加法
```

汇编实现的这类 64 位加法运算实例则位于第 6 章(6.5.1 节)。

APSR 标志的其他用途则是控制跳转,第 5 章将会做进一步介绍(5.4.8 节),其中会涉及条件跳转指令的细节内容。

表 4.3　ALU 标志示例

操　作	结果,标志
0x70000000 ＋ 0x70000000	结果＝ 0xE0000000, N＝1,Z＝0,C＝0,V＝1
0x90000000 ＋ 0x90000000	结果＝ 0x30000000, N＝0,Z＝0,C＝1,V＝1
0x80000000 ＋ 0x80000000	结果＝ 0x00000000, N＝0,Z＝1,C＝1,V＝1
0x00001234－0x00001000	结果＝ 0x00000234, N＝0,Z＝0,C＝1,V＝0
0x00000004－0x00000005	结果＝ 0xFFFFFFFF,N＝1,Z＝0,C＝0,V＝0
0xFFFFFFFF－0xFFFFFFFC	结果＝ 0x00000003, N＝0,Z＝0,C＝1,V＝0
0x80000005－0x80000004	结果＝ 0x00000001, N＝0,Z＝0,C＝1,V＝0
0x70000000－0xF0000000	结果＝ 0x80000000, N＝1,Z＝0,C＝0,V＝1
0xA0000000－0xA0000000	结果＝ 0x00000000, N＝0,Z＝1,C＝1,V＝0

4.3　存储器系统

4.3.1　概述

所有的 Cortex-M 处理器都有 4GB 的存储器地址空间,该空间在架构上被定义成多个区域,为了提高不同设备间的软件可移植性,每个区域都有推荐用途(见图 4.10)。

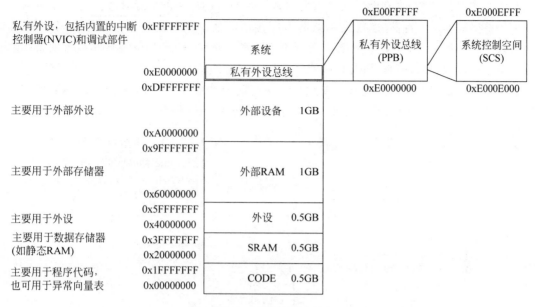

图 4.10 存储器映射

Cortex-M0 和 Cortex-M0＋处理器中存在 NVIC(中断控制器)和一些调试部件等多个内置部件,它们位于存储器映射中系统区域中的固定存储器位置。因此,所有基于 Cortex-M 处理器的设备的中断控制和调试都有相同的编程模型。这就使得软件移植非常容易,而且也便于调试工具厂商开发用于 Cortex-M0 的微控制器和 SoC(片上系统)产品的调试方案。

指令存储器、数据存储器、处理器的内置外设(如中断控制器)以及处理器的调试部件共用存储器空间,但调试部件对运行在处理器上的软件是不可见的(从架构的角度来说这是由设计定义的,而且现有 Cortex-M0 和 Cortex-M0＋处理器的调试部件是只对调试器可见)。Cortex-M3、Cortex-M4 和 Cortex-M7 处理器的情况则是不同的,其特权代码可以访问调试部件。

多数情况下,连接到 Cortex-M 处理器的存储器都是 32 位的,但是借助相应的存储器接口硬件,也可以用其他的数据宽度将存储器连接到处理器上。Cortex-M 处理器中的存储器系统支持不同大小的数据传输,例如字节(8 位)、半字(16 位)和字(32 位)。经过配置后,Cortex-M0 和 Cortex-M0＋处理器设计可以支持小端或者大端的存储器系统,但在固定设计中无法相互切换。

由于连接到 Cortex-M0 或 Cortex-M0＋处理器上的存储器系统和外设由微控制器厂商或 SoC 设计人员开发,基于 Cortex-M0/M0＋的产品中存在多种大小和类型的存储器。

4.3.2　单周期 I/O 接口

Cortex-M0＋处理器具有一种可选特性,其允许芯片设计人员添加一个单独的总线接口(除了主系统总线外),这样可以在单周期内访问某些外设寄存器,既提高了微控制器产品在 I/O 操作时的性能，也有助于改进需要频繁访问 I/O 的应用的能耗效率。

如果实现了这个特性，连接到单周期 I/O 接口的地址空间就和主存储器空间类似，因此从软件的角度来说，单周期 I/O 总线上的外设寄存器和 AHB-Lite 系统总线上的寄存器的工作方式是相同的，但是，该接口只能用于数据访问，但不支持指令访问（见图 4.11）。

单周期 I/O 接口可用于连接需要较高访问速度的少量外设（如 GPIO），UART 和定时器等外设则一般通过 AHB-Lite 系统总线连接，这是因为相关操作一般没有快速响应的需求且不会频繁产生。

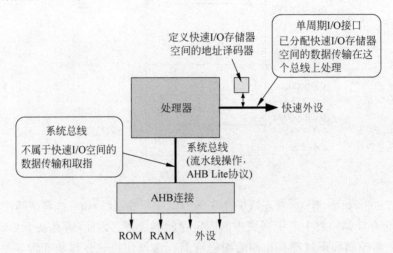

图 4.11　Cortex-M0＋处理器的可选单周期 I/O 接口

4.3.3　存储器保护单元

Cortex-M0＋处理器中的另一个可选特性为 MPU（存储器保护单元），它是可编程的且可用于处理器的特权/非特权状态。MPU 最多提供 8 个可编程区域，且每个区域都可被定义为不同的起始地址、大小以及存储器访问权限。

对于多任务系统，OS 可以在非特权状态执行一些应用任务，且每次在任务间切换时 OS 都可以编程可选的 MPU，因此每个非特权应用任务都会运行在允许的存储器空间，且只能访问分配给自己的存储器位置。

MPU 的配置寄存器只支持特权访问，因此非特权任务无法通过设置 MPU 来修改访问权限。

MPU 的详细内容将在第 12 章介绍。

4.4　栈存储操作

栈空间可用于临时数据存储，且相当于一个先入先出的缓冲。栈空间操作的关键在于一个名为栈指针的寄存器，栈指针数值表示当前栈存储的位置，且在每次执行操作时自动调整。

对于 Cortex-M 处理器,寄存器组中的 R13 即为栈指针,Cortex-M 处理器在物理上存在两个栈指针,但是根据 CONTROL 寄存器的当前数值和处理器的状态,同一时刻只会使用其中一个(见图 4.8)。

按照一般说法,往栈中存储数据叫作压栈(利用 PUSH 指令),而从栈中恢复数据则被称作出栈(利用 POP 指令)。根据不同的处理器架构,有些处理器在将新数据存入栈空间中时,地址是增加的,而有的则是减小的。对于 Cortex-M 处理器,栈操作基于一种"满递减"的栈模型。这就意味着栈指针总是指向最后一个填充到栈空间中的数据,并且栈指针在每次存储(PUSH)新的数据前都会减小(见图 4.12)。

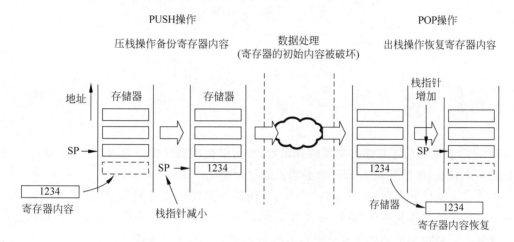

图 4.12 Cortex-M 处理器的 PUSH 和 POP 操作

PUSH 和 POP 一般用在函数或子例程的开始或结尾处,在函数开头,调用程序使用的寄存器的当前值被 PUSH 操作存储到栈中,而在函数结尾处,栈中的数据则会被 POP 指令恢复出来。每次寄存器 PUSH 操作都应有对应的寄存器 POP 操作,否则栈指针无法将寄存器恢复到初始值,这样会导致不可预测的后果,例如函数返回到错误的地址等。

每次 PUSH 和 POP 操作所传输的数据至少为 1 个字(32 位),一条指令可以将多个寄存器压栈或出栈。对于 Cortex-M 处理器而言,为使最低的复杂度带来最优的效率,栈空间的访问在设计上总是要对齐到字地址(地址值须为 4 的倍数,例如 0x0、0x4、0x8……)。因此,Cortex-M 处理器中的两个栈指针的 bit[1:0] 被硬件连接至 0 且读出为 0。

在编程时要访问栈指针,使用 R13 或 SP 这两种方式都可以。根据处理器状态和 CONTROL 寄存器数值的不同,访问栈指针时可以使用 MSP 或 PSP。许多简单应用只需要一个栈指针,默认使用 MSP,而 PSP 则只用于需要 OS 的嵌入式应用中。

对于具有 OS 的嵌入式应用,OS 内核使用 MSP,而应用进程则使用 PSP。这样就使得内核的栈独立于应用进程的栈空间,OS 也可以快速地执行上下文切换(从一个应用进程切换为其他进程)。另外,由于异常处理只需使用主栈,分配给应用任务的每个栈空间无须为异常处理保留空间,因此也提高了存储器的使用效率。

虽然 OS 内核只使用 MSP 作为自己的栈指针，它仍然可以通过特殊寄存器访问指令查看或修改 PSP 中的数值（MRS 和 MSR）（见表 4.4）。

由于栈向下增长（满递减），因此栈指针的初始值一般为 SRAM 的上边界。例如，若 SRAM 存储器处于 0x20000000 到 0x20007FFF 的范围内，我们可以将栈指针初始化为 0x20008000，此时，第一次 PUSH 栈后，地址将变为 0x20007FFC，也就是 SRAM 的最高字（见图 4.13）。

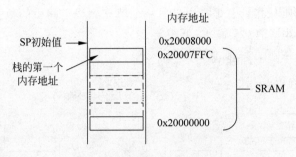

图 4.13　栈指针初始值示例

MSP 的初始值位于程序存储器的开始处，在这里会看到异常向量表（下节介绍）。PSP 的初始值未定义，因此在使用 PSP 前必须由软件初始化。

对于许多软件开发环境，可以在 C 启动代码执行期间再次设置栈指针（进入"main"）。利用这种两段式的栈初始化流程，系统可以在启动时让栈指向一小段片内 SRAM，然后可以在外部存储器控制器初始化完成后再将栈定义为更大的外部存储器空间。

表 4.4　栈指针用法定义

处理器状态	CONTROL[1]＝0(默认设置)	CONTROL[1]＝1(OS 已启动)
线程模式	使用 MSP(R13 为 MSP)	使用 PSP(R13 为 PSP)
处理模式	使用 MSP(R13 为 MSP)	使用 MSP(R13 为 MSP)

4.5　异常和中断

异常是可以改变程序控制的事件。当异常发生时，处理器不会继续执行程序，而是暂停当前任务，并转而执行一段名为异常处理的程序代码。在异常处理完成后，处理器会继续执行之前暂停的程序。

异常的种类很多，中断是异常的一个子集。Cortex-M0 和 Cortex-M0＋处理器支持最多 32 个外部中断（一般被称作 IRQ）以及一个名为 NMI（不可屏蔽中断）的特殊中断。中断事件的异常处理一般被称作 ISR（中断服务程序），中断可由片上外设或通过 I/O 端口的外部输入产生。所用的微控制器产品不同，Cortex-M0/M0＋处理器中可用中断的确切数量也可能不同。对于具有较多外设的系统，多个中断源可能会共用同一个中断连接。

除了 NMI 和 IRQ,如表 4.5 所示,Cortex-M0/M0+处理器中还存在多个主要用于 OS 和错误处理的系统异常。

每个异常都有一个异常编号,这个编号在包括 IPSR 在内的多个寄存器中都有所体现,用于确定异常向量地址。需要注意的是,异常编号和设备驱动库用的中断编号是不同的。对于多数设备驱动库,系统异常用负数定义,而中断则是由 0 到 31 的正数定义。

复位是一种特殊的异常,当 Cortex-M0/M0+处理器从复位中退出时,就会在线程模式中执行复位处理(无须从处理返回到线程),另外,异常编号 1 在 IPSR 中是不可见的。

除了 NMI、HardFault 和复位,其他所有异常都具有可编程的优先级。NMI 和 HardFault 的优先级是固定的,且都比剩下的异常要高,更详细的内容将在本书的第 8 章介绍。

表 4.5 异常类型

异常类型	异常编号	描 述
Reset	1	上电复位或系统复位
NMI	2	不可屏蔽中断,最高优先级且不能被禁止,用于高安全性的事件
Hard fault	3	用于错误处理,系统检测到错误后被激活
SVCall	11	请求管理调用,在执行 SVC 指令时被激活,主要用于操作系统
PendSV	14	可挂起服务(系统)调用
SysTick	15	系统节拍定时器异常,一般在 OS 中用作周期系统节拍异常,SysTick 定时器在 Cortex-M 处理器中是可选的
IRQ0-IRQ31	16-47	中断,可来自外部也可来自片上外设

4.6 嵌套向量中断控制器

为了给中断请求划分等级并处理其他异常,Cortex-M 处理器包含一个名为 NVIC 的中断控制器,中断管理功能由 NVIC 中的多个可编程寄存器控制。这些寄存器已经过存储器映射,且地址位于系统控制空间(SCS)内(见图 4.10)。

NVIC 支持如下多个特性:

- 灵活的中断管理;
- 嵌套中断支持;
- 向量异常入口;
- 中断屏蔽。

4.6.1 灵活的中断管理

对于 Cortex-M 处理器,每个外部中断都可被使能、禁止,且具有可由软件设置或清除的挂起状态,其能够识别的异常请求可以是信号电平(外设产生的中断请求在被 ISR 清除前会一直保持),也可以是异常请求脉冲形式(最小为 1 个时钟周期),这样就使得中断控制器可用于任何中断源。

4.6.2　嵌套中断支持

在 Cortex-M 处理器中，每个异常都有自己的异常等级，其可以是固定或者可编程的（所有中断的优先级都是可编程的）。在外部中断等异常产生时，NVIC 会比较该异常和当前等级，若是新异常的优先级较高，则当前执行的任务会被暂停，部分寄存器的内容被存放在栈空间，且处理器开始执行新异常的异常处理，这个过程被称作"抢占"。当更高优先级的异常即将完成时，会有一个异常返回操作，且处理器自动将寄存器从栈中恢复并继续执行之前的任务。这样在允许异常服务嵌套的同时，也不会带来任何软件开销。

4.6.3　向量异常入口

中断产生后，处理器需要确定对应异常处理的入口。对于 ARM7TMDI 等 ARM 处理器，这个过程是由软件完成的。Cortex-M 处理器会从存储器中的向量表里自动确定异常处理的入口，因此，从异常产生到异常执行期间的延时也降低了。

4.6.4　中断屏蔽

Cortex-M 处理器内的 NVIC 通过 PRIMASK 特殊寄存器提供中断屏蔽特性，其可以禁止除 HardFault 和 NMI 外的所有异常，这种屏蔽对于不应被打断的任务非常有用，例如时序关键控制任务以及实时多媒体编解码器。（注：基于 ARMv7-M 的处理器还有其他的中断屏蔽寄存器，参见 22.3 节。）

有了这些 NVIC 特性的帮助，Cortex-M 处理器使用起来更加容易、响应更快，并且通过管理 NVIC 硬件中的异常可降低程序代码大小。

4.7　系统控制块

除了 NVIC，SCS 中还存在多个用于系统管理的其他寄存器，它们被称作系统控制块，其中包含的寄存器用于休眠模式特性、系统异常配置以及处理识别代码（可用于调试器以检测处理器的类型）。

4.8　调试系统

尽管 Cortex-M0 和 Cortex-M0＋处理器目前是 ARM 处理器家族中最小的处理器，它们可以支持多种调试特性，处理器内核提供暂停模式调试、步进、寄存器访问以及用于调试器的存储器访问，其他的调试模块则提供了断点单元（BPU）以及数据监视点（DWT）单元等调试特性。BPU 支持最多 4 个硬件断点，而 DWT 则支持最多 2 个监视点。

Cortex-M 处理器还提供了一个调试接口单元，这样调试器就可以控制前面提到的调试部件并执行调试操作。这个调试单元可以使用 JTAG 协议,也可以使用串行线(SWD)协议(见图 4.14)。对于一些基于 Cortex-M 的产品,微控制器厂商还可以选择使用支持 JTAG 和 SWD 这两种协议的调试接口单元。一般的 Cortex-M0 和 Cortex-M0+设计只支持一种协议,并且由于所需引脚较少,通常选择的是 SWD。

SWD 协议是由 ARM 开发的新标准,可以只使用两个信号引脚实现调试连接,它在具有和 JTAG 相同的调试特性的同时,没有任何性能损失。SWD 和 JTAG 共用接口:串行时钟和 JTAG TCK 信号共用,串行数据则和 JTAG TMS 信号共用。ARM 微控制器可用的调试模拟器有很多种,其中包括 ULINK2(keil)以及支持 SWD 协议的 Jlink(SEGGER)。

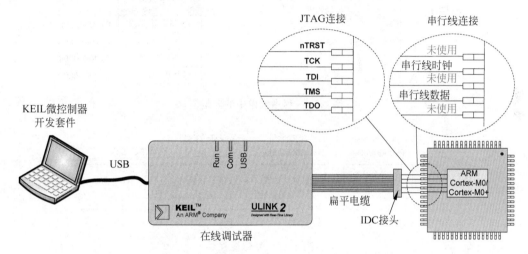

图 4.14 调试接口可以使用 JTAG 或 SWD

4.9 程序映像和启动流程

为了理解 Cortex-M 处理器的启动流程,首先需要简单了解程序映像。Cortex-M0/M0+处理器的程序映像从地址 0x00000000 开始。

程序映像的开始包括向量表,其中包括异常的起始地址(向量),每个向量都位于"异常编号×4"的地址处,例如,外部 IRQ#0 的异常类型为#16,因此 IRQ#0 的向量地址为 16×4=0x40,这些向量的最低位为 1,表示异常处理以 Thumb 指令执行。向量表的大小取决于实际实现了多少中断。

向量表还定义了 MSP 的初始值,如图 4.15 所示,其位于向量表的第一个字。

当处理器从复位中退出时,会首先读取向量表中的头两个字(见图 4.16)。第一个字为 MSP 的初始值,而第二个字则为决定程序执行起始地址(复位处理)的复位向量。

例如,若启动代码从地址 0x000000C0 开始,我们需要将这个地址值放到复位向量处,且最低位置 1 以表示 Thumb 代码。因此,如图 4.17 所示,地址 0x00000004 处的数值为 0x000000C1。在处理器取出复位向量后,会从这个地址处开始执行程序代码。以前的

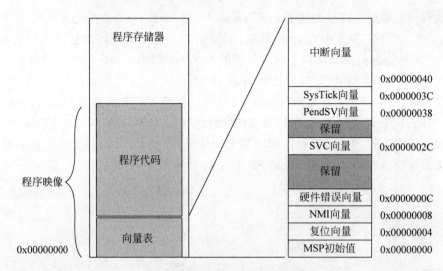

图 4.15　程序映像中的向量表

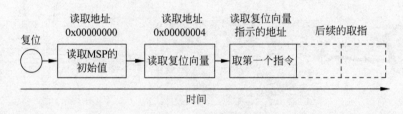

图 4.16　复位流程

ARM 处理器则不是这样的（如 ARM7TDMI），它们从地址 0x00000000 处执行程序，而向量表中则是指令，这点也和 Cortex-M 处理器中的地址数值不同。

复位流程也会初始化 MSP，假定 SRAM 的地址范围为 0x20000000 到 0x20007FFF，并且我们要把主栈置于 SRAM 的顶部，此时我们应该将地址 0x00000000 中的数值设置为 0x20008000（见图 4.17）。

由于 Cortex-M 处理器会在将数据压栈前减小栈指针，第一个压栈的数据将会位于 0x20007FFC，其恰好位于 SRAM 的顶部，而第二个压栈数据则位于 0x20007FF8，在第一个数据下面。

以前的 ARM 处理器和许多其他的微控制器架构则采用另外一种方法，栈指针需要由软件代码初始化，而不是固定地址中的数值。

如果使用的是 PSP，则必须要在写入 CONTROL 寄存器切换栈指针前由软件代码来初始化，复位流程只会初始化 MSP，而不是 PSP。

不同的软件开发工具使用不同的方法来指定栈指针的初始值以及复位和异常向量的数值，多数开发工具都会提供如何实现的代码实例。对于多数编译工具，向量表可全部由 C 代码实现。

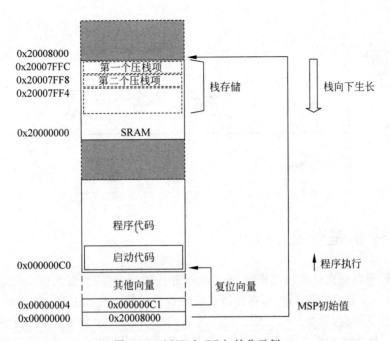

图 4.17 MSP 和 PC 初始化示例

第5章 指令集

5.1 指令集是什么

所有的处理器在执行所需操作时,都要执行相应的指令序列,每条指令都定义了一个简单操作,例如简单的 ALU 运算、对存储器系统的数据访问以及程序跳转操作等。

对于处理器而言,指令是以二进制代码的形式出现的,并且需要由内部硬件(指令解析器)进行解析,然后解析后的指令信息才会被转到执行阶段。简单处理器设计最少也要支持以下类型的指令:

- 数据处理(加法、减法等算术运算,AND、OR 等逻辑运算);
- 存储器访问指令;
- 程序流控制指令(跳转、条件跳转以及函数调用)。

另外,ARM Cortex-M0 和 Cortex-M0+处理器中还存在以下用途的指令:

- 异常和 OS 支持;
- 访问特殊寄存器;
- 休眠操作;
- 存储器屏障。

ARM Cortex-M 处理器支持的指令集名为 Thumb,而 Cortex-M0 和 Cortex-M0+处理器则只支持其中的一个子集(56 条指令),这些指令多数为 16 位宽,只有 6 个是 32 位的。

表 5.1 列出了 Cortex-M0/M0+处理器支持的基本的 16 位 Thumb 指令。

表 5.1 Cortex-M0 和 Cortex-M0+处理器支持的 16 位 Thumb 指令

Cortex-M0 支持的 16 位 Thumb 指令									
ADC	ADD	ADR	AND	ASR	B	BIC	BLX	BKPT	BX
CMN	CMP	CPS	EOR	LDM	LDR	LDRH	LDRSH	LDRB	LDRSB
LSL	LSR	MOV	MVN	MUL	NOP	ORR	POP	PUSH	REV
REV16	REVSH	ROR	RSB	SBC	SEV	STM	STR	STRH	STRB
SUB	SVC	SXTB	SXTH	TST	UXTB	UXTH	WFE	WFI	YIELD

Cortex-M0/M0＋处理器还支持多个利用 Thumb-2 技术的 32 位 Thumb 指令(见表 5.2)：

- MRS 和 MSR 特殊寄存器访问指令；
- ISB、DSB 和 DMB 存储器同步指令；
- BL 指令(传统的 Thumb 指令集支持 BL，但位域定义在 Thumb-2 中进行了扩展)。

由于指令集较小，Cortex-M0 和 Cortex-M0＋处理器不是为繁重的数字运算任务设计的。Cortex-M3、Cortex-M4 和 Cortex-M7 处理器更适用于这些应用，因为它们的指令集更丰富。Cortex-M0 和 Cortex-M0＋处理器主要面向一般的数据处理、I/O 控制任务以及需要硅片面积非常小的超低功耗和低成本系统。

表 5.2　Cortex-M0 和 Cortex-M0＋处理器支持的 32 位 Thumb 指令

Cortex-M0 处理器支持的 32 位指令					
BL	DSB	DMB	ISB	MRS	MSR

Cortex-M 处理器指令集的一个重要特点在于它是向上兼容的，如图 1.4 和图 2.7 所示，Cortex-M0 和 Cortex-M0＋处理器支持的指令，在 Cortex-M3、Cortex-M4 和 Cortex-M7 处理器中也是支持的。因此为 Cortex-M0 和 Cortex-M0＋处理器开发的代码，在 Cortex-M3、Cortex-M4 和 Cortex-M7 上也是可以运行的。

将应用从较高性能处理器移到较小的处理器上也是很容易实现的，若软件开发人员需要将应用从 Cortex-M3 移植到 Cortex-M0 处理器上，一般只需要替换掉工程中的设备驱动并重新编译。这些处理的编程模型彼此之间都是非常类似的，因此一般无须修改 C 源代码。

5.2　ARM 和 Thumb 指令集背景

早期的 ARM 处理器(ARM7TDMI 之前)支持名为 ARM 的 32 位指令集，该指令集功能强大，并可以提供良好的性能。但是，和 8 位/16 位处理器相比，它通常需要更多的程序存储器。无论是过去还是现在，这都是一个需要考虑的问题，因为存储器相对昂贵且功耗较高。

1995 年，ARM 发布了 ARM7TDMI(R)处理器，增加了一个名为 Thumb 的 16 位指令集，且利用一种状态切换机制确定处理器应该使用的指令解析逻辑(见图 5.1)。Thumb 指令集包含 ARM 指令的一个子集，大多数函数都可以利用 Thumb 自身完成，但中断进入流程和启动代码必须处于 ARM 状态。但是，多数处理任务都是可以由 Thumb 指令执行，且中断处理也可以将处理器切换至 Thumb 状态，因此，和其他 32 位 RISC 架构相比，ARM7TDMI 具有绝佳的代码密度。

和 ARM 代码相比，Thumb 代码可以将大小降低大约 30%，但是对性能也有一定的影响，使其下降 20%。从另一个方面来说，对于多数应用，程序存储器大小的降低以及 ARM7TDMI 自身具有的的低功耗特点，使得其非常适合移动电话等可移动电子设备和微控制器。

2003 年，ARM 引入了 Thumb-2 技术，其中包含多个 32 位 Thumb 指令以及之前的 16

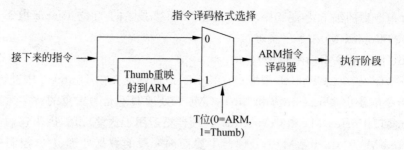

图 5.1 ARM7TDMI 支持 ARM 和 Thumb 两套指令集

位 Thumb 指令。这些新的 32 位 Thumb 指令可以执行以前只能由 ARM 指令集实现的多数操作，因此，利用 Thumb-2 编译的程序代码一般是 ARM 代码的 74%，同时其性能相近。

Cortex-M3 处理器是第一个支持 Thumb-2 指令的 ARM 处理器（不支持 ARM 指令），其性能可以达到 1.25DMIPS/MHz（基于 Dhrystone2.1），且许多微控制器厂商已经大量出货基于 Cortex-M3 处理器的产品。由于只支持一个指令集，软件开发变得更加容易，并且因为只需一套指令解析器，能耗效率也得到改善（见图 5.2）。

图 5.2 Cortex-M 处理器无须将 Thumb 指令重映射到 ARM

高端处理器则具有新的指令集特性，例如，有些 ARM 应用处理器（如 Cortex-A 处理器系列）引入了用于多媒体数据处理的 NEON 高级 SIMD 指令（见图 5.3）。

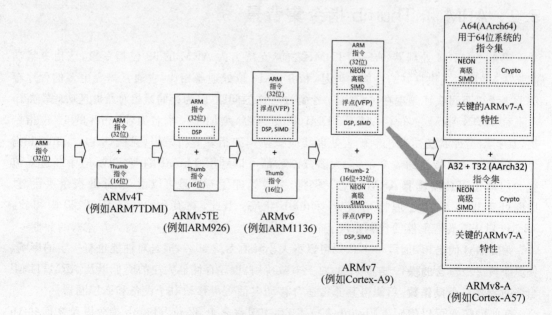

图 5.3 ARM 处理器的最新指令集支持 64 位架构

要了解指令集的细节内容,可以查看架构参考手册。为了最大限度地降低回路大小,Cortex-M0 和 Cortex-M0＋处理器使用的 ARMv6-M 架构只支持 16 位的 Thumb 指令以及 32 位 Thumb 指令的一个很小的子集。这些 32 位 Thumb 指令是非常重要的,ARMv6-M 架构使用了 ARMv7-M 架构的多个特性,因此需要这些指令,例如,访问特殊寄存器需要 MSR 和 MRS 指令。另外,Thumb-2 版本的 BL(跳转和链接指令)也被包含进来,以提供更大的跳转范围。

5.3　汇编基础

本章将介绍 Cortex-M0/M0＋处理器的指令集,大多数情况下,应用程序代码可以完全用 C 实现,而无须了解指令集的细节。但是,了解现有的指令及用法还是有很大帮助的,例如在调试时可能会用到相关的信息。

《ARMv6-M 体系结构参考手册》(*ARMv6-M Architecture Reference Manual*)(参考文档[1])中包含了每条指令的细节,这里只介绍基本语法和用法。首先,为了理解本章中涉及的汇编指令,下面将介绍一些汇编语法的基本信息。

5.3.1　汇编语法一览

本书中的大多数汇编代码示例都基于 ARM 汇编器(armasm),不同的开发工具供应商(例如 GNU 工具链)的汇编工具的语法不同。大多数情况下,汇编指令的助记符是相同的,而在编译伪指令、定义、标号和注释等方面可能会有所不同。

ARM 汇编(适用于 ARM Development Studio 5 和 Keil Development Kit)使用以下指令格式:

```
标号
助记符操作数 1,操作数 2,…  ;注释
```

"标号"用作地址的参考值,是可选的。有些指令可以在开始的地方加上标号,这样使用标号就可以得到指令的地址。例如,在程序中用到查找表的地方,可以加一个标号。

"标号"之后就是"助记符",也就是指令的名称,随后就是一系列的操作数:

- 用于 ARM 汇编实现的数据处理指令,第一个操作数是操作的目的;
- 对于存储器读指令(除了多加载指令),第一个操作数为数据要被加载进去的寄存器;
- 对于存储器写指令(除了多存储指令),第一个操作数为保存将写入存储器的数据。

需要注意的是,多加载和多存储指令的语法将在 5.4.2 节介绍。

每条指令包含的操作数的数量取决于指令的类型,有些指令不需要任何操作数,有些则可能只需要一个操作数。

有些助记符可以使用不同类型的操作数,这样也会得到不同的指令编码。例如,MOV

（传送）指令可用于两个寄存器间的传输，或将立即数常量放到寄存器中。

指令中操作数的数量由指令的种类决定，其语法格式可能会有所不同。例如，立即数通常具有"♯"前缀：

```
MOVS  R0, ♯0x12           ;设置 R0 = 0x12(十六进制)
MOVS  R1, ♯'A'            ;设置 R1 = ASCII 字符 A
```

分号"；"后的文字为注释，注释提高了可读性，但不会影响程序的执行。

使用 GNU 工具链，常用的汇编语法为

```
标号：
    助记符 操作数 1,操作数 2,....   /＊注释＊/
```

GNU 工具的操作代码和操作数的语法同 ARM 汇编器一致，标号和注释的语法不同。要实现之前例子中的相同指令，GNU 的版本写作

```
MOVS  R0, ♯0x12           /＊设置 R0 = 0x12(十六进制)＊/
MOVS  R1, ♯'A'            /＊设置 R1 = ASCII 字符 A＊/
```

在 GNU 汇编器中插入注释的另外一种方法为使用内联注释字符"@"，例如，

```
MOVS  R0, ♯0x12  @ 设置 R0 = 0x12(十六进制)
MOVS  R1, ♯'A'   @ 设置 R1 = ASCII 字符 A
```

汇编代码常用的功能之一为常量定义。使用常量定义，能够提高程序代码的可读性，并且使得代码维护更加简单。下面是 ARM 汇编器的一个常量定义的例子

```
NVIC_IRQ_SETEN    EQU  0xE000E100
NVIC_IRQ0_ENABLE  EQU  0x1
...
LDR   R0, = NVIC_IRQ_SETEN          ;将 0xE000E100 放到 R0 中
;此处的 LDR 为伪指令,会被汇编器转换为 PC 相关的加载指令
MOVS  R1, ♯NVIC_IRQ0_ENABLE';将立即数放到寄存器 R1 中
STR   R1, [R0]                     ;将 0x1 存到 0xE000E100,这样会使能外部中断 IRQ♯0
```

同样地，基于 GNU 工具链汇编器的相同代码可以写作

```
.equ   NVIC_IRQ_SETEN     0xE000E100
.equ   NVIC_IRQ0_ENABLE   0x1
...
LDR  R0, = NVIC_IRQ_SETEN          /＊将 0xE000E100 放到 R0 中＊/
/＊此处的 LDR 为伪指令,会被汇编器转换为 PC 相关的加载指令＊/
MOVS  R1, ♯NVIC_IRQ0_ENABLE' /＊将立即数放到寄存器 R1 中＊/
STR   R1, [R0]  /＊将 0x1 存到 0xE000E100,这样会使能外部中断 IRQ♯0＊/
```

对于大多数汇编工具来说，另外一个典型特性为在程序中插入数据。例如，我们可以将数据定义在程序空间中的特定地址上，并且可以使用存储器读指令访问。ARM 汇编器的

一个例子为

```
LDR  R3, = MY_NUMBER              ;得到 MY_NUMBER 的存储器位置
LDR  R4, [R3]                     ;将 0x12345678 读到 R4
...
LDR  R0, = HELLO_TEXT             ;得到 HELLO_TEXT 的起始地址
BL   PrintText                    ;调用 PrintText 函数显示字符串
...
ALIGN  4
MY_NUMBER  DCD  0x12345678
HELLO_TEXT  DCB  "Hello\n", 0     ;以 NULL 结束的字符
```

在上面的例子中,"DCD"用于插入字大小的数据,而"DCB"则用于将字节大小的数据插入到程序中。在插入字大小的数据时,应该在数据前增加"ALIGN"伪指令,ALIGN 后的数字决定了对齐的大小。在本例中,数值 4 将下面的数据强制对齐到字边界上。Cortex-M0和 Cortex-M0＋处理器不支持非对齐传输。由于 MY_NUMBER 中的数据肯定是字对齐的,程序可以通过单次总线传输访问该数据,避免了任何可能的对齐问题。

按照 GNU 工具链的汇编语法,本例还可以写作

```
LDR R3, = MY_NUMBER              /* 获取 MY_NUMBER 的存储器位置 */
LDR R4, [R3]                     /* 将 0x12345678 读入 R4 */
...
LDR R0, = HELLO_TEXT            /* 获取 HELLO_TEXT 的起始地址 */
BL PrintText                     /* 调用 PrintText 函数显示字符串 */
...
.align 4
MY_NUMBER:
.word 0x12345678
HELLO_TEXT:
.asciz"Hello\n"                  /* 以 Null 结尾的字符串 */
```

ARM 汇编器和 GNU 汇编器中多个不同的伪指令可将数据插入到程序中,表 5.3 给出了一些常用的例子。

汇编语言编程中还有其他的一些有用的伪指令,例如,表 5.4 列出的一些 ARM 汇编伪指令就是很常用的,并且有些还出现在本书的例子中。

要了解 ARM 汇编器中伪指令的其他信息,可以参考《ARM 编译器 armasm 用户指南》(参考文档[16]的第 13 章"伪指令参考")。

表 5.3　用于程序中插入数据的常用伪指令

插入的数据类型	ARM 汇编器 (如 Keil MDK-ARM)	GNU 汇编器
字节	DCB 如 DCB 0x12	.byte 如.byte 0x012

续表

插入的数据类型	ARM 汇编器 （如 Keil MDK-ARM）	GNU 汇编器
半字	DCW	. hword/. 2byte
	如 DCW 0x1234	如. byte 0x1234
字	DCD	. word /. 4btte
	如 DCW 0x01234567	如. byte 0x01234567
双字	DCQ	. quad/. octa
	如 DCQ	如. quad
	0x12345678FF0055AA	0x12345678FF0055AA
浮点（单精度）	DCFS	. float
	如 DCFS 1E3	如. float 1E3
浮点（双精度）	DCFD	. double
	如 DCFD 3. 14159	如. double 3. 14159
字符串	DCB	. ascii / . asciz（以 NULL 结束）
	如 DCB "Hello\n"0,	如. ascii "Hello\n"
		. byte 0 / * 增加 NULL 字符
		* /如. asciz "Hello\n"
指令	DCI	. word / . hword
	如 DCI 0xBE00	如. hword 0xBE00/ *
	;断点（BKPT 0）	断点（BKPT 0）* /

表 5.4　常用伪指令

伪指令（GNU 汇编器）	ARM 汇编器
THUMB （. thumb）	指定汇编代码为符合统一汇编语言（UAL）格式的 Thumb 指令
CODE16 （. code 16）	指定汇编代码为 UAL 以前的 Thumb 指令
AREA < section_name >{ ,< attr >} { ,attr}… （. section < section_name >）	设置汇编器汇编为新的代码或数据段，段为链接器操作的独立且不可分割的数据或代码块
SPACE < num of bytes > （. zero < num of bytes >）	预留一段存储器且填充为 0
FILL < num of bytes >{ ,< value > { ,< value_sizes >}} （. fill < num of bytes >{ ,< value > { ,< value_sizes >}}）	预留一段存储器且填充为指定值，数据大小可以为字节、半字或字，实际大小由 value_sizes 指定
ALIGN { < expr >{ ,< offset >{ ,< pad > { ,< padsize >}}}} （. align < alignment >{ ,< fill >{ ,< max }}}）	将当前位置对齐到指定的边界，且将空位填充为 0 或 NOP 指令，例如 ALIGN 8 ;确保下一条指令或数据对齐到 8 字节地址

续表

伪指令(GNU 汇编器)	ARM 汇编器
EXPORT < symbol > (. global < symbol >)	声明一个可以被链接器使用的符号,以便可以在其他的目标或库文件对其进行引用
IMPORT < symbol >	声明一个位于其他目标或库文件中的符号
LTORG (. pool)	通知汇编器立即汇编当前的字符池,其中包含 LDR 伪指令等常量值

5.3.2　后缀的使用

对于 ARM 处理器的汇编器,有些指令后会跟着后缀,Cortex-M0 和 Cortex-M0＋处理器可用的后缀如表 5.5 所示。

对于 Cortex-M0 和 Cortex-M0＋处理器,多数数据处理指令总是会更新应用编程状态寄存器(APSR)(标志),只有少数几个数据运算不会更新 APSR。例如,在将数据从一个寄存器送到另外一个寄存器中时,可以使用

```
MOVS R0, R1 ;将 R1 送到 R0 且更新 APSR
```

或

```
MOV R0, R1 ;将 R1 送到 R0
```

表 5.5 中的第二组后缀用于指令的条件执行,对于 Cortex-M0 和 Cortex-M0＋处理器,唯一可以条件执行的指令是条件跳转。利用数据运算以及测试(TST)或比较(CMP)指令更新 APSR 后,程序流程可以由运算结果的条件控制。本章稍后介绍条件跳转时,会有关于该指令的更多细节。

表 5.5　Cortex-M0/M0＋汇编语言的后缀

后　　缀	描　　述
S	更新 APSR(标志)。例如 ADDS R0, R1 ;该 ADD 指令会更新 APSR
EQ,NE,CS,CC,MI,PL,VS, VC,HI,LS,GE,LT,GT,LE	条件执行。EQ 为相等,NE 为不相等,LT 为小于,GT 为大于,等等。对于 Cortex-M0 处理器,这些条件只能用于条件跳转,例如, BEQ label　;如果相等则跳转到 label

5.3.3　统一汇编语言(UAL)

多年以来,汇编代码的语法有了一定的变化。现在,汇编代码都是按照统一汇编语言(UAL)语法(GNU 汇编器中的". syntax unified"伪指令)编写的。多年以前,UAL 以前的汇编代码语法不是很明确,许多数据处理指令是可以不用"S"后缀的。随着 ARM 架构的改进,利用 Thumb-2 技术的 32 位 Thumb 指令被引入,由于许多 Thumb 指令可以选择更新

或不更新 APSR,传统语法的这种不确定性也带来了一些问题。开发 UAL 语法的目的就是为了解决这个问题,并使 Thumb 和 ARM 的汇编代码语法保持一致。

对于以前使用 ARM7TDMI 的用户来说,UAL 和之前语法的主要区别在于

- 有些数据运算指令使用 3 个操作数,不管目的寄存器是否和其中一个源寄存器相同。在过去(UAL 以前),这些指令可能只会用两个操作数。
- "S"后缀变得更加明确,过去,若汇编程序文件被编译为 Thumb 代码,多数数据运算指令都会被编码为更新 APSR 的指令,因此,"S"后缀的使用并非必须的。而对于 UAL 语法,更新 APSR 的指令都应该具有"S"后缀,以指明所需的操作。这样即便将代码移植到另外一个架构上,程序仍然是可以工作的。

例如,UAL 之前 16 位 Thumb 代码的 ADD 指令为

```
ADD R0, R1          ;R0 = R0 + R1, 更新 APSR
```

按照 UAL 语法,代码应该书写如下:

```
ADDS R0, R0, R1     ;R0 = R0 + R1, 更新 APSR
```

但是,多数情况下(取决于实际使用的工具链),指令仍可按照 UAL 之前的风格书写(只有两个操作数),而"S"后缀的使用要更明确。

```
ADDS R0, R1         ;R0 = R0 + R1, 更新 APSR
```

对于多数开发工具,UAL 之前的语法仍可使用,但是,新的工程最好使用 UAL。若使用 ARM Development Studio 5(DS-5) 或 Keil Microcontroller Development Kit (MDK-ARM)开发,可以通过"THUMB"伪指令指定使用 UAL 语法,而 UAL 之前的语法则使用"CODE16"伪指令。汇编器语法的选择由所使用的工具决定,请参考开发组件的文档以确定合适的语法。

5.4 指令列表

Cortex-M0 和 Cortex-M0＋处理器的指令根据功能可以分为以下几组:

- 处理器内传送数据;
- 存储器访问;
- 算术运算;
- 逻辑运算;
- 移位和循环移位运算;
- 展开和反转顺序运算;
- 程序流控制(跳转、条件跳转、条件执行和函数调用);
- 存储器屏障指令;
- 异常相关指令;

- 其他功能。

本部分会对指令进行更详细的讨论，此处的语法描述采用"Rd"、"Rm"之类的形式，在实际的程序代码中，应该使用寄存器名 R0、R1 及 R2 等来代替。

5.4.1 处理器内传送数据

数据传输是处理器最常见的任务之一，在 Thumb 代码中，移动数据的指令为 MOV。根据操作类型和操作代码后缀的不同，MOV 指令具有多种形式。

指令	MOV
功能	将寄存器送到寄存器
语法（UAL）	MOV　＜Rd＞，＜Rm＞
语法（UAL 之前）	MOV　＜Rd＞，＜Rm＞ CPY　＜Rd＞，＜Rm＞
备注	Rm 和 Rd 可以是高或低寄存器 UAL 之前 CPY 与 MOV 为同义词

如果想将一个寄存器的数值复制到另外一个寄存器中，并且同时更新 APSR，可以使用 MOVS/ADDS。

指令	MOVS/ADDS
功能	将寄存器送到寄存器
语法（UAL）	MOVS　＜Rd＞，＜Rm＞ ADDS　＜Rd＞，＜Rm＞，♯0
语法（UAL 之前）	MOVS　＜Rd＞，＜Rm＞
备注	Rm 和 Rd 都是低寄存器 APSR.Z、APSR.N、APSR.C（用于 ADDS）更新

也可以使用 MOV 指令将立即数加载到一个寄存器中。

指令	MOV
功能	将立即数（有符号展开）送到寄存器
语法（UAL）	MOVS　＜Rd＞，♯immed8
语法（UAL 之前）	MOV　＜Rd＞，♯immed8
备注	立即数的范围为 0 到＋255 APSR.Z 和 APSR.N 更新

如果要把大于 8 位的立即数加载到一个寄存器中，就需要先将该数据存到程序存储器空间里，然后使用存储器访问指令把数据读到寄存器中。也可以使用伪指令 LDR 实现该操作，编译器会将 LDR 转换为实际的指令，本章稍后会涉及这种操作（见 5.5 节）。

如果目的寄存器为 R15(PC)，MOV 指令还会引起程序跳转，但是，一般会使用 BX 指令来实现这一操作。

Cortex-M 处理器中另外一类数据传输为特殊寄存器访问，要访问特殊寄存器（如 CONTROL、PRIMASK、xPSR 等），会用到 MRS 和 MSR 指令。使用 C 语言无法直接生成这两条指令，但可以通过以下的方法来实现：内联汇编、嵌入汇编或者 ARM DS-5 或 Keil MDK 中的已命名寄存器变量等其他 C 编译器的特殊功能。CMSIS-CORE 也提供了访问特殊寄存器的 API。

指令	MRS
功能	将特殊寄存器送到寄存器
语法	MRS ＜Rd＞,＜特殊寄存器＞
备注	示例： MRS R0, CONTROL;将 CONTROL 读到 R0 中 MRS R9, PRIMASK;将 PRIMASK 读到 R9 中 MRS R3, xPSR;将 xPSR 读到 R3 中

指令	MRS
功能	将寄存器送到特殊寄存器
语法	MSR ＜特殊寄存器＞,＜Rd＞
备注	示例： MSR CONTROL, R0 ;将 R0 写到 CONTROL 中 MSR PRIMASK, R9 ;将 R9 写到 PRIMASK 中

表 5.6 列出了 Cortex-M0/M0＋处理器上可以用 MSR 和 MSR 操作的所有的特殊寄存器。

表 5.6　MSR 和 MSR 适用的特殊寄存器

符号	寄存器	访问类型
APSR	应用程序状态寄存器(PSR)	读/写
EPSR	执行 PSR	只读
IPSR	中断 PSR	只读
IAPSR	IPSR 和 APSR 的组合	只读
EAPSR	EPSR 和 APSR 的组合	只读(EPSR 读出为 0)
IEPSR	IPSR 和 EPSR 的组合	只读(EPSR 读出为 0)
XPSR	APSR、EPSR 和 IPSR 的组合	只读(EPSR 读出为 0)

续表

符号	寄存器	访问类型
MSP	主栈指针	读/写
PSP	进程栈指针	读/写
PRIMASK	异常屏蔽寄存器	读/写
CONTROL	CONTROL 寄存器	读/写

请参考表 4.1 以了解非特权状态下的访问限制。

5.4.2 存储器访问

Cortex-M0 处理器支持多个存储器访问指令,并且支持各种宽度的数据传输和寻址方式。可以使用的数据宽度包括字、半字和字节,另外对有符号和无符号数,还有不同的指令。表 5.7 总结了单次加载和存储操作的存储器寻址指令的助记符。

表 5.7 不同数据宽度的存储器访问指令

传输大小	无符号加载	有符号加载	有/无符号加载
字	LDR	LDR	STR
半字	LDRH	LDRSH	STRH
字节	LDRB	LDRSB	STRB

表 5.7 中列出的指令都支持多种寻址方式,当指令使用不同的操作数时,汇编器会生成不同指令译码。

重要提示:

进行存储器访问时,应确保地址是对齐的。例如,执行字访问需要操作地址的最低两位为 0,半字访问则需要操作地址的最低位为 0。ARMv6-M 架构(包括 Cortex-M0 和 Cortex-M0 ＋处理器)不支持非对齐访问,任何在非对齐地址上的尝试都会导致硬件错误异常。字节传输在 Cortex-M 上总是对齐的。7.9.1 节还将进一步介绍这个问题。

对于存储器读操作,执行单次访问的指令为 LDR(加载)。

指令	LDR/LDRH/LDRB
功能	将单个存储器数据读到寄存器中
语法	LDR　＜Rt＞,[＜Rn＞,＜Rm＞]　;字读 LDRH　＜Rt＞,[＜Rn＞,＜Rm＞]　;半字读 LDRB　＜Rt＞,[＜Rn＞,＜Rm＞]　;字节读
备注	Rt = 存储器[Rn + Rm] Rt、Rn 和 Rm 都为低寄存器

Cortex-M 处理器还支持立即数偏移寻址模式。

指令	LDR/LDRH/LDRB
功能	将单个存储器数据读到寄存器中
语法	LDR　＜Rt＞,［＜Rn＞,＃immed5］;字读 LDRH　＜Rt＞,［＜Rn＞,＃immed5］;半字读 LDRB　＜Rt＞,［＜Rn＞,＃immed5］;字节读
备注	Rt ＝存储器[Rn ＋零展开(＃immed5≪2)];字 Rt ＝存储器[Rn ＋零展开(＃immed5≪1)];半字 Rt ＝存储器[Rn ＋零展开(＃immed5)];字节 Rt 和 Rm 都为低寄存器

Cortex-M0 的 PC 相关加载指令非常有用,尤其是对于字符数据访问非常高效。当使用 LDR 伪指令将一个立即数存入一个寄存器中时,编译器就会生成这条指令。这些数据同指令存放在一起,被统称为文字池。

指令	LDR
功能	将单个存储器字数据读到寄存器中
语法	LDR　＜Rt＞,［PC,＃immed8］;字读

备注	Rt ＝存储器[字对齐(PC＋4) ＋零展开(＃immed8≪2)]
	Rt 为低寄存器,目的地址需为字对齐的,这也是加 4 的原因
	例如,
	LDR R0, ＝0x12345678;该伪指令将立即数放到寄存器中
	LDR R0, [PC, ＃0x40];将当前程序地址加上 0x40 加载到 R0 中
	LDR R0, label;将 lable 代表的程序加载到 R0 中

由于 Cortex-M 处理器的流水线特性,可能会在一些指令(如"MOV R0,PC")中发现,在执行指令时 PC 的实际值为当前指令的地址加 4。文字数据访问指令在计算前会首先将程序地址的最低两位设置为 0,这样就确保了所产生的数据访问对齐到 32 位地址边界。编码为立即数的地址偏移还必须要为 4 的倍数(立即数左移 2 位,以得到更大的偏移范围)。

栈指针(SP)相关的加载指令则支持更大的偏移范围,由于局部变量通常存储在栈中,这条指令在访问 C 函数中的局部变量时非常有用。

指令	LDR
功能	将单个存储器字数据读到寄存器中
语法	LDR　＜Rt＞,［SP,＃immed8］;字读

备注	Rt ＝存储器[SP ＋零展开(♯immed8 ≪ 2)]
	Rt 为低寄存器

使用 LDRSB 和 LDRSH 指令,Cortex-M0/M0＋处理器可以对读取的数据自动进行有符号展开,这在 C 程序经常使用 8 位和 16 位数据时非常有用。

指令	LDRSH/LDRSB
功能	将单个有符号存储器数据读到寄存器中
语法	LDRSH ＜Rt＞, [＜Rn＞, ＜Rm＞];半字读
	LDRSB ＜Rt＞, [＜Rn＞, ＜Rm＞];字节读
备注	Rt ＝有符号展开(存储器[Rn ＋ Rm])
	Rt、Rn 和 Rm 为低寄存器

STR(存储)指令用于单次存储器写。

指令	STR/STRH/STRB
功能	将单个寄存器数据写到存储器中
语法	STR ＜Rt＞, [＜Rn＞, ＜Rm＞];字写
	STRH ＜Rt＞, [＜Rn＞, ＜Rm＞];半字写
	STRB ＜Rt＞, [＜Rn＞, ＜Rm＞];字节写
备注	存储器[Rn ＋ Rm] ＝ Rt
	Rt、Rn 和 Rm 为低寄存器

同加载操作一样,存储操作也支持立即数偏移寻址方式。

指令	STR/STRH/STRB
功能	将单个存储器数据写到存储器中
语法	STR＜Rt＞, [＜Rn＞, ♯immed5];字写
	STRH＜Rt＞, [＜Rn＞, ♯immed5];半字写
	STRB＜Rt＞, [＜Rn＞, ♯immed5];字节写
备注	存储器[Rn ＋零展开(♯immed5 ≪ 2)] ＝ Rt ;字
	存储器[Rn ＋零展开(♯immed5 ≪ 1)] ＝ Rt ;半字
	存储器[Rn ＋零展开(♯immed5)] ＝ Rt ;字节
	Rt 和 Rn 为低寄存器

同样地,SP 相关的存储指令支持更大的偏移范围,由于局部变量通常存在栈空间中,这条指令在访问 C 函数中的局部变量时非常有用。

指令	STR
功能	将单个存储器数据写到存储器中
语法	STR　＜Rt＞, [SP, ♯immed8];字写
备注	存储器[Rn＋零展开(♯immed8 ≪ 2)] ＝ Rt Rt 为低寄存器

　　ARM 处理器的重要特性之一就是可以使用一条加载或存储指令操作多个寄存器,也可以选择将基地址寄存器更新为下一个位置。对于多寄存器加载/存储指令,数据传输总是以字为单位的。

指令	LDM(多寄存器加载)
功能	将多个存储器数据写到寄存器中,存储器读会更新基地址寄存器
语法	LDM　＜Rn＞, {＜Ra＞, ＜Rb＞, …};从存储器加载到 　　　多个寄存器
备注	Ra ＝存储器[Rn], Rb ＝存储器[Rn＋4], … Rn、Ra、Rb…为低寄存器,Rn 为存储器读更新的寄存器 之一 例如, 　LDM　R2, {R1, R2, R5-R7};将存储器数据读到 R1、R2、 R5、R6 和 R7 中

指令	LDMIA(多寄存器加载)/LDMFD-基地址寄存器更新到随后的寄存器
功能	将多个存储器数据写到寄存器中
语法	LDMIA　＜Rn＞!, {＜Ra＞, ＜Rb＞, …} 　　　　　　　　;从存储器加载到多个寄存器, 　　　　　　　　;完成后基地址寄存器增大
备注	Ra ＝存储器[Rn], Rb ＝存储器[Rn＋4], … 然后将 Rn 更新为最后一个读取的地址加 4 Rn、Ra、Rb…为低寄存器,例如, 　LDMIA　R0!, {R1, R2, R5-R7};读取多个寄存器,读操作 完成后 R0 中的地址更新 LDMFD 为同一个指令的另一个名字,它用于从满递减栈中恢复数据,传统的 ARM 系统使用软件管理栈时用到这个指令

指令	STMIA(多寄存器存储)/STMEA
功能	将多个寄存器数据写到寄存器中并且更新基地址寄存器
语法	STMIA ＜Rn＞!，{＜Ra＞，＜Rb＞，…} 　　　　　　　;从多个寄存器加载到存储器， 　　　　　　　;完成后基地址寄存器增大
备注	存储器[Rn] = Ra， 存储器[Rn+4] = Rb， … 然后将 Rn 更新为最后一个存储的地址加 4 Rn、Ra、Rb…为低寄存器，例如， STMIA R0!，{R1, R2, R5-R7};将多个寄存器存到存储器中，R7 存储完成后 R0 中的地址更新 STMEA 为同一个指令的另一个名字，它用于往空递增栈中存储数据，传统的 ARM 系统使用软件管理栈时用到这个指令 如果＜Rn＞在寄存器列表中，它必须是列表中的第一个寄存器

5.4.3 栈存储访问

栈空间访问可以通过两个专用存储器访问指令执行，PUSH 指令用于减小当前栈指针并且将数据存储到栈中，POP 指令则从栈中读出数据并且增大当前的栈指针。两个指令都支持多个寄存器的存储和恢复，但是，这些寄存器只包含低寄存器、LR(用于 PUSH 操作)和 PC(用于 POP 操作)。

指令	PUSH
功能	将单个或多个寄存器(低寄存器和 LR)写到存储器中，并且更新基地址寄存器(栈指针)
语法	PUSH {＜Ra＞，＜Rb＞，…} 　　　　　;存储多个寄存器到存储器， 　　　　　;SP 减小到最低的压栈数据地址 PUSH {＜Ra＞，＜Rb＞，…，LR} 　　　　　;存储多个寄存器和 LR 到存储器， 　　　　　;SP 减小到最低的压栈数据地址

备注	存储器[SP-4] = Ra, 存储器[SP-8] = Rb, … 然后将 SP 更新为最后一个存储地址,例如 　PUSH　{ R1, R2, R5-R7, LR } ;将 R1、R2、R5、R6、R7 和 LR 存到栈中 (寄存器内容的顺序基于寄存器编号,也就是说低寄存 器要被压入栈的较低地址中)

指令	POP
功能	从存储器中读取单个或多个寄存器(低寄存器和 PC), 并且更新基地址寄存器(栈指针)
语法	POP　{＜Ra＞,＜Rb＞,…} 　　　　　　　;从存储器加载到多个寄存器 　　　　　　　;SP 增加到最后的栈地址加 4 POP　{＜Ra＞,＜Rb＞,…,PC} 　　　　　　　;从存储器加载到多个寄存器和 PC, 　　　　　　　;SP 增加到最后的栈地址加 4
备注	Ra ＝存储器[SP], Rb ＝存储器[SP＋4], … 然后将 SP 更新为最后一个恢复的地址加 4,例如 　POP　{ R1, R2, R5-R7} ;从栈中恢复 R1、R2、R5、R6 和 R7

由于 PUSH 和 POP 指令可以操作 LR 和 PC,函数调用就可以将寄存器恢复和函数返回合并成一个操作了,例如,

```
My_function
    PUSH {R4, R5,, R7, LR}    ;保存 R4、R5、R7 和 LR(返回地址)
    …; 函数体
    POP  { R4, R5,, R7, PC}   ;恢复 R4、R5、R7 并返回
```

若多个寄存器被 PUSH 指令压入栈中,则压栈数据按照最低寄存器数据位于最低栈地址的方式存放,对于上面的例子,在 PUSH {R4,R5,R7,LR}后,栈的内容如图 5.4 所示。

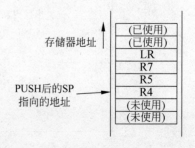

图 5.4　PUSH{R4, R6, R7, LR}
后的栈数据

5.4.4　算术运算

Cortex-M0 和 Cortex-M0＋处理器支持多种算术运

算,包括最基本的加、减、二进制补码以及乘法运算。对于这些指令中的大多数,运算都是在两个寄存器间或者一个寄存器和一个立即数之间进行的。

指令	ADD
功能	两个寄存器相加
语法(UAL)	ADDS　＜Rd＞,＜Rn＞,＜Rm＞
语法(UAL之前)	ADD　＜Rd＞,＜Rn＞,＜Rm＞
备注	Rd ＝ Rn ＋ Rm,更新 APSR Rd、Rn 和 Rm 为低寄存器

指令	ADD
功能	将一个立即数常量加到寄存器中
语法(UAL)	ADDS　＜Rd＞,＜Rn＞,♯immed3 ADDS　＜Rd＞,♯immed8
语法(UAL之前)	ADD　＜Rd＞,＜Rn＞,♯immed3 ADD　＜Rd＞,♯immed8
备注	Rd ＝ Rn ＋零展开(♯immed3),更新 APSR, 或者 Rd ＝ Rn ＋零展开(♯immed8),更新 APSR Rd、Rn 和 Rm 为低寄存器

指令	ADD
功能	将两个寄存器相加,不更新 APSR
语法(UAL)	ADD　＜Rd＞,＜Rm＞
语法(UAL之前)	ADD　＜Rd＞,＜Rm＞
备注	Rd ＝ Rd ＋ Rm Rd 和 Rm 为高或低寄存器

指令	ADD
功能	将栈指针加到寄存器,不更新 APSR
语法(UAL)	ADD　＜Rd＞,SP,＜Rd＞
语法(UAL之前)	ADD　＜Rd＞,SP
备注	Rd ＝ Rd ＋ SP Rd 可以是高或低寄存器

指令	ADD
功能	将栈指针加到寄存器，不更新 APSR
语法（UAL）	ADD SP, < Rm >
语法（UAL 之前）	ADD SP, < Rm >
备注	SP ＝ SP ＋ Rm Rm 可以是高或低寄存器

指令	ADD
功能	将栈指针加到寄存器，不更新 APSR
语法（UAL）	ADD < Rd >, SP, ♯ immed8
语法（UAL 之前）	ADD < Rd >, SP, ♯ immed8
备注	Rd ＝ SP ＋零展开(♯immed8 ≪ 2) Rd 为低寄存器

指令	ADD
功能	将立即数常量加到栈指针
语法（UAL）	ADD SP, SP, ♯ immed7
语法（UAL 之前）	ADD SP, ♯ immed7
备注	SP ＝ SP ＋零展开(♯immed7 ≪ 2) 该指令可用于 C 函数调整局部变量用的 SP

指令	ADR（ADD)
功能	将 PC 与立即数常量加到寄存器，不更新 APSR
语法（UAL）	ADR < Rd >, <标号> （通用语法） ADD < Rd >, PC, ♯ immed8 （其他语法）
语法（UAL 之前）	ADR < Rd >, （通用语法） ADD < Rd >, PC, ♯ immed8 （其他语法） Rd ＝ (PC[31:2]≪ 2) ＋零展开(♯immed8 ≪ 2)
备注	该指令可用于确定程序存储器中靠近当前指令的数据地址，结果必须是字对齐的 Rd 为低寄存器

指令	ADC
功能	带进位的加法并更新 APSR
语法（UAL）	ADCS ＜Rd＞,＜Rm＞
语法（UAL 之前）	ADC ＜Rd＞,＜Rm＞
备注	Rd ＝ Rd ＋ Rm ＋进位 Rd 和 Rm 为低寄存器

指令	SUB
功能	两个寄存器相减
语法（UAL）	SUBS ＜Rd＞,＜Rn＞,＜Rm＞
语法（UAL 之前）	SUB ＜Rd＞,＜Rn＞,＜Rm＞
备注	Rd ＝ Rn- Rm,更新 APSR Rd、Rn 和 Rm 为低寄存器

指令	SUB
功能	一个寄存器与立即数常量相减
语法（UAL）	SUBS ＜Rd＞,＜Rn＞,♯immed3 SUBS ＜Rd＞,♯immed8
语法（UAL 之前）	SUB ＜Rd＞,＜Rn＞,♯immed3 SUB ＜Rd＞,♯immed8
备注	Rd ＝ Rn-零展开(♯immed3),更新 APSR,或者 Rd ＝ Rd-零展开(♯immed8),更新 APSR Rd 和 Rn 为低寄存器

指令	SUB
功能	SP 减立即数常量
语法（UAL）	SUB SP,SP,♯immed7
语法（UAL 之前）	SUB SP,♯immed7
备注	该指令用于 C 函数调整局部变量用的 SP

指令	SBC
功能	带借位的减法
语法（UAL）	SBCS < Rd >, < Rd >, < Rm >
语法（UAL 之前）	SBC < Rd >, < Rm >
备注	Rd = Rd- Rm -借位，更新 APSR Rd 和 Rm 为低寄存器

指令	RSB
功能	取负数
语法（UAL）	RSBS < Rd >, < Rn >, ♯0
语法（UAL 之前）	NEG < Rd >, < Rn >
备注	Rd = 0- Rm，更新 APSR Rd 和 Rm 为低寄存器

指令	MUL
功能	乘法
语法（UAL）	MULS < Rd >, < Rm >, < Rd >
语法（UAL 之前）	MULS < Rd >, < Rm >
备注	Rd = Rd * Rm，更新 APSR. N 和 APSR. Z Rd 和 Rm 为低寄存器

　　还有些指令可以比较数值间的大小（利用减法）并且更新 APSR 的标志，而比较的结果则不会保存。

指令	CMP
功能	比较
语法（UAL）	CMP < Rn >, < Rm >
语法（UAL 之前）	CMP < Rn >, < Rm >
备注	计算 Rn - Rm，更新 APSR 相减的结果不保存

指令	CMP
功能	比较
语法(UAL)	CMP <Rn>, #immed8
语法(UAL 之前)	CMP <Rn>, #immed8
备注	计算 Rn-零展开(#immed8),更新 APSR 相减的结果不保存,Rn 为低寄存器

指令	CMN
功能	负数比较
语法(UAL)	CMN <Rn>, <Rm>
语法(UAL 之前)	CMN <Rn>, <Rm>
备注	计算 Rn- NEG(Rm),更新 APSR 相减的结果不保存,实际运算为 ADD

5.4.5 逻辑运算

对于大多数处理器,逻辑运算是另外一种重要运算,Cortex-M0 和 Cortex-M0＋处理器同样提供了多个指令用于逻辑运算,包括 AND、OR 等,另外还有一些指令用于比较和测试。

指令	AND
功能	逻辑与
语法(UAL)	ANDS <Rd>, <Rd>, <Rm>
语法(UAL 之前)	AND <Rd>, <Rm>
备注	Rd = AND(Rd, Rm),更新 APSR. N 和 APSR. Z, Rd 和 Rm 为低寄存器

指令	ORR
功能	逻辑或
语法(UAL)	ORRS <Rd>, <Rd>, <Rm>
语法(UAL 之前)	ORR <Rd>, <Rm>
备注	Rd = OR(Rd, Rm),更新 APSR. N 和 APSR. Z, Rd 和 Rm 为低寄存器

指令	EOR
功能	逻辑异或
语法（UAL）	EORS　＜Rd＞,＜Rd＞,＜Rm＞
语法（UAL 之前）	EOR　＜Rd＞,＜Rm＞
备注	Rd ＝ XOR（Rd，Rm），更新 APSR.N 和 APSR.Z， Rd 和 Rm 为低寄存器

指令	BIC
功能	逻辑位清除
语法（UAL）	BICS　＜Rd＞,＜Rd＞,＜Rm＞
语法（UAL 之前）	BIC　＜Rd＞,＜Rm＞
备注	Rd ＝ AND（Rd，NOT（Rm）），更新 APSR.N 和 APSR.Z， Rd 和 Rm 为低寄存器

指令	MVN
功能	逻辑位取反
语法（UAL）	MVNS　＜Rd＞,＜Rm＞
语法（UAL 之前）	MVN　＜Rd＞,＜Rm＞
备注	Rd ＝ NOT（Rm），更新 APSR.N 和 APSR.Z， Rd 和 Rm 为低寄存器

指令	TST
功能	测试（位与）
语法（UAL）	TST　＜Rn＞,＜Rm＞
语法（UAL 之前）	TST　＜Rn＞,＜Rm＞
备注	计算 AND（Rn，Rm），更新 APSR.N 和 APSR.Z，相与的结果不保存 Rn 和 Rm 为低寄存器

5.4.6 移位和循环移位运算

Cortex-M0 和 Cortex-M0＋处理器同样支持移位和循环移位指令,并且同时支持算术移位(数据为有符号整数,移位时须保留最高位)和逻辑移位。算术右移操作如图 5.5 所示。

算术右移(ASR)

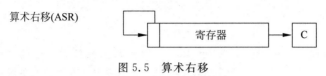

图 5.5　算术右移

指令	ASR
功能	算术右移
语法(UAL)	ASRS ＜Rd＞,＜Rd＞,＜Rm＞
语法(UAL 之前)	ASR ＜Rd＞,＜Rm＞
备注	Rd ＝ Rd >> Rm,移出的最后一位复制到 APSR.C 中,APSR.N 和 APSR.Z 也会更新 Rd 和 Rm 为低寄存器

指令	ASR
功能	算术右移
语法(UAL)	ASRS ＜Rd＞,＜Rm＞,♯immed5
语法(UAL 之前)	ASR ＜Rd＞,＜Rm＞,♯immed5
备注	Rd ＝ Rd >>♯immed5,移出的最后一位复制到 APSR.C 中,APSR.N 和 APSR.Z 也会更新 Rd 和 Rm 为低寄存器

若使用 ASR,则结果的 MSB 不变,且进位标志会更新为移出的最后一位。

逻辑右移的指令为 LSL(见图 5.6)和 LSR(见图 5.7)。

逻辑左移(LSL)

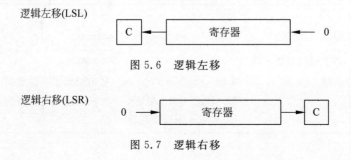

图 5.6　逻辑左移

逻辑右移(LSR)

图 5.7　逻辑右移

指令	LSL
功能	逻辑左移
语法（UAL）	LSLS　＜Rd＞,＜Rd＞,＜Rm＞
语法（UAL 之前）	LSL　＜Rd＞,＜Rm＞
备注	Rd ＝ Rd ＜＜ Rm，移出的最后一位复制到 APSR.C 中，APSR.N 和 APSR.Z 也会更新 Rd 和 Rm 为低寄存器

指令	LSL
功能	逻辑左移
语法（UAL）	LSLS　＜Rd＞,＜Rm＞,♯immed5
语法（UAL 之前）	LSL　＜Rd＞,＜Rm＞,♯immed5
备注	Rd ＝ Rm＜＜ ♯immed5，移出的最后一位复制到 APSR.C 中，APSR.N 和 APSR.Z 也会更新 Rd 和 Rm 为低寄存器

指令	LSR
功能	逻辑右移
语法（UAL）	LSRS　＜Rd＞,＜Rd＞,＜Rm＞
语法（UAL 之前）	LSR　＜Rd＞,＜Rm＞
备注	Rd ＝ Rm ＞＞ Rm，移出的最后一位复制到 APSR.C 中，APSR.N 和 APSR.Z 也会更新 Rd 和 Rm 为低寄存器

指令	LSR
功能	逻辑右移
语法（UAL）	LSRS　＜Rd＞,＜Rm＞,♯immed5
语法（UAL 之前）	LSR　＜Rd＞,＜Rm＞,♯immed5
备注	Rd ＝ Rm＞＞ ♯immed5，移出的最后一位复制到 APSR.C 中，APSR.N 和 APSR.Z 也会更新 Rd 和 Rm 为低寄存器

循环移位指令只有一个,也就是右移(ROR,见图 5.8)。

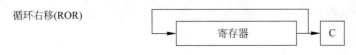

循环右移(ROR)

寄存器　　C

图 5.8　循环右移

指令	ROR
功能	循环右移
语法(UAL)	RORS ＜Rd＞,＜Rd＞,＜Rm＞
语法(UAL 之前)	ROR ＜Rd＞,＜Rm＞
备注	Rd = Rd 循环右移 Rm 位,移出的最后一位复制到 APSR.C 中,APSR.N 和 APSR.Z 也会更新 Rd 和 Rm 为低寄存器

如果需要向左的循环操作,则可以使用 ROR 得到

$$左移(数据,偏移)==右移(数据,(32-偏移))$$

5.4.7　展开和顺序反转运算

对于 Cortex-M0 和 Cortex-M0＋处理器,用于处理数据的重排序和提取的指令有很多,其中包括

- REV(字中字节反转,见图 5.9);
- REV16(半字中的字节反转,见图 5.10);
- REVSH(有符号半字中的字节反转,见图 5.11)。

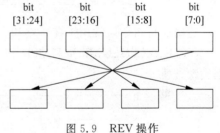

图 5.9　REV 操作

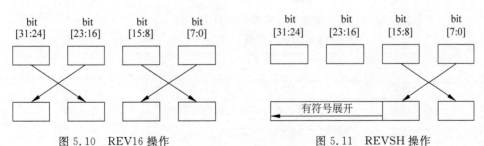

图 5.10　REV16 操作　　　　图 5.11　REVSH 操作

指令	REV(字节反转)
功能	字节顺序反转
语法	REV ＜Rd＞,＜Rm＞

备注	Rd = {Rm[7:0]，Rm[15:8]，Rm[23:16]，Rm[31: 24]}
	Rd 和 Rm 为低寄存器

指令	REV16（半字中字节反转）
功能	半字内的字节顺序反转
语法	REV16 ＜Rd＞，＜Rm＞
备注	Rd = { Rm[23:16]，Rm[31:24]，Rm[7:0]，Rm[15: 8]}
	Rd 和 Rm 为低寄存器

指令	REVSH（有符号半字字节反转）
功能	低半字内的字节顺序反转，并进行有符号展开
语法	REVSH ＜Rd＞，＜Rm＞
备注	Rd ＝有符号展开（{Rm[7:0]，Rm[15:8]}）
	Rd 和 Rm 为低寄存器

这些反转指令通常用于在小端和大端系统间转换数据。

SXTB、SXTH、UXT 和 UXTH 指令用于将字节或半字的数据展开为 1 个字，常用于数据类型转换。

指令	SXTB（对字节进行有符号展开）
功能	对字数据中的最低字节进行有符号展开
语法	SXTB ＜Rd＞，＜Rm＞
备注	Rd ＝有符号展开（Rm[7:0]）
	Rd 和 Rm 为低寄存器

指令	SXTH（对半字进行有符号展开）
功能	对字数据中的低半字进行有符号展开
语法	SXTH ＜Rd＞，＜Rm＞
备注	Rd ＝有符号展开（Rm[15:0]）
	Rd 和 Rm 为低寄存器

指令	UXTB(对字节进行无符号展开)
功能	展开字数据中的最低字节
语法	UXTB ＜Rd＞,＜Rm＞
备注	Rd ＝零展开(Rm[7:0])
	Rd 和 Rm 为低寄存器

指令	UXTH(对半字进行无符号展开)
功能	展开字数据中的低半字
语法	UXTH ＜Rd＞,＜Rm＞
备注	Rd ＝零展开(Rm[15:0])
	Rd 和 Rm 为低寄存器

使用 SXTB 或 SXTH 时,数据的有符号展开使用输入数据的第 7 位或第 15 位,而 UXTB 和 UXTH 则使用零展开。例如,若 R0 中为 0x55AA8765,则使用这些展开指令处理的结果为

```
SXTB  R1, R0  ;R1 = 0x00000065
SXTH  R1, R0  ;R1 = 0xFFFF8765
UXTB  R1, R0  ;R1 = 0x00000065
UXTH  R1, R0  ;R1 = 0x00008765
```

5.4.8 程序流控制

Cortex-M0 和 Cortex-M0＋处理器支持 5 个跳转指令,它们对于诸如循环及条件执行等程序流控制尤为重要,并且还可用于将程序代码划分为函数和子程序。

指令	B(跳转)
功能	跳转到一个地址(无条件)
语法	B ＜标号＞
备注	跳转范围为当前程序计数器＋/－2046 字节

指令	B＜cond＞(条件跳转)
功能	根据 APSR 的值,跳转到一个地址
语法	B＜cond＞ ＜标号＞
备注	跳转范围为当前程序计数器＋/－254 字节
	例如,
	CMP R0, ♯0x1 ;比较 R0 和 0x1
	BEQ process1 ;如果 R0 等 1 则跳转到 process1

<cond>共有 14 个可能的条件后缀（见表 5.8）。

例如，一个简单的 3 次循环可以写作

```
      MOVS  R0, ♯3      ;循环计数初始值为 3
loop                   ;"loop"为地址标号
      SUBS  R0, ♯1      ;减 1 并更新标志
      BGT   loop        ;如果 R0 大于 1,则跳转到 loop
```

这个循环将会执行 3 次,到第 3 次时,执行 SUBS 指令前 R0 为 1,SUBS 执行以后,零标志置位,跳转的条件不再符合,程序就会在 BGT 指令后继续执行。

表 5.8　条件跳转的后缀

后缀	跳转条件	标志（APSR）
EQ	相等	Z 标志置位
NE	不相等	Z 标志清零
CS/HS	进位置位/无符号大于或相等	C 标志置位
CC/LO	进位清零/无符号小于	C 标志清零
MI	减/负	N 标志置位(负)
PL	加/正或零	N 标志清零
VS	溢出	V 标志置位
VC	无溢出	V 标志清零
HI	无符号大于	C 标志置位,Z 标志清零
LS	无符号大于或相等	C 标志清零,Z 标志置位
GE	有符号大于或相等	N 标志置位、V 标志置位或者 N 标志清零、V 标志清零(N==V)
LT	有符号小于	N 标志置位,V 标志清零或者 N 标志清零,V 标志置位(N! =V)
GT	有符号大于	Z 标志清零,或者要么 N 和 V 标志都置位,要么 N 和 V 标志都清零(Z == 0 并且 N==V)
LE	有符号小于或相等	Z 标志置位,或者要么 N 标志置位 V 标志清零,要么 N 标志清零 V 标志置位(Z==1 或 N! =V)

指令	BL(跳转并链接)
功能	跳转到一个地址,并且将返回地址存储到 LR,通常用于函数调用,跳转范围大于跳转指令(B <标号>)
语法	BL <标号>
备注	跳转范围为当前程序计数器＋/－16MB 例如, 　BL functionA ;调用 functionA 函数

指令	BX(跳转并交换)
功能	跳转到寄存器指定的地址,并且根据寄存器的值第 0 位修改处理器状态
语法	BX ＜Rm＞
备注	由于 Cortex-M0 处理器只支持 Thumb 代码,寄存器内容(Rm)的第 0 位必须为 1,否则就意味着处理器试图切换至 ARM 状态,这样会产生错误异常

BL 通常用于函数或子程序的调用。执行 BL 时,下一条指令的地址会被存储到链接寄存器(LR)中,并且最低位置 1。当函数或子函数完成指定的任务后,可以通过执行"BX LR"指令返回到调用程序(见图 5.12)。

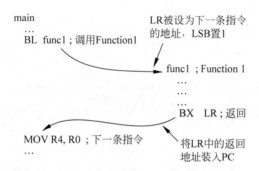

图 5.12 使用 BL 和 BX 指令进行函数调用和返回

BX 可以跳转的地址范围要大于普通的跳转指令,由于目标由 32 位寄存器指定,它可以跳转到存储器映射中的地址。

指令	BLX(跳转链接并交换)
功能	跳转到寄存器指定的地址,将返回地址存到 LR 中,并且根据寄存器第 0 位的值修改处理器状态
语法	BLX ＜Rm＞
备注	由于 Cortex-M0 处理器只支持 Thumb 代码,寄存器内容(Rm)的第 0 位必须为 1,否则就意味着处理器试图切换至 ARM 状态,这样会产生错误异常

当需要进行函数调用,并且函数地址位于寄存器中时,就需要使用 BLX(例如,使用函数指针)。

5.4.9 存储器屏障指令

存储器屏障指令常用于复杂的存储器系统。有些情况下,如果不使用存储器屏障指令,可能会出现竞态并且引起系统失败。例如，有些 ARM 处理器支持同步总线传输（一个处理器可以包含多个存储器接口），这些传输的时序可能会重叠。如果软件代码对存储器访问的顺序要求较高，极端情况下就可能会出现软件错误。有了存储器屏障指令的帮助，处理器在当前存储器访问完成之前，就可以停止执行下一条指令，或者开始一次新的传输。

由于 Cortex-M0 和 Cortex-M0＋处理器只有一个存储器接口连接到存储器系统，并且系统总线接口上没有写缓存，因此存储器屏障指令一般不会用到。但是，如果其他的 ARM 处理器具有更加复杂的存储器系统，那么它们就可能会用到存储器屏障指令了。如果考虑将软件代码移植到其他 ARM 处理器上，存储器屏障指令的使用就变得非常重要。因此，为了提高同其他 Cortex-M 处理器以及 ARM 处理器之间的代码可移植性，Cortex-M0 和 Cortex-M0＋处理器同样支持存储器屏障指令。

Cortex-M 处理器支持如下 3 个存储屏障指令：

- DMB；
- DSB；
- ISB。

指令	DMB
功能	数据存储器屏障
语法	DMB
备注	确保开始新的存储器访问前，所有的存储器访问都已完成

指令	DSB
功能	数据同步屏障
语法	DSB
备注	确保下一条指令执行前，所有的存储器访问都已完成

指令	ISB
功能	指令同步屏障
语法	ISB
备注	清除流水线，确保在执行新指令前，之前的所有指令都已完成

根据体系结构的不同，这些指令也有各种各样的应用。尽管在实际操作中，可以在 Cortex-M0 或 Cortex-M0＋处理器上不使用存储器屏障指令，也不会引起什么问题。而当把相同的代码移植到其他 ARM 处理器上时，可能就会有问题了。例如，在使用 MSR 指令

改变 CONTROL 寄存器的值后,应该使用 ISB,以确保接下来的操作使用已经更新的设置。Cortex-M0 和 Cortex-M0＋处理器可以不使用 ISB 指令,而不会引起任何问题。

另外一个例子就是存储器重映射控制,对于有些微控制器,硬件寄存器可以改变存储器映射。对存储器映射切换寄存器编程后,为了确保写操作完成并且存储器配置已经得到更新,在进行下一步以前,应该使用 DSB 指令;否则存储器切换延后,由于系统总线接口存在写缓存(例如,为了提高性能,Cortex-M3 和 Cortex-M4 在系统总线接口上增加了写缓存),处理器立即访问切换后的存储器区域,就可能使用老的存储器映射,或者本次传输会由于存储器映射的切换而遭到破坏。

程序中包含自修改代码时,也会用到存储器屏障指令。例如,如果应用程序改变了自身的程序代码,接下来的程序执行应该使用更新后的程序代码。如果处理器具有流水线结构或者预取缓冲,修改之前的代码就可能已经被预取了。这种情况下,为了确保写存储器已经完成,程序中应该使用 DSB 指令;然后使用 ISB 指令,使得指令预取缓冲中更新为新的指令。

如果要了解更多关于存储器屏障的细节内容,可以参考《ARMv6-M 体系结构参考手册》(参考文档[1])和 ARM 应用笔记《AN321-ARM Cortex-M 存储器屏障指令编程指南》(参考文档[8])。

5.4.10　异常相关指令

Cortex-M0 和 Cortex-M0＋处理器中包含一条被称作请求管理(SVC)的指令。如果SVC 的中断优先级大于当前执行的中断,这条指令会立即触发 SVC 中断。

指令	SVC
功能	请求管理调用
语法	SVC　♯＜immed8＞ SVC　＜immed8＞
备注	触发 SVC 异常,例如, 　SVC　♯3　;SVC 指令,参数为 3 另一种语法不带"♯",例如, 　SVC　3　;同 SVC　♯3 相同

SVC 指令使用一个 8 位立即数,这个参数不会直接影响 SVC 中断,而是在执行 SVC 中断处理时作为 SVC 函数的参数被提取出来。SVC 一般可作为系统服务的入口或者 API(应用程序编程接口),这个参数可以用作指明所需的系统服务。

如果在中断处理中使用了 SVC 指令,并且该中断的优先级大于等于 SVC,就会引起错误异常。因此,SVC 不能用于硬件错误处理程序、NMI 或者 SVC 自身处理程序中。

另外一个和异常相关的指令为 CPS,只用这一条指令就可以设置或清除中断屏蔽寄存器 PRIMASK(注:MSR 指令也可以修改 PRIMASK 特殊寄存器)。

指令	CPS
功能	改变处理器状态,使能或禁止中断
语法	CPSIE I ;使能中断(清除 PRIMASK) CPSID I ;禁止中断(设置 PRIMASK)
备注	PRIMASK 只会屏蔽外部中断、SVC、PendSV、SysTick, 但不会影响 NMI 和硬件错误处理

在对时间敏感的代码中,可以通过切换 PRIMASK 的状态来开关中断。

5.4.11 休眠模式特性相关指令

Cortex-M0 和 Cortex-M0＋处理器可以通过执行 WFI(等待中断)和 WFE(等待事件)指令进入休眠模式。需要注意的是,由于 Cortex-M1 处理器是用于 FPGA 设计中的,因此它不具有休眠模式,在 Cortex-M1 上执行这两条指令不会停止处理器,效果就如同 NOP 一样。

指令	WFI
功能	等待中断
语法	WFI
备注	停止程序执行,在中断来到或处理器进入调试状态前不 会恢复

WFE 同 WFI 类似,只是可以将它唤醒的事件不同。事件可以是中断、SEV 指令(本章稍后介绍)的执行或者进入调试状态。之前的事件也会影响 WFE 指令,Cortex-M0 和 Cortex-M0＋处理器内部包含一个事件寄存器,其记录了是否有事件发生(异常、外部事件或者 SEV 指令的执行),如果 WFE 执行时没有事件发生,则执行 WFE 指令会使得处理器进入休眠模式;如果 WFE 执行时事件寄存器已经置位,则事件寄存器会被清零,并且处理器会继续执行下一条指令。

指令	WFE
功能	等待事件
语法	WFE
备注	如果内部事件寄存器置位,它会清除内部事件寄存器并 继续执行程序,否则,在事件(如中断)或处理器进入调 试状态前程序会停止执行

WFE 也可以被外部事件输入信号唤醒,这通常用于多处理器环境中。

SEV(发送事件)指令常见于多处理器系统中,用于一个处理器唤醒另一个处理器,并且该处理器是通过 WFE 方式休眠的。对于单处理器系统,处理器不具备多处理器通信接口或者多处理器通信接口没有使用,SEV 操作只会影响处理器自身的本地事件寄存器。

指令	SEV
功能	在多处理器环境中向所有的处理器(包括自身)发送事件
语法	SEV
备注	设置本地事件寄存器,并且向多处理器系统中的其他微处理器发出一个事件脉冲

5.4.12　其他指令

Cortex-M0 和 Cortex-M0＋处理器支持 NOP 指令,该指令可用作指令对齐或延时。

指令	NOP
功能	无操作
语法	NOP
备注	在 Cortex-M0 上 NOP 最少占用一个周期,NOP 指令的延时操作是不可靠的,在不同系统中可能表现不同(例如,存储器等待状态,处理器类型)。如果需要精确延时,应该使用硬件定时器

断点指令(BKPT)可以在调试中提供断点功能。调试器会使用这条指令来代替原先的指令,执行到断点时,处理器暂停运行,用户就可以使用调试器执行调试任务。

Cortex-M0 和 Cortex-M0＋处理器还具备硬件断点单元,并且只支持 4 个硬件断点。由于许多微控制器都使用可以多次重复编程的 Flash 存储器,使用软件断点指令可以在不带来额外开销的前提下,增加断点的数量。断点指令使用一个 8 位数,这个数不会直接影响断点操作,而调试器可以将这个数值提取出来并且用于调试操作。

指令	BKPT
功能	断点
语法	BKPT ＃＜ immed8 ＞ BKPT ＜ immed8 ＞
备注	BKPT 指令中可以使用 8 位立即数,调试器可以使用这个数作为 BKPT 的编号,例如, 　BKPT 　＃0 　;断点,立即数为 0 在另一种语法中"＃"也可以不加。例如, 　BKPT 　0 　;同 BKPT 　＃0 相同

YIELD 指令用于嵌入式操作系统,并且没有应用在当前版本的 Cortex-M0 和 Cortex-M0+处理器中,执行时同 NOP 的效果一致。

在多线程系统中,YIELD 指令可以表明当前线程被延迟(例如等待硬件),并且可以被切换。在这种情况下,处理器不必在空闲任务上花费太多的时间,可以较早地切换到其他任务,这样能提高系统的吞吐量。对于 Cortex-M0 和 Cortex-M0+,由于处理器没有对多线程做特殊的支持,这条指令的执行效果同 NOP 一样。当然,使用这条指令可以提高同其他 ARM 处理器的兼容性。

指令	YIELD
功能	表明任务暂停
语法	YIELD
备注	在 Cortex-M0 上执行同 NOP 相同

5.5 伪指令

除前面列出来的指令外,也可以使用一些伪指令。伪指令由汇编器工具提供,能够被转换成一条或几条实际指令。

LDR 为最常用的伪指令,它可以将 32 位立即数加载到寄存器中。

伪指令	LDR
功能	将 32 位立即数加载到 Rd 中
语法	LDR <Rd>, = immed32
备注	该指令会被转换为从文字池中加载的 PC 相关加载,例如, LDR R0, = 0x12345678 ;将 R0 设为 16 进制数值 0x12345678 LDR R1, = 10 ;将 R1 设为 10 进制数值 10 LDR R2, = 'A' ;将 R2 设为字符'A'

伪指令	LDR
功能	将特定地址(标号)中的数据加载到寄存器中
语法	LDR <Rd>, label
备注	标号的地址须是字对齐的并且在当前程序计数器附近,例如,可以使用 DCD 将数据项放到程序 ROM 中,然后使用 LDR 访问这个数据项 LDR R0, CONST_NUM ;加载 CONST_NUM(0x17)到 R0 ... ALIGN 4 ;确保下一个数据为字对齐的 CONST_NUM DCD 0x17 ;将数据项放到程序代码中

伪指令	ADR
功能	将程序计数器(PC)相关的地址加载到寄存器中(一般使用 ADD),APSR 不更新
语法	ADR　<Rd>, <label>
备注	汇编器应该使用单条指令来产生所需的地址值,例如,
	ADD　<Rd>, PC, ♯immed8
	效果同 $Rd=(PC[31:2]<<2)+零展开(♯immed8<<2)$
	<Rd>必须为低寄存器
	<label>需要为字对齐地址,且由于立即数范围的限制,
	<label>需要靠近当前 PC

其他伪指令由所使用的开发工具决定,要了解更多这方面的信息,可以参考开发工具的文档。

## 第 6 章

指令使用示例

6.1 概述

从前面的章节中,我们了解了 Cortex-M0 和 Cortex-M0＋处理器的指令集,本章将学习怎样使用这些指令实现各种操作。

初学者注意

下面的例子对于理解指令集很有帮助,但是,由于大多数的嵌入式开发人员都使用 C/C++或其他高级语言编程,因此在实际工作中,就像这些例子中描述的一样,大多数应用程序也无须用汇编实现。

接下来的例子遵循 ARM 汇编语法,而对于 GNU 汇编器来说,语法上有诸多不同,这点在前面的章节中已经强调。

6.2 程序控制

6.2.1 if-then-else

指令集的一个重要作用就是处理条件跳转,例如,如果要实现如下任务:

```
if(counter > 10) then
    counter = 0
else
    counter = counter + 1
```

假定 R0 用作"counter"变量,处理过程就可以这样实现:

```
CMP   R0, ♯10         ;和 10 比较
BLE   incr_counter    ;如果更小或相等,则跳转
MOVS  R0, ♯0          ;counter = 0
B     counter_done    ;跳转到 counter_done
```

```
incr_counter
    ADDS R0, R0, #1       ;counter = counter + 1
counter_done
    …
```

程序代码首先进行一次数据比对,然后执行条件跳转,进而执行指定的任务,并且在标号为"counter_done"的地方停止。

6.2.2　循环

循环为另外一个重要的程序控制操作,例如,

```
Total = 0;
for(i = 0; i < 5; i = i + 1)
    Total = Total + i;
```

假定"总数"为 R0,循环变量"i"为 R1,程序可以写作

```
    MOVS R0, #0         ;Total = 0
    MOVS R1, #0         ;i = 0
loop
    ADDS R0, R0, R1     ;Total = Total + i
    ADDS R1, R1, #1     ;i = i + 1
    CMP  R1, #5         ;比较 i 和 5
    BLT  loop           ;如果更小则跳转到 loop
```

6.2.3　跳转指令

如表 6.1 所示,跳转指令有多个。

BL 指令(跳转链接)通常用于函数调用,也可以在跳转范围较大时用于一般跳转操作。如果跳转目标的偏移量超过 16MB,可以使用 BX 指令来代替。表 6.2 中包含一个这样的例子。

表 6.1　各种跳转指令

跳转类型	示　例
普通跳转,跳转总会执行	B 标号
条件跳转,跳转依赖于 APSR 的当前状态以及指令所指定的条件	BEQ 标号
	(如果 Z 标志置位则跳转,一般是由于比对相等或 ALU 操作后为 0)
跳转链接,总是执行跳转,并且以 BL 指令后的地址更新链接寄存器(LR,R14)	BL 标号
	(跳转到"标号"所代表的地址,链接寄存器被写为 BL 后指令的地址)
跳转并交换状态,跳转到寄存器中存储的地址,寄存器的最低位应该置 1,以表明当前处于 Thumb 态(Cortex-M0 不支持 ARM 指令,必须使用 Thumb 态)	BX LR
	(跳转到链接寄存器中存的地址,这条指令常用于函数返回)

续表

跳转类型	示　例
跳转链接并交换状态,跳转到寄存器中存储的地址,并且链接寄存器(LR/R14)的值被更新为BLX指令后的地址。寄存器的最低位为1以表明当前处于Thumb状态。(Cortex-M0和Cortex-M0+处理器不支持ARM指令,必须使用Thumb态)	BLX R4 (跳转到R4中存储的地址,并且LR被更新为BLX后指令的地址。这条指令通常用作以函数指针的形式调用函数)

表 6.2　各种跳转范围的指令

跳转范围	可用的指令
+/−254 字节内	B 标号 B<条件>标号
+/−2KB 内	B 标号
+/−16MB 内	BL 标号
超过+/−16MB	LDR RO,=label　;将地址值加载到 R0 中 BX　R0　;跳转到 R0 指向的地址指针,或者 BLX R0　;跳转到 R0 指向的地址指针并更新 LR

6.2.4　跳转指令的典型用法

条件跳转有多个条件可以使用,这也就使得有符号和无符号运算或者比较运算的结果可以用于跳转控制。例如,要在比较操作"CMP R0,R1"后执行条件跳转,就可以使用表 6.3 中所列的条件跳转指令。

表 6.3　用于数值比较的条件跳转指令

所需的跳转控制	unsigned char	signed char
如果 R0 = R1,则跳转	BEQ 标号	BEQ 标号
如果 R0 ! = R1,则跳转	BNE 标号	BNE 标号
如果 R0 > R1,则跳转	BHI 标号	BGT 标号
如果 R0≥R1,则跳转	BCS 标号/ BHS 标号	BGE 标号
如果 R0 < R1,则跳转	BCC 标号/ BLO 标号	BLT 标号
如果 R0≤R1,则跳转	BLS 标号	BLE 标号

为了检测加减法运算中的数值溢出,可以使用表 6.4 中的指令。

为了判断一次运算的结果是正值还是负值(有符号数),可以在条件跳转中使用"PL"和"MI"后缀。

表 6.4 用于溢出检测的条件跳转指令

所需的跳转控制	unsigned char	signed char
如果 R0＋R1 溢出,则跳转	BCS 标号	BVS 标号
如果 R0＋R1 未溢出,则跳转	BCC 标号	BVC 标号
如果 R0－R1 溢出,则跳转	BCC 标号	BVS 标号
如果 R0－R1 未溢出,则跳转	BCS 标号	BVC 标号

表 6.5 用于正负值判断的条件跳转指令

所需的跳转控制	unsigned char	signed char
如果结果≥0,则跳转	不可用	BPL 标号
如果结果<0,则跳转	不可用	BMI 标号

除了比较指令(CMP)外,条件跳转也可以由算术运算及逻辑运算的结果或者负值比较(CMN)和测试(TST)指令控制。例如,执行 5 次的简单循环可以写作

```
      MOVS  R0, #5       ;循环计数
loop
      SUBS  R0, R0, #1   ;减小循环计数
      BNE   loop         ;如果结果非 0,则跳转到 loop
```

等待状态寄存器的第 3 位置 1 的轮询循环可以写作

```
      LDR   R0, = Status ;将状态寄存器的地址加载到 R0
      MOVS  R2, #0x8     ;第 3 位置位
loop
      LDR   R1, [R0]     ;读取状态寄存器
      TST   R1, R2       ;比较 R1 和 0x08
      BEQ   loop         ;如果结果非 0,则重试
```

6.2.5 函数调用和函数返回

当执行函数调用时(或子程序调用),须要保存返回地址,也就是调用指令后的下一条指令的地址,这样才能按照当前的指令序列继续执行。有两个指令可用作函数调用,如表 6.6 所示。

表 6.6 用于函数调用或子程序调用的指令

指令示例	说 明
BL function	目标函数地址固定,偏移在＋/－16MB 以内
LDR R0, = function;(也可以使用其他寄存器) BLX R0	目标函数地址在运行时可以改变,或者偏移超过＋/－16MB

执行完 BL/BLX 指令后，返回地址被保存在链接寄存器（LR/R14），调用的函数执行完毕后还能进行函数返回。对于简单的情况，可以用"BX LR"结束函数调用（见图 6.1）。

如果在"FunctionA"执行的过程中，LR 的值可能改变，为了防止数据丢失，就需要将返回地址备份。在 FunctionA 中执行 BL 或 BLX 指令时，如果产生函数嵌套等情况，LR 的值就可能会被覆盖。为了说明这种情况，图 6.2 描述了 FunctionA 对另一个函数 FunctionB 的调用（注：这个例子并不遵循 AAPCS（参考文档[6]）中的"双字栈对齐"）。

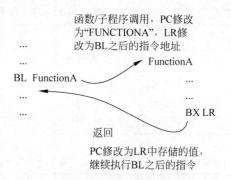

图 6.1　简单的函数调用和函数返回

对于 Cortex-M0 和 Cortex-M0＋处理器，可以将多个低寄存器（R0 到 R7）和 LR 中的返回函数地址压栈，并且只需一条指令。同样地，也可以对低寄存器和 PC（程序计数器）执行出栈操作，也是使用一条指令。这样就可以只使用一条指令，实现寄存器值的恢复和返回。例如，如果寄存器 R4 到 R6 的值在 FunctionA 中被修改了，并且还需要将其备份到栈中，就可以按照图 6.3 的形式实现函数 FunctionA。

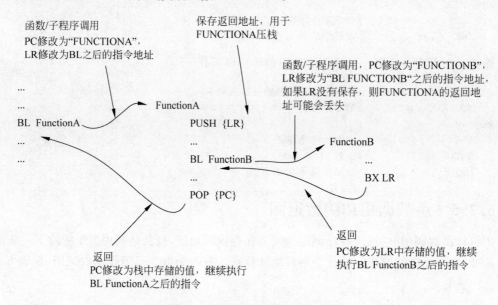

图 6.2　嵌套函数调用和函数返回

6.2.6　跳转表

使用 C 编程时，利用"switch"语句，可以根据输入值使程序跳转到多个可能的地址。使用汇编编程时，也可以实现类似操作：建立跳转目的地址表，根据输入计算表格的偏移并将

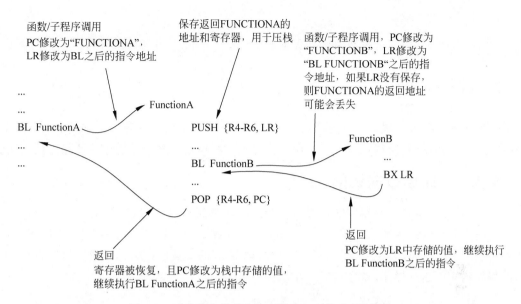

图 6.3 对函数中的多个寄存器进行压栈和出栈操作

其加载（LDR），然后使用 BX 执行跳转。在下面的例子中，R0 中的可选输入为 0 到 3，其对应的程序跳转分支为 Dest0 到 Dest3。如果输入值大于 3，程序会跳转到默认分支。

```
        CMP     R0, #3              ;比较输入和合法的最大选择
        BHI     default_case        ;如果大于 3 跳转到 default_case
        MOVS    R2, #4              ;将跳转表乘 4
        MULS    R0, R2, R0          ;(每个入口的大小)
        LDR     R1, = BranchTable   ;获取跳转表的基地址
        LDR     R2, [R1,R0]         ;获取实际的跳转目的地址
        BX      R2                  ;跳转到目的地址
        ALIGN   4                  ;对齐控制,字对齐,防止非对齐访问
BranchTable
        DCD     Dest0
        DCD     Dest1
        DCD     Dest2
        DCD     Dest3
default_case
        ...;默认 case 的指令
Dest0
        ...;case'0'的指令
Dest1
        ...;case'1'的指令
Dest2
        ...;case'2'的指令
Dest3
```

...;case'3'的指令

第 21 章中有其他复杂跳转条件处理的例子(21.9.2 节"复杂跳转处理")。

6.3　数据访问

数据访问对于嵌入式系统非常重要,Cortex-M 处理器提供了各种寻址方式下的多加载(存储器读)和存储(存储器写)指令,下面将会通过一些典型的例子来探讨这些指令的用法。

6.3.1　简单数据访问

通常,软件变量在存储器中的位置(物理地址)由链接器决定,只要知道了变量的名称,就可以用代码访问这些变量。例如,一个整数数组"Array"有 10 个元素(每个 32 位),需要计算它们的加和,并且将结果保存到另一个称作"Sum"的变量中(也是 32 位)。可以用以下的汇编代码实现这一操作。

```
          LDR    r0, = DataIn        ;获取变量'DataIn'的地址
          MOVS   r1, ♯10             ;循环计数
          MOVS   r2, ♯0              ;结果,从零开始
add_loop
          LDM    r0!, {3}            ;加载结果并增大地址
          ADDS   r2, r3             ;加到结果上
          SUBS   r1, ♯1             ;增大循环计数
          BNE    add_loop
          LDR    r0, = Sum           ;获取变量'Sum'的地址
          STR    r2, [r0]           ;将结果保存到 Sum
```

在前面的例子中,我们使用了 LDM 指令,而不是普通的 LDR 指令。这样就可以实现从存储器中读出数据的同时,将地址增加到下一个元素。

在使用汇编进行数据访问时,需要注意以下几点:

- 对不同的数据宽度选择正确的指令,不同的指令用于不同的数据宽度。
- 确保访问是对齐的,非对齐访问会触发错误异常,使用错误数据宽度的指令操作数据时就会引发这一情况。
- 多种寻址方式可供选择,并使得汇编代码简化。例如。当设置/访问一个外设时,可以将一个寄存器设置为外设的基地址值,然后使用立即数偏移寻址方式访问每个寄存器。这样,就不必在访问每一个寄存器时都去设置寄存器的地址。

6.3.2　使用存储器访问指令的例子

为了演示不同的存储器访问指令的用法,本节列举了几个简单的存储器复制函数。实现该函数最基本的方法是一字节一字节地复制数据,这样就允许任意数量的数据复制,这种方法不会带来存储器对齐问题。

```
        LDR     r0, = 0x00000000        ;源地址
        LDR     r1, = 0x20000000        ;目的地址
        LDR     r2, 100                 ;复制的字节数
copy_loop
        LDRB    r3, [r0]                ;读取 1 字节
        ADDS    r0, r0, ♯1              ;增大源指针
        STRB    r3, [r1]                ;写 1 字节
        ADDS    r1, r1, ♯1              ;增大目的指针
        SUBS    r2, r2, ♯1              ;减小循环计数
        BNE     copy_loop               ;循环至所有数据复制完
```

这个程序代码在循环中多次使用了加法和减法指令,降低了性能,可以使用寄存器偏移寻址方式来减少程序代码。

```
        LDR     r0, = 0x00000000        ;源地址
        LDR     r1, = 0x20000000        ;目的地址
        LDR     r2, 100                 ;复制的字节数,也充当循环计数
copy_loop
        SUBS    r2, r2, ♯1              ;减小偏移和循环计数
        LDRB    r4, [r0, r2]            ;读取 1 字节
        STRB    r4, [r1, r2]            ;写 1 字节
        BNE  copy_loop                  ;循环至所有数据复制完
```

循环计数作为存储器偏移后,代码减少了,并且运行速度也得到提升。这样做带来的唯一副作用是,复制操作是从存储器块尾部开始,在存储器块的头部结束。

复制大量的数据时,可以使用多寄存器加载存储指令以提高性能。由于多寄存器加载存储指令只能用于字操作,只有在已知待复制的数据数量较大而且为字对齐时,才能在存储器复制函数中使用这些指令。

```
        LDR     r0, = 0x00000000        ;源地址
        LDR     r1, = 0x20000000        ;目的地址
        LDR     r2, 100                 ;复制的字节数,也充当循环计数
copy_loop
        LDMIA   r0!, {r4 − r7}          ;读取 4 个字并增大 r0
        STMIA   r1!, {r4 − r7}          ;存储 4 个字并增大 r1
        LDMIA   r0!, {r4 − r7}          ;读取 4 个字并增大 r0
        STMIA   r1!, {r4 − r7}          ;存储 4 个字并增大 r1
        LDMIA   r0!, {r4 − r7}          ;读取 4 个字并增大 r0
        STMIA   r1!, {r4 − r7}          ;存储 4 个字并增大 r1
        LDMIA   r0!, {r4 − r7}          ;读取 4 个字并增大 r0
        STMIA   r1!, {r4 − r7}          ;存储 4 个字并增大 r1
        SUBS    r2, r2, ♯64             ;每次复制 64 字节
        BNE     copy_loop               ;循环至所有数据复制完
```

在上面的代码中,每次循环复制 64 个字节,大大提高了数据传输的性能。

栈指针(SP)相关寻址的加载存储指令是另外一种非常有用的存储器访问指令,C 编译

器通常将简单的局部变量存放在栈空间里，而这些指令则常用于局部变量访问。例如，假定我们需要在函数 function1 中创建两个局部变量，可以书写如下代码：

```
function1
    SUB    SP, SP, ♯0x8              ;预留两字的栈(8字节),用于局部变量
    ;函数中的数据处理
    MOVS   r0, 0x12                  ;设置一个虚拟字节
    STR    r0, [sp, ♯0]             ;在第一个局部变量内存入 0x12
    STR    r0, [sp, ♯4]             ;在第二个局部变量内存入 0x12
    LDR    r1, [sp, ♯0]             ;读取第一个局部变量
    LDR    r2, [sp, ♯4]             ;读取第二个局部变量
    ADD    SP, SP, ♯0x8              ;将 SP 恢复至初始值
    BX     LX
```

在这个函数的开头，栈指针调整操作首先执行，这样后面的压栈操作就不会覆盖保留的数据（见图 6.4）。在这个函数执行过程中，立即数偏移的 SP 相关寻址方式的使用，提高了局部变量的访问效率。如果之后还有栈操作，或者一些局部变量为字节或半字的（对于 ARMv6-M 架构，SP 相关寻址方式只支持字宽度的数据），SP（栈指针）还可以被复制到另外一个寄存器中。在这种情况下，加载/存储指令访问局部变量会使用 SP 的拷贝。

在这个函数的结尾处，局部变量被丢弃，可以使用 ADD 指令将 SP 的值恢复到函数开始的位置。

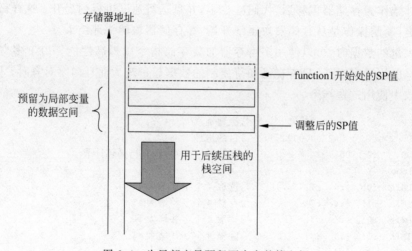

图 6.4　为局部变量预留两个字的栈空间

6.4　数据类型转换

Cortex-M 处理器支持多个在不同数据类型间进行转换的指令。

6.4.1 数据大小的转换

对于 ARM 编译器,不同数据类型的大小不同,表 6.7 列出了一些 ARM 编译器上常用的数据类型以及它们对应的大小。

当数据从一种类型转换为较大的类型时,需要对数据进行有符号展开或者零展开,许多指令都可以用于这种转换(见表 6.8)。

表 6.7 ARM 架构 C 语言常用数据类型的大小

C 数据类型	位数
"char","unsigned char"	8
"enum"	8/16/32(最小的会被选中)
"short","unsigned short"	16
"int","unsigned int"	32
"long","unsigned long"	32

表 6.8 用于有符号展开和零展开数据操作的指令

转换操作	指令
将 8 位有符号数转换为 16 位或 32 位有符号数	SXTB(有符号展开字节)
将 16 位有符号数转换为 32 位有符号数	SXTH(有符号展开半字)
将 8 位无符号数转换为 16 位或 32 位数	UXTB(零展开字节)
将 16 位无符号数转换为 32 位数	UXTH(零展开半字)

如果数据在存储器中,则可以使用一条指令读取数据并且执行零展开和有符号展开操作。

由于数据从 32 位到 16 位或 8 位的转换是立即执行的,因此不需要其他存储指令来处理有符号数据。

表 6.9 有符号展开和零展开数据操作的存储器读指令

转换操作	指令
从存储器中读取一个 8 位有符号数,并转换为 16 位或 32 位有符号数	LDRSB
从存储器中读取一个 16 位有符号数,并转换为 32 位有符号数	LDRSH
从存储器中读取一个 8 位无符号数,并转换为 16 位或 32 位数	LDRB
从存储器中读取一个 16 位无符号数,并转换为 32 位数	LDRH

6.4.2 大小端转换

Cortex-M 处理器的存储器系统可以配置为大端,也可以配置为小端,这是由硬件决定的,并且不能编程修改。有时可能需要在大端和小端之间进行数据转换,表 6.10 列出了处理这种情况的几个指令。

表 6.10　用于大端和小端数据切换的指令

转换操作	指令
将一个小端的 32 位数转换为大端的，或者反之	REV
将一个小端的 16 位无符号数转换为大端的，或者反之	REV16
将一个小端的 16 位有符号数转换为大端的，或者反之	REVSH

6.5　数据处理

大多数的数据处理操作可以通过简单的指令序列实现，然而有些情况下可能需要更多的步骤，下面看几个例子。

6.5.1　64 位/128 位加法

把两个 64 位数相加非常简单，假定 4 个寄存器中存有两个 64 位数据（X 和 Y），可以先使用 ADDS 再用 ADCS 将它们相加。

```
LDR     r0, = 0xFFFFFFFF    ;X_Low (X = 0x3333FFFFFFFFFFFF)
LDR     r1, = 0x3333FFFF    ;X_High
LDR     r2, = 0x00000001    ;Y_Low (Y = 0x3333000000000001)
LDR     r3, = 0x33330000    ;Y_High
ADDS    r0, r0, r2          ;低 32 位
ADCS    r1, r1, r3          ;高 32 位
```

在这个例子中，结果存储在 R1 和 R0 中，它们分别是 0x66670000 和 0x00000000。这种相加操作可以扩展到 96 位以及 128 位，或者通过增加 ADCS 指令数量来实现更多位的加法（见图 6.5）。

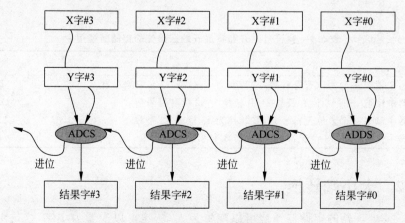

图 6.5　两个 128 位数相加

6.5.2　64位/128位减法

64位的减法运算同64位加法运算类似,假定4个寄存器中有两个64位数据(X和Y),可以通过先使用SUBS再用SBCS指令将它们相减。

```
LDR     r0, = 0x00000001    ;X_Low (X = 0x0000000100000001)
LDR     r1, = 0x00000001    ;X_High
LDR     r2, = 0x00000003    ;Y_Low (Y = 0x0000000000000003)
LDR     r3, = 0x00000000    ;Y_High
SUBS    r0, r0, r2          ;低32位
SBCS    r1, r1, r3          ;高32位
```

在这个例子中,结果保存在R1和R0中,它们分别是0x00000000和0xFFFFFFFF。这个相减运算可以扩展到96位、128位,或者通过增加SBCS指令的个数来实现更多位的减法(见图6.6)。

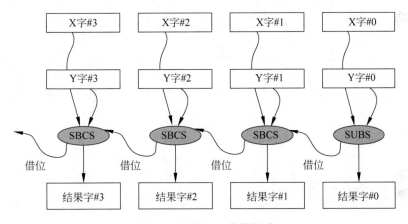

图6.6　两个128位数相减

6.5.3　整数除法

和Cortex-M3/M4处理器不同,Cortex-M0和Cortex-M0+处理器不具备整数除法指令。当我们使用C语言进行应用程序编程时,C编译器会在需要的地方自动插入除法所需的C库函数。图6.7为无符号整数除法的流程,可以供那些想完全用汇编编写应用程序的用户参考。

这个除法函数包含32次循环,每次循环计算出一位结果。循环的控制没有使用整数循环计数,而是使用数值N,它只有一位置1,每次循环时向左移动1位。对应的汇编代码如下:

```
simple_divede:
    ;输入
    ;R0 = 被除数
```

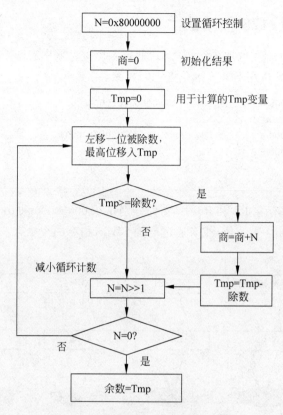

图 6.7　简单的无符号整数除法函数

```
;R0 = 除数
;输出
;R0 = 商
;R1 = 余数
    PUSH    {R2 - R4}           ;将寄存器保存到栈
    MOV     R2, R0              ;保存被除数到R2,因为R0 会被修改
    MOVS    R3, ♯0x1            ;循环控制
    LSLS    R3, R3, ♯31         ;N = 0x80000000
    MOVS    R3, ♯0              ;初始商
    MOVS    R4, ♯0              ;初始 Tmp
simple_divide_loop
    LSLS    R2, R2, ♯1          ;左移 1 位被除数,最高位成为进位
    ADCS    R4, R4, R4          ;左移 1 位 Tmp,进位移入最低位
    CMP     R4, R1
    BCC     simple_divde_lessthan
    ADDS    R0, R0, R3          ;增大商
    SUBS    R4, R4, R1
simple_divde_lessthan
    LSRS    R3, R3, ♯1          ;N = N≫1
```

```
BNE       simple_divide_loop
MOV       R1, R4              ;将余数放入 R1,商已经在 R0 中了
POP       {R2 - R4}           ;恢复使用的寄存器
BX        LR                  ;返回
```

这个简单的例子并没有处理有符号的数据,并且没有处理被 0 除的特殊情况。如果需要处理有符号的数据除法,可以首先将除数和被除数转换为无符号数,然后再运行无符号除法,最后将结果再转换回有符号的数据。

6.5.4　无符号整数开方根

另外一个在嵌入式系统中经常用到的数学运算为开方根,由于开方根只能处理正数(除非使用复数),下面的例子只处理无符号整数(见图 6.8)。在下面的应用中,结果被舍入下一个位数更低的整数中。

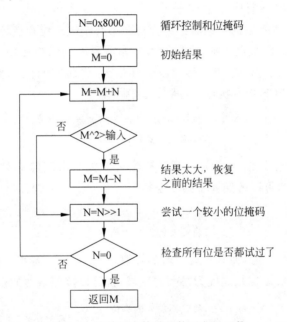

图 6.8　简单的无符号整数开方根函数

对应的汇编代码编写如下:

```
simple_sqrt:
    ;输入: R0
    ;输出: R1
    PUSH   {R2 - R4}          ;将寄存器保存到栈
    MOVS   R1, #0x1           ;设置循环控制寄存器
    LSLS   R1, R1, #15        ;R1 = 0x00008000
    MOV    R2, #0             ;初始化结果
simple_sqrt_loop
    ADDS   R2, R2, R1         ;M = (M + N)
```

```
    MOVS   R3, R2              ;将(M + N)复制到 R3
    MULS   R3, R3, R3          ;R3 = (M + N)^2
    CMP    R3, R0
    BLS    simple_sqrt_lessthan
    SUBS   R2, R2, R1          ;M = (M − N)
simple_sqrt_lessthan
    LSRS   R1, R1, #1          ;N = N ≫ 1
    BNE    simple_sqrt_loop
    MOV    R0, R2              ;复制到 R0 并返回
    POP    {R1 − R3}
    BX     LR                  ;返回
```

6.5.5 位和位域计算

位数据处理在微控制器应用中很常见，从前面的除法示例代码中，已经看到 Cortex-M0/M0＋处理器的一些基本的位运算。下面再介绍几个关于位和位域处理的例子。

要从寄存器中存储的数据中提取出一位，首先需要确定怎样使用结果。如果将结果用于控制条件跳转，最好的方法是使用移位或循环指令，将所需的位复制到 APSR 的进位标志，然后使用 BCC 或 BCS 指令执行条件跳转。例如，

```
LSRS  R0, R0, #<n + 1>        ;将位"n"移入 APSR 的进位
BCS   < label >               ;如果进位置位则跳转
```

如果结果用于其他处理，可以通过逻辑移位运算提取出该位。例如，如果需要提取出 R0 寄存器中的第 4 位，可以按照如下指令来执行：

```
LSLS  R0, R0, #27             ;移除不需要的高位
LSRS  R0, R0, #31             ;将需要的位移到位 0
```

可以总结位提取的方法，使其支持位域的提取。例如，如果需要从数据值中提取开始位置为"P"（提取位域的最低位）、宽度为"W"的位域，就可以按照下面的指令来进行操作：

```
LSLS  R0, R0, #(32 − W − P)   ;移除不需要的高位
LSRS  R0, R0, #(32 − W)       ;对齐所需位到位 0
```

例如，如果需要提取的位域为 8 位宽，从第 4 位到第 11 位，可以使用下面的指令：

```
LSLS  R0, R0, #(32 − 8 − 4)   ;移除不需要的高位
LSRS  R0, R0, #(32 − 8)       ;对齐所需位到位 0
```

这个过程如图 6.9 所示。

同样地，可以通过如下的移位和循环指令来清除寄存器中的位域：

```
RORS  R0, R0, #4              ;将不需要的位移到位 0
LSRS  R0, R0, #8              ;对齐所需位到位 0
RORS  R0, R0, #(32 − 8 − 4)   ;将值存到初始位置
```

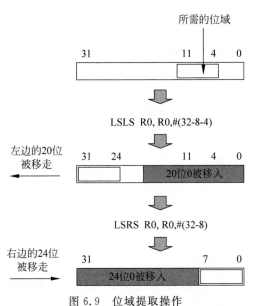

图 6.9 位域提取操作

这个过程如图 6.10 所示。

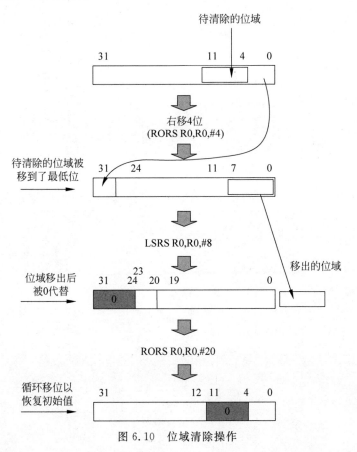

图 6.10 位域清除操作

为屏蔽掉其他位，可以使用 BICS（位清除）指令。例如，

```
LDR    R1, = Bit_Mask              ;要清除的位
BICS   R0, R0, R1                  ;清除不需要的位
```

"Bit_Mask"表明了需要被清除的位，BICS 指令对需要清除的位没有任何限制，只是会占用稍微大一些的程序空间，因为程序需要用字大小的常量存储"Bit_Mask"的值。

第 7 章

存储器系统

7.1 微控制器中的存储器系统

所有的处理器系统都需要存储器,微控制器一般都需要用 Flash 或掩膜 ROM 等非易失存储器(NVM)来存储程序,用 SRAM(静态随机访问存储器)等实现数据读写。SRAM 一般用于数据变量、栈存储以及动态存储分配用的堆(如在 C 语言中使用 alloc( )函数时)。

对于多数微控制器来说,存储器是集成在微控制器芯片内部的,这样微控制器就更容易使用(需要更少的外部连接且降低了最终嵌入式产品的成本)。但是,片上 Flash 和 SRAM 存储器的大小有限,许多低成本微控制器具有 128KB(或更少)左右的 Flash 存储器以及 32KB(或更少)左右的 SRAM。

许多微控制器中还存在一个 Bootloader ROM,这样微控制器可以在 Flash 存储器中的用户应用启动前执行单片机(MCU)厂商提供的一段程序。Bootloader ROM 可能还会提供多个启动选项,以及 Flash 编程功能,同时可以设置内部时钟源或内部参考电压的厂内校准数据。有些微控制器设计不允许软件开发人员修改或擦除 Bootloader。

若工程需要在系统中增加更多的存储器,系统设计人员则需要选择一款支持外部存储器接口的微控制器。需要注意的是,许多微控制器产品是不支持片外存储器系统的。即使微控制器支持外部存储器,每次访问片外存储器系统可能会花费几个时钟周期,因此系统性能可能低于所有数据都放入片上存储器的系统。

传统的微控制器需要单独的 NVM 和 SRAM,由于和 NVM 类似的 Flash 存储器需要复杂的编程过程,因此不适合用作数据存储(如需要频繁更新的数据变量和栈)。

近年来,有些微控制器产品开始使用 FRAM(铁电 RAM)或 MRAM(磁阻 RAM),利用这些技术,同一个存储器块可用于程序代码和数据存储,且这种存储器系统在完全掉电后可以在不丢失 RAM 中数据的情况下继续运行(传统的方法则需要将 SRAM 置入一种会带来漏电流的状态保存模式),这也是其一大优势。尽管现有的基于 Cortex-M 处理器的微控制器产品并没有使用这些存储器技术,但是 Cortex-M 处理器并没有限制这些技术,因此也是可以使用的。

微控制器中 NVM 存储器的一个重要特点在于，和 SRAM 的访问速度相比，NVM 技术相对较慢。因此，当处理器总线比存储器的最大访问速度高时，Flash 或 FRAM 存储器的总线接口就需要插入等待状态。例如，片上 Flash 存储器的访问速度一般介于 25MHz 到 50MHz 之间（有些高速 Flash 存储器可以运行在 100MHz 以上，但由于它们的功耗相对较高，因此一般不会用在低功耗微控制器设备中）。

7.2 Cortex-M0 和 Cortex-M0＋处理器中的总线系统

Cortex-M0 处理器具有 32 位系统总线接口，以及 32 位地址线（4GB 的地址空间）。系统总线基于 AHB_Lite 总线协议（高级高性能总线），该协议定义在高级微控制器总线架构（Advanced Microcontroller Bus Architecture）（AMBA）标准中。AMBA 标准由 ARM 开发，并且广泛应用于半导体工业。

利用相应的存储器接口逻辑，系统总线接口可以连接不同类型的存储器。总线接口可以支持 32 位、16 位和 8 位数据的读/写传输，且支持等待状态和从机响应（可以是 OK 或 ERROR）。从技术上来说，连接到处理器的存储器设备可以是任意大小和宽度的。例如，存储器设备可以是 8 位、16 位或 64 位宽，但是在和不同宽度的总线相连时需要加上其他的硬件。32 位的片上存储器一般可以将设计的复杂度降到最低。

AHB_Lite 协议为存储器系统提供了高速高性能的访问方式，外设等较慢的设备则通常需要利用其他的总线模块（见图 7.1）。在 ARM 微控制器中，外设总线系统一般采用 APB（高级外设总线）协议，APB 通过一个总线桥连接到 AHB_Lite 上，并且运行的时钟频率和 AHB 系统总线不同。APB 的数据链路也是 32 位的，但由于外设的地址区域往往较

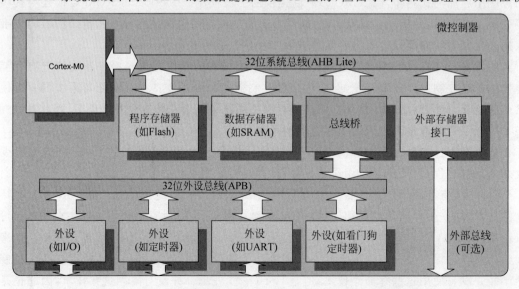

图 7.1　简单 32 位微控制器的系统总线和外设总线是相互独立的

小,因此地址线一般要少于 32 位。

由于主总线系统和外设总线是相互分离的,有些情况下时钟频率控制也不同,应用程序在访问外设前需要初始化微控制器的时钟控制硬件。有些情况下,一个微控制器可能有多个外设总线段,并且每个段运行在不同的时钟频率下。除了可以让系统的某些部分运行在较低频率下以外,独立的总线段还可以停止某些外设系统的时钟,这样能够降低功耗。

根据微控制器设计的不同,有些高速外设可以不连到 APB,而是连接到 AHP_Lite 上。这是因为与 APB 相比,基于 AHB_Lite 协议的传输每次需要的时钟周期数更小。总线系统的行为从许多方面都影响着系统操作,以及开发者对存储器系统的认识。这一点将会在 7.9 节介绍。

7.3 存储器映射

7.3.1 概述

Cortex-M0 和 Cortex-M0+处理器的 4GB 存储器空间从架构上被分为多个区域(见图 7.2),每个区域对应一种推荐的用途,并且各区域的操作方法也有所不同。存储器区域的定义使得 ARM Cortex 微控制器的存储器划分相似,这有助于微控制器间的软件移植。

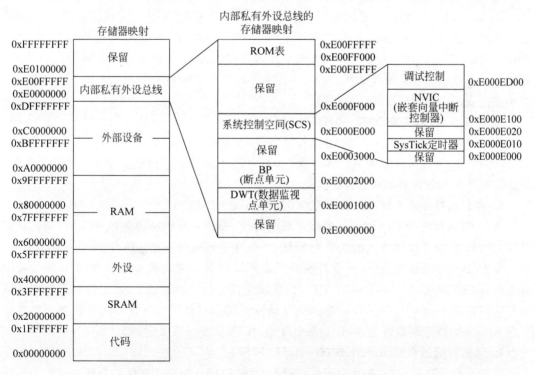

图 7.2 Cortex-M0/M0+处理器架构定义的存储器映射

尽管存储器映射已经被架构预先定义，存储器映射的实际用法却可以非常灵活，使用中的限制也不多。例如，用于外设的存储器区域不允许程序代码执行，并且为了保证软件的可移植性，一些内部部件的存储器地址是固定的。

下面介绍每个区域的用途。

1．代码区域（0x00000000—0x1FFFFFFF）

代码区域的大小为 512MB，它主要用于存储程序代码，其中包括作为程序映像一部分的向量表，另外也可用作数据存储器（连接到 RAM）。

2．SRAM 区域（0x20000000—0x3FFFFFFF）

SRAM 区域位于存储器映射的第二个 512MB，它主要用于数据存储，其中也包括栈，它还可用于程序代码存储。例如，有些情况下，数据有可能需要从低速外部存储器复制到 SRAM 中，并且在 SRAM 中执行程序。尽管该区域被命名为"SRAM"，实际的存储器也可以是 SRAM、SDRAM 或其他可读写的设备。

3．外设区域（0x40000000—0x5FFFFFFF）

外设区域的大小为 512MB，主要用于外设以及数据存储。但是，外设区域中不允许执行程序。连接到该存储器区域的外设可以是 AHB_Lite 外设，也可以是 APB 外设（通过总线桥）。

4．RAM 区域（0x60000000—0x9FFFFFFF）

RAM 区域包括两个 512MB 的块，这样就得到一个总共 1GB 的区域。这两个 512MB 存储器块主要用于数据存储，并且多数情况下 RAM 区域可使用 1GB 的连续存储器空间。RAM 区域中还可以执行程序代码，这两个区域的唯一差异在于它们的存储器属性不同。如果设计中存在一个系统级的缓存（level-2 缓存），这个差异就会带来缓存行为的差异，本章稍后会介绍存储器属性的详细内容。

5．设备区域（0xA0000000—0xDFFFFFFF）

外部设备区域包括两个 512MB 的存储器块，总共得到 1GB 空间。两个 512MB 块主要用于外设和 I/O，设备区域不允许程序执行，但可用作通用数据存储。同 RAM 区域类似，设备区域的两部分也有不同的存储器属性。

6．内部私有外设总线（PPB）（0xE0000000—0xE00FFFFF）

内部 PPB 存储器空间用于处理器内部的外设，包括向量中断控制器（NVIC）和调试部件等。内部 PPB 存储器空间的大小为 1MB，并且这个区域内不允许执行程序。

在 PPB 存储器区域中，有一段特殊的存储器区域被定义为系统控制空间（SCS），其地址范围为 0xE000E000—0xE000EFFF。该区域包括中断控制寄存器、系统控制寄存器和调试控制寄存器等，NVIC 寄存器也是 SCS 存储器空间的一部分。SCS 中还包含一个可选定时器 SysTick，该定时器将会在第 10 章中介绍（10.3 节"SysTick 定时器"）。

7．保留存储器空间（0xE0100000—0xFFFFFFFF）

存储器映射的最后 511MB 为保留存储器空间，这段空间在某些微控制器中预留为供应商特定的用途。

7.3.2　系统级设计

尽管 Cortex-M0 处理器的存储器映射是固定的,存储器的用法却可以非常灵活。例如,处理器可以在 SRAM 区域包含多个 SRAM 存储器块,CODE 区域也是一样,并且外部 RAM 区域也可以执行程序。微控制器供应商可以增加它们自己的系统级存储器特性,例如有必要的话可以增加系统级缓存。

那么实际系统的存储器映射是什么样的呢?

对于一个典型的 Cortex-M0 微控制器,通常包含以下部分:

* Flash 存储器(用于程序代码);
* 内部 SRAM(用于数据);
* 内部外设;
* 外部存储器接口(用于外部存储器和外部外设,这是可选的);
* 其他外部外设的接口(可选)。

将这些部件放到一起,就可以得到如图 7.3 所示的微控制器示例,其中不可执行区域以黄色显示。

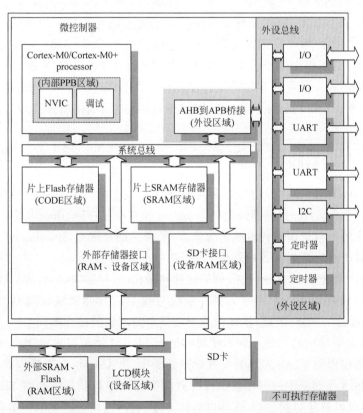

图 7.3　存储器设计中各种存储器区域的例子

图 7.3 为部分存储器区域的使用示例，但是，对于许多低成本微控制器，若系统设计中不存在外部存储器接口或者 SD 卡（安全数字卡）接口，外部 RAM 或外部设备区域等存储器区域可能会用不上。

7.4　程序存储器、Bootloader 和存储器重映射

7.4.1　程序存储器和 Bootloader

Cortex-M0 和 Cortex-M0＋的程序存储器一般使用片上 Flash 存储器，但是，程序也可以存储在外部或者使用其他类型的存储器设备（如外部 SPI Flash、EEPROM）。

当 Cortex-M0 处理器从复位中启动时，会首先访问 0 地址的向量表，从而取得 MSP 的初始值和复位向量，然后从复位向量开始执行程序。要保证系统正常工作，系统中需要有合法的向量表和合法的程序存储器，这样处理器才不会执行恶意软件代码。要实现这个目的，Flash 存储器一般是从地址 0 开始的。但是，在用户编程以前，市面上的这些微控制器产品的 Flash 存储器中可能没有任何程序。为了保证处理器可以正确地启动，有些基于 Cortex-M 的微控制器含有一个 Boot loader，这是一个位于微控制器芯片上的一小段程序，它会在处理器上电后执行并跳转，并且如果 Flash 存储器已编程的话，它会跳转到 Flash 中的用户程序执行。

Bootloader 由芯片供应商预先编程，有时它位于片上 Flash 存储器并且与用户程序是分开的（这样用户更新程序也不会影响到 Bootloader），而其他情况下 Bootloader 则位于和可编程程序存储器相互独立的非易失性存储器中。Bootloader 特性可能是不存在的，即使 Flash 存储器中缺少合法的程序映像，调试器也可以通过调试接口连接到处理器并重新编程 Flash 存储器。

7.4.2　存储器映射

当 Bootloader 存在时，微控制器通常会在系统总线上使用一种存储器映射切换特性，也就是"重映射"（remap）。存储器映射的切换由硬件寄存器控制，Bootloader 执行时会设置这些寄存器。系统可以使用多种重映射方案，一种常见的处理是，Bootloader 会在上电阶段通过地址别名被重映射到存储器的开头（见图 7.4）。

Bootloader 可能还具有其他特性，例如硬件初始化（时钟和 PLL 设置）、多种启动配置、固件保护甚至可以用作 Flash 擦除工具。系统总线上的存储器映射特性并不是 Cortex-M0/M0＋处理器的一部分，因此，不同微控制器供应商产品的设计不同。

ARM 微控制器使用的另外一种重映射特性为 SRAM 块可以重映射到地址 0 上（见图 7.5）。微控制器使用的 Flash 等非易失性存储器要比 SRAM 慢，如果微控制器运行在较高的时钟频率，Flash 存储器中的程序在执行时就须要插入等待状态。而将 SRAM 重映射到地址 0 后，程序可以被复制到 SRAM 并以最快速度执行，这样可避免取向量表时出现等待，否则会增加中断等待的时间。

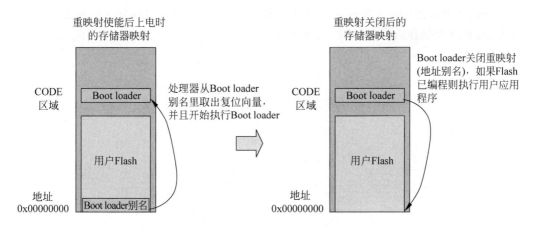

图 7.4　带有 Boot loader 的存储器重映射

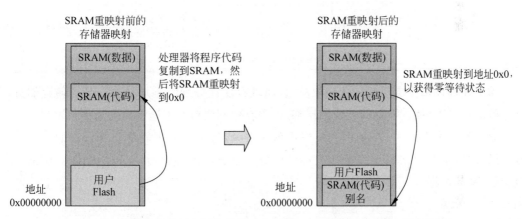

图 7.5　存储器重映射应用的另外一个示例——SRAM 用于快速程序访问

利用 Cortex-M0 微控制器的存储器重映射技术，还可以在运行时修改向量表（见 8.5 节）。此时需要用一小块 SRAM 作为地址别名映射到地址 0，且用其存储向量表入口。由于 Cortex-M0＋处理器具有向量表重定位特性（见 9.2.4 节"向量表偏移寄存器"），且用户可以将部分片上 SRAM 或用户 Flash 存储器用作向量表，因此系统级的存储器重映射也不是那么重要。

7.5　数据存储器

Cortex-M 处理器的数据存储器用于软件变量、栈存储，有些情况下还可用作堆，C 函数中的局部变量一般存放在栈中。应用程序使用需要动态内存分配的 C 函数时（如 alloc() 和 malloc()），堆存储就能用上了。全局变量和静态变量等其他数据变量则一般位于静态分配的 RAM 空间开头处。

如果嵌入式应用中没有操作系统（OS），那么它只会使用一个栈（只需主栈指针），在这种情况下，数据存储器的分配如图7.6所示。

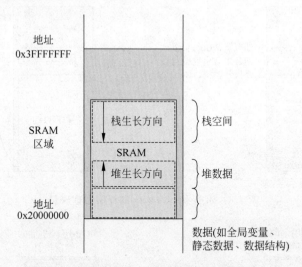

图 7.6　SRAM 常见使用示例

由于栈操作基于满递减的栈分配模式，而堆存储在分配时是增加的。为了使存储分配最具效率，通常将栈放在存储器块的尾部，而堆存储则紧跟在普通存储的后面。

对于使用了嵌入式 OS 的嵌入式应用程序来说，每个任务可能都会有自己的栈存储区域（见第 3 章中的图 3.9）。每个任务都可以有自己分配的存储器块，每个存储器块都可以包含栈、堆和数据。

7.6　小端和大端支持

Cortex-M0 和 Cortex-M0＋处理器可以支持小端和大端的存储器格式。大小端在系统设计时由微控制器供应商选择，软件不能修改。开发人员可以配置开发工具的工程选项，使其与目标微控制器相匹配。

Cortex-M0/M0＋处理器支持的大端模式被称作字节不变（byte-invariant）大端模式，或者"BE8"，这也是 ARM 架构的大端模式之一。ARM7TDMI 等传统的 ARM 处理器，则使用了另外一种大端模式，也就是字不变（word-invariant）大端模式，或者"BE32"。这两种模式的区别只是在硬件接口级别，并不会影响程序结构。

多数 Cortex-M 微控制器使用小端配置，这种配置下，字数据的最低字节存储在字的位 0 到位 7（见图 7.7）。

若采用大端配置，字数据的最低字节则会存储在位 24 到位 31（见图 7.8）。

这两种配置都支持不同大小的数据处理，Cortex-M 处理器可以产生字节、半字以及字

图 7.7　32 位小端存储器

图 7.8　32 位大端存储器

传输。在访问存储器时,存储器接口会根据传输大小和地址的最低两位选择数据链路。图 7.9 描述了小端系统的数据访问。

类似地,如图 7.10 所示,大端系统也支持不同大小的数据访问。

需要注意大端配置有两种例外:

(1) 取指总是小端的;

(2) 对私有外设总线(PPB)的访问总是小端的。

图 7.9　小端系统的数据访问

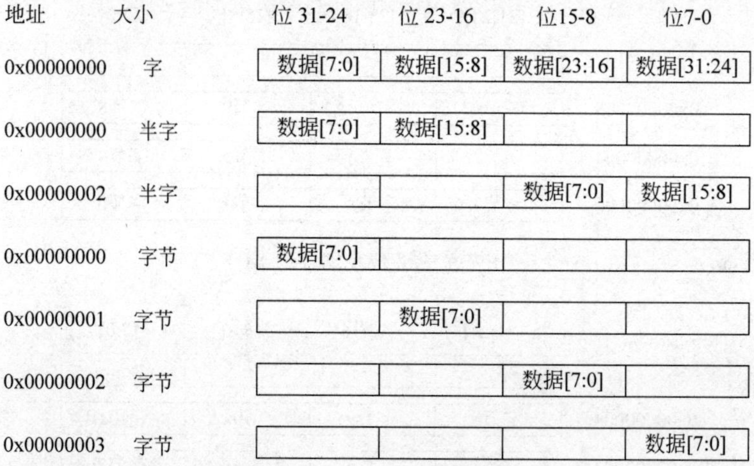

地址	大小	位 31-24	位 23-16	位15-8	位7-0
0x00000000	字	数据[7:0]	数据[15:8]	数据[23:16]	数据[31:24]
0x00000000	半字	数据[7:0]	数据[15:8]		
0x00000002	半字			数据[7:0]	数据[15:8]
0x00000000	字节	数据[7:0]			
0x00000001	字节		数据[7:0]		
0x00000002	字节			数据[7:0]	
0x00000003	字节				数据[7:0]

图 7.10　大端系统的数据访问

7.7　数据类型

Cortex-M 处理器支持各种不同的数据大小，提供了用于不同大小传输的各种存储器访问指令，并且具有一个 32 位 AHB-LITE 接口，该接口支持 32 位、16 位和 8 位传输。例如，C 语言开发中常用到的数据类型如表 7.1 所示。

表 7.1　C 语言开发中的常用数据类型

类型	ARM 中的位数	指令
"char"，"unsigned char"	8	LDRB, LDRSB, STRB
"enum"	8/16/32（最小的会被选中）	LDRB, LDRH, LDR
"short"，"unsigned short"	16	STRB, STRH, STR
"int"，"unsigned int"	32	LDR, STR
"long"，"unsigned long"	32	LDR, STR

如果使用了 C99 中的"stdint.h"，可以使用表 7.2 中的数据类型。

表 7.2　C99 中"stdint.h"常用的数据类型

类型	ARM 中的位数	指令
"int8_t"，"uint8_t"	8	LDRB, LDRSB, STRB
"int16_t"，"uint16_t"	16	LDRH, LDRSH, STRH
"int32_t"，"uint32_t"	32	LDR, STR

如果使用了其他宽度更大的数据类型（如 int64_t，uint64_t），C 编译器会自动将这些数据传输转换为存储器访问指令。

需要注意的是,对于外设寄存器访问,使用的数据类型应该同硬件寄存器大小相匹配,否则外设可能会忽略此次传输,或者运行结果同预想的不一致。多数情况下,连接到到外设总线(APB)的外设应该使用字传输来访问。这是因为 APB 协议没有定义传输宽度信号,所有的传输也就都被认为是字大小的。因此,若使用了"stdint.h",则通过 APB 访问的外设寄存器通常被声明为"volatile unsigned integer"或"volatile uint32_t"。

7.8 存储器属性和存储器访问权限

Cortex-M 处理器可以使用多种存储器系统和设备,为了使不同设备的软件移植更加容易,可以对存储器映射中的每个区域设置相应的存储器属性。存储器属性是存储器访问的特征,它们能够影响对存储器的数据和指令访问,对外设的访问也是一样。

Cortex-M0 和 Cortex-M0＋处理器使用的 ARMv6-M 架构中,不同的存储器区域可以定义如下的多种存储器访问属性(这些属性在 ARMv7-M 架构上也是存在的):

- 可执行(executable),这是公用属性,它定义了程序是否允许在存储器区域中执行。根据 ARM 文档,如果一个存储器区域是不可执行的,它就会被标记为 eXecute Never(XN,永不执行)。
- 可缓冲(bufferable),在一个可缓冲存储器区域上执行数据写操作,写传输可能会被缓存起来,这意味着处理器不必等待当前的写传输完成,就可以继续执行下一条指令。
- 可缓存(cacheable),如果系统中含有缓存设备,它可以在本地备份当前传输的数据,并且可以在下次访问相同的存储器位置时重新使用,这样可以加速系统执行。缓存设备可以是一个缓存存储器单元,也可以是存储器控制器中的一个小的缓存。
- 可共享(shareable),可共享属性定义了多个处理器是否可以访问公用存储器区域,如果一块存储器区域是可共享的,存储器系统须要确保多个处理器访问这一区域时的一致性。

对于 Cortex-M0 和 Cortex-M0＋产品的多数用户来说,只有 XN 属性是相关的,这是因为它定义了哪块区域可用于程序执行。只有在系统中具有缓存单元或多处理器时才会用到其他属性,由于 Cortex-M0 和 Cortex-M0＋处理器内部没有缓存单元,多数情况下这些存储器属性是用不上的。如果系统中包含一个系统级的缓存或者存储器控制器具有一个内置缓存,那么这些存储器属性就可以从 AHB 接口输出,并且可以被使用。

基于这些存储器属性,处理器架构定义了多种类型的存储器,以及每个存储器区域可以使用哪种类型的设备。

- 普通存储器,普通存储器可以是可共享的也可以是不可共享的,可以是可缓存的也可以是不可缓存的。对于可缓存的存储器,缓存行为可以分为写通(WT)以及写回写分配(WBWA)。
- 设备存储器,设备存储器为不可缓存的,它们可以是可共享的,也可以是不可共享的。

- 强序（Strongly-ordered）存储器，这种存储器是不可缓存以及不可缓冲的，对强序区域的读写操作会立即起作用。另外，在这种存储器接口的传输顺序必须和相应的存储器访问指令的顺序一致（速度优化也不会调整访问顺序，Cortex-M0 和 Cortex-M0＋处理器不具有访问重排序特性）。强序存储器区域总是可共享的。

Cortex-M 处理器中每个存储器区域的属性由这些存储器类型定义决定（见表 7.3），一些区域的属性可被 MPU（存储器保护单元）中的配置覆盖。存储器访问期间，存储器属性从处理器中被输出到 AHB 系统，在应用时可用于系统级缓存控制器（L2 缓存）。

表 7.3　架构定义的默认存储器属性映射

地址	区域	存储器类型	Cache	XN	可共享	描　　述
0x00000000— 0x1FFFFFFF	代码	普通	WT	—	—	存放程序代码，包括向量表
0x20000000— 0x3FFFFFFF	SRAM	普通	WBWA	—	—	SRAM，一般用于数据和栈
0x40000000— 0x5FFFFFFF	外设	设备	—	XN	—	一般用于片上设备
0x60000000— 0x7FFFFFFF	RAM	普通	WBWA	—	—	具有写回和写分配缓存属性
0x80000000— 0x9FFFFFFF	RAM	普通	WT	—	—	具有写通属性
0xA0000000— 0xBFFFFFFF	设备	设备	—	XN	S	可共享设备存储器
0xC0000000— 0xDFFFFFFF	设备	设备	—	XN	—	不可共享设备存储器
0xE0000000— 0xE00FFFFF	PPB	强序	—	XN	S	内部私有外设总线
0xE0100000— 0xFFFFFFFF	保留	保留	—	—	—	保留（供应商特定用途）

PPB 存储器区域被定义为强序属性（SO），这就意味着存储器是不可缓存和不可缓冲的。对于 Cortex-M0 和 Cortex-M0＋处理器，在强序区域访问结束之前，后面的操作不会执行。这种处理适用于修改系统控制空间（SCS）的寄存器，一般希望在下一条指令执行前，对寄存器的修改操作会立即执行。请注意 MPU 无法修改 SCS 的存储器属性和权限。

Cortex-M3 等一些 ARM 处理器中，每个区域也可以有默认的存储器访问权限。由于 Cortex-M0 处理器没有单独的特权和非特权（用户）访问等级，处理器一直处于特权访问等级，因此也就没有用于默认存储器访问权限的存储器映射。但是，Cortex-M0＋处理器有可选的非特权执行等级，因此具有如表 7.4 所示的默认访问权限。

实际使用中，对于 Cortex-M0 和 Cortex-M0＋微控制器的用户来说，大多数存储器属性和存储器类型是不用了解的（除了 XN 属性和访问权限）。但是，如果软件代码需要重用到高端处理器上，尤其是那些具有多处理器和缓存存储器的系统，这些细节就很重要了。

表 7.4　存储器访问权限

存储器区域	默认权限	备注
CODE、SRAM、外设、RAM 和设备	特权和非特权代码都可访问	MPU 配置可覆盖访问权限
系统控制空间，包括 NVIC、MPU 和 SysTick	只支持特权代码访问，非特权代码的访问会导致 HardFault 异常	MPU 配置无法覆盖

7.9　硬件行为对编程的影响

处理器硬件的设计和总线协议的行为从很多方面影响着软件开发，在前面的章节中，已经介绍了由于 APB 协议的特性，连接到 APB 的外设通常需要使用字传输。本节介绍一下其他类似的地方。

7.9.1　数据对齐

Cortex-M0 和 Cortex-M0＋处理器支持的 Thumb 指令只能产生对齐访问，这意味着传输地址只能是传输大小的整数倍。例如，字传输（32 位）只能访问 0x0、0x4、0x8 和 0xC 之类的地址；与此类似，半字访问只能访问 0x0、0x2、0x4 等地址，所有的字节访问都是对齐的。对齐和非对齐数据访问的例子如图 7.11 所示。

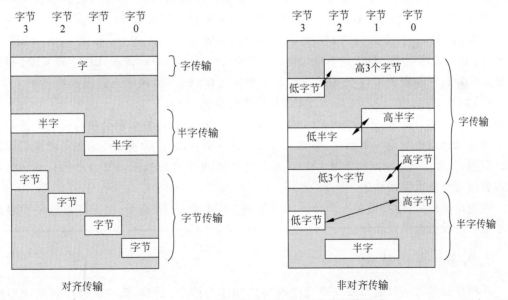

图 7.11　对齐和非对齐传输的示例（小端存储器）

如果程序试图进行一次非对齐访问，就会产生错误异常并且引发 HardFault 处理的执行。通常情况下，C 编译器不会产生任何非对齐访问，而如果 C 程序直接操作一个指针，则会出现非对齐访问。

用汇编编程时，也可能会出现非对齐传输，例如，加载存储指令使用错误的传输大小就会产生这种情况。假如一个半字数据类型位于地址 0x1002 中，这就是对齐的数据类型，用 LDRH、LDRSH 或 STRH 指令访问不会有什么问题。而如果程序代码使用 LDR 或 STR 指令操作这个数据，本访问就会触发一次非对齐访问错误。

7.9.2 访问非法地址

和多数 8 位或 16 位处理器不同，对 ARM Cortex-M 微控制器中的非法存储器地址的访问会产生错误异常，利用这个特点可以检测程序错误，也可以发现软件中存在的错误。

在连接到 Cortex-M 处理器的 AHB 系统中，地址解析逻辑会探测正在访问的地址，如果访问的是一个非法位置，总线系统就会回应一个错误信号，取指或数据访问都可以引起总线错误。在处理器检测到该错误响应后，会触发 HardFault 以处理错误。

跳转影子指令的取指则是这种操作的一个例外，由于 Cortex-M 处理器的流水线特性，指令会被提前取出。因此，如果程序执行到合法存储器区域的尾部，并且执行了一个跳转指令，这种情况下，处理器可能会预取一个合法指令存储器区域之外的地址，这就会导致 AHB 系统的总线错误。但是，如果由于跳转，错误指令没有得到执行，总线错误就会被忽略掉。

7.9.3 多加载和存储指令的使用

Cortex-M 处理器支持多加载和存储指令，如果正确使用，系统性能可以得到很大的提升。例如，它可以用于加快数据传输过程或者作为一种自动调整指针的方法。

但是，在处理外设访问时，需要避免使用 LDM 或 STM 指令，如果 Cortex-M0 或 Cortex-M0＋处理器在 LDM 或 STM 指令执行期间收到一个中断请求，LDM 或 STM 指令会被放弃并且中断服务程序会开始执行。在中断复位结束时，程序会返回到中断的 LDM 或 STM 指令，并且重启 LDM 或 STM 的第一次传输。

由于这种重启机制，中断的 LDM 或 STM 指令中的有些传输可能会执行两次。这对于通常的存储器设备不是一个问题，而如果访问的是一个外设，这种重复传输则可能会引起错误。例如，如果 LDM 指令用于从 FIFO(先入先出)缓冲中读取数据，FIFO 中的有些数据可能就会因为这种重复而丢失。

作为预防措施，应该避免在外设访问时使用 LDM 或 STM 指令，除非能够确信重启行为不会对外设引起错误操作。

7.9.4 等待状态

有些存储器访问可能需要花费几个时钟周期才能结束，例如，低功耗微控制器中用的 Flash 存储器的最大速度可能在 20MHz 左右，而微控制器的运行速度则可能会超过 40MHz。在这种情况下，Flash 存储器接口需要在总线系统中插入等待状态，处理器也会等待传输完成。

等待状态对系统的影响是有如下几方面：

- 系统的性能降低；
- 由于性能降低，系统的能耗效率也降低；
- 系统的中断等待变长；
- 从程序执行时序来说，系统的确定性降低。

例如，假定基于 Cortex-M0 处理器的 MCU 的 Flash 存储器系统具有 50ns(20MHz)的访问速度，设备的性能曲线大致如图 7.12 所示。

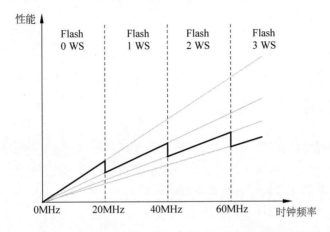

图 7.12 基于 Cortex-M0 处理器的系统在不同 Flash 等待状态下的性能

在图 7.12 中，性能并非线性的，这是因为 Flash 存储器访问速度限制了最大性能。为了解决这个问题，许多微控制器厂商在设计中增加了 Flash 预取硬件，这样每次可以从 Flash 存储器中取出多条指令，且处理器仍在执行缓冲中的指令时，就已经开始取下一组指令了，这种技术可以减少频率升高时性能的下降。简单预取逻辑的设计如图 7.13 所示。

要想进一步提升性能，可以采用更复杂的设计或者使用系统级缓存。

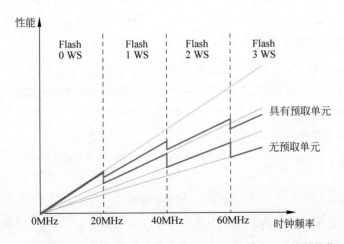

图 7.13 具有 Flash 预取逻辑和没有预取逻辑的简单 MCU 间的性能对比

第8章

异常和中断

8.1 异常和中断的含义

对于多数微控制器,有了中断特性,外设或外部硬件可以请求处理器执行某段代码。这个过程涉及暂停当前任务或从休眠模式中唤醒以及执行一段名为异常处理的软件代码。在处理完请求后,处理器可以执行之前被中断的代码。

图 8.1 描述了中断处理设计的步骤:

(1) 外设产生了一个中断请求(IRQ);

(2) 外设检测并确认这个 IRQ,当前任务被暂停且程序状态寄存器(xPSR)(包括进位、溢出、负数和零等 APSR 标志)、程序计数器(PC)状态信息同其他几个寄存器等一起被压到栈中;

(3) 处理器在向量表中定位到中断处理的起始地址,然后执行和这个 IRQ 有关的中断处理;

(4) 处理器执行完中断处理,恢复之前压到栈中的信息后继续执行被中断的任务。

中断处理执行完毕后,被中断任务或线程可以继续执行,且由于处理器的状态都已保存并被处理器恢复,因此就好像没有被打断一样。

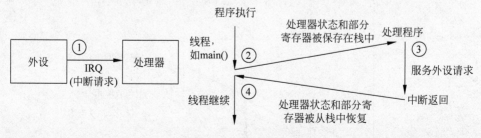

图 8.1 中断处理设计

一般来说,中断只是 ARM Cortex-M 处理器中的一种异常。异常是能够引起程序流偏离正常流程的事件,当异常发生时,正在执行的程序会被挂起,处理器转而执行一块与该事件相关的异常处理。事件可以是外部输入,也可以是内部产生的,外部产生的事件通常被称作中断或 IRQ。几乎所有的现代处理器都支持异常和中断,微控制器的中断可以由片上外设或软件产生。

在继续介绍异常和中断的详细内容前,首先介绍如下的几个概念:

(1) 中断请求(IRQ),Cortex-M 处理器中的一种异常类型,和包括通过 GPIO 引脚产生的外部中断在内的外设有关,Cortex-M0 和 Cortex-M0+处理器支持最多 32 个 IRQ 引脚。

(2) 不可屏蔽中断(NMI),具有最高优先级的特殊中断,且无法被禁止。一般由看门狗定时器或掉电检测器等外设产生,其在 Cortex-M 处理器中为 2 号异常。

(3) 处理程序,异常产生时执行的软件代码被称作异常处理程序,若异常处理和中断事件有关,则也可被称作中断处理程序或者中断服务程序(ISR),异常处理程序位于编译后程序映像的程序代码中。

(4) 嵌套中断,中断或异常一般会被分为多个优先等级,且当低优先级异常执行时,更高优先级的异常也可被触发且得到服务,这一般被称作嵌套异常。异常的优先级可以是可编程或者固定的,除了优先级设置,有些异常(包括多数中断)也可由软件禁止或使能。

(5) 嵌套向量中断控制器(NVIC),Cortex-M 处理器内的可编程硬件单元,用于管理中断和异常请求。Cortex-M0 和 Cortex-M0+处理器内的 NVIC 最多可以支持 32 个 IRQ 输入、1 个 NMI 输入和包括 SysTick(系统节拍)定时器在内的多个系统异常(见图 8.2)。

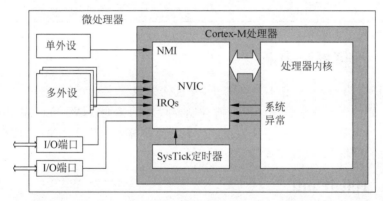

图 8.2 Cortex-M0 和 Cortex-M0+处理器中的 NVIC 可以处理最多 32 个 IRQ 输入、
一个 NMI 和多个系统异常

8.2 Cortex-M0 和 Cortex-M0+处理器内的异常类型

8.2.1 概述

Cortex-M0 和 Cortex-M0+处理器内置了名为 NVIC 的中断控制器,并且支持最多 32 个中断请求(IRQ)输入,以及 1 个不可屏蔽中断(NMI)输入。根据微控制器产品设计的不同,IRQ 和 NMI 可以由外部产生,也可以由片上外设产生。

Cortex-M0 或 Cortex-M0＋处理器的每个异常源都有一个单独的异常编号,NMI 的编号为 2,而片上外设和外部中断的编号则为 16 到 47。从 1 到 15 的其他编号用于处理器内部的系统异常,这个范围内的有些编号还未使用。

每种异常类型都有对应的优先级,有些异常的优先级是固定的,而有些则是可编程的。表 8.1 列出了异常类型、异常编号和优先级。

表 8.1 Cortex-M0 和 Cortex-M0＋处理器中的异常

异常编号	异常类型	优先级	描 述
1	复位	−3(最高)	复位
2	NMI	−2	不可屏蔽中断
3	硬件错误	−1	错误处理异常
4—10	保留	NA	—
11	SVC	可编程	通过 SVC 指令调用管理程序
12-13	保留	NA	—
14	PendSV	可编程	系统服务的可挂起请求
15	SysTick	可编程	SysTick 定时器
16	中断＃0	可编程	外部中断＃0
17	中断＃1	可编程	外部中断＃1
...	...	...	...
47	中断＃31	可编程	外部中断＃31

8.2.2 不可屏蔽中断

NMI 同 IRQ 类似,只是它不能被禁止,并且优先级仅次于复位,它对于工业控制和汽车之类的高可靠性系统非常有用。根据微控制器设计的不同,NMI 可以用于掉电处理,也可以连接到看门狗单元,以便在系统停止响应时将系统复位。由于 NMI 不能被控制寄存器禁止,其响应的及时性就得到了保证。

8.2.3 HardFault

硬件错误异常用于处理程序执行时产生的错误,这些错误可以是试图执行未知的操作码、总线接口或存储器系统的错误,也可以是试图切换至 ARM 状态之类的非法操作。

8.2.4 SVC

SVC(请求管理调用)指令执行时就会产生 SVC 异常,其通常用在具有操作系统(OS)的系统中,为应用程序提供了访问系统服务的入口。

8.2.5 可挂起的系统调用

可挂起的系统调用(PendSV)是用于带 OS 的应用程序的另外一个异常,SVC 异常在

SVC 指令执行后会马上开始,PendSV 在这点上有所不同,它可以延迟执行,在 OS 上使用 PendSV 可以确保高优先级任务完成后才执行系统调度。

8.2.6 系统节拍

NVIC 中的 SysTick 定时器为 OS 应用可以利用的另外一个特性。几乎所有操作系统的运行都需要上下文切换,而这一过程通常需要依靠定时器产生定时中断来完成。Cortex-M 处理器内集成了一个简单的定时器,这样就使得设备间移植操作系统更加容易。对于 Cortex-M0 和 Cortex-M0+处理器,SysTick 定时器及其异常是可以选配的,但是在多数微控制器设计中是存在的。

8.2.7 中断

基于 Cortex-M0 或 Cortex-M0+的微控制器可以支持 1 到 32 个中断,中断信号可以连接到片上外设,也可以通过 I/O 端口连接到外部中断源上。根据微控制器设计的不同,外部中断的数量可能与 Cortex-M 处理器的中断数量不同。

外部中断只有在使能后才能使用,如果中断被禁止了,或者处理器正在运行另外一个相同或更高优先级的异常处理,则该中断请求会被存储在挂起状态寄存器中。当高优先级的中断处理完成或返回后,挂起的中断请求才可以执行。NVIC 能够接受的中断请求信号可以是高逻辑电平,也可以是中断脉冲(最小为 1 个时钟周期)。需要注意的是,在微控制器的外部接口中,外部中断信号可以是高电平也可以低电平,或者可以通过编程配置。

8.3 NVIC 简介

NVIC 是可编程的,可被软件用于管理中断和异常,具有多个经过存储器映射的寄存器,这些寄存器的用途包括

- 使能或禁止每个中断;
- 定义每个中断和一些系统异常的优先级;
- 使能软件访问每个中断的挂起状态,其中包括软件设置挂起状态以触发中断的功能。

PRIMASK 特殊寄存器是另外一种中断屏蔽特性,软件可以利用这个寄存器禁止所有中断和异常(除了 NMI 和 HardFault)。

NVIC 寄存器只能在特权状态访问,对于包括 Cortex-M0 和 Cortex-M0+处理器在内的 ARMv6-M 架构,NVIC 寄存器只能由对齐的 32 位传输访问。为了简化软件开发,CMSIS-CORE 软件框架包含一套用于中断管理的标准 API,多数基于 ARM Cortex-M 处理器的微控制器都将其集成在设备驱动库里。

ARMv7-M 架构(如 Cortex-M3、Cortex-M4 和 Cortex-M7 处理器)中存在其他中断屏蔽寄存器和一套中断活跃状态寄存器,Cortex-M 处理器间 NVIC 的详细对比将在 22.5 节介绍。

8.4 异常优先级定义

在 Cortex-M 处理器中，每个异常都对应一个优先级。优先级决定了异常是否执行或者是否延迟执行（处于挂起态），Cortex-M0 处理器支持用于 3 个系统异常（复位、NMI 和 HardFault）的 3 个固定的最高优先级，以及 4 个用于包括中断在内的所有其他异常的可编程优先级。对于具有可编程优先级的异常，优先级配置寄存器为 8 位宽，而且只能使用最高两位（见图 8.3）。

Bit7	Bit6	Bit5	Bit4	Bit3	Bit2	Bit1	Bit0
已使用		未使用，读出为0					

图 8.3 只使用了两位的优先级寄存器

由于第 0 到 5 位没有使用，故它们读出始终为 0，对它们的写操作没有意义。在这个设定下，可以使用的优先级为 0x00（高优先级）、0x40、0x80 和 0xc0（低优先级）。这点同 Cortex-M3 处理器类似，只是 Cortex-M3 使用 3 位，因此其具有至少 8 个可编程的优先级，而 Cortex-M0 和 Cortex-M0＋处理器只有 4 个。

再加上 3 个固定的优先级，Cortex-M0 和 Cortex-M0＋处理器总共具有 7 个优先级（见图 8.4）。

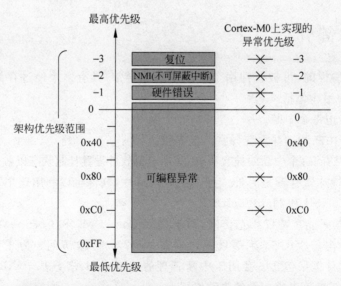

图 8.4 Cortex-M0 和 Cortex-M0＋处理器可以使用的优先级

为了使 Cortex-M 设备间的软件移植更为简单，处理器没有使用优先级寄存器的最低位，而是使用了最高位。这样在具有较宽优先级寄存器的设备上编写的程序，在优先级位数较少的设备上就可以正常工作。如果只使用最低位而不是最高位,移植应用程序时,得到的中断优先级就可能是相反的,这样就可能会导致原本是低优先级的异常抢占原本是高优先级的异常。

如果发生了已经使能的异常事件(例如中断、SysTick 定时器等),此时也没有其他的异常处理正在运行,并且 PRIMASK(中断屏蔽寄存器)没有屏蔽掉该异常,那么处理器就会接受该异常并且执行对应的异常处理。从当前正在运行的任务切换到异常处理的过程叫做抢占。

如果处理器已经在运行另外一个异常处理,而新异常的优先级大于正在执行的异常,这时就会发生抢占。正在运行的异常处理就会被暂停,转而执行新的异常,这个过程通常被称为中断嵌套或异常嵌套。新的异常执行完毕后,之前的异常处理会继续执行,并且在其结束后会返回到程序线程中。

但是,如果处理器正在运行的另外一个异常处理的优先级相同或者更高,新的异常将会等待并且进入挂起状态。挂起的中断将会一直等到当前异常等级改变,例如,当前运行的异常处理完成或返回后,当前优先级降到了比挂起异常还要小。可以通过 NVIC 映射到存储器空间的寄存器访问异常的挂起状态,对 NVIC 的一个寄存器执行写操作可以清除异常挂起状态,清除后,该异常将不再执行。

如果两个异常同时发生,并且它们被赋予相同的优先级,编号较小的异常将会首先执行。例如,如果 IRQ♯0 和 IRQ♯1 使能且具有相同的优先级,在它们同时被触发时,IRQ♯0 会首先执行。这条规则仅适用于处理器允许这些异常,并且处理器也没有正在执行这些异常的情况。

Cortex-M0 和 Cortex-M0＋处理器对中断嵌套的支持无须任何软件干预,这点与传统的 ARM7TDMI 和 8 位机、16 位机不同,它们在执行中断处理程序时自动禁止中断,并且需要额外的软件处理才可以支持中断嵌套。

ARMv6-M 架构不支持动态修改活跃/使能中断的优先级,若需要修改中断的优先级,则通常需要首先禁止中断,在修改优先级后再将中断使能。ARMv7-M 架构(如 Cortex-M3 和 Cortex-M4 处理器)则是不同的,活跃中断的优先级是可以被动态修改的。

8.5 向量表

Cortex-M 处理器的中断处理是向量化的,这意味着处理器硬件自动判断要服务的中断或异常。

在收到某个异常事件的 IRQ 后,处理器需要决定是否接受这个请求,若接受,就会执行对应的异常或中断处理。处理器需要了解异常处理的起始地址,而存储器中的向量表就是一个提供了这些信息的查找表。

Cortex-M 处理器的中断处理和 ARM7TDMI 等传统 ARM 处理器是不同的。对于 ARM7TDMI,异常处理的起始地址是固定的。这是因为 ARM7TDMI 只有一个 IRQ 输入,多个 IRQ 需要共享同一个 IRQ 处理入口，中断处理也需要访问中断控制器才能确定当前发生的中断。

对于 Cortex-M 处理器，向量表中单独存放着每个异常和中断的起始地址（见图 8.5），内置的中断控制器（NVIC）根据优先级自动决定要服务的中断或异常，并会生成一个向量，处理器硬件根据这个向量从向量表中查出异常处理的起始地址。

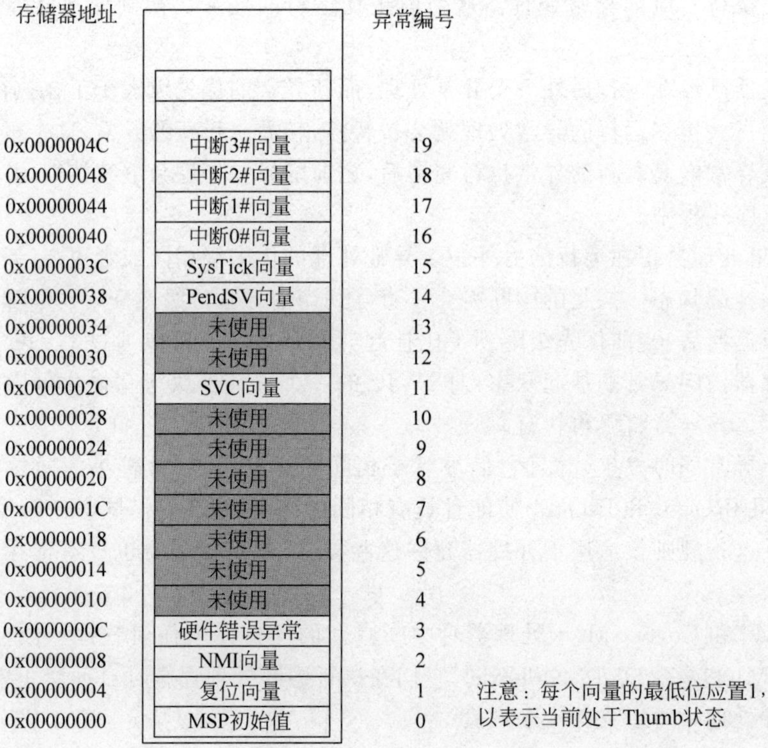

存储器地址		异常编号
0x0000004C	中断3#向量	19
0x00000048	中断2#向量	18
0x00000044	中断1#向量	17
0x00000040	中断0#向量	16
0x0000003C	SysTick向量	15
0x00000038	PendSV向量	14
0x00000034	未使用	13
0x00000030	未使用	12
0x0000002C	SVC向量	11
0x00000028	未使用	10
0x00000024	未使用	9
0x00000020	未使用	8
0x0000001C	未使用	7
0x00000018	未使用	6
0x00000014	未使用	5
0x00000010	未使用	4
0x0000000C	硬件错误异常	3
0x00000008	NMI向量	2
0x00000004	复位向量	1
0x00000000	MSP初始值	0

注意：每个向量的最低位置置1，以表示当前处于Thumb状态

图 8.5 向量表

由于 Cortex-M0 和 Cortex-M0＋处理器只有几个系统异常，因此向量表中还有一些未使用的空间，而 Cortex-M3/M4 等其他 ARM 处理器则会将这些空间用于其他的系统异常。

向量表默认位于存储器空间的地址 0x00000000 处，向量表内容包括系统中可用的异常向量（ISR 的起始地址）以及位于开头处的主栈指针（MSP）的初始值。向量表中异常向量的排放顺序和异常编号的顺序是一致的，由于每个向量都是一个字（4 字节），异常向量的地址为异常编号乘 4，每个异常向量都是异常处理的起始地址，且最低位置 1 表示异常处理是用 Thumb 代码实现的。

Cortex-M0＋处理器则具有向量表重定位特性，可以在编程一个名为 VTOR（向量表偏移寄存器）的硬件寄存器后将部分存储器空间定义为向量表。Cortex-M0＋处理器向量表起始地址的第 0 到 7 位必须要为 0，换句话说，起始地址必须为 0x100（256）的倍数。要了解 VTOR 的详细内容，可以参考 9.2.4 节"向量表偏移寄存器"。

8.6 异常流程概述

8.6.1 接受异常

处理器要接受一个异常,需要满足以下条件:

- 对于中断和 SysTick 中断请求,中断必须使能;
- 处理器正在执行的异常处理的优先级不能相同或更大;
- PRIMASK 中断屏蔽寄存器没有屏蔽掉异常。

需要注意的是,对于 SVC 异常,如果用到 SVC 指令的异常处理的优先级与 SVC 异常本身相同或者更大,这种情况就会引起硬件错误异常处理的执行。

8.6.2 压栈和出栈

为了使被中断的程序能正确地继续执行,在程序切换至异常处理前,处理器当前状态的一部分应该被保存。不同架构处理器的处理方法不同,Cortex-M 处理器采用了硬件自动处理的方法来备份和恢复处理器状态,如果有必要,程序中还需要增加软件处理过程。

当 Cortex-M0 和 Cortex-M0+处理器接受了一个异常以后,寄存器组中的一些寄存器(R0 到 R3、R12 和 R14)、返回地址(PC)以及程序状态寄存器(xPSR)会被自动压入当前栈空间里。链接寄存器(LR/R14)则会被更新为异常返回时使用的特殊值(EXC_RETURN,本章中的 8.7 节将会介绍),然后异常向量被自动定位并且开始执行异常处理。

异常处理过程执行到最后时,会利用执行特殊值的方式(EXC_RETURN,在 LR 中产生)来触发异常返回机制。处理器还会查看当前是否还有其他异常需要处理,如果没有,处理器就会恢复之前存储在栈空间的寄存器值,并继续执行中断前的程序。

自动保存和恢复寄存器内容的操作被称为"压栈"和"出栈"(见图 8.6),这种机制使得

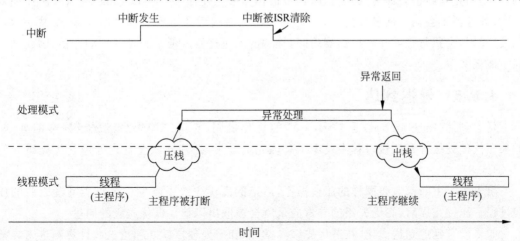

图 8.6 异常进入和退出时寄存器的压栈和出栈

异常处理可以跟普通的 C 函数一样处理，同时也减小了软件开销以及回路大小（无须另外的寄存器组），因此降低了系统的功耗。

自动压栈过程没有备份所有的寄存器，如果其他的寄存器在异常处理过程中被修改了，只能通过软件来保存和恢复。但是，这不会影响普通 C 函数用作异常处理，因为如果其他寄存器（R14—R11）在 C 函数执行过程中被修改，备份和恢复这些寄存器的工作也是由 C 编译器完成的。

8.6.3　异常返回指令

和其他处理器不同，异常处理无须特殊的返回指令。相反地，处理器只需要普通返回指令以及特殊的 EXC_RETURN 数值，而当其加载到 PC 中时会触发异常返回，这样就使得异常处理可以和普通的 C 函数一样使用。

异常返回可以使用如下两个不同的指令

BX 　 < Reg > ;将寄存器中的值加载到 PC 中（如"BX LR"）

和

POP 　 {< Reg1 >,< Reg1 >, …, PC} ;POP 指令,PC 也是更新的寄存器之一

当其中的一个指令执行，并且 EXC_RETURN 特殊值被加载到 PC 中时，异常返回机制就会启动。如果加载到 PC 的值不是 EXC_RETURN，则其会被当做普通的 BX 或 POP 指令。

8.6.4　末尾连锁

如果当其他的异常处理完成后，还有异常处于挂起状态，这时处理器不会返回到中断前的程序，而是重新进入异常处理流程，这也被称作末尾连锁（Tail Chaining）。当末尾连锁发生时，处理器不会马上恢复栈的值，因为如果这么做的话还得将它们重新压栈（见图 8.7），切换期间只会执行很少几次存储器访问，异常的末尾连锁降低了异常处理的开销，因此也提高了能耗效率。

8.6.5　延迟到达

延迟到达（Late arrival）是 Cortex-M 的优化机制，它可以加快高优先级异常的处理。如果在低优先级异常压栈过程中发生了高优先级异常，处理器就会首先处理高优先级异常（见图 8.8）。

由于每个中断都需要同样的压栈操作，后至的高优先级中断发生后将会继续之前的压栈过程。压栈完成后，高优先级的异常向量就会被取出以替代低优先级的向量。

如果没有延迟到达优化，在低优先级异常开始时，处理器就必须抢占并且重新进入异常处理流程，这样会带来较长的延迟以及较大的栈空间的使用。

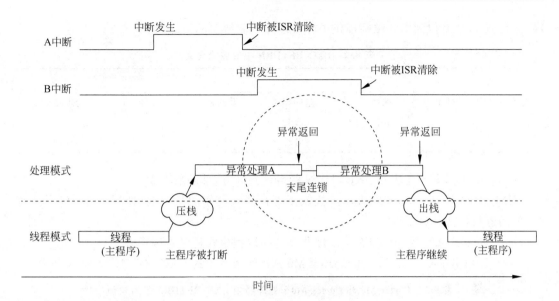

图 8.7　中断服务程序的末尾连锁

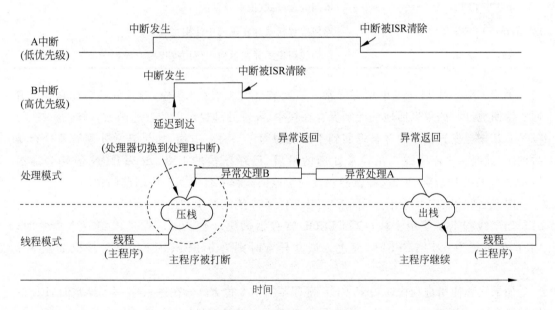

图 8.8　延迟到达优化

8.7　EXC_RETURN

　　EXC_RETURN 是架构定义的特殊值,用于异常返回机制,这个值在异常被接受并且压栈完成后会自动存储到链接寄存器中(LR 或 R14)。EXC_RETURN 为 32 位数值,并且高 28 位置 1，第 0 位到第 3 位则提供了异常返回机制所需的信息（见表 8.2）。

表 8.2　EXC_RETURN 中位域的含义

位	31:28	27:4	3	2	1	0
描述	EXC_RETURN	保留	返回模式	返回栈	保留	处理器状态
数值	0xF	0xFFFFFF	1(线程)或 0(处理)	0(主栈)或 1 (进程栈)	0	1 (保留)

Cortex-M0/M0＋中 EXC_RETURN 的 bit[0]保留，且必须为 1。

EXC_RETURN 的 bit[2]表示出栈恢复寄存器时使用的是主栈（使用 MSP）还是进程栈（使用进程栈指针（PSP））。

EXC_RETURN 的 bit[3]表示处理器要返回线程模式还是处理模式。

表 8.3 列出了 Cortex-M0 和 Cortex-M0＋处理器使用的 EXC_RETURN 的合法值。

表 8.3　Cortex-M0 和 Cortex-M0＋处理器中 EXC_RETURN 的合法值

EXC_RETURN	条　件
0xFFFFFFF1	返回处理模式（嵌套异常的情况）
0xFFFFFFF9	返回线程模式并在返回中使用主栈
0xFFFFFFFD	返回线程模式并在返回中使用进程栈

由于 EXC_RETURN 的值在异常入口处被自动加载到 LR 中，异常处理会把它当成普通的返回地址。如果返回地址无须保存在栈中，异常处理也可以像普通函数一样，通过执行"BX LR"来触发异常返回并且返回到中断前的程序。另一方面，如果异常处理需要执行函数调用，就要将 LR 压栈。在异常处理的最后，已经压栈的 EXC_RETURN 值将会通过 POP 指令直接加载到 PC，这样就能触发异常返回流程并且返回到中断前的程序。

图 8.9 和图 8.10 列出了不同 EXC_RETURN 值的产生和使用的情况。

如果线程正在使用主栈（CONTROL 寄存器的第 1 位为 0），在进入第一个异常时，LR 的值被置为 0xFFFFFFF9，而进入嵌套异常时则为 0xFFFFFFF1，这种情况如图 8.9 所示。

如果线程使用进程栈（CONTROL 寄存器的第 1 位置 1），在进入第一个异常时，LR 的值被置为 0xFFFFFFFD，而进入嵌套异常时则为 0xFFFFFFF1，这种情况如图 8.10 所示。

由于 EXC_RETURN 数值的特殊格式，正常返回指令如果返回到 0xFFFFFFFX 范围的地址，会被处理器当做异常返回，而不是普通的返回指令。然而，由于 0xFXXXXXXX 范围内为保留的地址空间，在程序代码中不应出现，因此这也不是一个问题。

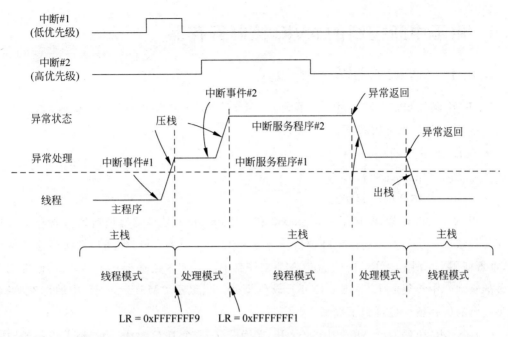

图 8.9 异常时 LR 被设置为 EXC_RETURN 值（线程模式下使用主栈）

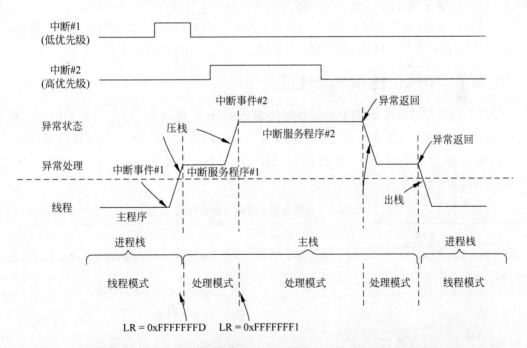

图 8.10 异常时 LR 被设置为 EXC_RETURN 值（线程模式下使用进程栈）

8.8　用于中断控制的 NVIC 控制寄存器

8.8.1　NVIC 控制寄存器概述

NVIC 中断控制寄存器经过存储器映射，其地址从 0xE000E100 开始，属于系统控制空间（SCS），其中包括如下寄存器：

- 使能/禁止中断；
- 控制中断的优先级；
- 访问每个中断的挂起状态。

对于 ARMv6-M 架构（包括 Cortex-M0 和 Cortex-M0＋处理器），所有这些寄存器都只能在特权状态下访问，且只支持 32 位传输。在 C/C++编程中，可以使用指针访问这些寄存器，推荐使用 CMSIS-CORE 中的标准 API 来控制中断。大多数基于 Cortex-M 的微控制器设备的驱动库中都集成了 CMSIS-CORE 软件框架。借助于 CMSIS-CORE 中的标准 API，程序代码的可移植性也得到了提高。

Cortex-M0 和 Cortex-M0＋中的 NVIC 支持最多 32 个 IRQ 输入，但是有些设备的中断数量可能会比较少，因此本节介绍的中断控制寄存器的位可能不会全部实现。

需要注意的是，系统控制块（SCB）为另外一组系统控制寄存器，其中包含用于低功耗特性和 OS 支持的寄存器。OS 相关的特性将在第 10 章"OS 支持特性"中介绍。

8.8.2　中断使能和清除使能

中断控制寄存器是可编程的，用于控制中断请求（异常编号 16 及以上）的使能和禁止。寄存器的宽度根据支持的中断数量不同而不同，最大为 32 位，最小为 1 位。可以通过两个独立的地址编程这个寄存器，使能中断时使用 SETENA 地址，而禁止中断时则使用 CLRENA 地址（见表 8.4）。

表 8.4　中断使能设置和清除寄存器

地址	名称	类型	复位值	描　　述
0xE000E100	SETENA	R/W	0x00000000	设置中断 0 到 31 的使能，写 1 将位置 1，写 0 无作用 Bit[0]用于中断＃0（异常＃16） Bit[1]用于中断＃1（异常＃17） … Bit[31]用于中断＃31（异常＃47） 读出值表示当前使能状态

续表

地址	名称	类型	复位值	描 述
0xE000E180	CLRENA	R/W	0x00000000	清零中断 0 到 31 的使能,写 1 将位置 0,写 0 无作用
				Bit[0]用于中断♯0(异常♯16)
				Bit[1]用于中断♯1(异常♯17)
				…
				Bit[31]用于中断♯31(异常♯47)
				读出值表示当前使能状态

将设置和清除操作分为两个不同的地址具有诸多优势。首先,它减少了使能中断所需要的步骤,因此也就减少了程序代码并且降低了执行时间。例如,要使能中断♯2,编程 NVIC 只需一次访问:

```
*((volatileunsigned long *)(0xE000E100)) = 0x4;   //使能中断♯2
```

或者用汇编表示

```
LDR    R0, = 0xE000E100       ;在 R0 中设置地址
MOVS   R1, ♯0x4               ;中断♯2
STR    R1, [R0]               ;设置中断使能
```

多个应用程序进程同时访问寄存器时,可能会导致已编程的控制信息丢失,而设置和清除的分离则能防止这种情况的发生,这也是该设计的第二个优势。例如,如果使能操作是通过一个简单的读/写寄存器来完成,使能中断则需要一次读-修改-写的过程。如果在读操作和写操作之间有中断发生,并且 ISR 改变了中断使能寄存器的另外一个位,则当中断前的程序继续执行时,ISR 对寄存器的修改有可能会被覆盖。

也可以使用类似代码清除中断使能,只是地址不同。例如,要禁止中断♯2,可以使用以下代码:

```
*((volatileunsigned long *)(0xE000E180)) = 0x4;   //禁止中断♯2
```

或者用汇编表示

```
LDR    R0, = 0xE000E180       ;在 R0 中设置地址
MOVS   R1, ♯0x4               ;中断♯2
STR    R1, [R0]               ;清除中断使能
```

在应用程序开发中,最好使用符合 CMSIS 的设备驱动库里的 NVIC 控制函数来使能或禁止中断,这样能给代码带来最佳的软件可移植性。CMSIS 属于微控制器供应商提供的设备驱动库的一部分,在第 4 章已做过介绍。CMSIS 提供以下函数来使能或禁止中断:

```
void NVIC_EnableIRQ(IRQn_Type_IRQn);//使能中断,IRQn 为 0 时对应中断♯0
void NVIC_DisableIRQ(IRQn_Type_IRQn);//禁止中断,IRQn 为 0 时对应中断♯0
```

8.8.3　中断挂起和清除挂起

如果一个中断发生了，却无法立即处理（例如处理器正在处理更高优先级的中断），这个中断请求将会被挂起。挂起状态保存在一个寄存器中，如果处理器的当前优先级还没有降低到可以处理挂起的请求，并且没有手动清除挂起状态，该状态将会一直保持有效。

可以通过操作中断设置挂起（SETPEND）和中断清除挂起（CLRPEND）这两个寄存器来读取或修改中断挂起状态。同中断使能控制寄存器类似，中断挂起状态寄存器在物理上为一个寄存器，而通过两个地址来实现设置和清除相关位。这就使得每一位都可以独立修改，而无须担心在两个应用程序进程竞争访问时出现的数据丢失。表 8.5 介绍了中断挂起和清除挂起寄存器。

表 8.5　中断挂起状态设置和清除寄存器

地址	名称	类型	复位值	描　　述
0xE000E200	SETPEND	R/W	0x00000000	设置中断 0 到 31 的挂起状态，写 1 将位置 1，写 0 无作用 Bit[0]用于中断♯0（异常♯16） Bit[1]用于中断♯1（异常♯17） … Bit[31]用于中断♯31（异常♯47） 读出值表示当前挂起状态
0xE000E280	CLRPEND	R/W	0x00000000	清除中断 0 到 31 的挂起状态，写 1 将位置 0，写 0 无作用 Bit[0]用于中断♯0（异常♯16） Bit[1]用于中断♯1（异常♯17） … Bit[31]用于中断♯31（异常♯47） 读出值表示当前挂起状态

中断挂起状态寄存器允许使用软件来触发中断。如果中断已经使能并且没有被屏蔽掉，当前还没有更高优先级的中断在运行，这时该中断的服务程序就会立即执行。例如，如果触发了中断♯2，则可以使用如下的代码：

```
* ((volatileunsigned long * )(0xE000E100)) = 0x4;  //使能中断♯2
* ((volatileunsigned long * )(0xE000E200)) = 0x4;  //挂起中断♯2
```

或者用汇编表示

```
LDR    R0, = 0xE000E100      ;在 R0 中设置地址
MOVS   R1, ♯0x4             ;中断♯2
STR    R1, [R0]             ;设置中断使能
```

```
LDR     R0, = 0xE000E200        ;在 R0 中设置地址
STR     R1, [R0]                ;设置挂起状态
```

有些情况下,可能需要清除某个中断的挂起状态。例如,如果一个产生中断的外设需要重新编程,就需要关闭这个外设的中断,重新设置控制寄存器,并且在重新使能外设以前清除中断挂起状态(在设置期间可能会有中断产生)。例如,要清除中断♯2的挂起状态,可以使用以下代码:

```
*((volatileunsigned long *)(0xE000E280)) = 0x4;   //清除中断♯2 的挂起状态
```

或者用汇编表示

```
LDR     R0, = 0xE000E280        ;在 R0 中设置地址
MOVS    R1, ♯0x4                ;中断♯2
STR     R1, [R0]                ;清除挂起状态
```

在符合 CMSIS 的设备驱动库里,可以使用 3 个函数访问中断挂起状态寄存器。

```
//设置一个中断的挂起状态
void NVIC_SetPendingIRQ(IRQn_Type_IRQn);
//清除一个中断的挂起状态
void NVIC_ClearPendingIRQ(IRQn_Type_IRQn);
//返回 true 表示中断挂起状态为 1
uint32_t NVIC_GetPendingIRQ(IRQn_Type_IRQn);
```

8.8.4　中断优先级

每一个外部中断都有一个对应的优先级寄存器,每个优先级都是 2 位宽,并且使用中断优先级寄存器的最高两位,每个寄存器占 1 个字节(8 位)(见图 8.11)。Cortex-M0 和 Cortex-M0＋处理器中的 NVIC 寄存器只支持字传输,这样每次访问都会同时涉及 4 个中断优先级寄存器。

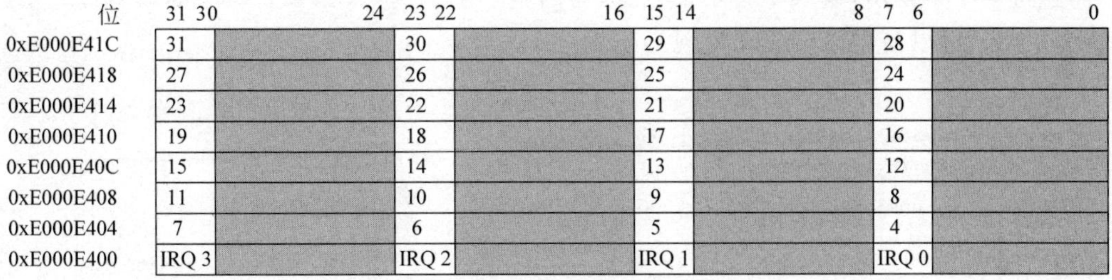

位	31 30	24	23 22	16	15 14	8	7 6	0
0xE000E41C	31		30		29		28	
0xE000E418	27		26		25		24	
0xE000E414	23		22		21		20	
0xE000E410	19		18		17		16	
0xE000E40C	15		14		13		12	
0xE000E408	11		10		9		8	
0xE000E404	7		6		5		4	
0xE000E400	IRQ 3		IRQ 2		IRQ 1		IRQ 0	

图 8.11　每个中断的中断优先级寄存器

未使用的位读出为 0,写入这些位的操作会被忽略,而读出时则为 0(见表 8.6)。

表 8.6　中断优先级寄存器（0xE00E400—0xE00E41C）

地址	名称	类型	复位值	描述
0xE000E400	IPR0	R/W	0x00000000	中断 0 到 3 的优先级
				[31:30]中断 3 的优先级
				[23:22]中断 2 的优先级
				[15:14]中断 1 的优先级
				[7:6]中断 0 的优先级
0xE000E404	IPR1	R/W	0x00000000	中断 4 到 7 的优先级
				[31:30]中断 7 的优先级
				[23:22]中断 6 的优先级
				[15:14]中断 5 的优先级
				[7:6]中断 4 的优先级
0xE000E408	IPR2	R/W	0x00000000	中断 8 到 11 的优先级
				[31:30]中断 11 的优先级
				[23:22]中断 10 的优先级
				[15:14]中断 9 的优先级
				[7:6]中断 8 的优先级
0xE000E40C	IPR3	R/W	0x00000000	中断 12 到 15 的优先级
				[31:30]中断 15 的优先级
				[23:22]中断 14 的优先级
				[15:14]中断 13 的优先级
				[7:6]中断 12 的优先级
0xE000E410	IPR4	R/W	0x00000000	中断 16 到 19 的优先级
0xE000E414	IPR5	R/W	0x00000000	中断 20 到 23 的优先级
0xE000E418	IPR6	R/W	0x00000000	中断 24 到 27 的优先级
0xE000E41C	IPR7	R/W	0x00000000	中断 28 到 31 的优先级

由于每次访问优先级寄存器就相当于访问 4 个中断的优先级，如果只想改变其中的 1 个，需要将整个字读出，修改 1 个字节，然后写回整个字。例如，如果要将中断♯2 的优先级设置为 0xC0，可以使用以下代码实现：

```
unsigned long temp;                                      //一个临时变量
temp = *((volatile unsigned long *)(0xE000E400));        //获取 IRP0
temp = temp & (0xFF00FFFF) | (0xC0 << 16);               //修改优先级
*((volatile unsigned long *)(0xE000E400)) = temp;        //设置 IRP0
```

或者用汇编表示

```
LDR    R0, = 0xE000E400      ;将地址设置到 R0 中
LDR    R1, [R0]              ;获取优先级 0
MOVS   R2, ♯0xFF             ;字节掩码
LSLS   R2, R2, ♯16           ;将掩码值移位到中断♯2 的位置
BICS   R1, R1, R2            ;R1 = R1 AND (NOT(0x00FF0000))
```

```
MOVS    R2, ♯0xC0            ;新的优先级数值
LSLS    R2, R2, ♯16          ;左移 16 位
ORRS    R1, R1, R2           ;放入新的优先级
STR     R, [R0]              ;将数值写回
```

另外,如果掩码值和新数值在应用程序代码中是固定的,可以使用 LDR 指令来设置掩码值和新的优先级数值,这样可以减少代码

```
LDR     R0, = 0xE000E400     ;将地址设置到 R0 中
LDR     R1, [R0]             ;获取优先级 0
LDR     R2, = 0x00FF0000     ;中断♯2 优先级的掩码
BICS    R1, R1, R2           ;R1 = R1 AND (NOT(0x00FF0000))
LDR     R2, = 0x00C00000     ;中断♯2 的新优先级
ORRS    R1, R1, R2           ;放入新的优先级
STR     R, [R0]              ;将数值写回
```

使用符合 CMSIS 的设备驱动库时,可以通过以下 2 个函数操作中断优先级:

```
//设置中断或异常的优先级
void NVIC_SetPriority(IRQn_Type IRQn, uint32_t priority);
//返回中断或异常的优先级
uint32_t NVIC_GetPriority(IRQn_Type IRQn);
```

需要注意的是,这两个函数会将优先级数值自动移到优先级寄存器对应的位置上,因此,当把中断♯2 的优先级设置为 0xC0 时,应该使用如下代码:

```
NVIC_SetPriority(2, 0x3);   //优先级数值 0x3 经移位后变为 0xC0
```

中断优先级寄存器的编程应该在中断使能之前,其通常是在程序开始时完成的。应该避免在中断使能之前改变中断优先级,因为这种情况的结果在 ARMv6-M 架构上是不可预知的,并且不被 Cortex-M0 或 Cortex-M0+处理器支持。Cortex-M3/M4 处理器的情况又有所不同,它们都支持中断优先级的动态切换。ARMv7-M 架构(如 Cortex-M3/M4 处理器)则支持中断优先级的动态切换。

ARMv6-M 架构和 ARMv7-M 架构的另外一个区别是,ARMv7-M 访问中断优先级寄存器时支持字节或半字传输,因此可以每次只设置一个寄存器。更多关于各种 Cortex-M 处理器的区别的细节将会在 22.5 节讨论。

8.9 异常屏蔽寄存器(PRIMASK)

有些对时间敏感的应用,需要在一段较短的时间内禁止所有中断。对于这种应用,Cortex-M 处理器没有使用中断使能/禁止控制寄存器来禁止所有中断然后再恢复,而是提供了一个单独的特性,特殊寄存器中有一个被称作 RRIMASK(第 4 章已做过介绍)的寄存器,通过它可以屏蔽掉除 NMI 和硬件错误异常外的其他所有中断和系统异常。

PRIMASK 寄存器只有 1 位有效,并且在复位后默认为 0。该寄存器为 0 时,所有的中

断和异常都处于允许状态；而设为 1 后，只有 NMI 和硬件错误异常处于使能。实际上，当 PRIMASK 设置为 1 后，处理器的当前优先级就降到了 0（可设置的最高优先级）。

可以通过多种方法编程 PRIMASK 寄存器，使用汇编语言，可以利用 MSR 指令来设置和清除 PRIMASK 寄存器。例如，可以使用如下的代码设置 PRIMASK（禁止中断）：

```
MOVS  R0, #1        ;PRIMASK 的新值
MSR   PRIMASK, R0   ;将 R0 的值送到 PRIMASK 中
```

也可以将 R0 置 0，使用同样的方法使能中断。

另外，也可以使用 CPS 指令来设置或清除 PRIMASK：

```
CPSIE  i            ;清除 PRIMASK（使能中断）
CPSID  i            ;设置 PRIMASK（禁止中断）
```

若使用 C 语言以及 CMSIS 设备驱动库，用户可以使用以下函数来设置和清除 PRIMASK。即便没有使用 CMSIS，大多数用于 ARM 处理器的 C 编译器会自动将这两个函数识别为内在函数。

```
void __enable_irq(void);    //清除 PRIMASK
void __disable_irq(void);   //设置 PRIMASK
```

这两个函数被编译为 CPS 指令。

对时间敏感的程序完成后，应该清除 PRIMASK。否则即使在中断处理中使用了__ disable_irq()函数（或者设置 PRIMASK），处理器将停止接受新的中断请求。这点与 ARM7TDMI 有所不同，ARM7TDMI 处理器在中断返回时，由于程序状态寄存器（CPSR）的恢复，其 I 位会被重设（使能中断）。而 Cortex-M 处理器的 PRIMASK 和 xPSR 是相互独立的，因此异常返回不会影响中断屏蔽状态。

8.10　中断输入和挂起行为

Cortex-M 处理器允许两种形式的中断请求：电平触发以及脉冲输入。这一特性涉及包括 NMI 在内的中断输入对应的多个寄存器。每一个中断输入都对应着一个挂起状态寄存器，且每个寄存器只有 1 位，用于保存中断请求，而不管这个请求有没有得到确认（例如，通过 I/O 引脚相连的外部硬件产生一个中断脉冲）。当处理器开始处理这个异常时，硬件将会自动清除挂起状态。

NMI 也类似，只是由于 NMI 的优先级最高，当它产生后几乎能立即得到响应。除此之外，NMI 与 IRQ 基本一样：NMI 的挂起状态也可以由软件产生，如果处理器仍然在处理之前的 NMI 请求，新的 NMI 则会保持挂起状态。

8.10.1　简单中断处理

大多数 ARM 处理器的外设都使用电平触发中断输出，当中断事件发生时，由于外设连

接到了 NVIC 上,中断信号会得到确认。在处理器执行中断服务并且清除外设的中断信号前,该信号会保持高电平。在 NVIC 内部,当检测到有中断发生时,该中断的挂起状态会被置位,当处理器接受该中断并且开始执行中断服务程序后,挂起状态就会被清除(见图 8.12)。

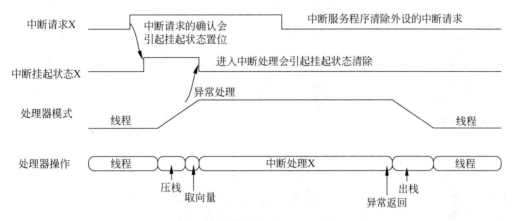

图 8.12 中断激活和挂起状态的简单情况

8.10.2 简单的脉冲中断处理

有些中断源可能会产生脉冲形式的中断请求(至少持续 1 个时钟周期)。在这种情况下,中断得到服务之前,挂起状态寄存器将会一直保持该请求(见图 8.13)。

对于脉冲中断请求,无须清除外设的中断请求。

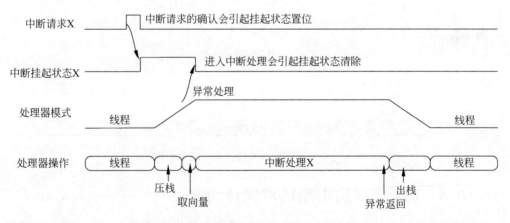

图 8.13 脉冲中断激活和挂起状态的简单情况

8.10.3 中断挂起状态在得到服务前取消

如果中断请求没有立即执行,并且在确认之前被软件清除,则处理器会忽略掉本次请求,并且不会执行中断处理(见图 8.14)。可以通过写 NVIC_CLRPEND 寄存器来清除中断挂起状态，这种处理在设置外设时非常有用，因为在设置以前，该外设可能已经产生了一个中断请求。

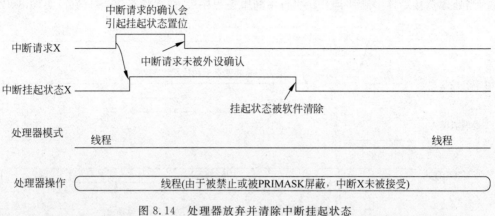

图 8.14　处理器放弃并清除中断挂起状态

8.10.4　外设在确认中断请求时清除挂起状态

如果在软件清除挂起状态时，外设仍然保持着中断请求，挂起状态还会立即生成（图 8.15）。

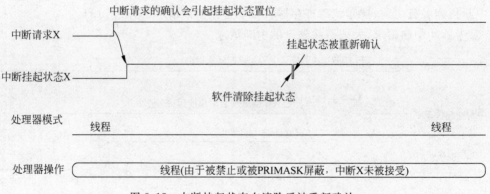

图 8.15　中断挂起状态在清除后被重新确认

8.10.5　ISR 完成后中断请求保持为高

现在回顾一下一般的中断处理过程，如果外设产生的中断请求在异常处理时没有被清除，异常返回后挂起状态就会被又一次激活，这样中断服务程序会再次执行，若外设中还有待处理的数据，中断请求保持为高（例如，只要接收 FIFO 中还有数据，数据接收机就要将中断请求保持高电平）（见图 8.16）。

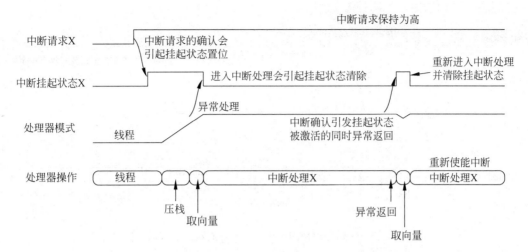

图 8.16 中断退出时若中断请求保持高电平就会引起中断处理的再次执行

8.10.6 进入 ISR 前产生了多个中断请求脉冲

对于脉冲中断,如果在中断服务开始执行以前,中断请求脉冲产生了多次(例如,处理器可能在处理另外一个中断请求),这种多个中断脉冲会被当做一次中断请求(见图 8.17)。

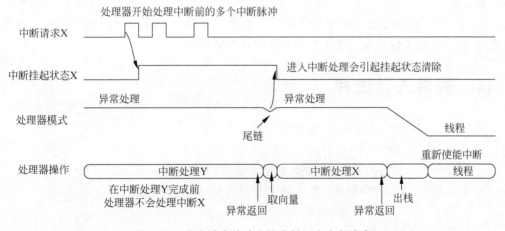

图 8.17 多个请求脉冲会被当做一个中断请求

8.10.7 在 ISR 执行期间产生了中断请求脉冲

执行过程中产生的脉冲中断请求,会被当做新的中断请求,并且在本次中断退出后,还会引起中断服务程序再次执行(见图 8.18)。

由于和当前执行中断的优先级相同,故第二个中断请求不会立即引发中断。一旦处理器退出中断处理,当前的优先级就会降低,挂起的中断就会得到处理的机会。

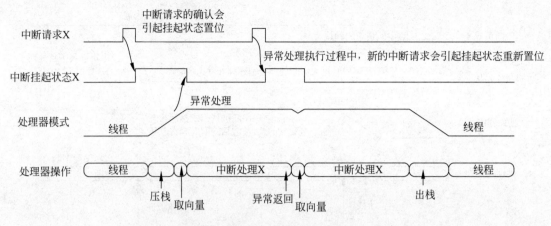

图 8.18　中断处理期间产生的中断挂起状态也可以置位

8.10.8　已禁止中断的中断请求确认

即使某中断已经被禁止，该中断的挂起状态仍然可以被激活。因此，当外设需要重新编程以及更改中断设置时，在重新使能中断前，需要清除 NVIC 里的中断挂起状态，这个操作可以通过写入地址为 0xE000E280 的中断清除寄存器（参见 8.8.3 节"中断挂起和清除寄存器"）来实现。

最常见的一种情况是，GPIO 外部被重新设置且切换到不同的中断触发模式。在重新配置期间，外部输入值可能会变化且导致挂起状态意外置位。

8.11　异常入口流程

当异常产生时，如下的情况会随之发生：

- 压栈并且栈指针（SP）更新；
- 处理器取出异常向量（确定 ISR 的起始地址）并且将其写入 R15（PC）；
- 寄存器更新（LR、中断程序状态寄存器（IPSR）和 NVIC 寄存器）。

8.11.1　压栈

当异常发生时，8 个寄存器会被自动压栈，这些寄存器包括 R0 到 R3、R12、R14（链接寄存器）、返回地址/PC（下一条指令的地址，如果当前指令要被舍弃则是当前指令地址）和 xPSR。用于压栈的栈为当前活动栈，如果异常发生时处理器处于线程模式，根据 CONTROL 寄存器第 1 位的不同，压栈可以使用进程栈或主栈，如果 CONTROL[1]为 0，则使用主栈（见图 8.19）。

如果异常发生时处理器处于线程模式并且 CONTROL[1]置 1，则会使用进程栈（见图 8.20）。对于嵌套异常，压栈时总是使用主栈，因为处理器当前处于处理模式，这种情况下只能

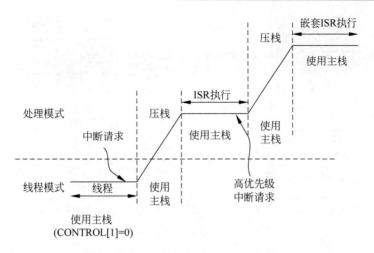

图 8.19　线程模式下在嵌套中断中使用主栈进行异常压栈

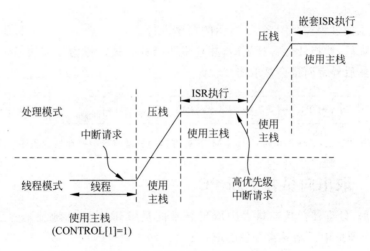

图 8.20　线程模式下在嵌套中断中使用进程栈进行异常压栈

使用主栈。

将寄存器 R0-R3、R12、PC、LR 和 xPSR 保存到栈中的原因是,这些寄存器被称为"调用者保存寄存器"。根据 AAPCS(ARM Architecture Procedure Call Standard,ARM 架构过程调用标准,参考文档[6])的内容,C 函数不必保留这些寄存器的值。为了使异常处理能够像普通 C 函数一样使用,这些寄存器需要由硬件进行保存和恢复,这样当中断前的程序继续执行时,这些寄存器的值就能和异常发生前一样。

压栈时保存到栈里的数据被统称为"栈帧(stack frame)"。在 Cortex-M0 和 Cortex-M0＋处理器中,一个栈帧总是双字对齐的,这样能确保栈的使用遵循 AAPCS 标准(参考文档[6])。如果上一个压入的数据处于非双字对齐的地址,压栈机制就会将压栈的位置自动调整到下一个双字对齐的地址上,并在栈中的 xPSR 寄存器中设置标志(第 9 位),表明发生了双字栈调整(见图 8.21)。

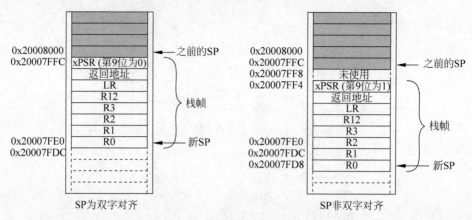

图 8.21　栈帧和双字栈对齐

在出栈过程中，处理器会检查栈中的 xPSR 的标志，并且根据标志的不同对栈指针做出相应的调整。

寄存器的压栈过程按照图 8.22 所示的顺序进行。

当压栈结束后，栈指针会得到更新，并且主栈指针会被选择为当前栈指针（处理模式总是使用主栈），然后异常向量会被取出。

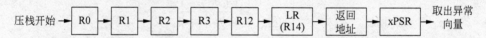

图 8.22　Cortex-M0 和 Cortex-M0＋处理器的异常流程中寄存器的压栈顺序

8.11.2　取出向量并更新 PC

压栈完成后，处理器会从向量表中取出异常向量（ISR 的起始地址），然后将向量写到 PC，并且从这个地址中开始异常处理的取指。

8.11.3　更新寄存器

异常处理开始执行后，LR 的值会被更新为相应的 EXC_RETURN 值，这个值将会被用作异常返回，IPSR 也会被更改为当前处理异常对应的异常编号。

另外，NVIC 的许多寄存器也可能会更新，其他的寄存器还包括异常为中断时外部中断的状态寄存器，或者为系统异常时对应的经过内部存储器映射的中断控制和状态寄存器（见 9.2.3 节"系统异常管理用的控制寄存器"）。

8.12　异常退出流程

当执行异常返回指令时（使用 POP 或者 BX 指令将 EXC_RETURN 加载到 PC），异常退出流程就开始了，这个过程包括以下步骤：

- 寄存器出栈；
- 恢复返回地址，取出并执行。

8.12.1 寄存器出栈

为了将寄存器的值恢复到异常发生以前的状态，需要使用 POP 将压栈过程中保存在栈的值取出，并恢复至相应的寄存器中。由于栈帧可以保存在主栈或者进程栈中，处理器会首先检查正在使用的 EXC_RETURN 的值。如果 EXC_RETURN 的第 2 位为 0，处理器就开始从主栈中进行出栈操作；如果该位为 1，则在进程栈中进行（见图 8.23）。

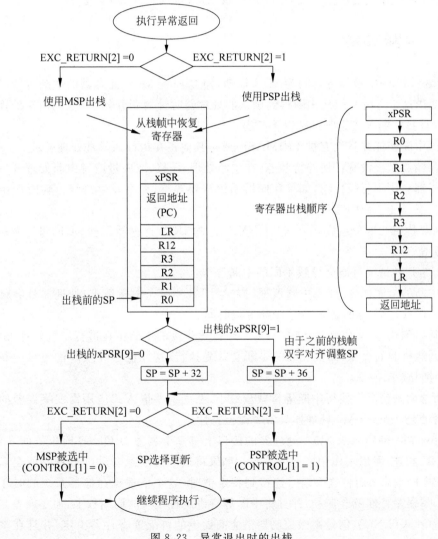

图 8.23 异常退出时的出栈

出栈完成后,栈指针需要调整。压栈时,为了使栈帧为双字对齐的,栈空间里可能包含 4 字节的空隙。这种情况下,栈中的 xPSR 的第 9 位为 1,这样 SP 的值也应相应地去掉 4 字节的空隙。

另外,如果 EXC_RETURN 的第 2 位为 1,这就表明当前 SP 将切换回进程栈,而当第 3 位为 1 时,异常退出将返回线程模式。

8.12.2 从返回地址取指并执行

异常返回过程完成后,处理器将恢复的返回地址放到 PC 中,并且继续执行中断之前的程序。为了匹配恢复后的上下文,中断程序状态寄存器(IPSR)也会更新。

8.13 中断等待

Cortex-M0 的中断等待时间为 16 个周期,而 Cortex-M0＋处理器的中断等待时间则为 15 个周期。这个等待时间从中断得到确认的处理器时钟周期开始,一直到中断处理开始执行结束。计算中断等待需要具备以下前提:

- 该中断使能并且没有被 PRIMASK 或是其他正在执行的异常处理屏蔽。
- 存储器系统没有任何等待状态,在中断处理、压栈、取向量或者中断处理开始时的取指都会用到总线传输,如果存储器系统需要等待,那么发生总线传输时产生的等待状态可能会使中断延迟。

中断等待由几部分组成,其中包括 NVIC 检测 IRQ、寄存器压栈、取向量以及取出 ISR 中的指令等。

下面的几种情况可能会导致不同的中断等待:

- 中断的末尾连锁,如果中断返回时产生了另外一个中断请求,处理器就会跳过出栈和压栈过程,这样就减少了中断等待时间。
- 延迟到达,如果中断发生时,另外一个低优先级的中断正在进行压栈处理,由于延迟到达机制的存在,高优先级的中断会首先执行,这样也会导致高优先级中断的等待时间减小。

上面这两种情况会使得中断等待减至最小,然而有些嵌入式应用需要零误差的中断响应。幸运的是,Cortex-M0 处理器具备零误差特性。

Cortex-M0 和 Cortex-M0＋处理器的接口上有一个名为 IRQLATENCY 的 8 位信号,它与 NVIC 相连,可以用作中断等待控制。如果将这个信号连接到 0,处理器就会以最快的速度处理中断请求;而将这个信号连接到特定值时(这个值根据存储器系统的时序可能有所不同),零误差特性就会使能,并且将中断等待设定在较大的周期数上,但零误差是可以保证的。IRQLATENCY 信号由微控制器供应商提供的可配置寄存器决定,并且在微控制器的接口上是不可见的。

第9章

系统控制和低功耗特性

9.1 系统控制寄存器简介

Cortex-M 处理器的系统控制空间(SCS)从 0xE000E000 到 0xE000EFFF 地址区域内,存在着多个系统控制器寄存器,其中包括

- 嵌套向量中断控制器(NVIC)寄存器,用于中断管理(第 8 章已经介绍)。
- 系统控制块(SCB),用于包括休眠模式特性管理在内的系统控制寄存器。
- 系统节拍定时器(SysTick),可用于 OS,或在无 OS 的应用中用作周期定时器,SysTick 定时器是可选的。
- 存储器保护单元(MPU),用于控制存储器访问权限和存储器属性的可编程单元,将在第 12 章介绍。MPU 特性在 Cortex-M0＋处理器中是可选的,在 Cortex-M0 中则不存在。

Cortex-M 处理器中的许多特性都由这个存储器空间中的寄存器控制,为了方便软件开发,CMSIS-Core 软件框架在头文件中定义了多个数据结构,以便于在 C/C++编程环境中访问这些寄存器(见表 9.1)。

SCS 地址区域内还存在一组内核调试寄存器,但是这些寄存器无法通过 Cortex-M0/Cortex-M0＋处理器上运行的软件访问,只能被调试器使用,因此本章不会涉及这些内容。

对于 ARMv6-M 架构,SCS 中的所有寄存器都只能在特权状态访问,且需要使用 32 位对齐传输。

表 9.1 系统控制空间(SCS)中 CMSIS-CORE 定义的寄存器数据结构

CMSIS 数据结构名称	描　　述
SCB	系统控制块
NVIC	嵌套向量中断控制器
SysTick	系统节拍定时器
MPU	存储器保护单元

9.2　SCB 中的寄存器

9.2.1　SCB 中的寄存器列表

SCB 数据结构包含多个寄存器（见表 9.2）。

表 9.2　SCB 数据结构中的寄存器

名称	描　述
CPUID	CPU ID 寄存器
ICSR	中断控制状态寄存器
VTOR	向量表偏移寄存器（Cortex-M0 处理器中不存在，Cortex-M0＋处理器中可选）
AIRCR	应用中断和复位控制寄存器
SCR	系统控制寄存器
CCR	配置和控制寄存器
SHP[0/1]	系统处理优先级寄存器（共两个）
SHCSR	系统处理控制和状态寄存器（只支持调试器访问）

9.2.2　CPU ID 寄存器

CPU ID 寄存器中包含处理器的 ID（见图 9.1），并且是只读的，它为应用软件以及调试器提供处理器内核类型和版本信息。

位	31 24	23 20	19 16	15 4	3 0
0xE000ED00	制造者 0x41	变量 0x0	常量 0xC	器件编号 0xC20	修订号 0x0

图 9.1　CPU ID 寄存器

当前发行的 Cortex-M0 处理器（r0p0）的 CPU ID 为 0x410CC200，而 Cortex-M0＋处理器则对应 0x401CC600（r0p0）或者 0x401CC601（r0p1）（见表 9.3）。当该内核的新版本发布时，变量区域（bit[23:20]）和修订号（bit[3:0]）都会增长。如果使用符合 CMSIS 的设备驱动库，则可以使用"SCB->CPUID"来访问 CPUID 寄存器。

软件可以使用这个寄存器来识别 CPU 类型，CPUID 的 bit[7:4]为"0"代表 Cortex-M0，"1"代表 Cortex-M1，"3"代表 Cortex-M3，"4"则代表 Cortex-M4。

表 9.3　CPUID 寄存器（0xE000ED00）

位	域	类型	复位值	描　述
31:0	CPU ID	RO	0x410CC200（Cortex-M0 r0p0）0x410CC600	CPU ID 数值，调试器和应用程序可以用其确定处理器的型号和版本

续表

位 域	类型	复位值	描 述
31:0 CPU ID	RO	(Cortex-M0+ r0p0) 0x410CC601 (Cortex-M0+ r0p1)	CPU ID 数值,调试器和应用程序可以用其确定处理器的型号和版本

9.2.3 用于系统异常管理的控制寄存器

除了外部中断,有些系统异常也有可编程的优先级和挂起状态寄存器。首先介绍系统异常的优先级寄存器。对于 Cortex-M0 和 Cortex-M0+ 处理器,只有 3 个与 OS 相关的系统异常才具有可编程的优先级,其中包括 SVC、PendSV 和 SysTick,它们由系统处理优先级寄存器(SHPR)管理(见图 9.2),其他如 NMI 和硬件错误等系统异常的优先级则是固定的。

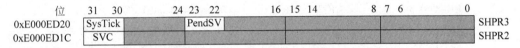

图 9.2 可编程系统异常的优先级寄存器

未使用的位读出为 0,对这些未使用的位的写操作将会被忽略。Cortex-M0 和 Cortex-M0+ 处理器只使用系统处理优先级寄存器 2(SHPR2)和 SHPR3(见表 9.4),而没有使用 SHPR1(SHPR1 在 ARMv7-M 架构上是可用的,例如 Cortex—M3 处理器)。

表 9.4 系统处理优先级寄存器(0xE000ED1C-0xE000ED20)

地址	名称	类型	复位值	描述
0xE000ED1C	SHPR2	R/W	0x00000000	系统处理优先级寄存器 2 [31:30]SVC 优先级
0xE000ED20	SHPR3	R/W	0x00000000	系统处理优先级寄存器 3 [31:30]SysTick 优先级 [23:22]PendSV 优先级

如果使用符合 CMSIS 的设备驱动,和外设中断类似,可以使用下面的 CMSIS-CORE 函数来访问这些系统异常。

```
//设置中断或系统异常的优先级
void NVIC_SetPriority(IRQn_Type IRQn, uint32_t priority);
//返回中断或系统异常的优先级
uint32_t NVIC_GetPriority(IRQn_Type IRQn);
```

除此之外,也可以利用下面的寄存器名(见表 9.5)来访问 SHPR2 和 SHPR3 寄存器。

另外一个对系统异常处理有用的寄存器为中断控制状态寄存器(ICSR)(见表 9.6),这个寄存器允许软件挂起 NMI 异常,并且可以访问 PendSV 和 SysTick 的挂起状态。它还提供了对调试器有用的信息,例如当前活跃的异常编号以及当前是否有挂起异常。由于

SysTick 的使用是可选的，只有当 SysTick 存在时，才能设置和清除它的异常挂起，因此，这个寄存器的第 25 位、第 26 位可能是不可用的。

表 9.5　系统处理优先级寄存器的 CMSIS 命名

寄存器	CMSIS 命名	描　　述
SHPR2	SCB-> SHP[0]	系统处理优先级寄存器 2
SHPR3	SCB-> SHP[1]	系统处理优先级寄存器 3

表 9.6　中断控制状态寄存器（0xE000ED04）

位	域	类型	复位值	描　　述
31	NMIPEDNSET	R/W	0	写 1 挂起 NMI，写 0 无作用 读出值为 NMI 的挂起状态
30:29	保留	—	—	保留
28	PENDSVSET	R/W	0	写 1 设置 PendSV，写 0 无作用 读出值为 PendSV 的挂起状态
27	PENDSVCLR	R/W	0	写 1 清除 PendSV，写 0 无作用 读出值为 PendSV 的挂起状态
26	PENDSTSET	R/W	0	写 1 挂起 SysTick，写 0 无作用 读出值为 SysTick 的挂起状态
25	PENDSTCLR	R/W	0	写 1 清除 SysTick 挂起状态，写 0 无作用 读出值为 SysTick 的挂起状态
24	保留	—	—	保留
23	ISRPREEMPT	RO	—	在调试时，如果调试器没有通过调试控制和状态寄存器中的 C_MASKINITS 禁止的话，该位表示下一个运行周期有异常要处理
22	ISR_PENDING	RO	—	在调试时，该位表示有异常挂起
21:12	VECTPENDING	RO	—	表示挂起异常的最高优先级，如果读出为 0，则说明当前没有异常挂起
11:9	保留	—	—	保留
8:0	VECTACTIVE	RO	—	当前活动异常编号，和 IPSR 相同。如果处理器没在处理异常（线程模式），则该位读出为 0

如果使用符合 CMSIS 的设备驱动库，可以使用寄存器名"SCB-> ICSR"访问 ICSR。

ICSR 中的某些位仅供调试系统使用（例如 ISRPREEMPT 和 ISRPENDING 域），大多数情况下，应用代码只会用 ICSR 来控制系统异常或检查系统异常的挂起状态。

9.2.4　向量表偏移寄存器

向量表偏移寄存器（VTOR）在 ARMv6-M 架构中是可选的，Cortex-M0 处理器中是不存在 VTOR 的，且向量表总是位于地址 0x00000000 处。对于 Cortex-M0＋处理器，VTOR

是可选的且复位为 0,因此 Cortex-M0＋处理器的向量表默认位于 0x00000000 处,且在启动后可以重定位到其他位置。VTOR 的定义如表 9.7 所示。

在 C/C++编程环境中,VTOR 可由"SCB-> VTOR"访问,9.4 节将详细介绍 VTOR 的使用方法。

从架构上来说,ARMv6-M 处理器设计可以只实现部分 TBLOFF 或用非零值作为 VTOR 的复位值。软件可以将 VTOR 的所有位置 1,以确认地址偏移的最大允许值。对于 Cortex-M0＋处理器,VTOR 使用的是 bit[31:8],因此其最低 8 位总是为 0。

Cortex-M0＋处理器最多可以有 48 个异常(32 个 IRQ 向量＋16 个字的系统异常向量),向量表最大为 0xC0。在 VTOR 的 bit[7:0]总是为 0 的前提下,处理器内的硬件在计算向量地址时就无须使用加法器了。

表 9.7　向量表偏移寄存器(0xE000ED08)

位	域	类型	复位值	描　述
31:7	TBLOFF	R/W	0	向量表偏移地址位[31:7] 备注:Cortex-M0＋处理器只实现了 bit[31:8],架构上则是允许 bit[31:7]
6:0	保留	—	—	保留

9.2.5　应用中断和复位控制寄存器

应用中断和复位控制寄存器(AIRCR)具有多个功能,可用于应用程序请求系统复位、识别系统的大小端以及清除所有的异常活动状态(只能由调试器实现)。如果使用符合 CMSIS 的设备驱动,可以使用"SCB-> AIRCR"访问该寄存器。AIRCR 的位域如表 9.8 所示。

VECTKEY 域用于防护对该寄存器的意外写操作引起的系统复位或清除异常状态。

不只是调试器,应用程序也可以使用 ENDIANNESS 位来识别系统的大小端,Cortex-M0 或 Cortex-M0＋处理器的端配置是由微控制器供应商预先定义的,不可以通过软件设置。

SYSRESETREQ 用于请求系统复位,当写入 1 并且键值合法时,会触发处理器上的 SYSRESETREQ 信号并引起系统复位,系统的实际复位时间与该信号的连接方式有关。9.3 节将会介绍这一位的详细用法。

VECTCLRACTIVE 位被调试器用于清除异常状态,例如在不复位处理器的情况下从某个程序中返回。运行在处理器上的应用代码不应使用这个特性。

表 9.8　应用中断和控制状态寄存器(0xE000ED0C)

位	域	类型	复位值	描　述
31:16	VECTKEY(写操作期间)	WO	—	寄存器访问键值,写这个寄存器时,VECTKEY 域需要被置为 0x05FA,要不然本次写操作会被忽略

续表

位	域	类型	复位值	描　述
31:16	VECTKEY（读操作期间）	RO	0xFA05	读出为 0xFA05
15	大小端	RO	0 或 1	1 表示系统为大端,0 则表示系统为小端
14:3	保留	—	—	保留
2	SYSRESETREQ	WO	—	写 1 会激活外部 SYSRESETREQ 信号
1	VECTCLRACTIVE	WO	—	写 1 会引起异常活动状态被清除,处理器返回线程模式,IPSR 被清除该位只能被调试器使用
0	保留	—	—	保留

9.2.6　系统控制寄存器

系统控制寄存器(SCR)主要用于 Cortex-M 处理器中的低功耗特性(如休眠模式)控制,若使用符合 CMSIS 的设备驱动库,可以用寄存器名"SCB-> SCR"来访问 SCR,表 9.9 列出了 SCR 的位域定义。

SLEEPDEEP 定义了在处理器进入休眠时,选择的是普通休眠模式还是深度休眠模式。需要注意的是可以增加其他的系统级功耗控制寄存器,以增加设备支持的休眠模式的个数。

要了解休眠模式和 SCR 中其他位的更多细节,可以参考本章中 9.5 节的内容。

表 9.9　系统控制寄存器(0xE000ED10)

位	域	类型	复位值	描　述
31:5	保留	—	—	保留
4	SEVONPEND	R/W	0	设为 1 时,中断的每次新的挂起都会产生一个事件,如果使用了 WFE 休眠,它可用于唤醒处理器
3	保留	—	—	保留
2	SLEEPDEEP	R/W	0	设为 1 时,当进入休眠模式后,深度休眠就会被选中;当该位为 0 时,进入休眠后普通休眠会被选中
1	SLEEPONEXIT	R/W	0	设为 1 时,当退出异常处理并返回程序线程时,处理器自动进入休眠模式(WFI);设为 0 时,该特性就会被禁止
0	保留	—	—	保留

9.2.7　配置和控制寄存器

Cortex-M0 和 Cortex-M0＋处理器上的配置和控制寄存器(CCR)是只读的,它决定了栈的双字对齐设置和非对齐访问的处理（见表 9.10）。在 Cortex-M0/M0＋处理器等 ARMv6-M 架构上，这些行为都是固定的，不可以重新配置。使用这个寄存器是为了同 Cortex-M3 等 ARMv7-M 架构的处理器兼容，Cortex-M3 处理器的这两个方面都是可编程的。

如果使用符合 CMSIS 的设备驱动，可以通过寄存器名"SCB-> CCR"来访问配置和控制寄存器。

STACKALIGN 为 1，表示当产生异常压栈时，栈帧总是自动对齐到双字对齐的存储器位置上。

UNALIGN_TRP 为 1，表示试图执行非对齐访问的操作会导致错误异常发生。

表 9.10 配置控制寄存器（0xE000ED14）

位	域	类型	复位值	描 述
31:10	保留	—	—	保留
9	STKALIGN	RO	1	始终使用双字异常栈排列方式
8:4	保留	—	—	保留
3	UNALIGN_TRP	RO	1	试图执行非对齐访问的指令总会引起错误异常
2:0	保留	—	—	保留

9.2.8 系统处理控制和状态寄存器

和 ARMv7-M 架构（如 Cortex-M3 处理器）不同，运行在 Cortex-M0/Cortex-M0＋处理器上的软件无法访问这个寄存器，其只能被调试器使用。之所以有这个区别，是因为 Cortex-M0 和 Cortex-M0＋处理器中没有 ARMv7-M 架构中单独可配置的错误异常，这些异常会带来更多的控制位。

ARMv6-M 架构中 SHCSR 的定义如表 9.11 所示。

表 9.11 系统处理控制和状态寄存器（0xE000ED24）

位	域	类型	复位值	描 述
31:16	保留	—	—	保留
15	SVCALLPENDED	RO	0	1 表示 SVC 异常被挂起，只能通过调试器访问
14:0	保留	—	—	保留

9.3 使用自复位特性

Cortex-M 处理器提供了一种利用软件方式触发自复位的机制，是通过 AIRCR 中的 SYSRESETREQ 位来实现的（见表 9.3），可在出错时用于 HardFault 处理以复位系统（注：

在软件开发期间不宜使用,因其会增加错误调试的难度)。SYSRESETREQ 特性还可被调试器在以下情况中使用:建立调试连接后、执行 Flash 编程后以及用户指定目标复位操作时。需要注意的是该特性由芯片设计决定,因此可能会不存在。

AIRCR 中的 SYSRESETREQ 位(第 2 位)可以产生到微控制器系统复位控制逻辑的系统复位请求,由于系统复位控制逻辑不属于处理器设计,因此复位的实际时序是同设备相关的(系统实际进入复位状态所需的时钟周期可能会不同)。根据系统复位控制的不同设计,从写入这一位到产生实际复位间可能会有一小段延迟。

一般情况下,SYSRESETREQ 会产生到处理器和系统中大部分模块的系统复位,但不应影响微控制器的调试系统。这样,即使软件触发了一次复位,调试操作也可以正常工作。

要使用 SYSRESETREQ 特性(或者对 AIRCR 的任何形式的访问),程序必须运行在特权状态。最简单的方法是使用 CMSIS-CORE 头文件提供的名为"NVIC_SystemReset(void)"的函数。

除了使用 CMSIS-CORE,还可以直接访问 AIRCR 寄存器。

```
//使用 DMB/DSB,等待之前所有的存储器访问完成
//由于下一条指令是 CPS,所以这里使用的是 DSB
__DSB();
__disable_irq();            //禁止中断,可选
SCB->AIRCR = 0x05FA0004;     //系统复位
while(1);                    //等待复位产生
```

使用数据同步屏障(DSB)指令是为了可以将代码用在其他存储器接口上具有写缓冲的 ARM 处理器中。对于这些处理器,存储器写操作可能会延迟,若系统复位和存储器写同时产生,存储器可能会被破坏,因此才需要 DSB,以确保在执行"__disable_irq()"("CPSID I"指令)并触发复位前,之前的存储器访问已经全部完成。若跳过禁止中断这一步,则可以使用数据存储器屏障(DMB)指令代替。尽管 Cortex-M0 和 Cortex-M0＋处理器对这一点并没有严格的要求(因为这些处理器中没有写缓冲),也应该使用 DSB/DMB 指令以提高可移植性。

禁止中断这一步是可选的,若在设置系统复位请求时产生了中断,且由于复位控制器设计导致实际复位延迟,则处理器可能会在系统复位开始时进入异常处理。多数情况下,这不会有什么问题,但是为了避免这个问题,可以在设置 SYSRESETREQ 位之前设置异常屏蔽寄存器 PRIMASK 以禁止中断。

在写入 AIRCR 时,写数据的高 16 位应该置为 0x05FA,以避免意外复位系统。

写之后的"while"循环可以在复位请求发出后,避免处理器执行更多的指令。

也可以用汇编实现相同的复位请求代码,在下面的例子中,设置 PRIMASK 这一步是可选的。

```
DSB                 ;数据同步屏障
CPSID i             ;设置 PRIMASK
LDR R0, = 0xE000ED0C ;AIRCR 寄存器地址
```

```
      LDR R1, = 0x05FA0004  ;设置系统复位请求
      STR R1,[R0]            ;将数值写回
Loop
      B Loop                 ;死循环,等待复位
```

9.4 使用向量表重定位特性

利用向量表偏移寄存器 VTOR,Cortex-M0＋处理器的向量表可以重定位。向量表重定位可用于多种情形。

1) Bootloader

许多微控制器都在单独的 Bootloader ROM 里存放了 Bootloader 或启动固件,在执行 Flash 存储器里的应用代码前,处理器首先会执行启动 ROM 里的一小段代码。此时,处理器需要以启动 ROM 里的向量表启动,执行启动代码后设置 VTOR 以利用用户 Flash 存储器里的向量表并跳转到用户 Flash 存储器里的启动代码(见图 9.3)。

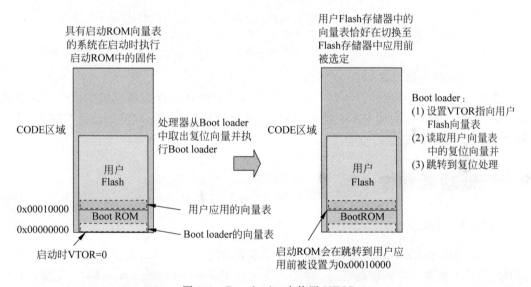

图 9.3 Boot loader 中使用 VTOR

要从 Bootloader 切换到用户应用里的复位处理,Bootloader 可能要执行下面的代码:

```
LDR R0, = 0xE000ED08    ;将 R0 设置为 VTOR 地址
LDR R1, = 0x00010000    ;用户 Flash 基地址
STR R1, [R0]            ;将用户 Flash 存储器起始定义为向量表
LDR R0,[R1]             ;加载初始 MSP 数值
MOV SP, R0              ;设置 SP 数值(假定选择了 MSP)
LDR R0,[R1, ♯4]        ;加载复位向量
BX R0                   ;跳转到用户 Flash 里的复位处理
```

2）动态修改异常向量

VTOR 的第二个常见用途为，在程序执行的不同阶段修改异常向量。在这个情况下，需要将整个向量表从程序映像复制到 SRAM，然后在需要时修改异常向量。此时应该多加留意，以免分配给向量表的存储器空间和应用剩余部分使用的 SRAM 空间重叠（如栈和数据变量）。

将向量表从 0x00000000 复制到 0x20000000 的示例代码如下所示：

```
//存储器屏障指令的使用是基于架构要求
//定义字访问宏
#define HW32_REG(ADDRESS) ( * ((volatile unsigned long * )(ADDRESS)))
#define VTOR_NEW_ADDR 0x20000000
int i;                              //循环计数
//在设置 VTOR 前首先将向量表复制到 SRAM 中
for (i = 0;i < 48;i++){            //假定异常最多为 48 个
    //将每个异常入口从 flash 复制到 SRAM
    HW32_REG((VTOR_NEW_ADDR + (i << 2))) = HW32_REG((i << 2));
}
__DMB();                            //数据存储器屏障,确保写存储器完成
SCB -> VTOR = VTOR_NEW_ADDR;        //设置 VTOR 为新的向量表地址
__DSB();                            //数据同步屏障,确保接下来的所有指令都使用新配置
```

3）加载应用映像到 RAM

应用可能会存放在片外存储器中（如 SD 卡），需要加载到存储器系统中执行。在这种情况下，将程序映像复制到 RAM 或 SRAM 后，加载映像的启动代码可以设置 VTOR，并且和场景 D 类似，跳转到加载的应用中。

9.5　低功耗特性

9.5.1　概述

Cortex-M0 和 Cortex-M0＋处理器具有许多低功耗特性，另外，微控制器供应商也会在他们的产品中实现一些低功耗模式。本章主要关注 Cortex-M0 和 Cortex-M0＋处理器的低功耗特性，微控制器的低功耗特性一般在它们的用户手册或者应用笔记中有所描述，可以在供应商网站或软件例程包里找到这些资料。第 19 章将会介绍一些使用设备相关低功耗特性的例子。

总体来说，Cortex-M 处理器包含以下低功耗特性：

- 两个架构相关的休眠模式：普通休眠和深度休眠。休眠模式可以由供应商提供的休眠控制特性扩展，在处理器内部，两种休眠模式的表现相似。微控制器的其他部分可以为这两种模式使用不同的处理，并能显著降低功耗。
- 两个指令用于进入休眠模式：WFE 和 WFI。这两条指令都可用于普通休眠和深度休眠。
- （从异常）退出时休眠特性，这也使得中断驱动的应用程序可以尽可能地处于休眠

模式。

- 可选的唤醒中断控制器(WIC)。利用这种特性,处理器处于深度休眠时,其时钟完全关闭。当其与状态保持技术配合使用时,处理器可以在超低泄露功率下进入掉电状态,并在唤醒后立即继续之前的操作。
- 低功耗设计应用。多种设计技术的应用,尽可能地降低功耗。由于门数量也非常小,与其他多数 32 位微控制器相比,处理器的待机功耗已经很低。

另外,Cortex-M 的如下特点也有助于降低功耗:

- 高性能,Cortex-M0 和 Cortex-M0+处理器的性能是许多常见 8/16 位机的数倍,这样就使得同样的任务可以在较短的时间内完成,因此处理器可以在长时间内处于休眠模式。另一方面,微控制器可以在较低的时钟频率下完成相同的任务,这样也能降低功耗。
- 高代码密度,由于指令集非常高效,所需的程序代码量也可以降低,因此,可以使用具备较小 Flash 存储器的 Cortex-M0 或 Cortex-M0+微控制器,这样在降低功耗的同时,也降低了成本。

由于处理器仅仅是微控制器的一小部分,为了获得微控制器产品的最优能耗效率以及最佳电池寿命,需要了解的不仅有处理器,还包括微控制器的剩余部分。大多数微控制器供应商都会提供应用笔记和软件库,这也降低了这项工作的难度。

9.5.2 休眠模式

为了在无须进行任何处理时降低功耗,多数微控制器都支持至少一种休眠模式。Cortex-M 处理器中,对休眠模式的支持为处理器架构的一部分。

Cortex-M 处理器具有两种架构定义的休眠模式:

- 普通休眠;
- 深度休眠。

芯片设计人员可以加入其他的控制寄存器和电源控制功能,以进一步增加休眠模式的数量。微控制器的设计不同,这两种休眠模式的含义和行为也会有所不同。微控制器供应商可以采取各种节能措施,以降低休眠时的功耗。也可以增加其他的功率控制功能,对休眠模式进行扩展。一般说来,可以通过如下方法来降低休眠时的功耗:

- 停止部分或所有的时钟信号;
- 降低微控制器某些部分的时钟频率;
- 降低微控制器各部分的电压;
- 关掉微控制器某些部分的电源。

可以通过下面 3 种方法进入休眠模式:

- 执行 WFE 指令;
- 执行 WFI 指令;
- 利用退出时休眠特性(9.5.5 节会详细介绍)。

进入普通休眠模式还是深度休眠模式，是由 SLEEPDEEP 控制位决定的。SLEEPDEEP 位于系统控制块（SCB）区域中的系统控制寄存器（SCR），寄存器中还包括 Cortex-M 处理器的低功耗特性的控制位（见表 9.9）。如果使用符合 CMSIS 的设备驱动，可以用寄存器的名称"SCB-> SCR"来访问系统控制寄存器。

如图 9.4 所示，不同的休眠模式以及不同的休眠操作可以产生多种组合。

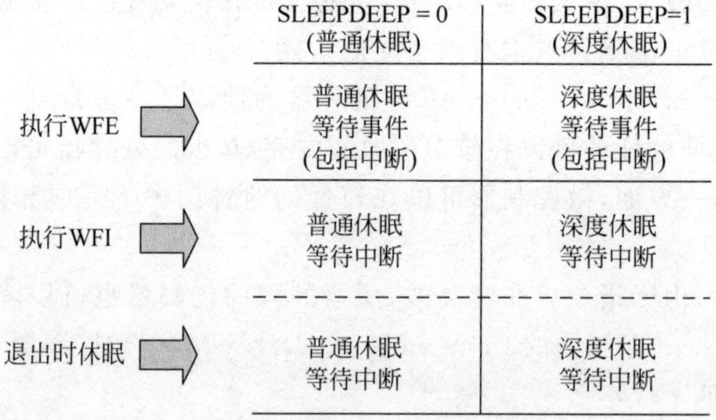

	SLEEPDEEP = 0 (普通休眠)	SLEEPDEEP=1 (深度休眠)
执行WFE ⇨	普通休眠 等待事件 (包括中断)	深度休眠 等待事件 (包括中断)
执行WFI ⇨	普通休眠 等待中断	深度休眠 等待中断
退出时休眠 ⇨	普通休眠 等待中断	深度休眠 等待中断

图 9.4　休眠模式和进入休眠方法的组合

9.5.3　等待事件和等待中断

要使 Cortex-M0 处理器进入休眠模式，可以使用两条指令：WFE 和 WFI。

WFE 特性如下：

* 条件进入休眠；
* 适用于空循环或者实时操作系统中的空线程。

WFI 特性如下：

* 无条件进入休眠；
* 适用于中断驱动的应用。

这两条指令都可用于进入普通休眠或深度休眠，具体进入哪种休眠由 SCR 中的 SLEEPDEEP 位决定，WFE 可由中断请求、事件和调试请求唤醒，而 WFI 则只能由中断请求或调试请求唤醒（见表 9.12）。

从架构上来说，在执行 WFE/WFI 之前应该使用 DSB 指令，但是，由于 Cortex-M0 和 Cortex-M0＋处理器的流水线相对简单，不使用这条指令也不会有什么问题。但若要提高软件在其他 ARM 处理器上的可重用性，则应该使用 DSB 指令。

表 9.12　WFE 和 WFI 唤醒的特征

休眠类型	唤醒描述
WFE	以下情况下会唤醒：中断发生且需要处理，或者事件发生（包括调试请求），或者由于在 WFE 指令执行前发生了事件，处理器没能进入休眠模式，或者休眠模式被复位终止
WFI	以下情况下会唤醒：中断发生需要处理时，或者有调试请求时，或者休眠模式被复位终止

1）等待事件

当使用 WFE 进入休眠后，可以通过以下的中断或事件来唤醒：

- 新挂起的中断（仅当 SCR 中的 SEVONPEND 置位时有效）；
- 外部事件请求；
- 调试事件。

Cortex-M 处理器内部有一个事件寄存器，并且只有一位有效。处理器在运行中并且有事件发生时，寄存器置 1，并且该信息将保持到处理器执行 WFE 指令。可以通过以下任何事件来设置事件寄存器：

- 产生了需要服务的中断请求；
- 异常进入和异常退出；
- 不管中断是否允许，有新的挂起中断（仅当 SCR 中的 SEVONPEND 置位时有效）；
- 片上硬件产生的外部事件（和设备有关）；
- 发送事件（SEV）指令执行；
- 调试事件。

由于事件寄存器只有一位，在处理器唤醒后发生的多个事件会被当成一个事件。

当处于 WFE 状态的处理器被事件寄存器中存储的事件唤醒后，寄存器就会被清零。如果在执行 WFE 指令时事件寄存器已经置位，则事件寄存器会被清零，WFE 指令也会马上结束，并且处理器不会进入休眠。如果执行 WFE 指令时事件寄存器没有置位，则处理器会进入休眠，下一个事件将唤醒处理器，并且事件寄存器会保持清零状态（见图 9.5）。

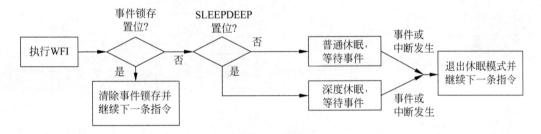

图 9.5　WFE 操作

在轮询循环中，WFE 可以用于降低功耗。例如，如图 9.6 所示，如果外设能够产生适用于 WFE 的事件，则处理器就可以在外设的任务完成后唤醒。

由于处理器可以被不同的事件唤醒，所以处理器被唤醒后，也应该检查任务是否已经完成。

如果 SCR 中的 SEVONPEND 置位，任何挂起的中断都会产生事件并且唤醒处理器。如果执行 WFE 时中断已经处于挂起状态，则同一中断的新请求不会产生事件，并且处理器也不会被唤醒。

2）等待中断

WFI 指令可以被以下方式唤醒：调试请求，或者比当前优先级高的中断请求（见图 9.7）。

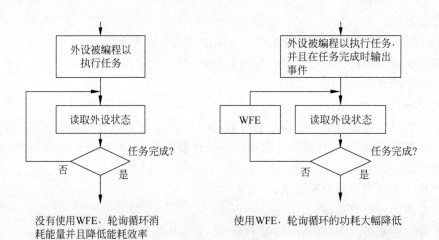

没有使用WFE，轮询循环消
耗能量并且降低能耗效率

使用WFE，轮询循环的功耗大幅降低

图 9.6　WFE 用法

WFI 操作还有一个特殊用途，就是在 WFI 休眠期间，如果 PRIMASK 屏蔽了某中断并且该中断的优先级大于当前优先级，那么该中断仍然可以唤醒处理器，只是在 PRIMASK 清除之前，处理器不会执行该中断处理。

有了这种特性，就可以关闭微控制器的某些部分（如外设总线时钟），而在唤醒后以及执行中断服务程序之前利用软件再将它们打开（见 9.5.4 节）。

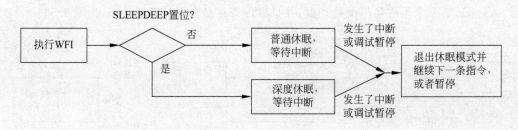

图 9.7　WFI 操作

9.5.4　唤醒条件

当处理器利用退出时休眠（sleep-on-exit）特性或者执行 WFI 指令进入休眠后，就会停止指令执行，当发生中断请求（更高优先级）且需要处理时，处理器就会被唤醒。如果处理器在异常处理中进入休眠，并且新产生的中断的优先级与当前相等或者更低，那么处理器将不会被唤醒，并且保持挂起状态。处理器也可以通过复位或者调试器的暂停请求唤醒。

在执行 WFE 指令时，处理器的动作取决于事件锁存的当前状态。

- 如果事件锁存置位，那么 WFE 指令完成，它将会被清零，并且处理器不会进入休眠。
- 如果事件锁存清零，那么处理器会在事件发生前保持在休眠状态。

事件可以是以下任何一个：

- 待处理的中断请求；
- 进入或退出中断处理；
- 暂停调试请求；
- 片上硬件的外部信号（设备相关）；
- SEVONPEND（挂起发送中断）使能并且产生了新的挂起中断；
- 执行了 SEV（发送事件）指令。

处理器内的事件锁存可以保持过去发生的事件的状态，以前的事件也可以将处理器从 WFE 指令唤醒。因此，WFE 一般用于空循环或者轮询循环，它能否让处理器进入休眠是不确定的。

如果 WFE 要被中断请求唤醒，则该中断的优先级大于当前优先级，或者 SEVONPEND（挂起发送事件）置位并且此时产生了新的挂起中断请求。可以利用 SEVONPEND 特性从 WFE 休眠中唤醒处理器，即使最新挂起中断的优先级跟当前的相同或者更低。这种情况下，处理器不会进行中断处理，只会继续执行 WFE 之后的指令。

WFE 和 WFI 指令的唤醒条件如表 9.13 所示。

表 9.13 WFI 和 WFE 休眠唤醒行为

WFI 行为	唤醒	ISR 执行
PRIMASK 清除		
IRQ 优先级>当前等级	Yes	Yes
IRQ 优先级≤当前等级	No	No
PRIMASK 置位（中断禁止）		
IRQ 优先级>当前等级	Yes	No
IRQ 优先级≤当前等级	No	No

WFE 行为	唤醒	ISR 执行
PRIMASK 清除，SEVONPEND 清除		
IRQ 优先级>当前等级	Yes	Yes
IRQ 优先级≤当前等级	No	No
PRIMASK 清除，SEVONPEND 置位		
IRQ 优先级>当前等级	Yes	Yes
IRQ 优先级≤当前等级，或 IRQ 禁止（SETENA＝0）	Yes	No
PRIMASK 置位（中断禁止），SEVONPEND 清除		
IRQ 优先级>当前等级	No	No
IRQ 优先级≤当前等级	No	No
PRIMASK 置位（中断禁止），SEVONPEND 置位		
IRQ 优先级>当前等级	Yes	No
IRQ 优先级≤当前等级	Yes	No

退出时休眠的唤醒条件同 WFI 休眠的一致。

为什么在 PRIMASK 置位时,处理器不能执行中断服务程序却可以被唤醒? 如图 9.8 所示,根据这种设定,处理器可以在执行中断服务程序前进行系统管理任务(例如,恢复外设的时钟)。

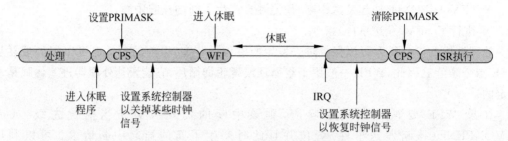

图 9.8 休眠时 PRIMASK 的使用

简要概之,WFI 和 WFE 的区别如表 9.14 所示。

表 9.14 WFI 和 WFE 的对比

	WFI 和 WFE
相似点	使能的中断如果优先级大于当前优先级会唤醒处理器
	可由调试事件唤醒
	可用于产生普通休眠或深度休眠
不同点	如果事件寄存器被设为 1,WFE 的执行不会进入休眠,而 WFI 的执行总会进入休眠
	如果 SEVONPEND 置位,禁止中断的新挂起状态会将处理器从 WFE 休眠中唤醒
	WFE 可由外部事件信号唤醒
	在 PRIMASK 置位时,WFI 可由使能的中断请求唤醒

9.5.5 退出时休眠特性

退出时休眠(Sleep-On-Exit)是 Cortex-M 处理器低功耗特性之一,当其被使能时,如果处理器从异常处理中退出时没有其他的异常等待执行,则自动进入 WFI 休眠模式。

这个特性对于中断驱动的处理器非常有用,例如,软件可以按照图 9.9 所示的流程进行处理。

处理器的运行情况如图 9.10 所示。

退出时休眠特性减少了处理器的活动周期数,也降低了两次中断之间压栈和出栈过程所带来的功耗。每当完成一次中断服务程序并进入休眠后,由于下次中断请求也会导致这些寄存器的压栈,所以处理器就不必进行出栈操作了。

退出时休眠特性由 SCR 中的 SLEEPONEXIT 位控制,在中断驱动程序中对该位的置位操作一般由初始化操作的最后一步完成。否则,如果在初始化期间产生了中断,处理器可能此时就会进入休眠。

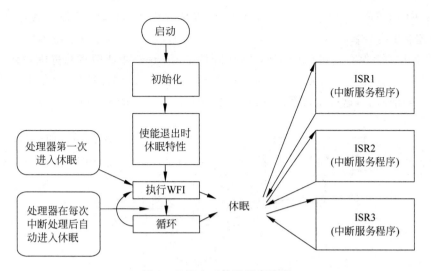

图 9.9 退出时休眠程序流程

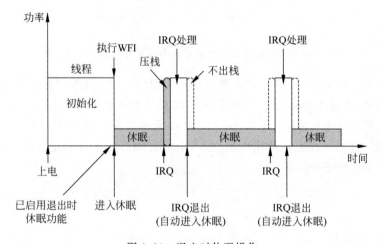

图 9.10 退出时休眠操作

9.5.6 唤醒中断控制器

微控制器的设计者可选择在产品中加入 WIC,WIC 是一个很小的中断探测逻辑,并且能够反映 NVIC 的中断屏蔽功能。WIC 可以通过停止处理器的所有时钟信号来进一步降低功耗,甚至可以将处理器置于一种保持状态。当检测到一个中断时,WIC 会向微控制器中的电源管理单元(PMU)发送请求,以恢复处理器的电源和时钟信号,然后处理器就会被唤醒,进而处理该中断请求。

WIC 特性的一个重要优势在于它对软件是透明的,WIC 本身不包含任何的可编程寄存器,它的接口被耦合至 Cortex-M0 的 NVIC,这样处理器的中断屏蔽信息在休眠期间就会被自动传送到 WIC。有些情况下(取决于微控制器设备的设计),WIC 只能在深度休眠期间被激活（SLEEPDEEP 置位）。为了使能 WIC 深度休眠模式，可能需要设置微控制器 PMU 中的一些控制寄存器。

WIC 使用状态保持功率门（SRPG）技术降低了 Cortex-M 处理器的待机功耗。顺序数字系统的 SRPG 在休眠期间关闭了大部分的逻辑，只是在每个振荡器中保留一个小的存储单元来保存当前状态，这样就将系统的泄露功率降到最低（见图 9.11）。

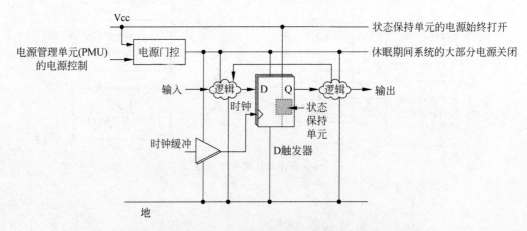

图 9.11 SRPG 技术使得数字系统中的大部分都可以被关闭

使用 WIC 时，如果 Cortex-M 处理器应用了 SRPG 技术，就可以在休眠期间关掉它的电源，从而减小微控制器的漏电流。在 WIC 模式深度休眠期间，WIC 能够得到中断探测的结果。由于处理器的状态被保存在振荡器中，所以处理器在唤醒后基本上可以立即继续之前的操作（见图 9.12）。在实际应用中，根据上电后处理器的电压稳定时间，中断等待时间会因为 SRPG 而稍微增大一些。

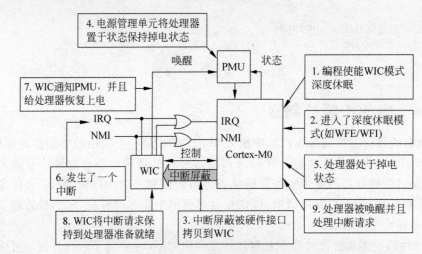

图 9.12 WIC 模式深度休眠操作说明

　　并非所有基于 Cortex-M 的微控制器都支持 WIC 特性,根据应用以及半导体工艺的不同,WIC 所带来的功率减小也不相同。

　　在 WIC 模式深度休眠时,SysTick 定时器将会停止,如果应用需要嵌入式 OS 并且 OS 还要持续工作,就需要使用其他的外设定时器来周期唤醒处理器。在开发没有嵌入式 OS 的应用程序时,如果需要 WIC 模式深度休眠,可以使用外设定时器代替 SysTick 定时器,来产生周期性的中断。

　　需要注意的是,对于 Cortex-M0 和 Cortex-M0＋处理器,WIC 可用于休眠和深度休眠这两种模式,而 Cortex-M3 和 Cortex-M4 处理器的 WIC 则只能用于深度休眠。

第 10 章

操作系统支持特性

10.1 支持 OS 的特性概述

Cortex-M0 和 Cortex-M0＋处理器有一部分特性是针对嵌入式操作系统的(OS)，包括

- SysTick 定时器，24 位向下计数，且周期产生 SysTick 异常，若未使用 OS，也可用作周期定时外设。
- 两个栈指针，主栈指针(MSP)和第二个名为进程栈指针(PSP)的栈指针，两个栈指针的结构可以使得应用栈和 OS 内核栈相互独立。
- SVCall 异常和 SVC 指令，通过异常机制，应用程序可以使用 SVC 访问 OS 服务。
- PendSV 异常，其可以被 OS、设备驱动或者应用程序使用来产生可延迟的服务请求。

本章将介绍上面的每个特性以及应用实例。Cortex-M 处理器中的 OS 支持特性在整个产品系列中都是一致的，因此这里介绍的特性也可用于其他的 Cortex-M 处理器，这也使得 Cortex-M 处理器间的 OS 移植非常简单。

10.2 嵌入式系统的操作系统介绍

在介绍硬件特性的详细内容之前，有必要介绍一下微控制器中用的操作系统的一些背景知识。

当提到"操作系统"时，大多数人首先会想到 Windows 和 Linux 之类的桌面操作系统，或者平板电脑和智能手机用的 OS。这些操作系统要想运行起来，需要强大的处理器、大量的存储器以及其他硬件，而对于嵌入式设备，各种 OS 的差异很大。嵌入式操作系统可以运行在低功耗的微控制器上，它们需要很少的存储器(相对于桌面系统)，并且运行的时钟频率要低得多，比如本章稍后介绍的 Keil RTX 只需要 4KB 的程序空间以及大约 0.5KB 的 SRAM(第 20 章"嵌入式 OS 编程")。一般情况下，这些操作系统甚至不需要显示或键盘，当然也可以增加一些显示接口和输入设备，并且通过运行在 OS 上的应用任务来访问这些

输入和输出接口。

在嵌入式应用程序中,OS 一般用来管理多任务。在这种情况下,OS 将处理器时间划分为多个时间片,并且在每个时间片上执行不同的任务。当一个时间片结束时,OS 任务调度器开始执行,这样在下一个时间片开始时,处理器已经切换到其他的任务执行了。这种任务切换一般被称作上下文切换(见图 10.1)

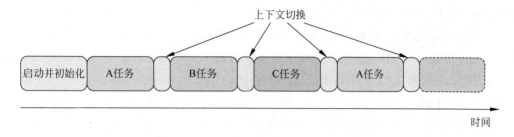

图 10.1 多任务和上下文切换

每个时间片的长度取决于硬件以及操作系统的设计,有些嵌入式操作系统每秒会进行几百次的任务切换。

有些嵌入式 OS 也为每个任务定义了优先级,高优先级的任务在低优先级任务之前执行。如果一个任务的优先级比其他都要高,在其到达空闲状态前,OS 可能会连续多个时间片都在执行这个任务。需要注意的是,OS 的优先级的定义与异常优先级(也就是中断的优先级)是完全独立的。任务的优先级基于特定的 OS,并且随着 OS 的不同而不同。

除了支持多任务以外,嵌入式 OS 也提供其他各种功能,包括资源管理、内存管理、电源管理以及应用程序编程接口(API)用以访问外设、硬件和信道(见图 10.2)。

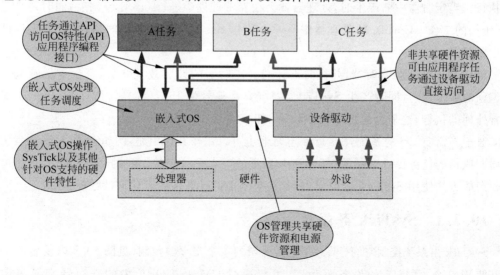

图 10.2 嵌入式 OS 的功能示例

使用嵌入式 OS 并不总是有好处的，因为它需要额外的程序空间来存放 OS 内核，而且会增加执行周期的开销。多数简单应用并不需要嵌入式 OS，但是，有些复杂的嵌入式应用需要并行执行任务，这时使用 OS 会使软件开发更加容易，并且降低出现错误的概率。

有些嵌入式 OS 被称为实时 OS（或 RTOS），这是因为它们的确定性很高，某个硬件事件可以在一定的时间内触发某个任务。

目前可以应用在 Cortex-M0 和 Cortex-M0＋处理器上的嵌入式 OS 有很多，例如，Keil 微控制器开发套件（MDK）提供的免费且易于使用的 RTX kernel（RTX 源代码是开源的，且基于 BSD 开源协议），另外还有 FreeRTOS、SEGGER（www.segger.com）的 embOS、Micrium（micrium.com）的 μC/OS-Ⅱ 和 μC/OS-Ⅲ，Express Logic（www.rtos.com）的 ThreadX，这几个 OS 只是支持 Cortex-M0 和 Cortex-M0＋处理器的常见 OS 的一部分。

由于 Cortex-M0 处理器不支持虚拟存储器特性（无存储器管理单元（MMU）），所以不能运行 Android 或 Linux 等特性丰富的 OS。Linux 的特殊版 μCLinux 面向没有 MMU 的嵌入式设备，因此可用在包括 Cortex-M0 和 Cortex-M0＋在内的 Cortex-M 处理器上。但是，和其他基于 Linux 的系统类似，μCLinux 需要数兆字节的存储器空间，因此对多数微控制器设备是不适合的。

10.3　SysTick 定时器

OS 要想支持多任务，就需要周期执行上下文切换，需要有定时器之类的硬件源打断程序执行。当定时器中断产生时，处理器就会在异常处理中进行 OS 任务调度，同时还会进行 OS 维护的工作。Cortex-M 处理器中有一个称作 SysTick 的简单定时器，用以产生周期性的中断请求。

SysTick 为 24 位定时器，并且向下计数。定时器的计数减至 0 后，就会重新装载一个可编程的数值，并且同时产生 SysTick 异常（异常编号为 15）。该异常事件会引起 SysTick 异常处理的执行，这个过程是 OS 软件的一部分。

对于不需要 OS 的系统，SysTick 定时器也可以用作其他用途，例如定时、计时或者为需要周期执行的任务提供中断源。SysTick 异常的产生是可控的，如果异常被禁止，仍然可以用轮询的方法使用 SysTick 定时器，例如检查当前的计数值或者轮询计数标志。

10.3.1　SysTick 寄存器

SysTick 由系统控制空间（SCS）存储器区域的 4 个寄存器控制（见图 10.3 以及表 10.1），如果使用符合 CMSIS 的设备驱动库，可以通过 CMSIS-CORE 中的寄存器定义来访问 SysTick 寄存器。

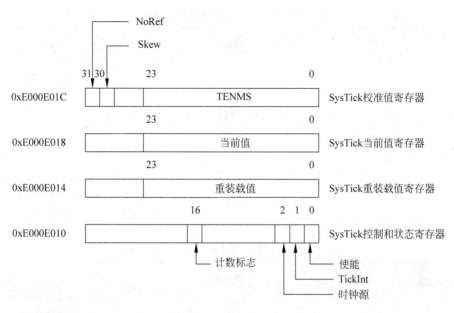

图 10.3　SysTick 寄存器

表 10.1　CMSIS 的 SysTick 寄存器命名

CMSIS 名称	寄存器	详见	地址
SysTick-> CTRL	SysTick 控制和状态寄存器	表 10.2	0xE000E010
SysTick-> LOAD	SysTick 重装载值寄存器	表 10.3	0xE000E014
SysTick-> VAL	SysTick 当前值寄存器	表 10.4	0xE000E018
SysTick-> CALIB	SysTick 校准值寄存器	表 10.5	0xE000E01C

表 10.2　SysTick 控制和状态寄存器（0xE000E010）

位	域	类型	复位值	描　述
31:17	保留	—	—	保留
16	COUNTFLAG	RO	0	当 SysTick 定时器计数到 0 时,该位变为 1,读取寄存器会被清零
15:3	保留	—	—	保留
2	CLKSOURCE	R/W	0	值为 1 表示 SysTick 定时器使用内核时钟,否则会使用参考时钟频率(取决于 MCU 的设计)
1	TICKINT	R/W	0	SysTick 中断使能,当该位置位时,SysTick 定时器计数减至 0 时会产生异常
0	ENABLE	R/W	0	置 1 时 SysTick 定时器使能,否则计数会被禁止

表 10.3　SysTick 重装载值寄存器（0xE000E014）

位	域	类型	复位值	描　述
31:24	保留	—	—	保留
23:0	RELOAD	R/W	未定义	指定 SysTick 定时器的重装载值

表 10.4　SysTick 当前值寄存器（0xE000E018）

位	域	类型	复位值	描　述
31:24	保留	—	—	保留
23:0	CURRENT	R/W	未定义	读出值为 SysTick 定时器的当前数值，写入任何值都会清除寄存器，COUNTFLAG 也会清零（不会引起 SysTick 异常）

表 10.5　SysTick 校准值寄存器（0xE000E01C）

位	域	类型	复位值	描　述
31	NOREF	RO	—	如果读出值为 1，就表示由于没有外部参考时钟，SysTick 定时器总是使用内核时钟；如果为 0，则表示有外部参考时钟可供使用。该数值与 MCU 的设计相关
30	SKEW	RO	—	如果为 1，则表示 TENMS 域不准确，该数值与 MCU 设计相关
29:24	保留	—	—	保留
23:0	TENMS	RO	—	10 毫秒校准值，该值与 MCU 相关

10.3.2　设置 SysTick

由于 SysTick 定时器的重装载值和当前值在复位时都是未定义的，为防止产生意想不到的结果，SysTick 的设置代码需要遵循一定的流程（见图 10.4）。

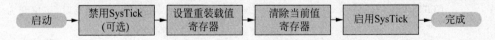

图 10.4　SysTick 定时器的设置流程

如果使用符合 CMSIS 的设备驱动库，可以使用 SysTick_Config(uint32_t ticks)函数来使能 SysTick 产生周期性的异常。例如，

```
SysTick_Config(1000);　//设置 SysTick 异常每 1000 个 cpu 周期执行一次
```

另外，也可以直接操作 SysTick 寄存器，来控制 SysTick：

```
SysTick->CTRL = 0;        //禁止 SysTick
SysTick->LOAD = 999;      //从 999 到 0 减计数
SysTick->VAL = 0;         //将当前值清为 0
```

```
SysTick->CTRL = 0x7;      //使能 SysTick 以及 SysTick 异常,并且使用处理器时钟
```

SysTick 可以通过轮询或中断的方法操作,使用轮询的程序可以读取 SysTick 控制和状态寄存器,检查 COUNTFLAG(第 16 位),如果该标志置位,则表明 SysTick 计数已减至 0(见图 10.5)。

例如,如果输出端口上连接了一个 LED,需要每 100 个 CPU 周期翻转一次该 LED,那么就可以按照轮询的方法操作 SysTick 定时器,并实现一个简单的应用程序。这个轮询循环读取 SysTick 控制和状态寄存器,并且在计数标志中检测到 1 时就翻转 LED。由于在读取 SysTick 控制和状态寄存器时,这个标志会自动清除,所以无须清除这个计数标志。

为什么写入重装载寄存器的数为 99,而不是 100? 这是因为计数值是从 99 减到 0 的,要想让 SysTick 定时器周期性地重装载计数值或者产生异常,待写入的重装载值应该是周期数减 1。

SysTick 还有一个校准值寄存器,它提供的信息有助于所需重装载值的计算。如果微控制器中有这种定时的校准,那么这个寄存器的 TENMS 域中就会包含 10 毫秒所对应的计数值。

然而,有些微控制器中是不存在校准值的,各种可能的情况如表 10.6 所示。

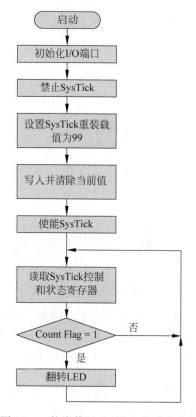

图 10.5 轮询使用 SysTick 的简单示例

表 10.6 SysTick 校准值寄存器表示定时参考不可用/不准确的情况

SysTick 校准值的各种情况	解 释
NOREF 为 1	无单独的参考时钟,SysTick 只能使用处理器时钟,此时 CLKSOURCE(SysTick-> CTRL 的第 2 位)固定为 1,以表示只使用处理器时钟
TENMS 为 0	校准值信息不可用
SKEW 为 1	校准值信息不准确

如果使用符合 CMSIS 的设备驱动库,可以利用变量 SystemFrequency(对应 CMSIS 版本 1.0 到 1.2)或者 SystemCoreClock(对应 CMSIS 版本 1.3 及以上)计算重装载值。该软件变量如果与设备驱动库的时钟控制功能相关,它就可以提供正在使用的真实的处理器时钟频率。需要注意的是,这个变量可能在"main()"程序开始处还没有进行初始化,要在设置当前时钟频率的同时更新这个数值,应该使用"SystemCoreClockUpdate()"函数。

10.3.3　SysTick 用于时间测量

如果应用程序代码以及 OS 都没有使用 SysTick 定时器，那么它就可用于处理任务中，来简单地测量时钟周期数。例如，如果时钟周期数小于 16700000，就可以用以下的设置代码来进行时间测量：

```
unsigned int START_TIME, STOP_TIME, DURATION;
SysTick->CTRL = 0;                       //禁止 SysTick
SysTick->LOAD = 0xFFFFFF;                //从最大值减计数
SysTick->VAL = 0;                        //将当前值清为 0
SysTick->CTRL = 0x5;                     //使能 SysTick,并且使用处理器时钟
while(SysTick->VAL == 0);                //等待 SysTick 重装载
START_TIME = SysTick->VAL;               //读取启动时间值
processing();                            //processing 函数测量
STOP_TIME = SysTick->VAL                 //读取停止时间值
if((SysTick->CTRL & 0x10000) == 0)       //如果没有溢出
    DURATION = START_TIME - STOP_TIME;   //计算总周期数
else
    printf("Timer overflowed\n");
```

由于 SysTick 为向下计数，START_TIME 要大于 STOP_TIME。上例中的代码假定任务处理过程中 SysTick 没有溢出，如果持续时间大于 16700000 个周期（$2^{24}=16777216$），就需要在 SysTick 中断处理中计算定时器溢出的次数。

10.3.4　将 SysTick 用作单发定时器

除了让 SysTick 周期性地产生异常外，SysTick 还可用于单发模式配置下产生短延时，例如，可以在"main()"程序中使用下面的代码：

```
//设置 SysTick 定时器在 0FFFFFF 周期后产生中断
SysTick->CTRL = 0;                //禁止 sTick
SysTick->LOAD = 0xFFFFFF;         //延时数值
SysTick->VAL = 0x0;
SysTick->CTRL = 0x7;              //使能 SysTick 及其异常,且使用内核时钟
__WFI();                         //进入休眠
```

在 SysTick 异常处理中，需要禁止 SysTick 以免再次触发 SysTick 异常，若延时数值较小，为了防止下一个 SysTick 异常已经触发，还应该清除 SysTick 异常挂起状态。

```
//SysTick 处理,禁止 SysTick
void SysTick_Handler(void)
{
    //禁止 SysTick
    SysTick->CTRL = 0;
    //清除 SysTick 挂起状态,防止已经触发
    SCB->ICSR = SCB->ICSR | (1 << 25);     //设置 PENDSTCLR
```

```
        return;
    }
```

需要注意的是,从 SysTick 使能到 SysTick 异常处理开始执行期间包含一段名为中断等待(见 8.13 节)的延迟,若 SysTick 用于产生一段相对较小的延迟,在设置 SysTick 重加载值的时候要将中断等待考虑进去。

10.4 进程栈和 PSP

Cortex-M0 和 Cortex-M0+处理器(同样适用于 Cortex-M3/M4/M7)具有如下两个栈指针(SP):

- MSP,在启动时和异常处理中使用,包括 OS 操作。
- PSP,一般用在多任务系统的应用任务中。

这两个栈指针都是 32 位的寄存器,并且都可通过 R13 访问,只是同一时间只能使用一个,具体使用哪个由 CONTROL 特殊寄存器中的数字以及当前模式(处理或线程)决定。MSP 是默认的栈指针,复位时被初始化为存储器的第一个字。对于简单的应用,可以只使用 MSP,此时只会有一个栈区域。

使用嵌入式 OS 的系统通常都需要较高的可靠性,这时可以定义多个栈区域:一个用于 OS 内核以及异常,其他则用于不同的任务(见图 10.6)。

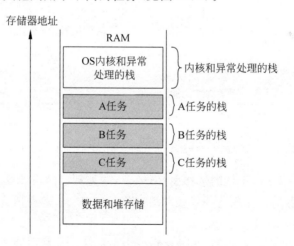

图 10.6 OS 和应用任务都有独立的存储区域

将 SP 分开以及将 PSP 用于应用任务/线程的原因包括

- 让上下文切换更加简单。
- 提高可靠性(在这种设计中,应用任务的栈被破坏后一般不会影响 OS 内核用的栈)。
- 降低所需栈的总大小(用于任务的栈空间无须支持异常处理用的栈)。

在上下文切换期间,正在退出的应用任务 SP 也就是 PSP 的数值在保存后,会修改为下一个任务的 SP。

一般来说，OS 内核代码需要栈才能正常运行，上下文切换需要 SP 的切换。因此，由于 SP 的更新可以避免对 OS 内核数据访问的影响，因此具有两个栈且将内核栈和其他栈分开方便了 OS 操作。

各个任务和 OS 内核使用的栈空间是分开的，这样可以降低栈错误的概率。尽管有些恶意程序能够破坏 RAM 中的数据（例如内存溢出），嵌入式 OS 在上下文切换时会检查栈指针的值，OS 也可以增加对 MPU 的支持以限制每个任务所用的栈，因此，嵌入式系统的可靠性也得到了提高。

OS 内核在上下文切换时，需要一直跟踪每个任务栈指针的值，并且改变 PSP 的值以使得每个任务都有自己的栈空间（见图 10.7）。

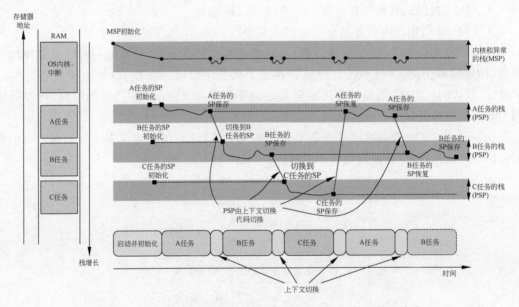

图 10.7　简单的 OS 上运行 3 个任务时 MSP 和 PSP 的使用情况

第 4 章中已有介绍，栈指针的选择由 Cortex-M0 处理器的当前模式和 CONTROL 寄存器的值决定。处理器复位完成后处于线程模式，CONTROL 寄存器为 0，这样 MSP 也被选择为默认的栈指针。

通过设置 CONTROL 寄存器，当前栈指针也可以从默认状态修改为 PSP。需要注意的是，在设置完 CONTROL 寄存器的第 1 位为 1 后，应该使用指令同步屏障(ISB)指令。也可以将 CONTROL 寄存器的位 1 清零，再切回 MSP。

异常入口和异常退出中的栈切换流程如图 10.8 所示。如果发生了异常，处理器会进入处理模式，并且选择 MSP 作为栈指针。根据异常产生前 CONTROL 寄存器值的不同（第 8 章有相关解释），压栈过程会将 R0-R3、R12、LR、PC 和 xPSR 压入 MSP 或 PSP 中。

当异常处理完成后，PC 中被装入 EXC_RETURN 值。根据 EXC_RETURN 的第 4 位

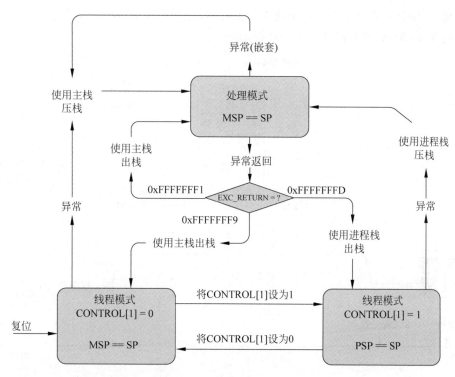

图 10.8　通过软件或异常进入/退出来改变栈指针

数值的不同,处理器可能进入使用 MSP 的线程模式、使用 PSP 的线程模式或者使用 MSP 的处理模式。CONTROL 寄存器的值也会得到更新,同 EXC_RETURN 的第 2 位保持一致。

可以通过 MRS 和 MSR 指令访问 MSP 和 PSP。一般说来,用 C 语言修改当前选定的栈指针不是一个好的办法,因为访问局部变量和函数参数时会用到栈指针的值。如果栈指针被修改了,这些变量可能就无法访问了。

如果使用符合 CMSIS 的设备驱动库,可以使用表 10.7 列出的函数来访问 MSP 和 PSP。

表 10.7　访问 MSP 和 PSP 的 CMSIS-CORE 函数

函数	描　述
uint32_t __get_MSP(void)	读取主栈指针的当前值
void __set_MSP(uint32_t topOfMainStack)	设置主栈指针数值
uint32_t __get_PSP(void)	读取进程栈指针的当前值
void __set_PSP(uint32_t topOfProcStack)	设置进程栈指针数值

为了实现图 10.7 中列出的上下文切换流程,可以使用下面的步骤。需要注意的是,嵌入式 OS 的实现方法有很多种,下面只是一个例子。

首先,从线程切换到运行在处理模式的 OS 代码,这一步一般由 SVC 指令实现(10.5 节将会介绍）。接下来需要在存储器中建立一个栈帧，且利用这个栈帧和异常返回机制跳转到第一个线程（任务 A）的入口处。这个过程如图 10.9 所示。

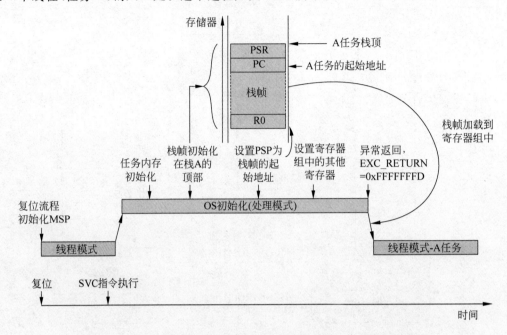

图 10.9　简单 OS 中的任务栈初始化，新建栈帧后通过异常返回切换

还需要处理器上下文切换的代码，若应用任务被异常打断，则寄存器 R0-R3 和 R12 会被保存，需要增加将 R4—R11 保存到栈中的代码，然后为了稍后继续执行任务，还需保存 PSP 的当前值。这个过程如图 10.10 所示。

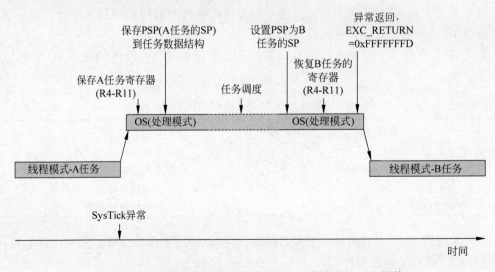

图 10.10　简单 OS 中从一个任务到另一个任务的上下文切换

本章10.7节将介绍一个创建简单多任务系统的示例。

10.5 SVCall 异常

要实现一个完整的 OS,需要用到更多的处理器特性。第一个就是能够让任务触发特定 OS 异常的软件中断机制,在 ARM 处理器中,它被称作请求管理调用(SVCall)。SVC 既是一条指令,也是一种异常。SVC 指令的执行会触发 SVCall 异常,如果目前没有同优先级或更高优先级的异常在执行,处理器就会立即执行 SVCall 异常处理。

SVCall 异常为应用程序访问 OS 的系统服务提供了一个途径,如图 10.11 所示,应用要使用某个系统服务,可以向 OS 内的 SVCall 处理传递相应的参数。

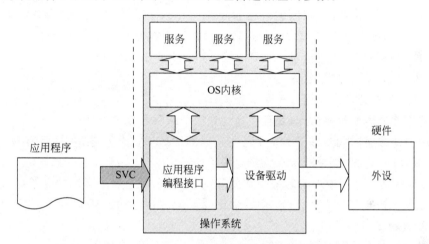

图 10.11 SVC 可作为 OS 系统服务的入口

在一些开发环境中,SVCall 方便了 OS 功能的访问,并且这种访问不需要提供任何地址信息。因此,OS 和应用程序可以单独地编译和启动,应用程序只需调用正确的 OS 服务,并且提供所需的参数,就能与 OS 交互。

SVC 指令包含一个 8 位立即数,SVCall 处理可以将这个数提取出来,并根据它来确定所需的 OS 服务。SVC 指令的汇编书写规则为

```
SVC  #3  ;调用 SVC 3 号服务
```

传统的 ARM 开发工具所支持的书写规则稍微有些不同(没有"#"符号)。

```
SVC  0x3 ;调用 SVC 3 号服务
```

这种书写方式目前仍然可以使用,但是新工程应该使用新的语法。

C 语言中没有使用 SVC 功能的标准方法,利用 ARM 开发工具(包括 Development Studio5 和 Keil MDK),可以使用 __svc 关键字,这点将在第 10.7 节中进行更加深入的探讨。

如果曾经使用过 ARM7TDMI 或其他类似的经典 ARM 处理器，可能会注意到 SVC 同这些处理器上的 SWI 指令类似。事实上，SVC 的二进制编码同 SWI 指令的 Thumb 编码相同。但是，在新的体系结构上，这条指令被重新命名为 SVC，并且 SVC 处理程序也同 ARM7TDMI 的 SWI 处理程序有所不同。

受 Cortex-M 处理器中断优先级规则所限，SVC 只能运行在线程模式，或者比 SVC 自身优先级低的异常处理中，否则，会触发硬件错误异常。无法在 SVCall 处理访问的函数中使用 SVC 指令，因为它们的优先级相同，也不能在 NMI 处理或硬件错误异常处理中使用 SVC。

10.6　PendSV

PendSV 也是一种异常，可以通过设置系统控制块（SCB）中的挂起状态位来激活它。和 SVC 不同，PendSV 的激活可以被延迟，因此，即使在执行比 PendSV 的优先级还要高的异常处理，也可以设置它的挂起状态。PendSV 异常主要用作以下功能：

- 嵌入式 OS 的上下文切换。
- 将一个中断处理过程划分为两部分：

（1）前半部分需要快速执行，并且在高优先级中断服务程序中处理；

（2）后半部分对时间要求不高，可以在延迟的 PendSV 中处理，并且具有较低的优先级；因此，其他的高优先级中断请求就得以快速处理。

PendSV 的第二个用途理解起来非常简单，10.7.2 节将会做更详细的介绍，并且会举一个编程的示例。PendSV 用于上下文切换则比较复杂，在典型的 OS 设计中，上下文切换可以由如下方式触发：

- SysTick 处理期间的任务调度。
- 等待数据/事件的任务通过调用 SVC 服务切换到另外一个任务中。

通常 SysTick 异常被设置为高优先级，因此，即便当前有其他的中断处理正在运行，SysTick 处理（OS 的一部分）也可以执行。但是，当有中断服务程序正在运行时，OS 就不应执行实际的上下文切换了，否则，该中断服务程序会被分割成多个部分。按照传统的方式，如果 OS 检测到有中断服务程序正在运行（如查看栈里的 xPSR），在下一个 OS 时钟到来之前，它就不会执行上下文切换（见图 10.12）。

通过将上下文切换延迟到下次 SysTick 异常，IRQ 处理可以完成本次执行。但是，这个 IRQ 的生成节拍可能同任务切换一致，或者 IRQ 产生得太过频繁，这样就会导致有些任务会获得大量的执行时间，或者上下文切换在很长的时间内都无法得到执行的机会。

为了解决这个问题，实际的上下文切换过程可以发生在低优先级的 PendSV 处理中，并且独立于 SysTick 处理。将 PendSV 异常的优先级设为最低后，只有在没有其他中断服务运行时，PendSV 处理才会得以执行。

下面请看图 10.13 中的示例，SysTick 异常周期性地触发 OS 任务调度器，使其进行任务调度。OS 任务调度器可以在退出异常之前设置 PendSV 异常的挂起状态（最低优先级），

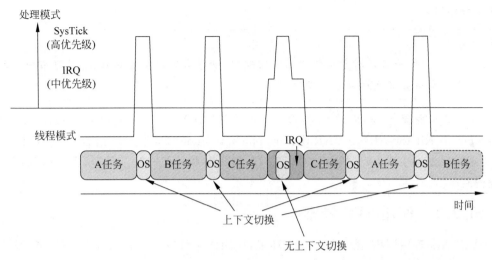

图 10.12　未使用 PendSV, OS 检测到 ISR 正在运行时不会执行上下文切换

如果此时没有 IRQ 处理在运行, SysTick 异常结束后, PendSV 处理会立即启动并且执行上下文切换。如果在 SysTick 异常产生时有 IRQ 正在运行, 由于 PendSV 的优先级最低, 在 IRQ 结束前, PendSV 不会开始执行。当所有的 IRQ 处理全部结束时, PendSV 处理才会执行所需的上下文切换。

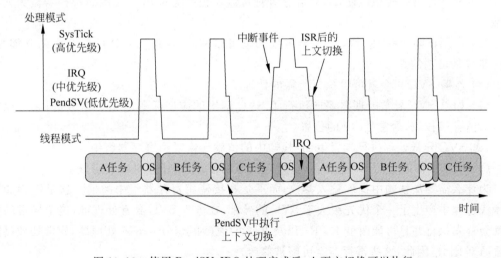

图 10.13　使用 PendSV, IRQ 处理完成后, 上下文切换可以执行

10.7　高级话题：在编程中使用 SVC 和 PendSV

在实际应用中, SVCall 和 PendSV 异常一般不会在没有 OS 的环境中直接使用, 而对于具有嵌入式 OS 的应用, 则需要借助于 OS 的 API。但是, 了解 SVCall 和 PendSV 对软件调

试非常有帮助。

备注：

本节涉及的编程技术对于初学者而言比较难，初学者可以跳过本章，先学习书中的其他部分，并在熟悉编程环境后再学习本节。

C 语言本身是不支持 SVC 指令的，若使用 ARM 工具链（KEIL Microcontroller Development Kit for ARM 或 ARM Development Studio 5）进行 C 语言开发，可以利用 __svc 或内联汇编生成 SVC 指令。对于 GNU 编译器和其他一些工具链，则可以利用内联汇编得到。

10.7.1　使用 SVC 异常

SVC（请求管理调用）通常用于 OS 环境，应用任务可以利用它获取 OS 提供的系统服务。一般说来，使用 SVC 需要以下过程：

（1）按照 AAPCS 编程规范的要求，将 SVC 处理的输入参数设置到寄存器（如 R0 到 R3），这是可选的。

（2）执行 SVC 指令。

（3）SVC 异常处理开始执行，并且可以选择利用 SP 的值提取出栈帧的地址。

（4）利用提出的栈帧地址，SVC 异常处理可以定位并且读出压入栈的寄存器作为输入参数。

（5）利用栈帧中的 PC 值，SVC 异常处理也可以查到执行过的 SVC 指令中的立即数，这一步也是可选的。

（6）然后 SVC 指令就可以执行所需的处理了。

（7）如果 SVC 异常处理需要向执行了 SVC 调用的应用任务返回一个数值，它可以将该返回值存回栈帧，通常是 R0 的位置。

（8）SVC 异常处理执行异常返回，栈帧中的值就会恢复到寄存器组中。

（9）栈帧中修改过的 R0 包含 SVC 处理的返回值，应用任务可以利用该值。

为什么需要从栈帧中提取输入参数，而不是直接使用寄存器组中的值？这是因为如果在压栈过程中产生了一个优先级大于 SVC 的异常，在进入 SVC 异常处理前，这个异常的处理就会首先执行并且可能改变 R0-R3 以及 R12 的值（对于 Cortex-M 处理器，异常处理可以是普通 C 函数，因此，这些寄存器就可能被修改）。

同样地，返回值也应该放入栈帧中，否则，存入 R0 的值可能会在异常返回出栈过程中丢失。

下面介绍如何在编程实例中实现上面的内容。下面的例子基于 Keil MDK，还可用在 ARM RVDS 上。

首先，需要确保"SVC_Handler"在向量表中已经定义。如果使用微控制器供应商提供的基于 CMSIS 的软件开发包，"SVC_Handler"的定义应该已经在向量表中了。否则，还需要在向量表中增加这一项。

　　然后,需要将输入参数放到正确的寄存器中,并且执行 SVC 指令。对于 Keil MDK 或 ARM DS-5,"__svc"关键字用于定义 SVC 函数以及 SVC 编号(SVC 指令中的立即数)。可以定义具有不同 SVC 编号的多个 SVC 函数,以下代码定义了 3 个 SVC 函数原型:

```
int __svc(0x00)  svc_service_add(int x, int y);
int __svc(0x01)  svc_service_sub(int x, int y);
int __svc(0x02)  svc_service_incr(int x);
```

SVC 函数定义好后,就可以将它们用在程序代码中,例如,

```
z = svc_service_add(x, y);
```

在下面的例子中,SVC 处理的代码被分为两个部分:

- 第一部分为汇编包装代码,该代码提取异常栈帧的起始地址,将其放入寄存器 R0 中并作为第二部分的输入参数。
- 第二部分从栈帧提取出 SVC 编号和输入参数,并且执行 C 语言的 SVC 操作。如果 SVC 指令的 SVC 编号非法,程序代码可能还需要处理错误情况。

　　因为在 C 语言的 SVC 处理中无法获知栈帧的起始位置,所以 SVC 处理的前半部分需要用汇编来实现。即使可以找到栈指针的当前值,也无法在 C 处理的开头得知有多少寄存器被压入栈里。

　　利用嵌入汇编特性,SVC 处理的前半部分可以实现如下:

```
//SVC 处理－汇编包装提取栈帧的起始地址
__asm void SVC_Handler(void)
{
    MOVS  r0, #4
    MOV   r1, LR
    TST   r0, r1
    BEQ   stacking_used_MSP
    MRS   R0, PSP   ;第一个参数－压栈使用 PSP
    LDR   R1, = __cpp(SVC_Handler_main)
    BX    R1
stacking_used_MSP
    MRS   R0, MSP   ;第一个参数－压栈使用 MSP
    LDR   R1, = __cpp(SVC_Handler_main)
    BX    R1
}
```

　　进行跳转操作时,此处使用了 BX 指令,而不是"B __cpp(SVC_Handler_main)"。这是因为即使链接器重排了函数的顺序,BX 指令仍然可以到达跳转的目的地址。

　　SVC 处理的第二部分利用提取出的栈帧的起始地址作为输入参数,并且还将其作为指针访问压栈的寄存器数据。该例程的完整代码如下所示:

```
Svc_demo.c
# include < stdio.h>

//定义 SVC 函数
int __svc(0x00) svc_service_add( int x, int y);
int __svc(0x01) svc_service_sub( int x, int y);
int __svc(0x02) svc_service_incr( int x);

void SVC_Handler_main(unsigned int * svc_args);

//函数声明
int main(void)
{
  int x, y, z;

  UartConfig();      //初始化 UART

  x = 3; y = 5;
  z = svc_service_add(x, y);
  printf ("3 + 5 = % d \n", z);

  x = 9; y = 2;
  z = svc_service_sub(x, y);
  printf ("9 - 2 = % d \n", z);

  x = 3;
  z = svc_service_incr(x);
  printf ("3++ = % d \n", z);

  while(1);
}
//SVC 处理——汇编代码提取栈帧起始地址
__asm void SVC_Handler(void)
{
  MOVS   r0, #4
  MOV    r1, LR
  TST    r0, r1
  BEQ    stacking_used_MSP
  MRS    R0, PSP    ;第一个参数——压栈使用 PSP
  LDR    R1, = __cpp(SVC_Handler_main)
  BX     R1
stacking_used_MSP
  MRS    R0, MSP ;第一个参数——压栈使用 MSP
  LDR    R1, = __cpp(SVC_Handler_main)
  BX     R1
}
//SVC 处理的主要代码,输入参数为栈帧的起始地址
```

```
void SVC_Handler_main(unsigned int * svc_args)
{
  //栈帧包括:
  //r0, r1, r2, r3, r12, r14, 返回地址以及 xPSR
  // - Stacked R0 = svc_args[0]
  // - Stacked R1 = svc_args[1]
  // - Stacked R2 = svc_args[2]
  // - Stacked R3 = svc_args[3]
  // - Stacked R12 = svc_args[4]
  // - Stacked LR = svc_args[5]
  // - Stacked PC = svc_args[6]
  // - Stacked xPSR = svc_args[7]
  unsigned int svc_number;
  svc_number = ((char * )svc_args[6])[ -2];
  switch(svc_number)
  {
    case 0: svc_args[0] = svc_args[0] + svc_args[1];
        break;
    case 1: svc_args[0] = svc_args[0] - svc_args[1];
        break;
    case 2: svc_args[0] = svc_args[0] + 1;
        break;
    default:   //未知 SVC 请求
        break;
  }
  return;
}
```

这个程序还需要支持通用异步收发器(UART)硬件初始化以及 printf 的代码(第 18 章"编程实例"将会详细介绍)。程序执行后,UART 会将 SVC 函数产生的结果输出,并且该结果与预想的一致。

SVC 异常的优先级是可编程的,要为 SVC 异常指定一个新的优先级,可以使用 CMSIS 的 NVIC_SetPriority 函数。例如,如果要将 SVC 优先级设为 0x80,可以使用

```
NVIC_SetPriority(SVCall_IRQn, 0x2);
```

该函数自动将优先级的数值移到优先级寄存器的对应位上(0x2 << 6 等于 0x80)。

10.7.2 使用 PendSV 异常

和 SVCall 不同,PendSV 异常由中断控制状态寄存器(地址 0xE000ED04,见表 9.6)触发。如果优先级不够,则 PendSV 无法执行,它将等到当前优先级下降或者屏蔽解除(如 PRIMASK)后再执行。

要将 PendSV 异常置于挂起状态,可以使用以下 C 代码:

```
SCB -> ICSR = SCB -> ICSR | (1 << 28);        //设置 PendSV 挂起状态
```

PendSV 异常的优先级是可编程的，要为其指定一个新的优先级，可以使用 CMSIS 函数 NVIC_SetPriority。例如，如果要将 PendSV 的优先级改为 0xC0,可以使用

```
NVIC_SetPriority(PendSV_IRQn, 0x3);          //将 PendSV 设为最低优先级
```

这个函数自动将优先级数值移动到优先级寄存器的相应位上(0x3 << 6 等于 0xC0)。

和 SVC 不同，PendSV 异常不是同步执行的。这是因为指令设置 PendSV 异常挂起状态后，在异常真正发生前，处理器仍然可以执行一些指令。由于这个原因，PendSV 仅作为子程序出现，没有任何输入参数及输出返回值。

PendSV 异常的最主要用法是 OS 环境中的上下文切换等 OS 操作，10.8 节有相关的示例。

PendSV 还可用于 OS 不存在的环境中，例如用于延迟某些中断服务。例如，中断服务程序可能需要一些处理时间，首先要处理的部分可能会需要高优先级，如若整个 ISR 都是在高优先级中执行的，其他中断服务可能在很长时间内都无法执行。在这种情况下，可以将中断服务处理划分为两个部分(见图 10.14):

- 第一部分对时间要求比较高，需要快速执行，且优先级较高。它位于普通的 ISR 内，在 ISR 结束时，设置 PendSV 的挂起状态。
- 第二部分包括中断服务所需的剩余的处理工作，它位于 PendSV 处理内且具有较低的异常优先级。

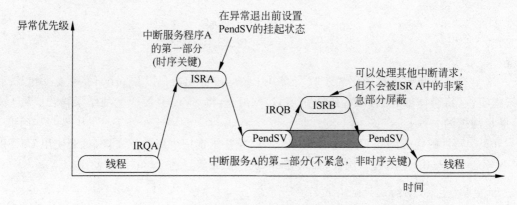

图 10.14 利用 PendSV 将中断服务分为两部分

下面的代码演示了如何触发及设置 PendSV 异常，其将一个定时器设为高优先级，而 PendSV 异常的优先级则较低。每次高优先级的定时器被触发后，定时器的处理程序只会运行一小段时间，执行重要的任务以及设置 PendSV 的挂起状态。定时处理完成后，PendSV 异常就会执行，并且通知终端程序定时器异常已经执行完毕。

```
Pendsv_demo.c
# include < stdio.h >
```

```
int main(void)
{
    UartConfig();                            //初始化 UART
    NVIC_SetPriority(SysTick_IRQn, 0x0);     //设置定时器为最高等级
    NVIC_SetPriority(PendSV_IRQn , 0x3);     //设置 PendSV 为最低等级


    //利用 CMSIS－Core SysTick 函数设置定时器中断
    SysTick_Config(0xFFFFFFUL);              //本例的最大延时
    while(1);
}



void PendSV_Handler(void)
{                                            //低优先级执行
  printf ("[PendSV] Timer interrupt triggered\n");
  return;
}



void SysTick_IRQHandler(void)
{                                            //高优先级执行
  SCB－> ICSR = SCB－> ICSR | (1 ≪ 28);      //设置 PendSV 挂起状态
  return;
}
```

按照这种设计,定时器异常的处理任务被分为两个部分,由于“printf”过程的持续时间较长,它就被放到了低优先级的 PendSV 中去执行,这样在 printf 运行时,其他的较高或者中等优先级的异常也可以产生。这种中断处理方式可以用在许多应用中,并且可以提高嵌入式系统的中断响应速度。

10.8　高级话题：实际的上下文切换

为了在实例中介绍上下文切换操作,本节实现了一个在 4 个任务间切换的简单任务调度器。如果有这些 LED,每个任务都会以不同的速度翻转一个 LED。

上下文切换操作由 PendSV 异常处理执行,由于异常流程已经保存了寄存器 R0—R3、R12、LR、返回地址以及 xPSR,PendSV 只需将 R4—R11 保存到进程栈(见图 10.15)。

具有 4 个任务的多任务系统的代码示例：

```
# include "stdio. h"
```

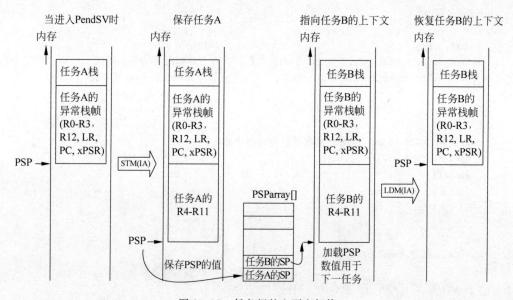

图 10.15　任务间的上下文切换

```
/* 字访问宏定义 */
#define HW32_REG(ADDRESS) ( * ((volatile unsigned long * )(ADDRESS)))



void LED_Config(void);
__INLINE static void LED_On (uint32_t led);
__INLINE static void LED_Off (uint32_t led);



//UART 函数
extern void UART_config(void);
extern void UART_echo(void);



void task0(void);        //翻转 LED0
void task1(void);        //翻转 LED1
void task2(void);        //翻转 LED2
void task3(void);        //UART 打印
void Task_Init(uint32_t task_id, uint32_t PC, uint32_t PSP_value);
```

```
//每个任务的栈 (每个 2K 字节 - 256 x 8 字节)
long long task0_stack[256], task1_stack[256], task2_stack[256], task3_stack[256];



//OS 用的数据变量
uint32_t curr_task = 0;              //当前任务
uint32_t next_task = 1;              //下一个任务
uint32_t PSP_array[4];               //每个任务的进程栈指针



int main(void)
{
    //配置 LED 输出
    LED_Config();
    UART_config();



    printf("Context Switching demo 1:\n");
    Task_Init(0, ((unsigned long) task0),
    ((unsigned int) task0_stack) + (sizeof task0_stack) - 16 * 4);
    Task_Init(1, ((unsigned long) task1),
    ((unsigned int) task1_stack) + (sizeof task1_stack) - 16 * 4);
    Task_Init(2, ((unsigned long) task2),
    ((unsigned int) task2_stack) + (sizeof task2_stack) - 16 * 4);
    Task_Init(3, ((unsigned long) task3),
    ((unsigned int) task3_stack) + (sizeof task3_stack) - 16 * 4);



    NVIC_SetPriority(PendSV_IRQn , 0x3);      //设置 PendSV 为最低优先级
    NVIC_SetPriority(SysTick_IRQn, 0x0);      //设置定时器为最高优先级



    curr_task = 0;                            //切换到任务 #0 (当前任务)
    __set_PSP((PSP_array[curr_task] + 16 * 4));  //设置 PSP 为任务 0 的栈顶



    SysTick_Config(48000);                    //基于 48MHz 内核时钟 SysTick 中断频率为 1000Hz
    __set_CONTROL(0x3);                       //切换使用进程栈,非特权状态
    __ISB();                                  //在修改 CONTROL 后执行 ISB (基于架构推荐)
    task0();                                  //启动任务 0, 不要返回
```

```
    //不应到达此处
    printf ("ERROR: task execution fail\n");
    while (1);
}
/* ------------------------------------------------------------------ */
void Task_Init(uint32_t task_id, uint32_t PC_value, uint32_t PSP_value)
{
    //进程栈指针(PSP)数值
    PSP_array[task_id] = PSP_value;
    //栈帧格式
    // -----------------------
    //15 - xPSP
    //14 - 返回地址
    //13 - LR
    //12 - R12
    //8 - 11 - R0 - R3
    // -------
    //4 - 7 - R8 - R11
    //0 - 3 - R4 - R7
    // -------
    HW32_REG((PSP_array[task_id] + (14 << 2))) = PC_value;    //初始 PC
    HW32_REG((PSP_array[task_id] + (15 << 2))) = 0x01000000; //初始 xPSR
    return;
}
/* ------------------------------------------------------------------ */
__asm void PendSV_Handler(void)
{//上下文切换代码
    //简单版本 - 假定所有任务是非特权的
    // --------------------------
    //保存当前上下文
    MRS R0, PSP                    //获取当前栈指针数值
    SUBS R0, #32                   //为 R4 到 R11 分配 32 个字节
    STMIA R0!,{R4 - R7}            //将 R4 到 R7 保存到任务栈(4 个寄存器)
    MOV R4, R8                     //将 R8 - R11 复制到 R4 - R7
    MOV R5, R9
    MOV R6, R10
    MOV R7, R11
    STMIA R0!,{R4 - R7}            //将 R8 - R11 保存到任务栈 (4 个寄存器)
    SUBS R0, #32
    LDR R1, = __cpp(&curr_task)
    LDR R2,[R1]                    //获取当前任务 ID
    ADDS R2, R2                    //数组偏移 = ID值 × 4 (2 次加法)
    ADDS R2, R2
    LDR R3, = __cpp(&PSP_array)
    STR R0,[R3, R2]               //将 PSP 数值保存到 PSP_array
```

```
//----------------------------
//加载下一个上下文
LDR R4, = __cpp(&next_task)
LDR R4,[R4]                    //获取下一个任务 ID
STR R4,[R1]                    //设置 curr_task = next_task
ADDS R4, R4                    //数组偏移 = ID值 × 4 (2次加法)
ADDS R4, R4
LDR R0,[R3, R4]                //从 PSP_array 中加载 PSP
ADDS R0, #16
LDMIA R0!,{R4 - R7}            //从栈帧中加载 R8 - R11 (4 个寄存器)
MOV R8, R4                     //将 R8 - R11 复制到 R4 - R7
MOV R9, R5
MOV R10, R6
MOV R11, R7
MSR PSP, R0                    //设置 PSP 为下一任务
SUBS R0, #32
LDMIA R0!,{R4 - R7}            //从栈帧中加载 R4 到 R7 (4 个寄存器)
BX LR                          //返回
ALIGN 4
}
/* ----------------------------------------------------------------- */
void SysTick_Handler(void)     //1KHz
{
  //简单的任务轮询调度器
  switch(curr_task) {
    case(0): next_task = 1; break;
    case(1): next_task = 2; break;
    case(2): next_task = 3; break;
    case(3): next_task = 0; break;
    default: next_task = 0;
    printf ("ERROR: illegal task\n");
    while(1);
  }
  if (curr_task!= next_task){ //需要上下文切换
  SCB -> ICSR |= SCB_ICSR_PENDSVSET_Msk; //设置 PendSV 为挂起
  }
  return;
}
/* -----------------------------------------------------------------
任务
* ----------------------------------------------------------------- */
void task0(void)               //翻转 LED #0
{
  int i;
  while (1) {
    LED_On(0);
    for (i = 0;i < 0xFFFFF;i++){ __NOP();}
```

```
      LED_Off(0);
      for (i = 0;i < 0xFFFFF;i++){ __NOP();}
    }//end while
  }
  /* ---------------------------- */
  void task1(void)              //翻转 LED #1
  {
    int i;
    while (1) {
      LED_On(1);
      for (i = 0;i < 0x1FFFFF;i++){ __NOP();}
      LED_Off(1);
      for (i = 0;i < 0x1FFFFF;i++){ __NOP();}
    }//end while
  }
  /* ---------------------------- */
  void task2(void)              //翻转 LED #2
  {
    int i;
    while (1) {
      LED_On(2);
      for (i = 0;i < 0x2FFFFF;i++){ __NOP();}
      LED_Off(2);
      for (i = 0;i < 0x2FFFFF;i++){ __NOP();}
    }//end while
  }
  /* ---------------------------- */
  void task3(void)
  {
    //板子上只有 3 个 LED, 因此任务 3 没有 LED
    //用 UART 打印输出代替
    while (1) {
    UART_echo();
    }//end while
  }
```

本例还使用了简单方法启动第一个任务：

```
curr_task = 0;                            //切换到任务 #0 (当前任务)
__set_PSP((PSP_array[curr_task] + 16 * 4)); //设置 PSP 为任务 0 的栈顶
...
__set_CONTROL(0x3);                       //切换使用进程栈,非特权状态
__ISB();                                  //在修改 CONTROL 后执行 ISB (基于架构推荐)
task0();                                  //启动任务 0
```

利用这种方式,在任务 0 执行前 PSP 被设置为任务 0。初始化任务 0 的栈帧并不是必
须的(在 printf 消息后),但是在前面增加了任务 0 的初始化代码,这样所有的任务设置看起

来是一样的。

利用这种简单设计,可以将 CONTROL 设置为 3,从而在非特权状态运行所有任务;或者将 CONTROL 设置为 2,在特权状态运行所有任务。从架构的角度来说,推荐使用 ISB。

这个简单 OS 例子直接调用了第一个任务,由于在实际应用中,OS 开发人员创建的 OS 无法区分哪个任务应该首先调用,因此这么做是非常不灵活的。第一个例子的另一个局限性在于假定所有任务都在相同的非特权/特权状态执行,对于某些应用,可能需要在特权状态运行一些任务,而在非特权状态运行另外一些任务。为了实现这个目的,

- 需要找到一种存储每个任务的特权等级的方式(可以利用 PSP_array[] 的最低位,因为 SP 的最低两位总是为 0);
- 还需要在任务初始化阶段为每个任务定义特权等级的初始值;
- 需要修改上下文切换代码,在每次上下文切换时保存和恢复 CONTROL 寄存器的数值。

第二个例子将简单 OS 修改为使用 PSP_array 的第 0 位保存每个任务的特权等级,并且修改了 OS 启动第一个任务的方式。

利用 SVCall 异常并使用异常返回启动第一个任务(任务 0),而不是直接调用"task0"。这样,由于第一个任务可以是任何一个任务,OS 代码就独立于应用了。下面例子中的 SVC 机制使用了 __svc 关键字,这是 ARM C 编译器工具链的一个特性。若使用其他的工具链,就需要修改源代码,使用内联汇编插入 SVC 指令(注:在这种设计中,必须进行任务 0 的栈初始化)。

具有 4 个任务的多任务系统的代码示例(不包含 LED 和 UART 控制代码)实现如下:

```
#include "stdio.h"


/* 字访问的宏定义 */
#define HW32_REG(ADDRESS) (*((volatile unsigned long *)(ADDRESS)))


void LED_Config(void);
__INLINE static void LED_On (uint32_t led);
__INLINE static void LED_Off (uint32_t led);


//UART 函数
extern void UART_config(void);
extern void UART_echo(void);


void task0(void);                          //翻转 LED0
void task1(void);                          //翻转 LED1
void task2(void);                          //翻转 LED2
```

```
void task3(void);                              //UART 打印
void Task_Init(uint32_t task_id, uint32_t PC, uint32_t PSP_value, uint32_t Unprivileged);
void __svc(0x00) OS_Init(void);                //OS 初始化(main 使用的 SVC 服务)
void SVC_Handler_C(unsigned int * svc_args);
void OS_start(void);                           //OS 启动代码（被 SVC 处理调用）


//每个任务的栈(每个 2K 字节 – 256 × 8 字节)
long long task0_stack[256], task1_stack[256],
task2_stack[256], task3_stack[256];


//Data variables use by OS
uint32_t curr_task = 0;                        //当前任务
uint32_t next_task = 1;                        //下一任务
uint32_t PSP_array[4];                         //每个任务用的进程栈
//第 0 位表示任务应该执行在非特权状态
uint32_t svc_exc_return;                       //SVC 用的 EXC_RETURN


int main(void)
{
  //配置 LED 输出
  LED_Config();
  UART_config();


  printf("Context Switching demo 2:\n");
  OS_Init();                                   //利用 SVC 服务启动 OS


  //不应到达此处
  printf ("ERROR: task execution fail\n");
  while (1);
}
/* ---------------------------------------------------------------- */
/* SVC 处理的汇编包装代码 – OS 也可以修改 EXC_RETURN 数值 */
__asm void SVC_Handler(void)
{
  MOVS R0, #4                                  //提取栈帧地址
  MOV R1, LR
  TST R0, R1
  BEQ stacking_used_MSP
  MRS R0, PSP ; 第一个参数——使用 PSP 压栈
  B SVC_Handler_cont
  stacking_used_MSP
  MRS R0, MSP ; 第一个参数——使用 MSP 压栈
```

```
SVC_Handler_cont
  LDR R2, = __cpp(&svc_exc_return)          //保存当前 EXC_RETURN
  MOV R1, LR
  STR R1, [R2]
  BL __cpp(SVC_Handler_C)                   //运行 SVC_Handler 的 C 部分
  LDR R2, = __cpp(&svc_exc_return)          //加载新的 EXC_RETURN
  LDR R1, [R2]
  BX R1
  ALIGN 4
}
/* ------------------------------------------------------------------ */
/* SVC 处理选择 OS 服务——只实现了一个:
SVC ♯0 用于启动 OS
*/
void SVC_Handler_C(unsigned int * svc_args)
{
  uint8_t svc_number;
  svc_number = ((char *) svc_args[6])[-2];   //存储器[(压栈 PC) - 2]
  switch(svc_number) {
  case (0):                                  //OS 初始化
  puts ("SVC ♯0: OS Initization\n");
  OS_start();
  break;
  default:
  puts ("ERROR: Unknown SVC service number");
  printf(" - SVC number 0x%x\n", svc_number);
  while(1);
  } //end switch
}
/* ------------------------------------------------------------------ */
void OS_start(void)
{
  Task_Init(0, ((unsigned long) task0),
  (((unsigned int) task0_stack) + (sizeof task0_stack) - 16 * 4),
  TASK_LEVEL_UNPRIVILEGED);
  Task_Init(1, ((unsigned long) task1),
  (((unsigned int) task1_stack) + (sizeof task1_stack) - 16 * 4),
  TASK_LEVEL_UNPRIVILEGED);
  Task_Init(2, ((unsigned long) task2),
  (((unsigned int) task2_stack) + (sizeof task2_stack) - 16 * 4),
  TASK_LEVEL_UNPRIVILEGED);
  Task_Init(3, ((unsigned long) task3),
  (((unsigned int) task3_stack) + (sizeof task3_stack) - 16 * 4),
  TASK_LEVEL_UNPRIVILEGED);


  NVIC_SetPriority(PendSV_IRQn , 0x3);       //设置 PendSV 为最低等级
```

```
    NVIC_SetPriority(SysTick_IRQn, 0x0);            //设置定时器为最高等级


    curr_task = 0;                                  //切换为任务＃0（当前任务）
    __set_PSP((PSP_array[curr_task] + 8 * 4));      //设置 PSP 到任务 0 栈的 R0
    svc_exc_return = 0xFFFFFFFDUL;                   //返回线程并使用 PSP
    SysTick_Config(48000);                          //基于 48MHz 内核时钟，SysTick 中断频率为 1000Hz
    if (PSP_array[curr_task] & 1) {
    __set_CONTROL(0x3);                             //切换使用进程栈，非特权状态
    } else {
    __set_CONTROL(0x2);                             //切换使用进程栈，特权状态
    }
    __ISB();                                        //修改 CONTROL 后执行 ISB(基于架构推荐)
    return;
}
/* -------------------------------------------------------------------- */
void Task_Init(uint32_t task_id, uint32_t PC_value,
uint32_t PSP_value, uint32_t Unprivileged)
{
    //进程栈指针(PSP)数值，且第 0 位表示特权/非特权状态
    PSP_array[task_id] = PSP_value | Unprivileged;
    //栈帧格式
    // -----------------------
    //15 - xPSP
    //14 - 返回地址
    //13 - LR
    //12 - R12
    //8 - 11 - R0 - R3
    // -------
    //4 - 7 - R8 - R11
    //0 - 3 - R4 - R7
    // -------
    HW32_REG(PSP_value + (14 << 2)) = PC_value;     //程序计数器初始值
    HW32_REG(PSP_value + (15 << 2)) = 0x01000000;   //初始 xPSR
    return;
}
/* -------------------------------------------------------------------- */
__asm void PendSV_Handler(void)
{ //上下文切换代码
    //任务可处于特权或非特权等级
    // -------------------------
    //保存当前上下文
    MRS R0, PSP                                     //获取当前栈指针数值
    SUBS R0, #32                                    //为 R4～R11 分配 32 个字节
    STMIA R0!,{R4 - R7}                             //将 R4～R7 保存到任务栈（4 个寄存器）
    MOV R4, R8                                      //将 R8～R11 复制到 R4～R7
    MOV R5, R9
```

```
    MOV R6, R10
    MOV R7, R11
    STMIA R0!,{R4 - R7}                       //将 R8~R11 保存到任务栈 (4 个寄存器)
    SUBS R0, #32
    MRS R1, CONTROL                           //提取 CONTROL 的第 0 位
    MOVS R2, #1
    ANDS R1, R1, R2
    ORRS R0, R0, R1                           //将 CONTROL[0]合并到 R0 的第 0 位
    LDR R1, = __cpp(&curr_task)
    LDR R2,[R1]                               //获取当前任务 ID
    ADDS R2, R2                               //数组偏移 = ID 值× 4 (2 次加法)
    ADDS R2, R2
    LDR R3, = __cpp(&PSP_array)
    STR R0,[R3, R2]                           //保存 PSP 数值 &CONTROL[0]到 PSP_array
    // -------------------------
    //加载下一个上下文
    LDR R4, = __cpp(&next_task)
    LDR R4,[R4]                               //获取下一个任务 ID
    STR R4,[R1]                               //设置 curr_task = next_task
    ADDS R4,R4                                //数组偏移 = ID 值× 4 (2 次加法)
    ADDS R4,R4
    LDR R0,[R3, R4]                           //从 PSP_array 中加载 PSP
    MOVS R1, #1
    ANDS R1, R1, R0                           //提取 CONTROL[0]
    MSR CONTROL, R1
    MOVS R1, #3
    BICS R0, R0, R1                           //清除 PSP 的最低两位
    ADDS R0, #16
    LDMIA R0!,{R4 - R7}                       //从任务栈中加载 R8~R11 (4 个寄存器)
    MOV R8, R4                                //复制 R4~R7 到 R8~R11
    MOV R9, R5
    MOV R10, R6
    MOV R11, R7
    MSR PSP, R0                               //设置 PSP 为下一个任务
    SUBS R0, #32
    LDMIA R0!,{R4 - R7}                       //从任务栈加载 R4~R7 (4 个寄存器)
    BX LR                                     //返回
    ALIGN 4
}
/* ---------------------------------------------------------------- */
void SysTick_Handler(void)                   //1kHz
{
    //简单的任务轮询调度
    switch(curr_task) {
    case(0): next_task = 1; break;
    case(1): next_task = 2; break;
    case(2): next_task = 3; break;
```

```
case(3): next_task = 0; break;
default: next_task = 0;
printf ("ERROR: illegal task\n");
while(1);
}
if (curr_task!= next_task){                    //需要上下文切换
SCB -> ICSR | = SCB_ICSR_PENDSVSET_Msk;        //设置 PendSV 为挂起状态
}
return;
}
/* --------------------------------------------------------------------
任务
* -------------------------------------------------------------------- */
void task0(void)                               //翻转 LED ♯0
{
  int i;
  while (1) {
  LED_On(0);
  for (i = 0;i < 0xFFFFF;i++){ __NOP();}
  LED_Off(0);
  for (i = 0;i < 0xFFFFF;i++){ __NOP();}
  } //end while
}
/* ----------------------------- */
void task1(void)                               //翻转 LED ♯1
{
  int i;
  while (1) {
  LED_On(1);
  for (i = 0;i < 0x1FFFFF;i++){ __NOP();}
  LED_Off(1);
  for (i = 0;i < 0x1FFFFF;i++){ __NOP();}
  } //end while
}
/* ----------------------------- */
void task2(void)                               //翻转 LED ♯2
{
  int i;

  while (1) {
  LED_On(2);
  for (i = 0;i < 0x2FFFFF;i++){ __NOP();}
  LED_Off(2);
  for (i = 0;i < 0x2FFFFF;i++){ __NOP();}
  } //end while
}
```

```
/* ------------------------------ */
void task3(void)
{
  //板上只有 3 个 LED, 因此任务 3 没有 LED
  //用 UART 打印输出代替
  while (1) {
  UART_echo();
  } //end while
}
```

第 11 章

错 误 处 理

11.1 错误异常概述

在 ARM 处理器中,如果一个程序产生了错误并且被处理器检测到,就会产生错误异常。Cortex-M0/M0+处理器只有一种异常用以处理错误:HardFault 异常。

HardFault 异常几乎是最高优先级的异常,它的优先级为－1,只有不可屏蔽中断(NMI)可以对其抢占。当它发生时,意味着微控制器出现了问题,并且需要采取修复措施。在软件调试阶段,硬件错误处理也非常有用。如果在硬件错误处理中设置了断点,则在故障发生时,程序将停止执行,通过检查栈的内容,可以追踪发生故障的位置,并且尝试确定本次失败的原因。

大多数 8 位机和 16 位机的情况又大不相同,它们唯一的安全屏障往往是看门狗定时器。但是,看门狗要发挥作用还需要时间,并且也无法获知程序出错的原因。

11.2 错误是如何产生的

许多可能的原因都会引起错误发生,对于 Cortex-M0 和 Cortex-M0+处理器,可以将可能的原因分为两类,存储器相关和程序错误(见表 11.1)。

表 11.1　可以引起错误异常的错误

错误分类	错 误 条 件
存储器相关	• 总线错误(bus error)(可以是程序访问也可以是数据访问,在 Cortex-M3 中也可以被称为 bus fault)。在总线传输中使用非法地址会产生 bus error;而 bus fault 则是由总线从设备引起的 • 试图在标记为不可执行的存储器区域内执行程序(参见第 7 章中存储器属性的讨论) • 试图在系统控制空间中访问非特权访问等级的寄存器(Cortex-M0 处理器不支持) • 存储器访问和定义在存储器保护单元(MPU)中的设置冲突(MPU 在 Cortex-M0+中是可选部件,参见第 12 章的内容)

续表

错误分类	错 误 条 件
程序错误 （在 Cortex-M3 中被称作 usage fault）	• 未定义指令的执行 • 试图切换至 ARM 状态（Cortex-M0 只支持 Thumb 指令） • 试图进行非对齐存储器访问（ARMv6-M 内不允许） • 当 SVC 异常优先级与当前的优先级相比相同或更小时，试图执行 SVC 指令 • 执行异常返回时 EXC_RETURN 的值非法 • 当调试未使能时（没有连接调试器），试图执行断点指令（BKPT）

对于存储器相关错误，总线系统的异常响应可以有以下原因：

• 访问的地址非法，这种情况下总线连接部件应向处理器产生错误响应，以表明有错误产生。

• 由于传输的类型非法，总线的从设备不接受此次传输（从设备决定）。

• 由于传输未使能或初始化，总线的从设备无法进行此次传输（例如，如果外设的时钟被关闭，那么访问这个外设时，微控制器就可能会产生错误响应）。

当确定了硬件错误异常的直接原因（如程序代码段）后，可能还得花费一些时间来确定问题的根源。例如，总线错误可以由很多种情况引发，例如错误的指针操作、栈空间损坏、内存溢出、非法存储器映射以及其他原因。

11.3 分析错误

根据错误类型的不同，通常能够直接确定引起 HardFault 异常的指令的位置。要实现这个目的，需要知道进入 HardFault 异常时的寄存器的内容，以及异常处理前压入栈中的寄存器的内容。这些值中包含程序返回地址，通过它能知道引起错误的指令地址。

如果使用了调试器，可以在工程中创建 HardFault 异常处理，并且在其中添加一个用以暂停处理器的断点指令；或者也可以在 HardFault 异常处理的开始部分设置一个断点，当硬件错误发生时，处理器就会自动暂停。处理器由于 HardFault 暂停后，可以尝试着按照图 11.1 所示的流程对错误进行定位。

为了给分析提供更多的信息，也可以生成程序映像的汇编代码，并且利用在栈帧中找到的程序计数器（PC）值确定错误的位置。如果错误的地址为存储器访问指令，就应该检查寄存器的值确定存储器访问的地址是否合法。除了检查地址范围，也应该确认存储器的地址是否正确地对齐。

除了压入栈中的 PC 值（返回地址），栈帧中也包含其他有助于调试的寄存器值。例如，压入栈的中断程序状态寄存器（IPSR）（位于 xPSR 中）能够反映处理器是否在进行异常处理，若执行 PSR（EPSR）代表处理器未处于 Thumb 状态，则有可能是异常向量的最低位没有正确地设置为 1（EPSR 的 T 位为 0，则表示错误由意外切换至 ARM 状态引起）。

栈中的 LR 也能够提供一些信息，例如发生错误的函数的返回地址、错误是否发生在异常处理中以及 EXC_RETURN 的值是否被异常破坏等。

另外，当前的寄存器值也可以提供有助于定位错误原因的各种信息，除了当前栈指针的值，当前的链接寄存器(R14)的值也可能有帮助。如果 LR 中为非法的 EXC_RETURN 值，意味着它在 HardFault 触发前的异常处理中被错误地修改了。

CONTROL 寄存器也可以提供帮助。在没有 OS 的简单应用程序中，进程栈指针(PSP)不会被用到，并且 CONTROL 寄存器会一直保持为 0。如果 CONTROL 寄存器被设置为 0x2(PSP 用于线程状态)，意味着 LR 在之前的异常处理中被错误地修改，或者栈内容被破坏导致 EXC_RETURN 的值错误。

11.4　意外切换至 ARM 状态

许多可以导致 HardFault 的常见程序错误，都与意外切换至 ARM 状态有关。一般可以通过检查栈中 xPSR 的值来发现这些错误，如果 T(Thumb)位清零，则表示错误由意外切换至 ARM 状态所致。

表 11.2 列出了导致这个问题的常见错误。

表 11.2　意外切换至 ARM 状态的各种原因

错　　误	描　　述
使用错误的函数库	链接阶段可能会引入用 ARM 指令编译的库(用于 ARM7TDMI)，检查链接脚本的设置，以及对编译好的映像进行反汇编，检查 C 库是否正确
函数声明错误	如果正在使用 GNU 汇编工具而且工程中包含多个文件，需要确保不同文件调用的函数的声明正确，否则任何对这种函数的调用都会导致意外的状态
向量表中向量的最低位为 0	向量表中的向量的最低位应该置 1，以表示当前处于 Thumb 状态。如果栈里的 PC 指向了异常处理的开头，并且栈里的 xPSR 的 T 位为 0，错误就可能出在向量表上
函数指针的最低位为 0	如果声明的函数指针的最低位为 0，调用这个函数时，处理器会进入硬件错误

11.5　实际应用中的错误处理

实际应用中，嵌入式系统不会与调试器相连，并且许多应用也不允许将处理器暂停。多数情况下，HardFault 异常处理可用于执行安全措施并复位处理器。例如，应用程序可以执行以下步骤：

- 执行特定的安全措施(例如马达控制器执行关闭流程)。
- 系统可以选择通过用户接口报告此次错误，然后利用应用中断和复位控制寄存器

（AIRCR，参见第 9 章中表 9.8）中 SYSRESETREQ 或者微控制器的其他系统控制
手段执行系统复位。

　　HardFault 可能是由栈指针错误引起的，并且 C 代码的运行也需要依赖栈存储，用 C 语言
编写的 HardFault 处理可能无法正常运行。因此对于高可靠性的系统来说，理想的 HardFault
处理应该使用汇编语言编写，或者部分汇编用于确认进入 C 程序前栈指针的合法性。

11.6　软件开发期间的错误处理

　　一般来说，开发工具提供各种用于软件调试的功能，例如，若使用的是 Cortex-M0＋处
理器且片上的微跟踪缓冲（MTB）可用，开发工具可能会利用这个特性，帮助软件开发人员
快速定位错误信息。对于 Cortex-M0 处理器用户，由于 MTB 特性不存在，就需要用到其他
调试分析手段了（第 13 章"调试特性"将对 MTB 做详细介绍）。

　　HardFault 处理可用于软件开发期间输出调试信息，需要利用用户接口（如 LCD 模
块）、简单的 UART 接口，或者若调试工具支持半主机（见第 18 章"编程实例"），也可以使用
简单的"printf"语句。

　　为了简化编码，错误报告函数一般用 C 实现，如图 11.1 所示，若 HardFault 处理需要输
出提取出的错误程序地址等调试信息，还需要汇编包装代码以确定栈中的地址。

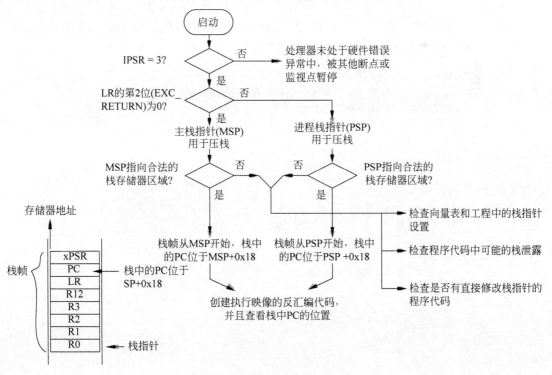

图 11.1　定位错误

　　这部分汇编代码提取出异常栈帧的地址,然后将其传递给 C 硬件错误处理用以显示（见图 11.2）。在 C 处理中定位栈帧并不简单,虽然可以使用嵌入汇编、内联汇编、已命名寄存器变量或者内在函数来访问栈指针,但是 C 函数本身就有可能修改栈指针的值。

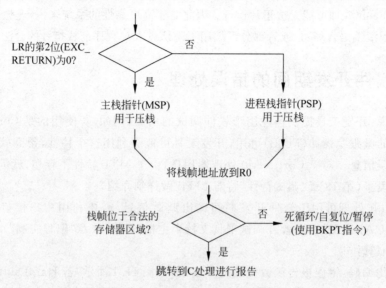

图 11.2　用于硬件异常处理的汇编包装

　　若使用 Keil MDK-ARM 或 ARM DS-5,则这种汇编包装代码可用嵌入汇编实现,例如,Keil MDK 中使用嵌入汇编的汇编包装代码如下:

```
//汇编实现的 HardFault 处理包装
//提取栈帧的地址,然后按照 C 语言作为一个指针传递给处理程序
//我们也可以提取 LR 的值作为第二个参数
__asm void HardFault_Handler(void)
  {
  MOVS    r0, #4
  MOV     r1, LR
  TST     r0, r1
  BEQ     stacking_used_MSP
  MRS     R0, PSP ;第一个参数,压栈使用 PSP
  B       get_LR_and_branch
stacking_used_MSP
  MRS     R0, MSP ;第一个参数,压栈使用 MSP
get_LR_and_branch
  MOV     R1, LR ;第二个参数为 LR 的当前值
  LDR     R2, = __cpp(hard_fault_handler_c)
  BX      R2
}
```

　　C 实现的处理程序可以使用汇编包装传来的参数并且提取出栈帧的值和 LR 的值。

HardFault 处理用以报告栈中寄存器的值的代码如下：

```
//C 语言实现的 HardFault 处理, 输入参数为栈帧的位置和 LR 的值
void hard_fault_handler_c(unsigned int * hardfault_args, unsigned lr_value)
{
  unsigned int stacked_r0;
  unsigned int stacked_r1;
  unsigned int stacked_r2;
  unsigned int stacked_r3;
  unsigned int stacked_r12;
  unsigned int stacked_lr;
  unsigned int stacked_pc;
  unsigned int stacked_psr;
  stacked_r0 = ((unsigned long) hardfault_args[0]);
  stacked_r1 = ((unsigned long) hardfault_args[1]);
  stacked_r2 = ((unsigned long) hardfault_args[2]);
  stacked_r3 = ((unsigned long) hardfault_args[3]);
  stacked_r12 = ((unsigned long) hardfault_args[4]);
  stacked_lr = ((unsigned long) hardfault_args[5]);
  stacked_pc = ((unsigned long) hardfault_args[6]);
  stacked_psr = ((unsigned long) hardfault_args[7]);
  printf ("[Hard fault handler]\n");
  printf ("R0 = %x\n", stacked_r0);
  printf ("R1 = %x\n", stacked_r1);
  printf ("R2 = %x\n", stacked_r2);
  printf ("R3 = %x\n", stacked_r3);
  printf ("R12 = %x\n", stacked_r12);
  printf ("Stacked LR = %x\n", stacked_lr);
  printf ("Stacked PC = %x\n", stacked_pc);
  printf ("Stacked PSR = %x\n", stacked_psr);
  printf ("Current LR = %x\n", lr_value);
  while(1); //死循环
}
```

由于 C 处理器程序需要从栈中提取调试信息，并且 C 编译器生成的程序代码通常也需要栈存储，所以只有栈信息合法时，处理程序才能正常执行。另外，可以完全用汇编来实现调试信息报告。如果已经有了文字输出的汇编程序，那么实现这部分代码就相对简单了。第 21 章中有汇编文字输出程序以及嵌入汇编编程（用在汇编包装中）的细节。

11.7 锁定

如果在 HardFault 处理期间发生了另外一个错误，或者 NMI 处理期间发生了一个错误，则 Cortex-M0 和 Cortex-M0＋处理器会进入锁定状态。这是因为这两个异常处理执行期间，优先级不允许 HardFault 处理抢占。

在锁定状态下,处理器停止执行指令并确认 LOCKUP(锁定)状态信号。根据微控制器设计的不同,LOCKUP 信号可以被设置为自动复位系统,而不是等看门狗定时溢出后再复位系统。

锁定状态能够防止失败程序破坏存储器或者外设中更多的数据。在软件开发过程中,存储器内容中可能包含关于软件失败的重要信息,也有助于我们调试问题。

11.7.1 锁定的原因

许多情况都可能导致 Cortex-M0 或 Cortex-M0＋处理器(或者 ARMv6-M 架构)的锁定:

- NMI 处理执行期间产生错误;
- HardFault 处理期间产生错误(双重错误);
- 复位期间的总线错误响应(例如读取 SP 的初始值时);
- 异常返回期间,使用 MSP(主栈指针)进行 xPSR 出栈时,产生总线错误;
- NMI 处理或 HardFault 处理中包含 SVC 操作(优先级不够)。

在 NMI 或硬件 HardFault 中使用 SVC 也会导致锁定,这是因为 SVC 优先级总是比这些异常的优先级低,因此会被阻止。由于这个程序错误不能被 HardFault 异常处理(优先级为 -1 或 -2),所以系统就进入锁定状态。

锁定状态也可以由复位期间的总线系统错误引发。如果在取存储器中的前两个字时,处理器产生总线错误,就意味着处理器无法确定栈指针的初始值(HardFault 处理可能也要用到栈),或者无法确定复位向量。这些情况下,处理器无法进行正常操作,必须进入锁定状态。

如图 11.3 所示,如果在异常处理时产生总线错误响应,即使进入的是 HardFault 或 NMI 异常,入口(压栈)也不会引起锁定。然而,一旦进入到 HardFault 异常或 NMI 异常处理后,总线错误响应就会引发锁定。因此,对于高可靠性的系统,由于 C 编译器可能会在处理代码的开始处添加栈操作,所以硬件错误处理程序最好不要用 C 实现。

```
HardFault_Handler
    PUSH  {R4, R5};如果 MSP 被破坏了,该指令会引起锁定
    ...
```

在异常退出(出栈)且使用 MSP 的 xPSR 出栈过程中,总线错误响应则可能会引发锁定。在这种情况下,由于 xPSR 无法确定,因此处理器无法获取系统的正确优先级。因此系统处于锁定状态,并且除了复位或暂停调试外无法将系统恢复。

11.7.2 锁定期间发生了什么

如果锁定是由双重错误引起的,系统的优先级就会保持为 -1。如果此时发生 NMI 异常,NMI 就可能会抢占并开始执行。NMI 完成后,异常处理就会终止,而后系统返回到锁定状态。

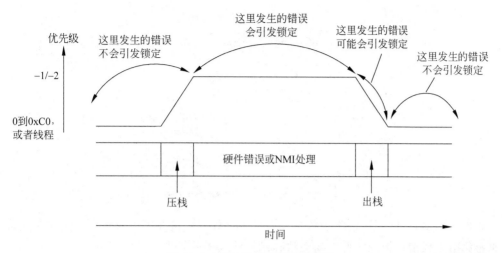

图 11.3 异常流程中的锁定条件

在其他的锁定状态下,除了复位或者用连接的调试器重启之外,系统就不能恢复了。通过复位控制器的配置,微控制器或片上系统的设计者可以利用 LOCKUP 信号来复位系统。

11.8 避免锁定

对嵌入式开发人员来说,锁定和 HardFault 异常可能看起来非常可怕,然而许多种原因都可能导致嵌入式系统错误,锁定和 HardFault 机制则有助于避免问题更加严重。许多种错误或问题都可能导致微控制器崩溃,例如,

- 供电不稳定或电磁干扰;
- Flash 存储器损坏;
- 外部接口信号的错误;
- 操作环境或自然老化过程导致的器件损坏;
- 错误的时钟处理或者时钟信号弱;
- 软件错误。

HardFault 和锁定有助于调试和错误检测,尽管无法完全避免上面列出的可能的问题,但可以采取各种软件措施来提高嵌入式系统的可靠性。

首先,应使得 NMI 异常处理和 HardFault 异常处理尽可能的简单。如果有些任务与 NMI 异常或者 HardFault 异常相关,可以在这些异常中执行紧急的部分,其他部分则在 PendSV 之类的异常中处理。通过简化 NMI 和 HardFault 异常,也可以降低在这些异常中意外使用 SVC 带来的风险。

其次,对于安全性要求较高的应用,可以在进入 C 语言的硬件错误处理之前,利用汇编包装检查 SP 的值(见图 11.4)。

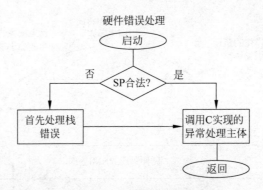

图 11.4　增加汇编 SP 检查的代码

如果有必要,可以用汇编实现整个 HardFault 处理。这样可以避免一些栈存储的访问,从而避免由于栈指针被破坏而指向非法存储器地址引起的锁定。

同样地,如果 NMI 处理非常简单,也可用汇编实现 NMI 处理,并且只使用 R0 到 R3 以及 R12,因为这些寄存器已经被压栈,这样能避免栈存储访问。但是在多数情况下,栈指针错误很快就会引发 HardFault 异常,所以用 C 语言实现 NMI 时也无须担心。

11.9　和 ARMv7-M 架构中错误处理的对比

由于 Cortex-M0 和 Cortex-M0+处理器面向超低功耗应用,基于 ARMv7-M 架构的处理器使用的一些错误分析特性在它们上面是不存在的。

表 11.3 列出了 ARMv6-M 和 ARMv7-M 处理器在错误处理特性方面的主要区别,其中最重要的一条是 ARMv7-M 架构支持另外 3 个可配置的错误异常类型。

ARMv7-M 架构中增加的错误异常具有可编程的优先级,并且可以在高优先级中断正在执行的同时,在更低优先级异常处理中处理一些错误。这些错误异常默认是禁止的,因此所有的事件都由 HardFault 来管理,使能后,若事件发生时当前优先级低于对应的可配置错误异常,则会执行相应的可配置错误处理,否则会提升到 HardFault 处理。

为了表示错误的原因,还增加了其他的错误状态寄存器。这些寄存器可用于错误处理或调试器,为软件开发人员提供错误的细节。

表 11.3　各种 Cortex-M 处理器间错误处理特性的比较

	ARM6-M (Cortex-M0、 Cortex-M0+处理器)	ARM7-M (Cortex-M3, Cortex-M4 处理器)	ARM7-M (Cortex-M7 处理器)	备　注
硬件错误异常	Yes	Yes	Yes	用于启动流程的错误或者错误提升(可配置错误异常不可用)

续表

	ARM6-M （Cortex-M0、 Cortex-M0＋处理器）	ARM7-M （Cortex-M3， Cortex-M4 处理器）	ARM7-M （Cortex-M7 处理器）	备　注
总线错误异常	—	Yes	Yes	总线错误响应和对系统控制空间的非特权访问
存储器管理错误异常	—	Yes	Yes	用于 MPU 访问冲突和 XN 区域的执行
使用错误异常	—	Yes	Yes	用于其他软件产生的错误
调试器用的错误状态寄存器	Yes	Yes	Yes	调试错误状态寄存器（DFSR）表示错误事件的来源
应用软件用的错误状态寄存器	—	Yes	Yes	提供错误原因的错误状态寄存器
错误地址寄存器	—	Yes	Yes	表示和总线错误/存储器管理错误事件相关的存储器地址
辅助错误状态寄存器	—	Yes	—	用于其他和设备相关的错误信息
辅助总线错误状态寄存器	—	—	Yes	表示哪个总线接口触发的总线错误

第 12 章

存储器保护单元

12.1　MPU 是什么

存储器保护单元(MPU)是位于处理器内部的一个可编程区域,定义了存储器属性(如可缓冲和可缓存等,参见 7.8 节)和存储器访问权限。其在 Cortex-M0＋、Cortex-M3、Cortex-M4 和 Cortex-M7 处理器中是可选特性,但在 Cortex-M0 中是不存在的。由于是可选的,因此有些 Cortex-M0＋微控制器具有 MPU 特性(如 STM32L0 Discovery 开发板中的 STM32L053 微控制器),而有些则没有(为了降低硅片面积和功耗)。

MPU 不会提升嵌入式应用的性能,其用于系统中的问题检测(如试图访问非法或不允许的存储器位置导致的应用错误)。若检测到问题,则会触发 HardFault 异常,若应用工作正常,则 MPU 不会触发任何错误异常。实际上,许多微控制器应用并不需要 MPU。

但是,应用无法保证永远不出错。此时,MPU 可以提高嵌入式系统的健壮性,如下情况可以使系统更加安全:

- 避免应用任务破坏其他任务或 OS 内核使用的栈或数据存储器;
- 避免非特权任务访问对系统可靠性和安全性很重要的外设;
- 将 SRAM 或 RAM 空间定义为不可执行的(永不执行,XN),防止代码注入攻击。

还可以利用 MPU 定义其他存储器属性,例如可被输出到系统级缓存单元或存储器控制器的可缓存性。这些系统级部件可以利用存储器属性信息确定如何处理存储器访问。

MPU 默认禁止,且存储器访问权限和存储器属性由第 7 章中介绍的默认存储器映射定义。不具有 MPU 的 Cortex-M 处理器也是一样的,此时会使用默认的存储器属性。

MPU 中存在多个寄存器,在使用 MPU 前必须使能 MPU 且对这些寄存器进行编程以定义存储器区域。若未使能,则对处理器来说,MPU 就如同不存在一样。

12.2　MPU 适用的情形

下面讨论应用中是否应该使用 MPU。

简单应用,对于简单的 I/O 控制应用,或者刚开始学习微控制器编程,不大可能会用到

MPU,除非正在使用的微控制器设备中存在系统级缓存且需要 MPU 对其进行定义。

　　物联网,若应用是和网络相关,或者应用可能会面对无法信任的通信接口,则 MPU 会有助于提高安全性。例如,在将用于通信缓冲的存储器区域定义为不可执行的地址区域后,就可以防止代码注入攻击。

　　工业控制应用,若应用需要具有很高的可靠性,则 MPU 可为多任务系统中的栈加以限制,以检测一些意想不到的错误(如检测一些对特定存储器区域的访问)。

　　汽车应用,MPU 常用于汽车部件中,在 ISO26262 等一些常见的汽车认证流程中,软件部件间不能互有接口,因此需要 MPU 处理存储器分区。

　　可以将 MPU 的应用分为以下几类:

　　(1)安全管理:

- 未受信任或者具有较高风险的软件部件,应该运行在非特权等级,MPU 可用于限制这些部件可以访问的存储器空间。这些存储器访问权限也可用于外设。
- 用作通信缓冲的 RAM 空间中可能会包含通过通信接口注入的恶意代码,MPU 可将这些存储器空间定义为不可执行的。

　　(2)系统可靠性:

- 在多任务系统中,MPU 可用于定义应用任务栈的合法存储器空间。若应用任务工作不正常且占用了更多的栈空间,MPU 可以限制栈的使用,使得任务不会破坏其他应用任务或 OS 数据的栈空间。
- 若系统中没有嵌入式 OS,MPU 可以将栈空间的最后定义为不可访问的存储器空间,这样可以检测出栈溢出。
- 若应用具有较高的安全需求,则 MPU 可以将存储器分隔开,以确保软件部件间不会互相影响。例如,运行在非特权状态的应用任务就不会影响 OS 或其他任务用到的数据或栈。
- 有些应用可能会将程序代码复制到 SRAM 中执行,或者将向量表复制到 SRAM 中以提高访问速度。在复制完程序代码或向量表后,存储器空间可被定义为只读的,以防止这些存储器空间被意外修改。

　　(3)存储器属性管理:

- 可以利用 MPU 定义可被缓存的存储器空间,以及其缓存策略(如写通 vs 写回)。
- 可以利用 MPU 配置覆盖掉某个存储器空间的默认存储器类型。

　　需要注意的是,MPU 配置只会影响运行在同一个处理器上的程序代码的访问权限,对于多处理器系统,一个处理器中的 MPU 配置不会影响到其他处理器的访问权限。

　　有些嵌入式 OS 本身就是支持 MPU 的,在这种情况下,MPU 配置会在每次上下文切换时自动改变,因此,不同的应用可以具有不同的 MPU 配置。

　　对于不需要嵌入式 OS 的系统,或者所使用的嵌入式 OS 不支持 MPU,则 MPU 仍可使用静态配置。

　　在实际应用中,将每个软件部件的存储器空间完全独立出来是不现实的,例如,若软件部件一起编译,则许多运行时库函数可能会共用,且数据变量也会放在一起。但是,不同应用任务的栈空间却可以很容易分出来,若应用对安全性要求较高,则栈的保护也非常重要。

12.3　技术介绍

MPU 的工作方式为,划分多个存储器区域并限制对这些区域的访问。在 MPU 使能时,这些限制对数据和指令访问都有效。若处理器试图访问未定义的存储器区域,则会触发 HardFault 异常且阻止其进入存储器系统,而 HardFault 异常处理可以确定下一步的操作,例如复位系统或者只是终止 OS 环境中的非法任务。

Cortex-M0＋处理器中的 MPU 支持最多 8 个可编程的存储器空间以及 1 个可选的背景区域。每个可编程的区域都有自己的起始地址、大小以及设置(存储器属性和访问权限)。

Cortex-M0＋处理器中的 MPU 的一些细节内容和 Cortex-M3 以及 Cortex-M4 处理器是一样的,它们也支持 8 个可编程区域。而根据芯片设计的不同,Cortex-M7 中的 MPU 可以支持 8 个或 16 个区域,12.9 节将会介绍这方面的详细内容。

对于 ARMv6-M 和 ARMv7-M 架构,MPU 区域可以重叠,若某存储器地址位于两个已编程的 MPU 区域中,则其存储器访问属性和权限会基于编号更大的那个区域。例如,如果传输地址位于区域 1 和区域 4 定义的地址范围内,则会使用区域 4 的设置。

处理器在执行不可屏蔽中断(NMI)或 HardFault 处理时,MPU 访问权限会被忽略。例如,可以将栈底的一小块 SRAM 空间定义为不可执行,将 MPU 用作栈溢出检测机制。当栈用到边界时,HardFault 可以忽略 MPU 限制并在错误处理中使用预留的 SRAM 空间。

12.4　MPU 寄存器

MPU 中存在多个经过存储器映射的寄存器,这些寄存器位于系统控制空间(SCS)。CMSIS-Core 头文件为 MPU 寄存器定义了一个数据结构体,可以很方便地访问这些寄存器。表 12.1 对这些寄存器进行了总结。

表 12.1　MPU 寄存器一览

地址	寄存器	CMSIS-Core 符号	功　　能
0xE000ED90	MPU 类型寄存器	MPU-> TYPE	提供 MPU 方面的信息
0xE000ED94	MPU 控制寄存器	MPU-> CTRL	MPU 使能/禁止和背景区域控制
0xE000ED98	MPU 区域编号寄存器	MPU-> RNR	选择待配置的 MPU 区域
0xE000ED9C	MPU 基地址寄存器	MPU-> RBAR	定义 MPU 区域的基地址
0xE000EDA0	MPU 区域属性和大小寄存器	MPU-> RASR	定义 MPU 区域的属性和大小

和 SCS 中的其他寄存器类似,MPU 寄存器只支持特权访问,这样可以避免非特权程序绕过 MPU 的安全管理设置。

对于 ARMv6-M 架构,MPU 寄存器只能通过 32 位存储器访问指令操作。

12.4.1 MPU 类型寄存器

第一个为 MPU 类型寄存器,它可用于确定 MPU 是否存在。若 DREGION 域读出为 0,则说明 MPU 不存在(见表 12.2)。

表 12.2　MPU 类型寄存器(MPU-> TYPE,0xE000ED90)

位	名称	类型	复位值	描　　述
23:16	IREGION	R	0	本 MPU 支持的指令区域数,由于 ARMv6-M 架构使用统一的 MPU,其总为 0
15:8	DREGION	R	0 或 8	MPU 支持的区域数,在 Cortex-M3 中,其为 0(MPU 不存在)或 8(MPU 存在)
0	SEPARATE	R	0	由于 MPU 为统一的,其总为 0

12.4.2 MPU 控制寄存器

MPU 由多个寄存器控制,第一个为 MPU 控制寄存器(见表 12.3),它具有 3 个控制位。复位后,该寄存器的数值为 0,这样会禁止 MPU。要使能 MPU,软件应该首先设置每个 MPU 区域,然后再设置 MPU 控制寄存器的 ENABLE 位。

表 12.3　MPU 控制寄存器(MPU-> CTRL,0xE000ED94)

位	名称	类型	复位值	描　　述
2	PRIVDEFENA	R/W	0	特权等级的默认存储器映射使能,在设置为 1 且 MPU 使能时,同背景区域一样,特权访问会使用默认的存储器映射,若未设置该位,则背景区域禁止且任何不在使能区域范围内的访问会引发错误
1	HFNMIENA	R/W	0	若置为 1,则 MPU 在硬件错误处理和不可屏蔽中断(NMI)处理中也是使能的,否则,硬件错误及 NMI 中 MPU 不使能
0	ENABLE	R/W	0	若置 1 则使能 MPU

MPU 控制寄存器中的 PRIVDEFENA 位用于使能背景区域(区域"−1"),若未设置其他区域,那么通过 PRIVDEFENA,特权程序可以访问所有的存储器位置,且只有非特权程序会被阻止。但是,如果设置并使能了其他的 MPU 区域,背景区域可能会被覆盖。例如,若具有类似区域设置的两个系统中只有一个的 PRIVDEFENA 置 1(见图 12.1 右侧),则 PRIVDEFENA 为 1 的那个允许对背景区域的特权访问。

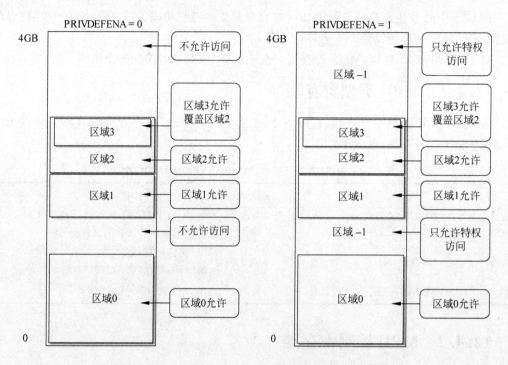

图 12.1　PRIVDEFENA 位（背景区域使能）的作用

　　HFNMIENA 用于定义 NMI、HardFault 异常执行期间或 FAULTMASK 置位时 MPU 的行为。MPU 在这些情况下默认被旁路（禁止），即便 MPU 设置得不正确，它也可以使 HardFault 和 NMI 异常处理正常执行。

　　设置 MPU 控制寄存器中的使能位通常是 MPU 设置代码的最后一步，否则，MPU 可能会在区域配置完成前产生意外错误。许多情况下，特别是在具有动态 MPU 配置的嵌入式 OS 中，MPU 配置程序开头应该将 MPU 禁止，以免在 MPU 区域配置期间意外触发 MemManage 错误。

12.4.3　MPU 区域编号寄存器

　　下一个 MPU 控制寄存器为 MPU 区域编号寄存器（见表 12.4），在设置每个区域前，写入该区域以选择编程的区域。

表 12.4　MPU 区域编号寄存器（MPU-> RNR,0xE000ED98）

位	名称	类型	复位值	描　　述
7:0	REGION	R/W	—	选择待编程的区域

12.4.4 MPU 区域基地址寄存器

每个区域的起始地址在 MPU 区域基地址寄存器中定义(见表 12.5)。利用该寄存器中的 VALID 和 REGION 域,可以跳过设置 MPU 区域编号寄存器这一步。这样可以降低程序代码的复杂度,特别是当整个 MPU 设置定义在一个查找表中时。

表 12.5　MPU 区域基地址寄存器(MPU-> RBAR,0xE000ED9C)

位	名称	类型	复位值	描　　述
31:N	ADDR	R/W	—	区域的基地址,N 取决于区域大小,例如 64KB 大小区域的基地址域为[31:16]
4	VALID	R/W	—	若为 1,则 bit[3:0]定义的 REGION 会用在编程阶段,否则就会使用 MPU 区域编号寄存器选择的区域
3:0	REGION	R/W	—	若 VALID 为 1,该域会覆盖 MPU 区域编号寄存器,否则会被忽略。由于 Cortex-M3 和 Cortex-M4 的 MPU 支持 8 个区域,那么当 REGION 域大于 7 时,会忽略掉区域编号覆盖

12.4.5 MPU 区域基本属性和大小寄存器

还需要定义每个区域的属性,它是由 MPU 区域基本属性和大小寄存器(见表 12.6)来控制的。

表 12.6　MPU 区域基本属性和大小寄存器(MPU-> RASR,0xE000EDA0)

位	名称	类型	复位值	描　　述
31:29	保留	—	—	
28	XN	R/W	0	指令访问禁止(1＝禁止从本区域取指令,强行访问会引起存储器管理错误)
27	保留	—	—	
26:24	AP	R/W	000	数据访问允许域
23:22	保留	—	—	
21:19	TEX	R/W	000	类型展开域,ARMv6-M 中总是为 0
18	S	R/W	—	可共用
17	C	R/W	—	可缓存
16	B	R/W	—	可缓冲
15:8	SRD	R/W	0x00	子区域禁止
7:6	保留	—	—	
5:1	REGIO 大小	R/W	—	MPU 保护区域大小
0	ENABLE	R/W	0	区域使能

MPU 区域基本属性和大小寄存器中的 REGION SIZE 域决定区域的大小(见表 12.7)。

表 12.7 不同存储器区域大小的 REGION 域编码

REGION 大小	大小	REGION 大小	大小
b00000	保留	b10000	128KB
b00001	保留	b10001	256KB
b00010	保留	b10010	512KB
b00011	保留	b10011	1MB
b00100	32 字节	b10100	2MB
b00101	64 字节	b10101	4MB
b00110	128 字节	b10110	8MB
b00111	256 字节	b10111	16MB
b01000	512 字节	b11000	32MB
b01001	1KB	b11001	64MB
b01010	2KB	b11010	128MB
b01011	4KB	b11011	256MB
b01100	8KB	b11100	512MB
b01101	16KB	b11101	1GB
b01110	32KB	b11110	2GB
b01111	64KB	b11111	4GB

子区域禁止域(MPU 区域基本属性和大小寄存器的 bit[15:8])用于将一个区域分为 8 个相等的子区域并定义每个部分为使能或禁止。若一个子区域被禁止且和另一区域重叠，则另一区域的访问规则会起作用。若子区域禁止但未和其他区域重叠，则对该存储器区域的访问会导致 HardFault 异常。

数据访问权限(AP)域(bit[26:24])定义了区域的 AP(见表 12.8)。

表 12.8 各种访问权限配置的 AP 域编码

AP 数值	特权访问	用户访问	描述
000	无访问	无访问	无访问
001	读/写	无访问	只支持特权访问
010	读/写	只读	用户程序中的写操作会引发错误
011	读/写	读/写	全访问
100	无法预测	无法预测	无法预测
101	只读	无访问	只支持特权读
110	只读	只读	只读
111	只读	只读	只读

XN(永不执行)域(bit[28])决定是否允许从该区域取指,当该域为 1 时,所有从本区域取出的指令进入执行阶段时都会触发 HardFault 错误。

TEX(类型扩展)、S(可共享)、B(可缓冲)以及 C(可缓存)域(bit[21:16])更加复杂。这些存储器属性在每次指令和数据访问时都会被输出到总线系统,并且该信息可被写缓冲或缓存单元等总线系统使用(见图12.2)。

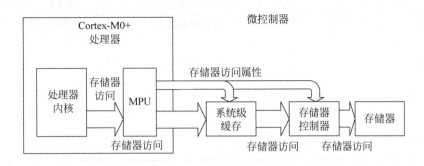

图 12.2 存储器属性可以输出到 L2 缓存和存储器控制等系统级部件

尽管 Cortex-M0＋处理器中不存在缓存控制器,它们的设计遵循 ARMv6-M 架构,该架构支持系统总线级的外部缓存控制器,其中包括具有缓存能力的高级存储器系统。另外,受可缓冲属性影响的处理器内部总线系统中存在一个写缓冲。因此,为了支持不同类型的存储器或设备,应该正确地设置 S、B 和 C 等区域访问属性,这些位域的定义如表 12.9 所示。另外还有一个使能两级缓存属性的 TEX 位,由于 ARMv6-M 架构不支持,Cortex-M0＋处理器总是将其设置为 0。

对于许多微控制器来说,总线系统是不会使用这些存储器属性的,只有 B(可缓冲)属性会影响到处理器中的写缓冲。

若正使用的微控制器设备支持缓存,则需要基于存储器区域中的存储器或设备类型来正确设置存储器的属性。多数情况下,存储器属性可被配置为表 12.10 所示的形式。

表 12.9 存储器属性(ARMv6-M 架构中 TEX 为 0)

TEX	C	B	描 述	区域可共享性
b000	0	0	强序(传输按照程序顺序执行后完成)	可共享
b000	0	1	共享设备(写可以缓冲)	可共享
b000	1	0	外部和内部写通,非写分配	[S]
b000	1	1	外部和内部写回,非写分配	[S]
b001	0	0	外部和内部不可缓存	[S]
b001	0	1	保留	保留
b001	1	0	由具体实现定义	—
b001	1	1	外部和内部写回,写和读分配	[S]
b010	0	0	不可共享设备	不可共享
b010	0	1	保留	保留
b010	1	X	保留	保留
b1BB	A	A	缓存存储器,BB=外部策略,AA=内部策略	[S]

备注:[S]表示可共享性由 S 位决定(多个处理器共用)

表 12.10 微控制器中常用的存储器属性

类　　型	存储器类型	常用的存储器属性
ROM,Flash(可编程存储器)	普通存储器	不可共用,写通 C=1, B=0, TEX=0, S=0
内部 SRAM	普通存储器	可共用,写通 C=1, B=0, TEX=0, S=0
外部 RAM	普通存储器	可共用,写回 C=1, B=1, TEX=0, S=1
外设	设备	可共用,设备 C=0, B=1, TEX=0, S=1

可共享属性对于具有缓存的多处理器系统非常重要,若传输被标志为可共用的,则缓存系统需要额外做些工作以确保不同处理器间缓存数据的一致性(见图 12.3)。单处理器系统一般不会用到可共享属性。

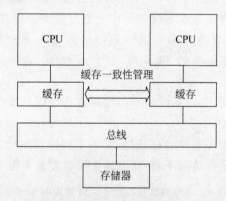

图 12.3　多处理器系统的缓存一致性需要可共享属性

12.5　设置 MPU

大多数简单应用不需要使用 MPU,MPU 默认为禁止状态,系统运行时就如同 MPU 不存在一样。在使用 MPU 前,需要确定程序或应用任务要访问(以及允许访问)的存储器区域：

- 包括中断处理和 OS 内核在内的特权应用的程序代码,一般只支持特权访问。
- 包括中断处理和 OS 内核在内的特权应用使用的数据存储器,一般只支持特权访问。
- 非特权应用的程序代码,全访问。
- 非特权应用(应用任务)的栈等数据存储器,全访问。
- 包括中断处理和 OS 内核在内的特权应用使用的外设,只支持特权访问。

- 可用于非特权应用(应用任务)的外设,全访问。

MPU 在设计上已经做了最小硅片面积以及最低功耗的优化,因此对存储器区域配置有如下限制:

- 存储器区域的大小必须为 2 的整数次方,256KB 到 4GB 之间。
- 存储器区域的起始地址必须对齐到区域大小整数倍。

在定义存储器区域的地址和大小时,请注意区域的基地址必须对齐到区域大小的整数倍上。例如,若区域大小为 4KB(0x1000),起始地址必须为"N×0x1000",其中 N 为整数(见图 12.4)。

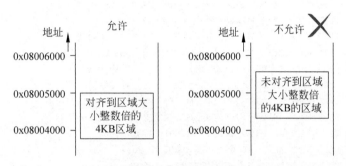

图 12.4　MPU 区域地址必须对齐到区域大小的整数倍上

如果使用 MPU 的目的是为防止非特权任务访问特定的存储器区域,则背景区域特性可以帮助减少所需的设置步骤。只须设置非特权任务所用的区域,利用背景区域、特权任务和异常处理对其他存储器空间具有全访问权限。

对于私有外设总线(PPB)地址区域(包括系统控制空间和 SCS)和向量表,则无须设置存储器区域。特权状态中允许对 PPB(包括 MPU、NVIC、SysTick 和 ITM)的访问,而MPU 也总是允许取向量。

如要使用 MPU,则还需要定义 HardFault 错误处理(void HardFault_Handler(void))。

启动代码中的向量表默认包含这些 HardFault 处理的向量定义。若使用了向量表重定位特性,则需要确保对向量表进行了相应的设置。

为了便于 MPU 的设置,定义多个常量:

```
#define MPU_DEFS_RASR_SIZE_256B (0x07 << MPU_RASR_SIZE_Pos)
#define MPU_DEFS_RASR_SIZE_512B (0x08 << MPU_RASR_SIZE_Pos)
#define MPU_DEFS_RASR_SIZE_1KB (0x09 << MPU_RASR_SIZE_Pos)
#define MPU_DEFS_RASR_SIZE_2KB (0x0A << MPU_RASR_SIZE_Pos)
#define MPU_DEFS_RASR_SIZE_4KB (0x0B << MPU_RASR_SIZE_Pos)
#define MPU_DEFS_RASR_SIZE_8KB (0x0C << MPU_RASR_SIZE_Pos)
#define MPU_DEFS_RASR_SIZE_16KB (0x0D << MPU_RASR_SIZE_Pos)
#define MPU_DEFS_RASR_SIZE_32KB (0x0E << MPU_RASR_SIZE_Pos)
#define MPU_DEFS_RASR_SIZE_64KB (0x0F << MPU_RASR_SIZE_Pos)
#define MPU_DEFS_RASR_SIZE_128KB (0x10 << MPU_RASR_SIZE_Pos)
#define MPU_DEFS_RASR_SIZE_256KB (0x11 << MPU_RASR_SIZE_Pos)
```

```
#define MPU_DEFS_RASR_SIZE_512KB (0x12 << MPU_RASR_SIZE_Pos)
#define MPU_DEFS_RASR_SIZE_1MB (0x13 << MPU_RASR_SIZE_Pos)
#define MPU_DEFS_RASR_SIZE_2MB (0x14 << MPU_RASR_SIZE_Pos)
#define MPU_DEFS_RASR_SIZE_4MB (0x15 << MPU_RASR_SIZE_Pos)
#define MPU_DEFS_RASR_SIZE_8MB (0x16 << MPU_RASR_SIZE_Pos)
#define MPU_DEFS_RASR_SIZE_16MB (0x17 << MPU_RASR_SIZE_Pos)
#define MPU_DEFS_RASR_SIZE_32MB (0x18 << MPU_RASR_SIZE_Pos)
#define MPU_DEFS_RASR_SIZE_64MB (0x19 << MPU_RASR_SIZE_Pos)
#define MPU_DEFS_RASR_SIZE_128MB (0x1A << MPU_RASR_SIZE_Pos)
#define MPU_DEFS_RASR_SIZE_256MB (0x1B << MPU_RASR_SIZE_Pos)
#define MPU_DEFS_RASR_SIZE_512MB (0x1C << MPU_RASR_SIZE_Pos)
#define MPU_DEFS_RASR_SIZE_1GB (0x1D << MPU_RASR_SIZE_Pos)
#define MPU_DEFS_RASR_SIZE_2GB (0x1E << MPU_RASR_SIZE_Pos)
#define MPU_DEFS_RASR_SIZE_4GB (0x1F << MPU_RASR_SIZE_Pos)
#define MPU_DEFS_RASE_AP_NO_ACCESS (0x0 << MPU_RASR_AP_Pos)
#define MPU_DEFS_RASE_AP_PRIV_RW (0x1 << MPU_RASR_AP_Pos)
#define MPU_DEFS_RASE_AP_PRIV_RW_USER_RO (0x2 << MPU_RASR_AP_Pos)
#define MPU_DEFS_RASE_AP_FULL_ACCESS (0x3 << MPU_RASR_AP_Pos)
#define MPU_DEFS_RASE_AP_PRIV_RO (0x5 << MPU_RASR_AP_Pos)
#define MPU_DEFS_RASE_AP_RO (0x6 << MPU_RASR_AP_Pos)
#define MPU_DEFS_NORMAL_MEMORY_WT (MPU_RASR_C_Msk)
#define MPU_DEFS_NORMAL_MEMORY_WB (MPU_RASR_C_Msk | MPU_RASR_B_Msk)
#define MPU_DEFS_NORMAL_SHARED_MEMORY_WT (MPU_RASR_C_Msk |
MPU_RASR_S_Msk)
#define MPU_DEFS_NORMAL_SHARED_MEMORY_WB (MPU_DEFS_NORMAL_MEMORY_WB |
MPU_RASR_S_Msk)
#define MPU_DEFS_SHARED_DEVICE (MPU_RASR_B_Msk)
#define MPU_DEFS_STRONGLY_ORDERED_DEVICE (0x0)
```

对于只需要 4 个区域的简单情况，MPU 设置代码可以写作简单循环的形式，而 MPU-> RBAR 和 MPU-> RASR 的配置则被编码为常量表，代码如下：

```
//----------------------------------------------------------------
int mpu_setup(void)
{
uint32_t i;
uint32_t const mpu_cfg_rbar[4] = {
0x08000000,      //STM32L0 的 Flash 地址
0x20000000,      //SRAM
GPIOD_BASE,      //GPIO 基地址
USART1_BASE      //USART 基地址
};
uint32_t const mpu_cfg_rasr[4] = {
    (MPU_DEFS_RASR_SIZE_64KB | MPU_DEFS_NORMAL_MEMORY_WT |
    MPU_DEFS_RASE_AP_FULL_ACCESS | MPU_RASR_ENABLE_Msk),   //Flash
    (MPU_DEFS_RASR_SIZE_8KB | MPU_DEFS_NORMAL_MEMORY_WT |
    MPU_DEFS_RASE_AP_FULL_ACCESS | MPU_RASR_ENABLE_Msk),    //SRAM
```

```
        (MPU_DEFS_RASR_SIZE_4KB | MPU_DEFS_SHARED_DEVICE |
MPU_DEFS_RASE_AP_FULL_ACCESS | MPU_RASR_ENABLE_Msk),      //GPIO
        (MPU_DEFS_RASR_SIZE_2KB | MPU_DEFS_SHARED_DEVICE |
MPU_DEFS_RASE_AP_FULL_ACCESS | MPU_RASR_ENABLE_Msk)      //USART
};
if (MPU->TYPE == 0) {return 1;}        //无 MPU,返回 1 表示错误
__DMB();                               //确保之前的传输结束
MPU->CTRL = 0;                         //禁止 MPU
for (i=0;i<4;i++) {                     //只配置 4 个区域
    MPU->RNR = i;                       //选择待配置的区域
    MPU->RBAR = mpu_cfg_rbar[i];        //配置区域的基地址寄存器
    MPU->RASR = mpu_cfg_rasr[i];        //配置区域属性和大小寄存器
}
for (i=4;i<8;i++) {                     //禁止未使用的区域
    MPU->RNR = i;                       //选择待配置的区域
    MPU->RBAR = 0;                      //配置区域基地址寄存器
    MPU->RASR = 0;                      //配置区域属性和大小寄存器
}
MPU->CTRL = MPU_CTRL_ENABLE_Msk;        //使能 MPU
__DSB();                                //存储器屏障,确保后序的数和指令
__ISB();                                //利用更新的 MPU 设置的传输
return 0;                               //无错误
}
//-------------------------------------------------------------
```

函数的开始处添加了确认 MPU 是否存在的简单代码,若 MPU 不可用,则函数退出,且返回 1 表示有错误出现,返回 0 表明操作成功。

该示例代码还对未使用的 MPU 区域进行了设置,以确保未使用的 MPU 区域处于禁止状态。由于未使用的区域之前可能已经使能过,因此这对于动态配置 MPU 的系统非常重要。

简单的 MPU 设置函数的流程如图 12.5 所示。

为了简化操作,待编程的 MPU 区域的选择可被合并至 MPU-> RBAR 中,代码如下所示:

```
//-------------------------------------------------------------
int mpu_setup(void)
{
uint32_t i;
uint32_t const mpu_cfg_rbar[4] = {
    //STM32L0 的 Flash 地址
    (0x08000000 | MPU_RBAR_VALID_Msk | (MPU_RBAR_REGION_Msk & 0)),
    //SRAM 区域 1
    (0x20000000 | MPU_RBAR_VALID_Msk | (MPU_RBAR_REGION_Msk & 1)),
    //GPIO 基地址
(GPIOD_BASE | MPU_RBAR_VALID_Msk| (MPU_RBAR_REGION_Msk & 2)),
```

检查MPU类型寄存器
确认MPU是否存在以
及区域是否足够

区域选择和区域寄存
器的编程可被合为一步

图 12.5　MPU 设置示例

```
//USART 基地址
    (RCC_BASE | MPU_RBAR_VALID_Msk | (MPU_RBAR_REGION_Msk & 3))
};
uint32_t const mpu_cfg_rasr[4] = {
(MPU_DEFS_RASR_SIZE_64KB | MPU_DEFS_NORMAL_MEMORY_WT |
MPU_DEFS_RASE_AP_FULL_ACCESS | MPU_RASR_ENABLE_Msk),    //Flash
(MPU_DEFS_RASR_SIZE_8KB | MPU_DEFS_NORMAL_MEMORY_WT |
MPU_DEFS_RASE_AP_FULL_ACCESS | MPU_RASR_ENABLE_Msk),    //SRAM
(MPU_DEFS_RASR_SIZE_4KB | MPU_DEFS_SHARED_DEVICE |
MPU_DEFS_RASE_AP_FULL_ACCESS | MPU_RASR_ENABLE_Msk),    //GPIO
(MPU_DEFS_RASR_SIZE_2KB | MPU_DEFS_SHARED_DEVICE |
MPU_DEFS_RASE_AP_FULL_ACCESS | MPU_RASR_ENABLE_Msk),    //USART
};
if (MPU->TYPE == 0) {return 1;}        //错误时返回 1
__DMB();                               //确保之前传输完成
MPU->CTRL = 0;                         //禁止 MPU
for (i = 0;i < 4;i++) {                //只配置 4 个区域
```

```
      MPU -> RBAR = mpu_cfg_rbar[i];      //配置区域基地址寄存器
      MPU -> RASR = mpu_cfg_rasr[i];      //配置区域属性和大小寄存器
   }
for (i = 4; i < 8; i++) {                 //禁止未使用的区域
   MPU -> RNR = i;                        //选择待配置的MPU区域
   MPU -> RBAR = 0;                       //配置区域基地址寄存器
   MPU -> RASR = 0;                       //配置区域属性和大小寄存器
}
MPU -> CTRL = MPU_CTRL_ENABLE_Msk;        //使能MPU
__DSB();                                  //存储器屏障,确保接下来的数据和指令
__ISB();                                  //传输使用更新后的MPU设置
return 0;                                 //无错误
}
// ------------------------------------------------------------
```

上述配置方法假设提前已知所需设置,否则,还需要实现一些通用函数来简化 MPU 配置。例如,可以编写如下 C 函数:

```
//使能MPU时带有输入选项
//选项可以是MPU_CTRL_HFNMIENA_Msk或MPU_CTRL_PRIVDEFENA_Msk
void mpu_enable(uint32_t options)
{
   MPU -> CTRL = MPU_CTRL_ENABLE_Msk | options;   //禁止MPU
   __DSB();                                        //确保MPU设置生效
   __ISB();                                        //利用更新后的设置
   return;
}
//禁止MPU
void mpu_disable(void)
{
   __DMB();                                        //确保之前的传输全部完成
   MPU -> CTRL = 0;                                //禁止MPU
   return;
}
//禁止区域的函数(0 到 7)
void mpu_region_disable(uint32_t region_num)
{
   MPU -> RNR = region_num;
   MPU -> RBAR = 0;
   MPU -> RASR = 0;
   return;
}
//使能区域的函数
void mpu_region_config(uint32_t region_num, uint32_t addr, uint32_t size, uint32_t attributes)
{
```

```
    MPU -> RNR = region_num;
    MPU -> RBAR = addr;
    MPU -> RASR = size | attributes;
    return;
}
```

在实现后,可以利用如下函数配置 MPU:

```
int mpu_setup(void)
{
    if (MPU -> TYPE == 0) {return 1;}               //无 MPU: 返回 1 表示错误
    mpu_disable();
    mpu_region_config(0, 0x08000000, MPU_DEFS_RASR_SIZE_64KB,
    MPU_DEFS_NORMAL_MEMORY_WT | MPU_DEFS_RASE_AP_FULL_ACCESS |
    MPU_RASR_ENABLE_Msk),                           //区域 0:Flash
    mpu_region_config(1, 0x20000000, MPU_DEFS_RASR_SIZE_8KB,
    MPU_DEFS_NORMAL_MEMORY_WT | MPU_DEFS_RASE_AP_FULL_ACCESS |
    MPU_RASR_ENABLE_Msk),                           //区域 1:SRAM
    mpu_region_config(2, IOPPERIPH_BASE, MPU_DEFS_RASR_SIZE_4KB,
    MPU_DEFS_SHARED_DEVICE | MPU_DEFS_RASE_AP_FULL_ACCESS |
    MPU_RASR_ENABLE_Msk),                           //区域 2:GPIO A 到 GPIO D
    mpu_region_config(3, USART1_BASE, MPU_DEFS_RASR_SIZE_2KB,
    MPU_DEFS_SHARED_DEVICE | MPU_DEFS_RASE_AP_FULL_ACCESS |
    MPU_RASR_ENABLE_Msk),                           //区域 3:USART
    mpu_region_disable(4);                          //禁止不用的区域
    mpu_region_disable(5);
    mpu_region_disable(6);
    mpu_region_disable(7);
    mpu_enable(0);                                  //使能 MPU,无须其他选项
    return 0;                                       //无错误
}
```

12.6 存储器屏障和 MPU 配置

在上述示例中,MPU 配置代码中添加了多个存储器屏障指令:

* DMB(数据存储器屏障),在禁止 MPU 前使用,确保数据传输不会重新排序,且如果有未完成的传输,会等到该传输完成后再写入 MPU 控制寄存器(MPU-> CTRL)来禁止 MPU。
* DSB(数据同步屏障),在使能 MPU 后使用,确保接下来的 ISB 指令只会在写入 MPU 控制寄存器结束后执行,还可以保证后续的数据传输使用新的 MPU 设置。
* ISB(指令同步屏障),用于 DSB 后,确保处理器流水线被清空且接下来的指令利用更新后的 MPU 设置被重新取出。

建议使用上述存储器屏障指令,由于处理器流水线相对简单,处理器同一时刻只能处理

一个数据,在 Cortex-M0＋处理器中忽略这些存储器屏障并不会引起什么问题。唯一需要 ISB 的情况是,MPU 设置更新后接下来的指令访问只能利用新的 MPU 设置执行。

从软件可移植性的角度来看,这些存储器屏障也非常重要,因为这样可以使软件重用于所有的 Cortex-M 处理器。

若 MPU 在嵌入式 OS 中使用,且 MPU 配置在上下文切换操作中完成(一般是 PendSV 异常处理),则异常入口和退出流程具有 ISB 的效果,因此从架构的角度来看就不需要 ISB 指令了。

若要了解 Cortex-M 处理器存储器屏障使用的其他信息,可以参考 ARM 应用笔记 321 《ARM Cortex-M 家族处理器存储器屏障指令编程指南》(参考文档[8])。

12.7　使用子区域禁止

子区域禁止(SRD)特性用于将一个 MPU 区域进行 8 等分,且独立设置每个部分为使能或禁止。该特性具有多种用途,下面将会一一介绍。

12.7.1　允许高效的存储器划分

SRD 在实现存储器保护的同时还可使存储器的使用更加高效。例如,假定任务 A 需要 5KB 的栈,而任务 B 需要 3KB 的栈,MPU 用于栈空间的划分,则无 SRD 特性的存储器设计需要 8KB 的栈用于任务 A,任务 B 则需要 4KB(见图 12.6)。

若使用 SRD,两个存储器区域可以重叠以降低存储器的使用,并且 SRD 可以避免应用任务访问其他任务的栈空间(见图 12.7)。

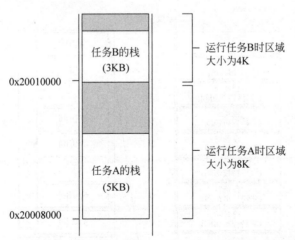

图 12.6　无子区域禁止时,由于区域大小和对齐的需要可能会浪费更多的存储器空间

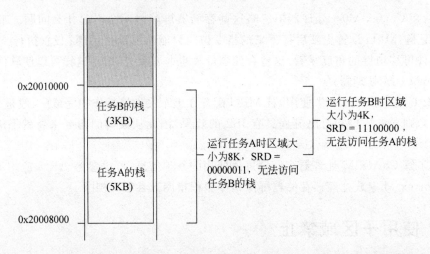

图 12.7　子区域禁止时，区域可以重叠，但仍然相互独立以提高存储器的使用效率

12.7.2　减少所需的区域总数

在定义外设访问权限时，可能会发现有些外设可由非特权任务访问，而有些则需要保护，只支持特权访问。要在没有 SRD 时实现保护，可能需要大量的区域。

外设通常都有相同的地址大小，可以很容易地用 SRD 来定义访问权限。例如，可以定义一个区域（或利用背景区域特性）来使能对所有外设的特权访问，然后定义一个编号更大且和外设地址区域重叠的区域为全访问（可由非特权任务访问），利用 SRD 屏蔽掉只支持特权访问的外设。图 12.8 是一个简单的示例。

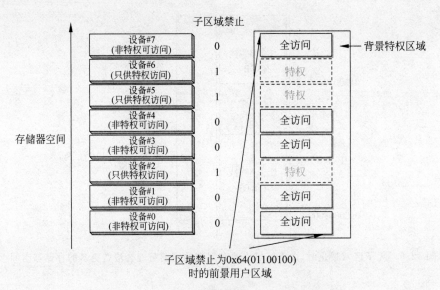

图 12.8　使用 SRD 控制独立外设的访问权限

12.8 使用 MPU 时的注意事项

使用 MPU 时需要考虑几个方面的问题。许多情况下,当 MPU 在嵌入式 OS 中使用时,OS 需要具有对 MPU 的内在支持。例如,一个特殊版本的 FreeRTOS(名为 FreeRTOS-MPU,http://www.freertos.org)以及 Wittenstein High Integrity Systems 的 OpenRTOS(http://www.highintegritysystems.com/)可以使用 MPU 特性。其他 RTOS 也可以使用具有静态配置的 MPU,且在栈溢出检测中使用栈边界检测特性。

12.8.1 程序代码

多数情况下,将程序存储器为不同任务划分为不同的 MPU 区域是不现实的,这是因为任务共用许多函数,其中包括运行时库函数以及设备驱动库函数。另外,若将应用任务和 OS 一起编译,则每个应用任务和 OS 内核的地址边界可能不会那么明显,而这却是设置 MPU 区域所需要的。一般来说,程序存储器(如 Flash)会被定义为一个区域,并且会被配置为只读的访问权限。

12.8.2 数据存储器

若应用任务和 OS 是在一起编译的,则应用任务使用的部分数据可能会同 OS 用的数据混在一起。这样就无法为每个数据单元赋予相应的访问权限。可能需要单独编译这些任务,然后利用链接脚本或其他手段手动将数据段放到 RAM 中。但是,堆存储器空间可能需要共用,因此无法利用 MPU 保护。

栈空间的划分处理起来通常会比较容易,可以在链接阶段预留一定的存储器空间,且强制应用任务将这些保留空间用于栈操作。不同的嵌入式 OS 和工具链分配栈空间的方法不同。

12.9 和 Cortex-M3/M4/M7 处理器的 MPU 间的差异

Cortex-M0＋处理器具有一个可选的 MPU,虽然它和 Cortex-M3、Cortex-M4 和 Cortex-M7 中的 MPU 几乎一模一样,但是还是存在一些差异,因此若 MPU 配置软件要在 Cortex-M0＋以及 Cortex-M3/M4/M7 上使用,需要注意表 12.11 所示的几个问题。

ARMv6-M 架构中的 MPU 存储器属性只支持一级缓存策略,因此 Cortex-M0＋处理器中的 TEX 域总是为 0。而对于 ARMv7-M 架构,TEX 则可以被设置为非零数值,以及使能内外缓存策略。

另外,ARMv7-M 架构中存在一个名为 MemManage 的可配置错误异常(存储器管理错误),用于处理 MPU 产生的错误异常,另外还有额外的错误状态寄存器用以分析错误的原因。MemManage 错误默认禁止,因此一般使用 HardFault,而 MemManage 错误可在运行时使能，且具有可配置的优先级，管理起来非常方便。

表 12.11 Cortex-M0＋和 Cortex-M3/M4 的 MPU 特性比较

	ARMv6-M （Cortex-M0＋）	ARMv7-M （Cortex-M3/M4/M7）
区域数量	8	8(所有)/16(Cortex-M7)
统一的 I&D 区域	Yes	Yes
区域地址	Yes	Yes
区域大小	256 字节到 4GB （可以利用 SRD 得到 32 字节）	256 字节到 4GB
区域存储器属性	S, C, B, XN	TEX, S, C, B, XN
区域访问权限	Yes	Yes
子区域禁止（SRD）	8 位	8 位
背景区域	Yes(可编程)	Yes(可编程)
NMI/HardFault 的 MPU 旁路	Yes(可编程)	Yes(可编程)
MPU 寄存器别名	No	Yes
MPU 寄存器访问	只支持字大小	字/半字/字节
错误异常	只有 HardFault	HardFault/MemManage

尽管 ARMv7-M 架构允许较小的区域（最低 32 字节），ARMv6-M 也可以利用子区域禁止将 256 字节的区域设置为 32 字节的子区域。若区域不大于 128 字节，则 ARMv7-M 架构无法使用子区域禁止。因此，也可以得到同等效率的最小区域。

总体而言，MPU 支持的存储器保护级别基本类似，且在两种 MPU 间的软件移植也比较简单。但是，ARMv7-M 架构支持多个错误状态寄存器，ARMv7-M 架构可以利用它们处理错误事件，ARMv6-M 架构中则不存在这些状态。因此，Cortex-M0＋处理器中的 HardFault 事件多数情况下是被认为不可恢复的（或非常严重），需要复位或终止任务执行；而对于 ARMv7-M 架构而言，是有可能从一些 MPU 相关的错误状态中恢复的。

第 13 章

调 试 特 性

13.1　软件开发和调试特性

在软件开发期间,为了确保正确的操作,或者查找程序没有按照预期运行的原因,通常需要详细检查程序的执行过程。有些情况下,可以使用 UART 之类的各种接口来输出少量的程序运行细节,而这样得到的信息往往不足以调试程序。另外,有些问题是无法调试的,尤其是程序在外设初始化前就崩溃了,或者错误机制受到调试消息报告代码的影响。

因此,ARM Cortex-M 处理器中集成了多个调试特性,以便于软件开发人员查找处理器中的问题。处理器上的调试特性只是一小部分内容,还需要下面几项才能实现调试操作(见图 13.1):

- 调试主机(如个人计算机)上的调试器软件,软件开发人员可以利用其提取出调试信息。
- 连接调试主机和微控制器的调试适配器(一般是硬件设备),有时适配器会被集成在开发板中。
- 微控制器上的调试接口。

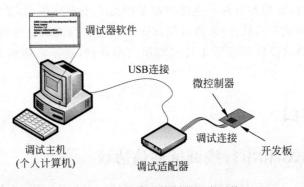

图 13.1　经典微控制器开发环境

对于一些 Cortex-M3、Cortex-M4 以及 Cortex-M7 微控制器，可以增加额外的跟踪接口，将更多的调试信息实时传送到调试主机上。Cortex-M0 和 Cortex-M0＋处理器中则不具备这种跟踪接口，因此本书将不讨论这部分内容。

接下来介绍一些调试相关内容，应该注意这些内容并不适用于所有的微控制器体系结构，有些微控制器可能不同（见表 13.1）。

通常需要添加断点、数据监视点，查看存储器空间以及寄存器等，这些调试体系特性目前已经是现代处理器设计的一部分。

Cortex-M0 和 Cortex-M0＋处理器上的调试和跟踪特性在设计上都基于一个占用很少引脚的串行接口。除了调试操作，该接口还可用于设备编程（在系统可编程）。有些早期的微控制器则需要一个仿真器才可以调试微控制器，或者在插入目标平台前需要先给微控制器编程。

表 13.1　ARM 微控制器常见的调试特性

项　　目	描　　述
暂停	调试事件（例如断点或监视点）或者调试请求导致的程序停止执行
断点	程序执行到被标记为断点的地址，引起能够暂停处理器的调试事件
硬件断点	一个硬件比较器用于比较当前程序地址和调试器设置的参考地址，当处理器从该地址中取指和执行时，该比较器会产生能够暂停处理器的调试事件信号
软件断点	程序存储器中会被插入断点指令（BKPT），这样程序执行到该地址时就会暂停
监视点	数据或外设的地址可以被标记为监视变量，对该地址的访问会产生调试事件，它会暂停程序执行
调试器	运行在调试主机上的一段程序（例如个人计算机），一般会通过 USB 适配器（或在线调试器）同微控制器上的调试系统通信，这样可以访问微控制器的调试特性
在线调试器	连接调试主机（如个人计算机）和微控制器的硬件单元，到主机的连接方式一般为 USB 或以太网，而到微控制器则为 JTAG 或串行线协议。在线调试器使用了多种技术：USB-JTAG 适配器、在线模拟器（ICE）、JTAG/SW 模拟器、运行时控制单元等
概况	调试器的一种特性，可以收集程序执行的数据，对于软件分析和软件优化非常有用

基于 ARM 的微控制器和其他一些微控制器的另一个差异在于，无须运行在处理器上的调试代理（一小段调试支持软件）来执行调试操作。在访问调试特性时，处理器硬件会执行调试操作。因此，调试操作不会带来任何程序大小开销，也不会影响包括栈在内的任何数据。

13.2　调试接口

13.2.1　JTAG 和串行线调试通信协议

要想访问微控制器上的调试特性，需要用到调试接口。ARM Cortex-M0 和 Cortex-M0＋微控制器的调试接口可以符合 JTAG（联合测试行为组织）协议，也可以符合串行线调试协议(见图 13.2)。

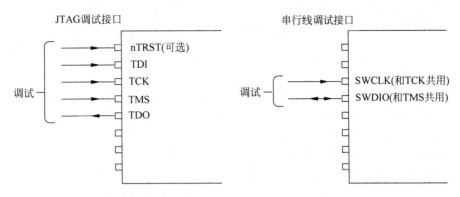

图 13.2 JTAG 和串行线接口

许多微控制器都支持名为 JTAG(联合测试行为组织)的串行协议。JTAG 是一种工业标准协议(IEEE 1149.1),可用于芯片级或 PCB 级的测试等多种用途,以及访问微控制器内的调试特性。尽管 JTAG 足以应对许多调试场景,其至少需要 4 个引脚:TCK、TDI、TMS 和 TDO。而复位信号 nTRST 则是可选的。

串行线调试协议只需要两根引脚:SWCLK 和 SWDO。串行线协议可以提供和 JTAG 相同的调试访问特性且支持校验错误检测,可以提高具有较高电子噪声的系统的可靠性。因此,串行线调试协议对许多微控制器供应商和用户都很有吸引力。

这两种协议都在串行位流中传输控制信息和数据,许多调试适配器同时支持这两种协议且可共用调试接头(参见附录 F"调试接头分配")。

JTAG 为 4 针或 5 针串行调试协议,一般用于数字部件测试,该接口所包含的信号如表 13.2 所示。

表 13.2 JTAG 调试的信号连接

JTAG 信号	描　　述
TCK	时钟信号
TMS	测试模式选择信号,控制协议状态切换
TDI	测试数据入,串行数据输入
TDO	测试数据出,串行数据输出
nTRST	测试复位,低有效的异步复位,用于 JTAG 状态控制单元 TAP 控制器(nTRST 信号是可选的,没有 nTRST,拉高 TMS 5 个周期也可以复位 TAM 控制器)

尽管 JTAG 接口应用广泛,对于一些引脚较少的微控制器来说,使用 4 个或 5 个引脚就太多了。因此,ARM 提出了只占用两个引脚的串行线调试协议(见表 13.3)。

尽管只需要两个信号,串行线调试协议在提供与 JTAG 相同功能的同时,还具有更优的性能。用于 ARM Cortex-M 处理器的大多数在线调试器和调试器软件工具,都能够支持串行线调试协议。

表 13.3　串行线调试的信号连接

串行线信号	描　　述
SWCLK	时钟信号
SWDIO	数据输入/输出,双向数据和控制通信

一般来说,Cortex-M0 和 Cortex-M0＋微控制器只支持其中一种协议以降低功耗,由于所需引脚较少,多数会选择使用串行线调试协议。

调试接口可以实现如下功能:

- Flash 存储器重复编程,无须将其从电路板上取下。
- 应用的调试和测试。
- 产品测试(例如,自测试应用可以下载到微控制器中并执行,或者若微控制器已经实现,通过 JTAG 连接执行边界扫描)。

13.2.2　Cortex-M 处理器和 CoreSight 调试架构

和其他多数处理器不同,ARM Cortex-M 处理器的调试接口和调试特性是由独立单元实现的,处理器设计中包含一个通用并行总线接口,可以通过它访问所有的调试特性,一个独立的调试接口块(在 ARM 文献中名为调试访问端口)将调试接口协议传递到并行总线接口(见图 13.3)。这种设计属于 CoreSight 调试架构的一部分,提高了 ARM Cortex 处理器调试方案的灵活性。

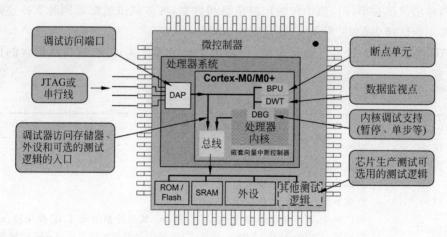

图 13.3　处理器内的调试接口连接

随着 CoreSight 调试架构的使用,Cortex-M0/M0＋处理器以及 Cortex-M 系列其他处理器的优势也更加明显,主要有如下优势:

- 将调试接口独立于主处理器逻辑之外,调试接口协议的选择变得越来越灵活,而且不会影响主处理器逻辑的调试特性。
- 多个处理器可以共享同一个调试接口单元,并使得系统的扩展性更强。由于内部连接为简单的并行总线接口,其他测试逻辑也很容易被添加到系统中。

- 所有 Cortex-M 处理器调试架构的设计都是一致的,使得开发工具供应商很容易地用一种工具链就能支持整个 Cortex-M 系列的处理器。

要了解 CoreSight 调试架构的细节,可以参考 ARM 网站的相关内容。

对于普通的软件开发,无须深入了解 CoreSight 架构。如果要对这方面有个大致的了解,可以参考《CoreSight Technical Introduction》(ARM EPM 039795,参考文档[13]),其中对架构进行了简要的介绍。另外,若要了解串行线调试协议的详细信息,可以参考《ARM Debug Interface v5.2》(ARM IHI 0031C,参考文档[14])。

13.2.3 调试接口的设计考虑

许多微控制器产品的 JTAG 或串行调试接口的引脚都是与外设接口或其他 I/O 引脚复用的,如果要将调试接口引脚用作 I/O,一般可以通过设置特定的外设控制寄存器切换引脚用途,这样调试器就无法连接到处理器上。因此,在设计嵌入式系统时,如果想方便地调试系统,就应该避免将调试接口引脚用作 I/O。

有些情况下,如果程序启动后立即将引脚从调试模式切换到 I/O,由于在引脚用法切换之前,调试器没有足够的时间去连接并暂停处理器,这样就会完全禁止调试器的使用。因此,也就无法调试程序或者对 Flash 存储器进行重新编程。从另一个方面来说,要想防止其他人修改芯片的程序代码,也可以使用这种方法。但是,如果微控制器具有一种可以禁止应用程序的特殊启动模式,这种处理就未必是安全的了。有些微控制器具有读回保护特性,以避免访问程序映像,这样也更加安全。要了解这种特性的详细内容,请参考微控制器供应商的文献。

13.3 调试特性一览

Cortex-M0 和 Cortex-M0+处理器支持以下有用的调试特性:

- 程序的暂停、恢复以及单步执行;
- 访问处理器内核寄存器和特殊寄存器;
- 硬件断点(最多 4 个比较器);
- 软件断点(BKPT 指令);
- 数据监视点(最多两个比较器);
- 动态存储器访问(无须停止处理器就可以访问系统存储器);
- 计算机采样以获知基本概况;
- 支持 JTAG 或串行线调试协议。

另外,Cortex-M0+处理器还支持使用一个名为微跟踪缓冲(MTB)的调试部件实现的指令跟踪。

这些特性对软件开发非常重要,并且可用于 Flash 编程和产品测试之类的其他工作。

Cortex-M0 和 Cortex-M0＋处理器的调试特性是基于 ARM CoreSight 调试架构的，并且这些特性在所有的 Cortex-M 处理器中都是一致的，这也使得一种调试工具只需经过很小的修改，就可以支持所有 Cortex-M 处理器。这种调试架构非常灵活，使得利用 CoreSight 调试架构构建复杂的多处理器产品也具有可能性。

Cortex-M0 和 Cortex-M0＋处理器的调试特性是可配置的。例如，在无线传感器之类的超低功耗应用中，片上系统的设计者可以去除一些或者全部调试特性来降低回路大小。如果应用中具备了调试接口，调试器软件可以通过读取多个寄存器获知已实现的调试特性。

13.4 调试系统

Cortex-M0 和 Cortex-M0＋处理器上的调试特性由多个调试部件控制，这些部件通过内部总线系统相连。然而，Cortex-M 处理器上运行的应用程序代码并不能操作这些部件（这点和 Cortex-M3/M4/M7 处理器不同，它们的软件可以操作调试部件），调试部件只能由连接到微控制器上的调试器访问（见图 13.4）。

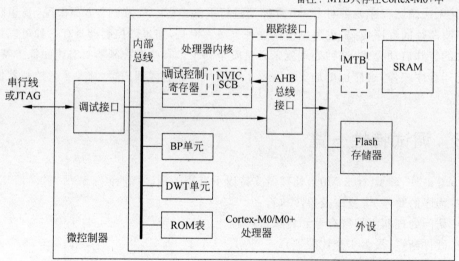

图 13.4　Cortex-M0/Cortex-M0＋微控制器中的调试部件

Cortex-M0/Cortex-M0＋具有多个调试部件，如表 13.4 所示。

调试系统也提供了访问 Flash、SRAM 及外设等系统存储器的入口，即使处理器正在运行，系统存储器也可以被访问。通过设置系统控制块（SCB）中的应用中断和复位控制寄存器（AIRCR），调试器也可以请求系统复位来复位微控制器。

关于调试部件的其他信息可以参考附录 E。

表 13.4　Cortex-M0/Cortex-M0＋和处理器系统中的调试部件

调试部件	描　　述
处理器内核的调试寄存器	处理器内核中的调试特性可以通过几个调试控制寄存器访问,它们可以提供: —暂停,单步,继续执行 —在处理器暂停时访问处理器寄存器 —向量捕获的控制
BP 单元	断点单元提供最多 4 个断点地址比较器
DWT 单元	数据监视点单元可以提供最多 2 个数据地址比较器,它也允许调试器定期采样用于概况的程序计数器
ROM 表	这是一个小的查找表,它使得调试器可以定位系统中可用的调试单元,并列出调试单元的地址,这样调试器通过检查这些部件的 ID 寄存器就可以确定可用的调试特性

13.5　暂停模式和调试事件

Cortex-M0 和 Cortex-M0＋处理器具有一种暂停模式,这种模式会停止程序执行并且允许调试器访问处理器的寄存器和存储器空间。在暂停模式下,以下情况会产生:

* 程序停止执行。
* SysTick 计数器停止计数。
* 处于休眠模式的处理器会在暂停前被唤醒。
* 可以访问处理器寄存器组中的寄存器以及特殊寄存器(读或写操作皆可)。
* 可以访问存储器和外设的内容(无须暂停处理器就能实现)。
* 中断仍可以进入挂起状态。
* 可以继续执行程序、进行单步操作或者复位微控制器。

当调试器与 Cortex-M0 或 Cortex-M0＋处理器相连时,它会首先设置处理器中的调试控制寄存器来使能调试系统,这个操作不能由微控制器运行的应用程序完成。调试系统使能之后,调试器才能停止处理器、下载应用程序以及复位控制器,然后才可以测试应用程序。

满足以下条件时,Cortex-M0 或 Cortex-M0＋处理器进入暂停模式:

* 调试器禁止了调试;
* 调试事件发生。

调试事件分为很多种,并且可以由硬件或软件产生(见图 13.5)。

调试器可以通过设置调试控制器寄存器停止程序执行,在具有多个处理器的嵌入式系统中,同时停止多个处理器也是可能的,这时需要用到硬件请求信号以及片上调试事件通信系统。

程序执行可以通过硬件断点、软件断点、监视点或者向量捕获事件等停止。向量捕获机制在某些允许的异常发生时能够暂停处理器内核,Cortex-M0 或 Cortex-M0＋处理器的两

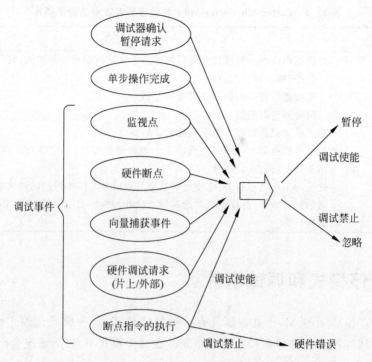

图 13.5　Cortex-M0/Cortex-M0＋处理器的调试事件

个向量捕获条件如下：

- 复位；
- HardFault。

向量捕获特性由 Cortex-M0/M0＋处理器的调试寄存器控制，并且能够在复位或硬件错误发生时（例如软件错误）自动停止处理器。当产生向量捕获时，处理器在执行复位或硬件错误异常处理的第一条指令前就会停止。

一旦调试器程序检测到处理器处于暂停状态，它就会检查 Cortex-M0/M0＋处理器中系统控制块（SCB）里的调试错误状态寄存器，以确定暂停的原因，然后该程序会将处理器已暂停的信息通知用户。处理器暂停后，才能访问处理器寄存器组中的寄存器以及特殊寄存器，才能访问存储器和外设中的数据或者执行单步操作。

处于暂停中的 Cortex-M0/M0＋处理器可以通过以下方式恢复运行：调试器设置调试寄存器，硬件调试复位接口的操作（例如，应用在多处理器系统中，可以确保多处理器同时恢复程序执行），或者复位。

13.6　利用 MTB 实现指令跟踪

在程序执行失败并且处理器进入 HardFault 时，指令执行历史和错误事件前执行的程序是非常有帮助的。这个特性是由指令跟踪实现的，并且是 Cortex-M0＋处理器中加入

MTB(微跟踪缓冲)的重要原因之一。

MTB 是位于 SRAM 和系统总线间的一个小部件(见图 13.6),在一般操作中,MTB 的角色是连接片上 SRAM 到 AHB 的接口模块。

在调试操作期间,调试器可以配置 MTB,将一小部分 SRAM 用作跟踪缓冲,存放跟踪信息。同时,还需要注意不要将这段 SRAM 用于跟踪操作。

当产生程序跳转时,或者程序流由于中断而发生改变时,MTB 会将源程序计数器和目的程序计数器存入 SRAM。每次跳转需要 8 个字节的跟踪数据,例如,如果 SRAM 只有 512 个字节用于指令跟踪,则可以最多存储最近 64 个程序变化,这对软件调试已经是很大的帮助了。

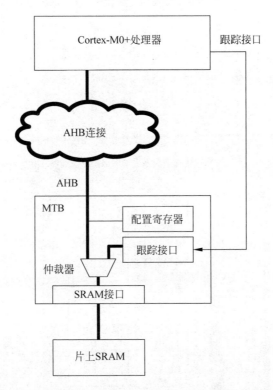

图 13.6 MTB 充当 AHB 和片上 SRAM 的桥接

MTB 支持两种操作模式:

(1) 环形缓冲模式,MTB 在环形缓冲模式中使用已分配的 SRAM,并且连续跟踪。当处理器进入 HardFault 时,调试器可以提取出跟踪缓冲中的信息并重建跟踪历史。图 13.7 为 Keil MDK 中使用 MTB 的示例截图,环形缓冲模式为 MTB 最常用的模型。

(2) 单次模式,MTB 从分配的跟踪缓冲开头处写入跟踪信息,当跟踪写指针到达一定位置时停止。MTB 可以选择通过确认调试请求信号来停止程序执行。

MTB 指令跟踪的重要优势如下:

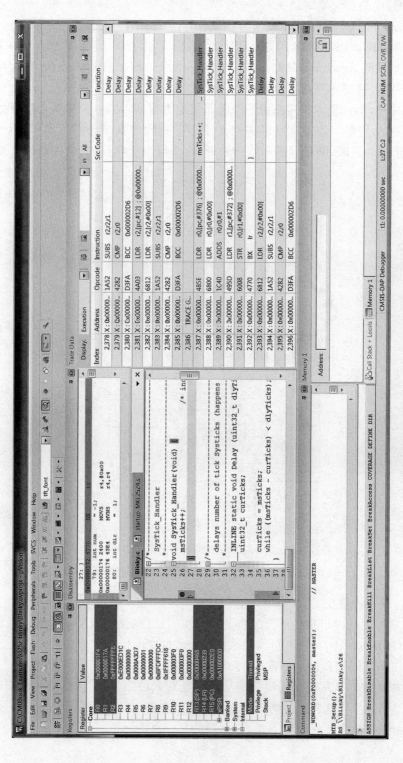

图 13.7 MTB 提供包中断事件视图内的指令执行历史

- 软件开发人员可以利用现有的低成本调试适配器提取跟踪信息。
- 一般来说，MTB 指令跟踪对程序执行周期的影响非常小，例如，在执行跳转操作时，处理器不会访问 SRAM，因此 MTB 可以在不影响处理器的情况下写入跟踪信息。但是，如果同时有其他的 SRAM 主控设备试图访问 SRAM，则 DMA 访问会延迟。
- 低硅片开销，MTB 的大小一般为 1.5k 个门（在 SRAM 和 AHB 间需要增加一些接口逻辑），并且和跟踪操作共用 SRAM，因此对功耗和硅片面积的影响可以降到最低。
- MTB 指令跟踪的大小和基地址是完全可配置的，提高了灵活性。

如果需要，芯片设计人员还可以为 MTB 操作设计一个具有独立 SRAM 的系统，但同时也会增加硅片面积和功耗。但是，如果未使用 MTB，应用代码也可以利用这块 SRAM。

MTB 具有如下的局限性：

- MTB 指令跟踪只能提供有限的跟踪历史，和 Cortex-M3、Cortex-M4 以及 Cortex-M7 处理器中的 ETM 跟踪不同，在调试器提取之前，跟踪历史是存储在芯片中的，因此跟踪历史长度是有限的。
- MTB 跟踪不提供程序执行的时序信息，跟踪信息中只有程序流变化时的源和目的。

但是，MTB 对于微控制器软件开发人员仍然是非常有用的低成本调试方案。

第 14 章

Keil 微控制器开发套件入门

14.1　Keil 微控制器开发套件介绍

14.1.1　概述

常见的 ARM 微控制器开发组件有很多种，ARM Keil 微控制器开发套件（MDK-ARM）就是其中之一。Keil MDK 基于 Windows 环境，并且提供以下组件：

- μVision 集成开发环境（IDE）；
- ARM 编译工具，其中包括 C/C++ 编译器、汇编器、链接器和工具；
- 调试器；
- 模拟器；
- RTX 实时内核，微控制器用的嵌入式 OS；
- 多种微控制器的启动代码；
- 多种微控制器的 Flash 编程算法；
- 编程实例和开发板支持文件。

可以从 Keil 网站（www.keil.com）下载 Lite 版本的 Keil MDK-ARM，该版本将程序代码大小限制在 32KB 以内（编译后的大小），但没有时间限制，这对于大多数的简单应用程序已经足够，也可以从微控制器供应商处获取 Keil MDK 的评估版。如果要将 Keil MDK 用于商业工程，就需要在 Keil 网站上购买一份授权然后就可以得到一个软件授权号，这个授权号可以将评估版转换为完全版。各微控制器供应商的 Cortex-M 评估套件中也会包含 Keil MDK-ARM 的 Lite 版本，还可以从网址 http://www2.keil.com/stmicroelectronics-stm32 下载用于 STM32L0/F0 的 Keil MDK-ARM 的特殊版本。

14.1.2　工具

Keil MDK 使用的 C 编译器同 ARM R 编译工具以及 ARM Development Studio 5（DS-5）具有相同的编译器引擎，其提供极佳的性能和代码密度。

如果需要，还可以在 Keil MDK 中使用 gcc。第 16 章将会介绍这方面的内容。

μVision IDE 中的调试器可以连接如下的调试适配器：

- Keil USB-JTAG 适配器，例如 ULINK2、ULINK Pro 以及 ULINK-ME 等；
- Signum Systems JTAGjet；
- Segger 的 J-Link 和 J-Trace。

另外还有些调试适配器是和开发板集成在一起的，如下所示：

- CMSIS-DAP；
- ST-LINK，ST-LINK V2；
- Silicon Labs UDA 调试器；
- Stellaris ICDI（Texas Instrument）；
- NULink 调试器。

如果存在第三方调试器插件，也可以使用其他的调试适配器，例如 CooCox（http://www.coocox.org）的 CoLink 和 CoLinkEx。这些硬件适配器的设计信息和体系是可以免费得到的，因此任何人都能以 DIY 的方式构建自己的调试适配器。

即使没有在线调试器，也可以利用第三方编程工具生成程序映像以及下载程序。当然，如果是 Keil 支持的在线调试器，就可以通过 μVision IDE 进行系统调试，这样更加方便并且高效。许多低成本的开发板也有内置的调试适配器，也可以用作其他微控制器设备的适配器。

14.1.3　Keil MDK 的优势

Keil MDK 提供高质量的编译器和多个特性，并支持多种微控制器产品，使用起来也非常简单。

Keil MDK 的另一个优势在于其支持市面上的大量 ARM 微控制器，除了标准的编译和调试支持外，还提供启动代码和 RTX OS 文件等配置文件，使得软件开发既简单又快速。

从 Keil MDK 的版本 5 开始，IDE 开始支持 CMSIS-PACK 特性，利用软件包安装程序，可以下载到最新的软件包。

14.1.4　安装

Keil MDK 可以从 http://www.keil.com/arm/demo/eval/arm.htm 下载。

在安装了 Keil MDK 后，还需要下载并安装微控制器设备所需的软件包。可以利用软件包安装器来下载并安装（见图 14.1），也可以从 www.keil.com/pack 下载，然后手动安装。

利用软件包安装器（见图 14.2），可以安装超过 3000 种 Cortex-M 微控制器设备所用的最新软件包。单击左侧的按钮，程序就会自动下载并将所需的软件包自动安装到工具链中。Keil MDK 当前只能用在 Windows 平台上。

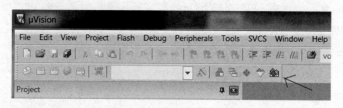

图 14.1　在 Keil MDK IDE 中查看包安装器

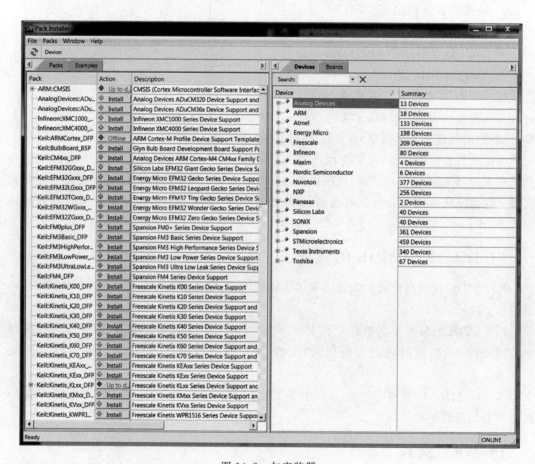

图 14.2　包安装器

14.2　典型的程序编译流程

Keil™ MDK 工程的典型编译流程如图 14.3 所示。在建立好工程后，编译工作由 IDE 完成，因此只需几步就能将程序下载到微控制器并对其进行测试。

基本上可以用 C 语言实现整个程序，启动代码（位于 Keil MDK 安装包或微控制器供应

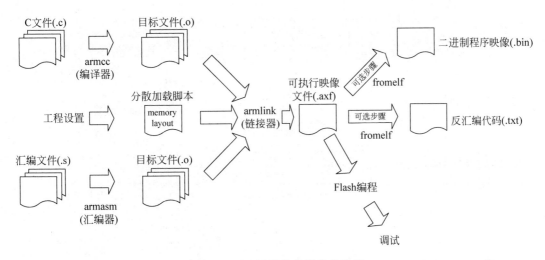

图 14.3　Keil MDK 编译流程示例

商提供)一般是用汇编语言编写的。另外,还需要微控制器供应商提供的其他文件(参见 3.5.4 节)。如图 14.4 所示,要创建一个工程,至少需要一个应用程序文件以及微控制器供应商提供的几个文件。

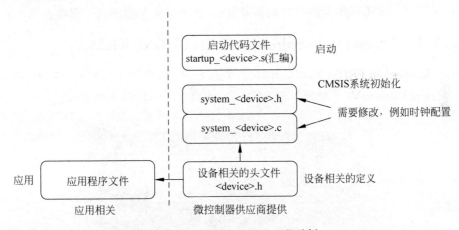

图 14.4　CMSIS-CORE 工程示例

　　进一步来看,设备相关的头文件引入了一些 ARM 的 CMSIS-CORE 头文件,其中包括一些普通的 CMSIS-CORE 文件(见图 14.5)。一般来说,在工程中使能 CMSIS-CORE 选项后就可以将这些文件加入工程,因此无须将它们显式包含在工程中。如果要使用 CMSIS-PACK 中不存在的微控制器,还可以将这些文件手动加入工程搜索路径。

　　如果要使用早期版本的 CMSIS-CORE(版本 2.0 或之前),一些访问特殊寄存器的内核函数和几个内在函数需要 CMSIS-CORE 包中的一个名为 core_cm0.c 的文件。由于这些文件中的函数已经被其他头文件实现,CMSIS- CORE 的较新版已经不需要这些文件了。

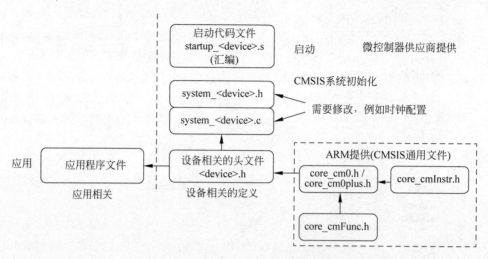

图 14.5 包含 ARM 提供的 CMSIS-CORE 头文件的示例工程

14.3 硬件介绍

市面上存在很多不同类型的微控制器开发板，这里介绍下面的例子里涉及的几种。

14.3.1 Freescale Freedom 开发板（FRDM-KL25Z）

Freescale Freedom FRDM-KL25Z 开发板（见图 14.6）基于 Freescale MKL25Z128VLK4 微控制器，其具有 Cortex-M0＋处理器、128KB Flash 以及 16KB SRAM。

图 14.6 Freescale Freedom 板（FRDM-KL25Z）

该开发板包含一个符合 CMSIS-DAP 的片上调试适配器，并支持虚拟 COM 口（USB 转 UART 通信），它还可用于 mbed 开发环境，除了 Freescale 官方网站，http://developer. mbed. org/platforms/KL25Z/中也有许多有用的资源。

本书的例子适用于该开发板的版本 D 和版本 E。

对于 Windows 用户,还需要安装设备驱动,以使能 CMSIS-DAP 和 USB 虚拟串口 (http://developer.mbed.org/handbook/Windows-serial-configuration)。

需要注意的是,在编写启动代码时应该非常小心,因为对于该设备来说,程序映像的地址 0xC0 到 0xCF 有特殊用途。本区域用于 Flash 保护,需要被设置为特定值,才能擦除以及编程 Flash,例如,

```
0x000000C0 : 0xFFFFFFFF
0x000000C4 : 0xFFFFFFFF
0x000000C8 : 0xFFFFFFFF
0x000000CC : 0xFFFFFFFE
```

多数情况下,本系列微控制器设备的启动代码中应该包含插入这些数值的部分,如果实现自己的启动代码,则需要确保向量表后紧跟着这些数值,否则,可能会锁定微控制器设备,再也无法恢复过来。

14.3.2　STMicroelectronics STM32L0 Discovery

STM32L0 Discovery(见图 14.7)基于 Cortex-M0+微控制器 STM32L053C8T6,具有 64KB Flash 以及 8KB SRAM。

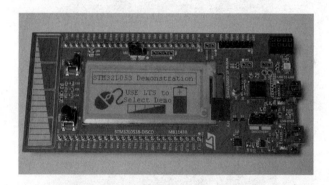

图 14.7　STM32L0 Discovery

STM32L0 Discovery 板具有如下的多个有用特性:

- 可插入面包板做原型验证;
- 其中包括一个名为 ST-LINK V2-1 的板上调试适配器,该适配器支持虚拟 COM 端口特性;
- 包含一个 172×72 的屏幕。

在 Keil MDK 中使用 STM32L0 Discovery 前,需要完成以下步骤:

(1) 安装 ST-LINK v2-1 的设备驱动(即使之前安装过 ST-LINK v2 的驱动也需要这一步),驱动可以从 http://www.st.com/web/catalog/tools/FM147/SC1887/PF260218 下载。

（2）需要将最新的 ST-LINK 固件下载到板上，固件和说明可以参考 http：//developer. mbed. org/teams/ST/wiki/Nucleo-Firmware。

14. 3. 3   STMicroelectronics STM32F0 Discovery

STM32F0 Discovery(见图 14.8)基于 Cortex-M0＋微控制器 STM32F051R8T6，具有 64KB Flash 和 8KB SRAM。

这款低成本的开发板包含一个名为 ST-LINK v2 的调试适配器，和 STM32L0 Discovery 类似，可以将这个板子插入面包板做原型验证。但是，它不具有虚拟 COM 端口特性，因此需要另外加一个适配器才可以实现板子和计算机间的 UART 通信。

在 Keil MDK 中使用 STM32F0 Discovery 前，需要安装 ST-LINK v2 的设备驱动，在安装 Keil MDK 后，ST-LINK v2 驱动安装文件位于 C：\Keil\ARM\STLink\USBDriver 或 C：\Keil_v5\ARM\STLink\USBDriver。

图 14.8   STM32F0 Discovery

14. 3. 4   NXP LPC1114FN28

最后介绍的是基于 Cortex-M0 的处理器并且具有 28 个引脚、DIP 封装的微控制器——

NXP LPC1114FN28,非常适合电子爱好者使用,适用于面包板(见图 14.9)以及自己设计的 PCB。

图 14.9　LPC1114FN28 面包板

图 14.9 左侧为面包板用的电压调节模块,右侧则为调试接头(要了解调试接口方面的详细信息,请参考附录 H"ARM Cortex-M0 微控制器的面包板工程")。

从图 14.9 中可以看到,用面包板很容易就能实现一个最小系统。要在 Keil MDK 中使用,还需要一个单独的 USB 调试适配器,例如 ULINK2 等。

LPC1114FN28 微控制器处理器包含一个 12MHz 的内部 RC 振荡器,因此,外部晶振是可选的。如果应用对时钟精度要求较高,则一般选用外部晶振。

要了解电路组成方面的内容,可以参考附录 H。

14.4　μVision IDE 入门

14.4.1　如何开始

开始构建第一个工程,假定

(1) 计算机上已经安装了版本 5 的 Keil MDK 以及软件包(适用于所使用的微控制器),下面的例子基于 Keil MDK 5.12。

(2) 有一块 Cortex-M0/Cortex-M0+开发板(若无开发板,多数的例子可以使用 MDK 的模拟器测试)。

(3) 有 Keil MDK 支持的调试适配器(或者开发板内的)。

14.4.2　启动 Keil MDK

启动 μVision IDE 时,首先会看到类似于图 14.10 所示的窗口。

从创建一个新的工程开始,如图 14.11 所示,单击菜单项 Project-> New μVision Project。

在第一个工程中,实现一个简单的程序来翻转 LED,并将该工程命名为"blinky"。可以自己选择工程目录,在本例中,将工程分别放在如下路径:

- Freescale FRDM-KL25Z:C:\CM0Book_Examples\ch_14\kl25z\blinky(14.4.3 节);
- STM32L0 Discovery:C:\CM0Book_Examples\ch_14_stm32l0_blinky(14.4.4 节);

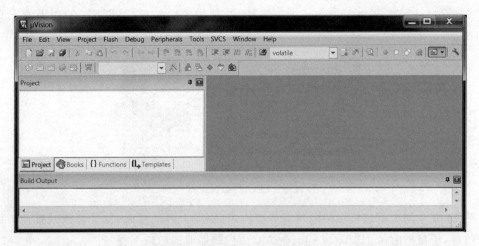

图 14.10 μVision 启动窗口

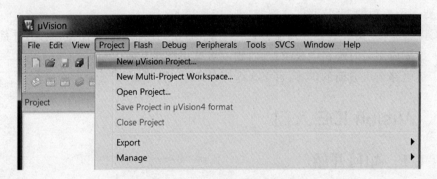

图 14.11 新建一个工程

- STM32F0 Discovery：C:\CM0Book_Examples\ch_14_stm32f0_blinky(14.4.5节)；
- LPC1114FN28：C:\CM0Book_Examples\ch_14_lpc1114_blinky(14.4.6节)。

14.4.3 Freescale FRDM-KL25Z 工程设置步骤

工程创建向导的下一步是定义工程所用的微控制器，如图 14.12 所示，对于 FRDM-KL25Z，选择 MKL25Z128xxx4。

进入 Run-Time Environment 管理器对话框，可以向其中添加所用的软件部件。为了简化工程设置，如图 14.13 所示，选择 CMSIS-CORE 和设备相关的启动代码选项。

如图 14.14 所示，带有启动代码的工程生成了。

接下来，如图 14.15 所示，通过右键单击"Source Group 1"并选择"Add New Item…"来添加新的文件。

看到如图 14.16 所示的对话框，选择 C 文件后输入"blinky"作为文件名。

如图 14.17 所示，现在可以展开"Source Group 1"，打开"blinky.c"后添加工程代码。

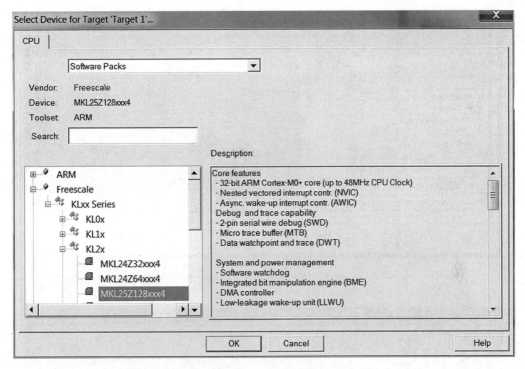

图 14.12　为 FRDM-KL25Z 板选择 MKL25Z128xxx4

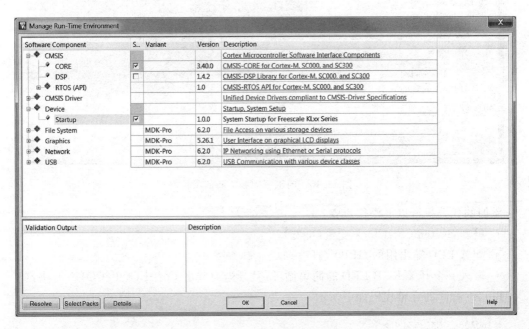

图 14.13　选择 CMSIS-CORE 以及设备相关的启动文件

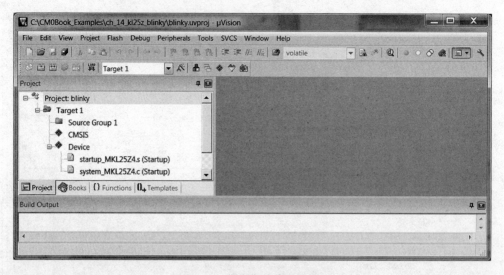

图 14.14　带有启动代码的工程

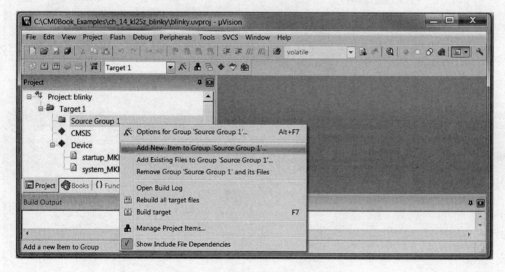

图 14.15　向工程中添加新的项目

添加的代码执行以下操作步骤：

- 更新 SystemCoreClock 变量（可选）；
- 配置 LED 输出用的 GPIO 端口；
- 输入一个开关 RGB LED 的简单循环，且延迟时间由 C 宏 LOOP_COUNT 决定。

Blinky 程序的完整代码如下所示：

```
#include <MKL25Z4.H>
const uint32_t led_mask[] = {1UL << 18, 1UL << 19, 1UL << 1};
//LED #0, #1 为端口 B, LED #2 为端口 D
```

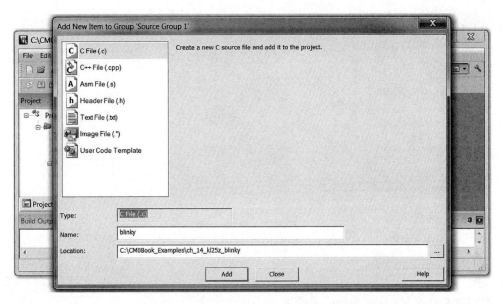

图 14.16　选择文件类型以及新文件的名称

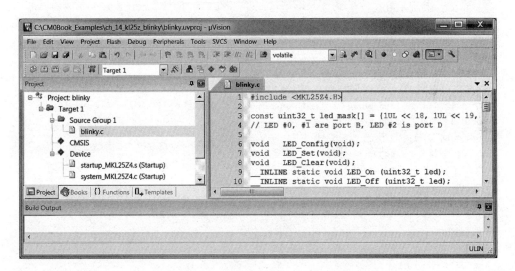

图 14.17　添加的 Blinky 程序代码

```
void LED_Config(void);
void LED_Set(void);
void LED_Clear(void);
__INLINE static void LED_On (uint32_t led);
__INLINE static void LED_Off (uint32_t led);
void Delay(uint32_t nCount);
int main(void)
{
```

```
    SystemCoreClockUpdate();    //可选 - 设置 SystemCoreClock 变量
    //配置 LED 输出
    LED_Config();
    #define LOOP_COUNT 0x80000
    while(1){
      Delay(LOOP_COUNT);
      LED_Set();
      Delay(LOOP_COUNT);
      LED_Clear();
    };
}
void Delay(uint32_t nCount)
{
  while(nCount -- )
  {
  }
}
/* -------------------------------------------------------------------
LED pin config
--------------------------------------------------------------------- */
void LED_Config(void)
{
  SIM -> SCGC5 | = (1UL << 10) | (1UL << 12); /* 使能端口 B 和端口 D 的时钟 */
  PORTB -> PCR[18] = (1UL << 8); /* 引脚 PTB18 为 GPIO */
  PORTB -> PCR[19] = (1UL << 8); /* 引脚 PTB19 为 GPIO */
  PORTD -> PCR[1] = (1UL << 8); /* 引脚 PTD1 为 GPIO */
  FPTB -> PDOR = (led_mask[0] | led_mask[1] ); /* 关闭红绿 LED */
  FPTB -> PDDR = (led_mask[0] |
  led_mask[1] ); /* 使能 PTB18/19 为输出 */
  FPTD -> PDOR = led_mask[2]; /* 关闭蓝色 LED */
  FPTD -> PDDR = led_mask[2]; /* 使能 PTD1 为输出 */
  return;
}
/* -------------------------------------------------------------------
打开 LED
--------------------------------------------------------------------- */
void LED_Set(void)
{
  LED_On(0);
  LED_On(1);
  LED_On(2);
  return;
}
/* -------------------------------------------------------------------
关闭 LED
--------------------------------------------------------------------- */
void LED_Clear(void)
```

```
{
  LED_Off(0);
  LED_Off(1);
  LED_Off(2);
  return;
}
/* -----------------------------------------------------------------
打开 LED（一个）
  ---------------------------------------------------------------- */
__INLINE static void LED_On (uint32_t led) {
  if (led == 2) FPTD->PCOR = led_mask[led];
  else FPTB->PCOR = led_mask[led];
}
/* -----------------------------------------------------------------
关闭 LED（一个）
  ---------------------------------------------------------------- */
__INLINE static void LED_Off (uint32_t led) {
  if (led == 2) FPTD->PSOR = led_mask[led];
  else FPTB->PSOR = led_mask[led];
}
```

1）时钟配置

下一步是定义时钟配置（本工程的这一步是可选的），在工程里可以看到文件“system_MKL25Z4.c”，打开该文件并将 CLOCK_SETUP 修改为 1，这样系统会在启动时得到 48MHz 的处理器时钟以及 24MHz 的总线时钟。

2）工程设置

在创建工程和平台文件后，将应用下载到微控制器的 Flash 存储器并进行测试前，一般需要调整一些工程设置。多数情况下，在选择了设备后，Keil μVision IDE 会自动完成所有和微控制器相关的设置，但是，还需要进行以下设置：

- 调试设置；
- 编译器优化设置。

需要了解有什么可用的设置，以及一个工程运行需要什么设置。

可用的工程设置有很多，首先来看将程序下载到 Flash 并进行测试所需的设置，可以按照下面的方式进入工程设置菜单：

- 选择工具栏中的目标选项按钮 ▓。
- 在下拉菜单中，选择 Project-> Option for Target。
- 选择工程窗口中的工程目标名（如“Target 1”）并右键单击，然后选择该目标的选项。
- 使用热键 Alt+F7。

如图 14.18 所示，工程选项菜单中包含许多标签。

当选择了微控制器器件后，Keil μVision IDE 默认会自动设置存储器映射，大多数情况下，不需要更改存储器设置。但是，如果程序运行失败或者 Flash 编程不顺利，就需要检查这些设置，以免它们意外变成错误值。

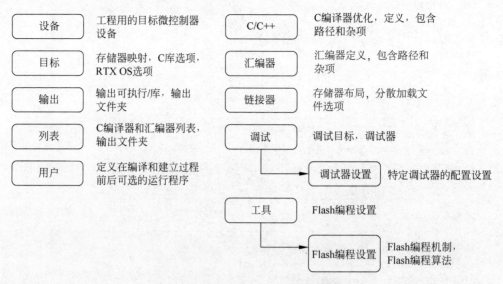

图 14.18　Keil MDK 中的工程选项标签

3）调试器设置

对于有些设置，必须手动处理，例如调试器的配置，因为 Keil μVision IDE 并不知道将使用哪种在线调试器。首先来看图 14.19 所示的调试选项，在这里为 FRDM-KL25Z 选择"CMSIS-DAP"，也可以更改这些配置，选择其他可用的调试器。

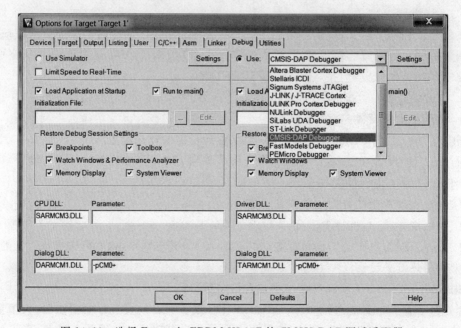

图 14.19　选择 Freescale FRDM-KL25Z 的 CMSIS-DAP 调试适配器

将开发板插入 USB 端口,此时会弹出一个窗口,板子被当做 USB 存储设备。这是正常的,因为 USB 调试适配器支持多种功能。单击 Settings 按钮来设置 CMSIS-DAP 调试适配器。

由于 KL25Z 微控制器不支持 JTAG,需要在 CMSIS-DAP 设置中选择如图 14.20 所示的 SW(串行线)协议。否则,该对话框的 JTAG Device Chain 窗口中会出现"RDDI-DAP Error"提示。

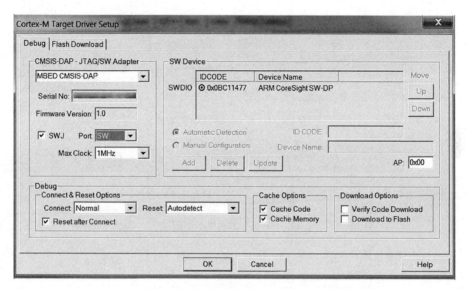

图 14.20　CMSIS-DAP 选项

从 SW 设备状态中,可以看到调试器读取了调试接口的 IDCODE,因此可以判断调试器能够和开发板通信。有些情况下,可能还需要调整调试通信的最大时钟频率,其数值由多个因素决定,例如微控制器设备、电路板(PCB)的设计以及调试线缆长度。

一般来说,Flash 编程选项应该在选择微控制器设备时就已经设置好了,例如,KL25Z 的编程选择应该由 Keil MDK 自动设置(见图 14.21)。但是,有些情况下,可能也会需要手动设置。

4) 编译

在设置完工程选项后,就可以编译并测试程序了。可以使用工具栏中的多个按钮(见图 14.22)来执行编译过程,单击 Build Target 按钮就可以开始编译过程,或者使用下拉菜单(菜单 Project-> Build Target)以及使用热键 F7。程序编译及链接后,就会看到如图 14.23 所示的编译状态信息。

然后就可以通过这几种方式开始调试会话:使用下拉菜单(Debug-> Start/Stop Debug session),单击工具栏上的调试按钮 🔍,使用热键 Ctrl+F5。如图 14.24 所示,当调试过程开始后,编译映像会被自动下载到微控制器中。如果没有自动下载,可以利用工具栏上的 Load 按钮下载映像。

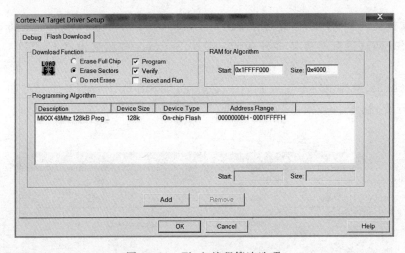

图 14.21　Flash 编程算法选项

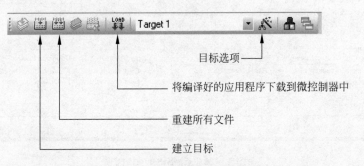

图 14.22　工具栏中的常用按钮

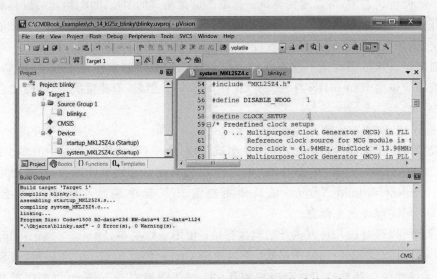

图 14.23　Blinky 工程的编译结果显示在构建输出窗口

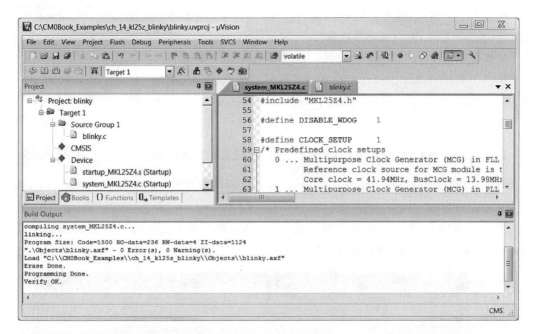

图 14.24　Flash 编程状态输出

将程序下载到微控制器后,窗口会变为调试器会话模式(见图 14.25)。

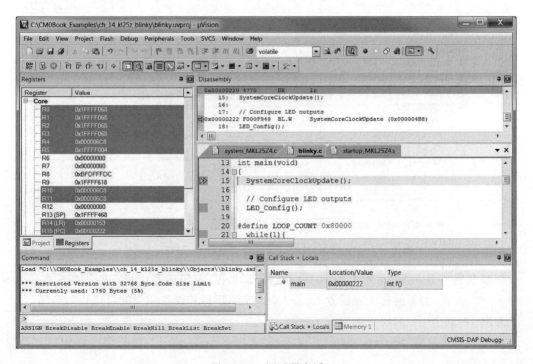

图 14.25　调试器会话

如图 14.26 所示，现在可以利用运行按钮、热键 F5 或者下拉菜单（Debug-> Run）来启动程序执行。

如果看到板上的 LED 正在闪烁。恭喜！已经成功创建并测试了第一个 Cortex-M0 工程。可以利用工具栏上的调试会话按钮 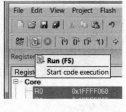、热键 Ctrl＋F5 或下拉菜单（Debug-> Start/Stop Debug Session）来关闭调试会话。

图 14.26　Run 按钮

14.4.4　STMicroelectronics STM32L0 Discovery 工程设置步骤

对于 STM32L0 Discovery 板，blinky 示例工程的目录为 C：\CM0Book_Examples\ch_14_stm32l0_blinky。

工程创建向导的下一步是选择工程所用的微控制器，如图 14.27 所示，STM32L0 Discovery 板选择的是 STM32L053C8。

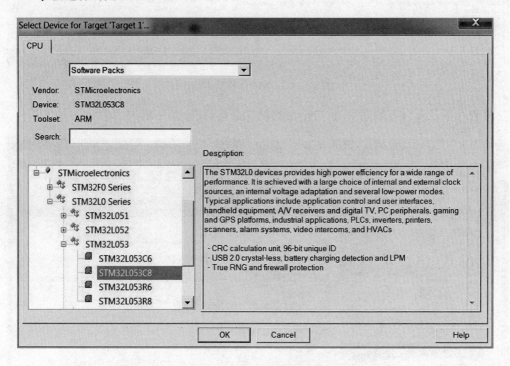

图 14.27　为 STM32L0 Discovery 板选择 STM32L053C8

屏幕会显示 Run-Time Environment 管理器对话框，可以向其中加入所用的软件部件。如图 14.28 所示，为了简化工程设置，选择 CMSIS-CORE 和设备相关的启动代码选项。

如图 14.29 所示，启动代码生成了。

接下来右键单击"Source Group 1"并选择"Add New Item…"，将新文件添加到工程中（见图 14.30）。

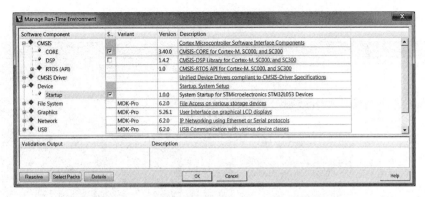

图 14.28　选择 CMSIS-CORE 和设备相关的启动文件

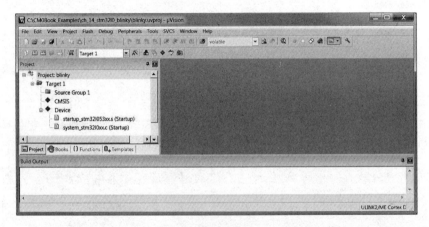

图 14.29　带有启动代码的工程

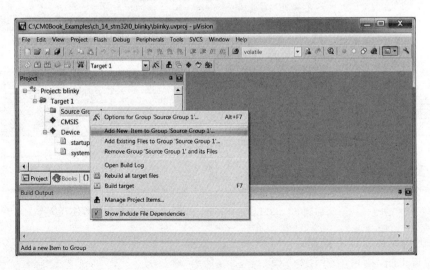

图 14.30　将新项目添加到工程中

弹出如图 14.31 所示的对话框,选择 C 文件后输入 blinky 作为文件名。

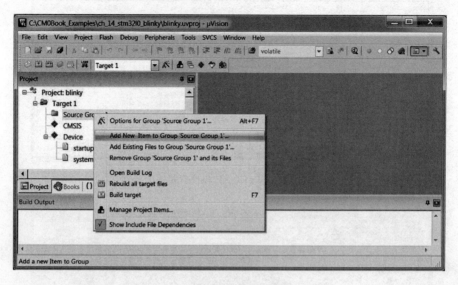

图 14.31　选择文件类型和新文件的名称

如图 14.32 所示,展开"Source Group 1",并在打开"blinky.c"后添加工程代码。为了方便 GPIO 设置,此处还添加了一个处理 GPIO 配置的单独 C 文件。

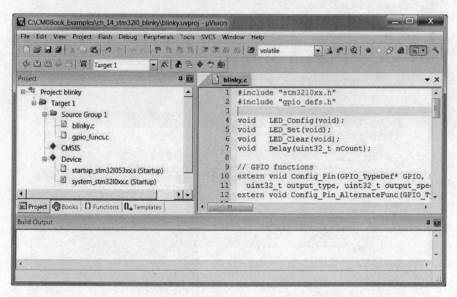

图 14.32　添加到 STM32L0 Discovery Blinky 示例工程中的程序代码

添加的代码执行以下操作:

- 配置 LED 输出用的 GPIO 端口;
- 输入一个开关 RGB LED 的简单循环,且延迟时间由 C 宏 LOOP_COUNT 决定。

Blinky 程序的完整代码如下所示：

（1）适用于 STM32L0 Discovery 的 Blinky.c

```
# include "stm32l0xx.h"
# include "gpio_defs.h"
void LED_Config(void);
void LED_Set(void);
void LED_Clear(void);
void Delay(uint32_t nCount);
//GPIO 函数
extern void Config_Pin(GPIO_TypeDef * GPIO, uint32_t pin, uint32_t mode,
uint32_t output_type, uint32_t output_speed, uint32_t pull_type);
extern void Config_Pin_AlternateFunc(GPIO_TypeDef * GPIO, uint32_t pin, uint32_t AF);
int main(void)
{
  //配置 LED 输出
  LED_Config();
  # define LOOP_COUNT 0x40000
  while(1){
    Delay(LOOP_COUNT);
    LED_Set();
    Delay(LOOP_COUNT);
    LED_Clear();
  };
}
void Delay(uint32_t nCount)
{
  while(nCount -- ) {
  }
}
void LED_Config(void)
{
  RCC -> IOPENR | = RCC_IOPENR_GPIOBEN;      //使能端口 B 时钟,用于 LED
  RCC -> IOPENR | = RCC_IOPENR_GPIOAEN;      //使能端口 A 时钟,用于 LED 和 USART
  Config_Pin(GPIOB, 4, GPIO_MODE_OUTPUT, GPIO_TYPE_PUSHPULL, GPIO_SPEED_LOW, GPIO_NO_PULL);
  //PB4
  Config_Pin(GPIOA, 5, GPIO_MODE_OUTPUT, GPIO_TYPE_PUSHPULL, GPIO_SPEED_LOW, GPIO_NO_PULL);
  //PA5
  return;
}
void LED_Set(void)
{
  GPIOA -> BSRR = (1 << 5);                 //设置第 5 位
  GPIOB -> BSRR = (1 << 4);                 //设置第 4 位
  return;
}
void LED_Clear(void)
```

```
{
    GPIOA -> BSRR = (1 << (5 + 16));              //清除第 5 位
    GPIOB -> BSRR = (1 << (4 + 16));              //清除第 4 位
    return;
}
```

（2）GPIO 函数文件

```
gpio_funcs.c
#include "stm32l0xx.h"
/* 配置 GPIO 引脚 */
void Config_Pin(GPIO_TypeDef * GPIOx, uint32_t pin, uint32_t mode,
uint32_t output_type, uint32_t output_speed, uint32_t pull_type)
{
    GPIOx -> MODER &= ~(0x3 << (2 * pin));            //清除模式
    GPIOx -> MODER |= (mode << (2 * pin));            //设置模式
    GPIOx -> OTYPER &= ~(0x1 << pin);                //清除类型
    GPIOx -> OTYPER |= (output_type << pin);         //设置类型
    GPIOx -> OSPEEDR &= ~(0x3 << (2 * pin));         //清除速度
    GPIOx -> OSPEEDR |= (output_speed << (2 * pin)); //设置速度
    GPIOx -> PUPDR &= ~(0x3 << (2 * pin));           //清除上下拉
    GPIOx -> PUPDR |= (pull_type << (2 * pin));      //设置上下拉
    return;
}
//设置 GPIO 引脚的其他功能
void Config_Pin_AlternateFunc(GPIO_TypeDef * GPIOx, uint32_t pin, uint32_t AF)
{
    int bit_num;
    if (pin >= 8) {
        bit_num = (pin - 8) * 4;
        GPIOx -> AFR[1] &= ~(0xF << bit_num);        //清除 AF
        GPIOx -> AFR[1] |= (AF << bit_num);          //设置新的 AF
    } else {
        bit_num = pin * 4;
        GPIOx -> AFR[0] &= ~(0xF << bit_num);        //清除 AF
        GPIOx -> AFR[0] |= (AF << bit_num);          //设置新的 AF
    }
}
```

（3）定义 GPIO 配置常量的头文件

```
gpio_defs.h
#define GPIO_MODE_INPUT 0
#define GPIO_MODE_OUTPUT 1
#define GPIO_MODE_ALTERN 2
#define GPIO_MODE_ANALOG 3
#define GPIO_TYPE_PUSHPULL 0
#define GPIO_TYPE_OPENDRAIN 1
```

```
#define GPIO_SPEED_LOW 0
#define GPIO_SPEED_MED 1
#define GPIO_SPEED_HIGH 3
#define GPIO_NO_PULL 0
#define GPIO_PULL_UP 1
#define GPIO_PULL_DOWN 2
```

1）工程设置

在创建了工程和程序文件后，在将应用下载到微控制器的 Flash 存储器并测试前，一般需要调整一些工程设置。多数情况下，在选择了设备后，Keil μVision IDE 会自动完成所有和微控制器相关的设置，但是，还需要进行如下设置：

- 调试设置；
- 编译器优化设置。

需要了解有什么可用的设置，以及一个工程运行需要什么设置。

可用的工程设置有很多，首先来看将程序下载到 Flash 并测试所需的设置，可以按照下面的方式进入工程设置菜单：

- 选择工具栏中的目标选项按钮 ⚒。
- 在下拉菜单中，选择 Project-> Option for Target。
- 在工程窗口中的工程目标名（如"Target 1"）上右键单击，然后选择该目标的选项。
- 使用热键 Alt＋F7。

如图 14.33 所示，工程选项菜单中包含许多标签。

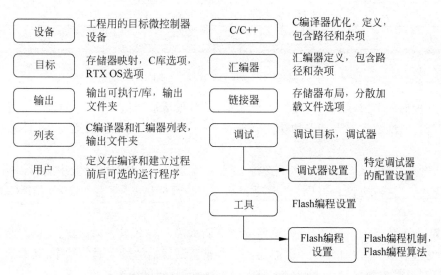

图 14.33　Keil MDK 中的工程选项标签

当选择了微控制器器件后，Keil μVision IDE 默认会自动设置存储器映射，大多数情况下，不需要更改存储器设置。但是，如果程序运行失败或者 Flash 编程不顺利，就需要检查这些设置，以免它们意外变成错误值。

2）调试器设置

对于有些设置，必须手动处理，例如调试器的配置，因为 Keil μVision IDE 并不知道将使用哪种在线调试器。首先来看如图 14.34 所示的调试选项，在这里为 STM32L0 Discovery 板选择"ST-LINK"，也可以更改这些配置，选择其他可用的调试器。

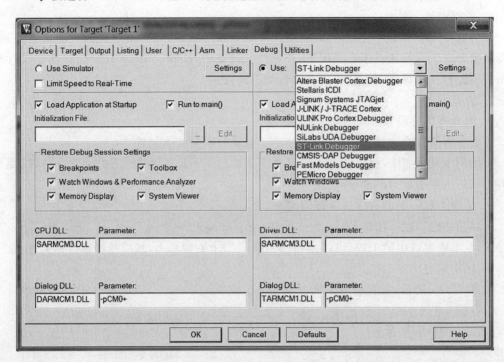

图 14.34　为 STM32L0 Discovery 选择 ST-LINK 调试适配器

将开发板插入 USB 端口，此时会弹出一个窗口，板子被当做 USB 存储设备。这是正常的，因为 USB 调试适配器支持多种功能。现在单击 Settings 按钮来设置 ST-LINK 调试适配器。

由于 STM32L053C8 微控制器不支持 JTAG，需要在 ST-LINK 设置中选择如图 14.35 所示的 SW（串行线）协议。否则，会出现表示 STM32F0 和 L0 系列不支持 JTAG 的错误消息。

从 SW 设备状态中，可以看到调试器读取了调试接口的 IDCODE，因此可以判断调试器能够和开发板通信。有些情况下，可能还需要调整调试通信的最大时钟频率，其数值由多个因素决定，例如微控制器设备、电路板（PCB）的设计以及调试线缆长度。

一般来说，Flash 编程选项应该在选择微控制器设备的时候就已经设置好了，例如，STM32L50 的编程选择应该由 Keil MDK 自动设置（见图 14.36）。但是，有些情况下，可能会需要手动设置。

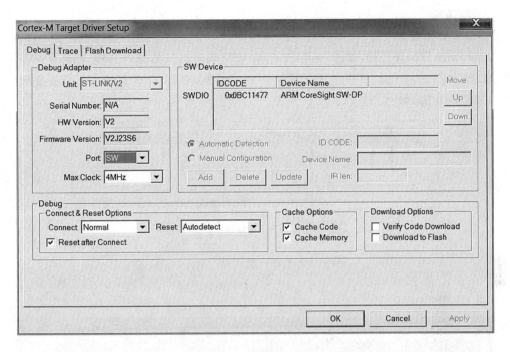

图 14.35　ST-LINK 选项

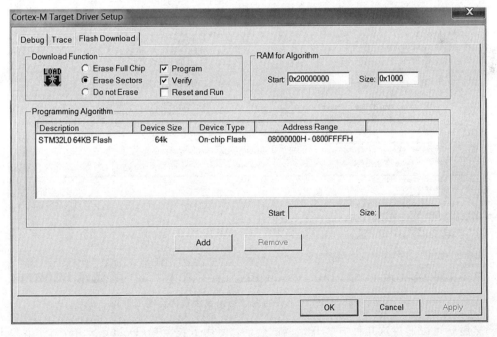

图 14.36　Flash 编程算法选项

3) 编译

在设置完工程选项后，程序就可以编译并测试了。可以使用工具栏中的多个按钮（见图 14.37）来执行编译过程，单击 Build Target 按钮就可以开始编译过程，或者使用下拉菜单（菜单 Project-> Build Target）以及使用热键 F7。程序编译及链接后，就会看到如图 14.38 所示的编译状态信息。

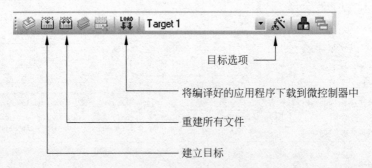

目标选项

将编译好的应用程序下载到微控制器中

重建所有文件

建立目标

图 14.37　工具栏的常用按钮

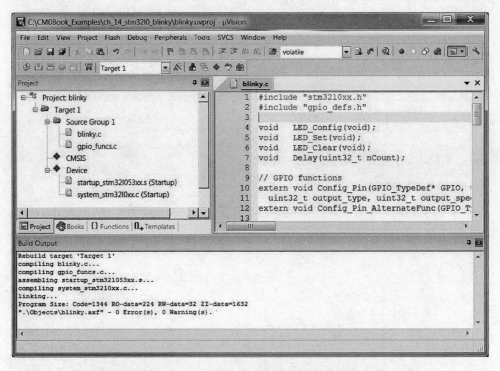

图 14.38　blinky 工程的编译结果显示在构建输出窗口

然后就可以通过这几种方式开始调试会话：使用下拉菜单（Debug-> Start/Stop Debug session），单击工具栏上的调试按钮 🔍，使用热键 Ctrl ＋ F5。如图 14.39 所示，当调试过程开始后，编译映像会被自动下载到微控制器中。如果没有自动下载，可以利用工具栏上的

Load 按钮下载映像。

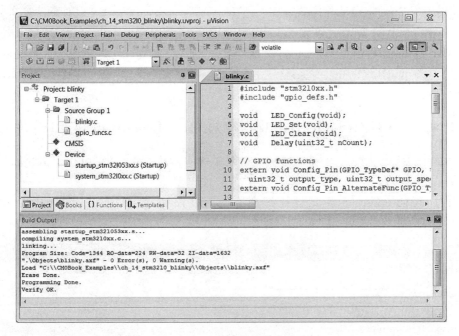

图 14.39 Flash 编程状态输出

将程序下载到微控制器后,窗口会变为调试会话模式(见图 14.40)。

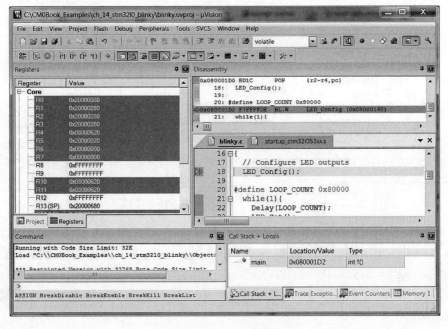

图 14.40 调试器会话

如图 14.41 所示，可以利用运行按钮、热键 F5 或者下拉菜单（Debug-> Run）来启动程序执行。

如果看到板上的 LED 正在闪烁。恭喜！blinky 工程已经正常工作了。可以利用工具栏上的调试会话按钮⬚、热键 Ctrl＋F5 或下拉菜单（Debug-> Start/Stop Debug Session）来关闭调试会话。

图 14.41　Run 按钮

14.4.5　STMicroelectronics STM32F0 Discovery 工程设置步骤

对于 STM32F0 Discovery 板，blinky 示例工程的目录为 C:\CM0Book_Examples\ch_14_stm32f0_blinky。

工程创建向导的下一步是选择工程所用的微控制器，如图 14.42 所示，STM32F0 Discovery 板选择的是 STM32F051R8。

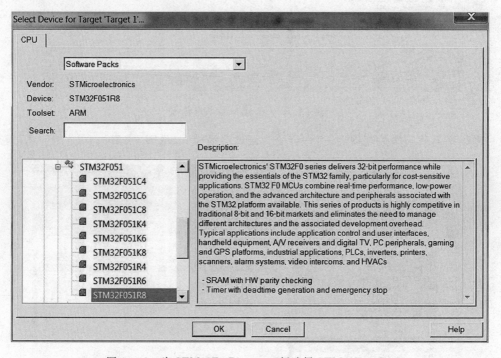

图 14.42　为 STM32F0 Discovery 板选择 STM32F051R8

屏幕会出现 Run-Time Environment 管理器对话框，可以向其中加入所用的软件部件。如图 14.43 所示，为了简化工程设置，选择 CMSIS-CORE 和设备相关的启动代码选项。

如图 14.44 所示，启动代码生成了。

接下来右键单击"Source Group 1"并选择"Add New Item…"，将新文件添加到工程中（见图 14.45）。

在这里会看到如图 14.46 所示的对话框，选择 C 文件后输入 blinky 作为文件名。

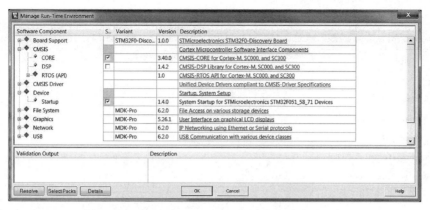

图 14.43 选择 CMSIS-CORE 和设备相关启动文件

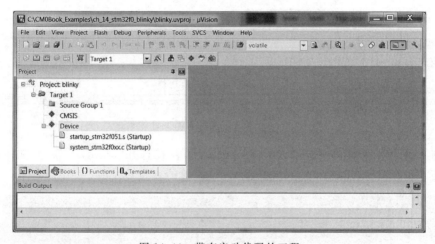

图 14.44 带有启动代码的工程

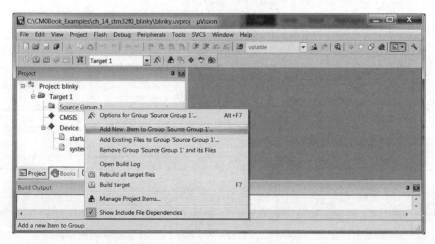

图 14.45 将新项目添加到工程中

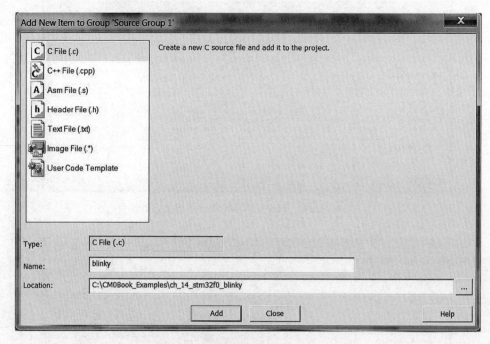

图 14.46　选择文件类型和新文件的名称

如图 14.47 所示，可以展开"Source Group 1"，并在打开"blinky.c"后添加工程代码。为了方便 GPIO 设置，还添加了一个处理 GPIO 配置的单独 C 文件。

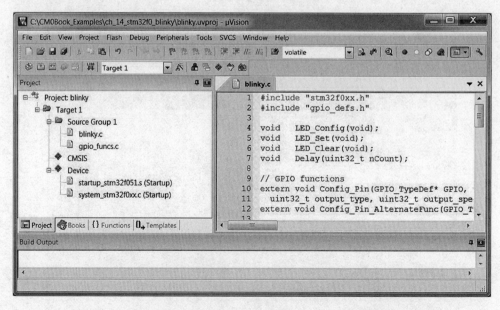

图 14.47　添加到 STM32L0 Discovery Blinky 工程示例中的程序代码

添加的代码执行以下操作：

• 配置 LED 输出用的 GPIO 端口；

• 输入一个开关 RGB LED 的简单循环，且延迟时间由 C 宏 LOOP_COUNT 决定。

Blinky 程序的完整代码如下所示：

（1）适用于 STM32F0 Discovery 的 blinky.c

```c
# include "stm32l0xx.h"
# include "gpio_defs.h"
void LED_Config(void);
void LED_Set(void);
void LED_Clear(void);
void Delay(uint32_t nCount);
//GPIO 函数
extern void Config_Pin(GPIO_TypeDef * GPIO, uint32_t pin, uint32_t mode,
uint32_t output_type, uint32_t output_speed, uint32_t pull_type);
extern void Config_Pin_AlternateFunc(GPIO_TypeDef * GPIO, uint32_t pin, uint32_t AF);
int main(void)
{
  //配置 LED 输出
  LED_Config();
  # define LOOP_COUNT 0x1FFFFF
  while(1){
  Delay(LOOP_COUNT);
  LED_Set();
  Delay(LOOP_COUNT);
  LED_Clear();
  };
}
void Delay(uint32_t nCount)
{
  while(nCount -- ) {
  }
}
void LED_Config(void)
{
  RCC -> IOPENR |= RCC_IOPENR_GPIOCEN;      //使能端口 C 时钟,用于 LED
Config_Pin(GPIOC, 8, GPIO_MODE_OUTPUT, GPIO_TYPE_PUSHPULL, GPIO_SPEED_LOW, GPIO_NO_PULL);
  //PB4
Config_Pin(GPIOC, 9, GPIO_MODE_OUTPUT, GPIO_TYPE_PUSHPULL, GPIO_SPEED_LOW, GPIO_NO_PULL);
  //PA5
  return;
}
void LED_Set(void)
{
  GPIOC -> BSRR = (1 << 8);                      //设置第 8 位
  GPIOC -> BSRR = (1 << 9);                      //设置第 9 位
```

```
    return;
}
void LED_Clear(void)
{
    GPIOC->BSRR = (1<<(8+16));                    //清除第 8 位
    GPIOC->BSRR = (1<<(9+16));                    //清除第 9 位
    return;
}
```

（2）GPIO 函数文件

```
gpio_funcs.c
#include "stm32f0xx.h"
/* 配置 GPIO 引脚 */
void Config_Pin(GPIO_TypeDef* GPIOx, uint32_t pin, uint32_t mode,
uint32_t output_type, uint32_t output_speed, uint32_t pull_type)
{
    GPIOx->MODER &= ~(0x3<<(2*pin));              //清除模式
    GPIOx->MODER |= (mode<<(2*pin));              //设置模式
    GPIOx->OTYPER &= ~(0x1<<pin);                 //清除类型
    GPIOx  >OTYPER |= (output_type<<pin);         //设置类型
    GPIOx->OSPEEDR &= ~(0x3<<(2*pin));            //清除速度
    GPIOx->OSPEEDR |= (output_speed<<(2*pin));    //设置速度
    GPIOx->PUPDR &= ~(0x3<<(2*pin));              //清除上下拉
    GPIOx->PUPDR |= (pull_type<<(2*pin));         //设置上下拉
    return;
}
//设置 GPIO 引脚的其他功能
void Config_Pin_AlternateFunc(GPIO_TypeDef* GPIOx, uint32_t pin, uint32_t AF)
{
    int bit_num;
    if (pin>=8) {
        bit_num = (pin-8)*4;
        GPIOx->AFR[1] &= ~(0xF<<bit_num);         //清除 AF
        GPIOx->AFR[1] |= (AF<<bit_num);           //设置新的 AF
    } else {
        bit_num = pin*4;
        GPIOx->AFR[0] &= ~(0xF<<bit_num);         //清除 AF
        GPIOx->AFR[0] |= (AF<<bit_num);           //设置新的 AF
    }
}
```

（3）定义 GPIO 配置常量的头文件

```
gpio_defs.h
#define GPIO_MODE_INPUT 0
#define GPIO_MODE_OUTPUT 1
#define GPIO_MODE_ALTERN 2
```

```
# define GPIO_MODE_ANALOG 3
# define GPIO_TYPE_PUSHPULL 0
# define GPIO_TYPE_OPENDRAIN 1
# define GPIO_SPEED_LOW 0
# define GPIO_SPEED_MED 1
# define GPIO_SPEED_HIGH 3
# define GPIO_NO_PULL 0
# define GPIO_PULL_UP 1
# define GPIO_PULL_DOWN 2
```

1) 工程设置

在创建了工程和程序文件后,在将应用下载到微控制器的 Flash 存储器并测试前,一般需要调整一些工程设置。多数情况下,在选择了设备后,Keil μVision IDE 会自动完成所有和微控制器相关的设置,但是,还需要进行如下设置:

- 调试设置;
- 编译器优化设置。

需要了解有什么可用的设置,以及一个工程运行需要什么设置。

可用的工程设置有很多,首先来看将程序下载到 Flash 并测试所需的设置,可以按照下面的方式进入工程设置菜单:

- 选择工具栏中的目标选项按钮 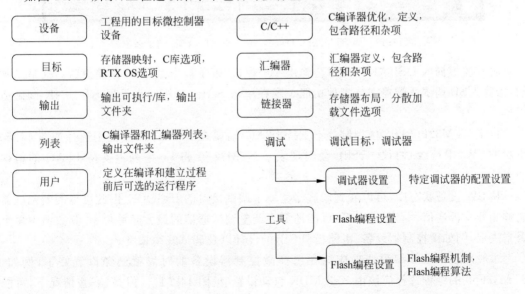。
- 在下拉菜单中,选择 Project-> Option for Target。
- 在工程窗口中的工程目标名(如"Target 1")上右键单击,然后选择该目标的选项。
- 使用热键 Alt+F7。

如图 14.48 所示,工程选项菜单中包含许多标签。

设备	工程用的目标微控制器设备	C/C++	C编译器优化, 定义, 包含路径和杂项
目标	存储器映射, C库选项, RTX OS选项	汇编器	汇编器定义, 包含路径和杂项
输出	输出可执行/库, 输出文件夹	链接器	存储器布局, 分散加载文件选项
列表	C编译器和汇编器列表, 输出文件夹	调试	调试目标, 调试器
用户	定义在编译和建立过程前后可选的运行程序	调试器设置	特定调试器的配置设置
		工具	Flash编程设置
		Flash编程设置	Flash编程机制, Flash编程算法

图 14.48　Keil MDK 中的工程选项标签

当选择了微控制器器件后，Keil μVision IDE 默认会自动设置存储器映射，大多数情况下，不需要更改存储器设置。但是，如果程序运行失败或者 Flash 编程不顺利，就需要检查这些设置，以免它们意外变成错误值。

2）调试器设置

对于有些设置，必须手动处理，例如调试器的配置，因为 Keil μVision IDE 并不知道将使用哪种在线调试器。首先来看图 14.49 所示的调试选项，在这里为 STM32F0 Discovery 板选择"ST-LINK"，也可以更改这些配置，选择其他可用的调试器。

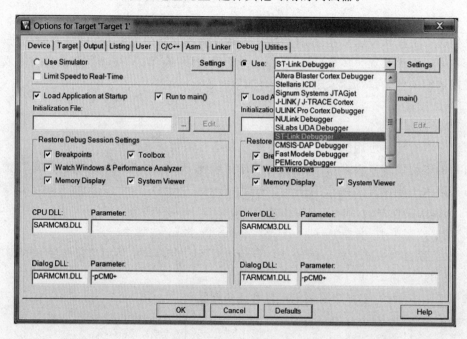

图 14.49　为 STM32F0 Discovery 选择 ST-LINK 调试适配器

将开发板插入 USB 端口，此时会弹出一个窗口，板子被当做 USB 存储设备。这是正常的，因为 USB 调试适配器支持多种功能。现在单击 Settings 按钮来设置 ST-LINK 调试适配器。

由于 STM32F051R8 微控制器不支持 JTAG，需要在 ST-LINK 设置中选择如图 14.50 所示的 SW（串行线）协议。否则，会出现表示 STM32F0 和 L0 系列不支持 JTAG 的错误消息。

从 SW 设备状态中，可以看到调试器读取了调试接口的 IDCODE，因此可以判断调试器能够和开发板通信。有些情况下，可能还需要调整调试通信的最大时钟频率，其数值由多个因素决定，例如微控制器设备、电路板（PCB）的设计以及调试线缆长度。

一般来说，Flash 编程选项应该在选择微控制器设备的时候就已经设置好了，例如，STM32F50 的编程选择应该由 Keil MDK 自动设置（见图 14.51）。但是，有些情况下，可能会需要手动设置。

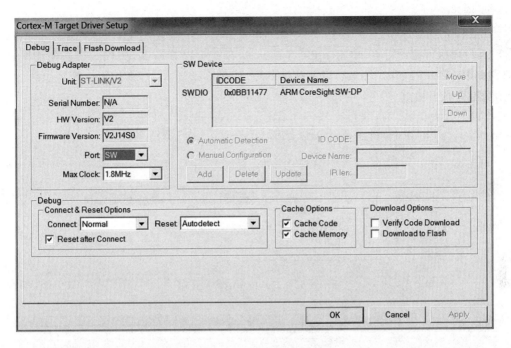

图 14.50　ST-LINK 选项

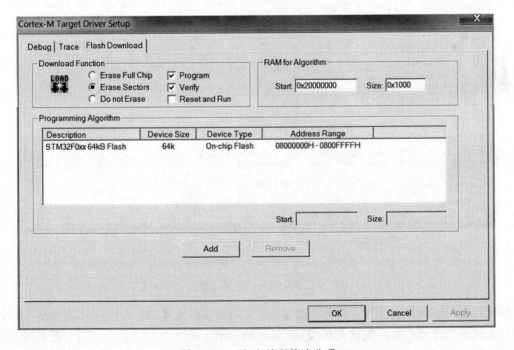

图 14.51　Flash 编程算法选项

3）编译

在设置完工程选项后，程序就可以编译并测试了。可以使用工具栏中的多个按钮（见图 14.52）来执行编译过程，单击 Build Target 按钮就可以开始编译过程，或者使用下拉菜单（菜单 Project-> Build Target）以及热键 F7。程序编译及链接之后，就会看到如图 14.53 所示的编译状态信息。

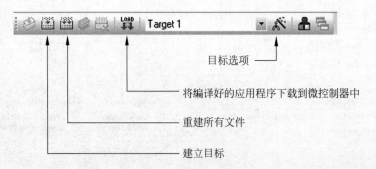

图 14.52　工具栏中的常用按钮

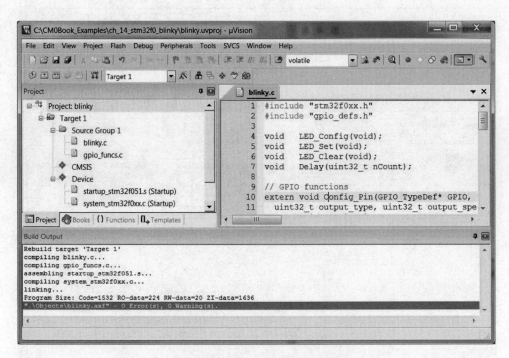

图 14.53　blinky 工程的编译结果显示在构建输出窗口中

然后就可以通过这几种方式开始调试会话：使用下拉菜单（Debug-> Start/Stop Debug session），单击工具栏上的调试按钮，使用热键 Ctrl＋F5。如图 14.54 所示，当调试过程开始后，编译映像会被自动下载到微控制器中。如果没有自动下载，可以利用工具栏上的 Load 按钮下载映像。

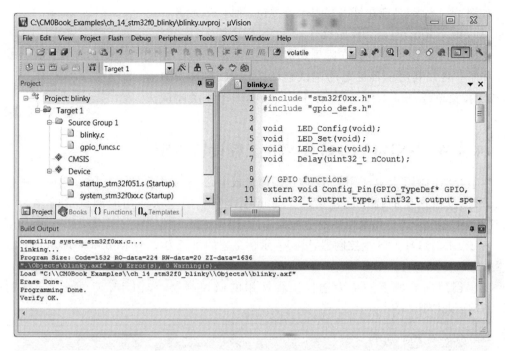

图 14.54 Flash 编程状态输出

将程序下载到微控制器后，窗口会变为调试会话模式（见图 14.55）。

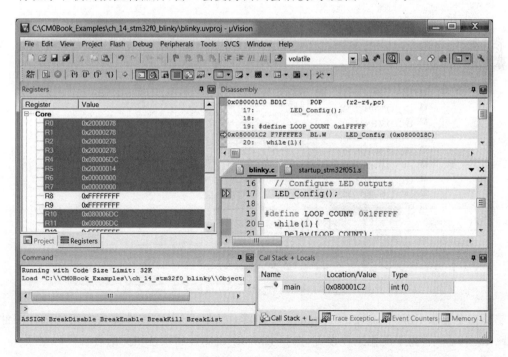

图 14.55 调试器会话

如图 14.56 所示，现在可以利用运行按钮、热键 F5 或者下拉菜单（Debug-> Run）来启动程序执行。

如果看到板上的 LED 正在闪烁。恭喜！blinky 工程已经正常工作了。可以利用工具栏上的调试会话按钮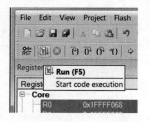、热键 Ctrl＋F5 或下拉菜单（Debug-> Start/Stop Debug Session）来关闭调试会话。

图 14.56　Run 按钮

14.4.6　NXP LPC1114FN28 工程设置步骤

本节介绍的例子是基于附录 H 构建的面包板电路，附录中介绍了其硬件构成。硬件完成后，可以按照这里的描述创建第一个 blinky 工程。假定所使用的调试适配器为 Keil ULINK2/ULINK Pro，如果使用的适配器不同，则调试配置选项和这里介绍的不同。

对于 LPC1114FN28 微控制器，blinky 示例工程的目录为 C:\CM0Book_Examples\ch_14_lpc1114_blinky。

工程创建向导的下一步为选择工程所用的微控制器，如图 14.57 所示，选择的是 LPC1114FN28/102。

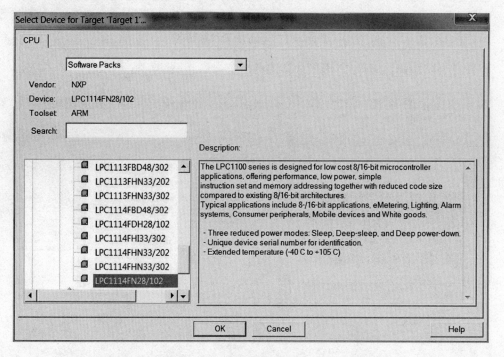

图 14.57　选择 LPC1114FN28/102（位于 LPCxxL 系列）

屏幕会显示 Run-Time Environment 管理器对话框，可以向其中加入所用的软件部件。如图 14.58 所示，为了简化工程设置，选择 CMSIS-CORE 和设备相关的启动代码选项。

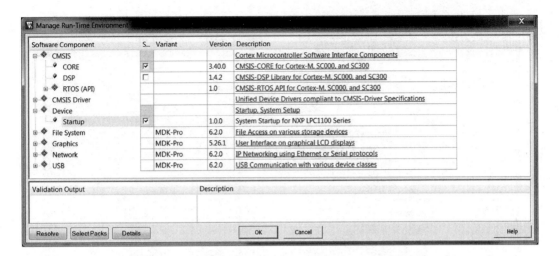

图 14.58 选择 CMSIS-CORE 以及设备相关启动代码

如图 14.59 所示,启动代码就生成了。

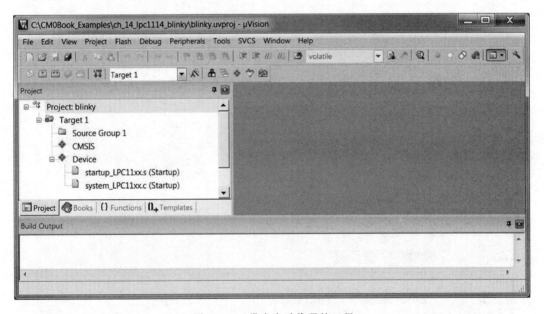

图 14.59 带有启动代码的工程

接下来右键单击"Source Group 1"并选择"Add New Item…",将新文件添加到工程中(见图 14.60)。

在这里会看到如图 14.61 所示的对话框,选择 C 文件后输入 blinky 作为文件名。

如图 14.62 所示,可以展开"Source Group 1",并在打开"blinky.c"后添加工程代码。对于这个工程,假定 LED 连到端口 1 的第 5 脚。

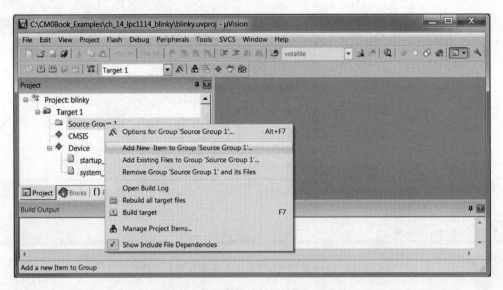

图 14.60　将新项目添加到工程中

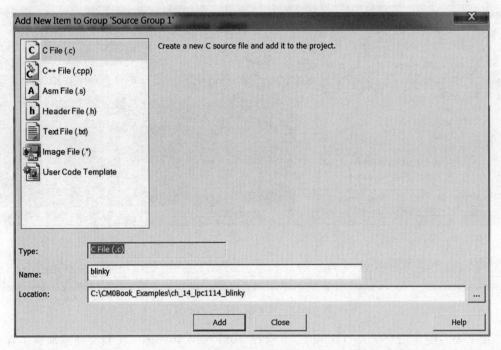

图 14.61　选择文件类型和新文件的名称

添加的代码执行以下操作：

- 配置 LED 输出用的 GPIO 端口；
- 输入一个开关 RGB LED 的简单循环，且延迟时间由 C 宏 LOOP_COUNT 决定。

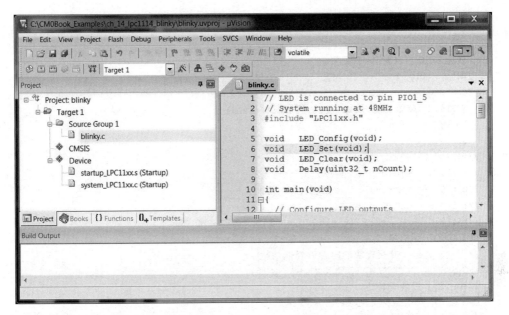

图 14.62　添加到 LPC1114 Blinky 示例工程的程序代码

Blinky 程序的完整代码如下所示：

```c
//适用于 LPC1114FN28 的 blinky.c
//LED 连接到引脚 PIO1_5
//系统运行在 48MHz
#include "LPC11xx.h"
void LED_Config(void);
void LED_Set(void);
void LED_Clear(void);
void Delay(uint32_t nCount);
int main(void)
{
  //配置 LED 输出
  LED_Config();
  #define LOOP_COUNT 0x80000
  while(1){
    Delay(LOOP_COUNT);
    LED_Set();
    Delay(LOOP_COUNT);
    LED_Clear();
  };
}
void Delay(uint32_t nCount)
{
  while(nCount -- )
  { }
```

```
}
void LED_Config(void)
{
    //使能 GPIO 的时钟和 IO 配置块
    //Bit 6: GPIO, bit 16: IO 配置
    LPC_SYSCON->SYSAHBCLKCTRL |= ((1 << 16) | (1 << 6));
    __NOP();    //短延时,确保下次访问前时钟已经打开
    __NOP();
    __NOP();
    //PIO1_5 IO输出配置
    //bit[10] - 开漏(0 = 标准 I/O, 1 = 开漏)
    //bit[5] - Hysteresis (0 = 禁止, 1 = 使能)
    //bit[4:3] - MODE
    //bit[2:0] - Function (0 = IO, 1 = ~RTS, 2 = CT32B0_CAP0)
    LPC_IOCON->PIO1_5 = (0 << 10) | (0 << 5) | (0 << 3) | (0x0);
    //可选: 关闭 I/O 配置块的时钟以降低功耗
    LPC_SYSCON->SYSAHBCLKCTRL &= ~(1 << 16);
    //将引脚 8 设置为输出
    LPC_GPIO1->DIR = LPC_GPIO1->DIR | (1 << 5);
    return;
}
void LED_Set(void)
{
    //设置第 5 位输出 1
    LPC_GPIO1->MASKED_ACCESS [1 << 5] = (1 << 5);
    return;
}
void LED_Clear(void)
{
    //清除第 5 位输出 0
    LPC_GPIO1->MASKED_ACCESS [1 << 5] = 0;
    return;
}
```

1) 工程设置

在创建了工程和程序文件后,在将应用下载到微控制器的 Flash 存储器并测试前,一般需要调整一些工程设置。多数情况下,在选择了设备后,Keil μVision IDE 会自动完成所有和微控制器相关的设置,但是,还需要进行如下设置:

- 调试设置;
- 编译器优化设置。

需要了解有什么可用的设置,以及一个工程运行需要什么设置。

可用的工程设置有很多,首先来看将程序下载到 Flash 并测试所需的设置,可以按照下面的方式进入工程设置菜单:

- 选择工具栏中的目标选项按钮 ▒。

- 在下拉菜单中,选择 Project-> Option for Target。
- 在工程窗口中的工程目标名(如"Target 1")上右键单击,然后选择该目标的选项。
- 使用热键 Alt+F7。

如图 14.63 所示,工程选项菜单中包含许多标签。

当选择了微控制器器件后,Keil μVision IDE 默认会自动设置存储器映射,大多数情况下,不需要更改存储器设置。但是,如果程序运行失败或者 Flash 编程不顺利,就需要检查这些设置,以免它们意外变成错误值。

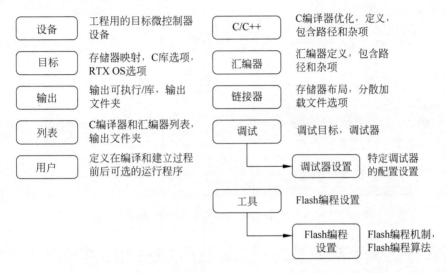

图 14.63　Keil MDK 的工程选项标签

2) 调试器设置

对于有些设置,必须手动处理,例如调试器的配置,因为 Keil μVision IDE 并不知道将使用哪种在线调试器。首先来看图 14.64 所示的调试选项,在这里选择了"ULINK2/ME",也可以更改这些配置,选择其他可用的调试器。

插上面包板,并将 ULINK2 连接到 USB 端口,接下来需要单击 Settings 按钮来设置 ST-LINK 调试适配器。

由于 LPC1114FN28 微控制器不支持 JTAG,需要在 ULINK2 设置中选择如图 14.65 所示的 SW(串行线)协议,否则 JTAG 设备链窗口中什么都不会出现。

如下选项需要注意:

- SW 时钟最大值被限制在 200kHz,面包板上的电子噪声一般会比较大,因此调试通信速率要低一些,才能保证稳定的调试操作。
- 复位类型被设置为 SYSRESETREQ(系统复位请求),这样可以确保在进入调试会话时调试器正确地复位微控制器。

从 SW 设备状态中,可以看到调试器读取了调试接口的 IDCODE,因此可以判断调试器能够和开发板通信。有些情况下,可能还需要调整调试通信的最大时钟频率,其数值由多个

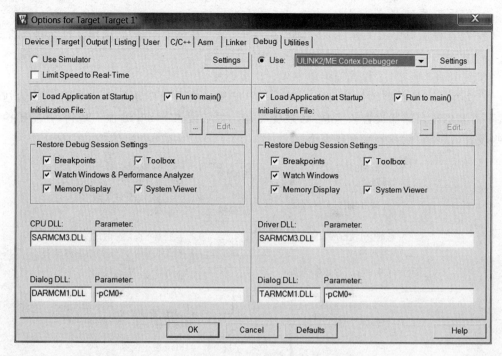

图 14.64　选择 ULINK2/ME Cortex 调试器

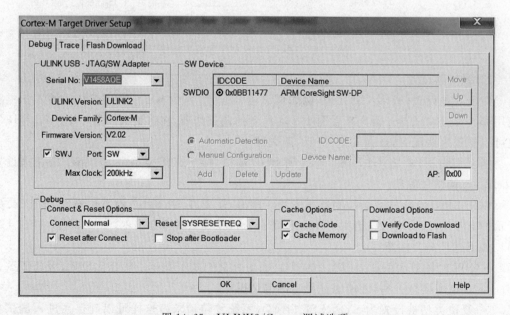

图 14.65　ULINK2/Cortex 调试选项

因素决定，例如微控制器设备、电路板（PCB）的设计以及调试线缆长度。

　　一般来说，Flash 编程选项应该在选择微控制器设备的时候就已经设置好了，例如，

LPC1114FN28 的编程选择应该由 Keil MDK 自动设置（见图 14.66）。但是，有些情况下，可能需要手动设置。

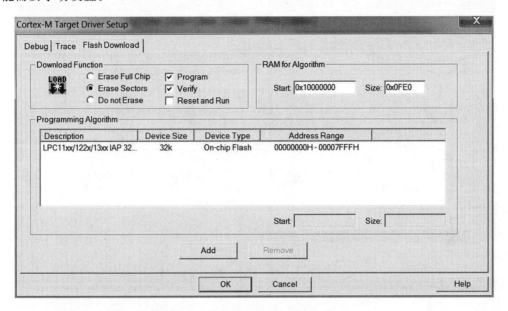

图 14.66　Flash 编程算法选项

3）编译

在设置完工程选项后，程序就可以编译并测试了。可以使用工具栏中的多个按钮（见图 14.67）来执行编译过程，单击 Build Target 按钮就可以开始编译过程，或者使用下拉菜单（菜单 Project-> Build Target）以及使用热键 F7。程序编译及链接之后，就会看到如图 14.68 所示的编译状态信息。

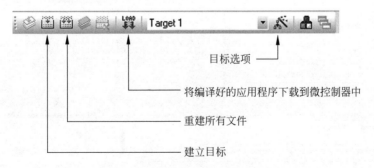

图 14.67　工具栏中的常用按钮

然后就可以通过这几种方式开始调试会话：使用下拉菜单（Debug-> Start/Stop Debug session），单击工具栏上的调试按钮<img>，使用热键 Ctrl＋F5。如图 14.69 所示，当调试过程开始后，编译映像会被自动下载到微控制器中。如果没有自动下载，可以利用工具栏上的"Load"按钮下载映像。

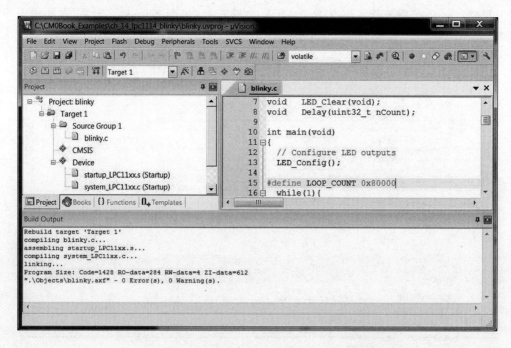

图 14.68　blinky 工程的编译结果显示在构建输出窗口中

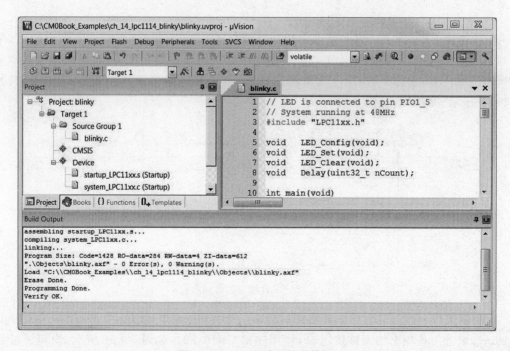

图 14.69　Flash 编程状态输出

将程序下载到微控制器后,窗口会变为调试器会话模式(见图 14.70)。

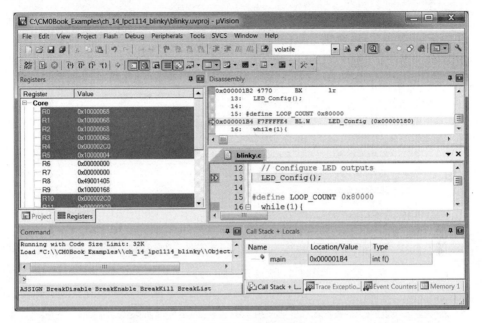

图 14.70　调试器会话

如图 14.71 所示,现在可以利用运行按钮、热键 F5 或者下拉菜单(Debug-> Run)来启动程序执行。

如果看到板上的 LED 正在闪烁。恭喜! blinky 工程已经可以工作了。可以利用工具栏上的调试会话按钮 ，热键 Ctrl＋ F5 或下拉菜单(Debug-> Start/Stop Debug Session)来关闭调试会话。

图 14.71　Run 按钮

14.5　使用 IDE 和调试器

工具栏中有很多有用的按钮,在程序开发期间,工具栏中的很多图标都可用于编译以及操作工程选项(见图 14.72)。

当调试器启动后,IDE 的显示会发生变化,显示调试时有用的信息和控制(见图 14.73)。从界面中可以看到并修改寄存器(左侧),并且还可以看到源代码窗口和反汇编窗口。请注意工具栏中的图标也会发生变化(见图 14.74)。

在调试会话中,可以看到源代码(C 代码)或汇编代码。调试操作则在源代码级或指令级进行。

- 如果将代码窗口高亮显示,则调试操作基于每行 C 代码执行,或者如果源代码是汇编形式的则基于汇编代码执行。

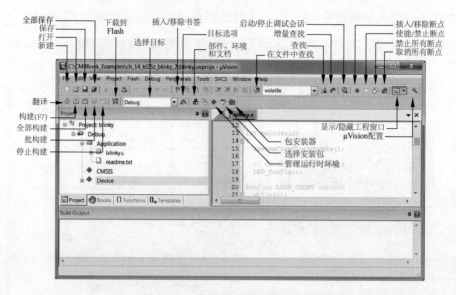

图 14.72　软件开发期间的工具栏

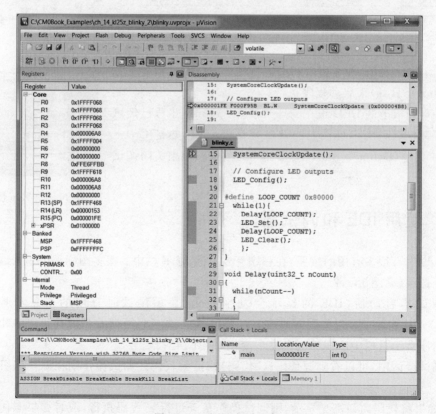

图 14.73　调试会话界面

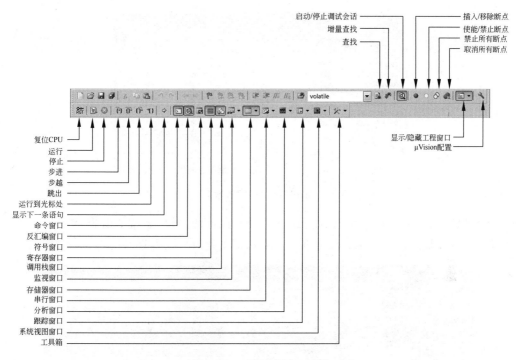

图 14.74　调试会话工具栏

- 如果反汇编窗口高亮,则调试操作基于指令级执行,因此即使是从 C 代码编译过来的,单步执行的也是汇编指令。

无论是源代码窗口还是反汇编窗口,都可以利用窗口右上角附近的图标或右键单击源代码/指令行并选择"insert breakpoint"来插入/移除断点(见图 14.75)。

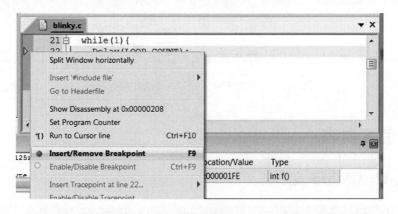

图 14.75　通过右键单击代码行并选择 insert breakpoint 来插入断点

可以利用右下角的存储器窗口查看存储器的数值,如图 14.76 所示,右键单击窗口左侧并选择合适的数据格式后,可以修改数据的显示格式。

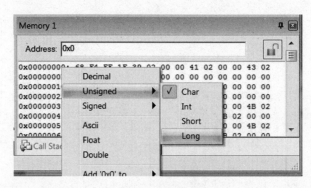

图 14.76 存储器窗口

还可以利用 IDE 中的系统查看器检查外设寄存器的数值，系统查看器利用了 CMSIS-SVD（系统查看描述），可以很方便地在一个对话框中查看外设寄存器的内容（见图 14.77）。

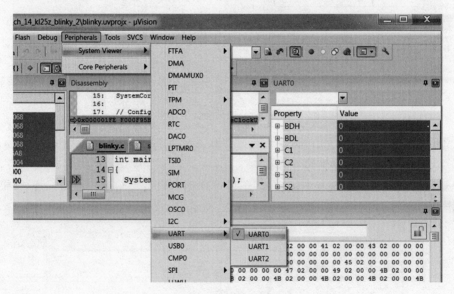

图 14.77 使用 CMSIS-SVD 显示外设寄存器

14.6 底层内容

14.6.1 CMSIS 文件

在使用工程向导新建工程时，在"Manage Run Time Environment"这一步时，可以很方便地将多个 CMSIS-CORE 文件以及设备启动文件添加到工程中。

- CMSIS-CORE 选项将所需的头文件添加到工程的包含路径中。
- Device-> Startup 选项将启动代码、system_< device >. c 以及 system_< device >. h 添

加到工程中。

启动代码和 system_< device >.c 会被自动复制到本地工程目录"RTE\Device\< device _name >",因此在修改这些文件时,无须担心对其他工程有影响。

如果有必要,除了使用工程向导包含 CMSIS 文件外,还可以手动将启动代码和头文件包含路径添加到工程中。

有些情况下,一些微控制器软件包中可能会有一种跨平台外设驱动 CMSIS-DRIVER,这样可以简化外设编程。另外,MCU 厂商提供的设备驱动库中可能也会包含外设的驱动代码。

14.6.2　时钟设置

在示例工程中,system_< device >.c 中包含了一个名为 SystemInit()的函数。system_< device >.c 文件有时需要做些改动,将系统时钟设置为合适值。SystemInit()函数的配置取决于实际使用的微控制器。

14.6.3　栈和堆的设置

栈(主栈)和堆的大小在启动文件中定义,可以在 IDE 的文本编辑器中直接修改汇编启动代码。另外,还可以使用配置向导,如图 14.78 所示,当启动文件在编辑器中打开时,应该能看到当前窗口的底部有两个标签,单击"Configuration Wizard"后很容易就能修改栈和堆的大小了。

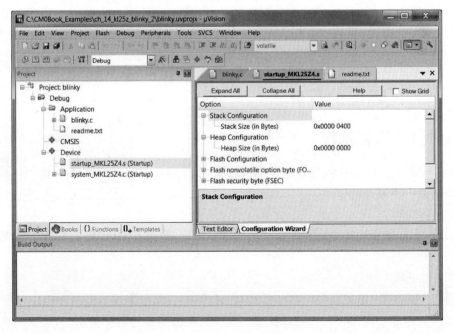

图 14.78　配置向导

如果单击了文本编辑标签,则可以看到启动代码文件中有些特殊的注释,配置向导利用这些特殊的注释生成 GUI 接口,要了解配置向导的详细内容,可以参考 http://www.keil.com/support/man/docs/uv4/uv4_ut_configwizard.htm。

需要根据自己的应用来调整堆栈的大小,各种函数的栈大小需求取决于编译后生成的HTML 文件(见 14.6.4 节)。

堆是被存储器分配函数动态分配的,有些情况下也会被其他 C 运行时函数使用,其中包括"printf"函数中指定某种数据格式的字符串时。

14.6.4　编译

单击"Build"/"Rebuild all",工具链就会执行如图 14.3 所示的流程(除了生成二进制文件外,这是不可选的,且默认禁止)。

启动调试会话时,μVision IDE 自动将程序映像下载到 Flash 存储器,还可以选择在main()程序的开头处添加一个断点。这样微控制器在复位启动后,暂停在 main() 的入口处。

也可以禁止调试选项中的"Run to main()"选项,调试器会在复位处理的第一条指令处开始调试会话,如果要调试在 main()前执行的"SystemInit()"函数,这么做是非常有用的。

想要详细了解工程的存储器使用情况,可以单击工程窗口中的工程目标(如"Target 1"),打开一个存储器映射报表文件(Listings 子目录下也有这个文件)。

在编译过程中生成的另外一个有用的文件是 Objects 目录下的 HTML 文件,文件名和工程的输出文件相同(例如,如果可执行文件为 blinky.axf,则 HTM 报表文件为 blinky.htm),这个文件列出了栈的使用情况以及调用关系树。

14.7　工程环境的优化

14.7.1　目标选项

Keil MDK μVision IDE 包含多个工程选项,已经简单介绍了调试选项和 Flash 编程选项,下面来看一下其他选项。

1) 设备选项

可以在本标签中选择要使用的微控制器,当单击一个设备时,屏幕的右边会出现该产品的简要介绍。

2) 目标选项

可以在本标签中定义设备的存储器映射、时钟频率(指令集模拟器用来确定时序)、C 运行时库选择(标准 C 库/MicroLib)以及交叉模块优化选项等。请参考 14.7.2 节中关于这两个选项的介绍。

3）输出选项

在输出选项标签中，可以选择生成的文件是可执行映像还是库，可以指定生成文件名以及所在目录。

4）列表选项

可以通过列表标签使能/禁止汇编输出文件，C编译器列表文件默认是关闭的，在调试软件问题时，最好打开这个选项，这样就能清楚地看到生成的汇编指令。和输出选项类似，可以单击"Select Folder for Objects"来定义输出列表的存放位置，还可以在链接阶段生成反汇编列表，但是要通过用户选项（下一节）来设置。

5）用户选项

可以在用户选项中指定其他要执行的命令，例如，图14.79中添加了下面的命令：

$K\ARM\ARMCC\BIN\fromelf.exe - c - d - e - s ♯L -- output list.txt

这个命令会产生完整程序映像的反汇编列表，并在编译阶段后执行，并且对调试非常有用（见附录G.2节）。在下面的用户选项示例中，"$K"为Keil开发工具的根目录，而"♯L"则为链接输出文件，这些键序列还可用于向外部用户程序传递参数，要查看更多的键序列，可以参考http://www.keil.com/support/man/docs/uv4/uv4_ut_keysequence.htm。

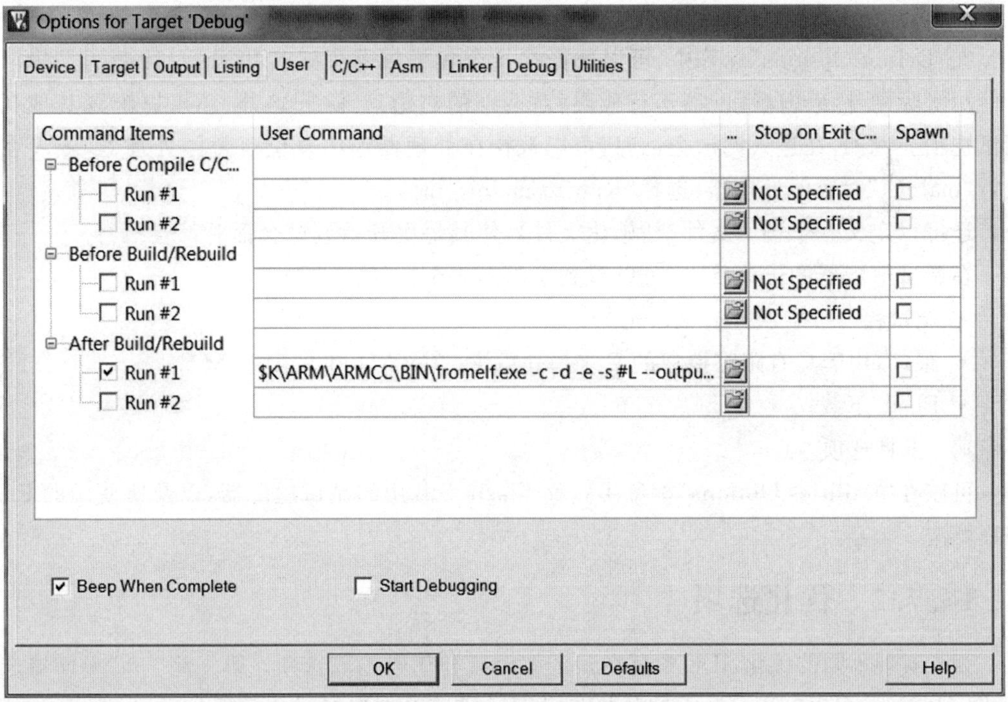

图14.79　添加构建后执行的用户命令

6）C/C++选项

可以在 C/C++选项标签中定义优化选项、C 预处理伪指令、包含文件的搜索路径以及其他各种编译开关。需要注意的是，在新建工程时如果选择了 CMSIS-CORE 选项，则会有多个路径被自动添加到工程的搜索目录（参见底部的编译控制字符串）。如果要使用特定版本的 CMSIS-CORE 文件，则可能需要禁止自动包含，单击对话框中的"No Auto Includes"并在工程中手动添加指定版本 CMSIS-CORE 的头文件。

7）汇编选项

可以定义预处理伪指令、包含路径以及其他汇编开关。

8）链接器选项

在选择了微控制器设备后，工程向导默认会自动设置所需的存储器布局，可以按照下面的方式指定存储器用途：

- 在链接器选项中使用 R/O（只读，也就是 Flash）以及 R/W（读/写，SRAM）地址。
- 在目标选项标签中定义存储器布局并选择"Use Memory Layout from Target Dialog"。
- 利用分散文件（在编译阶段会自动生成）和"Scatter File"选项手动定义存储器布局，还可以将一次编译过程生成的文件，修改后用在下一次编译中。

9）调试选项

在"Debug Options"标签中，可以选择在指令集模拟器中运行代码（对话框的左边），或者使用实际硬件和调试适配器运行代码（对话框的右边）。除此之外，还可以配置其他几个调试选项。例如，在进入调试会话时，可以选择在处理器退出复位时暂停处理器，或者在快执行"main()"时暂停处理器（选择"Run to main()"时）。

还可以定义一个脚本文件（初始化文件），使其每次开始调试会话时都会执行。

在调试适配器的子菜单中，可以看到下面的 3 个标签：

- 调试；
- 跟踪，用于具有跟踪接口的 Cortex-M3、Cortex-M4 和 Cortex-M7；
- Flash 下载。

10）工具选项

可以在"Utilities Options"标签中定义 Flash 下载用的调试适配器，以及所使用的 Flash 编程算法。

14.7.2　优化选项

为了实现不同的优化，IDE 中存在多个编译器和代码生成选项。第一组为 C 编译器选项（见图 14.80）。可以利用一个下拉菜单在 C 编译器选项中选择优化等级（0 到 3，见表 14.1）。如果没有设置"Optimize for Time"，优化会被设置为降低代码大小。

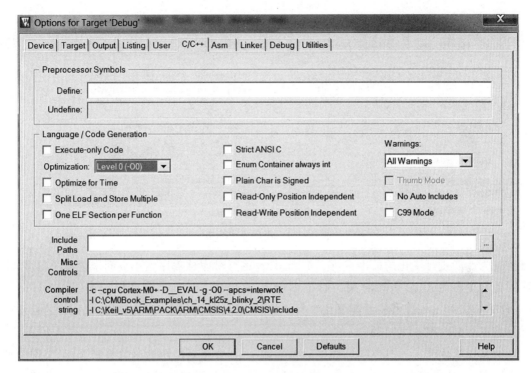

图 14.80　编译器选项

表 14.1　C编译器的各优化等级

优化等级	描　述
-O0	使用最低优化,多数优化都被关闭,生成的代码具有最多的调试信息
-O1	使用有限优化,未使用的内联函数、未使用的静态函数以及冗余代码都会被移除,指令会被重新排序以避免互锁的情况。生成的代码会被适度优化,并且比较适合调试
-O2	使用高度优化,根据处理器的特定行为优化程序代码,生成的代码是高度优化的,并且具有有限的调试信息
-O3	使用极端优化,根据时间/空间选项进行优化,默认为多文件编译,它可以提供最高等级的优化,但编译时间会稍微长些,软件调试信息也较少

　　还可以在"Misc Controls"文本框中添加其他的编译开关,例如,如果使用具有32周期乘法器的 Cortex-M0 处理器(例如 Cortex-M0 DesignStart 的一个程序),可以添加-multiply_latency＝32选项,这样 C 编译器会相应优化所生成的代码。

　　对于性能非常关键的应用,可以考虑在"Misc Controls"中添加命令-loop_optimization_level＝2。这个选项会执行包括循环展开在内的优化,以提升应用的性能,代价就是代码大小增加。

　　目标选项窗口中第二组有用的选项可以参考图 14.81。

　　MicroLIB C 库对具有较小存储器封装的设备进行了优化。如果该选项未使能,就会选

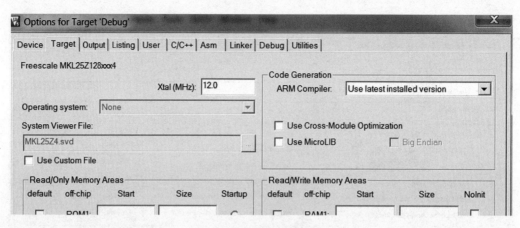

图 14.81　代码生成选项

择主要为性能进行优化的标准 C 库。MicroLIB 运行时库从程序大小方面来说要小得多，但同时也会更慢且具有一些限制。对于多数从 8 位或 16 位架构移植过来的应用，由于 Cortex-M0/M0＋处理器的性能要比多数 8 位和 16 位微控制器高得多，MicroLIB 的性能稍微低些也不会引起什么问题。

交叉模块优化选项可以降低代码的大小，因为它会将未使用的函数放到 ELF 文件中的单独段中，而如果它们未被引用就会被忽略掉，它还允许模块间共用内联代码。这些优化要求应用在编译阶段要构建两次，因为这样才能完成链接器反馈。

要了解优化选项的更多细节，可以参考 Keil 应用笔记 202《MDK-ARM© 编译器优化》（参考文档[9]）。

14.7.3　运行时环境选项

在工具栏一图中（见图 14.72），可以看到倒数第二行有 3 个图标：

- 管理运行时环境；
- 选择软件包；
- 软件包安装器。

可以利用管理运行时环境对话框从自己的工程中添加或移除软件部件，如果有需要，也可以用包安装器安装其他的软件部件。

需要注意的是，同一软件的多个版本安装在同一个系统中是很常见的，例如，为了应对不同的设备驱动库包，系统中可能会存在多个版本的 CMSIS-CORE 支持文件。可以利用"Select Software Pack"对话框选择特定版本的软件包。

14.7.4　工程管理

在工程窗口中（例如图 14.17、图 14.32、图 14.47 和图 14.62），可以看到"Target 1"和

"Source Group 1"，可以将这些名字改得更直观一些。如果要修改，只须单击名字使其高亮显示，然后再单击一次就可以编辑了。

一个工程中可能会有多个源文件组，例如，如果工程中文件数量较多，可以将它们分组，比如基于软件类型进行分组（如马达控制以及GUI等）。要在工程目标中添加新的组，只须右键单击工程目标并选择"Add Group"。

为了提高工程信息的可读性，还可以在工程中添加一些提供其他信息的文本文件（见图14.82）。

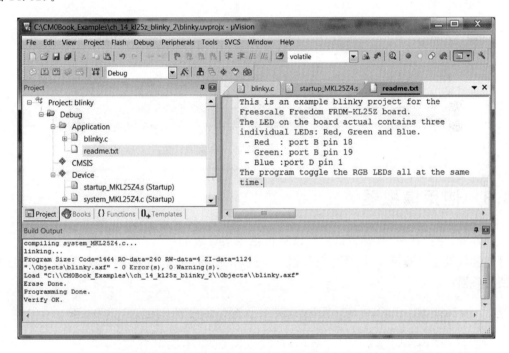

图14.82　可以通过重命名目标、源文件组以及添加解释代码的文本文件来优化工程

一个工程也可以有多个目标，适用于多个相似产品都基于同一组软件代码的情况。每个目标都可以有自己的编译选项、工程文件列表等。要在工程中添加新的目标，可以使用下拉菜单 Project-> Manage-> Components，Environments，Books…或者单击工具栏中的 图标打开工程管理窗口（见图14.83），然后单击如图14.84所示的工程目标按钮。

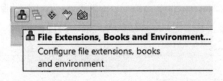

图14.83　在工程中添加一个新的目标

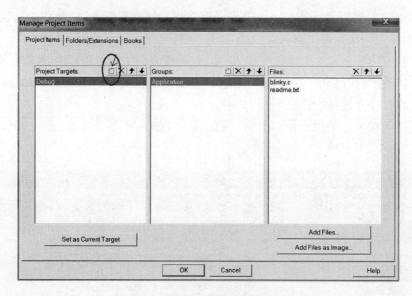

图 14.84　在工程中添加一个新的目标

14.8　使用模拟器

μVision 中包含一个模拟器，它可以提供指令集等级的模拟，对于一些微控制器设备，则可以进行设备级的模拟（包括外设模拟）。可以按照图 14.85 所示的方式，修改调试选项来使用模拟器。

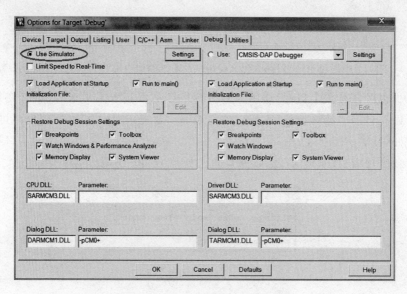

图 14.85　使能调试用的模拟器

设置完成后,调试启动时就会使用模拟器,这时可以执行程序、单步执行以及检查系统状态。

许多情况下,根据所使用的微控制器产品的不同,该调试模拟器可能无法完全模拟微控制器上的所有可用外设。另外,可能还需要调整设备的存储器映射,可以通过下拉菜单Debug-> Memory 来修改存储器配置。

14.9　在 SRAM 中执行程序

除了将程序下载到 Flash 存储器外,还可以将程序下载到 RAM 中进行测试,这样不会改变 Flash 存储器中的内容。此时需要修改工程的如下选项:

- 映像的存储器布局(目标选项,见图 14.86);
- 链接器选项(选项"Use memory Layout from Target Dialog");
- Flash 编程选项(去掉 Flash 编程这一步,见图 14.87);
- 调试选项,添加调试初始化命令文件(见图 14.88)。

首先,需要指定编译映像的新存储器映射(见图 14.86),实际的存储器布局取决于工程所用的微控制器。

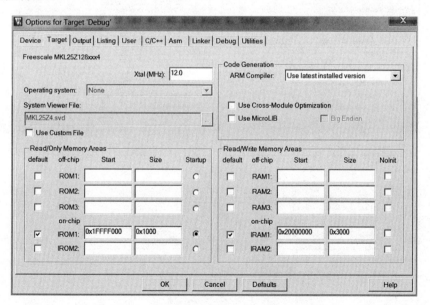

图 14.86　定义从 SRAM 中执行的存储器映射

然后,基于 Target 对话框中新的存储器布局确定链接器。

另外,要将 Flash 编程选项修改为跳过 Flash 编程这一步(见图 14.87)。

下一步要新建一个简单的调试启动脚本,将初始栈指针和程序计数器加载到正确的位置。对于下面的例子,文件名为 ram_debug.ini:

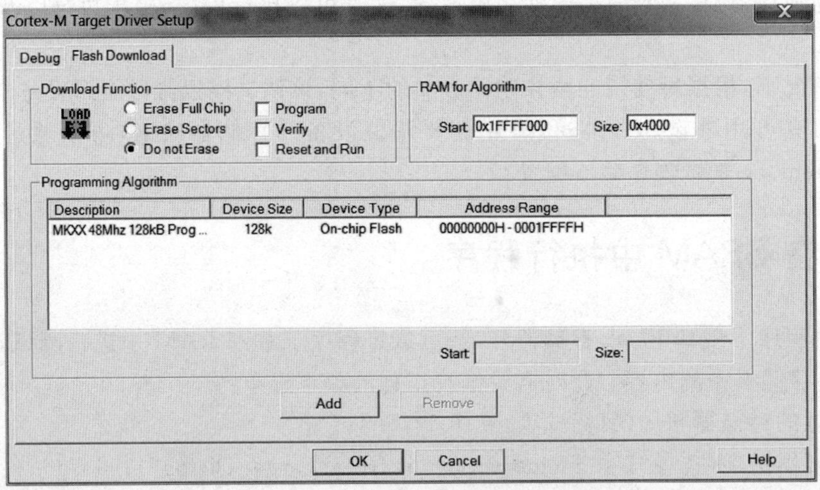

图 14.87　从工程选项中删除 Flash 编程步骤

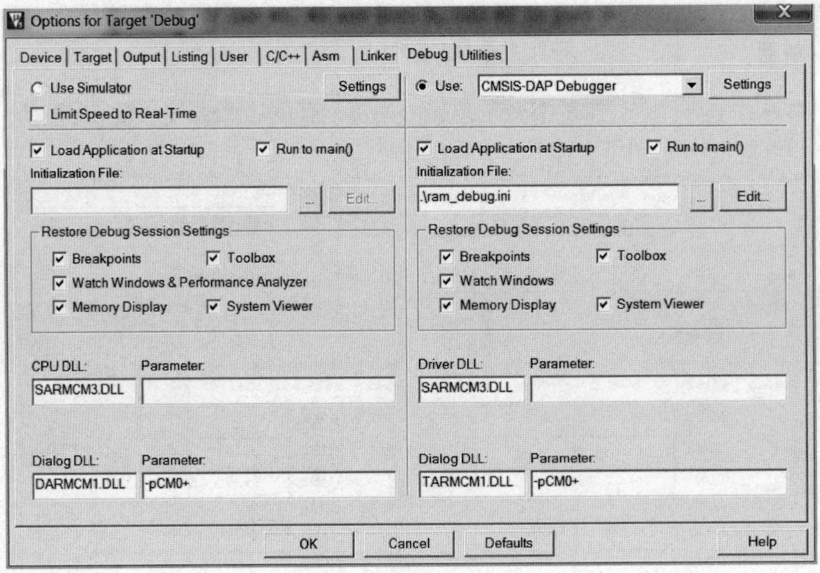

图 14.88　添加调试用的初始化文件(ram_debug.ini)

```
ram_debug.ini
reset
//Cortex - M0 + 中的 VTOR
//将中断向量表重映射到 SRAM
_WDWORD(0xE000ED08, 0x1FFFF000);
LOAD blinky.axf INCREMENTAL        //将映像下载到板子
SP = _RDWORD(0x1FFFF000);          //设置栈指针
PC = _RDWORD(0x1FFFF004);          //设置程序计数器
```

接下来,需要修改调试选项,使得调试会话开始时使用这个调试启动脚本。本例对应的调试选项的改动如图 14.88 所示(Initialization File 选项)。

现在正常启动调试会话。

调试会话开始后,程序会被下载到 SRAM 中,并且程序计数器会被自动设置为程序映像的起点,然后应用就可以启动了。

在 RAM 中测试程序映像具有许多局限性。首先,需要利用调试器脚本将程序计数器和初始栈指针修改为正确的值,否则,Flash 存储器中的复位向量和初始栈指针会在处理器复位后默认启用。

第二个问题是,如果要使用 RAM 中的异常向量表,还需要额外的硬件支持。向量表通常位于 Flash 存储器的 0 地址处,Cortex-M0＋处理器具有可选的向量表偏移寄存器(VTOR),可以将向量表定义在 SRAM 中,而 Cortex-M0 中则不存在 VTOR。有些微控制器使用了设备相关的存储器重映射硬件来解决这个问题,但是需要用调试初始化文件来初始化这种存储器重映射以使能正确的中断操作。

14.10　使用 MTB 指令跟踪

Keil MTB 支持通过 MTB(微跟踪缓冲)实现的指令跟踪,要在 Freescale FRDM-KL25Z 板上使能这个特性,需要一个调试初始化命令文件。下面为该文件的一部分:

```
DBG_MTB.ini
/ ******************************************************************* /
/ * MTB.ini: Cortex - M0 + MTB(微跟踪缓冲) 的初始化脚本 * /
/ ******************************************************************* /
//<<< 使用 Context 菜单里的配置向导 >>>  //
/ ******************************************************************* /
/ * This file is part of the μVision/ARM development tools. * /
/ * Copyright (c) 2005 - 2012 Keil Software. All rights reserved. * /
/ * This software may only be used under the terms of a valid, current, * /
/ * end user licence from KEIL for a compatible version of KEIL software * /
/ * development tools. Nothing else gives you the right to use this software. * /
/ ******************************************************************* /
FUNC void MTB_Setup (void) {
unsigned long position;
unsigned long master;
unsigned long watermark;
unsigned long _flow;
//< e0.31 > Trace: MTB (Micro Trace Buffer)
//< o0.0..4 > Buffer Size
//< 4 = > 256B
//< 5 = > 512B
//< 6 = > 1kB
//< 7 = > 2kB
//< 8 = > 4kB
```

```
//< 9 = > 8kB
//< o1 > 缓冲位置
//< i > RAM 中的缓冲位置,须要为缓冲大小的整数倍
//< o2.0 > 缓冲满时停止跟踪
//< o2.1 > 缓冲满时停止目标
//</e >
master = 0x80000008;
position = 0x20000000;
_flow = 0x00000000;
position & = 0xFFFFFFF8;              //屏蔽 POSITION.POINTER 域
watermark = position + ((16 <<(master & 0x1F)) - 32);
_flow | = watermark;
_WDWORD(0xF0000004, 0x00000000); //MASTER
_WDWORD(0xF0000000, position);   //POSITION
_WDWORD(0xF0000008, _flow);      //FLOW
_WDWORD(0xF0000004, master);     //MASTER
}
MTB_Setup();
```

创建了该文件后,可以根据前节的介绍配置调试器,利用该文件初始化调试会话(见图 14.88)。

要修改配置,可以使用配置向导(参见 14.6.3,内容类似)配置指令跟踪所需的存储器大小以及其他选项(见图 14.89)。

设置了调试选项后,可以在调试期间利用下拉菜单 View-> Trace-> Trace Data 或工具栏中的跟踪图标查看指令跟踪缓冲(见图 14.90)。

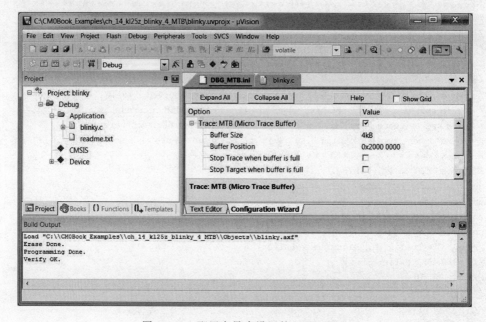

图 14.89　配置向导中设置的 MTB 配置

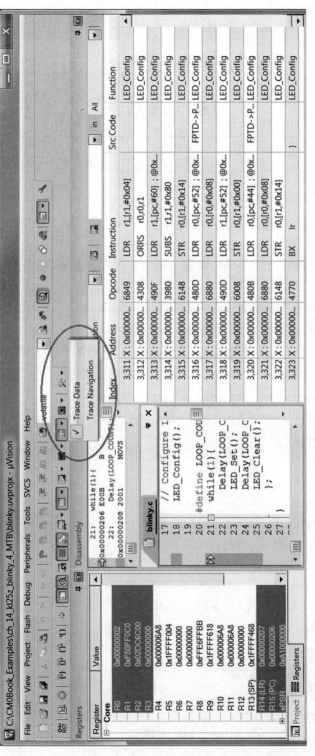

图 14.90 使能 MTB 跟踪（指令跟踪在右边显示）

第 15 章 IAR embedded workbench for ARM 入门

15.1 IAR embedded workbench for ARM 概述

IAR embedded workbench for ARM 是一种常见的开发组件,用于基于 ARM 的微控制器。其中包括
- 用于多种 ARM 处理器的 C 和 C++编译器;
- 具有工程管理和编辑器的集成开发环境(IDE);
- C-SPY 调试器,具有 ARM 模拟器,支持 JTAG 及硬件 RTOS 调试(可用的 RTOS 插件有多个)。调试器支持多种调试适配器,其中包括:
  - IARI-Jet /I-jet Trace 和 JtagJet/JtagJet-Trace;
  - CMSIS-DAP;
  - Segger J-Link/J-Link Ultra/J-Trace;
  - GDB server;
  - ST Link/ST Link v2;
  - TI XDS 100/200 和 Stellaris FTDI;
  - SAM-ICE（Atmel）…。
- 其他部件,包括 ARM 汇编器、链接器和库工具以及 Flash 编程支持;
- 多个厂家提供的开发板的工程示例;
- 文档。

IAR Embedded Workbench 的完全版还支持:
- 自动检查 MISRA C 规则(MISRA C: 1998,MISRA C: 2004);
- 运行时库的源代码;
- C-RUN 运行时分析(可选);
- C-STAT 静态分析。

IAR Embedded Workbench 是商业版工具,可用的版本有很多种,其中包括一个名为 Kickstart 的免费版,它将代码大小限制在 16KB(针对 Cortex-M0 和 Cortex-M0＋)以内且

禁止了一些高级特性,用户还可以下载供 30 天评估用的完全版。

　　IAR Embedded Workbench 易于使用,且支持 Cortex-M 处理器可用的许多调试特性。本章将会基于 Freescale Freedom 开发板、FRDM-KL25Z 开发板介绍 IAR Embedded Workbench 的使用。在开始介绍前,请先阅读 14.3.1 节关于更新固件和设备驱动安装方面的内容。

　　本部分示例代码来自合作伙伴的官方网站,14.3 节还有基于其他硬件的例子。

15.2　典型的程序编译流程

　　和多数商业版开发工具类似,编译过程由 IDE 自动处理,并且很容易地就能通过 GUI 启动。因此,多数情况下用户无须了解编程流程的细节。在创建好工程后,IDE 会自动调用多个工具来编译代码并产生可执行映像(见图 15.1)。

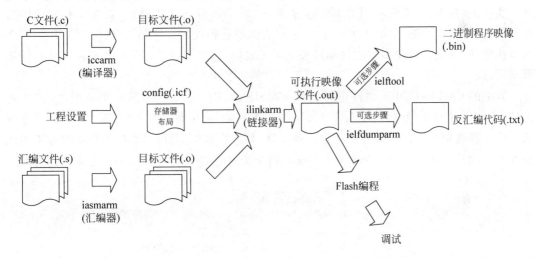

图 15.1　IAR Embedded Workbench 的编译流程示例

　　多数设备配置已经预安装了(如存储器布局和 Flash 编程细节的配置文件),因此只需在工程设置中选择正确的微控制器设备以使能正确的编译流程。

　　为了简化应用开发以及加快软件开发,多数情况下,需要使用微控制器供应商提供的多个文件,这样就不必花费时间实现外设寄存器的定义文件了。这些文件一般位于符合 CMSIS 的设备驱动库中,由微控制器供应商提供。它们多被称作软件包,其中可能还会包含实例、使用指南以及软件库等其他部件。

　　使用 CMSIS 设备库的一个简单示例如图 15.2 所示。

　　应用可能只包含一个文件(见图 15.2 的左边),工程中还是会加入多个微控制器供应商提供的文件。基本上可以用 C 语言实现整个应用,而包含向量表的启动代码一般是以汇编的形式出现的。启动代码是和工具链相关的,但是,工程中的其他文件则是独立于工具链

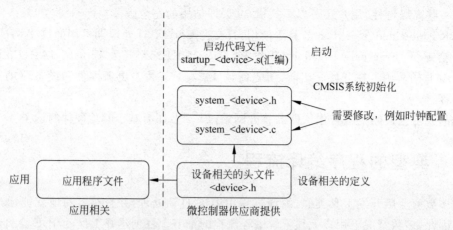

图 15.2　CMSIS-CORE 工程示例

的。实际上,在 15.3 节中介绍的 blinky 实例中,除了汇编启动代码外,其他所有的程序文件和第 14 章中介绍的 Keil MDK-ARM 工程实例都是相同的。这是 CMSIS-CORE 的一个重要优势,因为它可以使多数软件部件独立于工具链,这样可以提高软件代码的可移植性和可重用性。

其他的 CMSIS-CORE 文件可被这些 CMSIS-CORE 文件中的部分文件引用,这些是 ARM 提供的通用文件,集成在 IAR Embedded Workbench 安装包中(见图 15.3)。可以使用一个工程选项在编译阶段自动包含这些文件,如果有必要,可以禁止该工程选项并手动添加这些 CMSIS-CORE 文件。如果要使用某个特定版本的 CMSIS-CORE,则可能需要这么做。

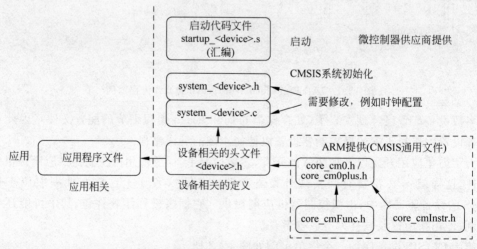

图 15.3　包含 ARM 提供的 CMSIS-CORE 头文件的工程示例

如果使用的 CMSIS-CORE 的版本较老(版本 2.0 或更早),可能还需要加入 CMSIS-CORE 软件包中一个名为 core_cm3.c 或 core_cm0.c 的文件,其中提供了访问特殊寄存器的一些内核函数以及多个内在函数。较新版本的 CMSIS-CORE 已经不再需要这些文件了,并且 CMSIS-CORE 函数和之前版本是完全兼容的。

15.3　创建简单的 blinky 工程

启动 IAR Embedded Workbench 后,会看到图 15.4 所示的界面。可以单击"EXAMPLE PROJECTS"打开现有的工程,安装目录中存在许多创建好的工程,可以方便应用程序的开发。本节介绍如何从头创建一个新的工程。

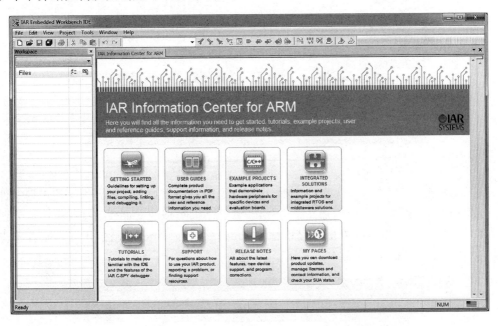

图 15.4　IAR Embedded Workbench for ARM 的启动画面

可以利用下拉菜单"Project-> Create New Project…"创建一个新的工程。

接下来会出现一个新的窗口,可以在其中选择待创建工程的类型(见图 15.5)。

这里会有多个选项,例如可以

- 新建一个空的工程并添加一些已经存在的源代码文件。
- 新建一个 C 工程,其中已经有了只存在一个"int main(void)"的 main.c。

此处选择创建一个空的工程,接下来会被要求定义工程文件的位置。在本阶段创建一个名

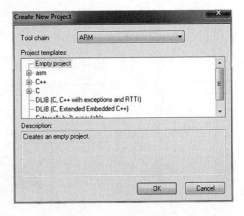

图 15.5　新建工程窗口

为 blinky 的工程（见图 15.6）。

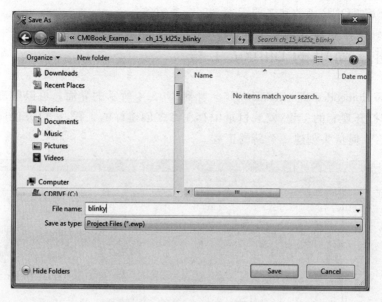

图 15.6　新建一个 blinky 工程

　　完成这一步后，就有了一个空的工程，可以开始向其中添加文件了。为了使工程文件的组织更加合理，可以在工程中增加几个文件组，并将不同类型的文件放到这些组中。要使用增加组/文件功能，可以右键单击工程目标（Debug）并选择"Add"（见图 15.7），或者单击下拉菜单"Project-> Add Group/Add File"。

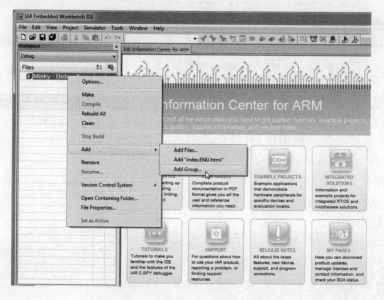

图 15.7　将组和文件添加到工程中

在这个工程中创建了三个文件组

- 应用(存放 blinky 程序);
- 启动(启动代码);
- CMSIS(CMSIS-CORE 相关的文件,例如 system_< device >. c 等)。

下面几步介绍 Freescale FRDM-KL25Z 的工程设置,与其他硬件平台基本上是一样的,只是文件名和实际的 blinky 代码有所差异。对于 Freescale FRDM-KL25Z 硬件,添加了表 15.1 中列出的文件。

表 15.1 blinky 工程中的文件

文件	描 述
startup_MKL25Z4. s	MKL25Z4 的启动代码(汇编),该文件是 IAR Embedded Workbench 专用的
MKL25Z4. h	包括外设寄存器定义和异常类型定义的设备定义的文件
system_MKL25Z4. c	MKL25Z4 的系统初始化函数(SystemInit()),相关的函数由 CMSIS-CORE 指定
system_MKL25Z4. h	system_ MKL25Z4. c 定义的函数原型
blinky. c	翻转板上 LED 的 blinky 应用

将 blinky 程序和其他文件添加到工程中,其他 CMSIS-CORE 头文件没有被显式包含进来,因为它们通过工程选项被自动包含到工程中(见表 15.2,"General Options")。

表 15.2 blinky 工程正常工作所需的工程选项

类别	标签	说 明
一般选项	目标	设备→MKL25Z128xxx4
一般选项	库配置	使用 CMSIS,会自动包含工程中关键的 CMSIS-CORE 头文件
C/C++编译器	列表	输出列表文件,该选项是可选的,不过对调试有用
链接器	配置	可选设置:若需要修改存储器映射就覆盖默认配置(例如不同的栈和堆大小)
调试器	设置	CMSIS-DAP,使用片上调试适配器调试
调试器	下载	使用 Flash 加载器,这样可以使能微控制器的 Flash 下载
CMSIS-DAP	JTAG/SWD	可选设置,指定调试协议和调试连接速度

下一步,需要设置各种工程选项,下面几个选项是非常重要的:

- 设备;
- 使能 CMSIS;
- 设备相关头文件的包含路径;
- 使能 Flash 编程选项。

需要注意的是,对于 STM32L0 Discovery 开发板的用户,需要将预处理宏"STM32L051xx"添加到工程中。

此时可以右键单击工程目标(见图 15.8,"blinky-Debug")、单击下拉菜单(Projects->选项)或使用快捷键 ALT＋F7 来查看工程选项。可用的选项有很多种,对于左边的许多类别，可以发现多个标签，例如，在"General options"中，可以看到：目标、输出、库配置、库选项、MISRA C-2004 以及 MISRA C-1999（见图 15.9）。

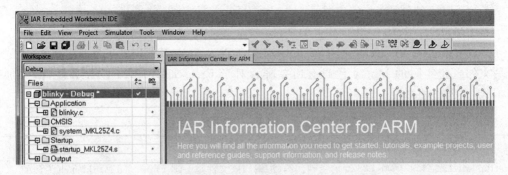

图 15.8　blinky 工程

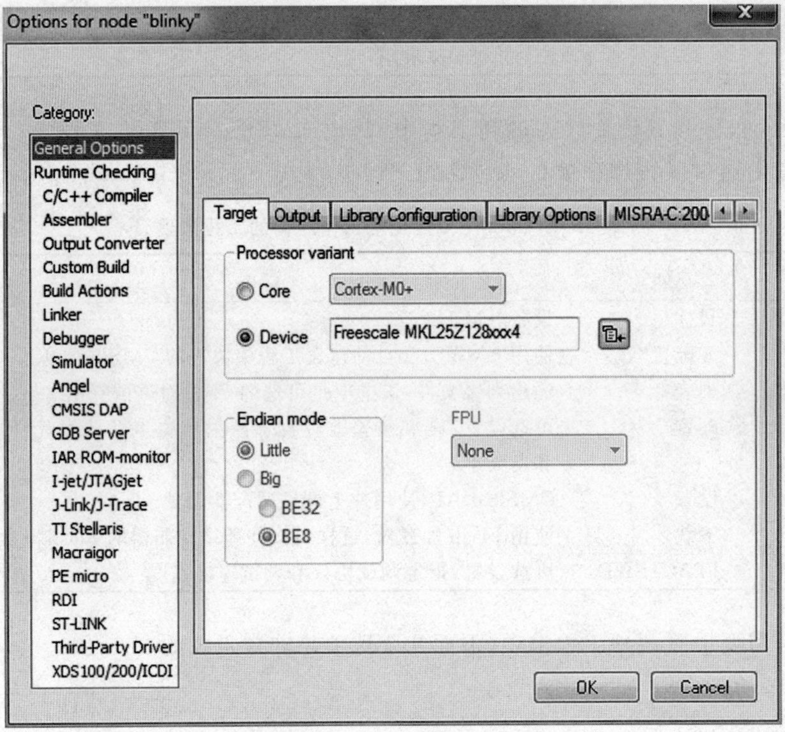

图 15.9　工程选项

对于该 blinky 工程，需要设置如表 15.2 所示的多个选项。

在设置工程选项后，可以对工程进行编译和测试。开始时，右键单击工程目标（Blinky-Debug）选择"Build"，接下来 IDE 会要求保存当前的工作区。如图 15.10 所示，把其保存在同一个工程目录中，名称为"blinky. eww"。

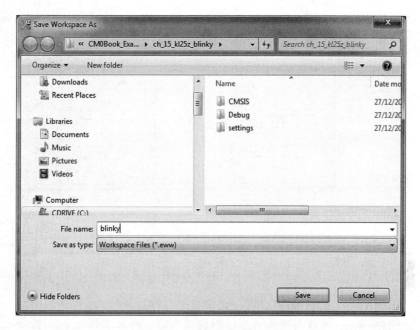

图 15.10　编译前保存工作区

在完成了所有设置后,可以看到图 15.11 所示的 IDE 输出。恭喜! 已经利用 IAR Embedded Workbench 构建了第一个 ARM 工程。

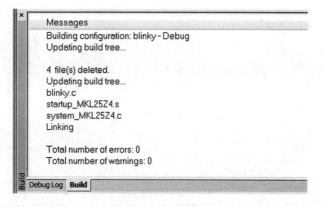

图 15.11　编译结果

现在需要将程序下载到微控制器板并测试,实现方法有三种:使用下拉菜单选择 "Project-> Download and Debug"、单击工具栏中的 ⬛ (下载和调试图标)或使用快捷键 Ctrl+D。

将程序下载到板子中后,调试器屏幕画面如图 15.12 所示,程序会恰好暂停在 main()函数 中的第一行 C 代码处。

可以单击工具栏中的"go"图标 ⬛ ,板上的 LED 会开始闪烁。可以利用调试器界面上

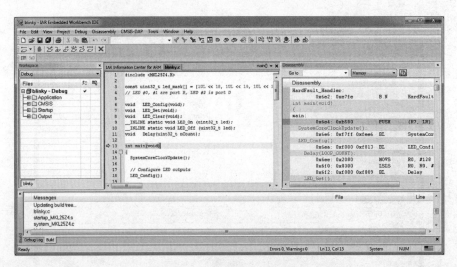

图 15.12　调试会话界面

的各个图标（见图 15.13 左侧）暂停、继续、复位或单步执行程序。

要插入或移除断点，可以右键单击源代码窗口中的一行并选择"toggle breakpoint"。处理器暂停后，可以单击下拉菜单"View-> Register"并在寄存器窗口中查看处理器的寄存器。

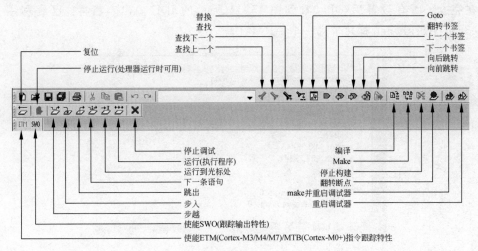

图 15.13　调试屏幕中工具栏图标

15.4　工程选项

IAR Embedded Workbench 的 IDE 提供许多选项，常用的选项和标签如图 15.14 所示。

例如，IAR C 编译器支持多个优化等级，如果设置为高优化等级，可以在大小优化、速度优化和平衡优化间选择。并且还可以单独选择这些优化手段（见图 15.15）。

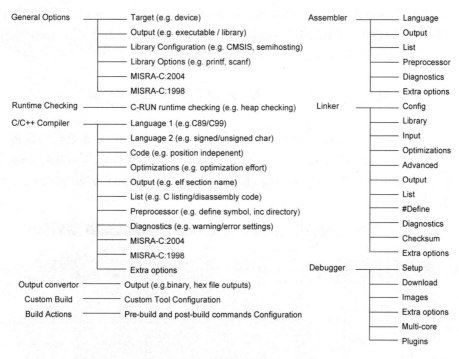

图 15.14 工程选项、类别和标签

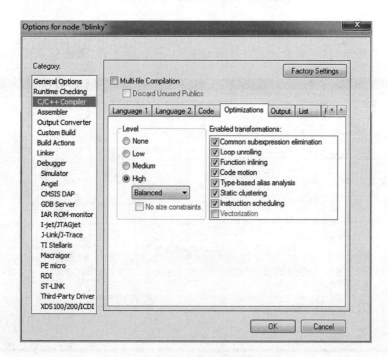

图 15.15 C/C++编译前的优化选项

每个支持的调试适配器还有许多可选的配置，通常需要修改这些调试适配器的设置以支持特定的调试协议（即 JTAG 或串行线调试）和复位处理。如果使用 Cortex-M3/M4/M7处理器，可能还会需要其他的调试和跟踪选项。

15.5　在 IAR EWARM 中使用 MTB 指令跟踪

IAR Embedded Workbench 中支持 Cortex-M0＋处理器的 MTB 跟踪特性的调试适配器包括 CMSIS-DAP 和 IAR J-Jet/I-Jet Trace。例如，如果使用的是 Freescale Freedom 板FRDM-KL25Z，则可以在调试会话中通过下拉菜单 CMSIS-DAP-> ETM Trace 来使能MTB 跟踪（见图 15.16）。

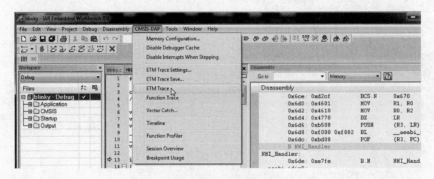

图 15.16　选择指令跟踪特性

如图 15.17 所示，接下来会出现一个新的窗口，可以单击开/关图标来使能跟踪。

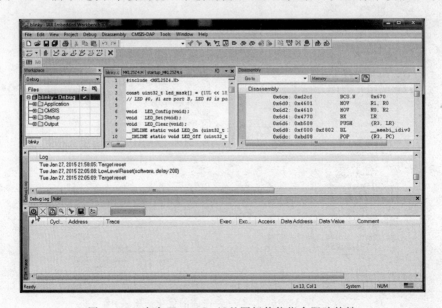

图 15.17　右击 Trace On/Off 图标使能指令跟踪特性

跟踪使能后,工具栏中的 ETM 图标会显示为绿色背景。

在程序开始执行并暂停(如断点)后,跟踪窗口中会显示指令跟踪的内容(见图 15.18)。

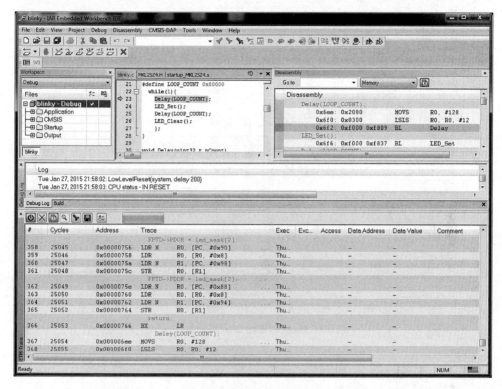

图 15.18　指令跟踪视图

15.6　提示和要点

工程所需的栈和堆的大小在"Linker"选项中定义,需要选择覆盖默认链接配置文件的选项、设置栈和堆的存储器大小(见图 15.19)并将这些设置保存到工程目录下的新配置文件中。

可以通过使能栈分析特性来确定应用所需的栈大小,为此需要使能链接器设置里的两个选项:

(1) 使能链接映射文件生成(见图 15.20);

(2) 使能栈分析(见图 15.21)。

使能这些选项后,工程会被重新编译,可以在 Debug\List 目录中看到一个链接器映射文件,其中列出的栈的使用情况类似于

```
********************************************************************
***  STACK USAGE
```

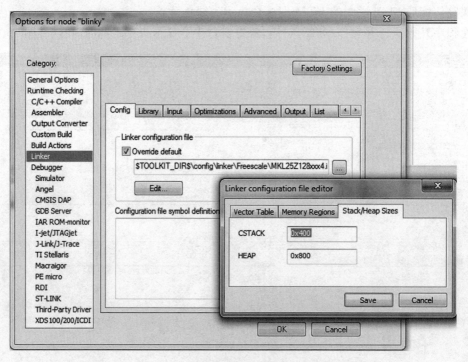

图 15.19　栈和堆的存储器大小设置

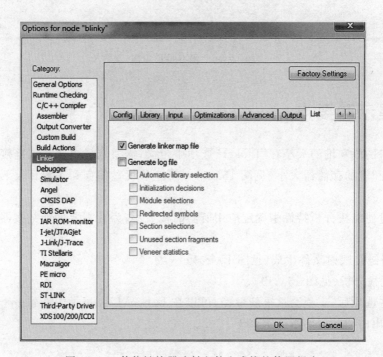

图 15.20　使能链接器映射文件生成栈的使用报表

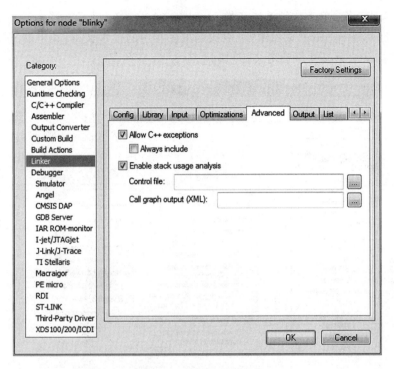

图 15.21 使能栈使用分析

```
***
Call Graph Root Category Max Use Total Use
------------------------  -------  ---------
Program entry 20 20
Uncalled function 4 4
Program entry
"__iar_program_start": 0x000008dd
Maximum call chain 20 bytes
"__iar_prográm_start" 0
"__cmain" 0
"main" 8
"LED_Set" 8
"LED_On" in blinky.o [1] 4
Uncalled function
"SystemInit": 0x00000411
Maximum call chain 4 bytes
"SystemInit" 4
```

IAR EWARM 中另一个有用的特性为 C-RUN，其中包含多个检测可能的软件问题的运行时功能，而且只会带来很小的软件开销。C-RUN 是从 IAR EWARM 7.20 和之后版本才添加进来的，如图 15.22 所示，可以通过工程选项使能该特性。

IAR Embedded Workbench 的许多有用信息都可以在安装目录中的文档中找到，一般来说，可以在"Help"菜单中找到这些文件。

在 IAR 网站"Resource"栏目中，可以找到很多有用的技术文章，其中的一个例子为《精通栈和堆，提高系统可靠性》(参考文档[10])。

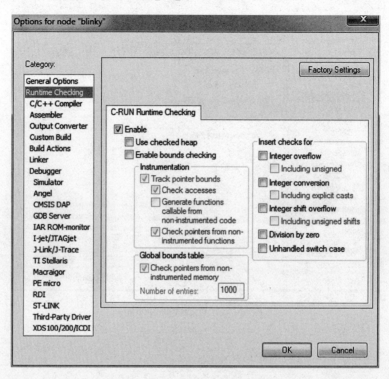

图 15.22　C-RUN 工程选项

第 16 章

GCC 入门

16.1 GCC 工具链

很多开源工程都选择 GNU C 编译器，由于 GCC 可以免费得到，因此对于业余爱好者和学校用户非常有吸引力。许多常见的微控制器工具链都是基于 GCC 开发的，其中有些是免费的，而其他则是成本较低，但增加了各种有助于软件开发的特性。

本章将会介绍 GNU 工具在 ARM 嵌入式处理器中的应用，可以从 LaunchPad 网站下载预编译的软件包，完整版则要从 GNU 编译器官网下载（http://GCC.gnu.org）。利用 GCC 源代码包构建 Cortex-M 处理器的 GCC 工具链是可行的，但构建过程需要对工具链的深入理解，本书不会介绍这方面的内容。

16.2 关于本章中的例子

利用 GCC 构建工程的方法有很多种，本章将会尝试寻找其他可能性：
- 利用从 LaunchPad 官网下载的命令行形式的 GCC 工具链编译程序。
- 利用从 LaunchPad 官网下载的 GCC 工具链，并以 Keil 微控制器开发套件（MDK-ARM）作为 IDE 来构建工程。
- 利用从 LaunchPad 官网下载的 GCC 工具链，并以 CooCox CoIDE 作为 IDE 来构建工程。

本章例子中使用的 LaunchPad 官网下载的 GCC 工具链版本为 4.9 2014q4。

除了 CooCox CoIDE v2 beta 版示例只支持 STM32F0 Discovery 外（本 beta 发行版不支持其他硬件），示例工程基于和 14.3 节相同的硬件平台。

需要注意的是，示例工程中使用的链接器脚本和启动代码是为 LaunchPad 官网下载的预编译的 GCC 工具链准备的，如果使用的 GCC 不同，由于 C 启动代码所用的库和链接过程设置可能会有所差异，需要对启动代码和链接器脚本进行调整。

16.3　典型开发流程

　　GCC 工具链包括 C 编译器、汇编器、链接器、库、调试器以及其他工具。在应用开发时可以使用 C 语言、汇编语言或混合语言编程，典型的命令名如表 16.1 所示。

表 16.1　命令名

工具	通用命令名	ARM 嵌入式处理器 GNU 工具的命令名
C 编译器	gcc	arm-none-eabi-gcc
汇编器	as	arm-none-eabi-as
链接器	ld	arm-none-eabi-ld
二进制文件生成	objcopy	arm-none-eabi-objcopy
反汇编器	objdump	arm-none-eabi-objdump

　　命令前缀表示预构建工具链的类型，表 16.1 第 3 列中的命令是专门为 ARM EABI 预构建的，用于无特定目标 OS 的平台，因此前缀使用"none"。有些 GNU 工具链可用于 Linux 平台的应用开发，此时的前缀为"arm-linux-"。

　　对于 Cortex-M0 和 Cortex-M0＋的软件开发，EABI 版本用得比较多。如果是应用要运行在基于 Cortex-M 的 μClinux 操作系统中，则应该利用 μClinux/Linux 版本的 GCC 工具链来编译。

　　利用 GCC 进行软件开发的典型流程如图 16.1 所示，和 ARM 编译工具链（ARMCC）的使用不同，编译和链接操作一般可以通过运行一次 GCC 实现。其操作简单并且不易出错误，这是因为编译器会自动触发链接器、产生所有需要的链接选项并传递所需要的库。

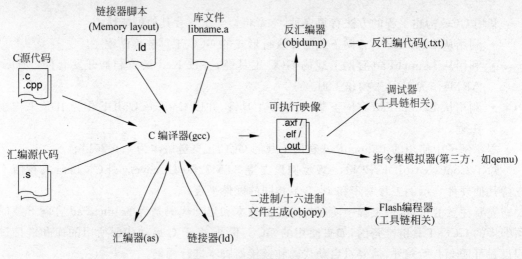

图 16.1　典型的程序开发流程

要编译一个典型的工程,需要表 16.2 中列出的文件。

表 16.2　工程所需的文件

文件类型	描　述
应用代码	应用的源代码
设备相关的 CMSIS 头文件	微控制器的定义头文件,由微控制器供应商提供
GCC 设备相关的启动代码	所使用的微控制器相关的启动代码,由微控制器供应商提供
设备相关的系统初始化文件	其中包括 SystemInit() 函数(系统初始化),由 CMSIS-Core 定义,另外还有一些更新系统时钟的函数。由微控制器供应商提供
CMSIS 通用头文件	一般包含在设备驱动库软件包或工具安装包中,或者也可以从 ARM 网站下载(www.arm.com/cmsis)
链接器脚本	链接器脚本是设备相关的,一个工程所需的链接器脚本一般由几个文件组成,其中一个文件确定设备的存储映射,其他文件则定义 GCC 自身所需的设置。ARM 嵌入式处理器的 GNU 工具的安装包提供了一个链接器脚本的例子
库文件	其中包括工具链提供的运行时库(一般位于安装目录中),如果有必要,还可以添加其他的库

为了方便软件开发,微控制器供应商一般会提供一些文件,这些文件的内容如表 16.2 所示。它们有时被称作符合 CMSIS 的设备驱动库或微控制器软件包,其中可能还会有工程实例或其他的设备库。

例如,对于 STM32F0 Discovery 板(基于 Cortex-M0 处理器)上翻转 LED 的简单工程,其中存在的文件如图 16.2 所示。

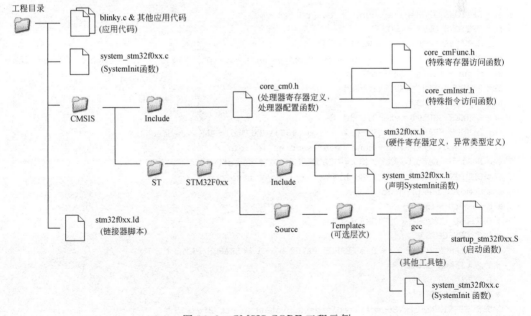

图 16.2　CMSIS-CORE 工程示例

设备相关的头文件 stm32f0xx. h 中定义了所有的外设寄存器,它们省去了进行外设定义的麻烦。system_stm32f0xx. c 提供了初始化 PLL 和时钟控制寄存器等时钟系统的 SystemInit()函数。

除了程序文件,还需要使用链接器脚本定义可执行映像的存储器布局,多数情况下,只需位于文件 stm32f0xx. ld 开头处的链接器脚本中的存储器映射设置。

```
/* 指定存储器地址和大小的链接器脚本片段 */
MEMORY
{
  FLASH (rx) : ORIGIN = 0x08000000, LENGTH = 0x10000   /* 64K */
  RAM (rwx) : ORIGIN = 0x20000000, LENGTH = 0x2000    /* 8K */
}
```

16.4 创建简单的 Blinky 工程

ARM 嵌入式处理器用的 GNU 工具在安装后只支持命令行工具,可以利用命令行、Makefile(用于 Linux 平台)、批处理文件(用于 Windows 平台)或第三方 IDE 等启动编译过程。首先介绍如何利用批处理文件创建工程。

假定将图 16.2 列出的文件放到了工程目录,并且 CMSIS 包含文件位于一个名为 CMSIS/Include 的子目录中,那么可以利用一个简单的批处理文件启动编译和链接过程。

编译 Blinky 工程的简单批处理器文件(注:使用"^"符号表示在 Windows 批处理文件中用的是多行命令)。

```
set OPTIONS_ARCH = - mthumb - mcpu = cortex - m0
set OPTIONS_OPTS = - Os
set OPTIONS_COMP = - g - Wall
set OPTIONS_LINK = - Wl, -- gc - sections, - Map = map. rpt, - lgcc, - lc, - lnosys - ffunction -
sections - fdata - sections
set SEARCH_PATH = CMSIS\Include
set SEARCH_PATH3 = .
set LINKER_SCRIPT = stm32f0. ld
set LINKER_SEARCH = "C:\Program Files (x86)\GNU Tools ARM Embedded\4.9
2012q4\share\gcc - arm - none - eabi\samples\ldscripts"
rem Newlib - nano feature is available for v4.7 and after
set OPTIONS_LINK = % OPTIONS_LINK %  -- specs = nano. specs
rem Compile the project
arm - none - eabi - gcc ^
 % OPTIONS_COMP %  % OPTIONS_ARCH % ^
 % OPTIONS_OPTS % ^
 - I % SEARCH_PATH1 %  - I % SEARCH_PATH2 %  - I % SEARCH_PATH3 % ^
 - T % LINKER_SCRIPT % ^
 - L % LINKER_SEARCH % ^
 % OPTIONS_LINK % ^
CMSIS\ST\STM32F0xx\Source\Templates\gcc\startup_stm32f0xx.S ^
```

```
blinky.c ^
gpio_funcs.c ^
CMSIS\ST\STM32F0xx\Source\Templates\system_stm32f0xx.c ^
- o blinky.elf
if % ERRORLEVEL % NEQ 0 goto end


rem Generate disassembled listing for debug/checking
arm - none - eabi - objdump - S blinky.elf > list.txt


rem For Keil MDK flash programming
copy blinky.elf MDK_debug\Objects\blinky.axf
if % ERRORLEVEL % NEQ 0 goto end


rem Generate binary image file
arm - none - eabi - objcopy - O binary blinky.elf blinky.bin
if % ERRORLEVEL % NEQ 0 goto end


rem Generate Hex file (Intel Hex format)
arm - none - eabi - objcopy - O ihex blinky.elf blinky.hex
if % ERRORLEVEL % NEQ 0 goto end



rem Generate Hex file (Verilog Hex format)
arm - none - eabi - objcopy - O verilog blinky.elf blinky.vhx
if % ERRORLEVEL % NEQ 0 goto end


:end
pause
```

请注意除了汇编启动代码文件,其他所有的源文件都和第 14 章、第 15 章的 Blinky 实例相同(除了在延迟循环中添加了__NOP(),否则循环会被优化掉)。由于 CMSIS-CORE 的存在,软件的可移植性和可重用性也提高了。如果要了解源代码方面的详细信息,请参考第 14 章的内容,或者在本书合作伙伴的官网下载示例工程软件包并找到源代码。

编译和链接过程由 arm-none-eabi-GCC 执行,剩下的编译过程则是可选的。为了演示如何创建二进制文件、十六进制文件和反汇编列表文件,将这些步骤添加了进来。

16.5　命令行选项概述

ARM 嵌入式处理器用的 GNU 工具可用于多种 ARM 处理器,其中包括 Cortex-M 处理器和 Cortex-R 处理器。在 16.4 节所示的例子中,使用了 Cortex-M0 处理器,但可以修改批处理文件,使用其他目标处理器或其他架构版本。

表 16.3 列出了处理器类型对应的编译选项。

表 16.3　编译目标处理器命令行选项

处理器	GCC 命令行选项
Cortex-M0＋	-mthumb -mcpu＝cortex-m0plus
Cortex-M0	-mthumb -mcpu＝cortex-m0
Cortex-M1	-mthumb -mcpu＝cortex-m1
Cortex-M3	-mthumb -mcpu＝cortex-m3
Cortex-M4（无 FPU）	-mthumb -mcpu＝cortex-m4
Cortex-M4（软件 FP）	-mthumb -mcpu＝cortex-m4 -mfloat-abi＝softfp -mfpu＝fpv4-sp-d16
Cortex-M4（硬件 FP）	-mthumb -mcpu＝cortex-m4 -mfloat-abi＝hard -mfpu＝fpv4-sp-d16
Cortex-M7（无 FPU）	-mthumb -mcpu＝cortex-m7
Cortex-M7（软件 FP,单精度）	-mthumb -mcpu＝cortex-m7 -mfloat-abi＝softfp -mfpu＝fpv5-sp-d16
Cortex-M7（软件 FP,双精度）	-mthumb -mcpu＝cortex-m4 -mfloat-abi＝softfp -mfpu＝fpv5 -d16
Cortex-M7（硬件 FP,单精度）	-mthumb -mcpu＝cortex-m7 -mfloat-abi＝hard -mfpu＝fpv5-sp-d16
Cortex-M7（硬件 FP,双精度）	-mthumb -mcpu＝cortex-m4 -mfloat-abi＝hard -mfpu＝fpv5 -d16

如表 16.4 所示,还可以根据架构版本而不是处理器类型来编译。

表 16.4　编译目标架构命令行选项

架构	处理器	GCC 命令行选项
ARMv6-M	Cortex-M0＋ Cortex-M0, Cortex-M1	-mthumb -march＝armv6-m
ARMv7-M	Cortex-M3	-mthumb -march＝armv7-m
ARMv7E-M（无 FPU）	Cortex-M4	-mthumb -march＝armv7e-m
ARMv7E-M（软件 FP,单精度 FPU）	Cortex-M4	-mthumb -march＝armv7e-m -mfloat-abi＝softfp -mfpu＝fpv4-sp-d16
ARMv7E-M（硬件 FP）	Cortex-M4	-mthumb -march＝armv7e-m -mfloat-abi＝hard -mfpu＝fpv4-sp-d16

续表

架构	处理器	GCC 命令行选项
ARMv7E-M（软件 FP，单精度 FPU）	Cortex-M7	-mthumb -march＝armv7e-m
		-mfloat-abi＝softfp
		-mfpu＝fpv5-sp-d16
ARMv7E-M（硬件 FP，单精度 FPU）	Cortex-M7	-mthumb -march＝armv7e-m
		-mfloat-abi＝hard
		-mfpu＝fpv5-sp-d16
ARMv7E-M（软件 FP，双精度 FPU）	Cortex-M7	-mthumb -march＝armv7e-m
		-mfloat-abi＝softfp
		-mfpu＝fpv5-d16
ARMv7E-M（硬件 FP，双精度 FPU）	Cortex-M7	-mthumb -march＝armv7e-m
		-mfloat-abi＝hard
		-mfpu＝fpv5 -d16

其他一些常用选项则列在了表 16.5 中。

表 16.5　常用编译开关

选项	描　　述
"-mthumb"	指定 Thumb 指令集
"-c"	编译或汇编源文件，但不链接，每个源文件都会产生目标文件，如果工程被设置为编译和链接阶段相独立则需要使用该选项
"-S"	编译阶段后停止，但不进行汇编。每个非汇编文件都会输出一个汇编代码文件
"-E"	预处理阶段后停止，输出为预处理源代码的形式，它会被送至标准输出
"-Os"	优化等级-可以为优化等级 0（"-O0"）到 3（"-O3"），或者"-Os"进行大小优化
"-g"	包含调试信息
"-D＜macro＞"	用户定义的预处理宏
"-Wall"	使能所有警告
"-I＜directory＞"	包含目录
"-o＜output file＞"	指定输出文件
"-T＜linker script＞"	指定链接器脚本
"-L＜ld script path＞"	指定链接器脚本的搜索路径
"-Wl,option1,option2"	"Wl"向链接器传递选项，并可提供多个选项，中间用逗号隔开
"--gc-sections"	移除未使用的段，由于它还会移除未直接引用的段，因此使用时要非常小心。可以检查链接器映射报表确认哪些被去除了，并在链接器脚本中使用 KEEP()函数确保特定的数据/代码不被移除
"-lGCC"	链接 libGCC.a

续表

选项	描　　述
"-lc"	指定链接器搜索系统提供的标准 C 库，查找自己源文件中没有提供的函数。这也是默认选项，和强制链接器不搜索系统提供的库，和"-nostdlib"选项相反
"-lnosys"	指定无半主机（链接时使用 libnosys. a），如果需要半主机，则可以使用 RDI 监控，指定"--specs＝rdimon. specs -lrdimon"选项
"-lm"	链接数学库
"-Map＝map. rpt"	生成映射报表文件（文件名为 map. rpt）
"-ffunction-sections"	将每个函数放入自己的段中，使用"--gc-sections"降低代码的大小
"-fdata-sections"	将每个数据放入自己的段中，使用"--gc-sections"降低代码的大小
"--specs＝nano. specs"	使用 Newlib-nano 运行时库（ARM 嵌入式处理器 GNU 工具版本 4.7 引入）
"-fsingle-precision-constant"	将浮点常量作为单精度常量处理，而不是默认转换为双精度
"-nostartfiles"	链接时不使用标准的系统启动文件（例如初始化和清零数据以及 C++中的构造函数的代码），一般会使用 Newlib-nano 运行时库以降低代码大小，而不是利用这个选项

　　GNU C 编译器使用的运行时库默认为 Newlib，它具有优异的性能，不过代码体积也较大。ARM 嵌入式处理器用的 GNU 工具在 4.7 版本引入了一个名为 Newlib-nano 的特性，并对库的大小进行了优化，其二进制代码要小得多。例如，Blinky 工程（二进制映像文件）使用 Newlib 时为 2928 字节，而使用 Newlib-nano 时则会降为 1280 字节。

　　在使用 Newlib-nano 时需要注意几个方面的问题：

- 请注意--specs＝nano. specs 为链接器选项，在编译和链接阶段相互独立时，必须要使用这个选项。
- 浮点数的格式输入/输出被实现为虚符号，在 printf 或 scanf 中使用％f 时，需要通过显式指定"-u"命令选项将该符号引入：

```
- u _scanf_float
- u _printf_float
```

例如，要输出一个浮点数，命令行为

```
$ arm - none - eabi - gcc -- specs = nano. specs - u _printf_float $ (OTHER_OPTIONS)
```

16.6　Flash 编程

　　在生成程序映像后，需要将映像下载到测试用微控制器的 Flash 存储器中。然而，ARM 嵌入式处理器用的 GNU 工具不支持 Flash 编程，因此需要使用第三方的工具来进行 Flash 编程。编程选项有多个，下面将会进行讨论。

1. 使用 Keil MDK-ARM

如果已经安装了 Keil MDK-ARM 且有配套的调试适配器（如 ULINK2，或者开发板自带的调试适配器），可以使用 Keil MDK-ARM 的 Flash 编程特性将前面生成的映像下载到 Flash 存储器中。

- 要使用 Keil MDK-ARM 编程程序映像，可执行文件的扩展名需要改为 .axf。
- 下一步为在同一目录下创建 μVision 工程（工程名一般和可执行文件名相同，如 "blinky"）。需要在工程创建向导中选择要使用的微控制器设备，工程中无须添加任何源文件。当工程向导询问是否应该复制默认启动文件时，应该选择"no"，以免 GCC 的初始启动文件被覆盖。
- 为实际使用的调试适配器设置相应的选项（用于调试和 Flash 编程，参见第 14 章），Flash 编程算法一般是工程创建向导设置的。
- 在生成程序映像后，可以单击工具栏上的 Flash 编程按钮 ▧，已编译的映像就会被下载到 Flash 存储器中。
- 编程后可以选择利用 μVision 调试器启动调试会话，并调试自己的程序。

2. 使用第三方 Flash 编程工具

可用的 Flash 编程工具有很多种，coocox.org 的 CoFlash 就是其中常见的一个，它支持多家主要微控制器供应商的 Cortex-M 微控制器以及多种调试适配器，其中包括基于 CMSIS-DAP 的适配器。

- 启动 CoFlash 后，首先会显示 Config 标签，可以根据需要设置微控制器设备和调试适配器。STM32F4Discovery 板的配置如图 16.3 所示。

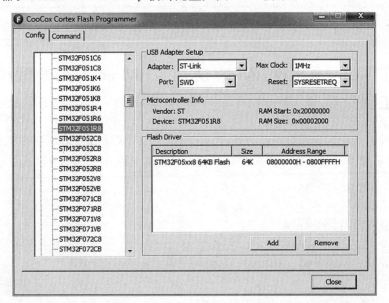

图 16.3　STM32F0 Discovery 板的 CooCox CoFlash 配置画面

- 切换到 Command(命令)标签(见图 16.4),可以在此处选择程序映像(二进制或可执行映像".elf")后单击 Program 按钮启动 Flash 编程。

ARM 嵌入式处理器 GNU 工具最好和第三方 IDE 一起使用,参见 16.7 节"在 Keil MDK-ARM 中使用 ARM 嵌入式处理器 GNU 工具"和 16.8 节"在 CooCox IDE 中使用 ARM 嵌入式处理器 GNU 工具"。

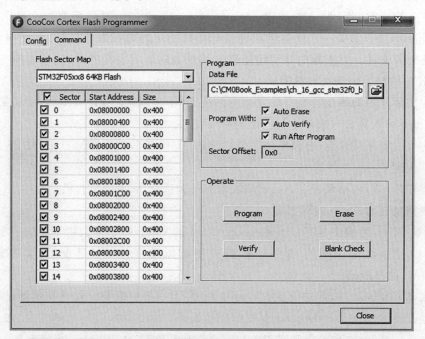

图 16.4　STM32F0 Discovery 板的 CooCox CoFlash 命令画面

16.7　在 Keil MDK-ARM 中使用 ARM 嵌入式处理器 GNU 工具

除了内置的 ARM 编译器工具链外,Keil MDK-ARM 中的 μVision IDE 可以同 GCC 一起使用,需要下载并安装 ARM 嵌入式处理器 GNU 工具(https://launchpad.net/gcc-arm-embedded)以及 Keil MDK。

可以和之前一样在 Keil MDK 中新建一个工程(Project-> New μVision Project),并选择要使用的微控制器设备(见图 16.5)。

在进行到 Mange RunTime Environment 窗口时(见图 16.6),无须选择任何软件部件。

现在就有了一个空工程,接下来需要设置工程坏境以使用 GCC。

当单击工具栏上的 🐝 按钮(Components, Environment and Books)并选择"Folders/Extensions"时,可以选择使用 ARM C 编译器或 GNU C 编译器(见图 16.7)。单击"Use

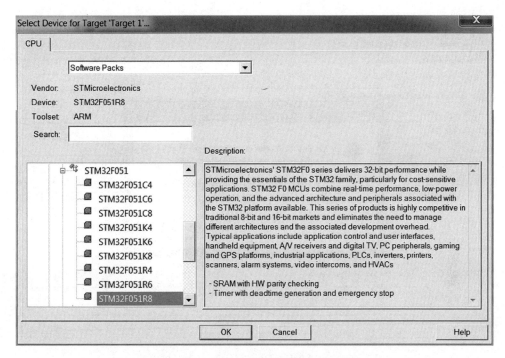

图 16.5 选择要使用的微控制器设备

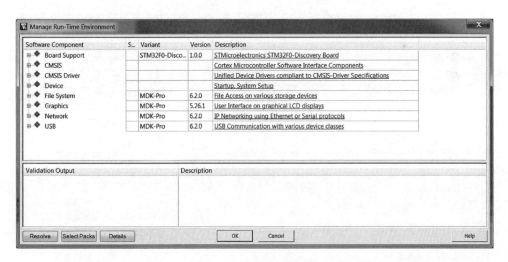

图 16.6 管理运行时环境

GCC Compiler(GNU) for ARM projects",如图 16.7 所示,接下来程序会询问是否要继续,单击 Yes。

需要在窗口中更新 GCC 安装目录信息,这样 Keil MDK 才能找到 GCC 编译器(见图 16.8)。

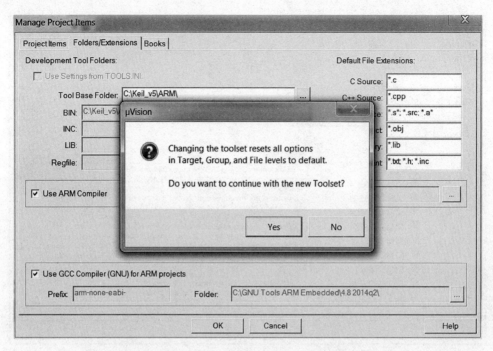

图 16.7　Keil MDK-ARM 支持 GNU 工具链的使用

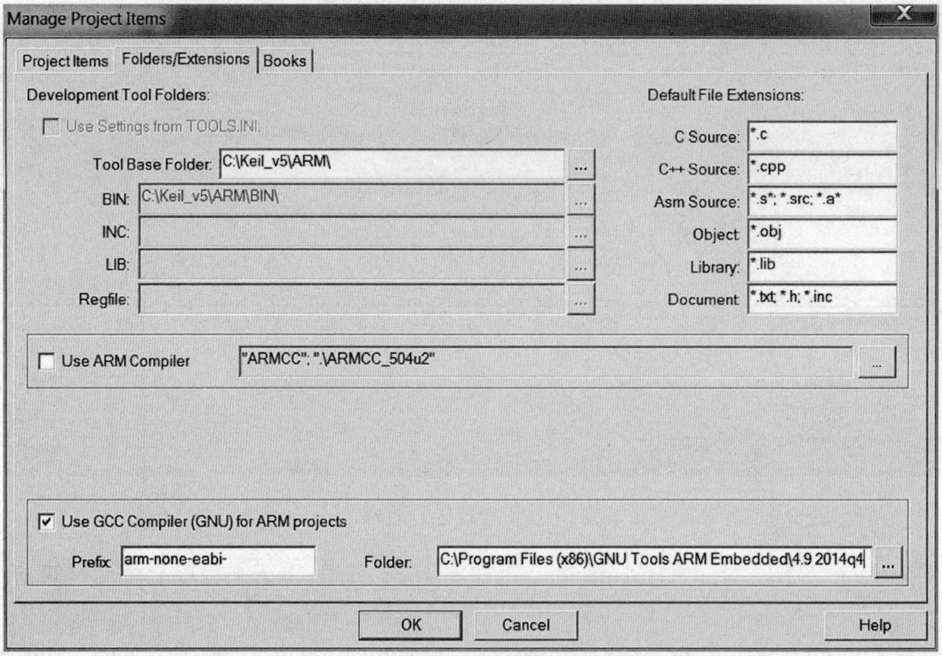

图 16.8　更新 GCC 安装路径

设置好工具栏路径后,可以和正常使用 Keil MDK 一样将程序文件添加到工程中。和第 14 章中介绍的一样,可以在工程中添加文件组,以及重命名工程目标以更好地组织工程文件(见图 16.9)(双击工程目标"Target 1"后就可以编辑目标名了,本例中目标名为"Debug")。

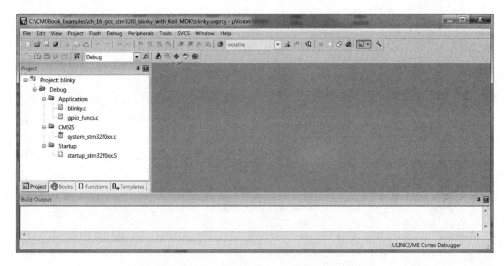

图 16.9 将文件组和源文件添加到工程中

添加了文件后,在启动编译前,需要正确设置多个工程选项。调试、跟踪以及 Flash 编程等选项和正常的 MDK 环境是一样的,不过,其他的工程设置对话框则是不同的,和 GNU工具链有关。右击工程浏览窗口中的工程名,并选择"Option for Target…",会出现工程选项窗口。

例如,C 编译选项设置(见图 16. 10)和 ARM C 编译器中的不同(第 14 章中的图 14.80),这里需要选中"Compile Thumb Code"选项,并且可能需要手动添加 CMSIS-CORE 所需的各包含文件的路径。

汇编器选项如图 16.11 所示,图中所示也可用作默认选项。

链接器选项如图 16.12 所示,对于链接器选项,需要做到以下几点:

• 指定链接器脚本(编译时可以重用前面的链接器脚本);

• 多数情况下,应该禁止选项"Do not use Standard System Startup Files";

• 可以按照命令行的编译流程选择添加其他的链接器选项。

最后,要再次确认调试和 Flash 编程选项,确保选择了正确的适配器(见图 16.13),以及Flash 编程选项设置正确(如图 16.14 所示,在新建工程且选择微控制器设备时应该会自动设置好)。

完成工程设置后,就可以利用下拉菜单(Project-> Build target)、热键 F7 或工具栏中的Build 图标来编译程序。工具栏中的图标如图 14. 72 所示,编译完成后,应该能看到如图 16.15所示的消息输出。

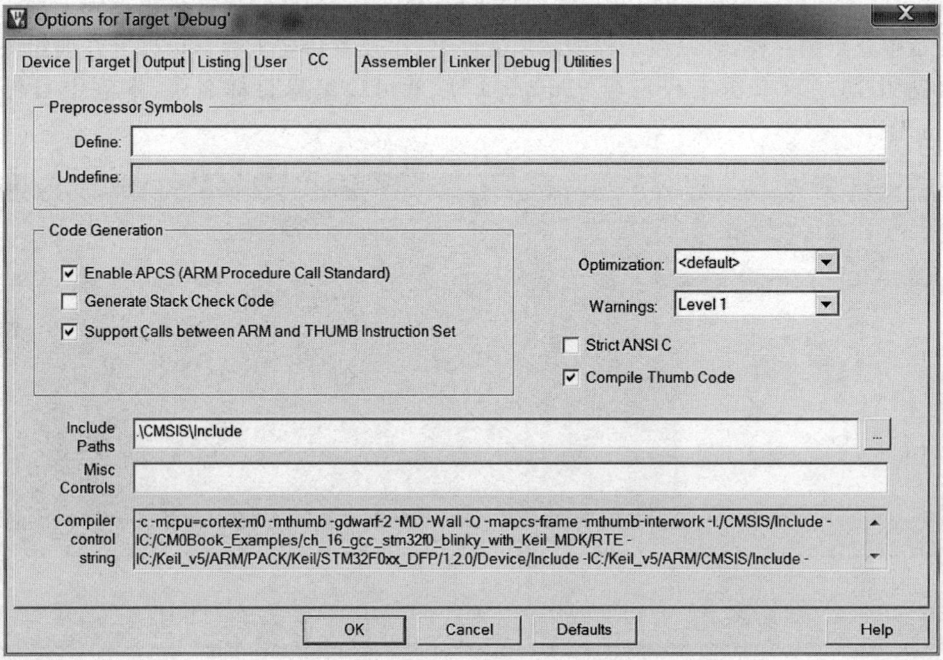

图 16.10　C 编译器选项

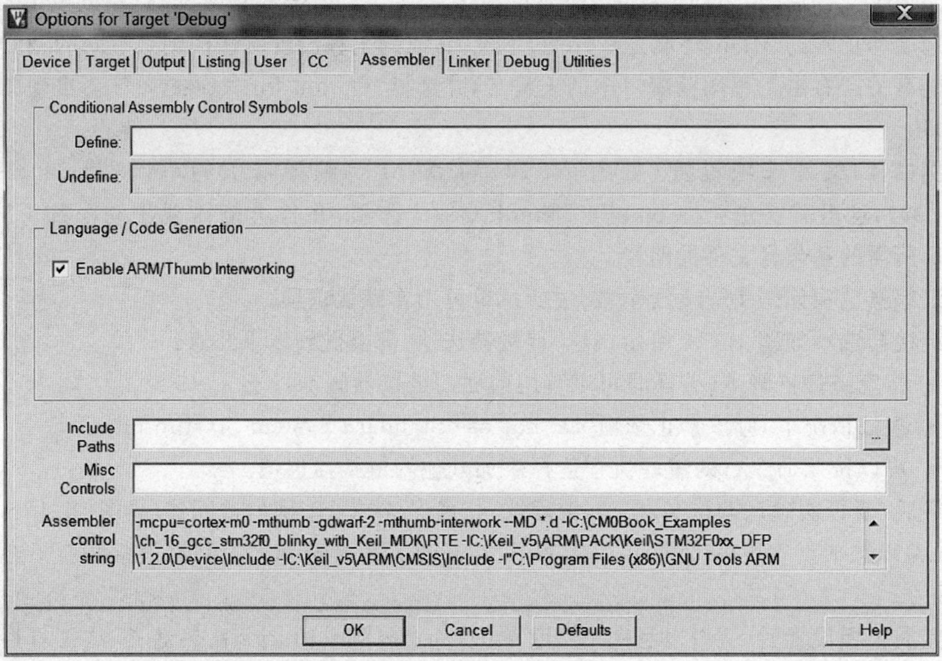

图 16.11　汇编选项

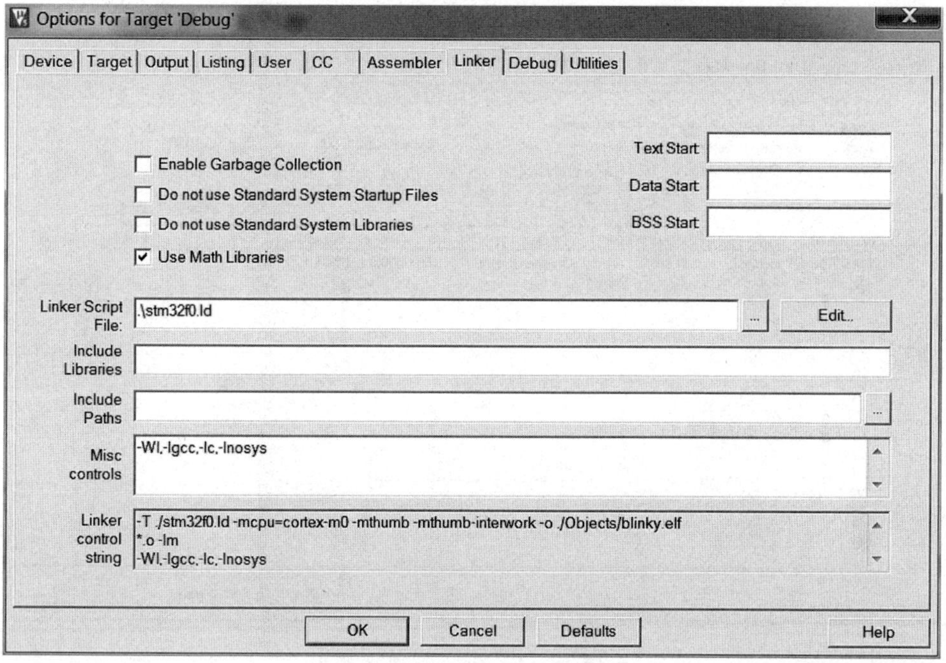

图 16.12 链接器选项

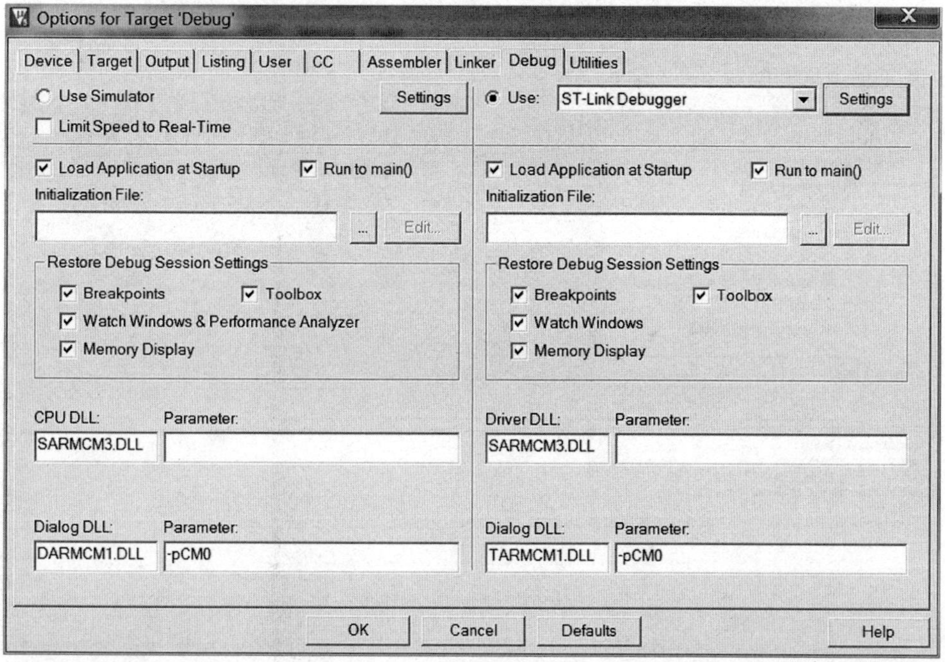

图 16.13 调试选项

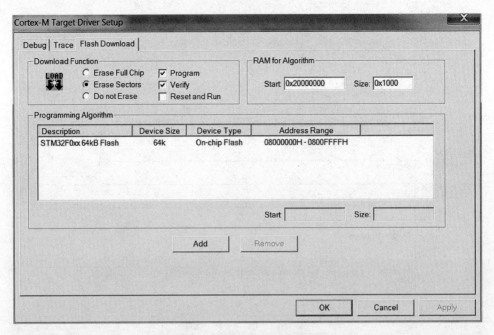

图 16.14　Flash 编程选项

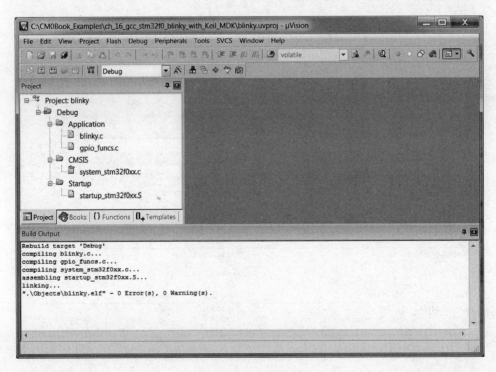

图 16.15　编译结束

现在可以利用下拉菜单(Debug-> Start/Stop Debug session)、热键 Ctrl＋F5 或单击工具栏中的调试会话图标来启动调试会话。接下来会看到如图 16.16 所示的调试会话屏幕，本书的 14.5 节已经介绍了在 Keil μVision IDE 中使用调试器的相关内容。

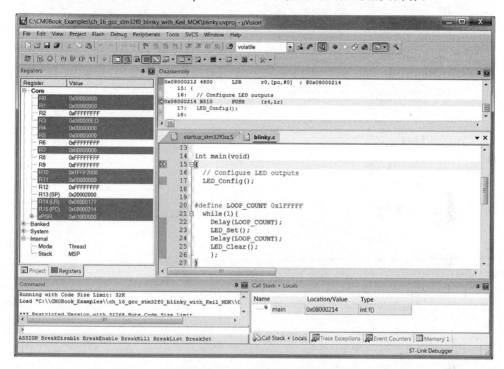

图 16.16　调试会话屏幕

还可以通过下拉菜单(Debug-> Run)或热键 F5 启动代码的执行。

16.8　在 CooCox IDE 中使用 ARM 嵌入式处理器 GNU 工具

16.8.1　概述和设置

许多 GNU 工具链的用户都选择使用 CoIDE，可以从 CooCox 网站（http://www.coocox.org）免费下载该 IDE，它支持市面上的许多 Cortex-M 微控制器。CoIDE 不包含 GNU 工具链，因此 GNU 工具链仍需单独安装和下载。

本节中的例子基于以下条件：

- ARM 嵌入式处理器 GNU 工具，版本 4.9 2014q4；
- CooCox CoIDE v2 beta 版（构建 ID：20141205-2.0.0）（注：由于是 beta 版本，官方的正式发行版可能会有所不同）。

如果依次安装了 ARM 嵌入式处理器 GNU 工具链和 CooCox CoIDE，启动 CooCox IDE 后会看到如图 16.17 所示的启动画面，现在可以新建工程或者查看文档。

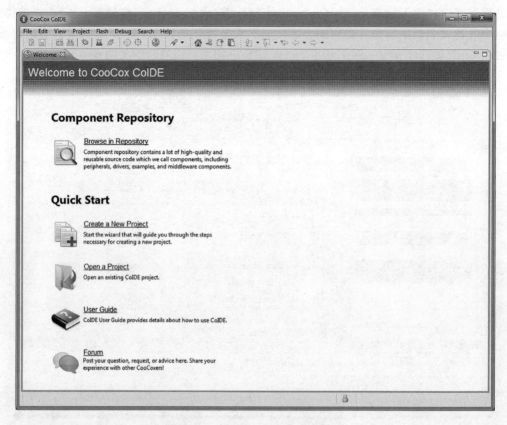

图 16.17　CooCox CoIDE 启动画面

在开始新建工程前，必须首先要通过下拉菜单（Project-> Select Toolchain Path，如图 16.18所示）设置"Select Toolchain Path"，在 CoIDE 中配置 GNU 工具链的路径。

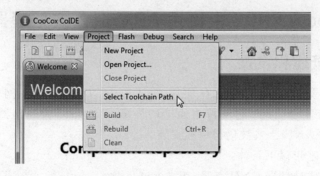

图 16.18　设置 GNU 工具链路径

如图 16.19 所示，设置的路径应该指向 GNU 工具链的安装位置。

例如，若系统中 ARM 嵌入式处理器 GNU 工具的版本为 4.9，则选择的路径为 C:\Program Files（x86）\GNU Tools ARM Embedded\4.9 2014q4\bin。

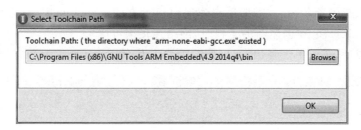

图 16.19　GNU 工具链路径指向 GNU Tools for ARM Embedded Processors 的安装目录

16.8.2　创建新的工程

在 CoIDE 中创建的 blinky 工程会重用之前的源代码,新建工程的过程相当简单:

(1) 新建一个空目录;

(2) 在这个目录中新建一个工程,选择设备并下载这个设备相关的数据;

(3) 在"app"子目录中添加源代码;

(4) 设置工程选项;

(5) 编译并调试。

对于本例,创建的目录名为"C:\CM0Book_Examples\ch_16_GCC_stm32f0_blinky_with_CoIDE"。

在 CoIDE 中,单击启动画面(见图 16.17)中的"Create a New Project"或利用下拉菜单(Project-> Debug),接下来需要

(1) 选择微控制器供应商名;

(2) 选择器件名称(见图 16.20)。

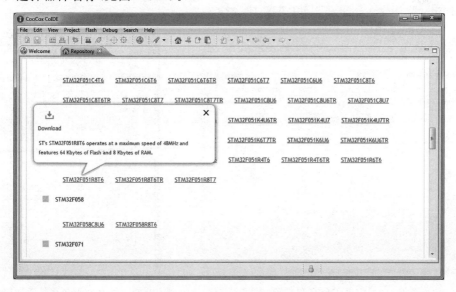

图 16.20　选择微控制器设备

在单击了微控制器名称后，需要单击弹出窗口上方的"Download"，然后 IDE 会下载微控制器所需的信息（注：在创建新的工程时，网络连接须可用）。

在下载完成后，需要单击弹出窗口（见图 16.21）中的"New Project"来启动工程创建。

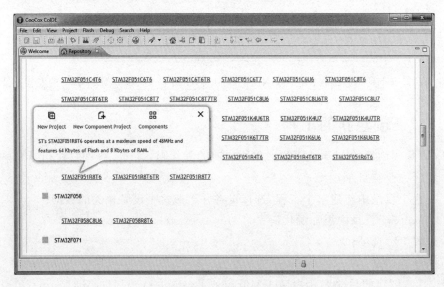

图 16.21　在工程创建过程中微控制器数据下载完成

接下来需要选择工程路径，在本例中，工程和文件夹的名字是分别设置的，因此取消"Use default path"选项后定义自己的工程路径（见图 16.22），并将工程命名为 Blinky。

创建工程后，其中会存在一个只有简单的程序模板的"mai.c"，现在可以添加需要的程序代码。为使工程组织更加清晰，可以在右击工程浏览窗口中的工程后选择"Add Group"和"Add Files"，新建文件组和文件（见图 16.23）。

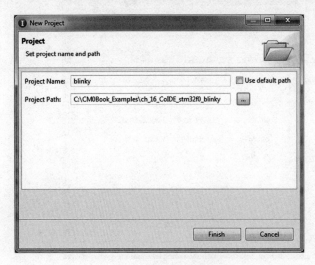

图 16.22　定义工程名和路径

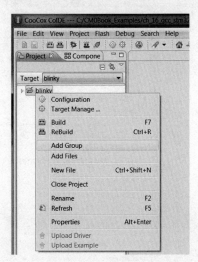

图 16.23　将文件组和文件添加到工程中

在工程目录内,有一个名为"App"的文件夹,其中存放着应用的源代码。源代码被复制到这个文件夹内并被添加到工程中,为了保持工程的结构清晰,创建了 3 个组,用于应用代码文件、CMSIS 支持文件以及微控制器的启动代码(见图 16.24)。

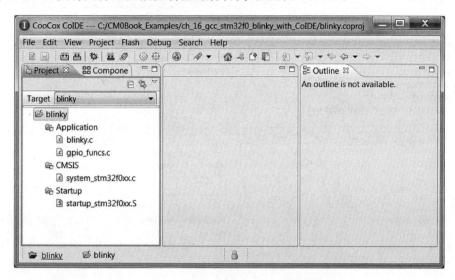

图 16.24　添加到工程中的文件

接下来需要设置一些工程的配置选项,如图 16.25 所示,右击浏览窗口中的工程并选择 "Configuration"。然后会出现配置对话框,其中包含几个标签:编译选项标签中有 CMSIS 头文件和需要添加的设备相关头文件的路径(见图 16.25)。

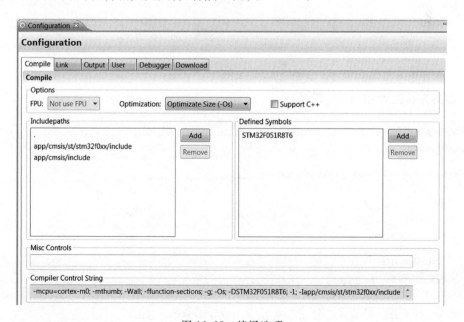

图 16.25　编译选项

对于多数简单工程，取消链接器配置中的"Don't use the standard system startup files"选项（见图 16.26）。

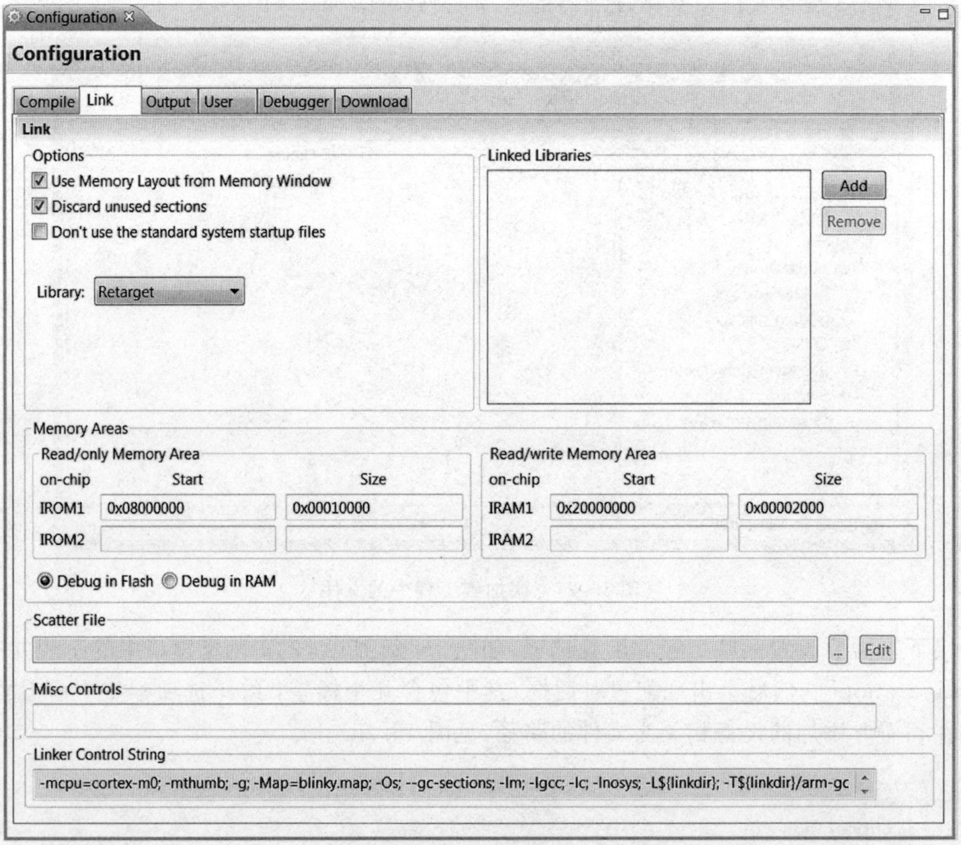

图 16.26　链接器选项

输出的默认配置如图 16.27 所示。

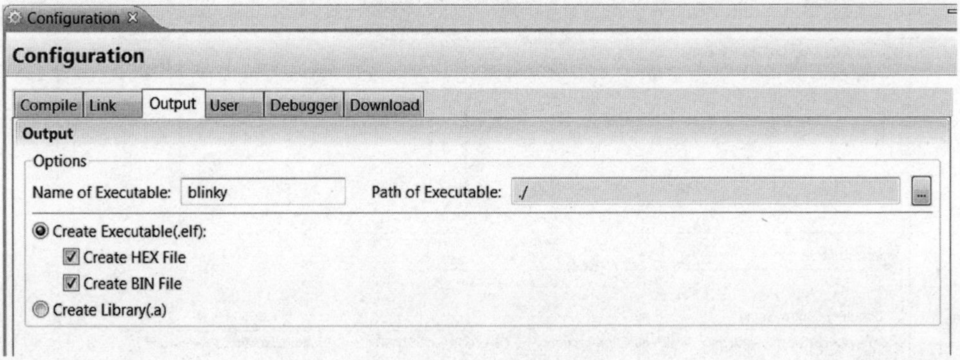

图 16.27　输出配置

可以选择在构建过程前后执行某些命令(见图 16.28)。

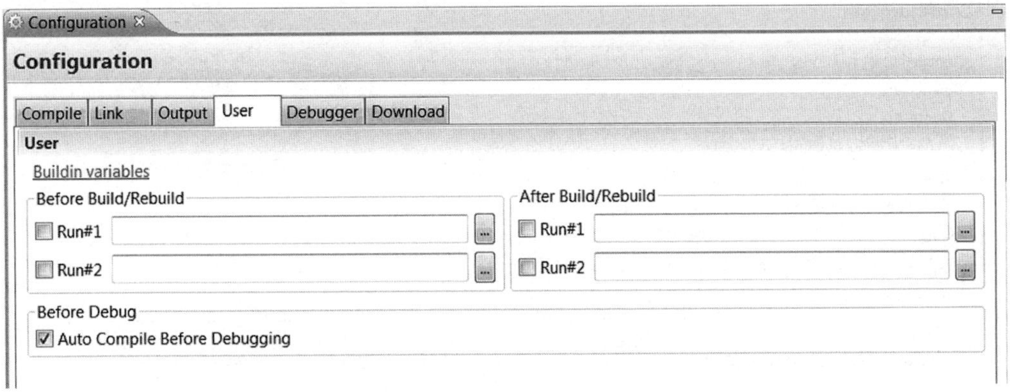

图 16.28 可选的在构建过程前后执行的用户命令配置

需要配置调试器硬件选项,确保能和所用的硬件匹配起来,例如对于 STM32F0 Discovery 板,选择 ST-Link 调试适配器(见图 16.29)。

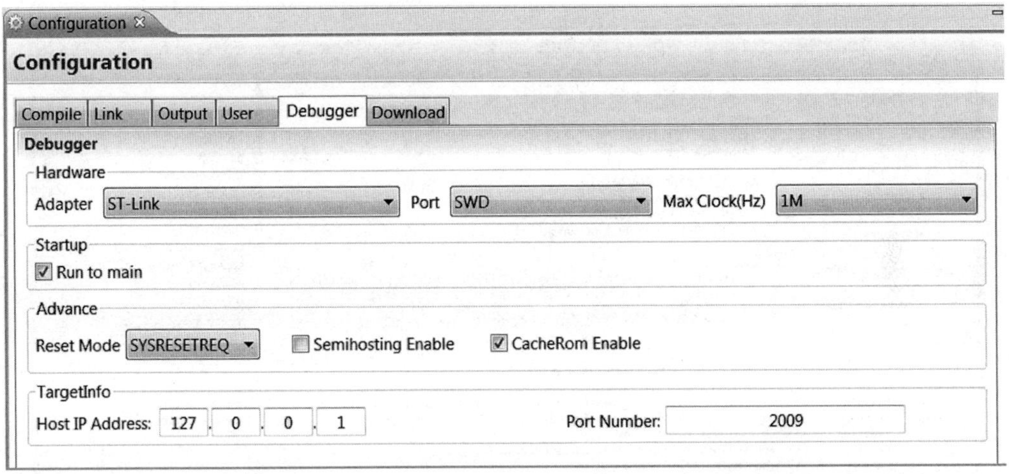

图 16.29 调试配置

最后一组配置选项用于 Flash 编程(见图 16.30),不过它们应该在选择工程所用的设备时就被设置好了。

调整完工程设置后(如优化、调试适配器),可以使用下面的方法编译工程:

- 下拉菜单:"Project-> Build";
- 热键 F7;
- 单击工具栏上的 Build 按钮。

编译过程完成时的画面如图 16.31 所示。

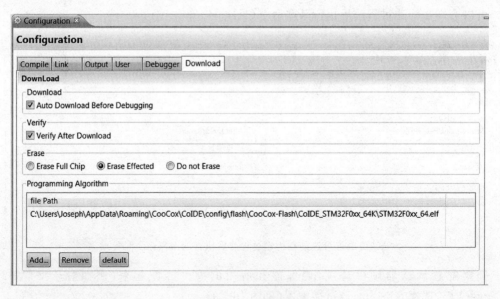

图 16.30 下载配置

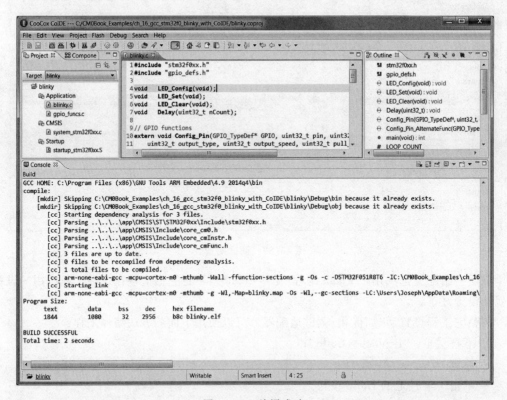

图 16.31 编译成功

16.8.3 使用 IDE 和调试器

在启动调试会话前,来浏览一下 IDE 的一些有用特性,如图 16.32 所示,工具栏中有多个按钮,图 16.32 中还有这些按钮的注释。

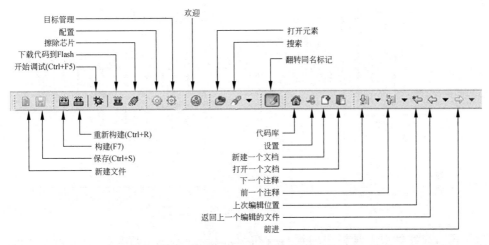

图 16.32 程序编辑期间 CoIDE 工具栏中的按钮

编译过程完成后,接下来就可以通过单击工具栏中的启动调试图标或使用 Ctrl+F5 热键来启动调试会话。调试会话屏幕如图 16.33 所示。

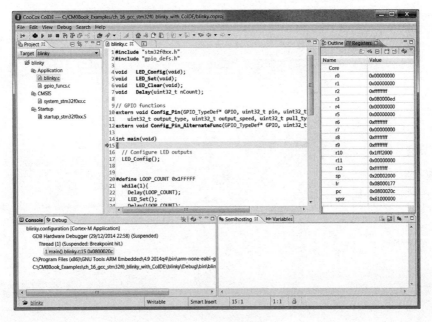

图 16.33 调试会话画面

寄存器窗口默认是禁止的，可以通过下拉菜单 View-> Registers 使其显示，还可以通过下拉菜单添加反汇编和存储器窗口等其他有用窗口。

调试器窗口中还有用于调试操作的其他图标（见图 16.34）。

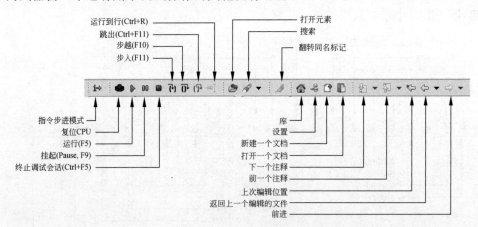

图 16.34　调试器工具栏上的按钮

按下 F5，或者单击工具栏中的运行按钮后，应该会看到 STM32F0 Discovery 板上的 LED 开始闪烁。

第 17 章

mbed 入门

17.1 什么是 mbed

mbed(www.mbed.org)是一种基于网络的微控制器软件开发环境,其目标是降低嵌入式软件开发成本和难度。它也是 ARM 的一个部门,且和 Keil MDK-ARM 以及 Development Studio 5(DS-5)使用相同的编译器引擎。

mbed 最开始是用于快速原型验证的开发平台,由于易于使用且提供了强大外设驱动,因此非常受业余爱好者以及电子开发组织的欢迎。随着 mbed 硬件平台数量的增加以及开发环境的改进,使用 mbed 工程的专业嵌入式软件开发人员也越来越多。目前,mbed 的用户超过 100000 人,且支持来自各个厂家的超过 40 个微控制器开发板。如图 17.1 所示,本章使用的例子基于 Freescale Freedom 板。如果要了解其他可用的平台,可以参考 mbed 网站 http://developer.mbed.org/platforms/。

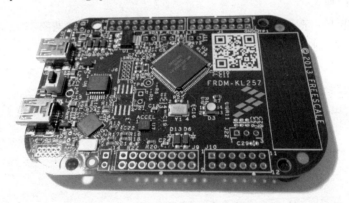

图 17.1   低成本 mbed 开发板示例——Freescale Freedom FRDM-KL25Z

和标准的微控制器开发工具不同,开始用 mbed 进行软件开发,只需使用一个 mbed 支持的开发板。这些板子的成本很低(例如,有些是在 10~20 美元之间),且开发环境是免费的。在完成应用开发后,可以将程序映像下载到普通的微控制器中,如果有必要也可以将工程输出到第三方开发组件中。

任何基于 Java 的网络浏览器都可以访问基于网页的 IDE，使用 mbed 不要求在主机上安装任何开发软件。但是，对于 Windows PC 用户，如果想在 mbed 板和 PC 之间实现串口通信，则需要安装 mbed 串口驱动。软件开发环境由多个软件部件组成，例如：

- 以 C++ 对象的形式，为各种 mbed 开发板提供丰富的外设驱动包；
- CMSIS-RTOS；
- USB 和网络通信协议栈等软件库；
- 各扩展板、接口模块和传感器的驱动包。

从 mbed 的版本 2 开始，mbed SDK 就是开源的了，因此可以在多数商业环境中使用 mbed 平台。

在本书完成之时，mbed 3.0 已经在开发中，mbed 3.0(2015 年第 4 季度发布)会加入一个面向物联网(IoT)应用新设计的 mbed OS。和传统的微控制器嵌入式 OS 不同，mbed OS 的目标是处理 IoT 的安全问题，并支持各种通信协议栈、安全特性和电源管理，同时还可以在微控制器中运行，且占用的存储器较少。

许多 IoT 设备都需要云服务器才能构成 IoT 系统，在服务器端，mbed 设备服务器为 IoT 设备管理和服务器应用通信提供了软件方案。mbed OS 不在本书讨论范围内，后面将不会涉及。

17.2　mbed 系统是怎么工作的

要使用 mbed 开发环境，需要有一个 mbed 开发板并在网址 http://developer.mbed.org 上注册一个用户。

mbed 开发板上一般会有两个微控制器，一个执行用户应用(见图 17.2 的右侧)，另一个(见图 17.2 的左侧)则操作 USB 大存储设备并处理 Flash 编程。

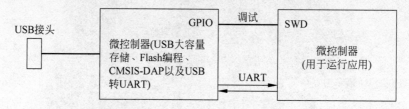

图 17.2　mbed 板一般包含两个微控制器

在启动一个工程时，需要在自己的账户中注册这个 mbed 开发板(这样 mbed 系统才能知道使用的是什么板子并选择正确的设备驱动库)，然后就可以在基于网页的软件开发环境中进行编码了。

创建应用后，可以编译程序，Web 服务器会把编译好的二进制映像返回给用户(见图 17.3)。

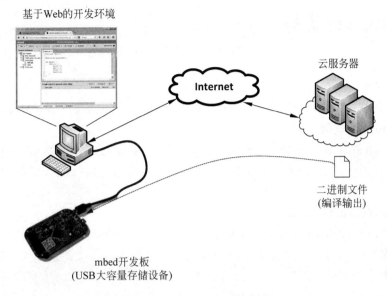

基于Web的开发环境

Internet

云服务器

二进制文件
(编译输出)

mbed开发板
(USB大容量存储设备)

图 17.3　mbed 开发系统概念

mbed 板至少有一个 USB 接头,将其插入计算机时,直接连到 USB 的微控制器会被识别为大存储设备(见图 17.2),简单地将下载的编译映像复制到这个 mbed 板上的 USB 存储设备,程序就被编程到主控制器的 Flash 存储器,且在板子复位后就会执行(例如按下一个按键)。

如何在 mbed 开发环境中进行调试呢? 由于编译程序是以二进制的形式下载的,并且 Web 接口并没有调试器,mbed 是无法和 Keil MDK-ARM 以及 IAR EWARM 一样调试应用的(如单步)。对于多数应用,可以利用串行通信功能输出调试信息并显示在调试主机上(参见 17.7 节)。

对于复杂些的情况,可以将工程输出到 Keil MDK-ARM 或 IAR EWARM 中进行调试。有些 mbed 板支持 CMSIS-DAP,因此可以很方便地在 Keil MDK 或 IAR EWARM 中调试应用。

由于开发环境运行在云服务器,开发的程序代码也会存储在服务器上。但是,如果不想公开,自己创建的工程会保持私密状态,只能由自己访问。如果将工程公开,则对所有人可见且任何 mbed 用户都可以将其添加到自己的工程空间中,当然也可以利用其他人公开的工程。公开的 mbed 工程有很多,如果自己不是很熟悉要做的项目,应该能找到不少可以参考的例子。

还可以创建或加入工程小组,小组的工程只会对组员开放。其中也有源代码的版本控制。

17.3　mbed 的优势

mbed 具有诸多优势，这里介绍几个重要方面。

1．易于使用

以高级 C++ 对象形式构建的外设库易于使用，即使用户不熟练或者是初学者。

2．可移植且可重用

外设对象的 API 和微控制器平台无关，因此，即使要换到另外一种 mbed 板，应用也是可以重复使用的。这也使得 mbed 非常适合教学使用，因为写教材的人可能和学生使用的开发板不同。

3．丰富的软件部件和实例

除了标准的外设驱动（如数字和模拟 I/O、定时器、UART、SPI、I2C、CAN 和 PWM），还有不少可用的软件库，例如 USB、以太网和 TCP/IP 协议栈以及文件系统等，软件开发人员可以利用它们构建多种应用。

4．低成本

开始使用 mbed，只需购买一个支持 mbed 的开发板，并且一般比较便宜。mbed 开发环境和软件库则可以免费使用。

17.4　设置 FRDM-KL25Z 板和 mbed 账号

在本节中，将会介绍怎样设置板子才能构建第一个 mbed 工程，假定读者已经有了 Freescale FRDM-KL25Z（第 14 章已经介绍过这个板子，参见 14.3.1 节）。

17.4.1　检查 mbed Web 网页

第一步是检查是否需要更新 mbed 板的固件，对于 Freescale FRDM-KL25Z，固件更新信息位于 mbed 网站：http://developer.mbed.org/platforms/KL25Z/。

在本例中，有一个新固件可用，需要下载文件，解压后按照 http://developer.mbed.org/handbook/Firmware-FRDM-KL25Z 的提示进行安装。

17.4.2　注册 mbed 账号

在板子上安装新固件后，需要将其拔下后重新插入计算机的 USB 口，现在板子会被识别成名为 mbed 的 USB 大容量存储设备，在存储设备内部，应该可以看到名为 mbed.htm 的文件，如图 17.4 所示，打开该文件会进入 mbed 官网。

登录时，需要输入用户的名字并选择一个用户名和密码，如果之前登录过 mbed.org，则可以重用之前的账号（可以在同一账号中注册多个 mbed 板）。

经过登录过程，mbed 板就注册到该账号中了。

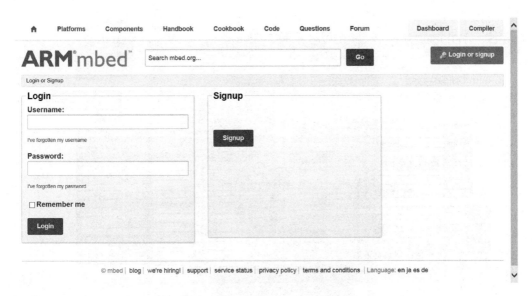

图 17.4　mbed 网页——登录或注册

17.4.3　个人计算机的设置

如果在 Windows 计算机上进行软件开发,则最好装上"mbed Windows 串口驱动",以实现通过 USB 连接的 UART 通信。

另外,可能还想在计算机上安装终端应用来处理 UART 通信,其中最常用的软件是 TeraTerm,要了解这方面更多信息,可以参考 http://developer.mbed.org/handbook/Terminals。

17.5　创建 blinky 程序

17.5.1　只开关红色 LED 的简单版本

第一个工程要利用 LED 输出,FRDM-KL25Z 板上的 LED 是 RGB 三色的,且由三个引脚控制:

- 红:端口 B 的 18 引脚(可以利用"PTB18"或"LED1"来控制);
- 绿:端口 B 的 19 引脚(可以利用"PTB19"或"LED2"来控制);
- 蓝:端口 D 的 1 引脚(可以利用"PTD1"或"LED3"来控制)。

每个可配置的引脚都有一个名称,如图 17.5 和图 17.6 所示,每个名称都可以在 mbed 网站 http://developer.mbed.org/platforms/KL25Z/中找到。

如图 17.7 所示,可以通过单击下拉菜单中的"New"或者右击"My Program"并选择"New Program"来新建一个工程。

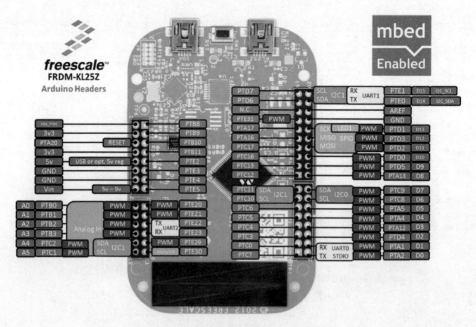

图 17.5　接头的引脚名（板上的白色部分（蓝板显示为浅灰，绿色显示为灰色））

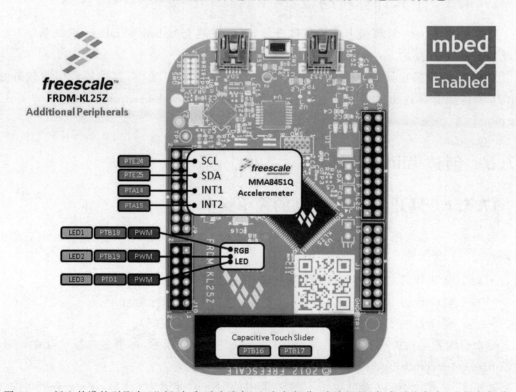

图 17.6　板上外设的引脚名（蓝板（打印后为浅灰）上白色部分，或浅绿板（打印后为灰色）上黑色部分）

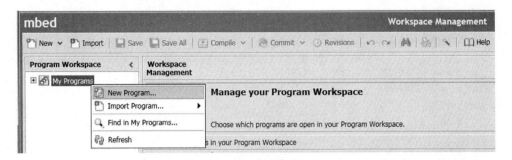

图 17.7　新建工程

在这里新建了一个名为 Blinky 的工程，每 0.2 秒翻转一次 LED1。

```
#include "mbed.h"
DigitalOut myled1(LED1);        //LED1 是红色的
int main() {
  while(1) {
    myled1 = 1;
    wait(0.2f);                 //等待 0.2 秒
    myled1 = 0;
    wait(0.2f);                 //等待 0.2 秒
  } //end while
} //end main
```

可以在这里使用一个名为 DigitalOut 的对象，这也是定义在 mbed 驱动库里的 C++ 类，且将其设置为引脚 LED1。还可以将 PTB18 作为引脚名称进行相同的设置。

```
DigitalOut myled1(PTB18);   //LED1 是红色的
```

这样就完成了，在单击"Compile"后，浏览器会收到一个二进制文件（"Blinky_KL25Z.bin"）。将这个文件保存到 mbed 驱动中后，按下复位按钮 LED 就会开始闪烁。

和之前直接访问外设寄存器翻转 LED 的例子相比，这个要简单得多。

17.5.2　利用脉宽调试控制 LED

对于 FRDM-KL25Z 板，每个 LED 输出都可由 PWM（脉宽调制）输出控制。例如，可以将程序修改如下，使得 LED 基于正弦函数随时间变化调整颜色：

```
#include "mbed.h"

PwmOut led_red(LED1);
PwmOut led_green(LED2);
PwmOut led_blue(LED3);

int main() {
float t = 0.0f;
```

```
while(1) {
t += 0.1f;
led_red = ((0.5f * sinf(t)) + 0.5f);          //在 0 和 1 之间切换
led_green = ((0.5f * sinf(t * 1.1f)) + 0.5f); //在 0 和 1 之间切换
led_blue = ((0.5f * sinf(t * 1.2f)) + 0.5f);  //在 0 和 1 之间切换
wait(0.1);
}
}
```

这里的 PWM 周期默认为 20ms，PWM 类有多个成员函数，要了解详细内容，可以参考 mbed 手册（http：//developer. mbed. org/handbook/Homepage）。

mbed 官网中还有 Freescale FRDM-KL25Z 板的其他例子（http://developer. mbed. org/handbook/mbed-FRDM-KL25Z-Examples）。

17.6　支持的常用外设对象

mbed 中可用的外设对象类有很多，也可以从外部添加其他的类。对于多数微控制器，可以使用表 17.1 中列出的外设目标类。

注意，mbed 的在线手册对每个外设都进行了详细介绍。

由于网上可以查到所有的细节内容以及示例，在这里就不做详细介绍了。由于外设可能在某个特定微控制器中不存在，用户所使用的 mbed 板可能无法使用一些外设 API。

表 17.1　mbed 中常用外设类

外设类	描　　　述
AnalogIn	读取模拟输入引脚的电压
AnalogOut	设置模拟输出引脚的电压
DigitalIn	配置并控制数字输入引脚
DigitalOut	配置并控制数字输出引脚
DigitalInOut	双向数字引脚
BusIn	多个 DigitalIn 引脚读取为一个数值的灵活方法
BusOut	以一个数值的方式写多个 DigitalOut 引脚的灵活方法
BusInOut	以一个数值的方式读写多个 DigitalInOut 引脚的快速方法
PortIn	多个 DigitalIn 引脚读取为一个数值的快速方法
PortOut	以一个数值的方式写多个 DigitalOut 引脚的快速方法
PortInOut	以一个数值的方式读写多个 DigitalInOut 引脚的快速方法
PwmOut	脉宽调试输出
InterruptIn	当某个数字输入引脚变化时触发事件
Timer	新建、启动、停止并读取定时器
Timeout	在一段特定延时后调用某函数
Ticker	周期性调用某函数

续表

外设类	描 述
wait	等待一段时间
time	读取并设置实时时钟
Serial	串行/UART 总线
SPI	SPI 总线主设备
SPISlave	SPI 总线从设备
I2C	I²C 总线主设备
I2CSlave	I²C 总线从设备
CAN	控制器局域网络总线

17.7 使用 printf

本章前面的内容已经提到了,如果可能,Windows 用户应该安装 mbed 串行驱动。该驱动的主要用途为

- "printf"操作;
- CMSIS-DAP 调试。

在执行"printf"语句时,消息会被直接输出至微控制器的 UART,且可以通过设备驱动的 USB 虚拟 COM 口来访问。例如,下面的程序读取 ADC 的数值,且利用"printf"显示结果:

```
# include "mbed.h"

AnalogIn Ain0(A0);                          //模拟输入
DigitalOut myled(LED1);

int main() {
uint32_t read_data;

myled = 0;
while(1) {
read_data = Ain0.read_u16();                //以 16 位无符号整数的形式读取 ADC 输入
printf ("ADC = 0x%x\n", read_data);
myled = 0x1 & (~myled);                     //翻转 LED
wait(0.5);
}
}
```

UART 的默认配置为 9600 波特率、8 位数据、1 个停止位以及无校验。可以利用 TeraTerm 等终端程序来显示输出消息(见 17.4.3 节),而对于 Mac/Linux 系统,可以使用 GNU Screen,http://developer.mbed.org/handbook/Terminals 中则有这方面的更多

信息。

需要注意的是，TeraTerm 使用"CR"（回车，0x0D）来显示新行，而 printf 消息则是利用 "LF"（换行，0xA）。因此，可能会看到如图 17.8 所示的画面。

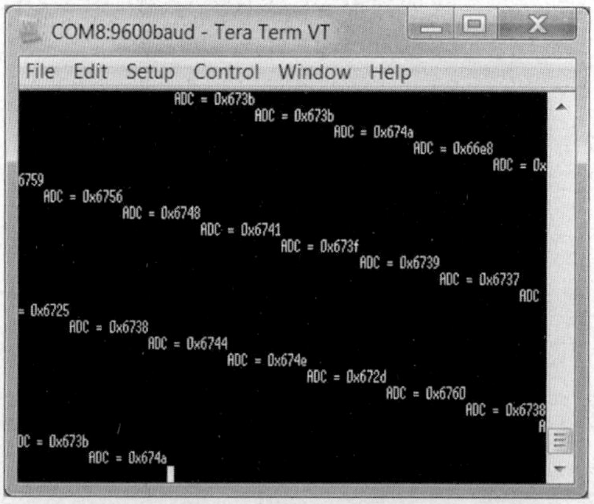

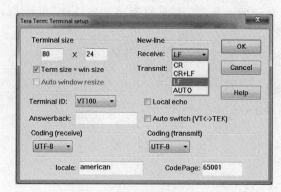

图 17.8　由于终端设置不匹配导致的 printf 消息错乱

为了解决这个问题，可以修改终端程序中的设置，例如，打开 TeraTerm 的下拉菜单 "Setup"->"Terminal"，并将接收新行设置为"LF"（见图 17.9）。另外，也可以在 printf 消息 的新行中使用"\r\n"。

图 17.9　在 TeraTerm 中将新行控制字符设置为 LR 或 AUTO

在正确配置终端程序后，应该可以看到正确换行的 printf 消息，如图 17.10 所示。

实际使用的微控制器中可能会存在多个 UART 接口，可以在应用中分别设置每个接 口。例如，下面的代码会配置 FRDM-KL25Z 板的两个 UART，连接到 PC 的运行在 9600bps，而另一个（PTE22、PTE23）则运行在 38400bps。

```
# include "mbed.h"

DigitalOut myled(LED1);
Serial pc(USBTX, USBRX);                           //连接 PC
```

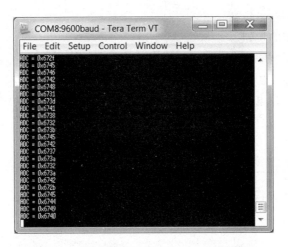

图 17.10　正确终端设置下的 printf 消息显示

```
Serial device(PTE22, PTE23);                    //连接设备

int main() {
  int loop = 0;
  device.baud(38400);                           //设备 UART 波特率为 38400
  pc.printf("Echoes back to the screen anything you type\n");
  while(1) {
  if (pc.readable()) {                          //从 PC 收到的字符
  device.putc(pc.getc());                       //从 PC 复制到设备
  }
  if (device.readable()) {                      //从设备收到的字符
    pc.putc(device.getc());                     //从设备复制到 PC
    }
  loop++;
  if (loop > 20000) {
    loop = 0;
    myled = 1 & (~myled);                       //翻转 LED
    }
  }                                             //end while
} //end main
```

17.8 应用实例：火车模型控制器

下面来看 mbed 工具一些有意思的用例,几个月以前,笔者给自己买了一个电动火车模型(模拟控制的),峰值电流为 6 安培,但家里的控制器最高只有 2.5 安培,因此笔者自己新作了一个控制器。能量通过火车轨道传递,速度控制则使用 15V 直流 PWM,该控制器具有两个输入:

- 用于速度控制的电位器；
- 用于方向控制的按钮。

为使火车的速度可控，需要一个从微控制器中得到的 PWM 信号；并且为了改变方向，使用了一个 H-bridge 电机驱动模块。这样就需要从微控制器中引出另外两个信号（Enable1 和 Enable2，在电机运行时，应将它们置为各自相反的状态）来控制电机的方向（见图 17.11）。

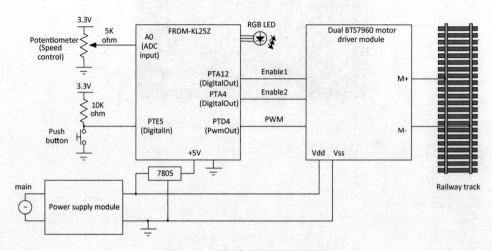

图 17.11　简单火车控制器设计

如果了解电机控制，则会知道电机在运行时方向无法立即改变。要改变方向，运行中的电机需要减速直到完全停止，然后方向才可以改变以及加速。另外，许多人也会意识到实际火车的速度无法立即改变，而是缓慢变化。因此，在程序内部需要设定一个目标速度（ADC的数值），在当前速度的基础上逐级加或减到目标速度。

还可以利用板上的 RGB LED 对速度和方向进行指示：
- 蓝色表示向前（利用 PWM 表示速度）；
- 绿色表示反向（利用 PWM 表示速度）；
- 红色表示改变方向。

程序流程如图 17.12 所示。

该应用的程序代码则为

```
//火车模型控制器
// - 具有惯量模拟的速度控制
#include "mbed.h"
//#define VERBOSE

AnalogIn Dial0(A0);              //速度控制盘
DigitalIn Button(PTE5);         //方向控制
#ifdef VERBOSE
```

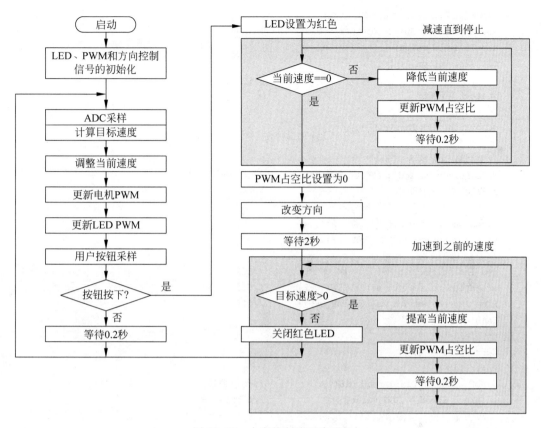

图17.12 火车控制器程序流程

```
Serial pc(USBTX, USBRX);          //调试/分析
#endif
PwmOut MotorDriver(PTD4);         //电机 PWM 输出
DigitalOut Enable1(PTA12);        //电机 PWM 方向控制#1
DigitalOut Enable2(PTA4);         //电机 PWM 方向控制#2
PwmOut blue_led(LED3);            //向前时开
PwmOut green_led(LED2);           //反向时开
PwmOut red_led(LED1);             //改变方向时开


#define LED_PWM_MAX 10UL
#define LED_PWM_OFF LED_PWM_MAX
#define MOTOR_PWM_MAX 10000


int LED_scale(uint32_t value)     //输入 0 到 0xFFFF
{ //LED 调光
  return ((uint32_t) (LED_PWM_MAX - (8 * value / 0x10000UL)));
} //没有从 0 开始,因此 LED 不会关,只是在速度很低时变暗


int main() {
```

```
uint32_t Direction = 0, LED_ctrl;
int32_t Target_Speed = 0, Curr_Speed;
uint16_t ADC_value;
uint32_t ButtonSamples = 0;

#ifdef VERBOSE
pc.baud(38400);
pc.printf("PWM Test\r\n");
#endif
//电机驱动周期为10ms
MotorDriver.period_us(MOTOR_PWM_MAX);      //10000us = 100 Hz
//设置LED输出
red_led.period_ms(LED_PWM_MAX);
green_led.period_ms(LED_PWM_MAX);
blue_led.period_ms(LED_PWM_MAX);
//设置LED输出
red_led.pulsewidth_ms(LED_PWM_OFF);        //Off
green_led.pulsewidth_ms(LED_PWM_OFF);      //Off
blue_led.pulsewidth_ms(LED_PWM_OFF);       //Off
Enable1 = 0;
Enable2 = 1;
Curr_Speed = 0;
while(1) {
  ADC_value = Dial0.read_u16();            //读取速度值
  Target_Speed = ADC_value;                //0 到 0xFFFFU
  //惯量模拟：缓慢增减 Curr_Speed
    if (Curr_Speed < Target_Speed) {
    if ((Target_Speed - Curr_Speed) > (MOTOR_PWM_MAX/20)) {
    Curr_Speed += (MOTOR_PWM_MAX/20);
  } else {
    Curr_Speed = Target_Speed;
  }
} else if (Curr_Speed > Target_Speed){
  if ((Curr_Speed - Target_Speed) > (MOTOR_PWM_MAX/20)) {
  Curr_Speed -= (MOTOR_PWM_MAX/20);
} else {
  Curr_Speed = Target_Speed;
}
}
//基于目标速度调整LED的亮度
LED_ctrl = (uint32_t) LED_scale((uint32_t) Target_Speed);
#ifdef VERBOSE
pc.printf("Dial = 0x%x\r\n", ADC_value);
#endif
//设置电机速度
MotorDriver.pulsewidth_us((MOTOR_PWM_MAX * Curr_Speed / 0x10000UL));
```

```
//LED 输出
if (Direction) {
green_led.pulsewidth_ms((uint16_t) LED_ctrl);
} else {
blue_led.pulsewidth_ms((uint16_t) LED_ctrl);
}
//用户按钮检测
ButtonSamples = (ButtonSamples << 1) | (0x1 & Button);    //按钮为低有效
if ((ButtonSamples & 0x3) == 0x2) {                       //边沿检测,方向改变
//方向切换的启动流程
blue_led.pulsewidth_ms(LED_PWM_OFF);                      //关
green_led.pulsewidth_ms(LED_PWM_OFF);                     //开
red_led.pulsewidth_ms(0);                                 //开
Curr_Speed = Target_Speed;
//若 speed != 0 则减速并停止
if (Curr_Speed != 0) {
while (Curr_Speed > 0) {                                  //减速直至停止
Curr_Speed = Curr_Speed - (MOTOR_PWM_MAX/10);
if (Curr_Speed < 0) {Curr_Speed = 0;}
//电机速度由脉宽决定
MotorDriver.pulsewidth_us((MOTOR_PWM_MAX * Curr_Speed / 0x10000UL));
#ifdef VERBOSE
pc.printf("Curr_Speed = 0x%x\r\n", Curr_Speed);
#endif
//延时 - 以 5Hz 的频率更新速度信息
wait(0.2);
} //end while
} //end if
MotorDriver.pulsewidth_us(0);
Direction = (~Direction) & 0x1;                          //变换方向
Enable1 = 0;
Enable2 = 0;
wait(2);                                                 //等待 2s,火车可能还会走一小段
if (Direction) {
Enable1 = 1;
Enable2 = 0;
} else {
Enable1 = 0;
Enable2 = 1;
}
//若 Target_Speed > 0 则启动电机
if (Target_Speed > 0) {
Curr_Speed = 0;
while (Curr_Speed < Target_Speed) {                      //加速
Curr_Speed = Curr_Speed + (MOTOR_PWM_MAX/10);
if (Curr_Speed > Target_Speed) {Curr_Speed = Target_Speed;}
//设置电机速度
```

```
MotorDriver.pulsewidth_us((MOTOR_PWM_MAX * Curr_Speed / 0x10000UL));
# ifdef VERBOSE
pc.printf("Curr_Speed = 0x%x\r\n", Curr_Speed);
# endif
//延时 - 以 5Hz 的频率更新速度信息
wait(0.2);
} //end while
//达到目标速度
red_led.pulsewidth_ms(LED_PWM_OFF);                    //Off
}                                                      //若 (Target_Speed > 0)则停止
} else {                                               //若未按下按钮
//延时 - 以 5Hz 的频率更新速度信息
wait(0.2);
} //end if (按下按钮)
} //end while
} //end main
```

在这里可以看到，只用几页代码就实现了整个应用，并且运行正常（见图 17.13）。

图 17.13 利用 mbed 实现的简单火车控制器

17.9 中断

mbed 环境支持中断，但向量表以及中断源的清除等技术细节则被封装了起来，因此，软件开发人员只需调用 C++ 类的成员函数，来确定应该执行的中断以及实现中断处理。

mbed 环境产生中断的方法有多种，例如，

• 在数字输入改变时利用输入中断来触发中断处理（http://developer.mbed.org/

handbook/InterruptIn）；
- 利用节拍定时周期触发中断（http://developer.mbed.org/handbook/Ticker）；
- 利用超时在一段时间后触发中断（http://developer.mbed.org/handbook/Timeout）；
- 许多通信接口也可以产生中断（如串口、USB）。

能够产生中断的每个对象中都有一个名为"attach"的成员函数，可以定义该函数在中断产生时的执行动作。例如，在下面的代码中，输入按钮采集操作可由周期定时中断代替。

```
#include "mbed.h"

DigitalOut myled(LED1);
DigitalIn Button(PTE5);                                    //方向控制
Ticker InputSampling;

volatile int button_event = 0;

//中断处理
void InputSamplingTask() {
  static uint32_t ButtonSamples = 0;
  //用户按钮采样
  ButtonSamples = (ButtonSamples << 1) | (0x1 & Button);   //按钮为低有效
  if ((ButtonSamples & 0x3) == 0x2) {                      //下降沿检测：按钮按下
    button_event = 1;
    }
}

//主程序
int main() {
  //中断中使用 InputSamplingTask()
  InputSampling.attach(&InputSamplingTask, 0.1f);
  while(1) {
  if (button_event) {
    button_event = 0;
    printf ("Button pressed\n");
    }
  myled = 1;
  wait(0.2f);
  myled = 0;
  wait(0.2f);
  }
}
```

17.10 要点和提示

尽管 mbed 开发平台非常易用，但其也非绝对傻瓜式的，应该注意以下方面：
- 对于一些外设，可以将其配置为多种单元/数据类型（例如，可以利用浮点数类型以秒配置 PWM,或者整数的毫秒以及整数的微秒),应该确保使用的类型成员函数和数据类型的一致性,例如成员函数名的"_ms"和"_us"后缀。

- 由于微控制器外设的特点,有些外设功能是有限制的,可能需要在大项目使用前测试这些外设功能。例如,PWM 的最大和最小周期可能会有限制。

- 有些 mbed 开发板利用 LED 指示运行错误,当产生此类错误时,LED 会以特定方式闪烁。mbed 在线手册 http://developer. mbed. org/handbook/Debugging 对此进行了介绍,本页面中还有调试 mbed 程序等其他有用信息。

- 多数情况下,mbed 通过 USB 接口供电,因此可用的电流是有限的。如果连接到板子上的器件功耗过大,则板子可能会停止工作或者程序运行不稳定。

第 18 章

编 程 实 例

18.1 利用通用异步收发器来产生输出

18.1.1 通用异步收发器通信概述

第 14 章至第 16 章介绍了几个利用不同工具链翻转开发板上 LED 的例子,并在第 17 章谈到了在 mbed 开发环境中利用通用异步收发器(UART)进行"printf"输出。那么其他微控制器工具链可以处理"printf"吗？ 这个问题的答案是肯定的,在本节中,将涉及更多 UART 的通信设置,在不同工具链中实现"printf"后将处理其他接口以及应用实例。

UART 在微控制器中是很常用的外设,有些微控制器中的 UART 还支持同步通信模式,因此被称作 USART(通用同步/异步收发器)。

UART 通常是点对点的形式,其中两个设备的波特率相同(单位是位每秒)。对于两个微控制器间简单的双向通信,如图 18.1 所示,这种方式需要 3 根线。

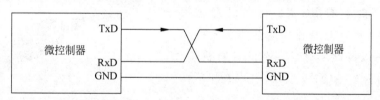

TxD=发送数据
RxD=接收数据

图 18.1 两个微控制器间简单的 UART 通信

在微控制器软件开发期间,常用 UART 连接调试主机以显示各种信息,在软件的多个部分添加了各种 UART 输出函数后,可以按照如下方式显示信息:

- 程序流的当前状态;
- 收到或计算的数值;
- 错误事件。

当然，利用 UART 进行调试还有一些限制：

- 需要 UART 外设以及两个引脚；
- UART 操作需要系统时钟运行在某个最小速度，因此不适用于某些低功耗应用；
- 需要额外的代码空间（加大代码体积）和 RAM 空间（如栈）；
- 带来额外的时钟周期开销，而且增加的执行周期可能会影响程序流程。

但是，UART 仍然是一种很有用的工具。

UART 通信协议一般都相当简单，在连接空闲时，数据线为高电平，数据传输包括

- 1 个起始位；
- 7 或 8 个数据位（最低位在前），有些 UART 可能还支持一种 9 位操作模式；
- 1 个可选的校验位（可以是偶或奇校验）；
- 1 个停止位（长度可以为 1 位、1.5 位或 2 位）。

8 位数据的 UART 传输如图 18.2 所示。

图 18.2　简单的 UART 数据传输

可以基于 UART 技术构建通信协议层，例如 RS-232、RS-422 以及 RS-485 都基于 UART，且符合不同的电压规范。RS-232 曾在个人计算机上大量应用，一般被叫做 COM 端口。而计算机上的 RS-232 目前已经被 USB 技术代替，因其具有较高的性能且支持即插即用等高级特性。对于现在的计算机，尽管芯片组仍然支持 COM 端口，实际上却不会存在任何 COM 端口接头（一般为 9 针或 25 针）。因此，如果想通过 UART 在微控制器和计算机间通信，如图 18.3 所示，需要使用一个 USB 转串口的适配器（很多网店中都有这种适配器）。

图 18.3　低成本 USB 转 UART 适配器（USB 接头中内置 USB 转 UART 芯片）

另外，可以在两端（个人计算机和微控制器）都转换为 RS-232 电平，并利用 RS-232 线缆将它们连接在一起（见图 18.4）。

在个人计算机上，还需要一个处理 UART 通信的终端程序，这一点在 17.7 节中已经介绍过了。

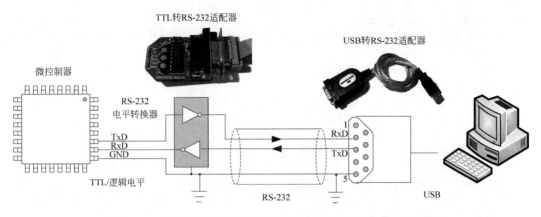

图 18.4　在微控制器和计算机之间利用 RS-232 实现 UART 通信

18.1.2　微控制器上的 UART 配置概述

UART 配置包括以下步骤：

* 设置时钟系统，以确保微控制器运行在正确的时钟频率下，有些微控制器启动时使用内部时钟，对 UART 通信而言可能不够精确，此时需要切换为更加精确的时钟源，其通常要在 CMSIS-CORE 函数"SystemInit"中处理。
* 使能 I/O 端口和 UART 外设的时钟。
* 配置 UART 并将 I/O 引脚设置为 UART 功能。
* 如果 UART 操作是中断驱动的，可以选择使能嵌套向量中断控制器（NVIC）中的 UART 中断，此时还必须实现 UART 的中断处理。

实际的配置流程是和设备相关的，将在下面几节里介绍一些。

18.1.3　配置 FRDM-KL25Z 中的 UART

Freescale Freedom 板 FRDM-KL25Z 中存在两个 UART，第一个（UART0）连接板上调试适配器，可以通过计算机上的 USB 虚拟 COM 端口进行 UART 通信，另外一个则可以通过端口 E 引脚 PTE22（TxD）和 PTE23（RxD）进行访问。

假定处理器运行在 48MHz，可以通过下面的函数设置 UART：

FRDM-KL25Z 的 UART0 配置

```
//初始化 USART 为简单轮询模式(无中断)
void UART_config(void)
{
uint32_t SBR;
uint32_t OSR;
/* SIM_SCGC5: PORTA = 1 */
SIM -> SCGC5 |= SIM_SCGC5_PORTA_MASK;    //使能端口时钟
```

```
SIM -> SCGC4 |= SIM_SCGC4_UART0_MASK;     //使能 UART0 模块的时钟
/* PORTA_PCR1: ISF = 0, MUX = 2 */
PORTA -> PCR[1] |= PORT_PCR_MUX(0x02);    //将 PTA1 设置为 UART0_RX
/* PORTA_PCR2: ISF = 0, MUX = 2 */
PORTA -> PCR[2] |= PORT_PCR_MUX(0x02);    //将 PTA2 设置为 UART0_TX
/* 配置时禁止 TX & RX */
UART0 -> C2 &= ~(UART0_C2_TE_MASK);       //禁止发送器
UART0 -> C2 &= ~(UART0_C2_RE_MASK);       //禁止接收器
/* UART0_C1: LOOPS = 0, DOZEEN = 0, RSRC = 0, M = 0, WAKE = 0, ILT = 0, PE = 0, PT = 0 */
UART0 -> C1 = 0x00U; /* 设置 C1 寄存器 */
/* UART0_C3: R8T9 = 0, R9T8 = 0, TXDIR = 0, TXINV = 0, ORIE = 0, NEIE = 0, FEIE = 0, PEIE = 0 */
UART0 -> C3 = 0x00U; /* 设置 C3 寄存器 */
/* UART0_S2: LBKDIF = 0, RXEDGIF = 0, MSBF = 0, RXINV = 0, RWUID = 0, BRK13 = 0, LBKDE = 0, RAF = 0 */
UART0 -> S2 = 0x00U; /* 设置 S2 寄存器 */
//设置时钟源为 PLL
SIM -> SOPT2 |= (SIM_SOPT2_PLLFLLSEL_MASK | SIM_SOPT2_UART0SRC(1));
/*
 * 目标波特率 = 38400
 *
 * 系统时钟 = FLL/PLL = 48.000MHz
 * 波特率 = 系统时钟 / ((OSR + 1) * SBR)
 * OSR = 3
 * SBR = 312
 *
 * 得到的波特率 = 48MHz / ((3 + 1) * 312) = 38461.5
 */
SBR = 312;                                //设置波特率寄存器, SBR = 312
UART0 -> BDH = (UART0_BDH_SBR_MASK) & (SBR >> 8);
UART0 -> BDL = (UART0_BDL_SBR_MASK) & (SBR & 0xFF);
OSR = 3;                                  //设置过采样率选项#3 = 4x
UART0 -> C4 &= (~UART0_C4_OSR_MASK) | OSR;
UART0 -> C5 |= UART0_C5_BOTHEDGE_MASK;     //使能时钟两个边沿采样
UART0 -> C2 |= UART0_C2_TE_MASK;          //使能发送器
UART0 -> C2 |= UART0_C2_RE_MASK;          //使能接收器
return;
}
```

对于轮询模式,UART 数据发送和接收操作是非常简单的。

```
//输出字符至 UART0
char UART_putc(char ch)
{
/* 若发送数据寄存器空标志为 0 则等待 */
while ((UART0 -> S1 & UART0_S1_TDRE_MASK) == 0);
UART0 ->D = ch;                           //发送一个字符
return ch;
}
```

```
//从 UART0 读取一个字符,若未收到数据则等待
char UART_getc(void)
{ /* 若接收数据寄存器满标志为 0 则等待 */
while ((UART0 -> S1 & UART0_S1_RDRF_MASK) == 0);      //
return UART0 -> D;
}
```

18.1.4　配置 STM32L0 Discovery 板中的 UART

对于 STM32F0 Discovery 板上的 STM32F0 微控制器,UART 同样有两个。USART1 使用的引脚为 PA9(TxD)和 PA10(RxD),而 USART2 使用的则是 PA2(TxD)和 PA3(RxD)。不过有一点需要注意,由于 PA2 和 PA3 引脚用作了线性触摸传感器/触摸按键,为了尽可能地降低噪音,这些引脚被连到了外部接头,因此工程中只能使用 USART1。

在下面的代码实例中,USART 配置函数用了某种方式来实现,以使其适用于 USART1 和 USART2,可以向该函数传递 USART 指针。

STM32L0 Discovery 的 UART0 配置

```
//初始化 USART 为简单轮询模式(无中断)
void UART_config(USART_TypeDef * USARTx, uint32_t BaudDiv)
{
RCC -> IOPENR |= RCC_IOPENR_GPIOAEN;           //使能端口 A 时钟 - 用于 LED & USART
if (USARTx == USART1) {
RCC -> APB2ENR |= RCC_APB2ENR_USART1EN;        //使能 USART #1 时钟
Config_Pin(GPIOA, 9, GPIO_MODE_ALTERN, GPIO_TYPE_PUSHPULL, GPIO_SPEED_LOW, GPIO_NO_PULL);
  //PA9 = TxD
Config_Pin(GPIOA, 10, GPIO_MODE_ALTERN, GPIO_TYPE_PUSHPULL, GPIO_SPEED_LOW, GPIO_NO_PULL);
  //PA10 = RxD
Config_Pin_AlternateFunc(GPIOA,9,4);           //选择功能 AF4:USART1_TX
Config_Pin_AlternateFunc(GPIOA,10,4);          //选择功能 AF4:USART1_RX
} else {
RCC -> APB1ENR |= RCC_APB1ENR_USART2EN;        //使能 USART #2 时钟
Config_Pin(GPIOA, 2, GPIO_MODE_ALTERN, GPIO_TYPE_PUSHPULL, GPIO_SPEED_LOW, GPIO_NO_PULL);
  //PA2 = TxD
Config_Pin(GPIOA, 3, GPIO_MODE_ALTERN, GPIO_TYPE_PUSHPULL, GPIO_SPEED_LOW, GPIO_NO_PULL);
  //PA3 = RxD
Config_Pin_AlternateFunc(GPIOA, 2, 4);         //选择功能 AF4:USART2_TX
Config_Pin_AlternateFunc(GPIOA, 3, 4);         //选择功能 AF4:USART2_RX
}
USARTx -> CR1 = 0;                             //在重新编程过程中禁止 UART
USARTx -> BRR = BaudDiv;                       //设置波特率
USARTx -> CR2 = 0;                             //1 个停止位
USARTx -> CR3 = 0;                             //中断和 DMA 禁止
USARTx -> CR1 = USART_CR1_TE | USART_CR1_RE | USART_CR1_UE;  //使能 8 位 UART
return;
}
```

外设时钟默认为 16MHz，可以利用上面的函数将 USART 配置为

```
//初始化 USART
UART_config(USART1, 417) ;                    //16MHz/38400 = 416.66
或者若用的是 USART2:
//初始化 USART
UART_config(USART2, 417) ;                    //16MHz/38400 = 416.66
```

轮询模式的 UART 操作可以按照如下方式实现：

```
//输出一个字符至 USART1
char UART_putc(USART_TypeDef * USARTx, char ch)
{/* 若发送空标志为 0 则等待 */
while ((USARTx->ISR & USART_ISR_TXE) == 0);
USARTx->TDR = ch;                            //发送一个字符
return ch;
}
//从 USART 读取一个字符,若无数据则等待
char UART_getc(USART_TypeDef * USARTx)
{/* 若接收非空标志为 0 则等待 */
while ((USARTx->ISR & USART_ISR_RXNE) == 0);
return USARTx->RDR;
}
```

18.1.5　配置 STM32F0 Discovery 板上的 UART

STM32F0 Discovery 板上存在两个 UART，由于板上调试适配器不支持 USB 虚拟 COM 端口，需要一个外部 USB 转 UART 适配器来测试 UART 通信，USART1 所使用的引脚为 PA9(TxD)和 PA10(RxD)，如果使用了 USART2，则所需的引脚为 PA2(TxD)和 PA3(RxD)。

USART 配置代码可以如下实现，和 STM32L0 Discovery 类似，USART 配置函数的实现方式使得其可用于 USART1 和 USART2。

STM32F0 Discovery 的 UART0 配置

```
//初始化 USART 为简单轮询模式(无中断)
void UART_config(USART_TypeDef * USARTx, uint32_t BaudDiv)
{
RCC->AHBENR |= RCC_AHBENR_GPIOAEN;          //使能端口 A 时钟,用于 USART
if (USARTx == USART1) {
RCC->APB2ENR |= RCC_APB2ENR_USART1EN;      //使能 USART ♯1 时钟
Config_Pin(GPIOA, 9, GPIO_MODE_ALTERN, GPIO_TYPE_PUSHPULL, GPIO_SPEED_LOW, GPIO_NO_PULL);
  //PA9 = TxD
Config_Pin(GPIOA, 10, GPIO_MODE_ALTERN, GPIO_TYPE_PUSHPULL, GPIO_SPEED_LOW, GPIO_NO_PULL);
  //PA10 = RxD
Config_Pin_AlternateFunc(GPIOA, 9, 1);     //选择功能 AF1:USART1_TX
```

```
Config_Pin_AlternateFunc(GPIOA,10, 1);        //选择功能 AF1:USART1_RX
} else {
RCC->APB1ENR |= RCC_APB1ENR_USART2EN;        //使能 USART ♯2 时钟
Config_Pin(GPIOA, 2, GPIO_MODE_ALTERN, GPIO_TYPE_PUSHPULL, GPIO_SPEED_LOW, GPIO_NO_PULL);
  //PA2 = TxD
Config_Pin(GPIOA, 3, GPIO_MODE_ALTERN, GPIO_TYPE_PUSHPULL, GPIO_SPEED_LOW, GPIO_NO_PULL);
  //PA3 = RxD
Config_Pin_AlternateFunc(GPIOA, 2, 1);        //选择功能 AF1:USART2_TX
Config_Pin_AlternateFunc(GPIOA, 3, 1);        //选择功能 AF1:USART2_RX
}
USARTx->CR1 = 0;                              //在重新编程期间禁止 UART
USARTx->BRR = BaudDiv;                        //设置波特率
USARTx->CR2 = 0;                              //1 个停止位
USARTx->CR3 = 0;                              //中断和 DMA 禁止
USARTx->CR1 = USART_CR1_TE | USART_CR1_RE | USART_CR1_UE;    //使能 8 位 UART
return;
}
```

板子默认运行在 48MHz，可以利用上面的函数将 USART 配置为

```
//初始化 USART
UART_config(USART1, 1250) ;                   //16MHz/38400 = 416.66
```

如果用的是 USART2，则

```
//初始化 USART
UART_config(USART2, 1250) ;                   //16MHz/38400 = 416.66
```

UART 操作可以实现为

```
//输出一个字符至 USART1
char UART_putc(USART_TypeDef * USARTx, char ch)
{ /* 若发送空标志为 0 则等待 */
while ((USARTx->ISR & USART_ISR_TXE) == 0);
USARTx->TDR = ch;                            //发送一个字符
return ch;
}
//从 USART 读取一个字符,若未收到数据则等待
char UART_getc(USART_TypeDef * USARTx)
{ /* 若接收非空标志为 0 则等待 */
while ((USARTx->ISR & USART_ISR_RXNE) == 0);
return USARTx->RDR;
}
```

18.1.6 配置 LPC1114FN28 上的 UART

由于使用的并非是现货供应的 LPC1114FN28 微控制器板，系统的时钟频率不定。假定外部晶振频率为 12MHz，内部 PLL 则被配置为将时钟倍频至 48MHz。

    LPC1114FN28 的 UART 配置代码可以如下实现,端口 1 的引脚 7 为 TxD,而端口 1 的引脚 6 则为 RxD。

    NXP LPC1114FN28 的 UART0 配置

```
//初始化 UART 为简单轮询模式(无中断)
void UART_config(void)
{
//使能 IO 配置块
//Bit 16: IO 配置
LPC_SYSCON->SYSAHBCLKCTRL |= ((1 << 16));
__NOP();                                    //短延时,确保使能了 IOCON 块
__NOP();
__NOP();
//PIO1_6 IO 输出配置
//bit[5] - Hysteresis (0 = 禁止, 1 = 使能)
//bit[4:3] - MODE(0 = inactive, 1 = pulldown, 2 = pullup, 3 = repeater)
//bit[2:0] - Function (0 = IO, 1 = RXD, 2 = CT32B0_MAT0)
LPC_IOCON->PIO1_6 = (0 << 5) | (0 << 3) | (0x1);
//PIO1_7 IO 输出配置
//bit[5] - Hysteresis (0 = 禁止, 1 = 使能)
//bit[4:3] - MODE(0 = inactive, 1 = pulldown, 2 = pullup, 3 = repeater)
//bit[2:0] - Function (0 = IO, 1 = TXD, 2 = CT32B0_MAT1)
LPC_IOCON->PIO1_7 = (0 << 5) | (0 << 3) | (0x1);
//使能 IO UART 的时钟
//UART 为第 12 位
LPC_SYSCON->SYSAHBCLKCTRL |= ((1 << 12));
//UART 时钟分频,被 1 除
LPC_SYSCON->UARTCLKDIV = 1;
//使能对除数锁存的访问
//bit[7] - DLAB (除数锁存访问位)
//bit[1:0] - 字长 (0 = 5 位, 1 = 6 位, 2 = 7 位, 3 = 8 位)
LPC_UART->LCR = (1 << 7) | 3;
//波特率 38400, 系统时钟 48MHz
//PCLK / 波特率 / 16 = 78.125 = (256 x DLM + DLL) x (1 + DivAddVal/MulVal)
//ULM = 0
//DLL = 67
//MulVal = 6
//DivAddVal = 1
//67 * (1 + 1/6) = 78.1666
LPC_UART->DLM = 0;
LPC_UART->DLL = 67;
LPC_UART->FDR = (6 << 4) | (1 << 0);
//FIFO 控制寄存器
//bit[7:6] - RX 触发等级(0 = 1 个字符, 1 = 4, 2 = 8, 3 = 14)
//bit[2] - TX FIFO 复位
//bit[1] - RX FIFO 复位
```

```
//bit[0] - FIFO 使能
LPC_UART->FCR = (0<<6) | (0<<2) | (0<<1) | 1;
//线控寄存器
//bit[7] - DLAB (除数锁存访问位)
//bit[6] - 断路控制使能
//bit[5:4] - 校验选择 ( 0 = odd, 1 = even, 2 = force 1 sticky, 3 = force 0 stick)
//bit[3] - 校验使能
//bit[2] - 停止位 (0 = 1 停止位, 1 = 2 停止位)
//bit[1:0] - 字长 (0 = 5bits, 1 = 6bits, 2 = 7bits, 3 = 8bits)
LPC_UART->LCR = 3;
//空读 LSR 以清除错误标志


uart_status_rxd();
//中断禁止 (IER 只能在 DLAB = 0 时被修改)
//bit[0] - RBR (接收可用数据使能)
//bit[1] - THRE (发送使能)
//bit[2] - RX Line (接收线中断使能)
//bit[8] - ABEOIntEn (自动波特率中断)
//bit[9] - ABTOIntEn (自动波特率超时中断)
LPC_UART->IER = 0;
//等待 TX 缓冲空
while (((LPC_UART->LSR >> 6) & 0x1) == 0);
//读空 RX 缓冲
while (uart_status_rxd()!= 0) UART_getc();
//可选: 关闭 I/O 配置块的时钟以节能
LPC_SYSCON->SYSAHBCLKCTRL &= ~(1<<16);
return;
}
```

轮询模式的 UART 操作可以如下实现:

```
int uart_status_rxd(void)
{                                        //Bit 0 为 RDR (接收数据可用)
return (LPC_UART->LSR & 0x1);
}
int uart_status_txd(void)
{
//Bit 5 为 THRE (发送保持寄存器空)
return ((LPC_UART->LSR >> 5) & 0x1);
}
//向 UART0 输出一个字符
char UART_putc(char ch)
{
while (uart_status_txd() == 0);
LPC_UART->THR = (uint32_t)ch;
return ch;
```

```
}
//从 UART0 读出一个字符,若无数据则等待
char UART_getc(void)
{ /* 若接收数据寄存器满标志为 0 则等待 */
while (uart_status_rxd() == 0);
return LPC_UART -> RBR;
}
```

18.2 实现 printf

18.2.1 概述

基于前节的例子,可以如下实现字符打印函数来打印字符串。

```
//Uart 字符串输出
void UART_puts(char * mytext)
{
char CurrChar;
CurrChar = * mytext;
while (CurrChar != (char) 0x0){
UART_putc(CurrChar);                          //正常数据
mytext++;
CurrChar = * mytext;
}
return;
}
```

这个函数在打印常量字符串时工作正常,还可以利用 sprint 函数将信息输出至字符缓冲来打印其他信息,然后利用 UART_puts 将其输出,实现的字符串输出函数为

```
char txt_buf[30];
…
sprintf(txt_buf," % d\n",1234);
UART_puts(txt_buf);
```

不过,如果能将"printf"函数配置为直接使用 UART,或者和调试器软件通信以显示需要的消息,也会是非常有用的。为了达到这个目的,可以利用如下两种技术:

(1) 重定向,对于多数编译器,可以对某些低等函数重新定义,将传递给"printf"显示的消息重定向到自己选择的外设,"printf"消息可以通过 UART 或 LCD 模块等外设加以显示。有些工具链的重定向特性可能还支持"scanf"等输入函数。

(2) 半主机,对于一些编译器而言,可以配置编译输出,从而将"printf"消息通过调试连接输出到和微控制器相连的调试器中。有些工具链(如 ARM DS-5)的半主机特性可能还支持对文件 I/O 和其他系统资源的访问,并且不会占用任何外设资源,但仅限于调试环境

使用。

重定向和半主机特性都是工具链相关的,在下面一节中,将会看到各种工具链的重定向和半主机。

18.2.2 Keil MDK 的重定向

对于 Keil MDK-ARM(或者 DS-5 Professional 等其他 ARM 工具链),需要实现支持 printf 的"fputc"函数,另外,也可以增加一个输入函数"fputc"以实现输入功能。

将下面的文件添加到工程中,可以利用 printf 输出消息。

```
/ ****************************************************************** /
/ * ARM DS－5 Professional / Keil MDK 的重定向函数 * /
/ ****************************************************************** /
# include < stdio. h >
# include < time. h >
# include < rt_misc. h >
# pragma import(__use_no_semihosting_swi)
extern char UART_putc(char ch);
extern char UART_getc(void);
struct __FILE { int handle; / * 在此处添加自己的代码 * / };
FILE __stdout;
FILE __stdin;
int fputc(int ch, FILE * f) {
if (ch == 10) UART_putc(13);
return (UART_putc(ch));
}
int fgetc(FILE * f) {
return (UART_putc(UART_getc()));
}
int ferror(FILE * f) {
/ * ferror 自己实现 * /
return EOF;
}
void _ttywrch(int ch) {
UART_putc(ch);
}
void _sys_exit(int return_code) {
label: goto label; / * 死循环 * /
}
```

备注:

如果选择了 MicroLIB 选项,则不支持 scanf。

18.2.3　IAR EWARM 的重定向

IAR Embedded Workbench for ARM 环境中也同样可以实现重定向操作。

低级 I/O 函数

| 输出 | ```
size_t __write(int handle,const unsigned char * fbuf,size_t bufSize)
{
size_t i;
for (i = 0; i < bufSize; i++)
{
send_data(buf[i]);
}
return i;
}
``` |
| 输入 | ```
size_t __read(int handle,unsigned char * fbuf,size_t bufSize)
{
size_t i;
for (i = 0; i < bufSize; i++)
{
//等待字符可用
while(data_ready() == 0);
``` |

例如，要将 printf 消息输出到 UART，可以使用下面的"Retarget.c"。

```
Retarget.c,IAR Embedded Workbench for ARM 将 printf 重定向到 UART
#include <stdio.h>
extern void UART_putc(char ch);
extern char UART_getc(void);
size_t __write(int handle, const unsigned char * buf,size_t bufSize)
{
size_t i;
for (i = 0; i < bufSize;i++) {
UART_putc(buf[i]);}
return i;
}
/* __read,用于输入（如 scanf）*/
size_t __read(int handle, unsigned char * buf,size_t bufSize)
{
size_t i;
for (i = 0; i < bufSize;i++)
{//等待字符
buf[i] = UART_getc();                    //得到数据
UART_putc(buf[i]);                       //可选:输入反馈
}
```

```
    return i;
    }
```

如果工程中不会用到 C 运行时库中的输入函数(如 scanf、fgets),就不要用__read 函数了。

18.2.4　GNU 编译器套件的重定向

对于 GNU 编译器套件(GCC),可以实现将 printf 重定向到外设的函数,对于常用的 GCC,文本消息的重定向一般由"__write"函数实现。

GCC 的重定向

```
/******************************************************************/
/* GNU Tools for ARM Embedded Processors 的重定向函数 */
/******************************************************************/
# include < stdio.h >
# include < sys/stat.h >
extern void UART_putc(char ch);
__attribute__ ((used)) int _write (int fd, char * ptr, int len)
{
size_t i;
for (i = 0; i < len; i++) {
UART_putc (ptr[i]);                        //调用字符输出函数
}
return len;
}
/* 备注: "used"属性是用来解决一个 LTO(连接时优化)bug 的,但代价是代码体积的增长,不需要的
话不要链接这个文件 */
```

根据链接阶段库配置的不同,可能还需要增加其他的 stub 函数。

18.2.5　IAR EWARM 的半主机

除了利用外设实现消息显示外,也可以利用调试连接来显示 printf 消息。对于 IAR Embedded Workbench for ARM,在使用半主机时无须增加任何代码,如图 18.5 所示,只需在工程设置中使能半主机。

在工程编译完后,可以正常启动调试器,并且需要使能调试器中的 Terminal I/O 窗口,此时需要访问下拉菜单 View-> Terminal I/O。使能后,如图 18.6 所示,printf 消息就会显示在 Terminal I/O 窗口中。如果应用中包含 C 运行时库中的输入函数,还可以在 Terminal I/O 窗口的输入框中输入信息。

需要注意的是,有些情况下,半主机操作会非常慢,并且为了传输数据,处理器可能会频繁暂停,这对于一些需要实时处理能力的应用就不太合适了。

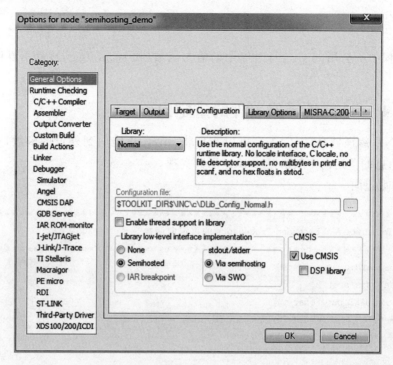

图 18.5　要使用半主机需要使能 IAR Embedded Workbench for ARM 的半主机选项

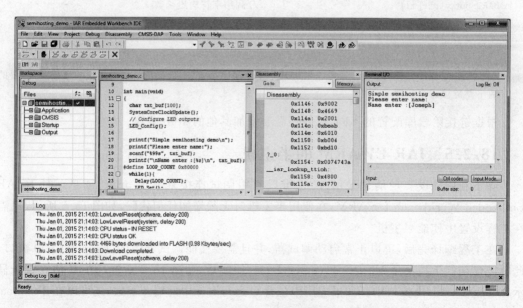

图 18.6　printf 消息可以通过半主机显示在 Terminal I/O 窗口

18.2.6　CoIDE 的半主机

　　CooCox CoIDE 同样支持半主机，要使用 printf 的半主机函数，需要确保在链接过程中使用的是半主机库（见图 18.7），并且要在调试器选项标签中使能半主机特性（见图 18.8）。

　　C 库和半主机代码间需要使用修改后的 C 库文件（syscall.c），如果使用较早版本的 CoIDE（版本 2 之前），还应该在工程中添加一个"半主机"软件部件。

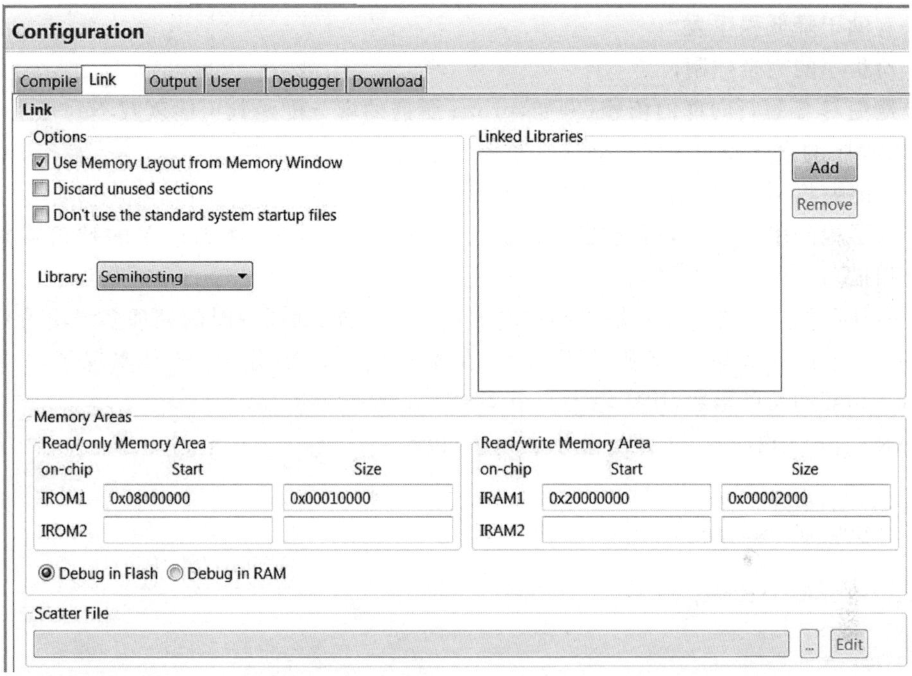

图 18.7　CoIDE 半主机库选项

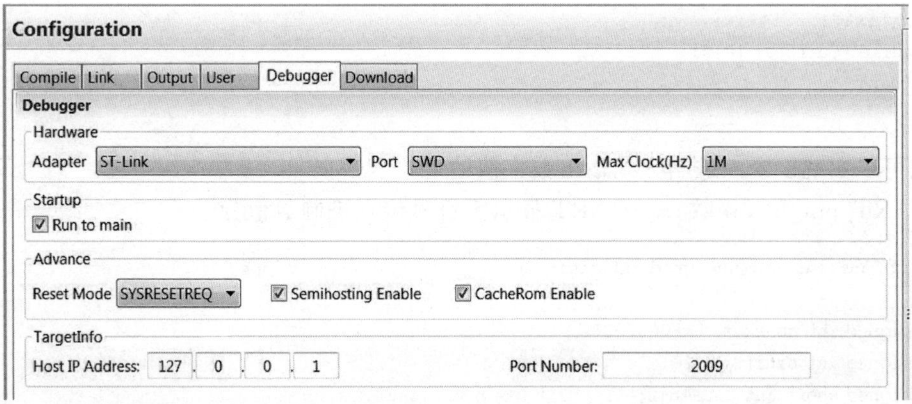

图 18.8　CoIDE 半主机调试选项

18.3 开发输入和输出函数

18.3.1 为何要重新开发

C库提供了多个用于文本输出标准化和文本输入的函数，但是，由于以下原因需要对输入和输出函数做些变动：

- 有助于降低程序大小；
- 对程序的完全控制；
- 避免对 C 运行时库的依赖（例如，printf 所需的堆分配函数可能就找不到）。

而对程序的完全控制为什么会这么重要？这是因为：

- 可能要将用户输入限制为某些特定字符；
- 为了检测用户输入，可能需要对输入设备做其他处理（例如简单的键盘需要矩阵扫描）；
- 另外可能还想为输入和输出函数增加其他的功能（如同一时间处理多个输入）。

实现自己的字符输出函数并不困难，在本章之前的部分中，已经实现了一个名为"UART_puts"的简单函数，用于输出一个文本字符串。

UART_put 函数——UART 显示文本字符串

```
//Uart 字符串输出
void UART_puts(unsigned char * mytext)
{
unsigned char CurrChar;
do {
CurrChar = * mytext;
if (CurrChar != (char) 0x0) {
UART_putc(CurrChar);                    //普通数据
}
* mytext++;
} while (CurrChar != 0);
return;
}
```

也可以实现以十六进制方式输出数字值的简单函数。

UART_put_hex 函数——UART 显示无符号十六进制数值为

```
void UART_put_hex(unsigned int din)
{
unsigned int nmask = 0xF0000000U;
unsigned int nshift = 28;
unsigned short int data4bit;
do {
data4bit = (din & nmask) >> nshift;
```

```
data4bit = data4bit + 48;                    //将数据转换为 ASCII
if (data4bit > 57) data4bit = data4bit + 7;
UART_putc((char) data4bit);
nshift = nshift - 4;
nmask = nmask >> 4;
} while (nmask!= 0);
return;
}
```

也可以实现以十进制方式输出数字值的简单函数。

UART_put_dec 函数——UART 显示无符号十进制数值，最多 10 个数字

```
void UART_put_dec(unsigned int din)
{
const unsigned int DecTable[10] = {
1000000000,100000000,10000000,1000000,
100000, 10000, 1000, 100, 10, 1};
int count = 0;                               //数字个数
int n;                                       //每个数字的计算
//去掉前面的零
while ((din < DecTable[count]) && (din > 10)) {count++;}
while (count < 10) {
n = 0;
while (din >= DecTable[count]) {
din = din - DecTable[count];
n++;
}
n = n + 48;                                  //转换为 ascii 0 到 9
UART_putc((char) n);
count++;
};
return;
}
```

类似地，也可以实现输入字符串和数字的函数，下面的第一个例子用于字符串输入，和 C 库中的"scanf"函数不同，我们给这个函数传递了两个参数，第一个参数为文本缓冲的指针，而第二个参数则为输入文本的最大长度。

UART_gets 函数—通过 UART 获取用户输入字符串

```
int UART_gets(char dest[], int length)
{
unsigned int textlen = 0;                    //当前文本长度
char ch;                                     //当前字符
do {
ch = UART_getc();                            //从 UART 中获取一个字符
switch (ch) {
case 8:                                      //Backspace
```

```
if (textlen > 0) {
textlen -- ;
UART_putc(ch);                          //Backspace
UART_putc(' ');                         //用控制台中的空格代替最后一个字符
UART_putc(ch);                          //又一个 Backspace,调整鼠标位置
}
break;
case 13:                                //按下 Enter 键
dest[textlen] = 0;                      //以 null 结尾
UART_putc(ch);                          //反馈输入的字符
break;
case 27:                                //按下 Esc 键
dest[textlen] = 0;                      //以 null 结尾
UART_putc('\n');
break;
default:                                //若输入长度正确且输入合法
if ((textlen < length) &
((ch >= 0x20) & (ch < 0 x7F)))          //合法字符
{
dest[textlen] = ch;                     //字缓冲中增加一个字符
textlen++;
UART_putc(ch);                          //反馈输入的字符
}
break;
} //end switch
} while ((ch!= 13) && (ch!= 27));
if (ch == 27) {
return 1;                               //按下 Esc 键
} else {
return 0;                               //按下返回
}
}
```

　　和"scanf"不同,本节设计的"UART_gets"函数可以判断用户是否通过按下 Enter 键或 Esc 键完成了输入过程。要使用这个函数,需要声明一个文本缓冲作为字符数组,并将其地址传递给函数。

　　UART_gets 函数使用实例

```
int main(void)
{
char textbuf[20];
int return_state;
//系统初始化
SystemInit();
//初始化 UART
UART_config ();
```

```
while (1) {
UART_putc('\n');
UART_puts ("String input test : ");
return_state = UART_gets(&textbuf[0], 19);
if (return_state!= 0) {
UART_puts ("\nESC pressed :");
} else {
UART_puts ("\nInput was :");
}
UART_puts (textbuf);
UART_putc('\n');
};
};
```

修改了"UART_gets"函数中的 case 语句后,可以实现一个只接受数字输入或应用所需的其他类型文本输入的函数,还可以将其修改为 UART 外的其他输入接口。

18.3.2　其他接口

除了 UART,其他许多外设接口也可以处理用户接口和外设控制,例如,用户显示可以为

- 通过 I/O 端口信号连接 7 段 LED 显示;
- 通过 I/O 端口信号、SPI(Serial Peripheral Interface)或 I2C(Inter-Integrated Circuit)等串行接口连接的字符 LCD 模块显示;
- 通过 SPI 连接的点阵 LCD 模块显示;
- 具有片上 LCD 驱动的 LCD 显示。

7 段 LED 模块一般由简单的 LED 输出控制函数控制,其将数字值映射到段控制信号,实现起来非常简单。

如果用的是字符 LCD 显示模块或点阵 LCD 模块,没有使用在前面的例子中实现的 UART_putc,而是在 LCD 屏幕上显示 ASCII 字符的 LCD 版本。对于点阵 LCD,由于在显示信息前需要将 ASCII 字符按位进行映射,因此操作起来可能会相当复杂。请注意不同 LCD 模块内部可能会有不同的控制器,并且控制流程也可能会各不相同。

嵌入式系统中也有许多种输入接口,在第 17 章中,火车控制器的例子使用了电位器和 ADC 来控制速度。嵌入式系统中的其他用户输入接口可以是简单的按钮、旋转编码器或者甚至是触摸屏控制器。对于所有情况,都需要应用相关的输入和输出函数来处理这些输入和输出方式。

18.3.3　有关 scanf 的其他信息

一般来说,在执行 scanf 时若未指定缓冲大小一般会有问题,例如,如果缓冲大小为 10 字节,

```
char txt_buf[10];
...
scanf ("%s", txt_buf);
```

上面的代码可以工作，如果用户输入了较长的字符串（超过9字节），则结果是不确定的，程序可能会崩溃，不过最坏的情况是会被黑客利用。

可以对 scanf 使用的缓冲大小加以限制：

```
scanf ("%9s", txt_buf); //最多9个字符
```

可以输入的字符的数量最大为缓冲长度减1，这是因为最后一个字符需要为 NULL（0x00）以表示字符串的结束。

一个常见的问题为，输入了空格（" "）后 scanf 默认会认为输入已经完成。将 scanf 函数调用进行如下修改后可以避免这个问题：

```
scanf ("%9[0-9a-zA-Z]s", txt_buf);      //最多9个字符
```

另外，还可以如下调用 fgets 函数：

```
fgets(txt_buf, 9, stdin);
```

18.4 中断编程实例

18.4.1 中断处理概述

中断对于多数嵌入式系统都非常重要，例如，用户输入可由中断服务程序（ISR）处理，这样处理器就无须花费时间检查用户接口状态了，这样一来，处理器也可以

- 进入休眠以节能；
- 在等待外设中断的同时开始进行其他处理。

除了处理用户输入，中断特性非常易于使用，一般来说，可以如下总结中断服务的配置：

- 设置向量表（符合 CMSIS 的设备驱动库已经进行了此处理）；
- 设置中断优先级，这一步是可选的，中断的优先级默认为 0（最高的可编程优先级）；
- 在应用中定义 ISR，其可以是普通 C 函数；
- 使能中断（例如使用 NVIC_EnableIRQ()函数）。

需要注意的是，系统中还存在其他的中断屏蔽寄存器，对于 Cortex-M0 和 Cortex-M0＋处理器，可用的中断屏蔽寄存器名为 PRIMASK。在设置了该寄存器后，除了不可屏蔽中断（NMI）和 HardFault 外都会被屏蔽。全局中断屏蔽 PRIMASK 在复位后默认清除，因此也无须在程序开始处清除 PRIMASK 以使能中断。

由于 CMSIS-CORE 提供的函数可以进行优先级的设置以及中断的使能，中断的设置过程已经非常容易了，ISR 是应用相关的，须由软件开发人员设计。多数情况下，可以从微

控制器供应商处找到代码示例,这样会降低软件开发的难度。对于一些微控制器的外设设计,可能必须在 ISR 中清除中断请求,请注意 ISR 中用的全局变量需要通过"volatile"定义。

18.4.2　中断控制函数概述

Cortex 微控制器软件接口标准(CMSIS)中包含了多个中断控制函数,其中多数已经在第 9 章"中断控制和系统控制"中介绍过了。表 18.1 总结了用于中断控制的 CMSIS 函数。

表 18.1　CMSIS-CORE 中断控制函数

函　　数	用　　法
void NVIC_EnableIRQ (IRQn_Type IRQn)	使能外部中断,不适用系统异常
void NVIC_DisableIRQ (IRQn_Type IRQn)	禁止外部中断,不适用系统异常
void NVIC_SetPendingIRQ (IRQn_Type IRQn)	设置中断的挂起状态,不适用系统异常
void NVIC_ClearPendingIRQ (IRQn_Type IRQn)	清除中断的挂起状态,不适用系统异常
uint32_t NVIC_GetPendingIRQ (IRQn_Type IRQn)	获取某个中断的挂起状态,不适用系统异常
void NVIC_SetPriority (IRQn_Type IRQn, uint32_t priority)	设置系统异常的优先级,优先级数值会被自动移位到优先级寄存器中的相应位中
uint32_t NVIC_GetPriority (IRQn_Type IRQn)	读取系统异常的优先级,优先级数值会被自动移位到优先级寄存器中的相应位中
void __enable_irq(void)	清除 PRIMASK,使能中断和系统异常
void __disable_irq(void)	设置 PRIMASK,禁止包括系统异常在内的所有中断(除了 HardFault 和 NMI)

输入参数"IRQn_Type IRQn"在设备的头文件中定义,对于常见的微控制器设备的 CMSIS-CORE 头文件,可以看到 IRQn 定义在枚举列表中。

```
typedef enum IRQn
{
/ ****** Cortex-M0 处理器异常编号 ********* /
NonMaskableInt_IRQn = -14, /*!< 2 不可屏蔽中断 */
HardFault_IRQn = -13, /*!< 3 Cortex-M0 HardFault 中断 */
SVCall_IRQn = -5, /*!< 11 Cortex-M0 系统调用中断 */
PendSV_IRQn = -2, /*!< 14 Cortex-M0 PendSV 中断 */
SysTick_IRQn = -1, /*!< 15 Cortex-M0 系统节拍中断 */
...
/* 0 到 31,和微控制器有关 */
} IRQn_Type;
```

第一组 IRQn(-14 到-1)为系统异常,适用于 Cortex-M0 和 Cortex-M0＋的 CMSIS 设备驱动库的所有版本,异常编号 0 到 31 则为设备相关的中断,它们由外设到 Cortex-M0/M0＋处理器中的 NVIC 连接决定。在使用 CMSIS-CORE NVIC 控制函数时,可以利用枚

举类型提高程序代码的可读性和可重用性。例如，

```
NVIC_EnableIRQ(UART0_IRQn);                //使能 UART0 中断
```

如果有必要，在处理时序关键的任务时，可以利用 Cortex-M 处理器中的 PRIMASK 异常禁止所有外设中断和系统异常。一般来说，如果不想控制时序被任何中断影响，PRIMASK 需要置位一小段时间。CMSIS-CORE 提供了两个函数用以访问 PRIMASK 特性，例如，

```
__disable_irq();                           //设置 PRIMASK,禁止中断
… ;                                        //时序关键任务
__enable_irq();                            //清除 PRIMASK,使能中断
```

需要注意的是，PRIMASK 无法屏蔽 NMI 和 HardFault 异常，另外，如果在某个中断处理内设置了 PRIMASK，应该确保在退出异常处理前将其清除，否则中断会保持禁止状态。ARM7TDMI 的处理则是不同的，中断返回就可以重新使能中断。

18.5　应用实例：火车模型用的另一个控制器

在学习了这么多处理器特性后，如何利用这些技术实现一个真正的应用是一件非常有意思的事情。在这里假定，模型火车轨道位于站点 A 和站点 B 之间，火车轨道上放置了多个传感器（见图 18.9）。那么实现的应用怎么才能将火车从 A 移动到 B、停止几秒钟、再从 B 到 A 并停止后再次执行一遍？

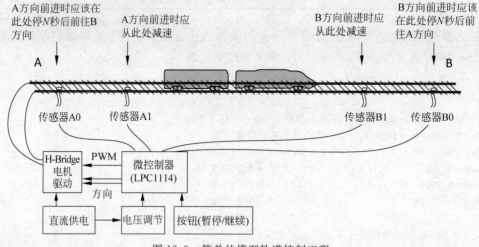

图 18.9　简单的模型轨道控制工程

为了稍微提高问题的挑战性，还需要考虑火车的加速和减速，例如，如图 18.10 所示，在从 A 运动到 B 时，火车应该加速到某个速度，然后保持在稍微低一些的速度，且在接近传感器 B1 时减速，在到达传感器 B0 时停止。

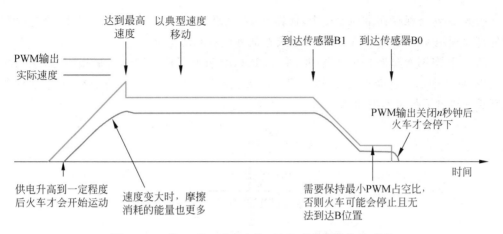

图 18.10　从 A 到 B 过程中的 PWM 占空比和火车速度

为了应对这些需求,应该考虑需要什么样的硬件和软件,就硬件而言,笔者利用 NXP LPC1114 构建了一个微控制器板(见图 18.11),并且连接了 4 个位于轨道下面的红外障碍探测模块。这些红外障碍探测模块(见图 18.11 的底部)可以在网上低价买到。

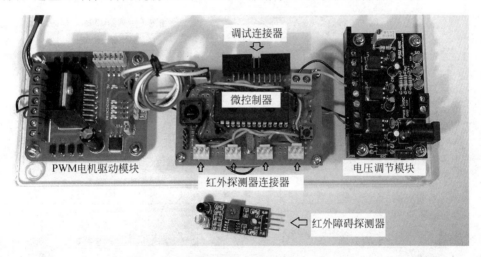

图 18.11　微控制器板连接 PWM 模块(左侧)、供电模块(右侧)以及底部的红外模块

在用线连接起来后,火车从 A 到 B 或从 B 到 A 可由脉宽调制(PWM)来驱动。尽管在开发期间难以确定,还是在应用中增加了一个简单的方向检测。火车在程序启动时位于轨道中间(传感器 A1 和 B1 之间),然后给轨道施加一个低占空比的 PWM 输出,这样火车会动起来,直到碰上其中一个传感器。

为了实现如图 18.10 所示的速度控制,需要在加速和减速控制中使用一个定时器中断,定时器 ISR 内进行输入采样(传感器和按钮),然后利用一个有限状态机(FSM)进行流程控制。FSM 具有 10 个状态:8 个用于 A 和 B 之间运行的普通操作、两个用于处理用户停止请求(按钮被按下)。

　　FSM 的状态保存在全局变量中,这样 FSM 代码就不用一直执行了。FSM 在定时器中断处理内利用 switch 语句执行,以确定火车的新状态和新速度。

　　FSM 状态图看起来有些复杂(见图 18.12),对于无用户按键的普通操作,状态切换相当简单(见图中的蓝色箭头)。图中的绿色箭头表示用户按下按钮时的状态,而虚线棕色箭头则表示错过了传感器事件 A1/B1。

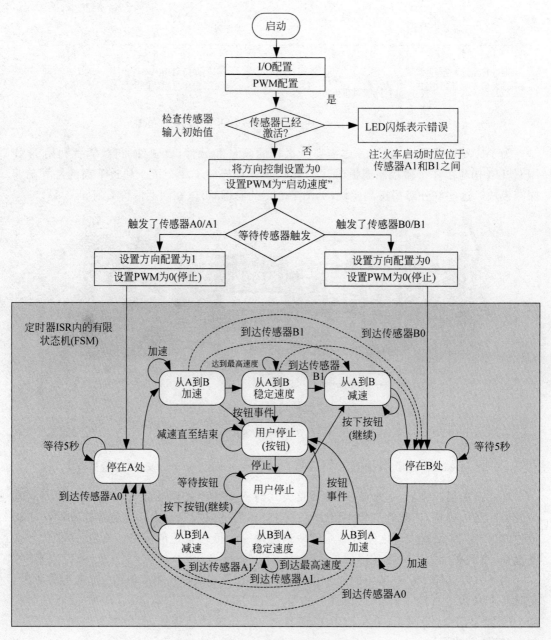

图 18.12　火车控制器应用的程序流程

定时器被设置为以 20Hz 的频率触发,每次执行定时器 ISR 时,就会进行输入采样。只有连续两次采样到活跃状态且之前状态为非活跃,才会对输入事件进行识别。然后就会执行 FSM 代码,PWM 占空比周期会得到更新且返回主线程(见图 18.13)。

和第 17 章用到的另一个火车控制器工程相比,这种 FSM 方式更加灵活,可以轻松实现多个状态转换路径。另外,中断驱动的应用也降低了微控制器的功耗。

为了调试方便,还添加了大量的 printf 函数,以便看到微控制器在不同时间的状态,printf 消息则输出到 UART(重定向)。例如,在产生状态切换时,新的状态会被输出到 UART。

另外,由于在 FSM 启动后,线程模式无须进行任何处理,因此会利用线程空循环将处理器置于休眠模式。

本例代码基于 Keil MDK-ARM,可以从本书合作伙伴的官网上找到。

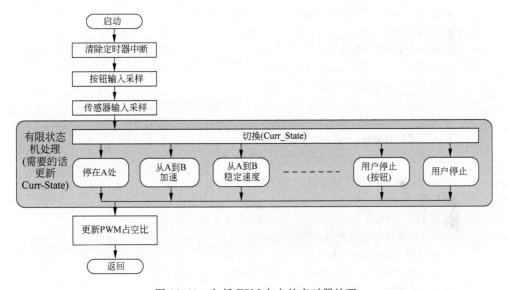

图 18.13　包括 FSM 在内的定时器处理

18.6　CMSIS-CORE 的不同版本

CMSIS 工程一直处于持续开发中,CMSIS-CORE 从版本 1.1 开始支持 Cortex-M0 处理器,从版本 3.01 开始支持 Cortex-M0＋处理器。当前发行版为 4.3,本书中的例子应该和最新发行的 CMSIS-CORE 配合使用。

CMSIS-CORE 从版本 1.3 开始的多数变动集中在

- 支持新处理器;
- 支持新工具链;
- 目录结构变动;

- 内在函数优化；
- CMSIS-DSP 库优化。

改动的细节内容位于 CMSIS-CORE 包的一个 HTML 文件中，即：CMSIS_< version >\CMSIS\Documentation\Core\html\index. html。

版　本	描　　述
V4.00	增加 Cortex-M7 支持
	增加__RRX、__LDRBT、__LDRHT、__LDRT、__STRBT、__STRHT 以及__STRT 等内在函数
V3.40	修改 C++包含保护设置
V3.30	增加 COSMIC 工具链支持
	修改 Cortex-M4 的 GCC __SMLALDX 指令内在函数
	修改 Cortex-M4 的 GCC __ SMLALD 指令内在函数
	修改 GCC/Clang 警告
V3.20	增加__BKPT 内在指令
	增加 Cortex-M4 的__SMMLA 内在指令
	修改 ITM_SendChar（ARMv7-M 架构）
	修改__enable_irq、__disable_irq 以及 GCC 编译器的内联汇编
	修改 Cortex-M0/M0+、SC000 的 NVIC_GetPriority 和 VTOR_TBLOFF
	修改内联汇编函数、去除可能的编译器警告
V3.01	增加对 Cortex-M0+处理器的支持
V3.00	增加对 GNU GCC ARM Embedded Compiler 的支持
	增加函数__ROR
	增加 TPIU、DWT（用于 ARMv7-M 架构）的寄存器映射
	增加对处理器 SC000 和 SC300 的支持
	修改 ITM_SendChar 函数（用于 ARMv7-M 架构）
	修改 GNU GCC 的函数_STREXB、__STREXH、__STREXW
	修改文档结构
V2.10	更新文档
	更新 CMSIS-core 包含文件
	修改 CMSIS/设备文件夹结构
	增加对 Cortex-M0、Cortex-M4 w/o FPU 对 CMSIS DSP library 的支持
	修改 CMSIS DSP 库示例
V2.00	增加对 Cortex-M4 处理器的支持
V1.30	修改启动设计
	增加调试功能
	修改文件夹结构
	增加 Doxygen 注释
	增加位定义

版　本	描　述
V1.01	增加对 Cortex-M0 处理器的支持
V1.01	增加__LDREXB、__LDREXH、__LDREXW、__STREXB、__STREXH、__STREXW 和__CLREX 等内在函数(用于 ARMv7-M 架构)
V1.00	Cortex-M3 处理器的最初发行版

如果用的并非基于老版本 CMSIS-CORE 的相当老的设备驱动库,一般是不会遇到兼容性问题的。

如果用的是 1.x 版本的 CMSIS-CORE,版本 1.2 和 1.3 之间适用于 Cortex-M0 的区别包括

- SystemInit()函数,对于 CMSIS v1.2,SystemInit()函数在 main 代码开始处调用,而 CMSIS v1.3 则可以在复位处理中调用。
- 增加了"SystemCoreClock"变量,并代替了"SystemFrequency"变量,"SystemCoreClock"的定义更加清晰——处理器时钟速度,而"SystemFrequency"则是由于许多微控制器系统中的不同部分具有不同的时钟而显得不明确。
- 增加了内核寄存器位定义。

如果要在 CMSIS-CORE 版本 2.0(或更老)和更新版之间移植软件工程,还会注意到在版本 2.0 或更老版本中存在一个名为"core_cm0.c"的文件,而对于较新的版本,所有的处理器内核 HAL(硬件抽象层)功能由头文件(.h)处理,因此就去掉了文件"core_cm0.c"。

多数情况下,微控制器供应商的软件设备驱动库包应该已经包含了所需文件,有必要的话,可以从 ARM 网站下载一个适合版本的 CMSIS(www.arm.com/cmsis)。

第 19 章

超低功耗设计

19.1 超低功耗使用示例

19.1.1 概述

越来越多的芯片设计人员将 ARM Cortex-M0 和 Cortex-M0＋处理器用在多种超低功耗(ULP)微控制器和片上系统产品中。在 2.6.1 节中(第 2 章),已经介绍了 Cortex-M0 和 Cortex-M0＋处理器低功耗的优势,而在第 9 章中,还谈到了 Cortex-M0 和 Cortex-M0＋处理器的低功耗特性。这里将会详细介绍如何利用这些特性,以及在设计自己的低功耗应用时应该注意什么。

在开始细节内容之前,软件开发人员需要理解的一个关键问题是,低功耗特性是和具体设备相关的。在这些例子中介绍的内容,并不能让软件开发人员得到最长的电池寿命。开发人员应该参考微控制器供应商的应用笔记和例子,才能了解到可用的低功耗特性。

19.1.2 进入休眠模式

Cortex-M0 和 Cortex-M0＋处理器默认支持一个休眠模式和一个深度休眠模式,不过需要注意的是,微控制器供应商可以利用设备相关的可编程寄存器定义其他的休眠模式。在处理器内部,休眠模式和深度休眠模式的选择由系统控制寄存器(见表 9.9)中的 SLEEPDEEP 位决定。

如果用的是符合 CMSIS 的设备驱动库,系统控制寄存器可以通过"SCB-> SCR"来访问。例如,要使能深度休眠模式,可以使用下面的语句

```
SCB -> SCR | = SCB_SCR_SLEEPDEEP_Msk; /* 使能深度休眠特性 */
```

系统控制寄存器只支持字大小的传输。

微控制器的普通休眠模式和深度休眠模式的实际区别取决于芯片系统级设计,例如,普通休眠中一些时钟信号可能会被关掉,而深度休眠则可能会降低存储器块的电压且可能会关掉系统中的其他部件。

在选择了休眠模式后,可以利用 WFE(等待事件)或 WFI(等待中断)指令来进入休眠模式,为了提高可移植性,建议在执行 WFI/WFE 指令前加上一个 DSB(数据同步屏障)指令(对于其他高性能处理器,进入休眠前可能还会有未完成的存储器传输)。

多数情况下,微控制器供应商提供的设备驱动库中包含了进入低功耗模式的函数,并且已经为对应的微控制器做了一定的处理。利用这些函数可以使微控制器得到最高等级的功耗优化。

但是,如果开发的 C 代码要具有在多个 Cortex-M 微控制器间的可移植性,可以使用下面的 CMSIS 函数来直接访问 WFE 和 WFI 指令(见表 19.1)。

如果未使用符合 CMSIS 的设备驱动,可以使用 C 编译器提供的内在函数或者内联汇编来生成 WFE 和 WFI 指令。此时,软件代码和工具链相关,且可移植性不高。例如,Keil MDK-ARM 和 ARM DS-5 提供了如表 19.2 所示的内在函数(和 CMSIS 版本不同,它们是小写格式的)。

表 19.1 WFE 和 WFI 的 CMSIS 内在函数

指令	CMSIS 函数
WFE	__WFE();
WFI	__WFI();

表 19.2 WFE 和 WFI 的 Keil MDK 或 ARM DS-5 内在函数

指令	ARM DS-5 或 Keil MDK 的内在函数
WFE	__wfe();
WFI	__wfi();

从架构的角度来看,DSB 指令要在 WFE 和 WFI 前执行,这样可以确保未完成的数据存储指令(如缓冲写)在进入休眠前结束。然而,对于现有的 Cortex-M0 和 Cortex-M0＋处理器,不使用 DSB 指令也不会引起什么问题。

由于 WFE 可由各种事件唤醒,其中包括过去发生的事件,且一般用于空循环。例如,

```
while (processing_required() == 0) {
__DSB();    //推荐使用存储器屏障以提高可移植性
__WFE();
}
```

汇编编程环境用户可以直接在汇编代码中使用 WFE 和 WFI 指令。

19.1.3 WFE 与 WFI

Cortex-M 处理器休眠模式经常被问到的一个问题是,何时使用 WFI 以及何时使用 WFE。一般来说,对于中断驱动的应用,使用的是 WFI 指令。

简单的中断驱动应用

```
int main(void)
{
peripheral_setup();
while (1) {
__DSB();    //推荐使用存储器屏障以提高可移植性
__WFI();
}
}
void Timer0_Handler(void)
{
//处理
...
}
```

不过，如果中断处理和主程序间还有交互，则应该使用 WFE 指令。

中断处理和主程序间有交互的简单应用

```
volatile int timer_irq_occurred = 0;
int main(void)
{
peripheral_setup();
while (1) {
while (timer_irq_occurred == 0) {
__DSB();    //推荐使用存储器屏障以提高可移植性
__WFE();
}
printf ("[Timer IRQ]\n");
...
timer_irq_occurred = 0;
}
}
void Timer0_Handler(void)
{
//处理
...
timer_irq_occurred = 1;
}
```

之所以使用 WFE，是为了避免在"timer_irq_occurred"比较和休眠操作间产生中断的边界情况，此时尽管产生了定时器中断且主程序应该继续执行，处理器也会进入休眠。通过 WFE，IRQ 会设置处理器的事件寄存器，因此 WFE 不会进入休眠，而"printf"也得以继续执行。

19.1.4 利用退出时休眠特性

退出时休眠特性非常适合中断驱动的应用，使能后处理器会在完成异常处理并返回线程模式时进入休眠,如果异常处理返回到另外一个异常处理(嵌套中断),则处理器不会进入休眠。利用退出时休眠,微控制器可以尽可能地待在休眠模式(见图 19.1)。

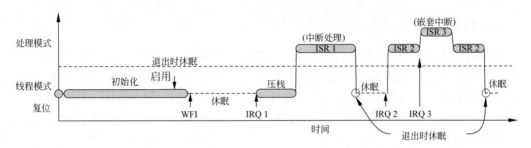

图 19.1　退出时休眠操作

如果处理器利用退出时休眠进入休眠,就如同异常退出后立即执行 WFI。但是,由于寄存器必须要在下一次异常入口被压入栈中,出栈过程并不会执行。退出时休眠特性由于以下两点降低了功耗:

(1) 避免了中断驱动应用线程中不必要的程序执行;

(2) 减少了不必要的压栈和出栈操作。

如果处理器被暂停调试请求唤醒,则出栈过程会自动执行。

如果使用了退出时休眠特性,则 WFE 或 WFI 指令一般会位于空循环中。

```
SCB－>SCR | = SCB_SCR_SLEEPONEXIT_Msk;    //使能退出时休眠特性
while (1) {
__DSB();                              //推荐使用存储器屏障以提高可移植性
__WFI();                              //执行 WFI 并进入休眠
};
```

循环是有必要的,因为如果处理器被暂停调试请求唤醒,则处理器在调试后解除暂停时会执行 WFI 后的指令(跳转回 WFI 循环)。

如果未使用符合 CMSIS 的设备驱动,可以利用下面的 C 代码使能退出时休眠特性。

```
＃define SCB_SCR ( * ((volatile unsigned long * )(0xE000ED10)))
/ * 设置系统控制寄存器中的 SLEEPONEXIT 位 * /
SCB_SCR = SCB_SCR | 0x2;
```

汇编语言用户利用下面的汇编代码使能该特性。

```
LDR r0, = 0xE000ED10 ; 系统控制寄存器地址
LDR r1, [r0]
MOVS r2, ＃0x2
ORR r1, r2 ; Set SLEEPONEXIT bit
STR r1, [r0]
```

对于中断驱动的应用,不要在初始化期间过早地使能退出时休眠特性。否则,如果处理

器在初始化过程中收到中断请求,就会在中断处理执行后自动进入休眠,此时可能还未执行完初始化过程。

19.1.5 利用挂起发送事件特性

如果处理器经由 WFE 指令的执行进入了休眠,则挂起发送事件特性可以使得任何中断都能唤醒处理器。如果系统控制寄存器中的 SEVONPEND 置位,中断从非活跃切换到活跃状态时会产生一次事件,且会将处理器从 WFE 休眠中唤醒。

如果中断的挂起状态在进入休眠前已经置位,则该中断在 WFE 休眠期间产生的新请求不会唤醒处理器。

如果使用符合 CMSIS 的设备驱动库,可以通过设置系统控制寄存器的第 4 位来使能挂起发送事件特性,例如,可以使用

```
SCB - > SCR | = SCB_SCR_SEVONPEND_Msk; / * 使能挂起发送事件 * /
```

如果使用符合 CMSIS 的设备驱动库,可以使用下面的 C 代码来执行同一操作:

```
#define SCB_SCR ( * ((volatile unsigned long * )(0xE000ED10)))
/ * 设置系统控制寄存器中的 SEVONPEND 位 * /
SCB_SCR | = 1 << 4;
```

汇编语言用户可以利用下面的汇编代码来使能该特性:

```
LDR r0, = 0xE000ED10 ; 系统控制寄存器地址
LDR r1, [r0]
MOVS r2, #0x10 ; 设置 SEVONPEND 位
ORR r1, r2
STR r1, [r0]
```

要利用挂起发送事件特性,程序必须要执行 WFE 指令而不是使用 WFI 或退出时休眠来进入休眠模式。

19.1.6 利用唤醒中断控制器

通过唤醒中断控制器(WIC),Cortex-M0/Cortex-M0＋处理器可以在所有时钟信号停止的情况下进入休眠模式,甚至是在处理器逻辑状态保持的情况下掉电,处理器可以很快唤醒并继续执行。这方面的细节已经在 9.5.6 节进行了介绍。

由于中断屏蔽信息通过硬件接口在 NVIC 和 WIC 间自动传递,中断管理无须特别增加编程工作。不过,有些 ULP 状态的使能可能会涉及设备相关的编程工作,例如,

- 需要设置设备相关的系统级电源管理单元以使能 WIC 特性以及其他休眠模式选项。
- 根据所使用的不同设备,可能需要打开深度休眠模式以利用 WIC 特性(注:对于 Cortex-M3 r2p0、r2p1 以及 Cortex-M4 r0p1,必须要使能深度休眠模式以使用 WIC

特性,而对于 Cortex-M0 和 Cortex-M0＋处理器,休眠和深度休眠模式都能使用 WIC 特性)。

除了以上这些,WIC 特性的存在对软件通常是不可见的。

由于所有连接到处理器的时钟信号在 WIC 使能的休眠中都可能会被停止,SysTick 定时器(位于处理器内部)也可能会停止。因此,如果应用需要嵌入式 OS 且 OS 需要连续运行,可能要用一个独立的外设定时器来周期唤醒处理器。另外,在开发具有周期定时器中断的简单应用时,如果需要 WIC 模式的深度休眠,即使未使用嵌入式 OS,也有必要用外设定时器来产生周期定时而不是 SysTick 定时器。

并非所有基于 Cortex-M 处理器的微控制器都支持 WIC 特性,WIC 带来的功耗降低取决于应用和半导体工艺。目前而言,只有少数几种硅片工艺(单元库)才支持状态保持功率门(见 9.5.6 节),因此有些芯片设计可能会具有 WIC,但不支持状态保持功率掉电状态。

19.1.7 利用事件通信接口

WFE 休眠操作的一个唤醒源为外部事件信号(这里的"外部"表示处理器外,唤醒源则可以是片上或片外),事件信号可以由片上外设产生,也可由同一芯片上的另一个处理器产生。事件通信和 WFE 可用在一起以降低轮询循环的功耗。

Cortex-M 处理器中存在两个用于事件通信的信号:
- TXEV:发送事件,在 SEV 指令执行时会产生一个脉冲。
- REXV:接收事件,在收到这个信号的一个脉冲时,处理器内的事件锁存置位,且会将处理器从 WFE 休眠模式中唤醒。

首先,来看一下单处理器系统中事件连接的简单应用,事件可由多个外设产生,本例涉及的是 DMA 控制器(见图 19.2)。

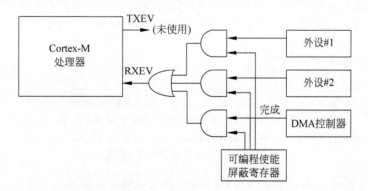

图 19.2 事件接口的使用 1——DMA 控制器

在微控制器系统中,DMA 控制器可以加快存储器块复制过程,如果使用了轮询循环来确定 DMA 状态,则会消耗多余的能量以及存储器带宽,并且会导致 DMA 操作变慢。为了节能,可以用 WFE 将处理器置于休眠状态。DMA 操作完成后,可以利用"Done"状态信号

（DMA 完成）来唤醒处理器并继续程序执行。

在应用代码中,若非用简单的轮询循环持续监控 DMA 控制器的状态,轮询循环可以如下使用 WFE 指令:

```
Enable_DMA_event_mask();     //写入可编程使能屏蔽寄存器以使能 DMA 事件
Start_DMA();                 //启动 DMA 操作
do {
__DSB();                     //推荐使用存储器屏障以提高可移植性
__WFE();                     //WFE 休眠操作, 收到事件后唤醒
} while (check_DMA_completed() == 0);
Disable_DMA_event_mask();    //写入可编程使能屏蔽寄存器以禁止 DMA 事件
```

由于处理器可被其他事件唤醒,轮询仍须检查 DMA 控制器的状态。

对于使用嵌入式 OS 的应用,应该使用 OS 自己的延时函数而不是 WFE,使处理器切换到另一个等待执行的任务。嵌入式 OS 的使用将在第 20 章介绍。

对于多处理器系统,自旋锁等处理器内部通信一般会涉及轮询共用存储器中的软件标志,和 DMA 控制器的例子类似,WFE 休眠操作可用于降低功耗。在双处理器系统中,事件接口可以按照图 19.3 所示的交叉配置。

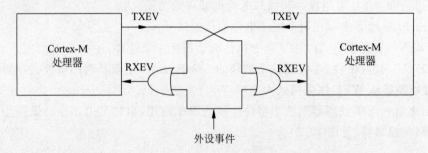

图 19.3　事件接口的使用 2——双处理器事件交叉连接

共用软件标志的轮询循环可以写作

```
do {
__DSB();                     //推荐使用存储器屏障以提高可移植性
__WFE();                     //WFE 休眠操作, 收到事件后唤醒
} while (sw_flag_x == 0);    //轮询软件标志
task_X();                    //收到任务 X 的软件标志后, 执行任务 X
```

对于另一个修改了"sw_flag_x"的进程,需要在共用变量更新后产生一个事件,此时可以执行 SEV(发送事件)指令。

```
sw_flag_x = 1;               //设置共用存储器中的软件变量
__DSB();                     //数据同步屏障, 确保写完成, Cortex-M0/M0+ 非必须的, 不过可以
                               提高软件可移植性
__SEV();                     //执行 SEV 指令
```

利用这种设计,运行在轮询循环中的处理器可以在收到事件前待在休眠模式。由于 SEV 的执行会设置内部事件锁存,即使轮询进程和设置软件变量的进程运行在同一处理器的不同时间,这种方法也可以使用,就和单处理器多任务系统一样。

对于使用嵌入式 OS 的应用,应该使用 OS 自己的事件传递机制,而不是直接使用 WFE 和 SEV。

19.2 低功耗设计要求

市面上有很多低功耗微控制器,一般来说,许多微控制器供应商根据以下条件将自己的微控制器划分为低功耗或者 ULP:

- 程序执行期间的动态电流;
- 休眠期间的待机电流。

如今,在为低功耗应用选择微控制器时,设计人员应该考虑

- 能耗效率,一定的能量可以完成多少处理任务;
- 代码密度,应用需要的程序存储器,ROM(或 Flash)大小需求会对系统级功耗产生很大的影响;
- 等待时间,从休眠模式唤醒处理器需要多少时间? 处理器完成中断处理任务需要多少时间? 对于一些具有实时性需求的应用,处理器可能必须运行在较高的时钟频率,以便快速响应中断请求。

对于许多应用,能耗效率对电池寿命而言至关重要,如果微控制器具有较低动态电流但需要数倍的时钟周期才能完成一个任务,则整体会消耗更多的能量。Cortex-M 处理器可以提供极佳的能耗效率和很高的代码密度,所以非常受低功耗设计的欢迎。

除了较长的电池寿命,在低功耗设计中添加高能耗效率处理器后也会有其他许多优势,例如,

- 需要较小的电池,这样可以得到更小、更便携的产品;
- 低功耗需求可能会简化供电、冷却系统的设计;
- 产品的 PCB 设计更容易(电源线更薄),而且线也更细;
- 降低微控制器产生的电磁干扰,对无线通信产品尤其重要,因其会影响无线通信的质量;
- 能量收集。

这些因素都会对产品成本和开发时间产生直接影响。

19.3 能量去哪里了

要得到更好的低功耗设计,首先要理解芯片中消耗能量的是哪部分。如图 19.4 所示,首先来看一张 Cortex-M3 微控制器的照片(注:图 19.4 所示为 ARM Cortex-M3 MCU(微控制

器)STM32F100C4T6B,具有 16KB Flash、4KB SRAM、24MHz CPU、马达控制以及 CEC 功能)。

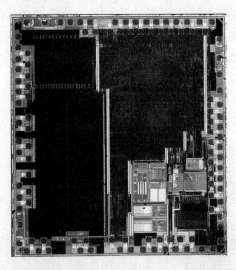

图 19.4　STM32F100C4T6B ARM Cortex-M3 微控制器芯片设计

尽管无法从照片中看清处理器的位置(可能和右上角的数字逻辑混在一起,其中可能还包含数字外设、DMA 控制器以及总线互联部件),可以清楚地看到存储器块占了很大一块空间(左边),右下方为一些精心布局的部件,有些可能还是模拟部件(该芯片具有 1 个 12 位 ADC 以及 2 个 12 位 DAC)。

在每个 I/O 块的旁边,都有一些用于提高驱动电流的晶体管以及保护和电压比较的部件。

在芯片中的某个位置,还存在着其他时钟相关的部件,例如 3 个内部振荡器以及 1 个外部锁相环(PLL)。

整体而言,芯片的功耗和这部分区域以及这部分的信号翻转活动紧密相关(见表 19.3)。

表 19.3　微控制器中常见的耗能部件

部　　件	描　　述
存储器	一般来说,存储器是微控制器内消耗能量最多的部分,特别是大容量存储器,系统功耗和应用代码也有关系,如果应用代码频繁访问存储器,则存储器系统的功耗就会增加
处理器	由于 Cortex-M0 和 Cortex-M0＋处理器相当小,处理器的实际功耗也相对较小
外设	ADC 和 DAC 等外设在使能时也可以消耗一定的能量,不过对于多数微控制器,这些外设在未使用时可以不供电
振荡器	有些外部晶振在使能时也会消耗一定的能量,许多现代微控制器中都有内部 RC 振荡器,其功耗低,但精度不高
I/O 引脚	I/O 引脚在使能时,尤其是作为输出引脚使用时,由于晶体管的大小以及可能的上拉下拉,也会消耗一定的能量。许多微控制器的 I/O 引脚都可以通过软件使能/禁止
时钟网络	在芯片照片中是看不到的,同样包含许多晶体管,将时钟信号送到芯片的不同部分,在时钟运行时这些晶体管也会消耗一定的能量

现在可以找到的许多 Cortex-M 微控制器都有不少延长电池寿命的系统特性,例如,

* 各种可用的运行模式和休眠模式;
* 超低功耗实时时钟(RTC)、看门狗和掉电检测器(BOD);
* 处理器在休眠模式下仍能运行智能外设;
* 灵活的时钟信号控制特性,使得设计中不活跃部分的时钟可被关掉。

本书无法介绍每个微控制器低功耗特性的所有细节,在这里只会涉及一些常见的概念。由于不同微控制器的低功耗特性有所差异,想要充分利用微控制器的低功耗特性,需要仔细查看微控制器供应商提供的参考资料或示例,示例代码大多可以从生产商官网下载。

19.4　开发低功耗应用

19.4.1　低功耗设计概述

一般来说,在降低功耗方面有很多需要考虑的方面。

1. 降低动态功耗

* 选择合适的微控制器,工程的基本系统和存储器大小需求确定以后,选择微控制器的存储器和外设足够就好,不要大太多。
* 处理器运行在合适的时钟频率,多数应用并不需要很高的时钟频率,如果处理器的时钟较高,则可能会由于 Flash 存储器访问需要较长时间,而需要等待状态,因此也降低了能耗效率。
* 选择正确的时钟源,许多低功耗微控制器提供了包括内部时钟在内的多个时钟源。根据应用的不同需求,有些时钟源的效果可能会比其他的更好,至于哪个最合适则是没有固定方法可循的,每个应用和微控制器的情况都是不同的。
* 如果外设没有使用就不要使能,有些微控制器的每个外设的时钟信号都能被关闭,有时甚至可以关掉某些外设的电源以降低功耗。
* 其他时钟系统特性,有些微控制器为系统的不同部分提供了各种分频器,可以利用这些分频器降低功耗,例如在处理需求不高时降低处理器速度。
* 良好的供电设计,好的供电设计可以为应用提供最佳的电压。

2. 降低活跃周期

* 在处理器空闲时,可以利用休眠模式降低功耗,即使只休眠一小段时间。
* 应用代码可以进行速度优化以降低活跃周期,有时可能会增加代码体积(例如将 C 编译选项设置为速度优化),但只要 Flash 存储器中还有空间,就值得去做这个优化。
* 中断驱动的应用中可以利用退出时休眠等特性降低活跃周期。

3. 休眠期间降低功耗

* 选择正确的低功耗特性,一个低功耗微控制器可能会支持多种低功耗休眠模式,使

用正确的休眠模式可能会明显降低功耗。

- 休眠期间关掉不需要的外设和时钟信号，这样可以降低功耗，但是在退出休眠模式时，系统恢复所需的时间可能也会随之增加。
- 有些微控制器在休眠期间甚至可以关掉微控制器内某些部分的供电，例如 Flash 存储器和晶振等，不过随后唤醒系统通常需要较长的时间。

多数微控制器供应商会提供自己微控制器低功耗特性的代码库和实例，这些例子可以降低应用开发的难度。

开发低功耗应用的第一步为熟悉自己使用的微控制器设备，在编写休眠模式相关代码时需要考虑的几个方面包括

- 确定要使用的休眠模式；
- 确定要保持打开的时钟信号；
- 确定晶体振荡器等一些时钟回路能否关闭；
- 确定是否需要切换时钟源。

19.4.2 降低功耗的各种方法

低功耗应用的设计方法有很多种。

1. 尽快执行程序，尽量待在休眠模式

这是一个经常使用的方法，休眠模式在现代微控制器中应用广泛，且可以提供良好的性能。即使中断请求比平时要多，系统也可以满足处理需求。一个问题在于峰值电流可能会比较大，而且可能还需要在每次微控制器唤醒时使能并切换为快速时钟，这样也会花费一定的时间。

2. 尽可能地降低时钟频率

许多微控制器都可以运行在很低的时钟频率，例如将 32kHz 振荡器作为处理器时钟，这样可以大幅降低动态电流，非常适合只需处理周期任务且对其他请求的响应速度要求不高的应用。

3. 掉电并重启

根据具体的应用需求，有些设计会给微控制器断电且配置为被某个硬件事件唤醒，这样可以将待机功耗降到最低，但重启处理器也需要较长的时间，并且重启的过程可能也会消耗一定的能量。

有些微控制器供应商会加入状态保持 SRAM 和固件以缩短重启过程，可以在掉电前利用固件 API 将处理器寄存器和状态保存到保持 SRAM 中，在处理器从断点处继续执行时，Bootloader 会自动将信息恢复。不过，这样可能也会有一些限制，例如异常状态（也就是 IPSR）等处理器状态可能无法恢复，因此这种掉电特性只能用于线程模式。

4. 其他可能性

有些微控制器设计人员还考虑了其他方法，例如动态电压频率调整（DVFS）（多是学术研究），但是 DVFS 对于一些应用而言并不适合，这是因为有些微控制器的片上 PLL 在切换

期间并不稳定,而且 PLL 切换时间可能过长,导致无法实时处理中断请求。另外,如果外设时钟是从处理器时钟得到而且要求速度恒定,这种方式就不合适了。

19.4.3 选择正确的方法

低功耗方案的实际选择取决于具体的设备和应用需求,例如,如果应用需要处理的工作量不定,则处理器最好在高速下运行,这样才能满足突发的高处理需求,且能在休眠模式待尽量长的时间。不过,运行时钟频率过高也存在如下不利之处:

- 振荡器的能耗过多,且 PLL 中可能会有浪费(若使用了 PLL);
- 连到一些外设的时钟信号可能会一直有效,考虑利用时钟分频器降低某些外设的时钟频率。

还可以考虑让时钟运行在中等范围,只在执行特定处理任务时(需要较长的执行时间)才提高时钟速度。

对于一些应用,在处理工作不重时,可以利用一个较高频率的晶体并使用时钟分频器将处理器时钟降到较低频率,而不是用 PLL 得到一个较高频率。如果处理需求增加,则重新设置分频器以提高处理器的时钟频率。这样可以避免 PLL 的使用(尤其是 PLL 特别消耗能量时),并减少了时钟速度切换时间(重新设置分频器通常要比 PLL 频率切换快得多)。

对于处理器在周期唤醒后只需做些处理工作且响应速度要求不高的应用,使用低频率时钟是降低功耗的好方法。这对于能源收集系统尤其有用,因其可以将峰值电流降到最低。不过,有时使用尽量低的时钟未必能够节能。

- 在低频范围内,由于漏电流或连接到微控制器的外部器件的存在,功耗可能不会随着时钟频率线性变化。如果系统的漏电流很大,则系统运行时间越长,功耗也就越大,特别是具有较高漏电流存储器的微控制器或者处理期间需要关掉的模拟器件。如果休眠期间漏电流降低较多,则快速运行系统并处于休眠模式较长时间可能会节省更多的功耗。
- 频率范围、振荡器的低功耗特点以及时钟回路设计也有一些限制,如果振荡器和 PLL 功耗较大,则在某个频率范围,这些部件的功耗是降不下来的,进一步降低频率也不会有什么帮助。
- 不要使用频率低于微控制器数据手册规定的频率范围的晶振,晶振可能无法正常启动,并且消耗更多能量,还会导致系统不稳定。晶振电容也要根据数据手册选择。

如果应用可以休眠较长时间且唤醒等待影响不大,则在系统休眠时掉电是最好的方法。此时应该考虑启动流程的功耗,例如,低速晶振(如 32kHz)的启动时间可能会比高速晶振长得多,因此会带来较大的启动能耗。

19.5　调试考虑

19.5.1　调试和低功耗

根据实际使用的微控制器设备,休眠模式有时会禁止所有的时钟信号或者禁止调试连接的信号通路。此时,如果在调试主机上运行调试会话且使用了这种休眠模式,调试器不再和芯片通信时,调试会话就会结束。

对于其他一些情况,在连接调试器时,某些低功耗特性会被禁止,以便调试会话在休眠期间也能继续。不过,系统在休眠期间的功率可能会和真实情况有出入(实际会更高)。

19.5.2　调试和 Flash 编程的"安全模式"

如果使用的微控制器设备会在休眠期间终止调试连接,且正开发的应用在系统启动后快速进入休眠模式,则微控制器设备会在下载程序映像后被锁定,无法进行调试连接。这是因为调试器在休眠模式出现前没有足够的时间连接设备(除非可以让处理器时钟运行得相当缓慢),这样也无法更新 Flash 中的程序映像,因为这个过程也需要调试连接。

对于这种情况,应该考虑在应用开始处添加一个"安全模式",这样设备不会进入休眠模式,或者至少在激活安全模式时不会立即进入休眠模式。另外,安全模式可以强制应用使用一种不会断开调试器的休眠模式。要实现这种安全模式,可以在启动时对某个输入引脚进行简单的状态检查。

一些微控制器设备中存在启动模式配置,可以用来实现 Flash 编程以代替使用安全模式。不过,应用中的"安全模式"特性仍然对调试操作的使能起到一定作用。

19.5.3　低电压引脚和调试接口

有些微控制器可以在很低的供电电压下工作,这样它们的功耗也非常低。但是,有些调试适配器却不能用在低电压环境中,因此可能需要在软件开发期间提高开发板的供电电压,或者找一个在低电压下可以工作的调试适配器。

19.6　低电压设备的检测

19.6.1　ULPBench 的背景

目前,多数微控制器供应商在描述自己产品的低功耗特性时,都会提到动态电流和待机电流,但是在 19.2 节已经强调过,这些参数对于设计人员而言是不够的,因为动态电流的测量无标准可依,微控制器供应商提供的动态电流也是有争议的。

- 数据可能是通过运行"while(1)"得到的,指令有可能是从预取缓冲中取出,因此也不会牵扯到 Flash 或 SRAM 中的存储器访问。

- 数据可能通过运行 SRAM 中的代码得到,Flash 存储器是关闭的。
- 数据可能是运行 Flash 存储器等待状态使能的程序得到的,这样信号翻转就少了,因此也就降低了功耗。
- 测试时的供电电压可能只适合实验室应用,实际应用却不行。

因此,需要设计一种描述低功耗微控制器设备中能耗效率的标准方法。

尽管可以利用 EEMBC CoreMark 等现有测试平台代码作为功率测量参考,CoreMark 数据处理的复杂度对需要 ULP 应用的影响太大了,从另一个角度来说,Dhrystone 又太小了,无法满足处理需求,因此也不合适。

休眠模式电流也有描述的必要,如果程序执行时间太长,动态功耗在测试结果中的比重太大。

因此,EEMBC ULPBench 工作组于 2012 年成立,其目标是设计出适用于低功耗和 ULP 微控制器设备能耗效率测量的平台组件,并使用精心设计且统一的方法。

ULPBench 工程被分成了几个阶段,第一个阶段关注微控制器中处理器的能耗效率,其名称为 ULPBenchCore Profile(或 ULPBench-CP),目前也在讨论其他方案。

19.6.2 ULPBench-CP 概述

ULPBench-CP 的目标为测量 ULP 微控制器设备的能耗效率,其中包括 8 位/16 位和 32 位设备。和传统的测试平台不同,ULPBench 需要一块硬件来测量设备实际消耗的能量,因此 ULPBench-CP 定义了

- 可用于 8 位、16 位和 32 位架构的工作负荷(C 语言);
- 名为 EnergyMonitor 的参考能量测量硬件;
- 基于 Windows 的 GUI,访问测量硬件、控制测试过程,以及显示和计算结果。

为了反映实际应用的工作负荷类型,每秒执行一次处理然后在其余时间进入休眠模式(见图 19.5)。

整个测量过程共分为 10 次处理,为了确保数据准确,共有 12 次处理,控制测试的软件检测到中间 10 次,并用它们计算测试结果。

工作负荷包括以下数据处理功能:

- 8 位、16 位和 32 位类型的数据处理;
- 控制功能(7 段 LCD);
- 排序;
- 字符串函数;
- 任务调度。

工作负荷中加入了一个简单的任务调度器,但由于面向 ULP 应用的 8 位微控制器不支持上下文切换,因此也就不会产生实际的上下文切换。

对于现有的 Cortex-M0、Cortex-M0＋、Cortex-M3 和 Cortex-M4 处理器,工作负荷的执行时间需要 10K～14K 时钟周期,因此如果精度足够(±50ppm),也可以利用片上 32kHz

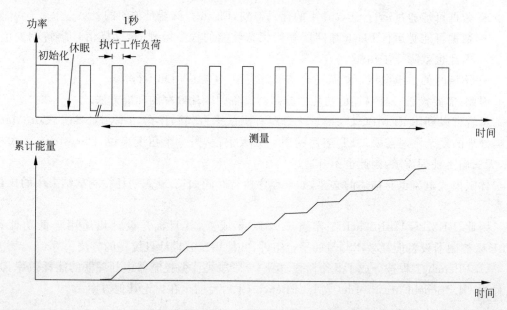

图 19.5　ULPBench-CP 执行时的处理器的动作

晶振来执行工作负荷。

为方便测量设置，EEMBC 提供了一个名为
EnergyMonitor(能量监控器)的参考硬件工具，该工具
可以从 EEMBC 官网买到，运行在计算机的软件采集
EnergyMonitor 上的数据并计算结果。EnergyMonitor
硬件如图 19.6 所示。

图 19.6　EEMBC 能量监控器

EnergyMonitor 从 USB 接头获取电源，且利用跳
线给 DUT(待测设备)供电(见图 19.7)。

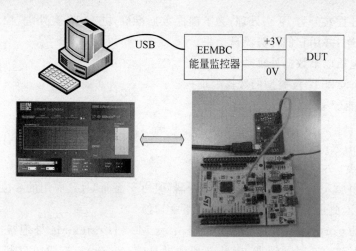

图 19.7　ULPBench-CP 测试设置

要将 ULPBench-CP 运行在微控制器上还需要进行一些软件移植工作,ARM 已经给 Cortex-M 处理器制作了一个模板,不过软件开发人员需要添加设备相关的低功耗特性支持代码,并且可能需要移植定时器代码才能用设备相关的低功耗定时器代替通用 SysTick 定时器,以得到最优结果。另外,ULPBench-CP 中还定义了一些 I/O 控制函数,表示系统确实在正确运行 ULPBench-CP(可以利用示波器观察信号翻转),这些函数也需要移植。

在完成软件移植工作后,接下来就可以在 ULPBench EnergyMonitor 软件中测试 ULPBench-CP 了。测试过程需要在得到结果前重复几次,接下来可以选择将结果上传到 EEMBC 官网显示。图 19.8 为 STM32L476 的 ULPBench-CP 测试结果,STM32L476 的处理器是具有 FPU 的 Cortex-M4,且具有 1MB 的片上 Flash 和 12KB 的 SRAM,它的官方得分为 123.5 ULPMark-CP。其他 ULPBench-CP 得分可以在 EEMBC 官网查到。

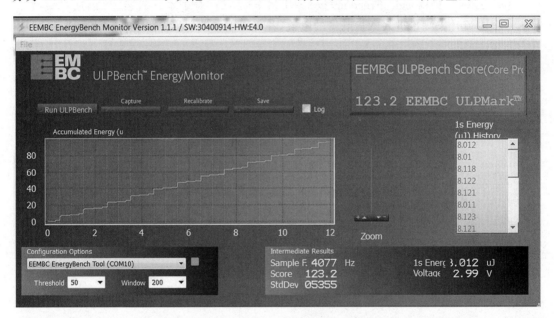

图 19.8　ULPBench 能量监控界面

和传统的功率测量工具不同,EnergyMonitor 主要测量给待测设备供电的电容充电时间,和 ADC 采样不同,这种方法的准确度较高,因其可以避免由采样点间的电流脉冲引起的错误。

为了保证测试的公平以及可比较性,需要对测量进行以下设置:

• 供电电压为 3V;
• 唤醒定时器必须要精确(±50ppm 以内);
• 程序必须要从微控制器 Flash 存储器开始运行(或 NVM)。

测试结果以 ULPMark-CP＝1000/(5 乘以 10 个 ULPBench 周期内每秒的平均能耗的中值)表示,能量的单位为微焦。

19.7 Freescale KL25Z 低功耗特性使用示例

19.7.1 目标

本例的目的是产生频率为 1Hz 的中断，并通过 UART 接口输出消息，而且为了尽可能地降低整体电流将处理器置于低功耗模式。

在本例中，假定唤醒事件的时序非常精确，因此将外部晶振作为时钟源。

19.7.2 测试设置

本测试基于 Freescale Freedom 板（FRDM-KL25Z），对于本开发板，可以通过跳线 J4 接入一个电流计来测量进入微控制器的电流，并做一些修改（见图 19.9）。

图 19.9　FRDM-KL25Z 板的跳线 J4

- 如果使用 REV-D 版本的 FRDM-KL25Z，跳线 J4 下有一个焊盘需要去掉。
- 如果使用 REV-E 版本的 FRDM-KL25Z，则有两个电阻和 J4 并联在一起了，它们都在 J4 旁边：1 个 0Ω（R73），一个 10Ω（R81）。如果要用电流计测量电流，则应该将它们焊掉，另外还可以只去掉 0Ω 的电阻，并利用电压计测量电流。

在修改完后，可以在 J4 上放置一个跳线帽，将板子恢复正常工作。若要了解 Freedom 板 REV D 和 REV E 间的差异，可以参考 Erich Styger 写的一篇很好的博客 http://mcuoneclipse.com/2013/06/09/frdm-kl25z-reve-board-arrived/。

19.7.3 KL25Z 的低功耗模式

如图 19.10 所示，KL25Z128VL 微控制器设备支持多个功耗模式。

在本例中，使用 VLPS（超低功耗停止）模式，另外也可以使用 LLS（低漏电停止），但在休眠前 UART 会停止工作。如果处理器在 UART 发送结束前进入休眠,则输出 UART 数据可能会被破坏。

操作模式的选择由一个名为系统控制控制器(SMC)的单元控制。

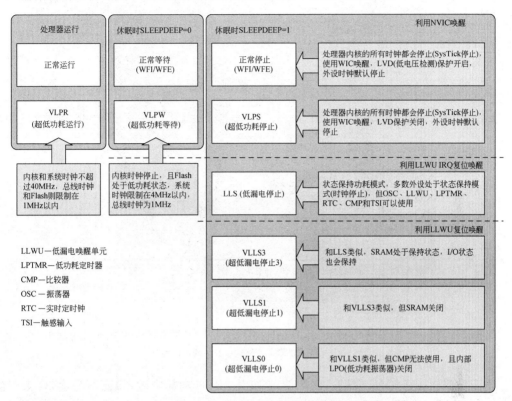

图 19.10 KL25Z 微控制器的功耗模式

19.7.4 时钟设计

如图 19.11 所示,时钟的产生涉及多个部件,其中包括

- 系统振荡器,可被配置为高速晶振或低功耗 32kHz,对于 Freescale Freedom 板,系统振荡器连接了一个外部 8MHz 晶振。
- 多用途时钟生成器(MCG),其中包括内部 RC 振荡器(4MHz 和 32kHz),锁频环(FLL)和锁相环(PLL),FLL 和 PLL 可以使用系统振荡器产生的时钟。
- 系统集成模块(SIM),该单元提供了各种时钟多路复用/路由/分频选项,以及控制到外设的时钟。
- 电源管理控制器(PMC),其中包括内部电压调节、上电复位(POR)以及低电压检测系统(本例中未使用)。
- 实时时钟(RTC),产生定时中断以及 1Hz 时钟(本例未使用)。

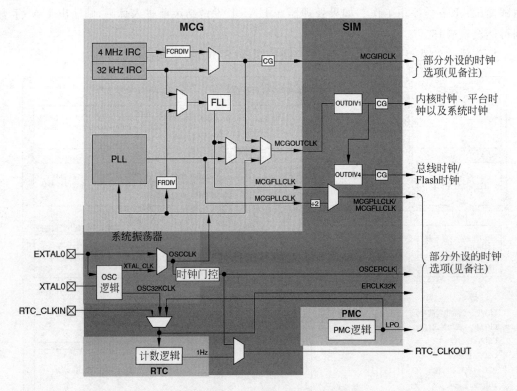

图 19.11　Freescale KL25 Subfamily Reference Manual(KL25P80M48SF0RM,rev3)中的时钟图
注：参见接下来的章节了解这些时钟的使用细节

由于外部连接了 8MHz 晶振,因此使用 LPRMR(低功耗定时器)而不是 RTC 来产生 1Hz 的中断。RTC 在使用 32kHz 晶振时效果最好。

为了稍微提高一些挑战性,软件开发人员还需要理解 MCG 的操作状态(见图 19.12)。

在本例中,系统启动时处于 FEI 状态,在切换为 FBE 状态后再切换为 BLPE 状态,操作状态的切换是启动后在"SystemInit()"中完成的。

19.7.5　测试设置

整体设置可以总结为

- MCG 运行在 BLPE(旁路低功耗外部)状态,使用的是 8MHz 的外部晶振,且 PLL 和 FLL 被禁止和旁路。
- 作为实验的第一步,微控制器使用正常运行和正常停止,系统运行的时钟频率为 8MHz。
- 接下来使用超低功耗运行(VLPR)和超低功耗停止(VLPS)来进一步降低功耗。
- 选择的唤醒源为低功耗定时器(LPTMR)模块。
- 使用了 UART0,且波特率为 38400bps。

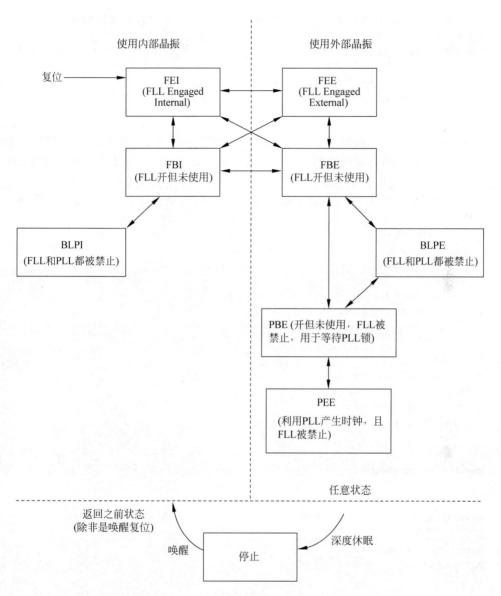

图 19.12　多用途时钟发生器的运行状态

MCG 的设置非常简单,默认已经包含了控制代码。

对于"system_MKL25Z4.c",只需选择该文件中的定义选项。

```
#define DISABLE_WDOG 1
#define CLOCK_SETUP 2
/* 预定义时钟设置
0 … 多用途时钟生成器 (MCG) 处于 FEI (FLL Engaged Internal) 模式,MCG 模块的参考时钟为内部低
速时钟源 32.768kHz
内核时钟 = 41.94MHz, 总线时钟 = 13.98MHz
```

```
1 … 多用途时钟生成器(MCG)处于 PEE (PLL Engaged External) 模式,MCG 模块的参考时钟为外部晶
振 8MHz
内核时钟 = 48MHz, 总线时钟 = 24MHz
2 … 多用途时钟生成器(MCG)处于 BLPE (Bypassed Low Power External)模式
内核时钟/总线时钟直接从外部 8MHz 晶振得到,且没有倍频
内核时钟 = 8MHz, 总线时钟 = 8MHz
*/
```

可以使系统运行的代码如下所示,请注意在测试程序的开头,调用了一个 UART 输入函数,这样只有从 UART 接口收到一个字符后才能开始测试,且可以避免板子被低功耗模式完全锁住,程序 Flash 也可以重新编程(见 19.5.2 节"安全模式操作")。

设置 LPTMR 按照 1Hz 的频率唤醒系统的示例代码,使用正常运行和正常停止模式

```c
#include <MKL25Z4.H>
#include "stdio.h"


void LPTimer_Config(void);
void Low_Power_Config(void);


//UART 函数
extern void UART_config(void);
extern char UART_putc(char ch);
extern char UART_getc(void);
extern void UART_echo(void);


volatile int irq_count = 0;


int main(void)
{
SystemCoreClockUpdate();
UART_config();


printf("Low Power Sleep test\n");
printf("Press ANY key to start … \n");
UART_getc();
printf("Continue… \n");


//低功耗优化
Low_Power_Config();
LPTimer_Config();
```

```
//使能退出时休眠
SCB - > SCR | = SCB_SCR_SLEEPONEXIT_Msk;
while(1){
__DSB();                          //推荐使用存储器屏障以提高可移植性
__WFI();
};
}
// ------------------------------------------
//配置低功耗定时器
// ------------------------------------------
void LPTimer_Config(void)
{
SIM - > SCGC5 | = SIM_SCGC5_LPTMR_MASK;    //使能对 LPTMR 的访问
LPTMR0 - > CSR = 0;                        //禁止定时器
LPTMR0 - > PSR = LPTMR_PSR_PRESCALE(8)|    //分频设置为 512, OSCERCLK
LPTMR_PSR_PCS(3);                          //OSCERCLK
LPTMR0 - > CMR = 15625;                    //8MHz / 512 / 15625 = 1Hz
//若挂起中断存在的话则清除
NVIC_ClearPendingIRQ(LPTimer_IRQn);
//设置定时器处于自由运行模式
LPTMR0 - > CSR = LPTMR_CSR_TIE_MASK | LPTMR_CSR_TEN_MASK | LPTMR_CSR_TCF_MASK;
//使能 NVIC
NVIC_EnableIRQ(LPTimer_IRQn);
return;
}
// ------------------------------------------
//低功耗定时器中断处理
// ------------------------------------------
void LPTimer_IRQHandler(void)
{
irq_count++;
printf ("[LPTimer_IRQHandler] % d\n", irq_count);
LPTMR0 - > CSR | = LPTMR_CSR_TCF_MASK;
return;
}
// ------------------------------------------
//低功耗配置
// ------------------------------------------
void Low_Power_Config(void)
{
//使能深度休眠模式
SCB - > SCR | = SCB_SCR_SLEEPDEEP_Msk;
//使能停止模式中的 OSCERCLK
OSC0 - > CR | = OSC_CR_EREFSTEN_MASK;
//UART 和低功耗定时器才得以继续运行
return;
}
```

开始工作后，"void Low_Power_Config(void)"函数被更新，并进行了以下优化：

- 为了使用 VLPR 和 VLPS 模式，需要将系统频率从 8MHz 降低到 4Hz 或者更低，这里选择的是 1MHz。
- 为了进一步节能，休眠期间关掉了 Flash 存储器（Freescale 文献中将其称作 Flash 打盹特性）。
- 关闭内部振荡器。
- 设置系统模式控制器（SMC）模块以使能超低功耗模式。

修改后的"void Low_Power_Config(void)"函数如下所示：

```
//----------------------------------------
//低功耗配置
//----------------------------------------
void Low_Power_Config(void)
{
//使能深度休眠模式
SCB->SCR |= SCB_SCR_SLEEPDEEP_Msk;


//使能停止模式中的 OSCERCLK
OSC0->CR |= OSC_CR_EREFSTEN_MASK;
//UART 和低功耗定时器才得以继续运行


//切换系统运行在 1MHz
SIM->CLKDIV1 = SIM_CLKDIV1_OUTDIV1(7)|SIM_CLKDIV1_OUTDIV4(7);
//休眠期间关闭 Flash (Flash 打盹)
SIM->FCFG1 |= SIM_FCFG1_FLASHDOZE_MASK;


MCG->C2 |= MCG_C2_LP_MASK;              //低功耗选择
//控制是否在 BLPI 和 BLPE 模式禁止 FLL 或 PLL,
//在 FBE 或 PBE 模式将该位设置为 1,会将 MCG 置于 BLPE 模式
//在 FBI 模式将该位设置为 1,会将 MCG 置于 BLPI 模式,
//在其他任何 MCG 模式,LP 位都没有作用
//0   FLL 或 PLL 在旁路模式未禁止
//1   FLL 或 PLL 在旁路模式禁止(低功耗)


MCG->C2 &= ~MCG_C2_HGO0_MASK;
//控制晶振模式,查看振荡器(OSC)一章了解更多细节
//0   配置低功耗时的晶振
//1   配置高增益操作时的晶振
//备注：MCG->C2 的可能已经为 0
//由于使用了外部晶振,关闭内部参考时钟
MCG->C1 &= ~MCG_C1_IRCLKEN_MASK;
```

```
//使能超低功耗模式
SMC - > PMPROT | = SMC_PMPROT_AVLP_MASK;
//使能超低功耗运行(VLPR)以及超低功耗停止(VLPS)
SMC - > PMCTRL = SMC_PMCTRL_RUNM(2) |        //VLPR
SMC_PMCTRL_STOPM(2);                         //VLPS
printf ("Waiting to enter VLPR…\n");
while ((SMC - > PMSTAT & 0x7F)!= 0x04);
printf ("VLPR activated!\n");
return;
}
```

19.7.6　测量结果

在建立好测试后,需要测量几项内容(见表 19.4)。请注意测量时不要连接调试器,由于所用万用表以及设置中可能因素的限制(如板上 SDA 调试器芯片可能会受到调试操作状态的影响),这里的结果可能会不准确。

表 19.4　8MHz 时的测量结果

条件	电流
运行在 8MHz,未进入休眠	3.23mA
运行在 1MHz,未进入休眠	2.52mA
(备注:振荡器仍为 8MHz)	
休眠电流	1.27mA

1.27mA 的休眠电流看起来有些高,使用的电池为 22mAh 的纽扣电池 CR2032,只能支持 177 小时正常运行(只能超过 1 周)。不过,根据 KL25Z 数据手册,在 4MHz 外部晶振下,电流大约会增大 228μA,由于用的是 8MHz 晶振,外部晶振的实际功耗可能会非常大,另外,8MHz 时钟到外设(时钟缓冲和时钟线的电容)的通路也可能会增加不少功耗。

为了再次确认如何进一步降低系统功耗,将测试设置修改为使用内部 4MHz RC 振荡器。"SystemInit()"函数也做了修改,增加了一个新的时钟配置,使得系统启动时 MCG 单元处于 BLPI(旁路低功耗内部)模式。处理器和总线时钟被时钟分频器降为 1MHz(见表 19.5)。

表 19.5　4MHz 内部时钟时的测量结果

条件	电流
运行电流	0.11mA
休眠电流	0.04mA

为了更好地测量功耗,在供电线路中加入了一个 10Ω 电阻,可以利用示波器测量电阻两端的电压(见图 19.13),不过,由于本测试中的电流较小,结果可以从图中准确读出。

假定微控制器多数时间都在休眠（电流为 0.04mA），这样一个 CR2032 电池可以支持 5500 小时或者超过 200 天。

也可以利用其他节能措施来降低活跃周期，例如，利用中断驱动机制将字符输出到 UART 来代替基于轮询的 UART 函数，也会有所帮助。不过，经过实验，将 printf 消息修改为只输出一个字符似乎无法降低功耗。这就说明大部分能量不是由处理器或 UART 消耗的，而是芯片中的其他部件。

图 19.13　功率模式测量

处理器优化和软件优化也可以降低活跃周期，另外，如果某些总线时钟和存储器时钟被设置得太低，则可能会带来延时。要仔细考虑设计中每个部分的时钟频率需求。

如果未使用 UART 接口，可以为系统设置低得多的时钟频率。根据数据手册，振荡器的电流在 32kHz 时可以降为 $0.5\mu A$ 左右，另外，此时也可以用 RTC 代替低功耗定时器模块产生 1Hz 周期中断。

不要忘记还没有用过 KL25Z 的全部低功耗模式，还存在可以进一步降低待机/休眠电流的其他低漏电功耗模式。

19.8　LPC1114 低功耗特性使用示例

19.8.1　LPC1114FN28 概述

尽管 LPC1114 系列产品并非最低功耗的 NXP Cortex-M0/Cortex-M0＋微控制器，但其 DIP 封装让人非常感兴趣，这就意味着业余爱好者也能在家里构建低功耗电路板（如在面包板上）。其他很多微控制器开发板都可以插入面包板，但这些板子的微控制器的供电一般无法同其他部件分离开，因此也就给低功耗系统的构建增加了难度。

LPC111x 支持 4 种功率模式（见表 19.6）。

LPC1114FN28 设备中存在一个内部 12MHz RC 振荡器（简化版）、一个可编程的低功耗看门狗振荡器，另外还有一个外部晶振。LPC111x 的时钟产生单元如图 19.14 所示。

表 19.6　LPC111x 的功率模式

功率模式	描　　述
运行模式	微控制器系统处于正常操作： • 通过系统 AHB 时钟控制寄存器，微控制器中各部分的时钟都可以被打开或关闭（LPC_SYSCON-> SYSAHBCLKCTRL） • 包括处理器在内的多个部件的时钟可以分频以降低频率 • 通过掉电配置寄存器，系统中的多个部分（ADC、振荡器和 PLL 等）都可以进行掉电处理（LPC_SYSCON-> PDRUNCFG）

续表

功率模式	描　　述
休眠模式	如果系统控制寄存器（SCB-> SCR）中的 SLEEPDEEP 位清零，则处理器进入休眠模式： • 处理器的时钟停止 • 外设时钟继续工作（基于 LPC_SYSCON-> SYSAHBCLKCTRL）
深度休眠模式	如果系统控制寄存器（SCB-> SCR）中的 SLEEPDEEP 位置位，则处理器进入深度休眠模式： • 处理器的时钟停止 • 通过深度休眠配置寄存器（LPC_SYSCON-> PDSLEEPCFG），系统中的某些部分（Flash、振荡器和 PLL 等）可以做掉电处理 • 微控制器可以通过 I/O 端口的"开始逻辑"特性被唤醒 • 从深度休眠唤醒时，掉电配置寄存器（LPC_SYSCON-> PDRUNCFG）的值被唤醒配置寄存器（LPC_SYSCON-> PDAWAKECFG）更新
深度掉电模式	在该模式下，系统中的大部分的电源关闭，处理器和 RAM 中的数据也会丢失，不过电源管理单元中的 4 个通用目的寄存器的值则会保持，进行以下设置进入休眠时就会进入该模式： • 深度休眠模式使能（SCB-> SCR 中的 SLEEPDEEP 置位） • 电源管理单元中的 PCON 寄存器的 DPDEN 置位，处理器可以通过复位或 I/O 端口的"开始逻辑"被唤醒

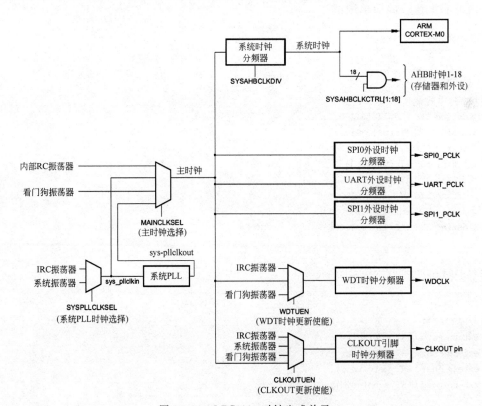

图 19.14　LPC111x 时钟生成单元

LPC111x 的电源管理由多个寄存器控制（见表 19.7）。

要了解这些寄存器的细节，可以参考 NXP LPC111x 用户手册。

表 19.7　深度休眠编程所需的系统配置寄存器

寄存器	符　号	描　　述
掉电配置寄存器	LPC_SYSCON-> PDRUNCFG	运行模式的掉电控制
深度休眠模式配置寄存器	LPC_SYSCON-> PDSLEEPCFG	当 Cortex-M0 处于深度休眠时的掉电配置
唤醒配置寄存器	LPC_SYSCON-> PDAWAKECFG	当处理器从深度休眠中被唤醒时，复制到 LPC _ SYSCON-> PDRUNCFG 中的值

19.8.2　实验 1：使用 12MHz 内部和外部晶振

在第一个测试中，做了一个小的实验，比较在 12MHz 内部和外部晶体下的功耗。

在本工程中，将 system_LPC11XX.c 中的宏 CLOCK_SETUP 设置为 0，而且如果需要在主程序中处理所有的时钟初始化，还增加了 C 宏 USE_EXT_CRYSTAL，用于选择内部和外部晶振。

内外晶振比较的简单测试

```
# include "LPC11xx.h"
# include "stdio.h"


/* 掉电控制位定义 */
# define IRC_OUT_PD (0x1 << 0)
# define IRC_PD (0x1 << 1)
# define FLASH_PD (0x1 << 2)
# define BOD_PD (0x1 << 3)
# define ADC_PD (0x1 << 4)
# define SYS_OSC_PD (0x1 << 5)
# define WDT_OSC_PD (0x1 << 6)
# define SYS_PLL_PD (0x1 << 7)



// # define USE_EXT_CRYSTAL


//UART 函数
extern void UART_config(void);
extern char UART_putc(char ch);
extern char UART_getc(void);
extern void UART_echo(void);
```

```
void Timer_Config(void);
void Clock_Config(void);
void Low_Power_Config(void);


volatile int irq_count = 0;


int main(void)
{
//初始化 UART
UART_config();
printf("Sleep test\n");
printf("Press any key to start...");
UART_getc();
printf("Continue\n");


Clock_Config();
Low_Power_Config();
Timer_Config();
//使能退出时休眠
SCB->SCR |= SCB_SCR_SLEEPONEXIT_Msk;

while(1){
__DSB();    //推荐使用存储器屏障以提高可移植性
__WFI();
};
}
//-----------------------------------------
//低功耗配置
//-----------------------------------------
void Low_Power_Config(void)
{
//在此处添加代码
return;
}
//-----------------------------------------
//时钟配置
//-----------------------------------------
void Clock_Config(void)
{
#ifdef USE_EXT_CRYSTAL
int i;
//掉电配置寄存器
LPC_SYSCON->PDRUNCFG &= ~(SYS_OSC_PD);        //上电系统 Osc
```

```
LPC_SYSCON -> SYSOSCCTRL = 0;                    //Osc 未旁路, 1～20Mhz 范围
for (i = 0; i < 200; i++) __NOP();


LPC_SYSCON -> SYSPLLCLKSEL = 0x1;                //系统振荡器
LPC_SYSCON -> SYSPLLCLKUEN = 0x01;               //更新时钟源
LPC_SYSCON -> SYSPLLCLKUEN = 0x00;               //翻转更新寄存器
LPC_SYSCON -> SYSPLLCLKUEN = 0x01;
while (!(LPC_SYSCON -> SYSPLLCLKUEN & 0x01));    //等待更新


LPC_SYSCON -> MAINCLKSEL = 0x1;                  //选择 PLL 输入
LPC_SYSCON -> MAINCLKUEN = 0x01;                 //更新 MCLK 时钟源
LPC_SYSCON -> MAINCLKUEN = 0x00;                 //翻转更新寄存器
LPC_SYSCON -> MAINCLKUEN = 0x01;
while (!(LPC_SYSCON -> MAINCLKUEN & 0x01));      //等待更新


//给内部 RC 振荡器断电
LPC_SYSCON -> PDRUNCFG |= IRC_PD|IRC_OUT_PD;


#endif
//Flash 等待状态为 0 可以到 20MHz
LPC_FLASHCTRL -> FLASHCFG = (LPC_FLASHCTRL -> FLASHCFG & 0xFFFFFFFC) | (0 & 0x3);
}
//-------------------------------------------
//定时器配置
//-------------------------------------------
void Timer_Config(void)
{


//使用 16 位定时器 0
//使能 16 位定时器的时钟(bit 7)
//使能 IO 配置块的时钟 (AHBCLOCK 控制寄存器的 bit[16])
//并使能 GPIO 的时钟 (AHBCLOCK 控制寄存器的 bit[6])
LPC_SYSCON -> SYSAHBCLKCTRL |= (1 << 7);


LPC_TMR16B0 -> TCR = 2;                          //禁止并复位定时器
LPC_TMR16B0 -> TCR = 0;                          //禁止定时器


//12MHz 设置
LPC_TMR16B0 -> PR = (10000 - 1);                 //预分频设置为 9999 (TC 每 10K 周期加 1)
LPC_TMR16B0 -> TC = 0;                           //定时器当前计数值清零
```

```
LPC_TMR16B0 -> MR1 = 1200-1;                    //匹配寄存器设置为"1200 - 1"
//由于系统频率为12MHz,预分频降为每秒匹配1200次
LPC_TMR16B0 -> MCR = (1<<4)|(1<<3);             //MR1匹配复位 & 中断


LPC_SYSCON -> SYSAHBCLKCTRL &= ~((1<<16)|(1<<6));  //移出 IOCON & GPIO 的时钟

LPC_TMR16B0 -> TCR = 1;                         //使能
NVIC_EnableIRQ(TIMER_16_0_IRQn);
return;
}
//-----------------------------------------
//中断处理
//-----------------------------------------
void TIMER16_0_IRQHandler(void)
{
LPC_TMR16B0 -> IR = (1<<1);                     //清除中断请求
irq_count++;
printf ("[Timer16B0 IRQ] % d\n", irq_count);
return;
}
```

在编译并执行程序之后,执行一些测量工作(见表19.8)。

表 19.8　低功耗设计下使用内部和外部晶振的对比

	使用内部 RC OSC	使用外部 RC OSC
运行模式	3.3mA	3.09mA
休眠电流	2.22mA	2.16mA

可以从这里看到,使用外部晶振也可以实现低功耗。当然,这个结果是和具体设备相关的,结果会受到多种因素的影响,例如所使用的晶振以及是否有和晶振相关的特殊低功耗特性。

19.8.3　实验2：使用降频 1MHz 和 100kHz

降低了运行频率后,功耗会大幅降低。对于 LPC1114,可以设置系统 AHB 时钟分频器 (LPC_SYSCON-> SYSAHBCLKDIV)。请注意如果需要每秒唤醒一次系统,则对定时器的编程也有一定的影响。

多数代码是和前面例子类似的,只是增加了以下代码:

```
void Clock_Config(void)增加的代码
# ifdef SLOWER_TO_1MHZ
LPC_SYSCON -> SYSAHBCLKDIV = 12;
# endif
# ifdef SLOWER_TO_100KHZ
```

```
LPC_SYSCON -> SYSAHBCLKDIV = 120;
#endif
```

定时器配置代码需要新的预处理宏。

```
#ifdef SLOWER_TO_1MHZ
LPC_TMR16B0 -> PR = (10000-1);
//预分频值设置为9999 (TC 每 10K 周期加 1)
LPC_TMR16B0 -> TC = 0;                    //定时器当前计数值清零
LPC_TMR16B0 -> MR1 = 100-1;               //匹配寄存器设置为"100 - 1"
//由于系统频率为 1MHz,预分频降为每秒 100 次匹配
#else
#ifdef SLOWER_TO_100KHZ
LPC_TMR16B0 -> PR = (1000-1);
//预分频设置为 999 (TC 每 1K 周期加 1)
LPC_TMR16B0 -> TC = 0;                    //定时器当前计数值清零
LPC_TMR16B0 -> MR1 = 100-1;               //匹配寄存器设置为"100 - 1"
//由于系统频率为 100kHz,预分频降为每秒 100 次匹配
#else
//12MHz 设置
LPC_TMR16B0 -> PR = (10000-1);
//预分频设置为 9999 (TC 每 10K 周期加 1)
LPC_TMR16B0 -> TC = 0;                    //定时器当前计数值清零
LPC_TMR16B0 -> MR1 = 1200-1;              //匹配寄存器设置为"1200 - 1"
//由于系统频率为 12MHz,预分频降为每秒 1200 次匹配
#endif //end of not SLOWER_TO_100kHZ
#endif //end of not SLOWER_TO_1MHZ
```

在修改之后,可以测量得到结果并和之前的 12MHz 设置相比(见表 19.9),这里所有的结果都基于 12MHz 晶振。

表 19.9　使用不同内部时钟频率的情况对比

	12MHz	1MHz	100kHz
运行模式	3.09mA	1.29mA	1.15mA
休眠电流	2.16mA	1.22mA	1.14mA

在这里可以看到,频率较低(利用时钟分频器或预分频)时功耗的降低并非线性的。因此即使频率从 1MHz 降低 10 倍成了 100kHz,动态电流的减少只有大约 11%。

19.8.4　其他改进

有些简单的改进也会有所帮助,在本例中,读者可能已经注意到一个空的函数调用"void Low_Power_Config(void)",在这里增加了其他代码以进一步降低功耗。

```
void Clock_Config(void)增加的代码
void Low_Power_Config(void)
```

```
{
//BOD 掉电
LPC_SYSCON - > PDRUNCFG | = BOD_PD;
/ * 关闭所有其他外设分频器 * /
LPC_SYSCON - > SSP0CLKDIV = 0;
LPC_SYSCON - > SSP1CLKDIV = 0;
LPC_SYSCON - > WDTCLKDIV = 0;
return;
}
```

在进行了这些修改后,可以对结果进行测量,并和之前的 100kHz 设置的情况比较(见表 19.10),所有结果同样基于外部 12MHz 晶振。

表 19.10 使用不同内部时钟频率的情况对比

	100kHz	改进的 100kHz
运行模式	1.15mA	1.04mA
休眠电流	1.14mA	1.02mA

因此这些小的改动降低了大约 10% 的功耗。

19.8.5 利用 LPC1114 的深度休眠

尽管可以得到 1mA 左右的运行电流,不过对于一些 ULP 应用仍是不够的。前面的例子还没有使能过深度休眠模式,要使用深度休眠模式,由于 LPC1114 深度休眠模式的一些限制,程序代码需要做一定的改动:

- 深度休眠模式下唯一能用的时钟源为看门狗振荡器,其功耗非常低,但时钟频率数值最多会有 ±40% 的误差。
- 深度休眠模式下定时器中断无法工作且只能被一个中断唤醒。

还需考虑以下几点:

- 由于时钟源的误差,不适合 UART 通信,不过在实验时可以根据实际频率调整 UART 波特率,但不适合产品应用。
- 如果 LPC1114 微控制器处于休眠模式,则不能被调试器唤醒,因此也就锁定了 Flash 的编程功能。

备注:

根据实际使用的微控制器产品,可能会存在能禁止 Flash 存储器中应用执行的特殊启动模式,NXP LPC111x 的端口 0 第 1 位的用途就是这样的。NXP111x 具有一种在系统编程(ISP)特性,利用该特性,Bootloader 可以通过串行口编程。上电复位时若将端口 0 的第 1 位拉低,Bootloader 中的 ISP 程序就会执行。可以利用 ISP 特性更新 Flash,或者将在线调试器连接到微控制器并更新 Flash。

在使用深度休眠之前,需要配置如表 19.7 所示的多个寄存器,并设置系统控制寄存器

(SCB-> SCR)以使能深度休眠模式。还要设置 NVIC、定时器、看门狗时钟以及启动逻辑。

NXP LPC111x 中的启动逻辑会被 I/O 端口事件触发,因此利用定时器匹配事件来驱动一个 I/O 端口输出,然后用这个信号电平触发唤醒(见图 19.15)。

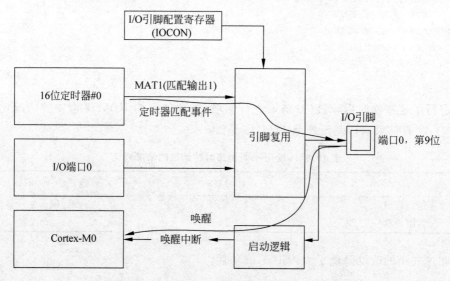

图 19.15　LPC1114 例子中使用的深度休眠唤醒机制

在本例中,将会翻转端口 0 的第 9 引脚,处理器在多数时间内被置于休眠模式,只有在 16 位定时器 0 达到所需值时才会被唤醒。

深度休眠示例

```
# include "LPC11xx.h"
# include "stdio.h"
/* 掉电控制位定义 */
# define IRC_OUT_PD (0x1 << 0)
# define IRC_PD (0x1 << 1)
# define FLASH_PD (0x1 << 2)
# define BOD_PD (0x1 << 3)
# define ADC_PD (0x1 << 4)
# define SYS_OSC_PD (0x1 << 5)
# define WDT_OSC_PD (0x1 << 6)
# define SYS_PLL_PD (0x1 << 7)


//UART 函数
extern void UART_config(void);
extern char UART_putc(char ch);
extern char UART_getc(void);
extern void UART_echo(void);
```

```
extern int uart_status_rxd(void);


void Timer_Config(void);
void Clock_Config(void);
void Low_Power_Config(void);


volatile int irq_count = 0;


int main(void)
{
//初始化 UART
UART_config();
printf("Sleep test\n");
printf("Press any key to start...");
UART_getc();
printf("Continue\n");


Clock_Config();
Low_Power_Config();
Timer_Config();


//使能退出时休眠
SCB->SCR |= SCB_SCR_SLEEPONEXIT_Msk;

while(1){
__DSB();        //推荐使用存储器屏障以提高可移植性
__WFI();
};
}
// ------------------------------------------
//低功耗配置
// ------------------------------------------
void Low_Power_Config(void)
{
//BOD 掉电
LPC_SYSCON->PDRUNCFG |= BOD_PD;
/* 关闭所有其他外设分频器 */
LPC_SYSCON->SSP0CLKDIV = 0;
LPC_SYSCON->SSP1CLKDIV = 0;
LPC_SYSCON->WDTCLKDIV = 0;
```

```
/* 使能 Flash */
//LPC_SYSCON -> PDRUNCFG & = ~( IRC_OUT_PD | IRC_PD | FLASH_PD );
LPC_SYSCON -> PDRUNCFG & = ~( FLASH_PD );
//给 IRC OSC 和其他未使用部件断电
LPC_SYSCON -> PDRUNCFG | = (IRC_OUT_PD | IRC_PD | BOD_PD | ADC_PD | SYS_OSC_PD | SYS_PLL_PD);


/* 将当前运行模式掉电配置到唤醒配置寄存器,这样可以在唤醒时恢复 */
LPC_SYSCON -> PDAWAKECFG = LPC_SYSCON -> PDRUNCFG;


/* 对于深度休眠,保留对 Flash 和看门狗的供电 */
//LPC_SYSCON -> PDSLEEPCFG = 0x000018B7;        //WD osc 开, BOD 开
LPC_SYSCON -> PDSLEEPCFG = 0x000018BF;         //WD osc 开, BOD 关
//LPC_SYSCON -> PDSLEEPCFG = 0x000018F7;        //WD osc 关, BOD 开
//LPC_SYSCON -> PDSLEEPCFG = 0x000018FF;        //WD osc 关, BOD 关


//使能深度休眠模式
SCB -> SCR | = SCB_SCR_SLEEPDEEP_Msk;
return;
}
//----------------------------------------
//时钟配置
//----------------------------------------
void Clock_Config(void)
{
int I;
//在深度休眠模式,看门狗振荡器是唯一的有效时钟
LPC_SYSCON -> PDRUNCFG & = ~(1 << 6);              //给看门狗 Osc 上电
//选择看门狗频率以及分频
//FREQSEL Fclkana
//0x1 0.6MHz
//0x2 1.05MHz
//0x3 1.4MHz
//0x4 1.75MHz
//0x5 2.1MHz
//0x6 2.4MHz
//0x7 2.7MHz
//0x8 3.0MHz
//0x9 3.25MHz
//0xA 3.5MHz
//0xB 3.75MHz
//0xC 4.0MHz
//0xD 4.2MHz
//0xE 4.4MHz
//0xF 4.6MHz
```

```
//DIVSEL
//wdt_osc_clk = Fclkana/ (2 x (1 + DIVSEL))
//0x0 1/2
//0x1 1/4
//0x1F 1/64
#define WDT_FREQSEL 0x6
#define WDT_DIVSEL 0x0
LPC_SYSCON->WDTOSCCTRL = (WDT_FREQSEL << 5)|(WDT_DIVSEL << 0);
for (I = 0; I < 200; i++) __NOP();
LPC_SYSCON->MAINCLKSEL = 0x2;                //选择看门狗 Osc
LPC_SYSCON->MAINCLKUEN = 0x01;               //更新 MCLK 时钟源
LPC_SYSCON->MAINCLKUEN = 0x00;               //翻转更新寄存器
LPC_SYSCON->MAINCLKUEN = 0x01;
while (!(LPC_SYSCON->MAINCLKUEN & 0x01));     //等待更新完成


//主时钟频率 = 2.4MHz / 2 = 1.2MHz


//需要重新设置 UART!
//使能对除数锁存的访问
//bit[7] - DLAB (除数锁存访问位)
//bit[1:0] - Word length (0 = 5bits, 1 = 6bits, 2 = 7bits, 3 = 8bits)
LPC_UART->LCR = (1 << 7) | 3;


//波特率 38400,系统时钟 1.2MHz
//PCLK / Baud Rate / 16 = 1.953 = (256 x DLM + DLL) x (1 + DivAddVal/MulVal)
//DLM = 0
//DLL = 1
//MulVal = 15
//DivAddVal = 13
//1 * (1 + 13/15) = 1.8666
LPC_UART->DLM = 0;
LPC_UART->DLL = 1;
LPC_UART->FDR = (15 << 4) | (13 << 0);
LPC_UART->LCR = 3;


//中断禁止(只能在 DLAB = 0 时设置 IER)
//bit[0] - RBR (接收可用数据使能)
//bit[1] - THRE (发送使能)
//bit[2] - RX Line (接收线中断使能)
//bit[8] - ABEOIntEn (自动波特率使能)
//bit[9] - ABTOIntEn (自动波特率超时中断)
LPC_UART->IER = 0;
```

```
//等待 TX 缓冲空
while ((( LPC_UART - > LSR >> 6) & 0x1) == 0);
//清空 RX 缓冲
while (uart_status_rxd()!= 0) UART_getc();
LPC_SYSCON - > SYSAHBCLKDIV = 12;                      //将处理器时钟降为
//Flash 在零等待状态下最多 20MHz
LPC_FLASHCTRL - > FLASHCFG = (LPC_FLASHCTRL - > FLASHCFG & 0xFFFFFFFC) | (0 & 0x3);
}
//----------------------------------------
//定时器配置
//----------------------------------------
void Timer_Config(void)
{
//使用 16 位定时器 0
//使能 16 位定时器 0 的时钟(bit 7)
//使能 IO 配置块的时钟(AHBCLOCK 控制寄存器的 bit[16])
//并使能 GPIO 的时钟 (AHBCLOCK 控制寄存器的 bit[6])


LPC_SYSCON - > SYSAHBCLKCTRL | = (1 << 7) | (1 << 16) | (1 << 6);
LPC_TMR16B0 - > TCR = 2;              //禁止并复位定时器
LPC_TMR16B0 - > TCR = 0;              //禁止定时器
//时钟运行在 100KHz (1.2MHz / 12)
LPC_TMR16B0 - > PR = (1000 - 1);      //(TC 每 10K 个周期加 1)
LPC_TMR16B0 - > TC = 0;               //定时器当前计数值清零
LPC_TMR16B0 - > MR1 = 100 - 1;        //匹配寄存器设置为"1200 - 1"
//由于系统频率为 1 MHz,降为每秒 100 次匹配


//无法从定时器中断唤醒,使用定时器触发引脚并将其引至唤醒中断
LPC_TMR16B0 - > MCR = (1 << 4)|(0 << 3);  //MR1 匹配复位
LPC_TMR16B0 - > EMR = (0x2 << 6);     //使能匹配输出 MAT1
LPC_IOCON - > PIO0_9 = (2 << 0);      //设置 PIO0_9 到 MAT1 的输出功能


/* 使用 port0_9 作为唤醒源, I/O引脚 */
LPC_IOCON - > PIO0_9 = (2 << 0);      //设置为 MAT1 功能
/* 只有边沿触发,设置为 P0.9 为上升沿 */
LPC_SYSCON - > STARTAPRP0 = LPC_SYSCON - > STARTAPRP0 | (1 << 9);
/* 清除所有唤醒源 */
LPC_SYSCON - > STARTRSRP0CLR = 0xFFFFFFFF;
/* 将端口 0.9 作为唤醒源 */
LPC_SYSCON - > STARTERP0 = 1 << 9;


NVIC_ClearPendingIRQ(WAKEUP9_IRQn);
NVIC_EnableIRQ(WAKEUP9_IRQn);         //使能唤醒处理
```

```
LPC_SYSCON->SYSAHBCLKCTRL &= ~((1<<16)|(1<<6));    //去除 IOCON & GPIO 的时钟

LPC_TMR16B0->TCR = 1;                //使能
NVIC_EnableIRQ(TIMER_16_0_IRQn);
return;
}
//----------------------------------------
//中断处理
//----------------------------------------
void WAKEUP_IRQHandler(void)
{
unsigned int regVal;
//读取启动逻辑状态寄存器 0
regVal = LPC_SYSCON->STARTSRP0;
if ( regVal != 0 )
{                                //利用启动逻辑复位寄存器 0 清除状态
LPC_SYSCON->STARTRSRP0CLR = regVal;
}
/* 将定时器匹配输出清除为 0 */
LPC_TMR16B0->EMR = LPC_TMR16B0->EMR & ~(1<<1);
irq_count++;
printf ("[WAKEUP IRQ] %d\n", irq_count);
return;
}
```

结果是令人非常满意的(见表 19.11 和图 19.16)。

表 19.11　深度休眠模式使用结果

	1.2MHz 看门狗振荡器开
运行模式	0.54mA
休眠电流	0.04mA

为了更好地观察结果,在微控制器的供电电路中串联了一个 10Ω 电阻,并测量两端的电压,得到的波形如图 19.16 所示。

尽管 LPC1114 的深度休眠模式存在一些限制,如果系统在设计上并不要求每隔一段精确的时间唤醒一次,仍然可以利用深度休眠模式来得到相当低的待机电流。在系统唤醒后,也可以选择在数据处理时打开并切换为另一个时钟源(例如外部晶振以得到更高频率精度),然后在返回休眠前再切换回来。

图 19.16　在深度休眠模式下
测试结果

第 20 章

嵌入式 OS 编程

20.1 介绍

20.1.1 背景

第 10 章介绍了 Cortex-M0 和 Cortex-M0＋处理器中和 OS 操作相关的硬件特性：

- 分组栈指针（主栈指针和进程栈指针）；
- SVCall 和 PendSV 异常以及 SVC 指令；
- SysTick 定时器。

该章还介绍了上下文切换的概念，以及它是如何工作的。在本章中，将会介绍一个名为 RTX(Real-Time eXecutive)kernel 的典型嵌入式 OS 各种特性的使用示例。

在开始介绍一个嵌入式 OS 如何使用的技术细节之前，首先来回顾一些嵌入式应用中 OS 的一些常见概念。

20.1.2 嵌入式 OS 和 RTOS

世界上存在很多种 OS，大多数读者可能已经非常熟悉计算机上用的 OS 了，嵌入式系统可以用的 OS 也有很多。一般来说，嵌入式 OS 可以是一个简单的任务调度器，也可以是 Linux 等全功能 OS。许多运行在微控制器上的 OS 只能提供任务调度和任务间通信，在这些系统中，可能无法看到华丽的图形用户接口或文件系统，其中有些可能还提供了 TCP/IP 协议栈等其他特性。

有些嵌入式 OS 被称作实时操作系统(RTOS)，这也是嵌入式 OS 的一个子集。RTOS 意味着当特定事件产生时，如果软件开发人员正确地设置了系统（如任务的优先级），它可以在一定时间内触发相应的任务。另外，RTOS 的上下文切换一般会非常快。

和 Cortex-A 处理器不同，由于 Cortex-M 处理器不支持虚拟地址，因此无法运行全特性的 Linux 系统。Cortex-A 处理器的存储器保护单元用于将逻辑地址重映射到物理地址，这也是 Linux 操作所需要的。Cortex-M 处理器具有存储器保护单元(MPU)，无法处理地址重映射。不过，有些和 MMU 特性有关的操作会带来较大的延时，因此多数运行 Linux

的系统都无法保证系统响应时间。对于 Cortex-M 处理器系统,中断等待较小且 MPU 操作不会增加延时,因此 Cortex-M 处理器对于许多实时应用来说非常适合。

20.1.3 为什么要使用嵌入式 OS

当系统的复杂度越来越高时,应用任务需要并行处理的任务也越来越多,在没有嵌入式 OS 时,这种应用的稳定运行是很难保证的。嵌入式 OS 将可用的 CPU 处理时间划分为多个时间片,并给每个任务分配相应的时间片。由于任务每秒可以切换 100 次或以上,因此看起来就像同时执行一样。

许多嵌入式应用都不需要使用 OS,如果应用不需要处理并行任务或者任务相对较短可以在中断处理内执行,则嵌入式 OS 的使用是没有必要的。对于简单的应用,OS 的使用会带来不必要的开销。例如,OS 需要占用一定的程序和 RAM 空间,且 OS 自身也需要少量的处理时间。另外,如果应用中存在多个并行任务,并且每次任务切换都需要很快的响应,此时就需要嵌入式 OS。

嵌入式 OS 也需要硬件资源,例如,多数嵌入式 OS 都需要一个定时器来产生中断,以便 OS 执行任务调度和系统管理,Cortex-M 处理器中的 SysTick 定时器就是用于产生中断的,且许多 RTOS 都支持。嵌入式 OS 也可以利用 Cortex-M 处理器中的各种 OS 特性,例如内核和线程栈的相互独立、SVC 和 PendSV 等。

20.1.4 CMSIS-RTOS 的作用

CMSIS-RTOS 是 Cortex 微控制器软件接口标准开发的项目之一,是一种 API 规范,它使得中间件可以同多个 RTOS 产品共同使用。CMSIS-RTOS 自身并不是一种产品,不过厂家可以基于 CMSIS-RTOS 构建自己的 RTOS,或者把自己的 OS API 包装一下实现相同的功能。

有些中间件产品相当复杂,需要利用 OS 中的任务调度特性才能运行。例如,TCP/IP 协议栈就是作为多任务系统中的一个任务运行的,当接收到特定的任务请求时需要衍生出其他子任务。这些中间件一般会包含一个 OS 模拟层(见图 20.1),在使用不同 OS 时,需要对其进行移植。

对于软件开发人员或中间件供应商来说,OS 模拟层的移植会增加工作量,且可能会增加项目的风险,这是因为移植没有这么容易。

CMSIS-RTOS 就是为了解决这个问题而产生的,它可以被实现为额外增加的 API 或现有 OS 的 API 的包装代码。由于 API 是标准化的,中间件可以基于其开发,并且从理论上来说,这个产品适用于支持 CMSIS-RTOS 的任何嵌入式

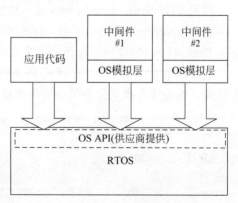

图 20.1 中间件部件需要 OS 模拟层

OS(见图 20.2)。

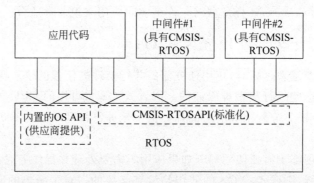

图 20.2　中间件 CMSIS-Core 可以避免每个中间件部件对 OS 模拟层的需要

RTOS 产品仍可以有它们自己的 API 接口,应用代码也可以直接使用这些 API 以获得其他特性或更高的性能。这对于应用开发人员非常有利,因其可以减少移植中间件的时间并可以降低项目风险。它还对中间件供应商有利,因其使得他们的产品适用于更多的 OS。

CMSIS-RTOS 还给 RTOS 供应商带来了好处,由于基于 CMSIS-RTOS 的中间件越来越多,支持 CMSIS-RTOS 后就可以使用更多的中间件了。另外,随着嵌入式软件在复杂度上的增加,产品推向市场的时间也更加重要,中间件模拟层的移植对于一些项目已经不是太合适了,因其会带来额外的时间并加大项目风险。CMSIS-RTOS 使得 RTOS 更加接近这些领域,而以前只能由一些软件平台方案解决。

20.1.5　关于 Keil RTX Kernel

Cortex-M 处理器可用的嵌入式 OS 很多,下面将以 Keil RTX 为例。RTX 的 OS API 基于 CMSIS-RTOS API,因此基于 RTX 的应用也可以用于其他支持 CMSIS-RTOS API 的 RTOS 环境。

Keil RTX Real-Time Kernel 是一种免费的 RTOS,面向微控制器应用,CMSIS 包可以从 www.arm.com/CMSIS 下载,RTX 库和源文件则包含在 CMSIS-PACK 包中。因此安装了 Keil MDK 的 CMSIS 包后,RTX 也就有了。

CMSIS 包中的 RTX 由源代码和 ARM 工具链的预编译库、GCC 以及 IAR EWARM 等组成。预编译库既支持小端也支持大端(见表 20.1)。

表 20.1　CMSIS-CORE 版本 4.2 中 RTX Kernel 的预编译库

处理器	端	ARM 工具链 (Keil MDK/ARM DS-5)	GCC	IAR EWARM
Cortex-M0/	小端	RTX_CM0.lib	libRTX_CM0.a	RTX_CM0.a
Cortex-M0+	大端	RTX_CM0_B.lib	libRTX_CM0_B.a	RTX_CM0_B.a

续表

处理器	端	ARM 工具链 (Keil MDK/ARM DS-5)	GCC	IAR EWARM
Cortex-M3	小端	RTX_CM3.lib	libRTX_CM3.a	RTX_CM3.a
	大端	RTX_CM3_B.lib	libRTX_CM3_B.a	RTX_CM3_B.a
Cortex-M4	小端	RTX_CM4.lib	libRTX_CM4.a	RTX_CM4.a
	大端	RTX_CM4_B.lib	libRTX_CM4_B.a	RTX_CM4_B.a

从 2012 年 5 月起,RTX Kernel 成为开源软件,这就意味着可以依据 CMSIS 安装目录中的授权文件规定的条件免费使用和重新分发 RTX Kernel 的源代码。

除了 ARM7 和 ARM9 等传统 ARM 处理器外,所有的 Cortex-M 处理器都支持 RTX 内核。RTX 内核具有以下特性:

- 灵活的调度器:支持抢占、轮叫以及协作等调度机制;
- 支持邮件、事件(每个线程最多 16 个)、信号量、互斥体和定时器;
- 不限数量的任务,同一时间最多 250 个活跃任务;
- 最多 254 个任务优先级;
- 支持多线程和线程安全操作;
- 支持 Keil MDK 中的内核感知调试;
- 快速上下文切换;
- 小存储器封装(Cortex-M 版本小于 4KB 字节,ARM7/ARM9 则小于 5KB)。

另外,RTX 内核的 Cortex-M 版本具有以下特性:

- 支持 SysTick 定时器;
- Cortex-M 版本的中断不会停止(OS 在任何时间都不会禁止中断);
- 由于 RTX 占用的存储器较少,它还可用于具有较小存储器容量的 Cortex-M 微控制器。

ARM 还开发了多种中间件(包含在 Keil MDK 专业版中),其中包括文件系统、USB 主机和设备库、TCP/IP 网络组件、CAN 接口库以及 GUI 库。这些中间件可以同 RTX Kernel 实现无缝对接。RTX Kernel 还可以同许多第三方软件产品配合使用,例如通信协议栈、数据处理编解码器以及其他中间件。

20.1.6　在 Keil MDK 中构建一个简单 RTX 实例

下面的例子基于 Keil MDK-ARM 开发组件 5.12 以及 CMSIS-RTOS RTX,硬件平台为 Freescale Freedom FRDM-KL25Z 板。

在第一个例子中,来看一下两个线程的简单情况:main()和 blinky 线程。每个线程都会翻转开发板上的一个 LED。为了简化编译过程,使用了 CMSIS-RTOS RTX 的预编译版本(库文件为 RTX_CM0.lib)。如图 20.3 所示,在新建工程时,选择了 Keil RTX。

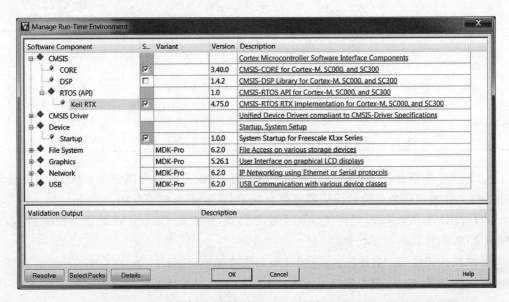

图 20.3　在管理实时环境对话框中将 Keil RTX 添加到工程中

在工程中添加了 Keil RTX 软件部件后，可以看到如图 20.4 所示的工程结构。Keil RTX 选项将下面这些文件加到了工程中：

- RTX_CM0.lib（Keil RTX 的预编译版本）；
- RTX_Conf_CM.c（RTX Kernel 各种设置的配置文件）。

主应用文件"blinky.c"非常简单，LED 控制函数被移到单独文件"led_funcs.c"中。

RTX 中的 blinky.c 两个线程并行翻转板上的红色和绿色 LED。

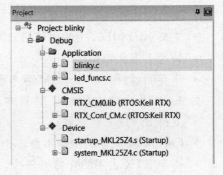

图 20.4　Keil RTX 软件部件选项添加其他文件到工程中

```
#include<MKL25Z4.H>
#include "cmsis_os.h"        //RTX CMSIS-RTOS 的包含文件
//系统运行在 48MHz
//LED #0, #1 为端口 B, LED #2 为端口 D
extern void LED_Config(void);
extern void LED_Set(void);
extern void LED_Clear(void);
extern __INLINE void LED_On(uint32_t led);
extern __INLINE void LED_Off(uint32_t led);


/* 线程 ID */
osThreadId t_blinky;           //声明 blinky 的线程 ID
```

```
/* 函数声明 */
void blinky(void const * argument);    //线程


//------------------------------------------------------------
//Blinky
void blinky(void const * argument) {
while(1) {
LED_On(1);                          //绿色 LED 开
osDelay(500);                       //延时 500 毫秒
LED_Off(1);                         //绿色 LED 关
osDelay(500);                       //延时 500 毫秒
} //end while
} //end of blinky


//将 blinky 定义为线程函数
osThreadDef(blinky, osPriorityNormal, 1, 0);


//------------------------------------------------------------
int main(void)
{
SystemCoreClockUpdate();


//配置 LED 输出
LED_Config();


//新建"blinky"任务并分配线程 ID t_blinky
t_blinky = osThreadCreate(osThread(blinky), NULL);


while(1){
LED_On(0);                          //红色 LED 开
osDelay(200);                       //延时 200 毫秒
LED_Off(0);                         //红色 LED 关
osDelay(200);                       //延时 200 毫秒
};
}
```

blinky 程序具有下面两个线程：

- main()：启动第二个线程 blinky 并翻转红色 LED；

- blinky()：翻转绿色 LED。

在开始编译程序前,需要修改一些设置:

- system_MKL25Z4.c 中的时钟配置,设置 CLOCK_SETUP 宏为 1,使处理器运行在 48MHz,这是可选的。但是,处理器的时钟频率不同,同样应该更新 RTX 中的时钟频率设置。
- RTX_Conf_CM.c 中的 RTX Kernel 配置,这个文件中包含 RTX 操作方面的各种设置。
- 工程调试设置,选择 CMSIS-DAP 以及串行线调试协议。

对于 RTX_Conf_CM.c,可以在 μVision IDE 中的文本编辑器中直接修改 C 文件,为了简化操作,可以单击 Configuration Wizard(配置向导)标签并利用 GUI 修改设置(见图 20.5)。

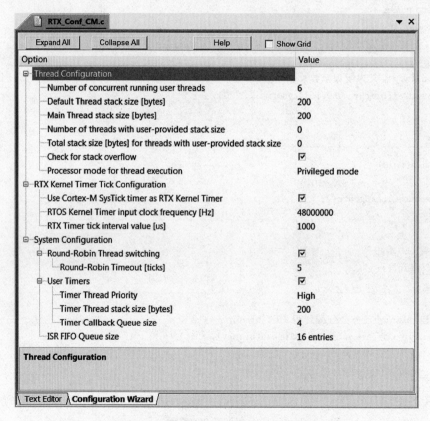

图 20.5 利用配置向导设置的 RTX 配置

由于系统时钟周期被设置为 48MHz,将 RTOS 内核定时器输入时钟频率同样设置为 48MHz。

在配置完成后,可以对工程进行编译,并将应用下载到板子中后测试。如果所有设置都没有问题,应该可以看到微控制器板上的 LED 开始闪烁,且红色和绿色的速度不同。

20.2 RTX Kernel 概述

20.2.1 线程

在 CMSIS-RTOS 中,将每个并发执行(并行处理)的程序(也就是被 OS 调度并执行的每块程序代码)称为"线程",从计算机科学的角度来看,线程属于任务的一部分。例如,在高级计算系统中,一个任务或进程可能包含多个线程。不过此处只会看一些相对简单的情况,其中每个任务只包含一个线程。

每个线程具有一个可编程的优先级,在 CMSIS-RTOS 中,线程优先级被叫做 osPriority 枚举值,其会被映射为有符号优先级数值,且预定义在每个 RTOS 设计中。例如,对于 RTX,定义在 cmsis_os. h 中的 osPriority 为

```
enum osPriority {
osPriorityIdle = -3,
osPriorityLow = -2,
osPriorityBelowNormal = -1,
osPriorityNormal = 0,
osPriorityAboveNormal = +1,
osPriorityHigh = +2,
osPriorityRealtime = +3,
osPriorityError = 0x84
}
```

需要注意的是,线程优先级和中断优先级是两个完全不同的概念。

在 RTX 环境中,每个线程都可能是下面的状态之一(见表 20.2)。

表 20.2 RTX 内核的线程状态

状 态	描 述
RUNNING	线程正在运行
READY	线程位于等待运行的线程队列中(等待时间片),当前正在运行的线程完成后,RTX 会在就绪队列中选出下一个最高优先级的线程并启动执行
WAITING	线程之前执行了一个需要等待延时请求完成或另一个线程的事件(signal/semaphore/ mailbox/etc)的函数,当所需的事件发生后,它可以从等待状态切换为就绪/运行状态(取决于任务的优先级)
INACTIVE	线程未启动或线程已终止,终止的任务可以重新创建

线程状态转换如图 20.6 所示。

在简单的单核处理器系统中,同一时间只能有一个处于"运行"状态的线程。

和其他一些 RTOS 不同,根据符合 CMSIS-RTOS 的 RTOS 的具体设计,"main()"可能是一个线程。"main()"的执行,也可能会创建其他线程,如果稍后某段时间内不再需要

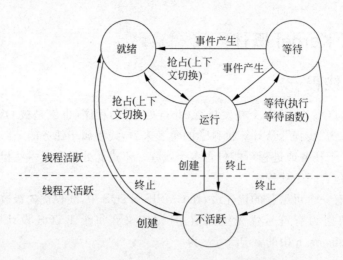

图 20.6　CMSIS-RTOS 中的线程状态

“main（）”线程，则可以执行等待函数将其置于等待状态，或者将其结束掉以免占用执行时间。

CMSIS-RTOS 允许线程执行在特权状态或非特权状态，对于某个具体 RTX，请参考“RTX_Conf_CM.c”中的 OS_RUNPRIV 参数。请注意对于当前的 RTX，如果线程被配置为非特权状态运行，则“main（）”也会在非特权状态启动。可以修改 SVC 处理，使其支持需要特权状态的操作（例如，访问 NVIC 或系统控制空间 SCS 中的任何寄存器）（见 20.2.13 节）。

20.2.2　RTX 配置

在图 20.5 中，可以看到 RTX_Conf_CM.c 中存在多个配置选项，这些选项位于表 20.3 中。请注意：

- 在文本编辑器中修改栈大小选项时，栈大小以字为单位，且配置向导中所用的单位为字节。
- 栈大小需要为 8 字节的整数倍。

表 20.3　RTX_Conf_CM.c 中的 CMSIS-RTOS RTX 选项

参　　数	描　　述	默认值
OS_TASKCNT	同时运行的线程的个数： 定义了同一时间可以运行的线程的最大数量	6
OS_STKSIZE	默认的线程栈大小［字节］＜64～4096＞（需要为 8 的倍数），若未用“osThreadDef”语句指定栈的大小（stacksz 为 0），则会启用该定义	200
OS_MAINSTKSIZE	主线程栈大小［字节］＜64～4096＞（需要为 8 的倍数）	200
OS_PRIVCNT	用户提供了栈大小的线程个数＜0～250＞	0

续表

参 数	描 述	默认值
OS_PRIVSTKSIZE	用户提供了栈大小的线程所用栈的总量<0～4096>(需要为 8 的倍数)	0
OS_STKCHECK	使能线程栈溢出的检查,请注意额外的代码会降低内核的性能	1
OS_RUNPRIV	线程执行的处理器模式:0=非特权模式,1=特权模式	0
OS_SYSTICK	设置为 1 则将 Cortex-M 的 SysTick 定时器作为 RTX 内核定时器	1
OS_CLOCK	定义了定时器时钟频率[Hz]< 1～1000000000 >,若使用了 SysTick 则一般和处理器的时钟频率相同	12000000(12MHz)
OS_TICK	定义 OS 定时器的定时间隔[μs]< 1～1000000 >	1000(1ms)
OS_ROBIN	设置为 1 则使用轮叫线程切换	1
OS_ROBINTOUT	轮叫超时[tick]< 1～1000 >(OS_ROBIN 为 1 时有效)	5
OS_TIMERS	使能用户定时器	0
OS_TIMERPRIO	定时器线程优先级(OS_TIMERS 为 1 时有效) 低;2 一般之下;3 一般;4 一般之上;5 高;6 实时(最高)	5
OS_TIMERSTKSZ	定时线程栈大小[字节]< 64～4096 >(需要为 8 的倍数)	200
OS_TIMERCBQS	定时器回调队列大小——同时活跃的定时器回调函数的个数	4
OS_FIFOSZ	ISR FIFO 队列大小(4=4 个入口,可以为 4、8、12、16、24、32、48、64、96),在中断处理中对它们进行调用时,ISR 函数存放对该缓冲的请求	16

20.2.3 深入研究第一个例子

在 20.1.6 中的 blinky 示例中,使用了下面的代码。

```
/* 线程 ID */
osThreadId t_blinky;              //声明 blinky 的线程 ID
/* 函数声明 */
void blinky(void const * argument); //线程
```

每个线程都有一个相关的 ID,且其数据类型为 osThreadId,在创建线程时会分配这个 ID 值,且会将其用于任务间通信。如果不需要任务间通信,则 ID 也是没有必要的。

要创建一个新任务,使用函数 osThreadCreate。在 main()内,创建 blinky 线程并给其分配了线程 ID。

```
//创建任务"blinky"并分配线程 ID t_blinky
t_blinky = osThreadCreate(osThread(blinky), NULL);
```

有时没有必要保存线程 ID,在这个简单的 blinky 代码中,程序的剩余部分并非必须要使用这个 ID，因此利用下面的代码创建了线程：

```
//创建任务"blinky"
osThreadCreate(osThread(blinky), NULL);
```

不过，如果稍后要对这个线程进行修改优先级等一些任务管理工作，则需要线程 ID。

对于每个线程（除了 main()），还需要利用 osThreadDef 将函数声明为线程，可以用 osThreadDef 定义线程的优先级。在运行期间，线程优先级也可以通过 CMSIS-RTOS API 动态修改。

在 RTX 中，main() 就是一个线程，并且在进入 main() 前会启动 RTX 内核。对于其他 CMSIS-RTOS 设计，处理器在进入"main()"程序时，可能不会启动 OS 内核，在这种情况下，需要单独启动 OS 内核。CMSIS-RTOS 用一个名为 osFeature_MainThread 预定义常量来表示线程执行是否从"main()"函数开始。如果为 1，则 OS 内核从"main()"开始。

例如，可以利用下面的代码条件启动 OS 内核：

```
int main(void)
{
...
# if(osFeature_MainThread == 0)
if(osKernelInitialize()! = osOK) {    //初始化 OSKernel,RTX 中并不需要
//退出并打印错误消息
}
if (!osKernelRunning()) {
if (osKernelStart() ! = osOK) {       //启动 OS 内核并开始线程切换
//退出并打印错误消息
}
}
# endif
...
或
int main(void)
{
...
if (osFeature_MainThread == 0) {
if (osKernelInitialize() != osOK) {    //初始化 OSKernel,RTX 中并不需要
//退出并打印错误消息
}
if (!osKernelRunning()) {
if (osKernelStart() != osOK) {         //启动 OS 内核并开始线程切换
//退出并打印错误消息
}
}
}
...
```

表 20.4 列出了内核管理用的 API。

表 20.4　OS 内核和线程管理用的 CMSIS-RTOS 函数

函　　数	描　　述
osStatus osKernelInitialize(void)	初始化 RTOS 内核
osStatus osKernelStart (void)	启动 RTOS 内核
int osKernelRunning(void)	检查 RTOS 内核是否已经启动,如果未启动返回 0,否则返回 1
uint32_t osKernelRunning(void)	获取 RTOS 内核系统定时器计数,32 位循环计数,一般包括内核系统中断定时器数值和中断数量计数

创建 blinky 线程时,需要使用多个宏。

osThread(name)在例子中用于访问线程定义,例如,如果函数的输入参数为线程(如 blinky),则使用 osThread(blinky)表示参数是一个线程。

在本例中,还使用了一个名为 osThreadDef(name, priority, instances, stacksz)的宏,这个宏在定义线程时指定了函数、优先级以及线程所需的栈大小。如果栈大小被设成了 0,则使用默认的栈大小,等于定义在 RTX_Config_CM.c 中的 OS_STKSIZE。

表 20.5 列出了一些常用于 OS 内核管理和线程管理的函数。

表 20.5　OS 线程管理用的 CMSIS-RTOS 函数

状　　态	描　　述
osThreadID osThreadCreate(osThreadDef_t * thread_def, void * argument)	创建一个线程,并添加到活跃线程中,状态为 READY
osThreadID osThreadGetId(void)	返回当前运行线程的线程 ID
osStatus osThreadTerminate (osThreadId thread _id)	终止某个线程的执行并将其从活跃线程中移出
osStatus osThreadSetPriority (osThreadIdthread _id, osPriority priority)	修改活跃线程的优先级
osPriority osThreadGetPriority (osThreadIdthread_id)	获得某个活跃线程的当前优先级
osStatus osThreadYield (void)	将控制传递给下一个状态为 READY 的线程

这些函数中部分使用了一个名为 osStatus 的枚举类型,osStatus 的定义列在表 20.6 中。多数函数都只会返回这些枚举值的子集。

表 20.6　osStatus 枚举定义

osStatus 枚举	描　　述
osOK	函数执行结束,无事件产生
osEventSignal	函数执行结束,信号事件产生
osEventMessage	函数执行结束,消息事件产生

续表

osStatus 枚举	描　　述
osEventMail	函数执行结束,邮件事件产生
osEventTimeout	函数执行结束,超时产生
osErrorParameter	参数错误,缺少某个必需的参数或参数错误
osErrorResource	资源不可用,指定的资源不可用
osErrorTimeoutResource	资源在给定时间内不可用,在一定的超时时间内某个给定资源不可用
osErrorISR	不允许 ISR 上下文,中断服务程序中无法调用函数
osErrorISRRecursive	同一个函数在 ISR 中被调用了多次
osErrorPriority	系统无法确定优先级或线程的优先级非法
osErrorNoMemory	系统存储器用完,无法为操作分配或预留存储器空间
osErrorValue	参数值超出范围
osErrorOS	未指定的 RTOS 错误,运行时错误,但不符合其他的错误消息
os_status_reserved	预留的错误代码,防止枚举削弱编译器的优化

20.2.4　线程间通信概述

对于多数具有 RTOS 的应用,线程间会有大量的通信。为了提高操作效率,应该使用 OS 提供的线程间通信特性,而不是使用共享数据和轮询循环检查其他任务的状态或传递信息。否则,等待另一个线程输入的线程可能会在就绪队列里待很长时间,这样会浪费大量的处理时间。

现代 RTOS 一般会提供多种用于线程间通信的方法,CMSIS-RTOS 支持的方法包括

- 信号事件;
- 信号量;
- 互斥体;
- 邮件/消息。

另外,其他一些特性也支持这些通信方式,例如常用于邮件的内存池管理特性。

20.2.5　信号事件通信

信号是最简单的信号间通信特性,线程可以处于等待状态,等待另一个线程的信号。在收到信号后,OS 调度器会将线程置回就绪/运行状态。

在 RTX 中,每个线程最多可以有 16 个信号事件(取决于 RTX 的"cmsis_os. h"中名为 osFeature_Signals 的宏,考虑 CMSIS-RTOS 的兼容性,不应该修改这个宏,但是从理论来说,RTX 最多可以支持 31 个信号)。

线程在执行函数 osSignalWait 时会进入等待状态,输入参数中有一个名为"signals"的 32 位数据,定义了将线程切换回就绪状态所需的信号事件。"signals"参数的每个位(除了 MSB)定义了所需的信号事件,如果该参数被设置为 0,则任何信号都可以将这个线程置为就绪状态。表 20.7 列出了用于信号事件通信的 CMSIS-RTOS 函数。

表 20.7　信号事件函数

函　　数	描　　述
osEvent osSignalWait（int32_t signals，uint32_t millisec）	等待一个或多个信号标志从当前运行的线程发出，若信号非零，则所有指定的信号标志需要被设置为返回就绪状态,若信号为 0,则任何信号标志都可以将线程置回就绪 超时时间为"毫秒",设置为 osWaitForever 表示未超时，或设置为 0 表示立即返回
int32_t osSignalSet (osThreadId thread_id，int32_t signal)	设置某个活跃线程的指定信号标志
int32_t osSignalClear (osThreadId thread_id，int32_t signal)	清除某个活跃线程的指定信号标志

　　如果参数错误,信号事件函数 osSignalSet、osSignalClear 和 osSignalGet 会返回 0x80000000。

　　在 RTX 的"cmsis_os.h"中,osFeature_Signals 默认为 16,因此可以有 16 个信号事件（从 0x00000001 到 0x00008000）。

　　请注意用作事件的信号标志在将线程从等待状态唤醒时,会被自动清除。例如,在下面的例子中,"main()"线程可以利用事件标志 0x0001 给 blinky 事件发送信号（见图 20.7）。

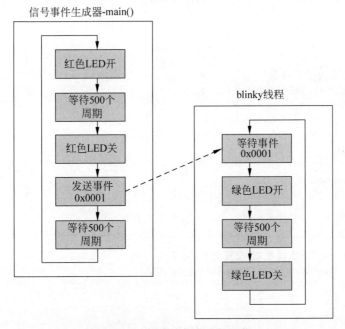

图 20.7　简单的信号事件通信

简单的信号事件通信的示例代码:

```
# include < MKL25Z4.H >
```

```
#include "cmsis_os.h"                      //RTX CMSIS-RTOS 的包含头文件
//系统运行在 48MHz
//LED #0, #1 为端口 B, LED #2 为端口 D
extern void LED_Config(void);
extern void LED_Set(void);
extern void LED_Clear(void);
extern __INLINE void LED_On(uint32_t led);
extern __INLINE void LED_Off(uint32_t led);


/* 线程 ID */
osThreadId t_blinky;                       //声明 blinky 用的线程 ID
/* 函数声明 */
void blinky(void const * argument);        //线程


//-----------------------------------------------------------
//Blinky
void blinky(void const * argument) {
while(1) {
osSignalWait(0x0001, osWaitForever);
LED_On(1);                                 //绿色 LED 开
osDelay(500);                              //延时 500 毫秒
LED_Off(1);                                //绿色 LED 关
} //end while
} //end of blinky


//将 blinky 定义为线程函数
osThreadDef(blinky, osPriorityNormal, 1, 0);


//-----------------------------------------------------------
int main(void)
{
SystemCoreClockUpdate();
//配置 LED 输出
LED_Config();


//创建任务"blinky"并将线程 ID 设置为 t_blinky
t_blinky = osThreadCreate(osThread(blinky), NULL);


while(1){
LED_On(0);                                 //红色 LED 开
osDelay(500);                              //延时 500 毫秒
LED_Off(0);                                //红色 LED 关
osSignalSet(t_blinky, 0x0001);             //设置信号
osDelay(500);                              //延时 500 毫秒
```

```
};
}
```

　　线程可以等待多个信号事件,此时需要将 osSignalWait()的第一个参数设置为 0,
osSignalWait()函数自身会返回一个 osEvent 结果,可用于确定产生的事件。如图 20.8 所
示,返回的事件值稍后可用于确定在返回就绪状态时采取什么措施。

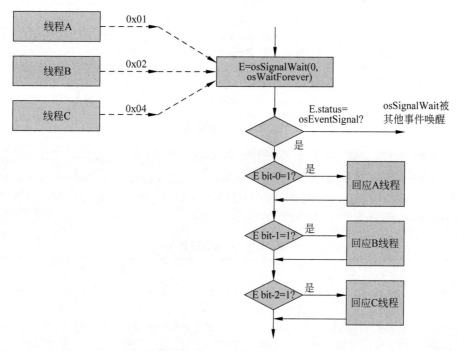

图 20.8　利用 osSignalGet 函数确定产生信号的线程

示例代码实现如下:

等待多个事件的简单例子

```
osEvent evt;
...
evt = osSignalWait(0, osWaitForever);
if (evt.status == osEventSignal) {
//处理事件状态
if (evt.value.signals & 0x1) {
//响应线程 A
} else if (evt.value.signals & 0x2) {
//响应线程 B
} else if (evt.value.signals & 0x4) {
//响应线程 C
}
}
```

20.2.6 互斥体（Mutex）

互斥体，也被称作 MUTEX，是所有 OS 中常见的资源管理特性。处理器中的许多资源同一时刻只能被一个线程使用，例如，"printf"输出通道（见图 20.9）同一时刻只能被一个线程使用。互斥体特性可用于确保每次只有一个线程能访问输出通信通道资源。

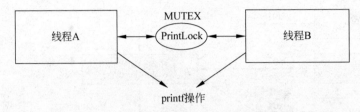

图 20.9　利用 MUTEX 控制硬件资源共享

在使用 MUTEX 之前，首先需要利用"osMutexDef(name)"定义一个 MUTEX 实体。在利用 CMSIS-RTOS 互斥体 API 访问一个 MUTEX 时，需要使用"osMutex(name)"宏。每个 MUTEX 都有一个 ID 值，用于一些 MUTEX 函数。表 20.8 列出了 MUTEX 操作的 CMSIS-RTOS 函数。

表 20.8　互斥体函数

函　　数	描　　述
osMutexId osMutexCreate (const osMutexDef_t * mutex_def)	创建并初始化一个互斥体
osStatus osMutexWait (osMutexId mutex_id, uint32_t millisec)	等待互斥体可用
osStatus osMutexRelease (osMutexId mutex_id)	释放由 osMutexWait. 得到的互斥体
osStatus osMutexDelete (osMutexId mutex_id)	删除被 osMutexCreate. 创建的互斥体

下面例子中存在两个线程，它们都使用 UART 输出文字消息。

互斥体通信的示例代码

```
# include <MKL25Z4.H>
# include "cmsis_os.h"              //RTX CMSIS-RTOS 的包含头文件
# include "stdio.h"


//系统运行在 48MHz
//LED #0, #1 为端口 B, LED #2 为端口 D
extern void LED_Config(void);
extern __INLINE void LED_On(uint32_t led);
extern __INLINE void LED_Off(uint32_t led);
//UART 函数
extern void UART_config(void);
```

```
/* 线程 ID */
osThreadId t_blinky;                        //声明一个 blinky 用的线程 ID
/* 函数声明 */
void blinky(void const * argument);         //线程
/* 声明互斥体 */
osMutexDef(PrintLock);                       //声明一个用于 printf 控制的互斥体
/* Mutex ID */
osMutexId PrintLock_id;                      //声明一个用于 printf 控制的互斥体 ID


//-----------------------------------------------------------
//Blinky
void blinky(void const * argument) {
while(1) {
osSignalWait(0x0001, osWaitForever);
LED_On(1);                                   //绿色 LED 开
osDelay(500);                                //延时 500ms


//Printf 几乎和 main 同时工作
osMutexWait(PrintLock_id, osWaitForever);    //获取互斥体
printf ("blinky is running\n");
osMutexRelease(PrintLock_id);                //释放互斥体


LED_Off(1);                                   //绿色 LED 关
} //end while
} //end of blinky


//将 blinky 定义为线程函数
osThreadDef(blinky, osPriorityNormal, 1, 0);


//-----------------------------------------------------------
int main(void)
{
SystemCoreClockUpdate();


//配置 LED 输出
LED_Config();
UART_config();
```

```
//创建任务"blinky"并将线程 ID 赋给 t_blinky
t_blinky = osThreadCreate(osThread(blinky), NULL);


while(1){
LED_On(0);                                  //红色 LED 开
osDelay(500);                               //延时 500 毫秒


LED_Off(0);                                 //红色 LED 关
osSignalSet(t_blinky, 0x0001);              //设置信号
osDelay(500);                               //延时 500 毫秒
//Printf 几乎和 blinky 同时工作
osMutexWait(PrintLock_id, osWaitForever);   //获取互斥体
printf ("main() is running\n");
osMutexRelease(PrintLock_id);               //释放互斥体
};
}
```

20.2.7　信号量

有些情况下，想让一定数量的线程访问特定资源。例如，DMA 控制器可能会支持多个 DMA 通道，或者由于存储器大小的限制，一个简单的嵌入式服务器可能会支持一定数量的并行请求。在这些情况下，可以使用信号量来代替 MUTEX。

信号量特性和 MUTEX 非常类似，只是 MUTEX 在任意时刻只允许一个线程访问某个共享资源，而信号量则允许固定数量的线程访问某个共享资源池。因此 MUTEX 是信号量的特殊情况，其可用的最大令牌数为 1。

信号量实体需要被初始化为可用令牌的最大数量，每当线程需要使用共享资源时，它利用信号量取出一个令牌，并在不再使用资源时将其放回。如果可用令牌的数量变成了 0，则所有可用的资源都已被分配出去，并且下一个请求共享资源的线程必须要等待可用的令牌出现。

信号量实体由"osSemaphoreDef(name)"定义，在利用 CMSIS-RTOS 信号量 API 访问信号量实体时，需要使用"osSemaphore(name)"宏。每个信号量都还有一个 ID 值，可用于一些信号量函数（见表 20.9）。

表 20.9　信号量函数

函　　数	描　　述
osSemaphoreId osSemaphoreCreate(const osSemaphoreDef_t * semaphore_def, int32_t count)	创建并初始化一个信号量实体
int32_t osSemaphoreWait(osSemaphoreId semaphore_id, uint32_t millisec)	等待信号量变为可用，返回可用令牌的个数，或者如果参数错误则返回－1

续表

函　　数	描　　述
osStatus osSemaphoreRelease(osSemaphoreIdsemaphore_id)	释放由 osSemaphoreWait 得到的信号量
osStatus osSemaphoreDelete(osSemaphoreIdsemaphore_id)	删除由 osSemaphoreCreate 创建的信号量

在 Freescale Freedom 板中，LED 实际上是由 3 个 LED 组成（R、G、B）。在下面的例子中，创建了各翻转开发板上的一个 LED 的 3 个线程，并利用信号量将有效 LED 的数量限制为 2。

简单信号量通信的示例代码

```
# include <MKL25Z4.H>
# include "cmsis_os.h"                     //RTX CMSIS-RTOS 的包含头文件


//系统运行在 48MHz
//LED #0, #1 为端口 B, LED #2 为端口 D
extern void LED_Config(void);
extern void LED_Set(void);
extern void LED_Clear(void);
extern __INLINE void LED_On(uint32_t led);
extern __INLINE void LED_Off(uint32_t led);


/* 线程 ID */
osThreadId t_blinky_red;                   //声明 blinky
osThreadId t_blinky_green;                 //声明 blinky 的线程 ID
osThreadId t_blinky_blue;                  //声明 blinky 的线程 ID
/* 函数声明 */
void blinky_red(void const * argument);    //线程
void blinky_green(void const * argument);  //线程
void blinky_blue(void const * argument);   //线程
/* 声明信号量 */
osSemaphoreDef(two_LEDs);                   //声明 LED 控制用的一个信号量
/* 信号量 ID */
osSemaphoreId two_LEDs_id;                  //声明 LED 控制用的信号量 ID


//----------------------------------------------------------
//Blinky
void blinky_red(void const * argument) {
while(1) {
osSemaphoreWait(two_LEDs_id, osWaitForever);
LED_On(0);                                 //红色 LED 开
```

```
        osDelay(400);                                //延时 400 毫秒
        LED_Off(0);                                  //红色 LED 关
        osSemaphoreRelease(two_LEDs_id);
        osDelay(600);                                //延时 600 毫秒
} //end while
} //end of blinky


void blinky_green(void const * argument) {
while(1) {
        osSemaphoreWait(two_LEDs_id, osWaitForever);
        LED_On(1);                                   //绿色 LED 开
        osDelay(400);                                //延时 400 毫秒
        LED_Off(1);                                  //绿色 LED 关
        osSemaphoreRelease(two_LEDs_id);
        osDelay(600);                                //延时 600 毫秒
} //end while
} //end of blinky


void blinky_blue(void const * argument) {
while(1) {
        osSemaphoreWait(two_LEDs_id, osWaitForever);
        LED_On(2);                                   //蓝色 LED 开
        osDelay(400);                                //延时 400 毫秒
        LED_Off(2);                                  //蓝色 LED 关
        osSemaphoreRelease(two_LEDs_id);
        osDelay(600);                                //延时 600 毫秒
} //end while
} //end of blinky


//将 blinky 定义为线程函数
osThreadDef(blinky_red, osPriorityNormal, 1, 0);
osThreadDef(blinky_green, osPriorityNormal, 1, 0);
osThreadDef(blinky_blue, osPriorityNormal, 1, 0);


//------------------------------------------------------------
int main(void)
{
SystemCoreClockUpdate();


//配置 LED 输出
LED_Config();
```

```
//创建具有两个令牌的信号量
two_LEDs_id = osSemaphoreCreate(osSemaphore(two_LEDs), 2);


//创建线程"blinky_xxx"并将线程 ID 赋给 t_blinky_xxx
t_blinky_red = osThreadCreate(osThread(blinky_red), NULL);
t_blinky_green = osThreadCreate(osThread(blinky_green), NULL);
t_blinky_blue = osThreadCreate(osThread(blinky_blue), NULL);


//结束 main
osThreadTerminate(osThreadGetId());
while(1){
osDelay(1000);                          //延时 1000 毫秒
};
}
```

20.2.8　消息队列

消息队列可将一系列数据以 FIFO 之类的形式从一个线程传递到另一个线程(见图 20.10),数据可以是整数或指针类型。

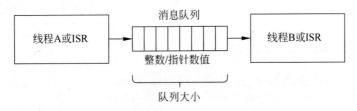

图 20.10　消息队列

消息队列实体由"osMessageQDef(name,queue_size,type)"定义。在利用 CMSIS-RTOS API 访问消息队列实体时,需要使用"osMessageQ(name)"宏。每个消息队列还有一个 ID 值,可被一些消息队列函数使用(见表 20.10)。

表 20.10　消息队列函数

函　　数	描　　述
osMessageQId osMessageCreate (constosMessageQDef_t * queue_def,osThreadId thread_id)	创建并初始化一个消息队列
osStatus osMessagePut (osMessageQIdqueue_id, uint32_t info, uint32_t millisec)	将一个消息放入队列
os_InRegs osEvent osMessageGet (osMessageQIdqueue_id, uint32_t millisec)	获得一个消息或在队列中等待一个消息

在下面的例子中，一串数字 1、2、3、…被"main()"发送到另外一个名为"receiver"的
线程。

消息队列示例代码：

```
# include <MKL25Z4.H>
# include "cmsis_os.h"                    //RTX CMSIS-RTOS 的包含头文件
# include "stdio.h"


//系统运行在 48MHz
//UART 函数
extern void UART_config(void);


/* 线程 ID */
osThreadId t_receiver_id;                 //声明 blinky 的线程 ID
/* 函数声明 */
void t_receiver(void const * argument);   //线程


/* 声明消息队列 */
osMessageQDef(numseq_q, 4, uint32_t);     //声明大小 = 4 的消息队列
osMessageQId numseq_q_id;                 //声明消息队列 ID


//-----------------------------------------------------------
//接收线程
void t_receiver(void const * argument) {
while(1) {
osEvent evt = osMessageGet(numseq_q_id, osWaitForever);
if (evt.status == osEventMessage) {       //收到消息
printf ("%d\n", evt.value.v);             //".v"表示消息是 32 位数
} //end if
} //end while
} //end of t_receiver


//将 t_receiver 定义为线程函数
osThreadDef(t_receiver, osPriorityNormal, 1, 0);


//-----------------------------------------------------------
int main(void)
{
uint32_t i = 0;
SystemCoreClockUpdate();


UART_config();                            //初始化 printf 用的 UART
```

```
//创建消息队列
numseq_q_id = osMessageCreate(osMessageQ(numseq_q), NULL);


//创建任务"t_receiver"并把线程 ID 赋给 t_receiver_id
t_receiver_id = osThreadCreate(osThread(t_receiver), NULL);


while(1){
i++;
osMessagePut(numseq_q_id, i, osWaitForever);
osDelay(1000);                              //延时 1 秒
};
}
```

20.2.9 邮件队列

邮件队列和消息队列很相似,不过传输的信息由内存块组成,这些内存块在放入数据前需要首先分配,在取出数据后要释放(见图 20.11)。内存块可以存放的信息很多,例如数据结构等,而消息队列所传输的信息只能为 32 位数据或指针。

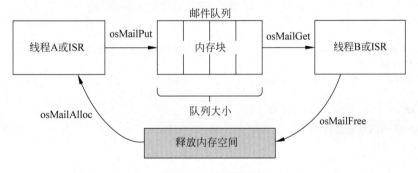

图 20.11 邮件队列

邮件队列由"osMailQDef(name, queue_size, type)"定义,在利用 CMSIS-RTOS API 访问邮件队列时,需要使用"osMailQ(name)"宏。每个消息队列还都具有一个 ID 值,可被一些邮件队列函数使用(见表 20.11)。

表 20.11 邮件队列函数

函 数	描 述
osMailQId osMailCreate (const osMailQDef_t * queue_def, osThreadId thread_id)	创建并初始化一个邮件队列
void * osMailAlloc (osMailQId queue_id, uint32_t millisec)	从邮件中分配一个内存块
void * osMailCAlloc (osMailQId queue_id, uint32_t millisec)	从邮件中分配一个内存块并将内存块设置为 0

续表

函　　数	描　　述
osStatus osMailPut (osMailQId queue_id, void * mail)	将一个邮件放入队列中
os_InRegs osEvent osMailGet (osMailQId queue_id, uint32_t millisec)	从队列中接收一个邮件
osStatus osMailFree (osMailQId queue_id, void * mail)	释放一个邮件中的内存块

　　下面的例子使用邮件队列传递了一块包含一个数据结构体的内存块，其中的数据结构包含 3 个元素。

　　邮件队列示例

```
# include < MKL25Z4.H >
# include "cmsis_os.h"                    //RTX CMSIS - RTOS 的包含头文件
# include "stdio.h"


//系统运行在 48MHz
//UART 函数
extern void UART_config(void);


/* 线程 ID */
osThreadId t_receiver_id;                 //声明 blinky 用的线程 ID
/* 函数声明 */
void t_receiver(void const * argument);   //线程


/* 邮件队列的数据结构 */
typedef struct {
uint32_t length;
uint32_t width;
uint32_t height;
} dimension_t;
/* 声明邮件队列 */
osMailQDef(dimension_q, 4, dimension_t);  //声明一个邮件队列
osMailQId dimension_q_id;                 //声明邮件队列 ID


//------------------------------------------------------------
//接收线程
void t_receiver(void const * argument) {
while(1) {
osEvent evt = osMailGet(dimension_q_id, osWaitForever);
if (evt.status == osEventMail) {          //收到邮件
dimension_t * rx_data = (dimension_t * ) evt.value.p;
```

```
//".p"表示指针代表的消息
//在 printf 中输出结果
printf ("Received data: (L) % d, (W), % d, (H) % d\n",
rx_data->length, rx_data->width, rx_data->height);
osMailFree(dimension_q_id, rx_data);          //释放已分配空间
}
} //end while
} //end of t_receiver


//将 t_receiver 定义为线程函数
osThreadDef(t_receiver, osPriorityNormal, 1, 0);



//---------------------------------------------------------
int main(void)
{
uint32_t i = 0;
dimension_t * tx_data;                 //数据结构体指针


SystemCoreClockUpdate();
UART_config();                         //初始化 printf 用的 UART


//创建邮件队列
dimension_q_id = osMailCreate(osMailQ(dimension_q), NULL);


//创建一个任务"t_receiver"并将线程 ID 赋给 t_receiver_id
t_receiver_id = osThreadCreate(osThread(t_receiver), NULL);
while(1){
i++;
//分配数据结构所需的存储器空间
tx_data = (dimension_t *) osMailAlloc(dimension_q_id, osWaitForever);
tx_data->length = i;                   //数据产生
tx_data->width = i + 1;
tx_data->height = i + 2;
osMailPut(dimension_q_id, tx_data);
osDelay(1000);                         //延时 1 秒
};
}
```

20.2.10　内存池管理特性

CMSIS-RTOS 具有一个名为内存池管理的特性,可以利用该特性定义具有一定数量内

存块的内存池,并可在运行时分配这些内存块。

内存池实体由"osPoolDef(name, pool_size, type)"定义。在利用 CMSIS-RTOS API 访问内存池时,需要使用"osPool(name)"宏。每个内存池还都具有一个 ID 值,可被一些内存池函数使用(见表 20.12)。

表 20.12　内存池函数

函　　数	描　　述
osPoolQId osPoolCreate (const osPoolDef_t * pool_def)	创建并初始化一个内存池
void * osPoolAlloc (osPoolId pool_id)	从内存池中分配一个内存块
void * osPoolCAlloc (osPoolId pool_id)	从内存池中分配一个内存块并将内存块设置为 0
osStatus osPoolFree (osPoolId pool_id,void * block)	将已分配的内存块返回给指定内存池

例如,可以重用前面消息队列示例中的数据结构,并利用内存池特性管理信息传输中的数据块。

利用内存池传递数据结构的消息队列示例

```
# include < MKL25Z4.H >
# include "cmsis_os.h"                    //RTX CMSIS - RTOS 的包含头文件
# include "stdio.h"


//系统运行在 48MHz
//UART 函数
extern void UART_config(void);


/* 线程 ID */
osThreadId t_receiver_id;                 //声明 blinky 线程 ID
/* 函数声明 */
void t_receiver(void const * argument);   //线程


/* 邮件队列的数据结构 */
typedef struct {
uint32_t length;
uint32_t width;
uint32_t height;
} dimension_t;


/* 声明内存池,4 个入口 */
osPoolDef(mpool, 4, dimension_t);
osPoolId mpool_id;
```

```
/* 声明消息队列 */
osMessageQDef(dimension_q, 4, dimension_t);    //声明一个消息队列
osMessageQId dimension_q_id;                    //声明消息队列 ID
/* 备注：消息队列具有 4 个入口，和内存池大小相同 */


//----------------------------------------------------------
//接收线程
void t_receiver(void const *argument) {
while(1) {
osEvent evt = osMessageGet(dimension_q_id, osWaitForever);
if (evt.status == osEventMessage) {         //收到的消息
dimension_t *rx_data = (dimension_t *) evt.value.p;
//".p"表示消息指针
printf ("Received data: (L) %d, (W), %d, (H) %d\n",
rx_data->length, rx_data->width, rx_data->height);
osPoolFree(mpool_id, rx_data);
} //end if
} //end while
} //end of t_receiver


//将 t_receiver 定义为线程函数
osThreadDef(t_receiver, osPriorityNormal, 1, 0);


//----------------------------------------------------------
int main(void)
{
uint32_t i = 0;
dimension_t *tx_data;                       //数据结构指针


SystemCoreClockUpdate();
UART_config();                              //初始化 printf 用的 UART


//创建消息队列
dimension_q_id = osMessageCreate(osMessageQ(dimension_q), NULL);


//创建内存池
mpool_id = osPoolCreate(osPool(mpool));
```

```
//创建任务"t_receiver"并将线程 ID 赋给 t_receiver_id
t_receiver_id = osThreadCreate(osThread(t_receiver), NULL);


//main()自身为发出消息的线程
while(1){
i++;
//为内存池数据结构体分配存储器空间
tx_data = (dimension_t *) osPoolAlloc(mpool_id);
tx_data->length = i;                        //数据产生
tx_data->width = i + 1;
tx_data->height = i + 2;
osMessagePut(dimension_q_id, (uint32_t)tx_data, osWaitForever);
osDelay(1000);                              //延时 1 秒
};
}
```

20.2.11　通用等待函数和超时数值

在前面所有的例子中，都使用了一个名为 osDelay 的函数（见表 20.13）。

该函数可将线程置于等待状态，输入参数为"millisec"（毫秒）。

许多 CMSIS-API 函数中都有一个指定等待时间的"millisec"输入参数，例如 osSemaphoreWait 和 osMessageGet 等。在正常数值范围内，它定义了触发超时、引起函数返回的持续时间。该参数可被设置为常量 osWaitForever，其在 cmsis_os.h 中被定义为 0xFFFFFFFF。当"millisec"为 osWaitForever 时，该函数永不会超时。

如果"millisec"被设置为 0，则函数不会等待，而是立即返回。可以利用函数返回值确定所需的操作是否执行成功。

在任何异常处理中进入等待状态是没有必要且不被允许的，因此，当使用具有毫秒输入参数的 CMSIS-RTOS API 时，毫秒参数应该被置为 0，这样会立即返回。任何中断处理都不应使用 osDelay 等试图延时的函数。

表 20.13　osDelay 函数

函　　　数	描　　述
osStatus osDelay (uint32_t millisec)	等待一段时间

20.2.12　定时器特性

除了等待状态和等待函数，CMSIS-RTOS 还支持定时器，定时器可以触发函数的执行（注：定时器无法直接触发线程，可以通过从函数中向线程发一个事件来间接实现）。

定时器可以运行在周期定时模式或单发模式。在周期定时模式中，定时器会在其被删除或停止前重复执行操作，而在单发模式中定时器只会触发一次动作。

定时器实体由"osTimerDef（name，pool_size，type）"定义。在利用 CMSIS-RTOS API 操作定时器时,需要使用"osTimer（name）"宏。每个定时器还都具有一个 ID 值,可被一些定时器函数使用(见表 20.14)。

表 20.14　定时器函数

函　　数	描　　述
osTimerId osTimerCreate（const osTimerDef_t * timer_def，os_timer_type type，void * argument）)	创建并初始化一个定时器
osStatus osTimerStart（osTimerId timer_id，uint32_t millisec)	启动或重启定时器
osStatus osTimerStop（osTimerId timer_id)	停止定时器
osStatus osTimerDelete（osTimerId timer_id)	删除由 osTimerCreate 创建的一个定时器

下面的例子使用了定时器的周期和单发这两种模式。

OS 定时器特性示例

```
# include < MKL25Z4.H>
# include "cmsis_os.h"                      //RTX CMSIS - RTOS 的包含头文件


//系统运行在 48MHz
/* 函数声明 */
extern void LED_Config(void);
extern __INLINE void LED_On(uint32_t led);
extern __INLINE void LED_Off(uint32_t led);
void toggle_led(void const * argument);     //翻转 LED


/* 声明 osTimers */
osTimerDef(LED_1, toggle_led);              //声明一个 LED 控制用的定时器
osTimerDef(LED_2, toggle_led);              //声明一个 LED 控制用的定时器
osTimerDef(LED_3, toggle_led);              //声明一个 LED 控制用的定时器
osTimerDef(LED_4, toggle_led);              //声明一个 LED 控制用的定时器
osTimerDef(LED_5, toggle_led);              //声明一个 LED 控制用的定时器
osTimerDef(LED_6, toggle_led);              //声明一个 LED 控制用的定时器
/* 定时器 ID */
osTimerId LED_1_id, LED_2_id, LED_3_id, LED_4_id, LED_5_id, LED_6_id;


//---------------------------------------------------------------
int main(void)
{
SystemCoreClockUpdate();
//配置 LED 输出
LED_Config();
```

```
//创建定时器 - 最后一个参数为 toggle_led 的参数
//定时器 1:周期性,打开红色 LED
LED_1_id = osTimerCreate(osTimer(LED_1), osTimerPeriodic, (void * )1);
//定时器 2:单发模式,定时器 1 触发,关闭红色 LED
LED_2_id = osTimerCreate(osTimer(LED_2), osTimerOnce, (void * )2);
//定时器 3:单发模式,定时器 2 触发,打开绿色 LED
LED_3_id = osTimerCreate(osTimer(LED_3), osTimerOnce, (void * )3);
//定时器 4:单发模式,定时器 3 触发, 关闭绿色 LED
LED_4_id = osTimerCreate(osTimer(LED_4), osTimerOnce, (void * )4);
//定时器 5:单发模式,定时器 4 触发, 打开蓝色 LED
LED_5_id = osTimerCreate(osTimer(LED_5), osTimerOnce, (void * )5);
//定时器 6:单发模式,定时器 5 触发,关闭蓝色 LED
LED_6_id = osTimerCreate(osTimer(LED_6), osTimerOnce, (void * )6);


osTimerStart(LED_1_id, 3000);                      //启动第一个定时器


//主程序里设置定时器 1 后就没有工作要做了
while(1){
osDelay(osWaitForever);                            //延时
};
}
//------------------------------------------------------------
//本函数每轮执行 6 次
//参数为 1,2,3,4,5,6
void toggle_led(void const * argument)
{
switch ((int)argument){
case 1:
osTimerStart(LED_2_id, 500);
LED_On(0);                                         //红色 LED 开
break;
case 2:
osTimerStart(LED_3_id, 500);
LED_Off(0);                                        //红色 LED 关
break;
case 3:
osTimerStart(LED_4_id, 500);
LED_On(1);                                         //绿色 LED 开
break;
case 4:
osTimerStart(LED_5_id, 500);
LED_Off(1);                                        //绿色 LED 关
break;
```

```
case 5:
osTimerStart(LED_6_id, 500);
LED_On(2);                                    //蓝色 LED 开
break;
case 6:
LED_Off(2);                                   //蓝色 LED 关
break;
default:
break;
}
}
```

如果实际使用的系统为 CMSIS-RTOS RTX,则在使用定时器时,应该确认 RTX_Conf
_CM.c 中的 OS_TIMERS 参数是否为 1,可能还需要修改定时器线程的设置(见图 20.5 中
的用户定时器设置)。

20.2.13 给非特权线程增加 SVC 服务

根据 CMSIS-RTOS RTX 的设置,"main()"可能会在非特权状态启动,在这种情况下,
无法访问 NVIC 或 SCS 中的任何寄存器,或处理器内核中的一些寄存器。

要使"main()"和各线程运行在特权状态,应该将 RTX_Conf_CM.c 中的 OS_RUNPRIV 参
数设置为 1。不过,许多应用需要一些线程运行在非特权状态,例如为使用存储器保护特性
等。在这种情况下,用户可能仍想在特权状态执行一些操作,以便可以设置 NVIC 或访问
SCS 中的其他寄存器和处理器中的特殊寄存器。

为了解决这个问题,CMSIS-RTOS RTX 提供了一种可扩展的 SVC 机制。SVC♯0 由
CMSIS-RTOS RTX 使用,而其他 SVC 服务则可由用户定义的函数使用。应用代码可以使
用 SVC 调用在 SVC 处理中执行用户定义的这些函数,而 SVC 处理是运行在特权状态的。

工程中需要加入 SVC 查表代码,它的作用是执行 SVC 服务查找并定义用户定义的
SVC 服务名称。

扩展 SVC 服务的 SVC 表

```
;/ * --------------------------------------------------------------
; * CMSIS - RTOS - RTX
; * --------------------------------------------------------------
; * Name: SVC_TABLE.S
; * Purpose: Pre - defined SVC Table for Cortex - M
; * Rev.: V4.70
; * --------------------------------------------------------------
; *
; * Copyright (c) 1999 - 2009 KEIL, 2009 - 2013 ARM Germany GmbH
; * All rights reserved.
; * Redistribution and use in source and binary forms, with or without
; * modification, are permitted provided that the following conditions are met:
```

```

AREA SVC_TABLE, CODE, READONLY


EXPORT SVC_Count


SVC_Cnt EQU (SVC_End - SVC_Table)/4
SVC_Count DCD SVC_Cnt


; 用户 SVC 函数
IMPORT __SVC_1_HardwareInitialization
IMPORT __SVC_2_NVIC_EnableIRQ
IMPORT __SVC_3_NVIC_DisableIRQ
IMPORT __SVC_4_Get_CPUID
EXPORT SVC_Table
SVC_Table
; 在这里插入用户 SVC 函数, SVC 0 用于 RTX Kernel.
; 硬件初始化
DCD __SVC_1_HardwareInitialization
; SVC 函数重定向至 NVIC_EnableIRQ
DCD __SVC_2_NVIC_EnableIRQ
; SVC 函数重定向至 NVIC_DisableIRQ
DCD __SVC_3_NVIC_DisableIRQ
```

```
; 获取 CPUID 的 SVC 函数
DCD __SVC_4_Get_CPUID
SVC_End


END
/* ------------------------------------------------------------------
 * end of file
 * ------------------------------------------------------------------ */
```

在应用代码中,将 Hardwre_Initialization(void)定义为 SVC ♯1,并实现了被 SVC 表
引用的__SVC_1_HardwareInitialization。

```
# include <MKL25Z4.H>d
# include "cmsis_os.h"                        //RTX CMSIS - RTOS 的包含头文件
# include "stdio.h"


//系统运行在 48MHz
/* 函数声明 */
extern void LED_Config(void);
extern __INLINE void LED_On(uint32_t led);
extern __INLINE void LED_Off(uint32_t led);
extern void UART_config(void);


/* 线程 ID */
osThreadId t_blinky_id;                       //声明 blinky 的线程 ID
/* 函数声明 */
void blinky(void const * argument);           //线程


//将 blinky 定义为线程函数
osThreadDef(blinky, osPriorityNormal, 1, 0);


//定义 SVC ♯1, ♯2 和♯3
void __svc(0x01) Hardware_Initialization(void);
void __svc(0x02) Redirect_NVIC_EnableIRQ(IRQn_Type IRQ_num);
void __svc(0x03) Redirect_NVIC_DisableIRQ(IRQn_Type IRQ_num);
uint32_t __svc(0x04) Get_CPUID(void);
void __SVC_4_Get_CPUID_C_part(unsigned int * svc_args);
//--------------------------------------------------------------
int main(void)
{
Hardware_Initialization();                    //SVC 服务♯1
```

```
//创建线程"blinky"并将线程 ID 赋给 t_blinky
t_blinky_id = osThreadCreate(osThread(blinky), NULL);


//只能在特权状态读 CPUID
printf("CPU ID = 0x%x\n", Get_CPUID());


//设置定时器 1 后就没有工作要做了
while(1){
LED_On(0);                            //红色 LED 开
osDelay(200);                         //延时 200 毫秒
LED_Off(0);                           //红色 LED 关
osDelay(200);                         //延时 200 毫秒
};
}
// ----------------------------------------------------------
//blinky
void blinky(void const * argument) {
while(1) {
LED_On(1);                            //绿色 LED 开
osDelay(500);                         //延时 500 毫秒
LED_Off(1);                           //绿色 LED 关
osDelay(500);                         //延时 500 毫秒
} //end while
} //end of blinky
// ----------------------------------------------------------
void HardFault_Handler(void)
{
printf ("[HardFault]\n");
__BKPT(0);
while(1);
}
// ----------------------------------------------------------
//用户定义的 SVC 服务(♯1)
//注意名称要同定义在 SVC_Table.s 中的 SVC 服务名匹配
void __SVC_1_HardwareInitialization(void)
{
//在这里添加自己的系统/NVIC/SCS 初始化代码 …
SystemCoreClockUpdate();
//配置 LED 输出
LED_Config();
//配置 UART
UART_config();
```

```
return;
}
//--------------------
void __SVC_2_NVIC_EnableIRQ(IRQn_Type IRQ_num)
{
//增加安全检查
//例如,若 IRQ_num 为某个特定值则 NVIC 允许使能
NVIC_EnableIRQ(IRQ_num);
return;
}
//--------------------
void __SVC_3_NVIC_DisableIRQ(IRQn_Type IRQ_num)
{
//增加安全检查
//例如,若 IRQ_num 为某个特定值则 NVIC 允许禁止
NVIC_DisableIRQ(IRQ_num);
return;
}
//--------------------
unsigned int __SVC_4_Get_CPUID(void)
{ //和普通 C 函数一样返回函数值
return SCB->CPUID;
}
```

请注意:

- 根据实际的微控制器设计,有些外设无法在非特权状态访问,printf 也会受到影响 (由于它需要访问 UART 等外设)。
- 利用 RTX 中 SVC 扩展的设计,可以和标准 C 函数一样使用参数输入和返回值,无 须使用 SVC 汇编包装从栈帧中提取函数参数,或者将返回值保存到栈帧中。

20.3　在应用中使用 RTX

利用 RTX Kernel,很容易就能开发出可以处理多个并行任务的应用。例如,第 18 章介 绍了一个火车控制器的例子,在这里重写这个应用,且将函数分为不同部分后,利用 RTX 的各种特性将它们链接起来(见图 20.12)。

在这个版本中,去掉了对传感器的初始检测以及 FSM 中的方向探测。和之前的设计 不同,在有事件需要处理时,FSM 代码只会处于运行状态中。火车的加速和减速由输出阶 段控制。

传感器和按钮的输入采样线程,会周期性地进行输入采样。这些线程会利用 osDelay 特性,而不是定时器中断 ISR 的一部分,因此无须使用单独的定时器外设。请注意,如下面 的 t_button 线程所示,和之前需要将按钮状态信息定义为静态数据的设计不同,这些状态

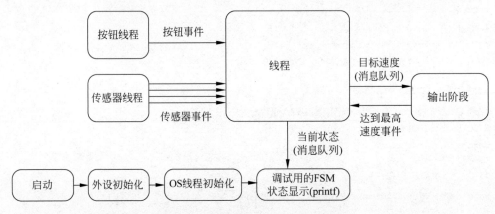

图 20.12　重写且拆分火车控制器应用

变量被声明为普通的数据变量，而且线程不会在运行状态结束。

用于按钮状态采样的输入采样线程 t_button 实例

```
//-----------------------------------------------------------
//按钮采样
#define BUTTON_HISTORY_MASK 0x3
//只需 2 个周期
void t_button(void const * argument) {
//按钮 - P1_8
uint32_t button_history = 0;                      //高有效移位寄存器
uint32_t button_state = 0;
while(1) {
button_history = (button_history << 1) & BUTTON_HISTORY_MASK;  //移位
if ((LPC_GPIO1 -> MASKED_ACCESS[1 << 8]) == 0) {  //低有效
button_history |= 1;
}
if ((button_history == BUTTON_HISTORY_MASK) & (button_state == 0)){
//发送信号给主 FSM
osSignalSet(t_fsm_id, EVT_BUTTON);                //设置信号
button_state = 1;                                 //在两次有效采样后状态被设置为 1
} else if ((button_history == 0x0) & (button_state == 1)){
button_state = 0;                                 //在两次无效采样后状态被设置为 0
}
osDelay(50);
} //end while
} //end t_button
```

数据阶段被编码为每 50ms 超时一次的邮箱队列，这样一来，当前输出速度就会在加速和减速期间周期性地调整，但同时可被 FSM 更新。和输入采样线程类似，其利用了 OS 定时器而非单独的外设定时器。

由于消息队列特性中超时值的使用(osMessageGet),线程可以周期性地更新速度控制输出,而无须 FSM 线程从等待状态中唤醒。

```
//---------------------------------------------------------
//PWM 速度控制输出线程
// - 等待主 FSM 的消息
// - 若无新的速度信息,则基于之前的目标来调整速度
// - PWM 速度更新频率为 20Hz
void t_output(void const * argument) {
motor_set_PWM0(0);                              //初始速度 = 0
Current_Speed = 0;

while(1) {
osEvent evt = osMessageGet(speed_command_id, 50); //20Hz, 50 毫秒
if (evt.status == osEventMessage) {             //收到消息
Target_Speed = evt.value.v;
} else {                                        //超时
if (Target_Speed > Current_Speed) {           //需要增加速度
if ((Current_Speed + MAX_INCR) < Target_Speed) {
Current_Speed += MAX_INCR;
} else {
Current_Speed = Target_Speed;
//发送信号给主 FSM 以停止加速
osSignalSet(t_fsm_id, EVT_MAX_SPEED);
}
} else if (Target_Speed < Current_Speed) {      //需要减小速度
if ((Current_Speed - MAX_DECR) > Target_Speed) {
Current_Speed -= MAX_DECR;
} else {
Current_Speed = Target_Speed;
}
}                                               //减速结束
}
//更新 PWM
motor_set_PWM0(Current_Speed);
} //end while
} //end of t_output
```

程序代码中的多个部分都使用了 OS 的定时函数,例如,当火车停止在 A 点或 B 点时,osDelay 控制火车何时再次移动。

和之前的在定时器 ISR 中执行输入采样、FSM 和输出阶段的火车控制器例子不同,RTX 版本则将线程独立开来,可以通过调整每个线程的时间控制使它们运行在不同的速度,这样就提高了应用开发的灵活性。但是,osDelay 的精度和定时器不同,如果需要精确执行某线程,则应该使用 osTimer 特性代替。

20.4 调试 RTX 应用

为了方便具有 RTX 的应用的调试，Keil MDK 集成了多种特性，例如，本地和调用栈窗口自动识别线程并显示各线程的状态（见图 20.13）。

另外，栈的使用情况等其他信息可以在系统和线程查看窗口中找到（单击下拉菜单"Debug-> OS support-> Ssytem and Thread Viewer"）（见图 20.14）。

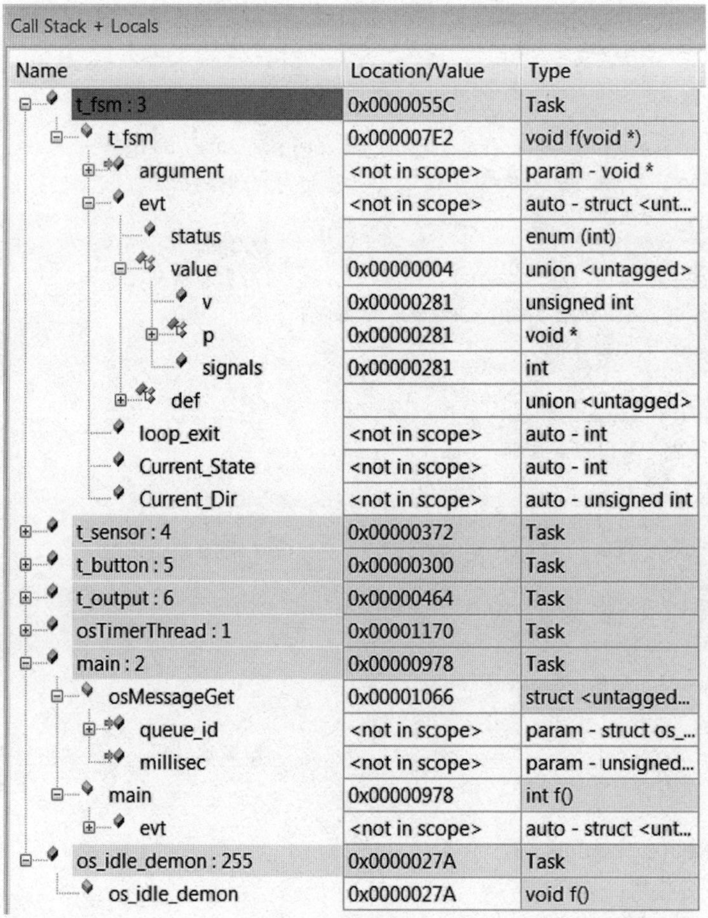

Call Stack + Locals		
Name	Location/Value	Type
t_fsm : 3	0x0000055C	Task
t_fsm	0x000007E2	void f(void *)
argument	\<not in scope>	param - void *
evt	\<not in scope>	auto - struct \<unt...
status		enum (int)
value	0x00000004	union \<untagged>
v	0x00000281	unsigned int
p	0x00000281	void *
signals	0x00000281	int
def		union \<untagged>
loop_exit	\<not in scope>	auto - int
Current_State	\<not in scope>	auto - int
Current_Dir	\<not in scope>	auto - unsigned int
t_sensor : 4	0x00000372	Task
t_button : 5	0x00000300	Task
t_output : 6	0x00000464	Task
osTimerThread : 1	0x00001170	Task
main : 2	0x00000978	Task
osMessageGet	0x00001066	struct \<untagged...
queue_id	\<not in scope>	param - struct os_...
millisec	\<not in scope>	param - unsigned...
main	0x00000978	int f()
evt	\<not in scope>	auto - struct \<unt...
os_idle_demon : 255	0x0000027A	Task
os_idle_demon	0x0000027A	void f()

图 20.13 Keil MDK μVision 调试器调用栈和本地窗口 OS 感知

Keil MKD 中 RTOS 的其他 OS 相关的调试特性适用于 Cortex-M3、Cortex-M4 和 Cortex-M7 处理器，这些处理器的串行线查看和跟踪特性（需要跟踪连接和处理器中其他的调试和跟踪特性）可以提供系统的实时执行信息。要了解其他信息，可以参考《Cortex-M3 和 Cortex-M4 权威指南（第 3 版）》。

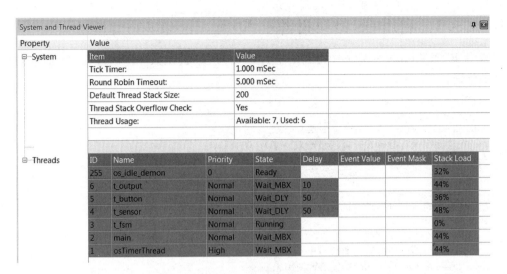

图 20.14 系统和线程窗口

20.5 疑难解答

在使用 RTX 时,会导致应用失败的原因有很多,本书的第 11 章已经介绍了和 HardFault 异常以及分析技术有关的一些内容,下面将会介绍嵌入式 OS 应用相关的内容。

20.5.1 栈大小需求

为工程预留足够的栈空间是非常重要的,其中包括启动代码中栈大小的设置(如 Keil MKD)或链接器配置(如 IAR)、主程序和线程的默认栈大小及 osThreadDef 定义的栈大小选项(若设置为 0,则使用默认的栈大小)。

如果使用的是 Keil MDK,则线程所需的栈大小可以从编译后生成的 HTML 文件中找到,如图 20.14 所示,还可以在某个时间看到调试器的栈使用情况。对于 IAR,栈的使用情况则位于链接报表文件中(见 15.5 节)。

另外,栈大小要为 8 的倍数,可能还需要检查链接器报表或存储器映射报表,以确认栈区域对齐到双字边界。Keil μVision IDE 的配置向导(见图 20.5)会默认将栈大小设置为 8 的倍数,如果手动修改文件,需要确保栈大小为 8 的倍数。

20.5.2 优先级

如果嵌入式 OS 的线程运行在非特权状态,则这些线程无法访问 NVIC 寄存器等 SCS 存储器空间,这可能还会影响到对某些外设的访问。请参考 20.2.13 节了解如何扩展 CMSIS-RTOS RTX 中的 SVC 服务使得线程访问特权服务。

20.5.3　利用 OS 错误报告

文件 RTX_Config_CM.c 中存在一个名为 os_error 的函数，可以修改这个函数，输出各种 OS 错误。

RTX os_error 函数

```
void os_error (uint32_t error_code) {
/* 在检测到运行时错误时调用该函数 */
/* 参数'error_code' 保存运行错误代码 */


/* 这里为错误时可以选择执行的代码 */
switch (error_code) {
case OS_ERROR_STACK_OVF:
/* 当前运行的任务检测到的栈溢出 */
/* 线程可由 svcThreadGetId() 函数调用识别 */
break;
case OS_ERROR_FIFO_OVF:
/* 检测到 ISR FIFO 队列缓冲溢出 */
break;
case OS_ERROR_MBX_OVF:
/* 检测到邮件溢出 */
break;
}
for (;;);
}
```

20.5.4　OS 特性配置

文件 RTX_Config_CM.c 定义了工程需要的多种 OS 特性，对这个文件的正确设置是非常重要的（例如 OS_TASKCNT——应用中有多少并行执行的任务）。

20.5.5　其他问题

在使用 CMSIS-RTOS 特性时，不要忘记首先要创建目标实体（利用 osXxxxCreate 函数等）。如果忽略了某些创建函数，程序代码在编译时不会有什么问题，但是运行结果则可能是无法预测的。

20.6　其他要点和提示

20.6.1　修改 RTX_Config_CM.c

RTX_Config_CM.c 中有不少可以优化的地方：
- 默认定义了要包含的某些特性以及栈大小，如果应用只使用了少量特性或者线程使用了最低栈空间,则可以调整这个文件以减少所需存储器。

- 系统没有任务要处理时,会执行空闲线程,空闲线程在 RTX_Config_CM.c 中配置(void os_idle_demon(void)),可以在应用中插入休眠模式控制代码以降低功耗,例如,

```
void os_idle_demon (void) {
/* idle demon 为系统线程,在没有其他线程准备执行时才会运行 */


for (;;) {
/* 在这里添加没有线程运行时的用户代码 */
__WFE();
}
}
```

- 对于低功耗应用,用户可能想使用其他定时器来代替 SysTick,此时需要将 OS_SYSTICK 设置为 0,且在这个文件中添加其他定时器函数(int os_tick_init (void),uint32_t os_tick_val(void),uint32_t os_tick_ovf (void) and void os_tick_irqack (void))。

20.6.2 线程优先级

有些线程在就绪状态时可能要有更高的优先级,因此需要调整线程的优先级,这样可以提高系统的响应速度,不要忘记还可以在运行时修改线程的优先级。

20.6.3 缩短等待时间

有时需要缩短应用代码中的等待时间,因为有些外设或外部系统需要的等待时间较短,除了传统的方法外,还可以使用

- 轮询循环(效率不高);
- 使用中断(并非所有外设都支持中断,而且中断的设置也会带来软件开销);
- 使用 osDelay 等 OS 定时函数(延时时间可能比需要得长)。

可以使用 osThreadYield 函数,使 RTX 内核切换至另一个等待运行的线程,且稍后再返回这个线程。例如,

```
dma_copy_start();                          //开始 DMA 复制操作,时间不会太长
while (dma_copy_done() == 0){
osThreadYield();
}
```

20.6.4 其他信息

CMSIS 包中有 RTX 和 CMSIS-RTOS 的细节内容,另外,Keil 官网中也可以找到许多关于 RTX Kernel 的有用信息(http://www.keil.com/support/search.asp)。

第 21 章

混合语言工程

21.1 汇编在工程开发中的应用

目前为止,所介绍的工程大多都是用 C 编写的(ARM mbed 平台则为 C++),微控制器也可以用汇编语言编程。但是由于汇编语言的局限性,实际应用中很少用汇编语言开发。

- 汇编语言编程更加困难,而且当应用需要复杂的数据处理时也非常麻烦。
- 汇编学起来需要花费不少时间,并且不容易定位错误,因此完成一个项目所需的时间也就更长。
- 汇编程序代码可移植性差,不同工具链的伪指令和语法都不同。
- 现代 C 编译器可以生成高效的代码,并且大多要比生手写的汇编的效率要高。
- 微控制器供应商的设备驱动(如头文件)是用 C 实现的,如果使用汇编访问外设,需要创建自己的头文件和驱动库。

之所以能够避免使用汇编代码,要感谢 CMSIS-CORE,例如,WFE(等待事件)/WFI(等待中断)等许多特殊指令都可以利用 CMSIS-CORE 中定义的 API 来访问。不过,仍然有不少场合需要用汇编编程,一般来说,在实际软件开发过程中,多数应用或整个工程都可能使用 C/C++实现(或者其他高级语言),但如果需要,可以将一小部分用汇编实现。这样就简化了系统初始化和外设访问,并提高了软件的可移植性。

汇编语言代码一般用于以下情况:

- 需要直接操作栈空间(如嵌入式 OS 开发);
- 某种硬件的速度/性能最高优化;
- 重用其他工程的汇编代码;
- 处理器架构的教育和学习。

混合使用 C/C++代码和汇编代码的方法有多种,例如,

- 汇编代码可以写在单独的汇编代码文件中,并利用工具链中的汇编器工具对其进行处理。
- 多数工具链都支持将汇编代码作为内联汇编代码插入 C 函数/子程序中。

- 可以将汇编代码设计为 C 程序代码中的函数/子程序,并利用 ARM C 编译器中的嵌入式汇编特性来处理,包括 Keil MDK-ARM 和 ARM DS-5 在内的 ARM 编译器工具链都支持。

许多工具链还提供了汇编格式的微控制器启动代码,由于这些文件已经被工具链供应商准备好或者可以从 CMSIS-PACK 等软件包中找到,软件开发人员实际上是很少直接编写汇编代码的。

21.2　汇编编程实践和 AAPCS

在实际编写汇编代码之前,需要理解在函数调用过程中,各个函数和子程序是怎么交互的。汇编代码要想和 C/C++ 程序代码共存,需要满足许多要求,一个名为 ARM 架构过程调用标准(AAPCS,参考文献[6])的 ARM 文档介绍了这方面的内容。

遵循 AAPCS 列出的编程规范,各个软件部件可以配合良好,在提高软件可移植性的同时又可以避免汇编代码和编译器生成的程序代码或第三方程序代码共存时的问题。

即使应用只包含汇编代码,也要遵循 AAPCS 的规定,这是因为调试工具可能会假定函数的操作是基于 AAPCS 的。

AAPCS 包括以下方面:

- 函数调用中的寄存器用法,函数或子程序应该保留 R4-R11、R13 和 R14 中的数值。如果这些寄存器在函数或子程序执行期间被修改了,则其数值应被保存在栈中并在返回调用代码前恢复。
- 参数和返回值传递,对于简单的情况,输入参数可由 R0(第一个参数)、R1(第二个参数)、R2(第三个参数)和 R4(第四个参数)传递到函数中。对于具有 FPU 的 Cortex-M4,根据所选择的 ABI 的类型,还可能会用到 S0-S15。函数的返回值通常被存放在 R0 中,如果传递给函数的参数超过 4 个,则需要使用栈(参考 AAPCS 以了解细节内容)。
- 栈对齐,如果汇编函数需要调用 C 函数,就应该确保当前选择的栈指针指向了双字对齐的地址(如 0x20002000、0x20002008 和 0x20002010 等),这是 EABI 标准规定的。符合 EABI 的 C 编译器生成的程序代码会假定栈指针指向了双字对齐的位置,如果汇编代码未调用任何 C 函数(直接或间接),则不必严格遵循这个要求。

例如,如果开发的汇编函数需要被 C 代码调用,需要确保"被调用者保存寄存器"(R4-R11,见表 21.1)的内容不会被意外改变。

表 21.1　函数调用中的寄存器用法和要求

寄存器	函数调用行为
R0-R3,R12	调用者保存寄存器,这些寄存器中的内容可以被函数修改。汇编代码如果在之后的操作中使用这些数值的话,就需要保存这些寄存器

寄存器	函数调用行为
R4-R11	调用者保存寄存器,函数必须保存这些寄存器的内容。如果函数要在处理中使用这些寄存器,就需要将它们保存到栈中,并且在函数返回前将它们恢复
R14(LR)	如果函数中包含"BL/BLX"指令,那么链接寄存器中的内容就需要被保存到栈中,这是因为 LR 在"BL\BLX"执行时会被覆盖
R13(SP),R15(PC)	普通处理中不应使用

类似地,调用 C 函数的汇编代码应该确保在函数调用前保存"调用者保存寄存器"的内容,这是因为调用函数可能会修改这些寄存器(R0-R3 以及 R12,见表 21.1)。

如果函数调用需要输入参数,或者函数返回了一个参数,则可以用寄存器 R0-R3 处理(见表 21.2)。

表 21.2　函数调用中的简单参数传递和数据返回

寄存器	输入参数	返回值
R0	第一个输入参数	函数返回值
R1	第二个输入参数	—,或者返回值(64 位结果)
R2	第三个输入参数	—
R3	第四个输入参数	—

对于双字栈对齐,还需要格外小心:函数入口和出口处栈指针的数值要对齐到双字地址。在 ARM/Keil 开发工具中,汇编器提供了 REQUIRE8 伪指令,表示函数要求双字栈对齐,而 PRESERVE8 则表示函数设定了双字对齐。

汇编器可以利用该伪指令分析你的代码,如果在函数需要双字对齐的栈帧时调用函数无法保证,汇编器则会产生警告。根据应用的不同,这些伪指令可能会用不上,特别是整个工程都是用汇编代码建立时。

本书只介绍 AAPCS 和混合语言工程的基本需求,要了解全部细节,请参考 AAPCS 文档(可从 ARM 官网下载,参考文献[6])。

21.3　汇编函数概述

21.3.1　ARM 工具链

汇编函数可能会非常简单,例如,将两个输入参数相加的函数可以简化至

```
My_Add    ADDS    R0, R0, R1 ; R0 和 R1 相加, 结果保存在 R0 中
          BX      LR  ; 返回
```

为了提高可读性,可以增加其他的伪指令,来表示函数的开始和结束。对于 Keil MDK-ARM 或 ARM DS-5,FUNCTION 伪指令表示函数的开始,而 ENDFUNC 伪指令则表示函

数的结束。

```
My_Add FUNCTION
    ADDS    R0, R0, R1 ; R0 和 R1 相加，结果位于 R0 中
    BX      LR ; 返回
    ENDFUNC
```

伪指令对 PROC 和 ENDP 为 FUNCTION 和 ENDFUNC 的简写，每个 FUCNTION 都要有一个对应的 ENDFUNC，且不能嵌套。FUNCTION 和 ENDFUNC 以及 PROC 和 END 都是 ARM 工具链特有的。

在一个简单的汇编文件中，除了汇编代码外，需要其他伪指令来表示程序的开始以及其所在的存储器类型。

例如，具有 My_Add 函数的 ARM 工具链的一个简单汇编程序文件可以写作

```
PRESERVE8 ; 表示这里的代码使用 8 字节栈对齐
THUMB ; 表示用的是 THUMB 代码
AREA |.text|, CODE, READONLY ; CODE 区域起始
EXPORT My_Add ; 使 My_Add 从外面可见
My_Add FUNCTION
ADDS R0, R0, R1 ; R0 和 R1 相加，结果位于 R0 中
BX LR ; 返回
ENDFUNC
END ; End of file
```

21.3.2　GCC 工具链

对于 GNU 工具链，简单的 My_Add 函数可以如下实现，请注意可以增加 .type 声明将 My_Add 声明为函数。

```
.type My_Add, % function
My_Add ADDS R0, R0, R1 ; R0 和 R1 相加，结果位于 R0 中
BX LR ; 返回
```

多数情况下，即使没有 .type 声明，程序也可以正常工作。但在不使用时，"My_Addr" 标号数值的最低位为 0，例如，如果未声明 .type，则下面的代码无法运行成功：

```
LDR R0, = My_Add /* 由于 R0 的 LSB 为 0，代码会失败 */
BX R0 /* 这就意味着会切换至 ARM 状态 */
```

如果异常处理用汇编实现，则未使用 .type 声明也会导致类似问题。

和 ARM 工具链类似，要完成汇编代码文件，还需要其他伪指令。GNU 工具链的简单汇编语言文件可以如下实现：

```
.text /* text 段 */
.syntax unified /* 统一汇编语法 - UAL */
.thumb /* Thumb 指令集 */
```

```
.type My_Add, % function
.global My_Add /* 使 My_Add 从外部可见 */
My_Add
ADDS R0, R0, R1 /* R0 和 R1 相加, 结果位于 R0 中 */
BX LR /* 返回 */
.end /* End of file */
```

请注意如果文件的扩展名为".S"（大写 S），GNU 编译器组件（GCC）会在调用 GNU 汇编器前首先使用预处理器；如果扩展名为".s"（小写 s），则不会使用预处理这一步。

21.3.3　IAR Embedded Workbench for ARM

对于 IAR Embedded Workbench for ARM（EWARM），简单的 My_Add 可以如下实现：

```
My_Add:
ADDS R0, R0, R1 /* R0 和 R1 相加, 结果位于 R0 中 */
BX LR /* 返回 */
```

将其放入汇编文件中并添加其他伪指令后就变成

```
NAME My_Add.S
SECTION .text:CODE:NOROOT(2)
THUMB
PUBLIC My_Add /* 使 My_Add 从外面可见 */
My_Add:
ADDS R0, R0, R1 /* R0 和 R1 相加, 结果位于 R0 中 */
BX LR /* 返回 */
END /* End of file */
```

21.3.4　汇编函数结构

对于更加复杂的汇编函数，所需要的步骤也更多，一般来说，函数结构具有以下阶段：
- 开始（如果有必要将寄存器内容保存到栈中）；
- 为局部变量分配栈空间（SP 减小）；
- 将 R0 到 R3（输入参数）中的一部分复制到高寄存器（R8-R12），以便后续使用（可选）；
- 执行处理/计算；
- 如果返回结果则将结果放到 R0 中；
- 调整栈，释放局部变量占用的栈空间（SP 增大）；
- 结束（从栈中恢复寄存器的数值）；
- 返回。

这些步骤中大多是可选的，例如，如果函数不会破坏 R4 到 R11 中的内容，则不需要开始和结束阶段。如果处理所选的寄存器足够，那么也不需要栈调整阶段。下面的汇编函数实现了其中的一些阶段：

```
My_Func FUNCTION
    PUSH {R4 - R6, LR} ;4 个寄存器被压入栈中,需要双字栈对齐
    SUB SP, SP, #8 ;为局部变量预留 8 个字节,
    ;可以用 SP 相关的寻址模式访问局部变量
    … ;执行处理
    MOVS R0, R5 ;结果存放在 R0 中,用作返回值
    ADD SP, SP, #8 ;恢复 SP,释放栈空间
    POP (R4 - R6, PC} ;结束并返回
    ENDFUNC
```

有时需要在函数开始处将 R0-R3 寄存器的内容复制到高寄存器中,这是因为多数 16 位 Thumb 指令只能使用低寄存器,将输入参数送到高寄存器中供稍后使用,这样在数据处理时也可以用到更多的寄存器,函数代码的开发也就更容易了。

如果该函数调用了另外一个汇编或 C 函数,则寄存器 R0 到 R3 和 R12 中的数值可能会在被调用函数中修改。因此,如果不确定被调用函数是否会修改这些寄存器,且之后是否还会用到它们,需要保存这些寄存器的内容。另外,可能需要避免在自己函数的数据处理中使用这些寄存器。

21.4 内联汇编

21.4.1 ARM 工具链

内联汇编是将汇编指令插入 C/C++ 程序的常见方法之一,包括 ARM 编译器在内的多数开发工具都支持。从 ARM C 编译器 5.01 以及 Keil MDK-ARM 4.60 开始,内联汇编已经支持 Thumb 状态代码,不过具有以下限制:

- 只能用于 v6T2、v6-M 以及 v7/v7-M 内核(无法将汇编指令插入 ARM7TDMI 的 Thumb 代码中);
- 不支持部分 Thumb 指令(如 ARMv7-M 架构的 TBB、TBH、CBZ 以及 CBNZ 指令);
- 编译器有时会将 IT(IF-THEN)块替换为跳转代码,请注意 Cortex-M0 和 Cortex-M0+ 处理器不支持 IT 指令块,因此这个限制只适用于 ARMv7-M 架构;
- 指令无法修改 PC(程序计数器)或 SP;
- 无法使用标号表达式以及点标记(如"B."跳转到同一程序地址);
- 和之前版本一样,不允许 SETEND 等部分系统指令(Cortex-M 处理器不支持)。

限制不止这些,其他可以参考《ARM 编译器(armcc)用户指南》。

可以按照下面的格式指定内联汇编代码:

```
__asm("instruction[;instruction]");
__asm{instruction[;instruction]}
asm("instruction[;instruction]");
asm{instruction[;instruction]}
```

例如,可以利用下面的代码创建提取最高字节(位 31～24)的函数:

```
int my_get_highest_byte(int x)
{            //备注:汇编代码内不能添加注释
int y;
__asm(" REV y, x\n");
__asm(" UXTB y, y\n");
return y;
}
```

或将多个指令放入一个"_asm"/"asm"中

```
int my_get_highest_byte(int x)
{
int y;
__asm(" REV y, x\n"
" UXTB y, y\n");
return y;
}
```

还可以使用多行格式:

```
int my_get_highest_byte (int x)
{ //备注:内部可以使用 C/C++注释
int y;
__asm
{
REV y, x        //将最高字节移至最低字节
UXTB y, y       //清除 31 到 8 位
}
return y;
}
```

21.4.2 GNU 编译器组件

GNU C 编译器也支持内联汇编,其一般语法如下:

```
__asm (" inst1 op1, op2, … \n"
" inst2 op1, op2, … \n"
…
" instN op1, op2, … \n"
: output_operands / * 可选 * /
: input_operands / * 可选 * /
: clobbered_operands / * 可选 * /
);
```

对于简单的情况,汇编指令不需要任何参数,函数可以简化至

```
void Sleep(void)
{ //利用 WFI 指令进入休眠
__asm (" WFI\n");
return;
} *
```

如果汇编代码需要输入和输出参数,则可能需要定义输入和输出操作数,并且如果内联汇编操作会修改寄存器则还要定义破坏列表,例如,将一个数和 10 相乘的内联汇编代码可以写作

```
int my_mul_10( int DataIn)
{
int DataOut;
__asm(" movs r0, %0\n"
" movs r3, #10\n"
" mul r0, r3\n"
" movs %1, r0\n"
:" = r" (DataOut) : "r" (DataIn) : "cc", "r0", "r3");


return DataOut;
} *
```

在代码示例中,"%0"数为第一个输入参数,而"%1"是第一个输出参数,由于操作数的顺序是输出操作数、输入操作以及破坏操作数,"DataOut"被赋给"%0","DataIn"赋给"%1"。由于代码会修改寄存器 R3 的内容,需要将其加到破坏操作数列表。

要了解 GNU C 编译器内联汇编的更多细节,可以参考 GNU 工具链在线文档《GCC-Inline-Assembly-HOWTO》。

21.5　嵌入汇编特性(ARM 工具链)

ARM 工具链(包括 Keil™ MDK-ARM 和 ARM DS-5™ Professional)中有一个名为嵌入汇编的特性,如果利用其在 C 文件中实现汇编函数/子程序,需要在函数声明前增加__asm 关键字。例如,将 4 个寄存器相加的函数可以如下实现:

```
__asm int My_Add(int x1, int x2, int x3, int x4)
{
    ADDS R0, R0, R1
    ADDS R0, R0, R2
    ADDS R0, R0, R3
    BX LR ; 返回结果位于 R0
}
```

在嵌入汇编代码中,可以利用__cpp 关键字引入数据符号或地址值,例如,

```
__asm void function_A(void)
{
    PUSH {R0 - R2, LR}
    BL __cpp(LCD_clr_screen) ;调用 C 函数,第一种方法
    LDR R0, = __cpp(&pos_x) ;得到 C 变量的地址
    LDR R0, [R0]
    LDR R1, = __cpp(&pos_y) ;得到 C 变量的地址
    LDR R1, [R1]
    LDR R2, = __cpp(LCD_pixel_set) ;引入函数的地址
    BLX R2 ;调用 C 函数
    POP {R0 - R2, PC}
}
```

21.6 混合语言工程

21.6.1 概述

从某种角度而言,本书涉及的多数工程都是混合语言工程,例如,多数工具链都使用汇编语言作为启动代码,这样可以在栈操作等底层控制方面更加灵活。另外,CMSIS-CORE内在函数也利用内联汇编或其他类似特性,使得特殊指令就像 C 函数一样用。

有些情况下,需要将汇编代码插入自己的 C/C++ 工程中,例如前面已经介绍过的 HardFault 处理、SVC 处理以及上下文切换示例,此时需要确保汇编代码符合 AAPCS,否则结果会变得不可预测。

和 AAPCS 不兼容导致的问题有时很难调试:程序可能在某个版本的编译器下可以工作,而更换版本或者编译器时,工程可能会由于所用寄存器的变化而导致无法工作。

21.6.2 在汇编代码中调用 C 函数

在汇编文件中调用 C 函数时,需要了解以下几个方面的内容:

- 寄存器 R0-R3、R12 以及 LR 可能会改变,如果这些寄存器保存的数据稍后会用到,则需要在函数调用前将其保存在栈中。
- SP 的数值应该对齐到双字地址。
- 需要确保输入参数位于正确的寄存器中(简单情况是 1～4 个参数,使用的是 R0～R3)。
- 返回值(32 位或更小)一般保存在 R0 中。

例如,如果有一个将 4 个数值相加的函数:

```
int my_add_c(int x1, int x2, int x3, int x4)
{
return (x1 + x2 + x3 + x4);
} *
```

对于 Keil MDK-ARM,可以利用下面的代码从汇编中调用 C 函数:

```
MOVS R0, ♯0x1 ;第一个参数 (x1)
MOVS R1, ♯0x2 ;第二个参数 (x2)
MOVS R2, ♯0x3 ;第三个参数 (x3)
MOVS R3, ♯0x4 ;第四个参数 (x4)
IMPORT my_add_c
BL my_add_c ;调用 "my_add_c" 函数,结果位于 R0 中
```

如果该代码是 C 程序文件中的汇编代码,应该使用__cpp 关键字代替 IMPORT。

```
MOVS R0, ♯0x1 ;第一个参数 (x1)
MOVS R1, ♯0x2 ;第二个参数 (x2)
MOVS R2, ♯0x3 ;第三个参数 (x3)
MOVS R3, ♯0x4 ;第四个参数 (x4)
BL __cpp(my_add_c) ;调用"my_add_c"函数,结果位于 R0 中
```

在访问 C 或 C++编译时变量表达式时,建议使用__cpp 关键字,其他工具链需要的伪指令可能会有所不同。

对于 GNU 工具链,可以使用". global"使某个标号对其他文件可见。

21.6.3　在 C 代码中调用汇编函数

在 C 代码中调用汇编函数时,需要了解以下方面的内容:

- 如果寄存器 R4-R11 中有数值变化,需要将初始值保存到栈中,并在返回 C 代码前将初始值恢复。
- 如果要在汇编函数中调用另一个函数,则需要将 LR 保存在栈中并利用其返回。
- 函数返回值通常位于 R0 中。

例如,如果有一个将 4 个数值相加的汇编函数:

```
EXPORT my_add_asm
my_add_asm FUNCTION
ADDS R0, R0, R1
ADDS R0, R0, R2
ADDS R0, R0, R3
BX LR ;返回 R0 中的结果
ENDFUNC
```

在 C 代码中,需要将函数声明为"extern":

```
extern int my_add_asm( int x1, int x2, int x3, int x4);
int y;
...
y = my_add_asm(1, 2, 3, 4);    //调用 my_add_asm 函数
```

如果汇编代码需要访问 C 代码中的某些数据变量,还可以利用 IMPORT/__cpp 关键字。例如,下面的代码访问工程中的"y",在计算 y2(平方)后将结果写回。

```
EXPORT CALC_SQUARE_Y
CALC_SQUARE_Y FUNCTION
IMPORT y
LDR R0, = y ;获得变量"y"的地址
LDR R1, [R0]
MULS R1, R1, R1
STR R1, [R0]
BX LR
ENDFUNC *
```

上面的例子假定变量"y"是 32 位数据（LDR 指令传输 32 位的数据）。

21.7　在 Keil MDK-ARM 中创建汇编工程

21.7.1　一个简单的工程

用汇编语言实现整个工程是完全可能的，但是，多数情况下还是希望能够重用系统初始化以及外设驱动等 C 代码，因为用汇编重新编写这些代码就太费事了。

要在 Keil MDK 中创建汇编工程，可以采取下面的步骤：

（1）新建工程，但不添加 Cortex 微控制器软件接口标准（CMSIS）软件部件。

（2）将启动代码手动复制（例如从以前的某个工程实例中复制）到一个文件中，并将其按汇编语言文件命名（如"startup_stm32l053.s"）后添加到工程中。

（3）也可以选择手动修改启动文件，使其不再调用 SystemInit()。

（4）在工程设置中，选择 MicroLib，这样汇编启动文件就不会引用"__use_two_region_memory"，另外，直接从工程中将堆设置信息去掉。

（5）手动添加一个包含__main 的简单汇编文件。

```
PRESERVE8 ;表示这里的代码使用的是 8 字节栈对齐
THUMB ;表示用的是 THUMB 代码
AREA |.text|, CODE, READONLY ;CODE 区域起始


EXPORT __main ;使函数从外部可见
__main FUNCTION
B main
ENDFUNC


main FUNCTION
B . ; while(1)
ENDFUNC
END ; End of file
```

21.7.2 Hello World

编程课里最常见的一个例子就是 hello world，用 C/C++ 实现起来非常容易，但是，由于现有的设备驱动和头文件都是 C/C++ 的，要将它们移植为汇编代码就需要大量的工作了。

为使设置和之前的类似，将 SystemInit() 函数和时钟/PLL 配置函数都移植为汇编代码文件，并在 main() 的开头处调用。这种工作大多比较耗费时间，并且容易犯错误，这也是汇编语言编程的一大不利之处。

为了演示这个过程，笔者新建了一个通过 UART 打印文本字符串的简单程序。尽管主程序代码相当短，实现系统和时钟初始化函数的工作也是相当巨大的（参见本书合作伙伴官网中的工程示例代码）。

```
main.s - 通过 UART 打印"Hello"消息的汇编语言程序
PRESERVE8 ;表示这里的代码使用 8 字节栈对齐
THUMB ;表示使用的是 THUMB 代码
AREA |.text|, CODE, READONLY ;CODE 区域起始
; ------------------------------------------------------------
EXPORT __main ;设置函数从外部可见
__main FUNCTION
B main
ENDFUNC
; ------------------------------------------------------------
IMPORT SystemInit
IMPORT Config_32MHz_PLL_Clock
IMPORT UART_config
IMPORT UART_puts
main FUNCTION
BL SystemInit
BL Config_32MHz_PLL_Clock
BL UART_config
LDR r0, = HELLO_TEXT
BL UART_puts
B . ;while(1)
ENDFUNC
; ------------------------------------------------------------
LTORG ;文本数据
HELLO_TEXT DCB "Hello\n", 0 ;以 Null 结束的字符串
ALIGN 4
; ------------------------------------------------------------
END ;End of file *
```

对于之前在 C/C++ 工程中准备的 SystemInit() 和外设控制函数的 C 程序代码，也可以使用。不过，由于 C/C++ 代码需要 CMSIS-CORE 头文件，因此还要添加这些头文件，最后在 C/C++ 环境下工作时会感觉好得多。

21.7.3 其他文本输出函数

许多情况下，都需要通过 UART 或 LCD 来显示数据值，因此需要一些将二进制数值转换为可见字符串的函数。在最后一个例子中，编写了一个名为 UART_puts 的字符串打印函数：

```
;输入 R0 - 字符串的起始地址,以 Null 结束
EXPORT UART_puts
UART_puts FUNCTION
PUSH {R4, LR}
MOV R4, R0
UART_puts_loop
LDRB R0, [R4]
CMP R0, #0
BEQ UART_puts_end
BL UART_putc
ADDS R4, R4, #1
B UART_puts_loop
UART_puts_end
POP {R4, PC}
ENDFUNC
```

为了提高函数的完整性，增加了输出十六进制和十进制格式数据的函数。

函数 UART_put_Hex 用于发送十六进制数据，其调用每次输出一个 ASCII 字符的 UART_putc 函数。

```
;输入 R0,待转换以及通过 UART 发送的数据
EXPORT UART_put_Hex
UART_put_Hex FUNCTION
;输出寄存器为十六进制格式
;输入 R0 = 要显示的数值
PUSH {R0, R4 - R7, LR} ;将寄存器保存到栈
MOV R4, R0 ;将寄存器值保存到 R3,因为 R0 用于传递输入参数
MOVS R0, #'0' ;开始显示"0x"
BL UART_putc
MOVS R0, #'x'
BL UART_putc
MOVS R5, #8 ;设置循环计数
MOVS R6, #28 ;循环移位偏移
MOVS R7, #0xF ;AND 掩码
UART_put_Hex_loop
RORS R4, R6 ;循环左移 4 位 (右移 28 位)
MOV R0, R4 ;复制到 R0
ANDS R0, R7 ;提取最低 4 位
CMP R0, #0xA ;转换为 ASCII
BLT UART_put_Hex_Char0to9
```

```
ADDS R0, ♯7 ;若不小于 10 则转换为 A－F
;(R0 = R0 + 7 + 48)
UART_put_Hex_Char0to9
ADDS R0, ♯48 ;否则转换为 0－9
BL UART_putc ;输出一个十六进制字符
SUBS R5, ♯1 ;减小循环计数
BNE UART_put_Hex_loop ;若已经显示全部 8 个十六进制字符
POP {R0, R4－R7, PC} ;则返回,否则处理下 4 位
ENDFUNC
```

另外还编写了用于输出十进制数字的函数 UartPutDec,和上一个函数类似,它也调用了函数 UART_putc。这个函数使用一个常量数组(程序代码中叫做 mask)来加快向十进制字符串的转换。

```
;输入 R0,待转换及通过 UART 输出的数据
EXPORT UART_put_Dec
UART_put_Dec FUNCTION
;输出寄存器数据为十进制
;输入 R0 ＝ 待显示的数据
;对于 32 位数据,最大数值为 10
PUSH {R4－R6, LR} ;保存寄存器数据
MOV R4, R0 ;由于 R0 用于字符输出,将输入数据复制到 R4 中
ADR R6, UART_put_Dec_Const ;mask 数组的起始地址
UART_put_Dec_CompareLoop1 ;比较到输入值不小于当前 mask ( …/100/10/1)
LDR R5, [R6] ;获取 mask 数值
CMP R4, R5 ;比较输入值和 mask
BHS UART_put_Dec_Stage2 ;数据不小于当前 mask
ADDS R6, ♯4 ;下一个较小的 mask 地址
CMP R4, ♯10 ;确认 0 到 9
BLO UART_put_Dec_SmallNumber0to9
B UART_put_Dec_CompareLoop1
UART_put_Dec_Stage2
MOVS R0, ♯0 ;当前数字的初始值
UART_put_Dec_Loop2
CMP R4, R5 ;比较 mask 数据
BLO UART_put_Dec_Loop2_exit
SUBS R4, R5 ;减去 mask 数据
ADDS R0, ♯1 ;增大当前数字
B UART_put_Dec_Loop2
UART_put_Dec_Loop2_exit
ADDS R0, ♯48 ;转换为 ASCII 码 0－9
BL UART_putc ;输出一个字符
ADDS R6, ♯4 ;下一个较小的 mask 地址
LDR R5,[R6] ;获取 Mask 数值
CMP R5, ♯1 ;最后一个 Mask
BEQ UART_put_Dec_SmallNumber0to9
B UART_put_Dec_Stage2
```

```
UART_put_Dec_SmallNumber0to9 ;R4 中的剩余数值为 0 到 9
ADDS R4, #48 ;转换为 ASCII 码 0 - 9
MOV R0, R4 ;复制到 R0 供显示用
BL UART_putc ;输出一个字符
POP {R4 - R6, PC} ;恢复寄存器并返回
ALIGN 4
UART_put_Dec_Const ;用于转换的 mask 数组
DCD 1000000000
DCD 100000000
DCD 10000000
DCD 1000000
DCD 100000
DCD 10000
DCD 1000
DCD 100
DCD 10
DCD 1
ALIGN
ENDFUNC
```

利用这些函数,很容易就能实现目标系统和其他系统间的 UART 信息传输,例如运行
终端程序的个人计算机,有助于软件开发的输出信息或者作为用户接口使用。

21.8 用于中断控制的通用汇编代码

对于 C/C++语言用户,CMSIS 已经提供了一个用于中断控制的函数库,所有主流微控
制器供应商提供的设备驱动库都包含了 CMSIS-RTOS API,且都是公开的。第三章已经对
CMSIS 进行了比较详细的介绍(3.5 节"Cortex 微控制器软件接口标准")。

对于利用汇编编程的 Cortex-M0 或 Cortex-M0＋处理器用户,利用嵌套向量中断控制
器(NVIC)很容易就能实现一套中断控制函数。

21.8.1 使能和禁止中断

中断的使能和禁止非常简单,下面的函数"nvic_set_enable"和"nvic_clr_enable"需要中
断编号作为输入,输入参数在函数调用前保存在 R0 中。

```
;-------------------------
;使能 IRQ
;- 输入 R0 : IRQ 编号,比如 IRQ#0 = 0
ALIGN
nvic_set_enable FUNCTION
PUSH {R1, R2}
LDR R1, = 0xE000E100 ;NVIC SETENA
MOVS R2, #1
```

```
LSLS R2, R2, R0
STR R2, [R1]
POP {R1, R2}
BX LR ;返回
ENDFUNC
;------------------------
;禁止 IRQ
; - 输入 R0：IRQ 编号 比如 IRQ＃0 = 0
ALIGN
nvic_clr_enable FUNCTION
PUSH {R1, R2}
LDR R1, = 0xE000E180 ;NVIC CLRENA
MOVS R2, ＃1
LSLS R2, R2, R0
STR R2, [R1]
POP {R1, R2}
BX LR ;返回
ENDFUNC
;------------------------
```

要使用这两个函数，将中断编号放入 R0 后就可以调用了，例如，

```
MOVS R0, ＃3 ;使能中断＃3
BL nvic_set_enable
```

FUNCTION 和 ENDFUNC 关键字在 ARM 汇编器（包括 Keil MDK-ARM）中用于标识函数的开始和结束，且是可选的。"ALIGN"关键字保证函数入口地址的正确对齐。

21.8.2　设置和清除中断挂起状态

设置和清除中断挂起状态的汇编函数同使能禁止中断的非常类似，唯一的变化在于标号和 NVIC 寄存器地址数值。

```
;------------------------
;设置 IRQ 挂起状态
; - 输入 R0：IRQ 编号，例如 IRQ＃0 = 0
ALIGN
nvic_set_pending FUNCTION
PUSH {R1, R2}
LDR R1, = 0xE000E200 ;NVIC SETPEND
MOVS R2, ＃1
LSLS R2, R2, R0
STR R2, [R1]
POP {R1, R2}
BX LR ;返回
ENDFUNC
;------------------------
```

```
;清除 IRQ 挂起
; - 输入 R0 : IRQ 编号,比如 IRQ#0 = 0
ALIGN
nvic_clr_pending FUNCTION
PUSH {R1, R2}
LDR R1, = 0xE000E280 ;NVIC CLRPEND
MOVS R2, #1
LSLS R2, R2, R0
STR R2, [R1]
POP {R1, R2}


BX LR ;返回
ENDFUNC
; -------------------------
```

需要注意的是,清除中断挂起状态有时并不能阻止中断的产生。如果中断源连续产生中断请求（电平输出）,则即使在 NVIC 中清除,挂起状态也会保持为高。

21.8.3　设置中断优先级

设置中断优先级的汇编函数要稍微复杂一些。首先,其需要两个输入参数：中断编号和新的优先级；其次,优先级寄存器共 8 个,因此需要计算优先级寄存器的地址；最后由于优先级寄存器只支持字访问,需要执行读-修改-写的操作才能修改 32 位优先级寄存器中的一个字节。

```
;设置中断优先级
; - 输入 R0 : IRQ 编号,例如 IRQ#0 = 0
; - 输入 R1 : 优先级
ALIGN
nvic_set_priority FUNCTION
PUSH {R2 - R5}
LDR R2, = 0xE000E400 ;NVIC 中断优先级#0
MOV R3, R0 ;复制 IRQ 编号
MOVS R4, #3 ;清除 IRQ 编号的最低两位
BICS R3, R4
ADDS R2, R3 ;R2 中优先级寄存器的地址
ANDS R4, R0 ;优先级寄存器的字节编号(0 到 3)
LSLS R4, R4, #3 ;优先级移位的数量
MOVS R5, #0xFF ;字节掩码
LSLS R5, R5, R4 ;字节掩码移到正确的位置
MOVS R3, R1
LSLS R3, R3, R4 ;优先级移到正确的位置
LDR R4, [R2] ;读取现有的优先级
BICS R4, R5 ;读取现有的优先级
ORRS R4, R3 ;设置新的等级
```

```
STR R4, [R2] ;写回
POP {R2 - R5}
BX LR ;返回
ENDFUNC
; -------------------------
```

不过对于多数应用,可以在程序开头一次设置多个中断的优先级,这样可以简化代码。例如,可以将优先级预定义在一个常量数组中,然后用几条指令将其复制到 NVIC 优先级寄存器中。

```
LDR R0, = PrioritySettings ;优先级设置表地址
LDR R1, = 0xE000E400 ;优先级寄存器地址
LDMIA R0!,{R2 - R5} ;读取中断优先级 0 - 15
STMIA R1!,{R2 - R5} ;写中断优先级 0 - 15
LDMIA R0!,{R2 - R5} ;读中断优先级 16 - 31
STMIA R1!,{R2 - R5} ;写中断优先级 16 - 31
...
ALIGN 4 ;设置表格为字对齐
PrioritySettings ;优先级表(示例值)
DCD 0xC0804000 ;IRQ 3 - 2 - 1 - 0
DCD 0x80808080 ;IRQ 7 - 6 - 5 - 4
DCD 0xC0C0C0C0 ;IRQ 11 - 10 - 9 - 8
DCD 0x40404040 ;IRQ 15 - 14 - 13 - 12
DCD 0x40404080 ;IRQ 19 - 18 - 17 - 16
DCD 0x404040C0 ;IRQ 23 - 22 - 21 - 20
DCD 0x4040C0C0 ;IRQ 27 - 26 - 25 - 24
DCD 0x004080C0 ;IRQ 31 - 30 - 29 - 28
```

21.9 汇编语言的其他编程技巧

21.9.1 为变量分配数据空间

在前面的汇编语言函数例子中,数据处理只需少数几个寄存器,因此也就用不上栈空间。栈空间默认在启动代码中已经分配好,可以将 Stack_Size 从 0x200 修改为所需大小以降低分配的栈大小。

```
Stack_Size EQU 0x00000200


AREA STACK, NOINIT, READWRITE, ALIGN = 3
Stack_Mem SPACE Stack_Size
__initial_sp
```

多数应用都会有一定量的数据变量,对于简单情况,可以分配 RAM 中的存储器空间。例如,可以在应用代码中增加一个段来定义三个变量"MyData1"(字大小变量)、"MyData2"

（半字大小变量）和"MyData3"（字节大小变量）。

```
PRESERVE8 ;设置 8 字节栈对齐
THUMB ;表示使用的是 THUMB 代码
AREA |.text|, CODE, READONLY ;CODE 区域起始


EXPORT __main ;设置函数从外部可见
__main FUNCTION
B main
ENDFUNC


main FUNCTION
LDR R0, = MyData1
LDR R1, = 0x00001234
STR R1,[R0] ;MyData1 = 0x00001234


LDR R0, = MyData2
LDR R1, = 0x55CC
STRH R1,[R0] ;MyData2 = 0x55CC


LDR R0, = MyData3
LDR R1, = 0xAA
STRB R1,[R0] ;MyData3 = 0xAA
B . ;while(1)
ENDFUNC
ALIGN 4


;----------------------------------------------------
;分配数据变量空间
AREA | Header Data|, DATA ;Data 定义起始
ALIGN 4
MyData1 DCD 0 ;字大小数据
MyData2 DCW 0 ;半字大小数据
MyData3 DCB 0 ;字节大小数据
ALIGN 4
;----------------------------------------------------
END ;End of file
```

编译完程序后，可以右击工程窗口中的目标名（如"Target 1"）并选择"Open Map file"，
查看实际的存储器布局。从映射报表文件中，可以看到变量的地址和大小。

```
Image Symbol Table
```

```
Local Symbols


Symbol Name Value Ov Type Size Object(Section)


main.s 0x00000000 Number 0 main.o ABSOLUTE
startup_stm32l053.s 0x00000000 Number 0 startup_stm32l053.o ABSOLUTE
RESET 0x08000000 Section 192 startup_stm32l053.o(RESET)
.text 0x080000c0 Section 24 startup_stm32l053.o(.text)
.text 0x080000d8 Section 48 main.o(.text)
main 0x080000db Thumb Code 20 main.o(.text)
Header Data 0x20000000 Section 8 main.o( Header Data)
MyData1 0x20000000 Data 4 main.o( Header Data)
MyData2 0x20000004 Data 2 main.o( Header Data)
MyData3 0x20000006 Data 1 main.o( Header Data)
STACK 0x20000008 Section 1024 startup_stm32l053.o(STACK)
```

由于微控制器中的 RAM 从地址 0x20000000 开始,变量也是从这个地址开始的。

对于 GCC,可以利用.lcomm 分配相同的数据空间:

```
/* 数据位于 LC, Local Common 段 */
.lcomm MyData4 4 /* 名为 MyData4 的 4 字节数据 */
.lcomm MyData5 2 /* 名为 MyData5 的 2 字节数据 */
.lcomm MyData6 1 /* 名为 MyData6 的 1 字节数据 */
```

.lcomm 伪操作数用于创建一个".bss"段内未初始化的存储块,这样程序代码可以利用已定义的标号 MyData4、MyData5 和 MyData6 访问这个区域。

另外一种分配方法为使用栈空间,为了在函数内部分配存储器空间,可以在函数开头处修改 SP 的数值。

```
MyFunction


PUSH {R4, R5}
SUB SP, SP , #8 ;为局部变量分配两个字的空间
MOV R4, SP ;将 SP 复制到 R0
LDR R5, = 0x00001234
STR R5,[R4,#0] ;MyData1 = 0x00001234
LDR R5, = 0x55CC
STRH R5,[R4,#4] ;MyData2 = 0x55CC
MOVS R5, #0xAA
STRB R5,[R4,#6] ;MyData3 = 0xAA
...
ADD SP, SP, #8 ;恢复 SP 为初始值以释放空间
```

```
POP {R4, R5}
BX LR
```

用栈分配局部变量的最大好处在于,函数不执行就不会占用 RAM 空间。相较而言,多数 8 位微控制器架构将所有变量都置于静态存储器中,这样会增加 SRAM 需求。

21.9.2　复杂跳转处理

如果某条件跳转由多个输入变量共同决定,则需要一个复杂的决断过程才能确定要跳转到哪个分支。有些情况下,可以利用汇编代码简化决断过程。

如果跳转条件基于 5 位或更小的变量,可以将跳转条件编码为 32 位常量并利用移位或循环移位指令来提取条件判断位,例如,

```
if ((x == 0)||(x == 3)||((x>12)&&(x<19))||(x=23)) goto label;   //x 为 5 位数
```

判断过程可以写作

```
LDR R0, = x ;获取 x 的地址
LDR R0,[R0] ;从存储器中读取 x
LDR R1, = 0x0087E009 ;编码后的跳转条件 23, 18 - 13, 3, 0 位为 1
ADDS R0, R0, #1 ;至少移一位
LSRS R1, R1, R0 ;将跳转条件提取到进位标志
BCS label ;若条件符合则跳转
```

另外,如果跳转条件宽度大于 5 位,则跳转条件可被编码为字节数组。

```
LDR R0, = x ;获取 x 的地址
LDR R0,[R0] ;从存储器中读取 x
LSRS R1,R1,R0 ;从查找表中得到字节偏移
LDR R2, = BranchConditionTable
LDRB R2,[R2,R1] ;得到编码后的条件
MOVS R1, #7
ANDS R1, R1, R0 ;获取 x 的最低 3 位
ADDS R0, R0, #1 ;至少移一位
LSRS R2, R2, R0 ;将跳转条件提取到进位标志
BCS label ;若条件符合则跳转
...
BranchConditionTable
DCB 0x09, 0xE0, 0x87, 0x00, … ;跳转条件编码的字节数组
```

21.10　使用特殊指令

21.10.1　CMSIS-CORE

在 C/C++编程过程中,可能需要使用一些无法用普通 C/C++代码生成的特殊指令。如

果使用符合 CMSIS 的设备驱动,可用的 CMSIS-CORE 有很多(见表 21.3),可以利用这些函数生成所需的汇编指令。

表 21.3 Cortex-M0 和 Cortex-M0＋处理器支持的 CMSIS 函数

指令	CMSIS-CORE 函数
ISB	void __ISB(void);//指令同步屏障
DSB	void __DSB(void);//数据同步屏障
DMB	void __DMB(void);//数据存储器屏障
NOP	void __NOP(void);//无操作
WFI	void __WFI(void);//等待中断(进入休眠)
WFE	void __WFE(void);//等待事件(进入休眠/清除事件锁存)
SEV	void __SEV(void);//发送事件
REV	uint32_t __REV(uint32_t value);//字内字节序反转
REV16	uint32_t __REV16(uint16_t value);//分别反转每个半字内的字节序
REVSH	int32_t __REVSH(int16_t value);//反转低半字内的字节序后进行有符号展开,结果为 32 位
CPSIE I	void __enable_irq(void);//清除 PRIMASK
CPSID I	void __disable_irq(void);//设置 PRIMASK

C 编译器自身可能也有类似特性,其一般被称作内在函数,例如 Keil MDK-ARM 和 ARM Development Studio 5(DS-5)提供的内在函数如表 21.4 所示。请注意这些函数中有些是和 CMSIS 版本不同的,区别在于用的是小写字母。

为了提高应用代码的可移植性,可能的话应该使用 CMSIS 内在函数。

表 21.4 Cortex-M0 和 Cortex-M0＋处理器支持的 Keil MDK 或 ARM DS-5 内在函数

指令	Keil MDK 或 ARM DS-5 提供的内在函数
ISB	void __isb(void);//指令同步屏障
DSB	void __dsb(void);//数据同步屏障
DMB	void __dmb(void);//数据存储器屏障
NOP	void __nop(void);//无操作
WFI	void __wfi(void);//等待中断(进入休眠)
WFE	void __wfe(void);//等待事件(进入休眠/清除事件锁存)
SEV	void __sev(void);//发送事件
REV	unsigned int __rev(unsigned int val);//字内字节序反转
CPSIE I	void __enable_irq(void);//清除 PRIMASK
CPSID I	void __disable_irq(void);//设置 PRIMASK
ROR	unsigned int __ror(unsigned int val, unsigned int shift);//循环右移指定位数,"Shift"为 1-31

21.10.2 习语识别

有些 C 编译器还提供了一种名为习语识别的特性，如果 C 代码是由一种特定方式实现的，C 编译器会自动将该操作转换为一条指令或一组指令。例如，ARM C 编译器支持多个习语识别格式（见表 21.5），在优化等级为 2 或 3 时使能。

如果要将软件移植到另外一个编译器上，且两者的习语识别特性不同，则由于代码使用的是标准的 C 语法，仍可以将代码编译成功，只是所生成的指令的效率会比使用习语识别时要低一些。

表 21.5   Keil MDK 或 ARM Cortex-M0/M0＋处理器编译器中的习语识别

指令	Keil MDK 或 ARM 编译器可以识别的 C 语言代码

REV16	```/* 识别为 REV16 r0,r0 */```
	```int rev16(int x)```
	```{```
	```return (((x&0xff)<<8)|((x&0xff00)>>8)|((x&0xff000000)>>8)|((x&0x00ff0000)<<8));```
	```}```

REVSH	```/* 识别为 REVSH r0,r0 */```
	```int revsh(int i)```
	```{```
	```return ((i<<24)>>16)|((i>>8)&0xFF);```
	```}```

第 22 章

软 件 移 植

22.1 概述

Cortex-M0 和 Cortex-M0＋处理器面向多种应用,由于其具有的低功耗特点以及灵活的系统设计,非常适合 8 位和 16 位微控制器应用的领域。切换使用低功耗 32 位微控制器后,许多设计人员都可以将产品进一步提升,且不会损失能耗效率或电池寿命。

从另一方面来说,如果使用早期的 32 位微控制器(如基于 ARM7TDMI)或基于其他 Cortex-M 处理器的微控制器,也能从 Cortex-M0 或 Cortex-M0＋处理器中获得益处,例如许多 Cortex-M0 和 Cortex-M0＋微控制器的价格都非常便宜。

因此,软件移植对于嵌入式软件开发人员来说已经是非常常见的任务,本章将会介绍以下内容:

- 从 8 位、16 位架构移植到 Cortex-M0、Cortex-M0＋或其他 Cortex-M 处理器。
- Cortex-M0/Cortex-M0＋处理器和其他微控制器用的 ARM 处理器间的差异,以及在他们之间移植软件时需要修改哪些程序。

22.2 从 8 位/16 位微控制器向 ARM Cortex-M 移植软件

22.2.1 通用改动

有些用户可能需要将程序从 8 位机和 16 位机移植到 Cortex-M 处理器上,程序从这些架构上移植过来后,可以获得更好的代码密度、更高的性能以及更低的功耗。

当把程序从这些微控制器移植到 Cortex-M 上时,软件修改的内容一般包括以下几个方面:

- 启动代码和向量表,不同的处理器架构具有不同的启动代码和中断向量表,移植时它们通常需要被新的替换。
- 栈空间分配调整,Cortex-M 处理器的栈大小需求同 8 位和 16 位架构有很大的不同,另外,栈位置和大小的定义方法也同 8 位机和 16 位机的开发工具有差异。

- 去掉一些架构/工具链特有的 C 语言扩展，许多 8 位机和 16 位机具有许多 C 语言扩展特性，这些特性包括 8051 的特殊功能寄存器(SFR)和位数据，或者许多 C 编译器中的各种"♯pragma"语句。

- 在 8 位机和 16 位机编程中，中断配置通常由直接设置各种中断控制器来完成，在往 Cortex-M 处理器移植时，这些代码应该被转换为 CMSIS 中断控制函数。例如使能和禁止中断函数可转换为"__enable_irq()"和"__disable_irq()"，单个中断的配置可以由 CMSIS 中的 NVIC 函数处理。

- 外设编程。在 8 位机和 16 位机编程中，外设控制是通过直接写寄存器实现的。在使用 ARM 微控制器时，许多微控制器供应商提供了各种设备驱动库，这也方便了程序开发。可以使用这些库函数从而减少开发时间，或者如果愿意，也可以直接操作寄存器。即使直接操作寄存器，也应该使用驱动库提供的头文件，因为这些文件中已经包含了外设寄存器的定义，使用它们可以节省准备和验证代码的时间。

- 汇编代码和内联汇编，在向一个完全不同的架构上移植时，很显然要把所有的汇编和内联汇编代码全部重写，在向 Cortex-M 处理器移植时，大多可以用 C 实现所需函数。

- 非对齐数据。有些 8 位机和 16 位机可能是支持非对齐数据的，而由于 Cortex-M0 和 Cortex-M0＋处理器不支持非对齐数据，因此有些数据结构定义或者指针操作代码可能就需要修改。如果数据结构需要非对齐数据处理，可以在定义该结构时加上"__packed"属性。但是，Cortex-M0 和 Cortex-M0＋处理器需要多条指令才能完成非对齐数据的访问，所以最好修改数据结构，确保内部的所有元素都是对齐的。

- 注意数据大小的差异。在多数 8 位和 16 位处理器中，整数都是 16 位的，而 ARM 架构中的整数则是 32 位的。在出现数据溢出时，这种差异会表现出来，它可能还会影响存储数据时所需存储器的大小。例如，如果程序在 8 位或 16 位架构中定义了一个整数数组，将该程序移植到 ARM 架构上时，需要使用类型"short int"或者"int16_t"（"stdint.h"中，C99 引进的）来修改代码，这样整数的位数会保持不变。

- 浮点数。许多 8 位机和 16 位机将"double"（双精度浮点）定义为 32 位数，而在 ARM 架构中，"double"则是 64 位的。在移植含有浮点数运算的程序时，可能需要将双精度浮点数数据改为"float"（单精度浮点）类型的。由于需要处理额外的精度，程序的运行速度会降低而且代码量会增加。由于同样的原因，为了确保使用单精度，有些用于数学运算的函数需要改动。例如，实现 cosine 操作的函数"cos()"默认为双精度的，用于单精度运算时，可以使用"cosf"代替。

- 增加错误处理。许多 8 位机和 16 位机没有错误异常，尽管嵌入式应用程序也可在没有任何错误处理的情况下运行，而增加了错误处理后，它们会有助于嵌入式系统从错误中恢复过来（例如，由于电磁兼容或电压下降引起的数据损坏）。

22.2.2 存储器需求

之前提到的一点为栈空间的大小,在程序移植到 ARM 架构上以后,根据具体应用的不同,所需的栈大小会增加或减少。因为以下原因,栈可能会增加:

- 压栈时每个寄存器占用 4 字节的 RAM 空间,而在 8 位或 16 位架构下,每个寄存器只占用 1 个或 2 个字节。
- 在 ARM 编程中,局部变量通常存放在栈中,而对于有些架构来说,局部变量可能会放在单独的数据存储区域中。

另一方面,因为以下原因,栈可能会减小:

- 8 位和 16 位架构需要多个寄存器来保存较大的数据,而与 ARM 相比,这些微控制器往往没有足够的寄存器,这样就需要更多的压栈操作。
- ARM 具有功能更加强大的寻址模式,这就意味着处理器无须占用寄存器空间就可以完成地址的计算,寄存器空间的减小也就降低了对栈的需求。

整体而言,有些架构如 8051,它们的局部变量是静态定义在数据存储空间里,而不是在栈上,即使函数或子程序没有在运行,它们依然占用着数据空间。这样程序从这些架构移植过来后,总的 RAM 可能会下降很大。而对于 ARM 处理器来说,局部变量被分配在栈上,因此只有函数或子程序运行时,它们才会占用存储器空间。另外,和其他有些架构相比,ARM 处理器具有更多可用的寄存器,有些局部变量就可以放在寄存器中了,而无须占用存储器空间。

ARM Cortex-M 处理器需要的程序存储器一般要比多数 16 位微控制器要小,而比 8 位微控制器要小得多。所以当把程序从这些微控制器上移植到 ARM Cortex-M0 或 Cortex-M0+上时,可以使用比原来小的 Flash 存储器。程序空间的减少一般是由以下因素引起的:

- 处理 16 位数和 32 位数时更具效率(包括整数和指针);
- 更加强大的寻址模式;
- 有些存储器访问指令可以操作多个数据,包括 PUSH 和 POP。

当然也有例外,有些程序只有少量的代码,移植过来后 ARM Cortex-M0/Cortex-M0+微控制器需要的程序空间可能要比原先的更大,这是因为以下原因:

- 基于 Cortex-M 处理器的微控制器支持的中断更多,故向量表要大得多(ARM Cortex-M 的每个向量占用 4 个字节,而 8 位或 16 位则只占 2 字节)。
- ARM Cortex-M 处理器的启动代码可能会更大,多数 ARM 处理器的开发工具链都支持完整版的标准 C 库,许多特性都是 8 位或 16 位架构无法使用的。但是,许多工具链也提供了较小版本的 C 启动库,例如 Keil MDK-ARM 或 ARM DS-5 等 ARM 开发工具中的 MicroLIB 以及 ARM GCC 中的 NewLib-Nano 都可以降低代码体积。

22.2.3　8 位或 16 位微控制器不再适用的优化

8 位/16 位微控制器的一些优化方法已经不适用于 ARM 处理器了。由于架构间的差异，有些情况下，这些优化可能会带来额外的开销。例如，许多 8 位机在数据操作中将字符数据作为循环变量：

```
unsigned char i;        /* 使用 8 位数，避免 16 位处理 */
char a[10], b[10];
for(i = 0;i < 10;i++) a[i] = b[i];
```

当在 ARM 处理器上编译相同的程序时，编译器需要插入 UTXB 指令，来实现数组下标(i)的溢出行为。要避免这种额外开销，并达到最优的性能，应该将"i"声明为"int"、"int32_t"或者"uint32_t"。

有些情况下，强制类型转换没必要再使用了，例如，下面的代码使用强制类型转换避免在 8 位机上出现 16×16 的乘法运算。

```
unsigned int x, y, z;
z = ((char)x) * ((char)y);  /* 假定 x 和 y 都小于 256 */
```

这样的强制类型转换在 ARM 处理器上会带来多余的指令，由于 Cortex-M0 可以用一条指令实现 32×32 得到 32 位结果的操作，上面的代码可以简化为

```
unsigned int x, y, z;
z = x * y;
```

22.2.4　实例：从 8051 移植到 ARM Cortex-M0/Cortex-M0＋

一般说来，由于 Cortex-M 上的多数程序可以完全用 C 编程，从 8 位/16 位架构上移植程序也就非常直接和简单。下面通过一些简单的例子，介绍需要修改的地方。

1）向量表

对于 8051，向量表中为 JMP 指令，它们会跳转至中断服务程序的开头。对于一些开发环境，编译器可能会自动创建向量表。而在 ARM Cortex-M 处理器中，向量表则包含了主栈指针(SP)的初始值以及异常处理的起始地址（见表 22.1），并且是启动代码的一部分，启动代码一般是由开发环境提供的。例如，在创建一个新工程时，Keil MDK 工程向导中的软件部件管理器（"Manage Runtime Environment"）会将默认启动代码添加到工程中，其中也包括向量表。

2）数据类型

有些情况下，为了保持程序运行行为一致，需要修改数据类型（见表 22.2）。

表 22.1 向量表比较

8051		Cortex-M0
org	00h	__Vectors DCD __initial_sp ;栈顶
	jmp start	DCD Reset_Handler ;复位处理
org	03h ;Ext Int0 向量	DCD NMI_Handler ;NMI 处理
	ljmp handle_interrupt0	DCD HardFault_Handler ;硬件错误
org	0Bh ;Timer 0 向量	DCD 0, 0, 0, 0, 0, 0, 0 ;保留
	ljmp handle_timer0	DCD SVC_Handler ;SVCall 处理
org	13h ;Ext Int1 向量	DCD 0, 0 ;保留
	ljmp handle_interrupt1	DCD PendSV_Handler ;PendSV 处理
org	1Bh ;Timer 1 向量	DCD SysTick_Handler ;SysTick 处理
	ljmp handle_timer1	;外部中断
org	23h ;串口中断	DCD WAKEUP_IRQHandler ;唤醒
	ljmp handle_serial0	PIO 0.0
org	2Bh ;Timer 2 向量	…
	ljmp handle_ timer2	

表 22.2 软件移植时的数据类型变化

8051	Cortex-M0
int my_data[20];//16 位数值数组	short int my_data[20];//16 位数值数组
double pi;	float pi;

如果只想使用单精度浮点数,有些函数调用可能也需要修改(见表 22.3)。

表 22.3 软件移植时的浮点 C 代码

8051	Cortex-M0
Y = T * atan(T2 * sin(Y) * cos(Y)/	Yes = T * atanf(T2 * sinf(Y) * cosf(Y)/
(cos(X + Y) + cos(X-Y)-1.0));	(cosf(X + Y) + cosf(X-Y)-1.0F));

有些 8051 上的特殊数据类型在 Cortex-M 上已经不能使用了,如 bit、sbit、sfr、sfr16、idata、xdata 以及 bdata。

3) 中断

8051 的中断代码通常是直接操作特殊寄存器,在移植到 Cortex-M 微控制器上时,它们需要被修改为 CMSIS-CORE 函数(见表 22.4)。

表 22.4 软件移植时的中断控制改动

8051	Cortex-M0/Cortex-M0+
EA = 0; /* 禁止所有中断 */	__disable_irq(); /* 禁止所有中断 */
EA = 1; /* 使能所有中断 */	__enable_irq(); /* 使能所有中断 */
EX0 = 1; /* 使能中断 0 */	NVIC_EnableIRQ(interrupt0_IRQn);
EX0 = 0; /* 禁止中断 0 */	NVIC_DisableIRQ(interrupt0_IRQn);
PX0 = 1; /* 设置中断 0 为高优先级 */	NVIC_SetPriority(interrupt0_IRQn, 0);

中断服务程序也需要小的调整,在程序移植到 Cortex-M 上时,应该将中断服务程序使用的一些特殊指令去掉。对于 Cortex-M0/M0＋处理器,可以用普通 C 函数实现中断服务程序,且为了含义明确,可以在 ARM 工具链中使用"__irq"伪指令(见表 22.5)。

表 22.5 软件移植时的中断处理改动

8051	Cortex-M0/Cortex-M0＋

void timer1_isr(void) interrupt 1 using 2
{/＊使用寄存器组 2＊/
  …;
  return;
}
	__irq void timer1_isr(void)
	{
	  …;
	  return;
	}

4) 休眠模式

休眠模式的进入方式同样存在差异。要进入 8051 的休眠模式,可以设置 PCON 的 IDL(空闲)位;而对于 Cortex-M 处理器,可以使用 WFI 指令,或者供应商提供的设备驱动库中的函数(见表 22.6)。

表 22.6 软件移植时的休眠模式控制的改动

8051	Cortex-M0/Cortex-M0＋
PCON = PCON|1 /＊进入空闲模式＊/	__WFI();/＊进入休眠模式＊/

22.3 ARM7TDMI 和 Cortex-M0/M0＋处理器间的差异

22.3.1 经典 ARM 处理器概述

在开发 ARM Cortex-M 处理器前,微控制器应用的 ARM 处理器已经有了多代产品(见表 22.7)。例如,市面上的一些 ARM 微控制器是基于 1994 年发布并使用至今的 ARM7TDMI 处理器的。

ARM920T、922T 以及 940T 现在已经很少能见到了,不过市面上仍有不少 ARM926EJ-S 以及 ARM11 系列处理器的产品,但是这些设计通常运行嵌入式 Linux 系统,和 Cortex-M0/M0＋处理器的应用领域颇有不同。这些应用很多都要被移植到更新的 Cortex-A 处理器。

由于市面上仍有相当数量的基于 ARM7TDMI 的微控制器,本书将会介绍 ARM7TDMI 和 Cortex-M0/M0＋处理器间的主要差异,接下来就是软件移植的一些考虑。

表 22.7 用于微控制器应用的部分经典 ARM 处理器

处理器	描述
ARM7TDMI	非常常见的一款 32 位处理器,被多种开发工具支持。基于 ARM 架构版本 4T,且同时支持 ARM 和 Thumb 指令集,向上兼容 ARM9,ARM11 和 Cortex-A/R 处理器
ARM920T/922T/940T	基于这些处理器的微控制器现在已经不多见了,架构版本为 4T 但具有哈佛总线架构,其中一些还支持缓存、MMU 或 MPU 特性
ARM9E 处理器家族	多数 ARM9 微控制器基于 ARM9E 处理器,架构版本为 5TE(具有增强 DSP 指令),且提供了各种存储器/系统特性(缓存、TCM、MMU、MPU 和 DMA 等),一般面向需要高运行频率、大存储器的微控制器高端应用
ARM11 处理器家族	基于 ARM 架构版本 v6 的应用处理器(和 ARMv6-M 不同),这些处理器面向需要全特性 OS 的应用,因此支持 MMU 和为更高时钟频率优化的流水线设计,今天仍然可以在树莓派(模块 A、B 和 B+)等应用中看到

22.3.2 操作模式

ARM7TDMI 具有多个操作模式,而相比之下,Cortex-M0/Cortex-M0+处理器只有两个(见表 22.8)。

ARM7TDMI 的部分异常模型在 Cortex-M0/Cortex-M0+中与处理模式结合在一起,并且它们的异常种类不同,如表 22.9 中的例子所示。

操作模式的减少也简化了 Cortex-M 的编程。例如,对于 ARM7TDMI,需要为不同模式设置不同的 SP,而 Cortex-M 处理器运行多个应用时只需一个 SP,在涉及嵌入式 OS 时才会使用第二个 SP。

表 22.8 ARM7TDMI 和 Cortex-M0/Cortex-M0+的操作模式的对比

ARM7TDMI 的操作模式	Cortex-M0 的操作模式
System	Thread
SuperVisor	Handler
IRQ(中断)	
FIQ(快速中断)	
Undefined(Undef)	
Abort	
User	

表 22.9 ARM7TDMI 和 Cortex-M0 /Cortex-M0+的异常对比

ARM7TDMI 的异常	Cortex-M0 的异常
IRQ	中断
FIQ	中断

续表

ARM7TDMI 的异常	Cortex-M0 的异常
Undefined(Undef)	硬件错误
Abort	硬件错误
Supervisor	SVC

22.3.3　寄存器

　　ARM7TDMI 的寄存器组基于当前操作模式,而在 Cortex-M0 或 Cortex-M0＋处理器中,只有 SP 是基于操作模式的,并且多数无 OS 的简单程序只需使用主栈指针(MSP)。图 22.1 列出了 ARM7TDMI 和 Cortex-M0/M0＋处理器间的对比。

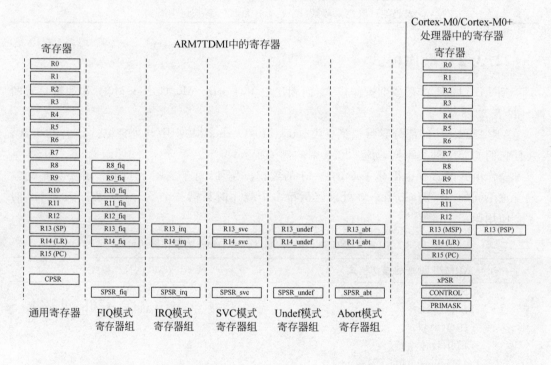

图 22.1　ARM7TDMI 和 Cortex-M0/Cortex-M0＋之间寄存器组的区别

　　ARM7TDMI 的 CPSR(当前程序状态寄存器)和 Cortex-M 处理器的 xPSR 也有一些区别,例如,CPSR 中模式位被去掉,并且被 IPSR 替代;中断屏蔽位 I-bit 也被 PRIMASK 寄存器替代,并且该寄存器是同 xPSR 相互独立的。

　　尽管寄存器组存在差异,两者的编程模型或 R0 到 R15 还是保持一致的。因此,ARM7TDMI 上的 Thumb 指令还可以重用在 Cortex-M 处理器上,这也简化了软件移植。

22.3.4 指令集

ARM7TDMI 支持 ARMv4T 架构的 ARM 指令集(32 位)以及 Thumb 指令集(16 位),Cortex-M 处理器支持 ARMv6-M 的 Thumb 指令集,它是 ARM7TDMI 的 Thumb 指令集的超集。然而,Cortex-M 处理器不支持 ARM 指令集,因此,在移植到 Cortex-M 处理器上时,ARM7TDMI 的程序必须要经过修改。

22.3.5 中断

ARM7TDMI 支持一个 IRQ 中断输入和一个快速中断(FIQ)输入。一般说来,要想多个中断源共享 IRQ 和 FIQ 输入,ARM7TDMI 微控制器需要增加一个中断控制器,因此需要修改中断控制代码。

由于 FIQ 具有较多的分组寄存器并且它的向量位于向量表的最后,因此它可以通过减少需要压栈的寄存器的数量来提高处理速度,并且 FIQ 处理位于向量表的最后也可以减少分支运算的开销。

和 ARM7TDMI 不同,Cortex-M0 以及 Cortex-M0+处理器具有内置的中断控制器 NVIC,并且可以支持最多 32 个中断输入,每个中断可以被设置为 4 个优先级之一。由于寄存器的压栈由处理器自动完成,IRQ 和 FIQ 的区分也就没有必要了。另外,Cortex-M 处理器的向量表存放了每个中断服务程序的起始地址,而 ARM7TDMI 的向量表中则是指令(通常为跳转到中断服务程序的跳转指令)。

当 ARM7TDMI 收到一个中断请求时,中断服务程序开始处于 ARM 状态(使用 ARM 指令)。要支持嵌套中断,还需要另外增加汇编包装代码,而 Cortex-M 处理器则不需要在普通中断处理中使用汇编包装。

22.4 从 ARM7TDMI 向 Cortex-M0/Cortex-M0+处理器移植软件

如果 ARM7TMDI 的程序代码要用到 Cortex-M0/Cortex-M0+处理器上,首先需要对它进行修改和重新编译。

22.4.1 启动代码和向量表

由于 ARM7TDMI 的向量表以及初始化流程和 Cortex-M0 或 Cortex-M0+处理器的不同,因此启动代码和向量表需要被替换为新的(见表 22.10)。

表 22.10　ARM7TDMI 和 Cortex-M0/Corte-M0＋处理器的向量表差异

ARM7TDMI 的向量表	Cortex-M0 Cortex-M0＋的向量表
Vectors	Vectors
B Reset_Handler	IMPORT __main
B Undef_Handler	DCD _stack_top　;主 SP 起始值
B SWI_Handler	DCD __main　;进入 C 启动程序
B PrefechAbort_Handler	DCD NMI_Handler
B DataAbort_Handler	DCD HardFault_Handler
B IRQ_Handler	DCD 0, 0, 0, 0, 0, 0, 0
B FIQ_Handler	DCD SVC_Handler
Reset_Handler ;设置每种模式的栈	DCD 0, 0
LDR R0, = Stack_TOP	DCD PendSV_Handler
MSR CPSR_c, ♯Mode_IRQ:OR:I_Bit:OR:F_Bit	DCD SysTick_Handler
MOV SP, R0	… ;其他中断处理的向量
… ;设置其他模式的栈	
IMPORT __main	
LDR R0, = main;　//进入 C 启动程序	
BX R0	

本书中的许多例子中都有基于 Cortex-M0/Cortex-M0＋微控制器的启动代码。

22.4.2　中断

由于 ARM7TDMI 微控制器使用的中断控制器与 Cortex-M0 或 Cortex-M0＋的 NVIC 不同，所有的中断控制代码都需要修改。为了可移植性的考虑，推荐使用 CMSIS-CORE 定义的 NVIC 操作函数。

ARM7TDMI 中断包装函数用于支持嵌套中断，这部分代码需要被移除。如果中断服务程序是用汇编编写的，由于许多 ARM 指令不能直接映射为 Thumb 指令，中断处理代码就可能需要重写了。例如，ARM7TDMI 的异常处理可以在结束时使用"MOVS PC，LR"（ARM 指令），而这条指令在 Cortex-M0/M0＋中就是非法的了，必须被"BX LR"代替。

为了节省执行时间，ARM7TDMI 的 FIQ 处理程序可能需要借助分组寄存器 R8-R14。例如，在 FIQ 使能之前，FIQ 处理使用的常量可能就要预先装载到这些分组寄存器中。当向 Cortex-M 移植这种处理程序时，这些常量需要在处理程序内部被装载到寄存器中。

有些情况下，使能或禁止中断是通过使用汇编代码修改 CPSR 的 I 位实现的，而 Cortex-M 处理器则需要使用 PRIMASK 寄存器。在 ARM7TDMI 中，可以在一个异常返回指令中同时完成异常返回以及修改 I 位。而对于 Cortex-M 处理器来说，PRIMASK 和 xPSR 为相互独立的寄存器，所以如果异常处理将 PRIMASK 置位，那么在异常退出前还需要将其清除。否则 PRIMASK 就会一直保持置位状态，这样处理器就不会接受其他的中断了（除了 NMI）。

22.4.3　C 程序代码

除了外设、存储器映射以及系统级特性引起的一般改动,C 程序在以下方面也需要修改:

- 由于 Cortex-M 处理器只支持 Thumb 指令集,像"pragma arm"及"♯pragma thumb"等编译伪指令就无须再使用了。
- 对于 ARM RVDS 或 Keil MDK,需要重写内联汇编,或者使用嵌入汇编、单独的汇编代码,或者封装为 C 函数。这些开发工具中的内联汇编只支持 ARM 指令,如果写的是 ARM 指令或者代码试图切换至 ARM 状态,GNU C 的用户可能也需要修改他们的内联汇编代码。
- 由于在 Cortex-M 处理器中每个中断都有自己的中断向量,所以异常处理也可以简化。没有必要用软件确定需要的中断服务,并且 Cortex-M 处理器在处理嵌套中断时也不会带来软件开销。
- 尽管 Cortex-M 处理器的异常处理没有必要加上"__irq",但为了含义清晰,ARM RVDS 以及 Keil MDK 中也可以保留这个命令。并且将来如果应用程序要移植到其他的 ARM 处理器上,它可能还可以提供帮助。

C 代码需要经过重新编译,以确保其中只使用了 Thumb 指令,并且编译代码中不应包含切换至 ARM 状态的操作。同样地,库文件要在 Cortex-M 处理器上工作,也需要进行更新。

22.4.4　汇编代码

由于 Cortex-M 处理器不支持 ARM 指令集,因此使用了 ARM 指令的汇编代码需要重写。

应该注意包含 CODE16 伪指令的早期 Thumb 程序,当程序中使用了 CODE16 时,指令会被按照 Thumb 语法进行解析。例如,在这种情况下,不具有 S 后缀的数据处理操作码会被转换为更新 APSR 的指令。但是,可以重用包含 CODE16 的汇编文件,因为现有的 ARM 开发工具仍然支持该指令。对于新的汇编代码,推荐使用 THUMB 伪指令,这代表程序使用了统一汇编语言(UAL)。根据 UAL 语法,更新 APSR 的数据处理指令需要 S 后缀。

错误处理和 SWI 之类的系统异常处理也是不同的,它们需要更新后才能在 Cortex-M 处理器上工作。

22.4.5　原子访问

由于 Thumb 指令不支持交换操作(SWP 和 SWPB 指令),处理原子操作的代码必须得修改。对于没有其他总线主设备的单处理器系统来说,可以使用异常机制或者 PRIMASK 来实现原子操作。例如,由于系统中只可能有一个 SVC 异常实例在运行(当异常处理进行时,其他同级或更低级的异常将会被阻塞),可以使用 SVC 作为处理原子操作的入口。

22.4.6　优化

当程序在 Cortex-M0 或 Cortex-M0＋处理器上运行起来后，如果要优化代码，还应该注意几个方面。

对于从 ARM7TDMI 上移植过来的汇编代码，由于 ARMv6-M 上可能具有新的指令，数据类型转换可能就成了可以改进的方面之一。

如果中断处理是用汇编实现的，压栈操作可能具有优化的空间，因为 Cortex-M 处理器的异常流程将 R0-R3 以及 R12 等寄存器自动压栈。

Cortex-M 处理器可用的休眠模式更多，它们可用于降低功耗。要想完全利用 Cortex-M0 或 Cortex-M0＋微控制器的低功耗特性，需要修改程序代码，这样才能使用微控制器的电源管理特性。这些特性根据微控制器的不同而有所差异，关于这方面的信息，可以参考微控制器供应商提供的用户手册或应用笔记。第 19 章介绍了几个利用微控制器中低功耗特性的例子。

Cortex-M 处理器的硬件自动处理了中断嵌套，并且 NVIC 中的中断优先级也是可以设置的。可以重新调整异常的优先级，使系统获得最优的性能。

22.5　各种 Cortex-M 处理器间的差异

22.5.1　概述

Cortex-M 处理器家族目前包括 6 种处理器，第 1 章 1.2.4 节"ARM Cortex-M 处理器系列"已经对这些不同 Cortex-M 处理器进行了介绍。本书将在本节介绍其他的一些技术细节（见表 22.11）。

表 22.11　Cortex-M 处理器架构对比

	Cortex-M0	Cortex-M0＋	Cortex-M1	Cortex-M3	Cortex-M4	Cortex-M7
架构	ARMv6-M	ARMv6-M	ARMv6-M	ARMv7-M	ARMv7E-M	ARMv7E-M
流水线阶段	3	2	3	3	3	6
总线架构	冯·诺依曼	冯·诺依曼	哈佛（具有 TCM）	哈佛	哈佛	哈佛
性能 (DMIPS/MHz)	0.9	0.95	0.8	1.25	1.25	2.14
浮点	—	—	—	—	单精度	单精度＋双精度
浮点架构	—	—	—	—	FPv4	FPv5

从系统等级的角度来看，Cortex-M 处理器间的主要差异如图 22.2 所示。

Cortex-M3、Cortex-M4 和 Cortex-M7 处理器的性能比 Cortex-M0 以及 Cortex-M0＋

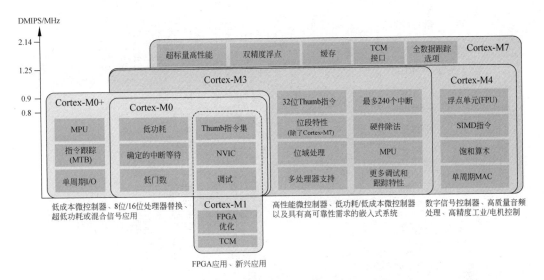

图 22.2 Cortex-M 处理器家族

更高,这是因为它们具有更多的指令,总线级架构和处理器流水线方面也有差异(Cortex-M7 处理器支持超标量结构)。然而,更多的功能也增加了功耗。

在为自己的工程选择处理器时,很重要的一点是,理解目标应用的需求(例如电池寿命与性能)以及微控制器产品的特点。

22.5.2 系统模型

ARMv7-M 架构(包括 ARMv7E-M)是 ARMv6-M 架构的超集,所以它具有 ARMv6-M 所有可能的特性,除此之外,Cortex-M3、Cortex-M4 和 Cortex-M7 处理器还支持许多其他特性。

对于系统模型来说,非特权模式(非特权线程—未执行异常处理时)在 ARMv6-M 中是可选的,且在 Cortex-M0 中根本不存在,而在 ARMv7-M 架构中则总是可用的。非特权线程模式对处理器配置寄存器(如 NVIC、SysTick)的访问是受限的,可以利用一个可选的存储器保护单元(MPU)防止运行在用户线程的程序访问某些存储器区域(见图 22.3)。

除了更多的操作模式,ARMv7-M 架构还有其他中断屏蔽寄存器。BASEPRI 寄存器可以阻止某优先级或更低优先级的中断,FAULTMASK 寄存器则提供了其他的错误管理特性。

Cortex-M4 和 Cortex-M7 处理器中的控制寄存器还增加了一个位(bit[0]),用于选择线程是特权模式的还是用户线程模式的。

ARMv7-M 架构的 xPSR 也增加了几位的定义,它可以使被打断的传输继续执行多寄存器加载/存储指令,以及可以让一个指令序列(最多 4 条指令)条件执行。当 DSP 扩展存在时(也就是 Cortex-M4 和 Cortex-M7 处理器),还有其他的位域(GE[3:0],大于或等于标志)用于一些 SIMD(单指令多数据)运算。

最后,ARMv7-M 架构支持少数几个加载和存储指令的非对齐数据传输,而 ARMv6-M

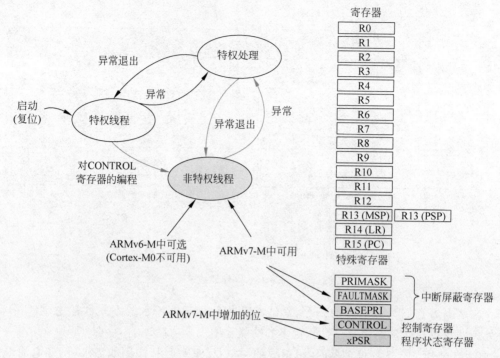

图 22.3　ARMv6-M 和 ARMv7-M 在系统模型上的差异

架构则不支持。

22.5.3　NVIC 和异常

Cortex-M3、Cortex-M4 和 Cortex-M7 中的 NVIC 支持最多 240 个中断，优先级的数量也是可由芯片设计者配置的，可选范围为 8 到 256（多数情况下为 8 到 32）。NVIC 将优先级分为两个部分：抢占优先级（用于嵌套中断）和子优先级（用于多个具有相同抢占优先级的中断同时发生）。它们可由软件配置。

Cortex-M 处理器间 NVIC 的差异如表 22.12 所示。

表 22.12　NVIC 特性对比

特　性	Cortex-M0/M1	Cortex-M0＋	Cortex-M3/M4	Cortex-M7
中断最大数量	32	32	40	240
不可屏蔽异常（NMI）	Yes	Yes	Yes	Yes
可编程优先级数量	4	4	8 到 256	8 到 256
优先级分组	—	—	Yes	Yes
向量表偏移寄存器	—	可选	Yes	Yes（VTOR 复位值可能非零）
SysTick 定时器	可选	可选	Yes	Yes

续表

特　　性	Cortex-M0/M1	Cortex-M0＋	Cortex-M3/M4	Cortex-M7
软件触发中断寄存器	—	—	Yes	Yes
中断活跃状态寄存器	—	—	Yes	Yes
寄存器 R/W	只支持 32 位	只支持 32 位	8/16/32 位	8/16/32 位
动态优先级修改支持	—	—	Yes	Yes
错误异常	1	1	4	4
调试监控异常	—	—	Yes	Yes

区别有很多,不过从不同 Cortex-M 处理器间的软件移植的角度来说,如表 22.13 所示,这些区别是很直接的。

表 22.13　NVIC 特性差异

关键差异	软件改动
软件触发中断寄存器在 ARMv6-M 中不存在	对于 Cortex-M0/Cortex-M0＋处理器,使用中断设置挂起寄存器(ISPR)代替(CMSIS-CORE NVIC_SetPending(IRQn_t IRQn))
不同寄存器访问大小需求	使用 CMSIS-CORE NVIC 控制函数代替
动态优先级修改	修改优先级时暂时禁止 IRQ

ARMv7-M 架构和 ARMv6-M 架构在 NVIC 上的一个主要区别为,ARMv7-M 的 NVIC 寄存器可以通过字、半字或字节传输的方式访问,而 ARMv6-M 的只能使用字传输。例如,如果要修改一个中断优先级寄存器,需要将整个字读出来(由 4 个中断的优先级组成),修改一字节,然后再将其写回。而对于 ARMv7-M,在优先级寄存器中写入一个字节即可以完成整个操作。如果使用 CMSIS 设备驱动库,该区别不会引起软件移植的问题,因为 CMSIS-CORE 的 NVIC 操作函数的名称是一样的,并且该函数会对不同的处理器使用相应的操作方式。

架构为 ARMv7-M 的 Cortex-M 处理器还有其他错误处理,并且优先级是可以设置的,这样嵌入式系统就可以在两级错误异常的保护之下了(见图 22.4)。

这些增加的错误处理都是可编程的,默认处于禁止状态(相应的错误异常会触发 HardFault 异常),如果使能,这些错误处理可用于应对如表 22.14 所示的错误事件。

ARMv7-M 架构中还存在一个调试监控异常,用于基于软件的调试方案,应用代码无须使用。

表 22.14　ARMv7-M 架构中增加的错误异常

异常类型	用　　法
总线错误	处理总线的错误响应
使用错误	处理未定义指令或非法操作(如试图进入 Cortex-M 处理器不支持的 ARM 状态)
MemManage(存储器管理)	一般和存储器保护单元配合使用,可以提高需要高可靠性嵌入式系统的健壮性

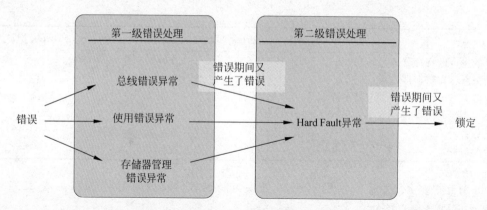

图 22.4　ARMv7-M 架构中多级错误处理

22.5.4　指令集

除了 Cortex-M0 和 Cortex-M0＋处理器支持的 Thumb 指令集外，Cortex-M3、Cortex-M4 和 Cortex-M7 处理器还支持许多其他 16 位和 32 位 Thumb 指令，其中包括

- 有符号和无符号除法指令（SDIV 和 UDIV）；
- 如果为 0 的比较和跳转（CBZ），如果非 0 的比较和跳转（CBNZ）；
- IF-THEN(IT)指令，根据 APSR 状态的不同，支持随后最多 4 条指令的条件执行；
- 32 位和 64 位的乘法和累加指令；
- 用于位顺序反转的位域处理指令，位域插入、位域清除以及位域提取；
- 表格跳转指令（通常用于 C 中的 switch 语句）；
- 饱和(saturation)操作指令；
- 多处理器环境的专用操作；
- 使用高寄存器（R8 及以上）的数据处理、存储器访问和跳转的指令。

这些增加的指令提高了浮点数运算等复杂数据处理的速度，它们也使得 Cortex-M3、Cortex-M4 和 Cortex-M7 处理器可以用于音频信号处理应用以及实时控制系统。

Cortex-M4 和 Cortex-M7 处理器支持 Cortex-M3 的超集，增加的指令包括

- 多个 SIMD 指令；
- 饱和算术运算；
- DSP 支持指令（多种 MAC 运算）；
- Cortex-M4 和 Cortex-M7 处理器可选的单精度浮点单元；
- Cortex-M7 处理器可选的双精度浮点单元。

从 ARMv7-M 向 ARMv6-M 移植应用时，

- C/C++程序只需重新编译以确保不可用的指令不再使用。
- CMSIS-DSP 库可用于所有的 Cortex-M 处理器，因此可以重用对 CMSIS-DSP 库的函数调用，不过处理时间和存储器大小需求可能会变化。

22.5.5 系统级特性

如表 22.15 所示，不同 Cortex-M 处理器的系统级特性也存在诸多差异。

表 22.15 系统级特性对比

	Cortex-M0	Cortex-M1	Cortex-M0＋	Cortex-M3/M4	Cortex-M7
SysTick 定时器	可选	可选	可选	Yes	Yes
OS 支持	Yes	可选	Yes	Yes	Yes
排他访问接口	—	—	—	Yes	Yes
非对齐数据支持	—	—	—	Yes	Yes
大端	可选	可选	可选	可选	可选
MPU	—	—	可选（8 个区域）	可选（8 个区域）	可选（8 或 16 个区域）
位段	—	—	—	可选	—
休眠接口	Yes	—	Yes	Yes	Yes
唤醒中断控制器	可选	—	可选	可选	可选
事件接口	Yes	—	Yes	Yes	Yes
单周期 I/O	—	—	可选	—	—
TCM	—	可选	—	—	可选

ARMv7-M 架构具有许多 ARMv6-M 所没有的系统级特性。

（1）非对齐存储器访问，在 ARMv6-M 架构中，所有的数据传输操作都必须是对齐的，这就意味着字传输的地址必须能被 4 整除，半字传输则需要发生在偶数地址上。ARMv7-M 架构则允许多个存储器访问指令产生非对齐访问，ARMv6-M 的非对齐数据可以通过多条指令来执行。

（2）排他访问，ARMv7-M 架构支持排他访问指令，用于信号量操作等多处理器系统中的共享数据，通过处理器总线接口，可以连接一个信号至总线系统上的系统级排他访问监控单元。

Cortex-M3 和 Cortex-M4 处理器具有一个名为位段的可选系统特性，该特性包含可以两位方式寻址的存储器区域，它们被称作位段区域。第一个位段区为 SRAM 里的第一个 1MB（从 0x20000000 开始），第二个则是外设区域的第一个 1MB（0x40000000）。通过操作另外一个存储器地址区域，位段区的位数据可以独立访问及修改。对于 Cortex-M0 和 Cortex-M0＋处理器，尽管处理器自身并不支持位段特性，可以利用总线级映射部件实现同等功能，因此 Cortex-M0 或 Cortex-M0＋微控制器也可以提供 Cortex-M3 及 Cortex-M4 设计中的位段特性。

22.5.6 调试和跟踪特性

和 ARMv6-M 架构相比，ARMv7-M 具有更多的调试和跟踪特性。另外，Cortex-M3 和

Cortex-M4 处理器支持更多的硬件断点和数据监视点比较器，当然，调试功能的提高也意味着更大的硅片面积和功耗。

调试和跟踪特性的比较如表 22.16 所示。

表 22.16　调试和跟踪特性对比

	Cortex-M0/M1	Cortex-M0+	Cortex-M3/M4	Cortex-M7
暂停、继续和单步	Yes	Yes	Yes	Yes
快速存储器访问	Yes	Yes	Yes	Yes
断点比较器	最多 4 个	最多 4 个	最多 8 个	最多 8 个
软件断点	Yes	Yes	Yes	Yes
监视点比较器	最多 2 个	最多 2 个	最多 4 个	最多 4 个
指令跟踪	—	可选（MTB）	可选（ETM）	可选（ETM）
数据跟踪	—	—	可选	可选
事件跟踪	—	—	可选	可选
指令（软件）跟踪	—	—	可选	可选
概况跟踪	—	—	可选	可选

Cortex-M3、Cortex-M4 和 Cortex-M7 处理器支持跟踪连接，可以通过调试器实时传输程序执行的很多信息：

- 可选的 ETM（嵌入式跟踪宏单元）可以捕获指令执行信息，这样可以在调试主机上按顺序重建执行过的指令。
- 可选的 DWT（数据监视点和跟踪）单元可跟踪监视数据变量或访问某个存储器区域，DWT 还可用于生成事件跟踪，表示异常入口和出口信息以及可提供程序执行统计信息的概况跟踪。
- 可选的 ITM（指令跟踪宏单元）可被软件利用生成调试信息（如 printf），这样就不用设备相关的 UART 来输出消息了，同时也使得调试消息生成的更加容易，不用设置需要设备相关设置代码的 UART 和 I/O 引脚，而且由于跟踪接口支持多种跟踪源也不需要一个独立的连接。

可以利用 Keil ULINKPro 等跟踪捕获设备来捕获跟踪数据。

除了调试和跟踪，Cortex-M3 和 Cortex-M4 处理器中的断点单元，还可用于给 ROM 增加补丁代码，这个特性被称作 Flash 补丁，对于基于 Flash 存储器的微控制器设备来说，由于 Flash 可以重复编程，因此也就不需要这个特性。

22.6　在 Cortex-M 处理器间移植时的通用改动

一般来说，在 Cortex-M 微控制器间移植应用需要进行以下改动：
- 替换设备驱动库和设备相关的头文件；
- 替换设备相关的启动代码；

- 修改中断优先级（例如,在从 Cortex-M3 微控制器移植到 Cortex-M0 设备时,有些优先级是无法使用的）;
- 修改外设驱动代码,除非使用的是 CMSIS 驱动,且适用于这两种设备;
- 由于设备系统特性间的差异导致的程序代码变动（如 PLL、时钟管理和存储器映射）;
- 修改编译选项（如处理器类型选项以及浮点选项）;
- 将嵌入式 OS 替换为一个合适的版本,嵌入式 OS 一般会包含小部分汇编代码（如上下文切换）,因此在 ARMv6-M 和 ARMv7-M 间移植时需要修改。

22.7 Cortex-M0/M0＋和 Cortex-M1 间的软件移植

总体而言,在 Cortex-M0 和 Cortex-M1 之间移植软件非常容易,除了外设编程模型的区别以外,其他需要改动的就很少了。

由于两个处理器基于相同的指令集以及同版本的架构,移植时软件代码往往可以直接使用,唯一的例外是软件代码可能需要使用休眠特性。由于 Cortex-M1 不支持休眠模式,使用了 WFI 和 WFE 的应用程序代码就需要修改了。

由于执行时间的差异,软件代码可能需要一些小的调整。

写这本书时,Cortex-M1 还没有可用的 CMSIS 软件包,不过由于两者基于相同的 ARMv6-M 架构,可以将 Cortex-M0 的 CMSIS-CORE 文件原样用到 Cortex-M1 编程中。

22.8 Cortex-M0/M0＋和 Cortex-M3 间的软件移植

尽管 Cortex-M0/Cortex-M0＋处理器（ARMv6-M）和 Cortex-M3（ARMv7-M）有许多的不同之处,这两个处理器之间的程序移植却一般非常简单。由于 ARMv7-M 架构支持 ARMv6-M 的所有特性,不考虑外设之间的差异,Cortex-M0/Cortex-M0＋上开发的程序可以直接在 Cortex-M3 上工作（见图 22.5）。

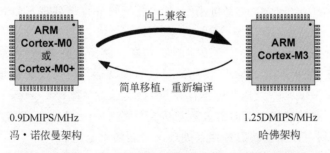

图 22.5 Cortex-M0/M0＋和 Cortex-M3 处理器的兼容性

一般说来,当从 Cortex-M0 向 Cortex-M3 移植程序时,只需改变设备驱动库,修改外设操作代码以及更新时钟频率、休眠模式等系统特性的软件代码。为了得到最佳性能，代码需要重新编译以利用更多的指令。

从 Cortex-M3 上移植程序到 Cortex-M0 或 Cortex-M0＋处理器则可能需要更多的时间，除了更换设备驱动库以外，还需要考虑以下几个方面：

- NVIC 和 SCB（系统控制块）的寄存器在 ARMv6-M 上只能按字访问，如果有程序代码访问这些寄存器时是按照半字或字节传输的，那么这部分代码就需要修改。如果 NVIC 和 SCB 是通过 CMSIS 函数访问的，切换使用 Cortex-M0 或 Cortex-M0＋的设备驱动后，CMSIS 会自动处理这些差异。
- Cortex-M3 处理器中的一些异常优先级在 Cortex-M0 或 Cortex-M0＋中是不存在，因此需要修改异常优先级的配置。
- ARMv6-M 不支持异常优先级分组特性，而 ARMv7-M 的异常优先级寄存器可分为分组优先级和子优先级两部分，且抢占是基于分组优先级的。
- Cortex-M3 中 NVIC 和 SCB 的有些寄存器在 Cortex-M0 或 Cortex-M0＋中是不可用的，它们包括中断活跃状态寄存器、软件触发中断寄存器以及一些错误状态寄存器。而向量表偏移寄存器（VTOR）在 Cortex-M0＋中则是可选的，但在 Cortex-M0 处理器中不存在。
- 表 22.17 中列出的 CMSIS-CORE 函数可以用于 ARMv7-M 处理器（包括 Cortex-M3、Cortex-M4 和 Cortex-M7），但 Cortex-M0 和 Cortex-M0＋处理器却不支持。
- Cortex-M3 和 Cortex-M4 的位段特性在 Cortex-M0 和 Cortex-M0＋上是不存在的，如果程序中使用了位段别名访问，那么这部分代码就应该被修改为普通存储器访问操作，并且使用软件处理位的提取和修改。
- 如果程序中包含汇编代码或者嵌入汇编代码，如果有些指令在 ARMv6-M 上是不可用的，就需要修改这部分代码。
- 对于 C 代码，例如硬件除法之类的一些指令是不能用在 Cortex-M0 和 Cortex-M0＋中的，在这种情况下，编译器会自动调用 C 库函数来处理除法操作。
- ARMv6-M 不支持非对齐数据传输。
- 有些指令在 Cortex-M3 上是可用的（如专用入口和位域处理），而 Cortex-M0 则不支持。

有些 Cortex-M0 和 Cortex-M0＋微控制器支持存储器重映射特性，系统的 Bootloader 具有不同的向量表，或者部分 SRAM 用作向量表以便在运行时修改异常向量。这是和设备相关的特性，由于 Corte-M0 处理器中不存在 VTOR，因此在基于 Cortex-M0 的微控制器产品中更可能出现。在移植使用了向量表重定位特性的 Cortex-M3 处理器的应用时，为了实现同一目的，应该利用存储器映射特性来处理向量表的重定位。

如果程序需要使用用户线程模式或者 MPU 特性，那么它就不能被移植到 Cortex-M0 上，因为 Cortex-M0 不支持这些特性，不过 Cortex-M0＋微控制器却不存在这个问题。

请注意由于系统模型方面的一些差异，在从 ARMv7-M 转到 ARMv6-M 时，部分 MPU

控制代码也需要修改。

表 22.17　ARMv7-M 支持但 ARMv6-M 不支持的 CMSIS-CORE 中断函数

Cortex-M3/M4/M7 支持但 Cortex-M0/M0＋不支持的 CMSIS-CORE 中断函数

void NVIC_SetPriorityGrouping(uint32_t PriorityGroup)

uint32_t NVIC_GetPriorityGrouping(void)

uint32_t NVIC_GetActive(IRQn_Type IRQn)

uint32_t NVIC_EncodePriority (uint32_t PriorityGroup, uint32_t PreemptPriority, uint32_t SubPriority)

void NVIC _ DecodePriority (uint32 _ t Priority, uint32 _ t PriorityGroup, uint32 _ t * pPreemptPriority, uint32_t * pSubPriority)

22.9　Cortex-M0/M0＋和 Cortex-M4/M7 间的软件移植

同 Cortex-M3 类似，Cortex-M4 和 Cortex-M7 处理器也基于 ARMv7-M 架构，它同 Cortex-M3 在很多方面都是相似的：相同的哈佛总线架构、按照 Dhrystone MDIPS/MHz 衡量的相近性能以及相同的异常类型等。Cortex-M7 处理器要复杂得多，处理器的流水线有 6 级，具有超标量处理能力，并且存储器系统特性也更多。

和 Cortex-M3 相比，Cortex-M4 和 Cortex-M7 处理器支持更多的指令，例如，

* SIMD 指令；
* 饱和运算指令；
* 数据打包和提取指令；
* 可选的浮点指令。

Cortex-M4 和 Cortex-M7 处理器的浮点支持是可选的，因此并不是所有的 Cortex-M4/M7 处理器都支持这个特性。如果处理器包含浮点单元，那么它就具有额外的浮点寄存器组以及其他寄存器（见图 22.6），xPSR 特殊寄存器中也会为 SIMD 指令增加其他的位域（GE 标志）。

由于 Cortex-M0 和 Cortex-M0＋处理器不支持浮点单元，如果应用中包含浮点运算，则计算由运行时软件库处理，因此需要较长的计算时间以及较大的代码空间。不过，除此之外，将代码重新编译后就能在 Cortex-M0 和 Cortex-M0＋处理器上运行了。

有些 Cortex-M4 和 Cortex-M7 处理器用的代码使用了 SIMD 指令且需要较高的 DSP 性能。DSP 函数一般可由预编译的 DSP 库代码实现，或者用汇编代码以达到最佳性能。这些代码无法用在 Cortex-M0 或 Cortex-M0＋处理器中，需要用 C/C++实现这些运算并重新编译。尽管可以工作，但如果在 Cortex-M0 或 Cortex-M0＋处理器上运行这些应用，性能会降低很多，因此一些要求较高的应用（如实时音频处理或需要浮点运算的控制应用）是不适合用在 Cortex-M0 或 Cortex-M0＋处理器中的。

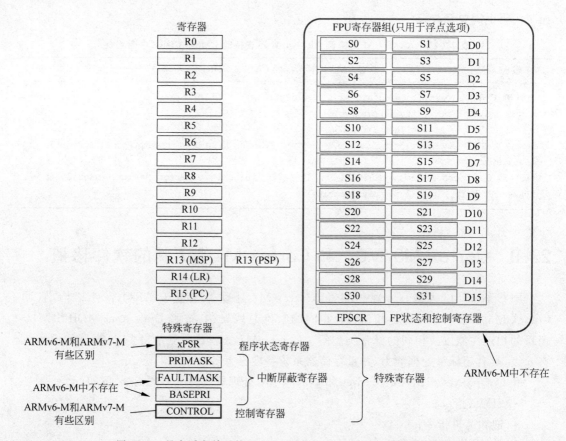

图 22.6　具有浮点单元的 Cortex-M4/Cortex-M7 处理器的系统模型

第23章

高级话题

23.1　C语言实现的位数据处理

对于经验丰富的嵌入式软件开发人员而言,这确实算不上多高级,而初学者却不知道可以在C++中定义位域来简化编码,CMSIS-CORE头文件中也有位域的例子,位域可用于程序状态寄存器(xPSR)、应用程序状态寄存器(APSR)以及内部程序状态寄存器的定义。

```
/ * * \brief 用于应用程序状态寄存器(APSR)访问的联合类型 * /
typedef union
{
Struct
{
# if ( __CORTEX_M != 0x04)
uint32_t _reserved0:27; / * !< bit: 0..26 保留 * /
#else
uint32_t _reserved0:16; / * !< bit: 0..15 保留 * /
uint32_t GE:4; / * !< bit: 16..19 大于等于标志 * /
uint32_t _reserved1:7; / * !< bit: 20..26 保留 * /
#endif
uint32_t _reserved2:1; / * !< bit: 27 保留 (ARMv7 - M 中为 Q 标志) * /
uint32_t V:1; / * !< bit: 28 溢出条件代码标志 * /
uint32_t C:1; / * !< bit: 29 进位条件代码标志 * /
uint32_t Z:1; / * !< bit: 30 零条件代码标志 * /
uint32_t N:1; / * !< bit: 31 负条件代码标志 * /
} b; / * !< 用于位访问的结构体 * /
uint32_t w; / * !< 字访问类型 * /
} APSR_Type;
```

可以在应用代码中利用位域定义,例如,

```
int x, y, z;
APSR_Type foo;
...
z = x + y;
```

```
foo.w = __get_APSR();        //.w用于字访问
if (foo.b.V) {               //.b用于位访问
printf ("Overflowed\n");
} else {
printf ("No overflow\n");
}
```

还可以定义用于外设寄存器位提取的辅助结构体。

位数据处理的 C 结构体和联合定义

```
typedef struct /* 定义了 32 位的结构体 */
{
uint32_t bit0:1;
uint32_t bit1:1;
uint32_t bit2:1;
uint32_t bit3:1;
uint32_t bit4:1;
uint32_t bit5:1;
uint32_t bit6:1;
uint32_t bit7:1;
uint32_t bit8:1;
uint32_t bit9:1;
uint32_t bit10:1;
uint32_t bit11:1;
uint32_t bit12:1;
uint32_t bit13:1;
uint32_t bit14:1;
uint32_t bit15:1;
uint32_t bit16:1;
uint32_t bit17:1;
uint32_t bit18:1;
uint32_t bit19:1;
uint32_t bit20:1;
uint32_t bit21:1;
uint32_t bit22:1;
uint32_t bit23:1;
uint32_t bit24:1;
uint32_t bit25:1;
uint32_t bit26:1;
uint32_t bit27:1;
uint32_t bit28:1;
uint32_t bit29:1;
uint32_t bit30:1;
uint32_t bit31:1;
} ubit32_t; /*!< 用于位访问的结构体 */

typedef union
```

```
{
    ubit32_t ub; /*!< 无符号位访问的类型 */
    uint32_t uw; /*!< 无符号字访问的类型 */
} bit32_Type;
```

下面可以利用新定义的数据类型来声明变量,例如,

```
bit32_Type foo;
foo.uw = GPIOD->IDR;                        //.uw 字访问
if (foo.ub.bit14) {                         //.ub 位访问
    GPIOD->BSRRH = (1<<14);                 //清除第 14 位
} else {
    GPIOD->BSRRL = (1<<14);                 //设置第 14 位
}
```

可以声明一个指向寄存器的指针:

```
volatile bit32_Type * LED;
LED = (bit32_Type *)(&GPIOD->IDR);
if (LED->ub.bit12) {
    GPIOD->BSRRH = (1<<12);                 //清除第 12 位
} else {
    GPIOD->BSRRL = (1<<12);                 //设置第 12 位
}
```

需要注意的是,位域特性不能保证位访问的原子性。在写入某位或位域时,编译器会产生一次软件读-修改-写流程,而期间可能会产生中断并且中断服务程序(ISR)也可能会修改同一寄存器的其他位,这样在 ISR 返回并继续执行写操作时会导致数据冲突。

23.2　C 实现的启动代码

本书中的多数例子所用的启动代码都是用汇编语言实现的,也可以用 C 编写启动代码,不过这需要引入编译器相关的符号,有些情况下还需要编译器相关的伪指令,因此,和汇编类似,C 启动代码仍然是工具链相关的。

例如,在 Keil MDK-ARM 环境中,还可以用 C 语言如下定义启动代码和向量表:
Keil MDK-ARM (STM32L053C8T6)的 C 启动代码示例

```
#include <rt_misc.h>
//定义存储器的顶部
#define TOP_OF_RAM 0x20002000U
extern void __main(void);                   //使用 C 库初始化函数
extern void NMI_Handler(void);
extern void HardFault_Handler(void);
extern void Reset_Handler(void);
extern void SVC_Handler(void);
```

```
extern void PendSV_Handler(void);
extern void SysTick_Handler(void);
extern void WWDG_IRQHandler(void);
extern void PVD_IRQHandler(void);
extern void RTC_IRQHandler(void);
extern void FLASH_IRQHandler(void);
extern void RCC_CRS_IRQHandler(void);
extern void EXTI0_1_IRQHandler(void);
extern void EXTI2_3_IRQHandler(void);
extern void EXTI4_15_IRQHandler(void);
extern void TSC_IRQHandler(void);
extern void DMA1_Channel1_IRQHandler(void);
extern void DMA1_Channel2_3_IRQHandler(void);
extern void DMA1_Channel4_5_6_7_IRQHandler(void);
extern void ADC1_COMP_IRQHandler(void);
extern void LPTIM1_IRQHandler(void);
extern void TIM2_IRQHandler(void);
extern void TIM6_DAC_IRQHandler(void);
extern void TIM21_IRQHandler(void);
extern void TIM22_IRQHandler(void);
extern void I2C1_IRQHandler(void);
extern void I2C2_IRQHandler(void);
extern void SPI1_IRQHandler(void);
extern void SPI2_IRQHandler(void);
extern void USART1_IRQHandler(void);
extern void USART2_IRQHandler(void);
extern void RNG_LPUART1_IRQHandler(void);
extern void LCD_IRQHandler(void);
extern void USB_IRQHandler(void);
extern void SystemInit(void);
//-----------------------------------------------------------------------
```
//定义 C 栈和堆的地址
```
//-----------------------------------------------------------------------
//Initialize stack and heap to span from the end of the zero-initialized
//region to the value defined by TOP_OF_RAM; see the "ARM Compiler toolchain
//Linker Reference" (ARM DUI 0493) and the "ARM Compiler toolchain Using ARM
//C and C++Libraries and Floating-Point Support" (ARM DUI 0475) for further
//details.
extern unsigned int Image$ $ ZI $ $ Limit;
struct __initial_stackheap
__user_initial_stackheap
(unsigned int r0,                               //heap_base
unsigned int r1,                                //stack_base
unsigned int r2,                                //heap limit
unsigned int r3)__value_in_regs                 //stacklimit
{
struct __initial_stackheap sh;
```

```
sh.heap_base = Image $ $ ZI $ $ Limit;
sh.stack_base = TOP_OF_RAM;                    //将栈 SRAM 置于 SRAM 顶部
sh.heap_limit = sh.stack_base;                 //或者若堆大小已知
//sh.heap_limit = Image $ $ ZI $ $ Limit + HEAP_SIZE
sh.stack_limit = sh.heap_base;                 //或者若栈大小已知
//sh.stack_limit = TOP_OF_RAM - STACK_SIZE
return sh;
}
//------------------------------------------------------------------------
//向量表,首先链接
//------------------------------------------------------------------------
typedef void( * const ExecFuncPtr)(void) __irq;
/* 向量表位于单独的段中 */
#pragma arm section rodata = "Vectors"
__attribute__ ((section("Vectors")))
ExecFuncPtr __Vectors[] = {
(ExecFuncPtr) TOP_OF_RAM,                      //栈指针初始值
(ExecFuncPtr) __main,                          //复位处理,C 初始化
(ExecFuncPtr) NMI_Handler,                     //NMI 处理
(ExecFuncPtr) HardFault_Handler,               //HardFault
0,
0,
0,
0,
0,
0,
0,
(ExecFuncPtr) SVC_Handler,
0,
0,
(ExecFuncPtr) PendSV_Handler,
(ExecFuncPtr) SysTick_Handler,
(ExecFuncPtr) WWDG_IRQHandler,                 //Window Watchdog
(ExecFuncPtr) PVD_IRQHandler,                  //PVD through EXTI Line detect
(ExecFuncPtr) RTC_IRQHandler,                  //RTC through EXTI Line
(ExecFuncPtr) FLASH_IRQHandler,                //FLASH
(ExecFuncPtr) RCC_CRS_IRQHandler,              //RCC and CRS
(ExecFuncPtr) EXTI0_1_IRQHandler,              //EXTI Line 0 and 1
(ExecFuncPtr) EXTI2_3_IRQHandler,              //EXTI Line 2 and 3
(ExecFuncPtr) EXTI4_15_IRQHandler,             //EXTI Line 4 to 15
(ExecFuncPtr) TSC_IRQHandler,                  //TSC
(ExecFuncPtr) DMA1_Channel1_IRQHandler,        //DMA1 Channel 1
(ExecFuncPtr) DMA1_Channel2_3_IRQHandler,      //DMA1 Channel 2 and Channel 3
(ExecFuncPtr) DMA1_Channel4_5_6_7_IRQHandler,  //DMA1 Channel 4 to 7
(ExecFuncPtr) ADC1_COMP_IRQHandler,            //ADC1, COMP1 and COMP2
(ExecFuncPtr) LPTIM1_IRQHandler,               //LPTIM1
0,                                             //Reserved
```

```
(ExecFuncPtr) TIM2_IRQHandler,              //TIM2
(ExecFuncPtr) 0,                            //Reserved
(ExecFuncPtr) TIM6_DAC_IRQHandler,          //TIM6 and DAC
0,                                          //Reserved
0,                                          //Reserved
(ExecFuncPtr) TIM21_IRQHandler,             //TIM21
0,                                          //Reserved
(ExecFuncPtr) TIM22_IRQHandler,             //TIM22
(ExecFuncPtr) I2C1_IRQHandler,              //I2C1
(ExecFuncPtr) I2C2_IRQHandler,              //I2C2
(ExecFuncPtr) SPI1_IRQHandler,              //SPI1
(ExecFuncPtr) SPI2_IRQHandler,              //SPI2
(ExecFuncPtr) USART1_IRQHandler,            //USART1
(ExecFuncPtr) USART2_IRQHandler,            //USART2
(ExecFuncPtr) RNG_LPUART1_IRQHandler,       //RNG and LPUART1
(ExecFuncPtr) LCD_IRQHandler,               //LCD
(ExecFuncPtr) USB_IRQHandler,               //USB
};
# pragma arm section
void Reset_Handler(void)
{
SystemInit();
__main();
}
__attribute__ ((weak)) void NMI_Handler(void)
{ while(1); }
__attribute__ ((weak)) void HardFault_Handler(void)
{ while(1); }
__attribute__ ((weak)) void SVC_Handler(void)
{ while(1); }
__attribute__ ((weak)) void PendSV_Handler(void)
{ while(1); }
__attribute__ ((weak)) void SysTick_Handler(void)
{ while(1); }
__attribute__ ((weak)) void WWDG_IRQHandler(void)
{ while(1); }
__attribute__ ((weak)) void PVD_IRQHandler(void)
{ while(1); }
__attribute__ ((weak)) void RTC_IRQHandler(void)
{ while(1); }
__attribute__ ((weak)) void FLASH_IRQHandler(void)
{ while(1); }
__attribute__ ((weak)) void RCC_CRS_IRQHandler(void)
{ while(1); }
__attribute__ ((weak)) void EXTI0_1_IRQHandler(void)
{ while(1); }
__attribute__ ((weak)) void EXTI2_3_IRQHandler(void)
```

```
{ while(1); }
__attribute__ ((weak)) void EXTI4_15_IRQHandler(void)
{ while(1); }
__attribute__ ((weak)) void TSC_IRQHandler(void)
{ while(1); }
__attribute__ ((weak)) void DMA1_Channel1_IRQHandler(void)
{ while(1); }
__attribute__ ((weak)) void DMA1_Channel2_3_IRQHandler(void)
{ while(1); }
__attribute__ ((weak)) void DMA1_Channel4_5_6_7_IRQHandler(void)
{ while(1); }
__attribute__ ((weak)) void ADC1_COMP_IRQHandler(void)
{ while(1); }
__attribute__ ((weak)) void LPTIM1_IRQHandler(void)
{ while(1); }
__attribute__ ((weak)) void TIM2_IRQHandler(void)
{ while(1); }
__attribute__ ((weak)) void TIM6_DAC_IRQHandler(void)
{ while(1); }
__attribute__ ((weak)) void TIM21_IRQHandler(void)
{ while(1); }
__attribute__ ((weak)) void TIM22_IRQHandler(void)
{ while(1); }
__attribute__ ((weak)) void I2C1_IRQHandler(void)
{ while(1); }
__attribute__ ((weak)) void I2C2_IRQHandler(void)
{ while(1); }
__attribute__ ((weak)) void SPI1_IRQHandler(void)
{ while(1); }
__attribute__ ((weak)) void SPI2_IRQHandler(void)
{ while(1); }
__attribute__ ((weak)) void USART1_IRQHandler(void)
{ while(1); }
__attribute__ ((weak)) void USART2_IRQHandler(void)
{ while(1); }
__attribute__ ((weak)) void RNG_LPUART1_IRQHandler(void)
{ while(1); }
__attribute__ ((weak)) void LCD_IRQHandler(void)
{ while(1); }
__attribute__ ((weak)) void USB_IRQHandler(void)
{ while(1); }
```

在典型的软件开发环境中,微控制器供应商提供的软件包中会包含各种工具链使用的启动代码和头文件,这就意味着无须担心微控制器设备的启动代码和头文件。

从 CMSIS-CORE v1.3 版本开始,系统处理函数 SystemInit()在启动代码中调用,这个变化使得 SystemInit()函数可以在执行 C 运行时启动代码前初始化存储器接口控制器。这样一来,可以将 C 程序用的栈和堆存储到外部存储器中。

但是,主栈指针(MSP)的初始值仍然要指向不需要初始化的 RAM 区域,这是因为有些异常(进入 NMI,HardFault)可能会在启动过程中产生。

23.3　栈溢出检测

23.3.1　什么是栈溢出

对于最简单的情况,栈溢出意味着应用代码消耗的栈超过了软件开发人员所分配的大小。有时,根据工程中存储器布局的实际情况,栈溢出可能会破坏堆中的数据,甚至是其他全局和静态变量,这样会导致各种各样的程序失败,例如计算结果错误或者程序崩溃(可能会引发 HardFault 异常)。

为了保证正确的程序操作,必须要保证栈和堆(用于 malloc()等动态存储器分配函数)的存储空间足够,所需的栈空间包括

- 程序操作所需的栈空间;
- 异常处理和栈帧所需的栈空间;
- 一些 C 运行时库函数、CMSIS-DAP 或 CMSIS 驱动库函数可能也会需要栈空间。

需要注意的是,如果应用允许多个中断的嵌套,那么在最坏情况下,所用的栈包括每个优先级的处理所需最多的栈,再加上每级栈帧所需的栈空间。

对于具有嵌入式 OS 的系统,还需要确定每个应用线程/任务所需的栈空间,而且还要在创建新的线程/任务时预留其他的栈空间。

23.3.2　工具链的栈分析

许多软件开发工具链都可以生成栈使用的报表:

- 对于 Keil™MDK-ARM,可以在一个 HTML 文件找到栈的使用情况。
- 对于 IAR Embedded Workbench,要得到栈的使用情况,则需要使能栈分析(参见 15.6 节)。
- 对于 GNU 编译器组件,可以使用命令行选项"-fstack-usage"使能栈使用报表的生成。

在确定了最大栈之后,应该另外增加中断处理和异常栈帧所需的栈大小。

对于具有 OS 的系统,每个线程栈(使用进程栈指针)可能只需支持一级栈帧空间,嵌套异常用的栈空间则位于主栈。

有时确定某些函数所需的栈大小是不太容易的,此时需要通过测试来应对这部分栈分析。

23.3.3 栈的测试分析

一般来说,在调试环境中,可以将栈空间填充为特定形式(如经常用到的 0xDEADBEEF),程序运行一段时间后,可以查看多少栈存储发生了变化,并据此估计所需的栈大小。不过,这种方法可能无法涵盖最差的情况,因此需要额外预留一定的内存,避免栈溢出的产生。这种方法只适用于软件开发阶段,需要软件开发人员通过调试器测试栈的使用情况。

检测栈溢出的另外一种方法为将栈置于 SRAM 的底部(见图 23.1),如果应用引发了栈溢出,则存储器访问会超出合法的 SRAM 存储器空间,且总线系统会返回一个能触发 HardFault 异常的错误。可以在 HardFault 处理中插入一个断点,在检测到栈溢出时暂停处理器。

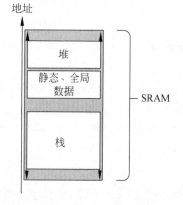

图 23.1 栈溢出检测用的栈布局

对于这种设计,如果线程(主程序)中使用了进程栈,且异常处理使用主栈,则 HardFault 也可以处理错误。

23.3.4 利用存储器保护单元对栈进行限制

有时预测栈的准确大小是非常困难的,例如应用中可能会存在连续的函数调用。在这种情况下,要在代码中增加其他检测栈溢出的手段,使得栈操作超过某个区域时就会触发某个异常。存储器保护单元(MPU)特性可以实现这个功能。

在 SRAM 中放置一段无法访问的区域(见图 23.2),如果栈和堆的访问超过了合法区域,就会触发 HardFault 异常。由于 HardFault 异常可以绕过 MPU 的限制,仍可以在自复位操作前执行某种错误报告或修复措施。

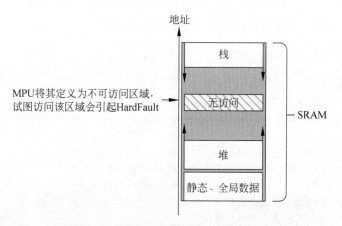

图 23.2 利用存储器保护单元检测栈溢出的栈布局

23.3.5 OS 上下文切换期间的栈检测

Keil RTX 等许多嵌入式 OS 支持栈检查特性，在每次上下文切换时都会将栈的使用同允许的栈大小比较，如果线程所用的栈超过了允许的大小，就会触发错误。

23.4 中断服务程序重入

一般来说，ARMv6-M 和 ARMv7-M 架构不支持同一中断服务的嵌套。在执行中断服务时，所有具有相同或更小优先级的中断都会被屏蔽。因此，如果在 ISR 执行期间再次触发了定时器中断，则定时器中断挂起状态会置位且 ISR 会在当前 ISR 执行完后被再次触发。

一般来说，这种方式是有利的，因为如果允许重入中断或连续函数调用，系统可能会消耗掉栈空间。不过，在从老系统（如 ARM7TDMI 等经典 ARM 处理器，如果 ISR 中清除 I 位/F 位则中断可以重入）向 Cortex-M 处理器移植时，这种处理会使软件移植容易些。

对于这个问题，存在一个软件的解决方案。用户可以为自己的中断处理编写一个包装代码，使其运行在线程状态，这样就可以被同一个中断打断。该包装代码由两部分组成：第一部分为中断处理，它将自身切换回线程状态并执行 ISR 任务；第二部分为 SVC 异常处理，它会恢复状态并继续执行之前的线程。

本方案使用注意：

在一般的应用中，应该避免重入中断的使用，因为这样会带来很深的中断嵌套并引起栈溢出。这里说的重入中断机制还要求优先级为系统中的最低优先级，否则在较低异常 ISR 执行期间触发重入中断的话会引起处理器的错误异常。

下面的代码实现了系统节拍（SysTick）处理的包装函数：

```
__asm void SysTick_Handler(void)
{
;目前处于处理模式,使用的是主栈,且 SP 应双字对齐
PUSH {R4, LR} ;需要将 LR 保存在栈中,保持双字对齐
SUB SP, SP , #0x20 ;预留 8 字空栈帧用于返回
MOV R1, SP
LDR R0, = SysTick_Handler_thread_pt
STR R0,[R1, #24] ;将返回地址设置为 SysTick_Handler_thread_pt
LDR R0, = 0x01000000 ;运行 Reentrant_SysTick_Handler 时的初始 xPSR
STR R0,[R1, #28] ;放入新建的栈帧中
LDR R0, = 0xFFFFFFF9 ;使用主栈返回线程
BX R0 ;利用新建的栈帧进行异常返回
SysTick_Handler_thread_pt
BL __cpp(Reentrant_SysTick_Handler) ;在线程模式调用实际的 ISR
```

```
SVC 0 ;利用 SVC 返回初始线程
B . ;不应返回到此处
ALIGN 4
}
```

重入中断代码的操作如图 23.3 所示。

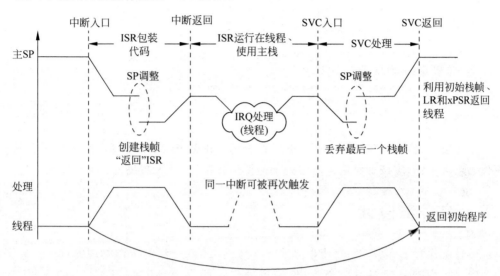

图 23.3 利用其他包装代码在线程中运行 ISR 以允许重入中断

在设计 ISR 结尾处,利用 SVCall 异常服务切换回初始线程,由于将栈指针(SP)移动了 8 个字,需要在执行完实际的 ISR 后将 SP 移回,SVCall 处理的代码如下所示:

```
//SVC 处理——恢复栈
__asm void SVC_Handler(void)
{
MOVS r0, ♯4
MOV r1, LR
TST r0, r1
BEQ stacking_used_MSP
MRS R0, PSP ;第一个参数,使用 PSP 压栈
B get_SVC_num
stacking_used_MSP
MRS R0, MSP ;第一个参数,使用 MSP 压栈
get_SVC_num
LDR R1, [R0, ♯24] ;读取压栈 PC
SUBS R1, R1, ♯2
LDRB R0, [R1, ♯0] ;从压栈 PC 位置 2 处得到 SVC 参数 CMP R0, ♯0
BEQ svc_service_0
BL __cpp(Unknown_SVC_Request)
BX LR ;返回
```

```
svc_service_0
;SVC 服务 0
;重入代码结束,我们可以丢弃当前栈帧并恢复栈帧的初始值
ADD SP, SP, ♯0x20
POP {R4, PC} ;返回
ALIGN 4
}
/* -------------------------------------- */
void Unknown_SVC_Request(unsigned int svc_num)
{ /* SVC 服务未知时显示错误消息 */
printf("Error: Unknown SVC service request %d\n", svc_num);
while(1);
}
```

由于在包装处理中将 EXC_RETURN 设置为 0xFFFFFFF9,处理器会返回线程模式。为使代码正常工作,应该确保重入异常处于最低优先级,使其无法抢占其他异常。

23.5 信号量设计

信号量操作对于许多 OS 设计非常重要,例如第 20 章介绍的资源管理的例子。为了避免两个应用线程被分配同一个资源,信号量处理一般需要 ARM7TDMI 中的 SWP 或者 Cortex-M3/M4/M7 处理器中的排他访问等原子操作。

ARMv6-M 架构不支持 ARMv7-M 中的排他访问,也没有 SWP 等存储器原子访问指令。不过,可以利用 SVCall 异常实现信号量。

由于 Cortex-M 处理器具有异常优先级的结构,每次只能有一个 SVCall 异常。因此,如果在 SVCall 服务中实现信号量操作,则可以保证每次只有一个线程/任务访问信号量数据。

另外一个方案是,在访问信号量数据时,利用 PRIMASK 寄存器禁止中断一小段时间,不过这样意味着中断等待时间可能会加长。

23.6 存储器顺序和存储器屏障

对于 ARMv6-M 和 ARMv7-M 架构,芯片设计人员在使用处理器时不会受到什么限制,从理论上来说,ARMv6-M 架构也可以成为超标量的设计,具有乱序执行能力,因此可以按多种方式重排存储器访问的顺序,却能得到相同的结果。有时,即使没有乱序执行,存储器访问也未必是按照顺序的,这是因为

- 有些处理器可能具有多个总线接口,且等待状态也不相同。
- 有些处理器可能具有写缓冲,写缓冲可能会将多次传输合并成一个以提高系统性能并降低功耗。

- 有些存储器访问是可以预测的(如指令预取)。
- 对于复杂的总线系统设计,处理器可能会为某个存储器位置提供多个总线通路(取决于片上总线协议)。
- 有些指令可能会由于中断被舍弃,但稍后会重新开始。

很明显,如果对所有存储器位置的访问都能重排序,可能会给软件开发人员带来很大的麻烦。例如,外设的配置一般要按照某种顺序进行,因此,ARM 架构定义了三种不同的存储器类型,每种存储器类型都定义了多种规则。

(1) 普通:一般来说,程序存储器和 RAM 都是普通存储器,对其的访问可以重排序,且是可预测的,前提是重排序不会对程序执行造成影响。写操作可被缓冲(或保存在写回缓存),因此总线上实际看到的读/写传输可能会和程序代码描述的有很大不同。

(2) 设备:外设可被归为设备类型,设备可以是可共用的,也可以是不可共用的,并且对这种类型设备的访问是不能重新排序的。另外,访问大小等属性也不能重复(除非程序代码指定访问可以重复)。

(3) 强序:被定义为强序的设备一般是和系统控制功能相关的寄存器,例如处理器系统控制空间(SCS)内的所有寄存器,其中包括嵌套向量中断控制器(NVIC)、MPU、SysTick 和调试部件等。对这些寄存器的访问一般会对系统有影响,和设备类型类似,强序访问也不能重排序或重复。所有的强序存储器空间都是可共用的。

设备和强序数据不能被保存在缓存中,对于基于 Cortex-M3 和 Cortex-M4 等的设计,设备访问可缓冲(但无写合并,且外设的传输大小须和处理器内核的一致),但强序传输不能被缓冲。

从架构上来说,基于图 23.4 所示的规则,这两种访问都可以选择是否重排序。

允许重排序?		传输#1			
		普通访问	设备访问 (不可共享)	设备访问 (可共享)	强序访问
传输 #2	普通访问	可能	可能	可能	可能
	设备访问 (不可共享)	可能	否	可能	否
	设备访问 (可共享)	可能	可能	否	否
	强序访问	可能	否	否	否

图 23.4 存储器排序限制

图 23.4 中所示的“可能”要根据进一步的条件才能确定,例如实际的操作等。

如果应用需要某些存储器访问按照顺序进行,而架构则允许基于存储器排序规则对这些传输重新排序,此时要在应用代码中添加存储器屏障指令,强制进行排序。

ARMv6-M 和 ARMv7-M 中存在三个存储器屏障指令(见表 23.1)。

表 23.1 　存储器屏障内在函数

指令	CMSIS 函数	描　　述
ISB	__ISB()	确保 ISB 所有的上下文变化操作都被后续的指令识别,这样会清除指令流水线,且会重新取出 ISB 之后的指令
DMB	__DMB()	确保在 DMB 前所有的显式存储器传输在 DMB 后的存储器传输启动前完成
DSB	__DSB	确保在 DMB 前所有的显式存储器传输在 DMB 后的指令执行前完成

对于 ARMv6-M 和 ARMv7-M 架构,存储器屏障指令不只用于强制存储器访问排序,还可用于消除写 CONTROL、NVIC 和 MPU 等寄存器对接下来指令的影响。

对于 Cortex-M0 和 Cortex-M0＋处理器,由于处理器设计相对简单,因此也不需要重排存储器访问,不加存储器屏障指令一般也不会有什么问题。不过,为了提高软件的可移植性,推荐使用存储器屏障指令。表 23.2 列出了存储器屏障指令的几个应用场景。

要详细了解 Cortex-M 处理器中存储器屏障指令的使用,可以参考 ARM 应用笔记《AN321——ARM Cortex-M 存储器屏障指令编程指南》(参考文档[8])。

表 23.2 　应该使用存储器屏障指令的情况

使用情景	存储器屏障用法
CONTROL 更新	在写入 CONTROL 寄存器后,应该使用 ISB 指令以消除 CONTROL 更新的影响
CPSIE I	在使能中断后(清除 PRIMASK),如果要立刻检查挂起中断请求,则需要使用 ISB 指令,使用 MSR 清除 PRIMASK 的情况也是一样的,不过利用设置 PRIMASK 禁止中断(如"CPSID I")无须 ISB
SCS 更新	从架构来说,在访问系统控制空间(SCS)前后需要 DMB,如果要立即消除影响,则应在"ISB"后跟一个"DMB"
休眠	从架构来说,在执行 WFI/WFE 前应该使用 DSB 指令,这样可以保证进入休眠前所有的存储器操作都已完成。如果系统控制寄存器(SCB-> SCR)在之前正好更新了,应该在执行 WFI/WFE 前依次使用 DSB 和 ISB
更新 VTOR	从架构来说,在更新 VTOR 后,如果要立即使用 VTOR(例如下一个指令为 SVC),应该使用 DSB 指令
多处理器/多总线主系统	如果数据传输需要对另一个处理器可见,且传输顺序非常重要,则需要使用 DMB 指令以确保存储器访问顺序
存储器映射更新	一些 Cortex-M0 微控制器具有存储器重映射特性,使得处理器可以从 Boot loader 的地址 0 处启动,然后切换存储器映射以执行同样处于 Flash 地址 0 处的程序。存储器重映射功能还可将一些 SRAM 重映射到地址 0,在切换存储器映射时,应该在切换后依次使用 DSB 和 ISB 以确保处理器在新的存储器映射下取出指令
自修改代码	对于自修改代码,应该在代码空间修改后依次使用 DSB 和 ISB 以确保处理器取出新的指令

附录 A

指令集快速参考

ARM Cortex-M0 和 Cortex-M0＋处理器支持的指令如表 A.1 所示。

表 A.1　指令集一览

语法（统一汇编语言）	描　　述
ADCS　＜Rd＞,＜Rm＞	带有进位的加法,并更新 APSR
ADDS　＜Rd＞,＜Rn＞,＜Rm＞	寄存器相加并更新 APSR
ADDS　＜Rd＞,＜Rn＞,＃immed3	寄存器和 3 位立即数相加
ADDS　＜Rd＞,＃immed8	寄存器和 8 位立即数相加
ADD　＜Rd＞,＜Rm＞	两个寄存器相加,不更新 APSR
ADD　＜Rd＞,SP,＜Rd＞	栈指针和寄存器相加,结果保存在寄存器中
ADD　SP,＜Rm＞	栈指针和寄存器相加,结果保存在栈指针中
ADD　＜Rd＞,SP,＃immed8	立即数与栈指针相加,Rd ＝ SP ＋零展开(＃immed8 ＜＜ 2)
ADD　SP,SP,＃immed7	立即数与栈指针相加,SP ＝ SP ＋零展开(＃immed7 ＜＜ 2)
ADR　＜Rd＞,＜标号＞	将地址放到寄存器中,还可以使用 ADD＜Rd＞,PC,＃immed8
ANDS　＜Rd＞,＜Rd＞,＜Rm＞	两个寄存器间的逻辑与运算
ASRS　＜Rd＞,＜Rd＞,＜Rm＞	算术右移
ASRS　＜Rd＞,＜Rd＞,＃immed5	算术右移
BICS　＜Rd＞,＜Rd＞,＜Rm＞	逻辑位清除
B　＜标号＞	跳转到一个地址(无条件)
B　＜条件＞＜标号＞	条件跳转
BL　＜标号＞	跳转并链接(返回地址存在 LR 中)
BX　＜Rm＞	跳转到寄存器中的地址(目标寄存器的最低位应该置 1,表明当前处于 Thumb 状态)
BLX　＜Rm＞	跳转到寄存器中的地址并链接(返回地址存在 LR 中)(目标寄存器的最低位应该置 1,表明当前处于 Thumb 状态)
BKPT　＃immed8	软件断点,0xA8 预留为半主机(semihosting)
CMP　＜Rn＞,＜Rm＞	比较两个寄存器并且更新 APSR
CMP　＜Rn＞,＃immed8	比较寄存器和 8 位立即数并更新 APSR
CMN　＜Rn＞,＜Rm＞	负数比较(实际上为 ADD 操作)

续表

语法(统一汇编语言)	描　　述
CPSIE I	清除 PRIMASK(使能中断)；在符合 CMSIS 的设备驱动库中,可以使用"__enable_irq()"实现该操作
CPSID I	设置 PRIMASK(禁止中断)；在符合 CMSIS 的设备驱动库中,可以使用"__disable_irq()"实现该操作
DMB	数据存储器屏障,确保在新的存储器访问开始之前,所有的存储器访问已经完成。在符合 CMSIS 的设备驱动库中,可以使用"__DMB"函数实现该操作
DSB	数据同步屏障,确保在下一条指令开始执行之前,所有的存储器访问已经完成。在符合 CMSIS 的设备驱动库中,可以使用"__DSB"函数实现该操作
EORS < Rd >,< Rd >,< Rm >	两个寄存器间的逻辑异或运算
ISB	指令同步屏障,清除流水线并且确保在新指令执行时,之前的指令都已执行完毕,在符合 CMSIS 的设备驱动库中,可以使用"__ISB"函数实现这一操作
LDM < Rn >,{< Ra >,< Rb >...}	从存储器中加载多个寄存器,< Rn >为目的寄存器列表,并且被装载操作更新
LDMIA < Rn >,{< Ra >,< Rb >...}	从存储器中加载多个寄存器,< Rn >不是目的寄存器列表,并且被地址增长操作更新,另一种形式为：LDMFD < Rn >,{< Ra >,< Rb >...}
LDR < Rt >,[< Rn >,< Rm >]	从存储器中进行字装载,< Rt > = 存储器[< Rn >+< Rm >]
LDR < Rt >,[< Rn >,♯ immed5]	从存储器中进行字装载,< Rt > = 存储器[< Rn >+ ♯ immed5 << 2]
LDR < Rt >,[PC,♯ immed8]	从存储器中进行字装载(文字数据),< Rt > = 存储器[PC + ♯ immed8 << 2]
LDR < Rt >,[SP,♯ immed8]	从存储器中进行字装载,< Rt > = 存储器[SP + ♯ immed8 << 2]
LDRH < Rt >,[< Rn >,< Rm >]	从存储器中进行半字装载,< Rt > = 存储器[< Rn >+< Rm >]
LDRH < Rt >,[< Rn >,♯ immed5]	从存储器中进行半字装载,< Rt > = 存储器[< Rn >+ ♯ immed5 << 1]
LDRB < Rt >,[< Rn >,< Rm >]	从存储器中进行字节装载,< Rt > = 存储器[< Rn >+< Rm >]
LDRB < Rt >,[< Rn >,♯ immed5]	从存储器中进行字节装载,< Rt > = 存储器[< Rn >+ ♯ immed5]
LDRSH < Rt >,[< Rn >,< Rm >]	从存储器中进行有符号半字装载,< Rt > = 符号展开(存储器[< Rn >+< Rm >])
LDRSB < Rt >,[< Rn >,< Rm >]	从存储器中进行有符号字节装载,< Rt > = 符号展开(存储器[< Rn >+< Rm >])
LSLS < Rd >,< Rd >,< Rm >	逻辑左移
LSLS < Rd >,< Rm >,♯ immed5	逻辑左移
LSRS < Rd >,< Rd >,< Rm >	逻辑右移
LSRS < Rd >,< Rm >,♯ immed5	逻辑右移

续表

语法(统一汇编语言)	描　　述
MOV　＜Rd＞,＜Rm＞	将数据从寄存器传送到寄存器
MOVS　＜Rd＞,＜Rm＞	将数据从寄存器传送到寄存器,并更新 APSR
MOVS　＜Rd＞,♯immed8	将数据送到寄存器,并进行有符号展开
MRS　＜Rd＞,＜特殊寄存器＞	将特殊寄存器的值送到寄存器中,在符合 CMSIS 的设备驱动库中,多个函数可用于特殊寄存器访问(参见附录 C)
MSR　＜特殊寄存器＞,＜Rd＞	将寄存器的值送到特殊寄存器中,在符合 CMSIS 的设备驱动库中,多个函数可用于特殊寄存器访问(参见附录 C)
MOVNS＜Rd＞,＜Rm＞	逻辑位取反,Rd = NOT(Rm)
MULS　＜Rd＞,＜Rm＞,＜Rd＞	乘法
NOP	无操作,在符合 CMSIS 的设备驱动中,可以使用"__NOP()"函数
ORRS　＜Rd＞,＜Rd＞,＜Rm＞	逻辑或
POP　｛＜Ra＞,＜Rb＞,…｝	从栈空间中读取一个或多个寄存器的值,并且更新栈指针
POP　｛＜Ra＞,＜Rb＞,…,PC｝	从栈空间中读取一个或多个寄存器的值,并且更新栈指针
PUSH　｛＜Ra＞,＜Rb＞,…｝	往栈空间中存储一个或多个寄存器的值,并且更新栈指针
PUSH　｛＜Ra＞,＜Rb＞,…,LR｝	往栈空间中存储一个或多个寄存器的值,并且更新栈指针
REV　＜Rd＞,＜Rm＞	字节顺序反转
REV16＜Rd＞,＜Rm＞	半字中的字节顺序反转
REVSH＜Rd＞,＜Rm＞	低半字中的字节顺序反转,然后将结果进行有符号展开
RORS　＜Rd＞,＜Rd＞,＜Rm＞	循环右移
RSBS　＜Rd＞,＜Rn＞,♯0	取反减法(负数)
SBCS　＜Rd＞,＜Rd＞,＜Rm＞	带进位的减法(借位)
SEV	多处理器环境中向所有的处理器发送事件(包括自身),在符合 CMSIS 的设备驱动中,可以使用"__SEV()"实现该操作
STMIA＜Rn＞!,｛＜Ra＞,＜Rb＞,…｝	将多个寄存器存到存储器中,地址增长的同时＜Rn＞也得到更新
STR　＜Rt＞,[＜Rn＞,＜Rm＞]	将字写到存储器中,存储器[＜Rn＞+＜Rm＞] = ＜Rt＞
STR　＜Rt＞,[＜Rn＞,♯immed5]	将字写到存储器中,存储器[＜Rn＞+♯immed5≪2] = ＜Rt＞
STR　＜Rt＞,[SP,♯immed8]	将字写到存储器中,存储器[SP+♯immed8≪2] = ＜Rt＞
STRH　＜Rt＞,[＜Rn＞,＜Rm＞]	将半字写到存储器中,存储器[＜Rn＞+＜Rm＞] = ＜Rt＞
STRH　＜Rt＞,[＜Rn＞,♯immed5]	将半字写到存储器中,存储器[＜Rn＞+♯immed5≪1] = ＜Rt＞
STRB　＜Rt＞,[＜Rn＞,＜Rm＞]	将字节写到存储器中,存储器[＜Rn＞+＜Rm＞] = ＜Rt＞
STRB　＜Rt＞,[＜Rn＞,♯immed5]	将字节写到存储器中,存储器[＜Rn＞+♯immed5] = ＜Rt＞
SUBS　＜Rd＞,＜Rn＞,＜Rm＞	两个寄存器相减
SUBS　＜Rd＞,＜Rn＞,♯immed3	寄存器减去 3 位立即数
SUBS　＜Rd＞,♯immed8	寄存器减去 8 位立即数
SUB　SP,SP,♯immed7	SP 减去立即数,SP = SP-零展开(♯immed7≪2)
SVC　♯＜immed8＞	请求管理调用,也可写作: SVC＜immed8＞
SXTB　＜Rd＞,＜Rm＞	有符号展开字数据中的最低字节

续表

语法（统一汇编语言）	描　　述
SXTH　＜Rd＞,＜Rm＞	有符号展开字数据中的低半字
TST　＜Rn＞,＜Rm＞	测试（位与）
UXTB　＜Rd＞,＜Rm＞	展开字数据中的最低字节
UXTH　＜Rd＞,＜Rm＞	展开字数据中的低半字
WFE	等待事件，如果没有之前该事件的记录，进入休眠模式；如果有，则清除事件所存并继续执行；在符合 CMSIS 的设备驱动中，可以使用"__WFE()"函数操作 WFE，不过如果使用供应商特定的休眠模式，效果可能会更好
WFI	等待中断，进入休眠模式。在符合 CMSIS 的设备驱动中，可以使用函数"__WFI()"；不过如果使用供应商特定的休眠模式，效果可能会更好
YIELD	用于线程切换，表明任务被延迟了，在 Cortex-M0 上效果和 NOP 一样

异常类型快速参考

B.1 异常类型

异常类型和对应控制寄存器如表 B.1 所示。

表 B.1 异常类型和相关控制寄存器

异常类型	名称	优先级(字地址)	使　能
1	复位	−3	总是
2	NMI	−2	总是
3	HardFault	−1	总是
11	SVCall	可编程 (0xE000ED1C,字节 3)	总是
14	PendSV	可编程 (0xE000ED20,字节 2)	总是
15	SYSTICK	可编程 (0xE000ED20,字节 3)	SYSTICK 控制和状态寄存器 (SysTick-> CTRL)
16	中断#0	可编程 (0xE000E400,字节 0)	NVIC_SETENA0 (0xE000E100,位 0)
17	中断#1	可编程 (0xE000E400,字节 1)	NVIC_SETENA0 (0xE000E100,位 1)
18	中断#2	可编程 (0xE000E400,字节 2)	NVIC_SETENA0 (0xE000E100,位 2)
19	中断#3	可编程 (0xE000E400,字节 3)	NVIC_SETENA0 (0xE000E100,位 3)
20	中断#4	可编程 (0xE000E404,字节 0)	NVIC_SETENA0 (0xE000E100,位 4)
21	中断#5	可编程 (0xE000E404,字节 1)	NVIC_SETENA0 (0xE000E100,位 5)

异常类型	名称	优先级(字地址)	使　能
22-31	中断#6 - #31	可编程 (0xE000E400— 0x0xE000E41C)	NVIC_SETENA0 (0xE000E100,位 6—位 31)

B.2　异常压栈后栈的内容

如果要了解异常执行完压栈流程后的栈空间里的栈帧分布,可以参考表 B.2 的内容,该信息对于异常处理中提取栈数据非常有用。

表　B.2

地址	数　据
(N+36)	(之前压栈的数据)
(N+32)	(之前压栈的数据/空位)
(N+28)	压栈的 xPSR
(N+24)	压栈的 PC(返回地址)
(N+20)	压栈的 LR
(N+16)	压栈的 R12
(N+12)	压栈的 R3
(N+8)	压栈的 R2
(N+4)	压栈的 R1
新的 SP(N)->	压栈的 R0

根据异常发生之前的 SP 值的不同,之前的 SP 可以是新 SP 加上 32,也可以是新 SP 加上 36。如果之前的 SP 为双字对齐的地址,那么新的 SP 就为之前的 SP 加上 32,否则,压栈前栈空间需要分配一个空位,这样新的 SP 就需要之前的 SP 加上 36 了。

CMSIS-CORE 快速参考

Cortex 微控制器软件接口标准(CMSIS)中包含了多个标准化的函数:

- 内核外设访问函数;
- 内核寄存器访问函数;
- 特殊寄存器访问函数;

本附录介绍了这些函数的基本信息,以及和使用 CMSIS 相关的其他信息。

C.1 数据类型

如表 C.1 所示,CMSIS-CORE API 使用的标准数据类型定义在"stdint. h"中(属于 C99 规范)。

表 C.1 CMSIS 使用的标准数据类型

类型	数据
uint32_t	无符号 32 位整数
uint16_t	无符号 16 位整数
uint8_t	无符号 8 位整数

C.2 异常枚举

CMSIS-CORE 没有对异常类型使用整数数据,而是使用 IRQn 枚举来识别异常。CMSIS-CORE 为 Cortex-M0 和 Cortex-M0+处理器的系统异常定义了以下枚举和异常名(见表 C.2)。

请注意 STM32 的部分头文件利用 SVC_IRQn 代替 SVCall_IRQn 定义了 SVCall 异常类型。

表 C.2　异常类型

异常类型	异常	CMSIS 处理名	CMSiS IRQn 枚举(数值)
1	复位	Reset_Handler	—
2	NMI	NMI_Handler	NonMaskableInt_IRQn(−14)
3	HardFault	HardFault_Handler	HardFault_IRQn(−13)
11	SVC	SVC_Handler	SVCall_IRQn(−5)
14	PendSV	PendSV_Handler	PendSV_IRQn(−2)
15	SYSTICK	SysTick_Handler	SysTick_IRQn(−1)

异常类型 16 及之上的都是设备自己定义的。

C.3　嵌套向量中断控制器访问函数

下面的函数用于中断控制：

函数名	void NVIC_EnableIRQ(IRQn_Type IRQn)
描述	使能 NVIC 中断控制器中的中断
参数	IRQn_Type IRQn 指定中断编号(IRQn 枚举)该函数不支持系统异常
返回	无

函数名	void NVIC_DisableIRQ(IRQn_Type IRQn)
描述	禁止 NVIC 中断控制器中的中断
参数	IRQn_Type IRQn 为外部中断的正的编号,该函数不支持系统异常
返回	无

函数名	uint32_t NVIC_GetPendingIRQ(IRQn_Type IRQn)
描述	读取一个设备中指定中断源的中断挂起位
参数	IRQn_Type IRQn 为设备指定中断的编号,该函数不支持系统异常
返回	如果中断挂起为 1,否则为 0

函数名	void NVIC_SetPendingIRQ(IRQn_Type IRQn)
描述	设置一个外部中断的挂起位
参数	IRQn_Type IRQn 为中断编号,该函数不支持系统异常
返回	无

函数名	void NVIC_ClearPendingIRQ(IRQn_Type IRQn)
描述	清除一个外部中断的挂起位
参数	IRQn_Type IRQn 为中断编号,该函数不支持系统异常
返回	无

函数名	void NVIC_SetPriority(IRQn_Type IRQn, uint32_t priority)
描述	设置中断或具有可编程优先级系统异常的优先级
参数	IRQn_Type IRQn 为中断编号
	uint32_t priority 为中断的优先级,该函数自动将优先级数值移动到对应的位上
返回	无

函数名	uint32_t NVIC_GetPriority(IRQn_Type IRQn)
描述	读取优先级可编程的中断或系统异常的优先级
参数	IRQn_Type IRQn 为中断编号
返回	uint32_t priority 为中断的优先级,该函数自动将优先级寄存器中的未使用的位移除

C.4　系统和 SysTick 操作函数

下面的函数用于系统控制和 SysTick 设置:

函数名	void NVIC_SystemReset(void)
描述	发起一次系统复位请求
参数	无
返回	无

函数名	uint32_t SysTick_Config(unit32_t ticks)
描述	初始化并启动 SysTick 定时器以及它的中断,该函数设置 SysTick 使其每"ticks"个内核时钟周期产生一次 SysTick 异常
参数	ticks 为两次中断间的时钟周期数
返回	始终为 0

函数名	void SystemInit(void)
描述	初始化系统,该设备特定的函数,位于 system_< device >. c 中(如 system_LPC11xx. c)
参数	无
返回	无

函数名	void SystemCoreClockUpdate(void)
描述	更新 SystemCoreClock 变量,该函数从 CMSIS 版本 1.3 开始出现,而且与设备相关,位于 system_< device >.c 中(如 system_LPC11xx.c),时钟每次设置完后就应该使用该函数
参数	无
返回	无

C.5 内核寄存器操作函数

下面的函数用于访问内核寄存器：

函数名	描述
uint32_t __get_MSP(void)	获取 MSP 的值
void __set_MSP(uint32_t topOfMainStack)	修改 MSP 的值
uint32_t __get_PSP(void)	获取 PSP 的值
void __set_PSP(uint32_t topOfProcStack)	修改 PSP 的值
uint32_t __get_CONTROL(void)	获取 CONTROL 的值
void __set_CONTROL(uint32_t control)	修改 CONTROL 的值

C.6 特殊指令操作函数

下面的特殊指令操作函数在 CMSIS-CORE 用于系统特性访问。

系统特性函数

函数名	指令	描述
void __WFI(void)	WFI	等待中断(休眠)
void __WFE(void)	WFE	等待事件(休眠)
void __SEV(void)	SEV	发送事件
void __enable_irq(void)	CPSIE i	使能中断(清除 PRIMASK)
void __disable_irq(void)	CPSID i	禁止中断(设置 PRIMASK)
void __NOP(void)	NOP	无操作
void __ISB(void)	ISB	指令同步屏障
void __DSB(void)	DSB	数据同步屏障
void __DMB(void)	DMB	数据存储器屏障

下面的特殊指令操作函数在 CMSIS-CORE 中用于特殊数据运算。

数据处理函数

函数名	指令	描述
uint32_t __REV(uint32_t value)	REV	在字中反转字节顺序
uint32_t __REV16(uint32_tx value)	REV16	反转两个半字内的字节顺序 注意：CMSIS 的早期版本将输入值定义为 uint16_t
uint32_t __REVSH(uint32_t value)	REVSH	反转低半字内的字节顺序，然后对结果进行 32 位有符号展开 注意：CMSIS 的早期版本将输入值定义为 uint16_t

附录 D

NVIC、SCB 和 SysTick 寄存器快速参考

D.1 NVIC 寄存器一览

地址	名称	CMSIS 符号	全 名
0xE000E100	ISER	NVIC-> ISER	中断设置使能寄存器
0xE000E180	ICER	NVIC-> ICER	中断清除使能寄存器
0xE000E200	ISPR	NVIC-> ISPR	中断设置挂起寄存器
0xE000E280	ICPR	NVIC-> ICPR	中断清除挂起寄存器
0xE000E400	IPR0-7	NVIC-> IPR[0]到 NVIC-> IPR[7]	中断优先级寄存器

D.2 中断设置使能寄存器(NVIC-> ISER)

如果使用符合 CMSIS 的设备驱动库来使能中断,请使用 NVIC_EnableIRQ 函数,以最大程度地提高可移植性。需要的话,还可以直接访问 NVIC 中断设置使能寄存器:

地址	名称	类型	复位值	描 述
0xE000E100	SETENA	R/W	0x00000000	设置中断 0 到 31 的使能,写 1 将位设为 1,写 0 无作用 Bit[0]用于中断♯0(异常♯16) Bit[1]用于中断♯1(异常♯17) ... Bit[31]用于中断♯31(异常♯47) 读出值表示当前使能状态

D.3 中断清除使能寄存器(NVIC-> ICER)

如果使用符合 CMSIS 的设备驱动库来禁止中断,请使用 NVIC_DisableIRQ 函数,以最大程度地提高可移植性。如果需要,还可以直接访问 NVIC 中断清除使能寄存器:

地址	名称	类型	复位值	描　述
0xE000E180	CLRENA	R/W	0x00000000	清除中断 0 到 31 的使能,写 1 将位清为 0,写 0 无作用 Bit[0]用于中断♯0(异常♯16) Bit[1]用于中断♯1(异常♯17) ... Bit[31]用于中断♯31(异常♯47) 读出值表示当前使能状态

D.4　中断设置挂起寄存器(NVIC-> ISPR)

如果使用符合 CMSIS 的设备驱动库来设置挂起状态,请使用 NVIC_SetPendingIRQ 函数,以最大程度地提高可移植性。如果需要,还可以直接访问 NVIC 中断设置挂起寄存器:

地址	名称	类型	复位值	描　述
0xE000E200	SETPEND	R/W	0x00000000	设置中断 0 到 31 的挂起,写 1 将位设为 1,写 0 无作用 Bit[0]用于中断♯0(异常♯16) Bit[1]用于中断♯1(异常♯17) ... Bit[31]用于中断♯31(异常♯47) 读出值表示当前挂起状态

D.5　中断清除挂起寄存器(NVIC-> ICPR)

如果使用符合 CMSIS 的设备驱动库来清除挂起状态,请使用 NVIC_ClearPendingIRQ 函数,以最大程度地提高可移植性。需要的话,还可以直接访问 NVIC 中断清除挂起寄存器:

地址	名称	类型	复位值	描　述
0xE000E280	CLRPEND	R/W	0x00000000	清除中断 0 到 31 的挂起,写 1 将位清为 0,写 0 无作用 Bit[0]用于中断♯0(异常♯16) Bit[1]用于中断♯1(异常♯17) ... Bit[31]用于中断♯31(异常♯47) 读出值表示当前挂起状态

D.6　中断优先级寄存器（NVIC-> IRQ[0]到 NVIC-> IRQ[7]）

如果使用符合 CMSIS 的设备驱动库来设置中断优先级，请使用 NVIC_SetPriority 函数，以最大程度地提高可移植性。需要的话，还可以直接访问 NVIC 中断优先级寄存器：

地址	名称	类型	复位值	描　　述
0xE000E400	PRIORITY0	R/W	0x00000000	中断 0 到 3 的优先级
				Bit[31:30]中断优先级 3
				Bit[23:22]中断优先级 2
				Bit[15:14]中断优先级 1
				Bit[7:6]中断优先级 0
0xE000E404	PRIORITY1	R/W	0x00000000	中断 4 到 7 的优先级
0xE000E408	PRIORITY2	R/W	0x00000000	中断 8 到 11 的优先级
0xE000E40C	PRIORITY3	R/W	0x00000000	中断 12 到 15 的优先级
0xE000E410	PRIORITY4	R/W	0x00000000	中断 16 到 19 的优先级
0xE000E414	PRIORITY5	R/W	0x00000000	中断 20 到 23 的优先级
0xE000E418	PRIORITY6	R/W	0x00000000	中断 24 到 27 的优先级
0Xe000E41C	PRIORITY7	R/W	0x00000000	中断 28 到 31 的优先级

D.7　SCB 寄存器一览

地址	名称	CMSIS 符号	全　　名
0xE000ED00	CPUID	SCB-> CPUID	CPU ID 寄存器
0xE000ED04	ICSR	SCB-> ICSR	中断控制状态寄存器
0xE000ED0C	AIRCR	SCB-> AIRCR	应用中断和复位控制寄存器
0xE000ED10	SCR	SCB-> SCR	系统控制寄存器
0xE000ED14	CCR	SCB-> CCR	配置控制寄存器
0xE000ED1C	SHPR2	SCB-> SHP[0]	系统处理优先级寄存器 2
0xE000ED20	SHPR3	SCB-> SHP[1]	系统处理优先级寄存器 3
0xE000ED24	SHCSR	SCB-> SHCSR	系统处理控制和状态寄存器（只可通过调试器访问）

D.8　CPU ID 寄存器（SCB-> CPUID）

该寄存器的值可用于确定 CPU 的类型和版本：

位	域	类型	复位值	描　　述
31:0	CPU ID	RO	0x410CC200 (Cortex-M0 r0p0) 0x410CC600 (Cortex-M0+ r0p0) 0x410CC601 (Cortex-M0+ r0p1)	CPU ID值，调试器和应用程序代码可以利用 该寄存器确定处理器类型和版本 [31:24]设计者 [23:20]变量(0x0) [19:16]常量(0xC) [15:4]器件编号(0xC20) [3:0]版本(0x0)

D.9　中断控制状态寄存器（SCB-> ICSR）

位	域	类型	复位值	描　　述
31	NMIPEDNSET	R/W	0	写1挂起 NMI，写0无作用 读出值为 NMI 的挂起状态
30:29	保留	—	—	保留
28	PENDSVSET	R/W	0	写1设置 PendSV，写0无作用 读出值为 PendSV 的挂起状态
27	PENDSVCLR	R/W	0	写1清除 PendSV，写0无作用 读出值为 PendSV 的挂起状态
26	PENDSTSET	R/W	0	写1挂起 SysTick，写0无作用 读出值为 SysTick 的挂起状态
25	PENDSTCLR	R/W	0	写1清除 SysTick 挂起状态，写0无作用 读出值为 SysTick 的挂起状态
24	保留	—	—	保留
23	ISRPREEMPT	RO	—	在调试时，如果调试器没有通过调试控制和 状态寄存器中的 C_MASKINITS 禁止，该位 表示下一个运行周期有异常要处理
22	ISR_PENDING	RO	—	在调试时，该位表示有异常挂起
21:18	保留	—	—	保留
17:12	VECTPENDING	RO	—	表示挂起异常的最高优先级，如果读出为0， 则说明当前没有异常挂起
11:6	保留	—	—	保留
5:0	VECTACTIVE	RO	—	当前活动异常编号，和 IPSR 相同。如果处理 器没在处理异常（线程模式），则该位读出 为0

D.10　向量表偏移寄存器（SCB-> VTOR,0xE000ED08）

位	域	类型	复位值	描　　述
31:7	TBLOFF	R/W	0	向量表偏移地址位[31:7] 备注：只适用于 Cortex-M0＋处理器
6:0	保留	—	—	保留

D.11　应用中断和控制状态寄存器（SCB-> AIRCR）

位	域	类型	复位值	描　　述
31:16	VECTKEY（写操作期间）	WO	—	寄存器访问键值，写这个寄存器时，VECTKEY 域需要被置为 0x05FA，否则本次写操作会被忽略
31:16	VECTKEY（读操作期间）	RO	0xFA05	读出为 0xFA05
15	大小端	RO	0 或 1	1 表示系统为大端,0 则表示系统为小端
14:3	保留	—	—	保留
2	SYSRESETREQ	WO	—	写 1 会激活外部 SYSRESETREQ 信号
1	VECTCLRACTIVE	WO	—	写 1 会引起 异常活动状态被清除 处理器返回线程模式 IPSR 被清除 该位只能被调试器使用
0	保留	—	—	保留

D.12　系统控制寄存器（SCB-> SCR）

位	域	类型	复位值	描　　述
31:5	保留	—	—	保留
4	SEVONPEND	R/W	0	设为 1 时,中断的每次新的挂起都会产生一个事件,如果使用了 WFE 休眠,它可用于唤醒处理器
3	保留	—	—	保留
2	SLEEPDEEP	R/W	0	设为 1 时,当进入休眠模式后,深度休眠就会被选中;当该位为 0 时,进入休眠后普通休眠会被选中

续表

位	域	类型	复位值	描　述
1	SLEEPONEXIT	R/W	0	设为 1 时，当退出异常处理并返回程序线程时，处理器自动进入休眠模式（WFI）；设为 0 时，该特性就会被禁止
0	保留	—	—	保留

D.13　配置控制寄存器（SCB-> CCR）

该寄存器为只读的，并且读出值固定，用于保持 ARMv6-M 和 ARMv7-M 架构间的兼容性：

位	域	类型	复位值	描　述
31:10	保留	—	—	保留
9	STKALIGN	RO	1	始终使用双字异常栈排列方式
8:4	保留	—	—	保留
3	UNALIGN_TRP	RO	1	试图执行非对齐访问的指令总会引起错误异常
2:0	保留	—	—	保留

D.14　系统处理优先级寄存器 2（SCB-> SHR[0]）

如果通过符合 CMSIS 的设备驱动库设置中断优先级，可以使用 NVIC_SetPriority 函数，而不要直接操作 CMSIS 寄存器，这样可以保证 Cortex-M 处理器间的软件兼容性：

地址	名称	类型	复位值	描　述
0xE000ED1C	SHPR2	R/W	0x00000000	系统处理优先级寄存器 2 [31:30]SVC 优先级

D.15　系统处理优先级寄存器 3（SCB-> SHR[1]）

如果通过符合 CMSIS 的设备驱动库设置中断优先级，可以使用 NVIC_SetPriority 函数，而不要直接操作 CMSIS 寄存器，这样可以保证 Cortex-M 处理器间的软件兼容性：

地址	名称	类型	复位值	描　述
0xE000ED20	SHPR3	R/W	0x00000000	系统处理优先级寄存器 3 [31:30]SysTick 优先级 [23:22]PendSV 优先级

D.16 系统处理控制和状态寄存器

该寄存器仅供调试器访问,应用程序不能操作:

位	域	类型	复位值	描 述
31:16	保留	—	—	保留
15	SVCALLPENDED	RO	0	1 表示 SVC 异常被挂起,只能通过调试器访问
14:0	保留	—	—	保留

D.17 SysTick 寄存器一览

地址	名称	CMSIS 符号	全 名
0xE000E010	SYST_CSR	SysTick-> CTRL	SysTick 控制和状态寄存器
0xE000E014	SYST_RVR	SysTick-> LOAD	SysTick 重装载值寄存器
0xE000E018	SYST_CVR	SysTick-> VAL	SysTick 当前值寄存器
0xE000E01C	SYST_CALIB	SysTick-> CALIB	SysTick 校准值寄存器

D.18 SysTick 控制和状态寄存器(SysTick-> CTRL)

位	域	类型	复位值	描 述
31:17	保留	—	—	保留
16	COUNTFLAG	RO	0	当 SysTick 定时器到 0 时,该位为 1,读取寄存器会被清零
15:3	保留	—	—	保留
2	CLKSOURCE	R/W	0	值为 1 表示 SysTick 定时器使用内核时钟,要不然会使用参考时钟频率(依赖于 MCU 的设计)
1	TICKINT	R/W	0	SysTick 中断使能,当该位为 1 时,SysTick 定时器计数减至 0 时会产生异常
0	ENABLE	R/W	0	置 1 时 SysTick 定时器使能,要不然计数会被禁止

D.19　SysTick 重装载值寄存器（SysTick-> LOAD）

位	域	类型	复位值	描述
31:24	保留	—	—	保留
23:0	RELOAD	R/W	未定义	指定 SysTick 定时器的重装载值

D.20　SysTick 当前值寄存器（SysTick-> VAL）

位	域	类型	复位值	描述
31:24	保留	—	—	保留
23:0	CURRENT	R/W	未定义	读出值为 SysTick 定时器的当前数值,写入任何值都会清除寄存器,COUNTFLAG 也会清零（不会引起 SysTick 异常）

D.21　SysTick 校准值寄存器（SysTick-> CALIB）

位	域	类型	复位值	描述
31	NOREF	RO	—	如果读出值为1,就表示由于没有外部参考时钟,SysTick 定时器总是使用内核时钟；如果为 0,则表示有外部参考时钟可供使用。该数值与 MCU 的设计相关
30	SKEW	RO	—	如果设为1,则 TENMS 域不准确,该数值与 MCU 设计相关
29:24	保留	—	—	保留
23:0	TENMS	RO	—	10 毫秒校准值,该值与 MCU 相关

附录 E

调试寄存器快速参考

Cortex-M0 和 Cortex-M0＋处理器的调试系统中包括多个可编程寄存器，这些寄存器只能通过在线调试器访问，不能被应用程序软件操作。本参考面向的是工具开发者，或者如果调试器支持调试脚本（如 ARM DS-5），可以用调试脚本访问这些寄存器并自动执行测试操作。

Cortex-M0 和 Cortex-M0＋处理器的调试系统分为以下几个部分：
- 处理器内核中的调试支持；
- 断点单元；
- 数据监视点单元；
- ROM 表。

如果需要，片上系统开发者可以增加调试支持部件。假如增加了这种调试部件，另外的 ROM 表单元也需要被添加到系统中，这样调试器才能确定系统中可用的调试部件。

调试支持是可配置的：有些基于 Cortex-M0/M0＋的产品可能不支持调试，而且有些 Cortex-M0＋设备可能不支持 MTB。

E.1　内核调试寄存器

处理器内核中包含多个用于调试的寄存器。

地址	名称	描　　述
0xE000ED24	SHCSR	系统处理控制和状态寄存器，表示系统异常状态
0xE000ED30	DFSR	调试错误状态寄存器，调试器可以据此确定暂停的原因
0xE000EDF0	DHCSR	调试暂停控制和状态寄存器，控制处理器的暂停、单步和重启等动作
0xE000EDF4	DCRSR	调试内核寄存器选择寄存器，在暂停期间控制对内核寄存器的读和写
0xE000EDF8	DCRRD	调试内核寄存器数据寄存器，暂停期间读写内核寄存器的数据传输寄存器
0xE000EDFC	DEMCR	调试异常监控控制寄存器，用于使能数据监视点单元和向量捕捉特性；利用向量捕捉，调试器可以在处理器复位或硬件错误产生时暂停处理器
0xE000EFD0 到 0xE000EFFC	PIDs，CIDs	ID 寄存器

系统处理控制和状态寄存器（0xE000ED24）

位	域	类型	复位值	描 述
31:16	保留	—	—	保留
15	SVCALLPENDED	RO	0	1 表示 SVC 异常处于挂起状态，只可通过调试器访问
14:0	保留	—	—	保留

调试错误状态寄存器（0xE000ED30）

位	域	类型	复位值	描 述
31:5	保留	—	—	保留
4	EXTERNAL	RWc	0	EDBGRQ 被确认
3	VCATCH	RWc	0	发生向量捕捉
2	DWTTRAP	RWc	0	发生数据监视
1	BKPT	RWc	0	到达断点
0	HALTED	RWc	0	被调试器暂停或单步暂停

调试暂停控制和状态寄存器（0xE000EDF0）

位	域	类型	复位值	描 述
31:16	DBGKEY（写期间）	WO	—	调试键值，写期间，高 16 位须是 0xA05F，否则写操作会被忽略
25	S_RESET_ST（读期间）	RO	—	复位状态标志，内核已经复位或正在复位，读取后该位清零
24	S_RETIRE_ST（读期间）	RO	—	上一次读指令已经完成，复位后该位清零
19	S_LOCKUP	RO	—	该位为 1 时，内核处于锁定状态
18	S_SLEEP	RO	—	该位为 1 时，内核处于休眠状态
17	S_HALT（读期间）	RO	—	该位为 1 时，内核处于暂停状态
16	S_REGRDY_ST	RO	—	该位为 1 时，内核完成了一次寄存器的读或写
15:4	保留	—	—	保留
3	C_MASKINT	R/W	0	调试时屏蔽掉异常（不影响 NMI 和硬件错误），只有 C_DEBUGEN 置位时该位才有效
2	C_STEP	R/W	0	单步控制，设为 1 后执行单步操作，只有 C_DEBUGEN 置位时该位才有效
1	C_HALT	R/W	0	暂停控制，只有 C_DEBUGEN 置位时该位才有效
0	C_DEBUGEN	R/W	0	调试使能，将该位设为 1 使能调试

调试内核寄存器选择寄存器(0xE000EDF4)

位	域	类型	复位值	描 述
31:17	保留	—	—	保留
16	REGWnR	WO	—	写 1 时将数值写入寄存器,写 0 时从寄存器读出数值
15:5	保留	—	—	保留
4:0	REGSEL	WO	0	寄存器选择

调试内核寄存器数据寄存器(0xE000EDF8)

位	域	类型	复位值	描 述
31:0	DBGTMP	RW	0	用于内核寄存器传输的数据值

调试异常和监控控制寄存器(0xE000EDFC)

位	域	类型	复位值	描 述
31:25	保留	—	—	保留
24	DWTENA	RW	0	数据监视点使能
23:11	保留	—	—	保留
10	VC_HARDERR	RW	0	硬件错误异常中的调试陷阱
9:1	保留	—	—	保留
0	VC_CORERESET	RW	0	在第一条指令执行前复位

E.2 断点单元

断点单元包括最多 4 个比较器,它们用于指令断点。每个比较器可以为最多两条指令产生断点(如果这两条指令位于相同的字地址内),如果还需要断点并且程序存储器可以修改,可以在程序映像中插入断点指令。

断点单元的设计是可配置的,有些微控制器可能没有或者只有一个断点,或者比较器的数量也小于 4。

地址	名称	描 述
0xE0002000	BP_CTRL	断点控制寄存器,用于使能断点单元并且提供了断点单元的信息
0xE0002008	BP_COMP0	断点比较器寄存器 0
0xE000200C	BP_COMP1	断点比较器寄存器 1
0xE0002010	BP_COMP2	断点比较器寄存器 2
0xE0002014	BP_COMP3	断点比较器寄存器 3
0xE0002FD0 到 0xE0002FFC	PIDs,CIDs	ID 寄存器

断点控制寄存器（0xE0002000）

位	域	类型	复位值	描　述
31:17	保留	—	—	保留
7:4	NUM_CODE	RO	0 到 4	比较器的数目
3:2	保留	—	—	保留
1	KEY	WO	—	写操作键值,当有对本寄存器的写操作时,该位应该置1,否则本次写操作会被忽略
0	ENABLE	RW	0	使能控制

断点比较器寄存器（0xE0002008—0xE0002014）

位	域	类型	复位值	描　述
31:30	BP_MATCH	RW	—	断点设置： 00：无断点 01：断点在低半字地址 10：断点在高半字地址 11：断点在高半字和低半字
29	保留	—	—	保留
28:2	COMP	RW	—	比较指令地址
1	保留	—	—	保留
0	ENABLE	RW	0	使能比较器的控制

E.3　数据监视点单元

数据监视点（DWT）具有两个主要功能：

- 设置数据监视点；
- 为基本概况提供程序计数器（PC）采样寄存器。

在访问 DWT 之前,调试异常和监控控制寄存器（DEMCR,地址 0xE000EDFC）中的 TRCENA 位应该置1以使能 DWT。和 Cortex-M3/M4 中的数据监视点和跟踪单元不同,Cortex-M0 和 Cortex-M0＋中的 DWT 不支持跟踪,不过其寄存器的系统模型与 ARMv7-M 的 DWT 倒是差不多兼容的。

DWT 的设计是可配置的,有些微控制器可能没有 DWT,或者只有 1 个 DWT 和 1 个比较器。

地址	名称	描　述
0xE0001000	DWT_CTRL	DWT 控制寄存器,提供了数据监视点单元的信息
0xE000101C	DWT_PCSR	程序计数器采样寄存器,提供了当前程序地址
0xE0001020	DWT_COMP0	比较器寄存器 0

续表

地址	名称	描　述
0xE0001024	DWT_MASK0	掩码寄存器 0
0xE0001028	DWT_FUNCTION0	功能寄存器 0
0xE0001030	DWT_COMP1	比较器寄存器 1
0xE0001034	DWT_MASK1	掩码寄存器 1
0xE0001038	DWT_FUNCTION1	功能寄存器 1
0xE0001FD0 到 0xE0001FFC	PIDs，CIDs	ID 寄存器

DWT 控制寄存器（0xE0001000）

位	域	类型	复位值	描　述
31:28	NUMCOMP	RO	0 到 2	设计中比较器的数量
27:0	保留	—	—	保留

程序计数器采样寄存器（0xE000101C）

位	域	类型	复位值	描　述
31:0	EIASAMPLE	RO	—	执行指令地址采样，如果内核被暂停或 DWTENA 为 0 则读出值为 0xFFFFFFFF

DWT COMP0 寄存器和 DWT COMP1 寄存器（0xE0001020，0xE0001030）

位	域	类型	复位值	描　述
31:0	COMP	RW	—	要比较的地址数值，该数值须对齐到比较掩码寄存器定义的比较地址区域内

DWT MASK0 寄存器和 DWT MASK1 寄存器（0xE0001024，0xE0001034）

位	域	类型	复位值	描　述
31:4	保留	—	—	保留
3:0	MASK	RW	—	掩码值： 0000：比较掩码＝0xFFFFFFFF 0001：比较掩码＝0xFFFFFFFE … 1110：比较掩码＝0xFFFFC000 1111：比较掩码＝0xFFFF8000

DWT FUNC0 寄存器和 DWT FUNC1 寄存器（0xE0001028，0xE0001038）

位	域	类型	复位值	描　述
31:4	保留	—	—	保留
3:0	FUNC	RW	0	功能：
				0000：禁止
				0100：PC 匹配监视点
				0101：读出地址匹配监视点
				0110：写入地址匹配监视点
				0111：读出或写入地址匹配监视点
				其他值：保留

E.4　ROM 表寄存器

通过 ROM 表，调试器可以确定系统中可用的部件。每个入口的最低两位表示调试部件是否存在，以及 ROM 表中下一个地址的入口是否合法，剩下的位则表示调试部件相对于 ROM 表基地址的偏移：

地址	数值	名称	描述
0xE00FF000	0xFFF0F003	SCS	指向系统控制空间基地址 0xE000E000
0xE00FF004	0xFFF02003	DWT	指向 DW 基地址 0xE0001000
0xE00FF008	0xFFF03003	BPU	指向 BPU 基地址 0xE0002000
0xE00FF00C	0x00000000	end	ROM 结尾标记
0xE00FFFCC	0x00000001	MEMTYPE	表示在这个存储器映射上系统存储器是可访问的
0xE00FFFD0 到 0xE00FFFFC	0x000000-	IDs	外设 ID 和部件 ID 值（该数值与设计版本有关）

使用 ROM 表，调试器可以确定可用的调试部件，如图 E.1 所示。

如果片上系统设计中包含另外的调试部件以及 ROM 表，ROM 表的查找可以分为多个阶段。在这种情况下，ROM 表的查找可以进行级联操作，这样调试器就可以确定所有的调试部件了（见图 E.2）。

E.5　微跟踪缓冲

MTB 部件为 Cortex-M0＋处理器提供了指令跟踪特性，它是可选的，且 MTB 的基地址和设备有关。要了解 MTB 的全部细节，可以从 ARM 官网下载《CoreSight MTB-M0＋技术参考手册》（TRM，参考文档[15]）。

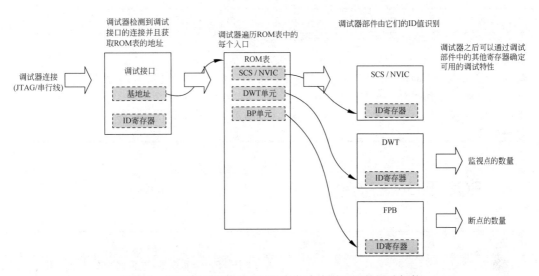

图 E.1　调试器可以使用 ROM 表自动检测可用的调试部件

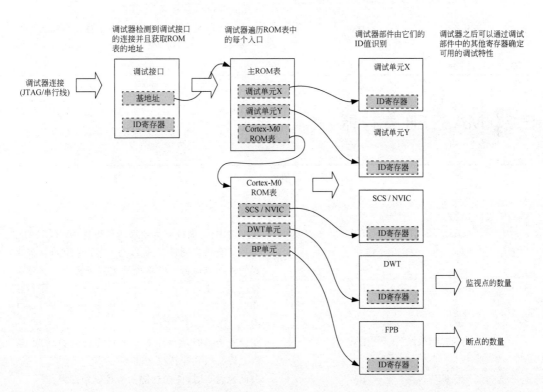

图 E.2　当存在其他调试部件时查找 ROM 表的多个阶段

MTB 寄存器一览

地址	名称	描述
基地址＋0x0	POSITION	跟踪指针的位置
基地址＋0x04	MASTER	各种控制信息,包括跟踪缓冲分配的存储器大小
基地址＋0x8	FLOW	控制水印等级,以及当跟踪缓冲达到水印时采取什么措施
基地址＋0xC	BASE	SRAM 基地址
基地址＋0xF00 到 0xFFC	CoreSight 寄存器	CoreSight 设备管理和识别用的寄存器

E.6 POSITION 寄存器

位	域	类型	复位值	描述
31:N	—	—	—	POINTER 未实现的位,读出为 0,写无作用
N:3	POINTER	RW	—	下一个跟踪包的相对地址(每个包两个字,地址须是 8 的倍数),POINTER 的宽度取决于连接到 MTB 的 SRAM 大小
2	WRAP	RW	—	该位在 POINTER 到达边界且恢复初值时自动被设置为 1
1:0	保留	—	—	

E.7 MASTER 寄存器

位	域	类型	复位值	描述
31	EN	RW	0	跟踪使能
30:10	保留	—	—	
9	HALTREQ	RW	0	暂停请求位,该位在达到水印等级且 AUTOHALT 置位时会被自动设置为 1,为 1 时,MTB 确认处理器的外部调试请求并将处理器置于暂停调试模式
8	RAMPRIV	RW	0	在设置为 1 时,SRAM 只允许特权访问,否则特权和非特权访问代码都可以访问连接 MTB 的 SRAM
7	SFRWRPRIV	RW	1	在设置为 1 时,MTB 寄存器只允许特权访问,否则允许特权和非特权访问
6	TSTOPEN	RW	0	在设置为 1 时,使能外部信号控制跟踪停止
5	TSTARTEN	RW	0	在设置为 1 时,使能外部信号控制跟踪启动

续表

位	域	类型	复位值	描述
4:0	MASK	RW	—	确定指令跟踪的 SRAM 大小
				0～16 字节
				1～32 字节
				…
				6～1KB
				7～2KB
				8～4KB
				…

E.8　FLOW 寄存器

位	域	类型	复位值	描述
31:3	POINTER	RW	—	下一个跟踪包的地址(由于每个包包括两个字,地址须为 8 的倍数)
2	保留	—	—	
1	AUTOHALT	—	—	在设置为 1 时,在到达水印等级时会动停止处理器(通过 EDBGRQ 信号)
0	AUTOSTOP	RW	0	在设置为 1 时,在到达水印等级时会自动停止跟踪

E.9　BASE 寄存器

位	域	类型	复位值	描述
31:0	SRAMBASE	RO	—	表示连接到 MTB 的 SRAM 基地址

E.10　包格式

每个 MTB 包都是双字大小的(见图 E.3),包地址也要对齐到 8 字节的倍数。

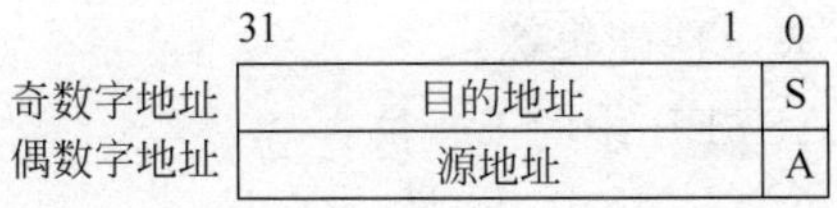

	31	1	0
奇数字地址	目的地址		S
偶数字地址	源地址		A

图 E.3　MTB 包

由于指令地址必须要对齐到半字地址，MTB 包中每个字的第 0 位可作为其他用途使用，也就是 S 位和 A 位。

位	描　　述
S 位	起始位，若为 1，则表示之前的跟踪已经停止，且这个包是一个新的开始，在跟踪会话期间，可以利用外部控制信号再次启动和停止跟踪（前提是 MASTER. TSTARTED 和 MASTER. TSTOPED 置位）
A 位	自动位，表示跳转的类型 若为 0，则表示普通的跳转操作，源地址域表示触发跳转的指令地址 若为 1，则表示异常入口或调试状态下的 PC 更新，源地址域表示异常的返回地址，或者在进入调试状态前要执行的指令地址

在异常返回过程中，会产生两个 MTB 包（见图 E.4）。

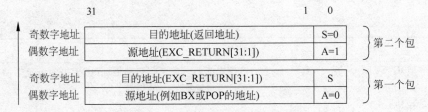

图 E.4　生成两个包用于异常返回

E.11　实例

在本例中，微控制器中和 MTB 相连的 SRAM 大小为 32KB，SRAM 的地址为 0x20000000（见图 E.5），BASE 寄存器的读出值应为 0x20000000。

由于 SRAM 的大小为 32KB，因此 POSITION 寄存器只实现了 bit[14:2]，调试器可以将 0xFFFFFFF8 写入 POSITION 寄存器，通过读出值 0x00007FF8 确定 SRAM 的最大容量。

对于指令跟踪，只需分配 SRAM 的最后 4KB，前面的 28KB 用于应用代码。

为了实现这种设计，可以对 MTB 进行如下设置：

* POSITION＝0x00007000（跟踪缓冲起始地址＝BASE＋0x00007000）；
* FLOW＝0（水印）；
* MASTER＝0x80000008（FIELD＝0x8，指针增加翻转的最高位为第 8 位（512×8 字节＝4KB），EN 位为 1 表示使能跟踪）。

要禁止跟踪，可以清除 MASTER 中的 EN 位：

* MASTER＝0x00000008。

在跟踪结束后，调试器可以读取 POSITION 寄存器的数值以确定跟踪的结束位置，向后读取跟踪缓冲并利用 S 位确定跟踪的起始位置。如果设置跟踪时使用了 TSTARTEN 和 TSTOPEN 位,会有多个跟踪会话且调试器应该读完整个已分配的 4KB 缓冲,检查是否存在多个指令跟踪会话。

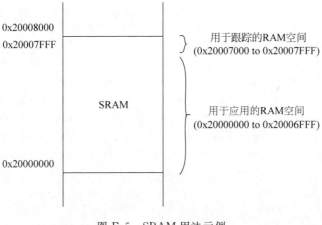

图 E. 5　SRAM 用法示例

附录 F

调试接头分配

为使在线调试器能够方便地连接到目标板上，可以使用多种标准调试接头配置，多数的 Cortex-M 开发板使用这些标准引脚排列。如果正在设计自己的 Cortex-M 微控制器板，应该使用这些接头排列中的一种，这样可以使到在线调试器的连接更加容易。

F.1　10 针 Cortex 调试连接头

对于面积较小的 PCB 设计，0.05″间距的 Cortex 调试接头是最合适的。板面积大约需要 10mm×3mm(PCB 插头的面积更小，只有 5mm×6mm)，并且基于 Samtec 微型插头(见图 F.1)。

10 针 Cortex 调试接头(见图 F.2)支持 JTAG 和串行线两种协议。VTref 通常连接到 VCC(如 3.3V)，nRESET 一般不用连接(调试器复位微控制器时一般使用系统控制块 AIRCR 寄存器中的系统复位请求特性)。通过 GNDDetect 信号，在线调试器可以检测它是否已经连接到目标板上。在一些 ARM 文档中，这种接头排列也叫做 Cortex 调试接头。

VTref	1 □ □ 2	TMS/SWIO
GND	□ □	TCK/SWCLK
GND	□ □	TDO / SWO
KEY	□	TDI
GNDDetect	9 □ □ 10	nRESET

图 F.1　10 针 Cortex 调试接头　　　　图 F.2　10 针 Cortex 调试接头的引脚

F.2　20 针 Cortex 调试＋ETM 接头

有些情况下，可能还会看到 20 针的 0.05″间距的调试接头(见图 F.3 和 F.4)，它主要用于一些 Cortex-M3/M4 板需要指令跟踪的情况。插头(Samtec FTSH-110)中包括用于跟踪信息传输的其他信号，尽管 Cortex-M0 和 Cortex-M0＋处理器不支持跟踪，有些在线调试器可能还会使用这种接头排列。

在 Cortex-M0 或 Cortex-M0＋微控制器上使用这种调试连接时，可以不管跟踪信号。这种调试连接可以使用 JTAG 和串行线两种调试协议。

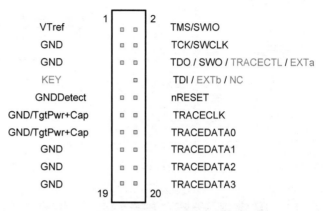

	1	2	
VTref			TMS/SWIO
GND			TCK/SWCLK
GND			TDO / SWO / TRACECTL / EXTa
KEY			TDI / EXTb / NC
GNDDetect			nRESET
GND/TgtPwr+Cap			TRACECLK
GND/TgtPwr+Cap			TRACEDATA0
GND			TRACEDATA1
GND			TRACEDATA2
GND	19	20	TRACEDATA3

图 F.3　20 针 Cortex 调试＋ETM 接头 　　　图 F.4　20 针 Cortex 调试＋ETM 接头的引脚排列

F.3　老式的 20 针 IDC 接头排列

许多现有的在线调试器和开发板仍然在使用更大的 20 针 IDC 连接（见图 F.5 和 F.6），由于间距为 0.1"，开发爱好者使用起来非常方便（易于焊接）。

	1	2	
3V3			3V3
nTRST			GND
TDI			GND
TMS/SWIO			GND
TCK/SWCLK			GND
RTCK			GND
TDO/SWV			GND
NC / nSRST			GND
NC			GND
NC	19	20	nICEDETECT

图 F.5　20 针 IDC 接头 　　　　　图 F.6　20 针 IDC 调试接头的引脚排列

附录 G

疑 难 解 答

第 11 章介绍了定位程序代码问题的各种技巧,本节总结软件开发者在准备 Cortex-M0 和 Cortex-M0＋微控制器的软件过程中最常碰到的错误和问题。

G.1 程序不运行/启动

可能的原因有很多。

G.1.1 向量表丢失或位置错误

根据工具链的不同,可能需要创建一个向量表。如果工程中有一个向量表,应该保证它是适合 Cortex-M0 或 Cortex-M0＋处理器的(例如,ARM7TDMI 的向量表代码不可用)。在链接阶段,向量表是可能被去掉或者放到错误地址上的。

例如,有些 Cortex-M0＋微控制器在地址 0x0 处具有启动 ROM,其用户 Flash 位于不同的地址处。这就意味着可能需要调整链接器配置,保证向量表位于用户 Flash 起始处,而不是地址 0x0。

要检查向量表是否存在或者位于正确的位置上,应该生成编译映像的反汇编代码或链接器报表。

G.1.2 使用了错误的 C 启动代码

除了检查编译器选项,也应该确认指定了正确的链接器选项,否则链接器可能会引入错误的 C 代码。例如,链接器可能会使用其他 ARM 处理器的启动代码,而 Cortex-M0/Cortex-M0＋处理器可能会不支持那些指令,或者该启动代码可能是用于半主机调试环境的,里面可能会包含断点指令(BKPT)或者请求管理调用(SVC),这样可能会导致意想不到的硬件错误或软件异常。

G.1.3 复位向量中的值错误

确保复位向量指向的位置是正确的复位处理,例如,一些中断代码示例可能没使用

CMSIS,且在向量表中用_start()/__main()代替 Reset_Handler()作为复位向量,因此也就跳过了 SystemInit 函数。另外,还应该检查向量表中的栈指针初始值是否指向合法的存储器位置,以及向量表中异常向量的最低位是否置1(表示 Thumb 代码)。

G.1.4　程序映像没有被正确地编程到 Flash 中

大多数 Flash 编程工具会在编程后自动确认存储器的内容,如果没有这一步,在程序映像编程到 Flash 中后,可能需要仔细检查存储器的内容,确保编程成功。有些情况下,可能需要首先擦除 Flash,然后才能下载程序映像。

G.1.5　错误的工具链配置

有些工具链配置可能也会引起启动流程的问题,例如存储器映射设置、CPU 选项,以及大小端设置等。

G.1.6　错误的栈指针初始值

这个问题包括两个方面:第一,栈指针的初始值(向量表的第一个字)需要指向一个合法的存储器地址;第二,C 启动代码中可能会有单独的栈初始化步骤。可以试着在启动流程中暂停处理器,然后进行单步调试并确认栈指针没有被修改为指向非法的地址值。

G.1.7　错误的大小端设置

大多数的 ARM 微控制器使用小端配置,不过将来可能会用到大端的 ARM Cortex-M0 或 Cortex-M0＋微控制器。如果那样的话,要支持大端模式,C 编译器选项、汇编器选项以及链接器选项应该配置正确。

CMSIS 包中存在多种预编译库,其中一些是用于大端系统的,因此有可能会在工程中选择错误的库,需要确认使用的库是否正确。

G.2　程序启动,却进入了硬件错误

一般来说,在调试 Cortex-M0/Cortex-M0＋处理器的 HardFault 错误时,需要关注下面的这些信息:
- 提取压栈的程序计数器(PC)(见第 11 章 11.3 节"分析错误");
- 检查压栈程序状态寄存器(xPSR)的 T 位;
- 检查压栈 xPSR 中的内部程序状态寄存器(IPSR);
- 生成完整程序映像的汇编列表。

如果 SP 指向非法的存储器位置,则无法提取出正确的栈帧,此时,可以
- 确认分配的栈空间是否足够,各个工具链的栈的分配方法是不同的,无论哪种情况,即使程序没有崩溃,都应该进行栈分析。别忘了异常处理和每级嵌套 ISR(中断服

务程序)也需要栈空间,需要为栈帧和 ISR 代码多准备些栈空间。

- 如果 MTB 跟踪存在,则利用指令跟踪确定可能会破坏栈指针的问题。
- 在程序中的多个位置增加栈泄露检测的代码,利用 CMSIS-CORE 提供的一些函数可以访问 SP 数值(如__get_MSP()),而且可以利用这些函数实现栈检测代码(例如,在程序的某些部分,每次在调用某个函数时主栈指针(MSP)的数值都应该一样,除非函数用在不同的地方)。
- 如果未使用 RTOS,可以利用分组 SP 特性将线程和异常处理用的栈分隔开,这样还可以在最低优先级的 ISR 中增加栈检测代码,高优先级 ISR 却无法这么处理,这是因为如果有低优先级 ISR 运行,SP 的数值可能会不同。
- 如果使用了 RTOS,则有些 RTOS(包括 Keil RTX)会具有可选的栈检测特性。

如果 SP 指向了合法位置,则应该可以从栈帧中提取有用信息:

- 利用压栈 PC 和反汇编程序映像,一般可以定位触发 HardFault 的指令。
- 如果压栈 xPSR 的 T 位为 0,则因为某种原因处理器要进入 ARM 状态。
- 如果压栈 xPSR 的 T 位为 0 且压栈 PC 指向 ISR 的起始处,则检查向量表(所有异常向量的 LSB 都应置 1)。
- 如果压栈 IPSR(xPSR 内)表示正在执行 ISR,且压栈 PC 未在 ISR 代码的地址区域,则 ISR 中栈可能被破坏了。

如果压栈 PC 指向存储器访问指令,通常可以基于寄存器内容调试加载/存储问题(见 G.2.1-G.2.4)。

HardFault 的其他可能原因如 G.2.5～G.2.8 所示。

G.2.1　非法存储器访问

最常见的一个问题为访问非法的存储器区域,一般根据第 11 章的步骤,可以跟踪到错误存储器访问的指令。使用这里描述的方法,可以定位引起错误的程序代码。

G.2.2　非对齐数据访问

如果直接操作一个指针,或者使用汇编代码,就可以生成试图执行非对齐访问的代码。如果错误指令为存储器访问指令,就应该确定传输用的地址值是否为对齐的。

G.2.3　存储器访问权限(只限于 Cortex-M0＋处理器)

Cortex-M0＋处理器具有特权和非特权执行状态,嵌套向量中断控制器(NVIC)等一些部件只能在特权状态访问(第 7 章 7.8 节),另外,如果存储器保护单存在,可以设置其他存储器访问权限。如果产生了访问权限冲突,则会触发 HardFault 异常。

G.2.4　从总线返回错误

如果外设没有被初始化,或者时钟没有使能,那么该外设可能会返回错误的响应。在有些不常见的情况下,外设只能接受 32 位传输,对字节或半字传输会返回错误响应。

G.2.5　异常处理中的栈被破坏

如果程序在中断处理执行后崩溃,就可能会引起栈帧被破坏。由于局部变量存储在栈空间中,如果异常处理中定义的数组在使用时超过了数组的大小,异常栈帧可能就会被破坏了。结果就是,异常退出后程序可能崩溃。

G.2.6　程序在某些 C 函数中崩溃

请检查是否为栈和堆预留了足够的空间。Keil MDK-ARM 中的堆空间默认为 0 字节,如果程序中使用了 malloc、printf 等 C 函数,那么就需要修改堆的大小了。

这个问题的另一个可能的原因是,链接器没有使用正确的 C 库函数。链接器通常会详细地告知用户使用了哪些库函数,有些情况下,可以检查这些信息。

G.2.7　意外地试图切换至 ARM 状态

进入硬件错误后,如果压入栈的 xPSR 的 T 位为 0,那么这个错误就是由切换至 ARM 状态引起的。引起这个错误的可能原因有很多,如非法函数指针、向量表中向量的最低位不为 1、异常处理时栈帧被破坏或者链接器没有使用正确的 C 库等。

G.2.8　在错误的优先级上执行 SVC

如果 SVC 指令的执行发生在 SVC 处理中,或者其他和 SVC 异常优先级相同或更高的异常处理中,就会引起错误。如果在 NMI 处理和硬件错误处理中使用 SVC,则会导致锁定。

G.3　休眠问题

G.3.1　执行 WFE 不进入休眠

WFE 指令执行后,处理器并不总能进入休眠模式。如果之前有事件发生,Cortex-M 处理器中的事件锁存就会置位。在这种情况下,WFE 指令的执行会清除事件锁存并且继续执行下一条指令。因此,WFE 通常用于有条件的空循环中,这样如果第一条 WFE 执行时处理器没有休眠它就会再次执行。

G.3.2　退出时休眠过早地引起休眠

如果在程序的初始化阶段过早地使能退出时休眠特性,处理器会在第一条异常处理结束后立即进入休眠模式。

G.3.3　中断已经在挂起态时 SEVONPEND 不工作

如果一个空闲中断进入了挂起状态，并且挂起发送事件（SEVONPEND）特性已使能，那么该特性就会产生一个事件。该事件可用于唤醒通过 WFE 指令进入休眠模式的 Cortex-M 处理器，如果在进入休眠前，中断的挂起状态已经置位了，休眠期间产生的新的中断请求不会产生事件，这样 Cortex-M 处理器也不会被唤醒。

G.3.4　由于休眠模式可能禁止了某些时钟，处理器无法唤醒

根据所使用的微控制器和选择的休眠模式，外设或处理器时钟可能会停止工作，如果不使用一些特殊唤醒信号的话，可能无法唤醒处理器。如果要了解这方面的细节，可以参考微控制器供应商提供的文档。

G.3.5　竞态

有时需要将中断处理中的软件标志传递到线程级代码中，不过下面的代码可能会引发竞态：

```
volatile int irq_flag = 0;
while(1){
if(irq_flag == 0) {
    __WFI();            //进入休眠
    }
    else {
      process_a();      //如果 IRQ_Handler 执行了就会执行
      }
    }
  void IRQ_Handler(void){
    irq_flag = 1;
    return;
}
```

如果 IRQ 发生在"irq_flag"检查之后、WFI 执行之前，那么进程就会进入休眠模式并且不会执行"process_a()"。要解决这个问题，程序中应该使用 WFE 指令。IRQ_Handler 的执行会引起内部事件锁存置位，因此，下一条指令 WFE 的执行只会引起事件锁存清除，而不会进入休眠模式。

如果微控制器的版本为 Cortex-M3 r2p0 或之前的，并且执行了相同的操作，"IRQ_Handler"中就需要使用__SEV()指令了。这是由于处理器设计中的错误，即使有了中断事件，事件锁存也无法正确地置位。因此，代码应该做如下修改：

```
volatile int irq_flag = 0;
while(1){
if(irq_flag == 0) {
```

```
    __WFE();              //如果事件锁存为 0 则进入休眠
    }
  else {
    process_a();          //如果 IRQ_Handler 执行了就会执行
    }
  }
void IRQ_Handler(void){
  irq_flag = 1;
  __SEV();                //Cortex - M3 r2p0 或之前版本需要本操作
  return;
  }
```

G.4　中断问题

G.4.1　执行了多余的中断处理

对于有些微控制器,连接到外设总线上的外设运行的频率可能与处理器系统总线不同,通过总线桥的数据传输可能会有延迟(根据总线桥设计而有所不同)。如果中断服务程序结束时中断请求被清除了,并且异常也立即退出,那么在中断时,连接到处理器的中断信号可能仍然为高电平,这样会导致同一个异常处理再次执行。要解决这个问题,可以在中断服务程序中早点清除中断请求,或者在清除中断请求后增加一次对外设的访问。多数情况下,这种处理可以解决这个问题。

G.4.2　执行了多余的 SysTick 处理

如果将 SysTick 定时器设置成了单发定时,并且具有一小段延时,在 SysTick 处理执行过程中就可能会产生第二次 SysTick 中断事件。在这种情况下,除了禁止 SysTick 中断产生之外,还应该在退出 SysTick 处理之前清除 SysTick 中断挂起状态,否则 SysTick 处理会再次执行的。

G.4.3　在中断处理中禁止中断

如果要从 ARM7TDMI 微控制器上移植程序,并且该程序在中断处理过程中禁止了中断,那么就应该在退出中断之前重新使能中断。对于 ARM7TDMI,在异常返回时由于 CPSR 中 I 位的恢复,中断也就被重新使能了;而对于 Cortex-M 处理器,重新使能中断(清除 PRIMASK)则是独立的操作。

G.4.4　错误的中断返回指令

如果要从 ARM7TDMI 上移植程序,应该确保中断处理中已经移除了处理嵌套中断的汇编代码,以及异常返回使用了正确的指令,Cortex-M0 或 Cortex-M0＋处理器的异常返回必须通过 BX 或 POP 指令实现。

G.4.5 异常优先级设置的数值

尽管异常/中断优先级寄存器为每个异常或中断提供了 8 位,而实际上只使用了两位,因此,优先级数值只能是 0x00、0x40、0x80 和 0xC0。如果使用了符合 CMSIM 设备驱动库里的 NVIC 函数,优先级设置函数"NVIC_SetPriority()"会自动将数值 0 到 3 移到相应的位上。

G.5 其他问题

G.5.1 错误的 SVC 参数传递方法

和传统的 ARM 处理器不同,传往 SVC 异常的参数以及 SVC 处理的返回值都是通过异常栈帧完成的,否则参数可能会被破坏。如果要了解这方面的详细信息,可以参考第 10 章的内容(10.7.1 节)。

G.5.2 调试连接受到 I/O 设置或低功耗模式的影响

如果修改了调试用引脚的 I/O 设置,由于引脚用途的更改,可能无法调试应用程序或者编程 Flash。同样地,低功耗特性也可能会禁止调试连接。在一些微控制器产品中,可以使用一种特殊的启动模式禁止程序执行,第 19 章介绍了 NXP LPC111x 的恢复措施。

G.5.3 调试协议选择/配置

有些 Cortex-M0/M0+微控制器使用串行线调试协议,而有些则使用 JTAG 调试协议。如果在调试环境中选择了错误的协议,调试器可能无法连接到微控制器上。

一些调试工具和开发板配合使用时,需要将系统复位请求(SYSRESETREQ)指定为调试器的复位控制方式。

G.5.4 使用事件输出作为脉冲 I/O

有些 Cortex-M0/M0+的 I/O 引脚可以配置为事件输出。在 SEV 指令执行时,处理器会产生一个单周期的脉冲,它可以用于外部锁存控制。

如果需要多个脉冲序列,SEV 指令间就要加上其他的指令,否则这些脉冲可能会合并在一起。例如,下面的指令可能会产生一个脉冲(2 个时钟周期)或者 2 个脉冲(单周期),具体结果是由存储器系统的等待状态决定的。

```
__SEV();  //第一个脉冲
__SEV();  //第二个脉冲,可能会与第一个合并
```

将代码修改为

```
__SEV();  //第一个脉冲
__NOP();  //在两个脉冲间生成间隙
__SEV();  //第二个脉冲
```

如果使用的 C 编译器能够将 NOP 优化掉,可以使用__ISB()代替。

G.5.5 向量表和代码位置的设备实际需求

有些情况下(例如,Freescale Freedom 板 FRDM-KL25Z 中使用的 KL25Z128 设备),需要将 Flash 保护配置数据放在存储器中紧接着向量表的位置,如果自己编写向量表/启动代码,对这些情况要格外小心。

G.6 其他可能的编程陷阱

G.6.1 中断优先级

在从 Cortex-M3/Cortex-M4 微控制器向 Cortex-M0/Cortex-M0＋产品移植软件时,如果使用多级优先级,则要小心处理。ARMv6-M 架构只支持 4 个可编程优先级,且不支持子优先级,而 ARMv7-M 则支持最少 8 个优先级以及优先级分组,因此要检查优先级设计,需要的话还得进行修改。

例如,Cortex-M3 微控制器工程可能会使用下面的 CMSIS-CORE 优先级控制函数:

```
NVIC_SetPriority(TIMER0_IRQn, 0x4); //低优先级
NVIC_SetPriority(UART0_IRQn, 0x3); //高优先级
```

假定 Cortex-M3 设备的优先级寄存器只使用 3 位,CMSIS 函数自动将数值移动 5 位后,硬件的优先级会变为

- 定时器 0:0x80;
- UART0:0x60。

如果将 C 源代码移植到 Cortex-M0 或 Cortex-M0＋微控制器而不加以修改,则由于函数将数值左移 6 位,优先级在移位过程中,会丢弃定时器 0 优先级的最高位。

- 定时器 0:0x00(现在定时器变成了最高优先级);
- UART0:0xC0。

这样一来,定时器中断的优先级就会高于 UART 中断,因此仔细检查优先级是非常重要的。

G.6.2 同时使用主栈和进程栈时的栈溢出

和栈溢出及检测栈溢出错误的各种手段有关的话题,已经在第 23 章 23.3 节介绍过了。有些应用会定义两个栈区域:一个用于主栈,另一个则用于进程栈。应该确保这两个栈区域不会重叠。

如果这两个栈区域出现了重叠,这个问题是很难调试出来的,因为它和中断事件的时序相关。

- 如果进程栈在主栈之上(地址较大),在线程代码超过自己的栈空间且产生中断/异常时,会破坏栈的内容。如果此时无中断/异常事件,则可能不会产生错误。
- 如果主栈位于进程栈之上(地址较大),在最坏情况下嵌套异常/中断会引起栈破坏,不过这种情况相当少见。

因此,仔细分析栈需求对于需要高可靠性的工程来说非常重要。

G.6.3　数据对齐

和 ARMv7-M 架构不同,ARMv6-M 不支持非对齐数据传输。因此,在将利用了非对齐传输的代码从 Cortex-M3 或 Cortex-M4 处理器移植到 Cortex-M0 或 Cortex-M0＋时,就需要一定的修改了。

例如,"packed"结构体中可能就会包含非对齐数据。

```
__packed struct foo {
char a;
short b;          //非对齐
char c, d, e;
int f;            //非对齐
short g;
}foo_var;
```

在编译这种代码时,编译器知道数据是不对齐的,可以利用多次存储器访问来处理非对齐数据,代价是指令和执行时间会稍微增加。

但是,如果将某数据指针赋给结构体内的一个元素,实际上会丢弃__packed 属性,其结果是无法预测的(除非是总对齐的字符类型),并且在处理器试图访问该数据时可能会引发HardFault。

```
int * x;
int y;
x = foo_var.f;      //指针指向非对齐数据
y = x;              //读数据时触发 HardFault
```

另外一个常见的误解在于字符或短整型数组的起始地址,例如,

```
char a[4];          //4 字节字符数组
short int b[2];     //4 字节短整型数组
```

尽管这些数组的大小为 4 字节,数据的起始地址却未必会对齐到字上,因此在将 32 位数据指向这些数组时,可能会导致 HardFault 异常。

G.6.4　丢失 volatile 关键字

除了外设寄存器,线程代码和异常处理共用的数据变量应该用 volatile 关键字声明。

G.6.5　函数指针

函数指针中可能包含硬编码地址(如访问预加载在芯片中固件的特性时),此时需要确保函数指针地址的 LSB 被设置为 1 以表示 Thumb 状态,否则就表示试图将 Cortex-M 处理器切换至不支持的 ARM 状态。

G.6.6　读-修改-写

有时需要执行读-修改-写的流程,例如,设置 GPIO 输出端口中的某个位的代码可以写作

```
GPIOA->OD |= (1 << 6);      //设置输出数据(OD)的第 6 位
```

这行代码看起来非常简单,但需要考虑中断发生读写 GPIO 寄存器期间的边界情况,如果 ISR 也会修改 GPIO 输出的另一个位,则最后将数据写回时会丢失 ISR 修改的数据值。

微控制器中的 GPIO 外设大多具有对位单独设置而不影响其他位的特性,如果这种特性不存在,则可能需要在读修改写流程期间禁止所有中断,还需要小心另外一种情况(见 G.6.7 节)。

G.6.7　中断禁止

__enable_irq()和__disable_irq()函数用于中断的使能和禁止,但是,考虑下面的函数:

```
void func_X(void)
{
...
__disable_irq();
GPIOA->OD |= (1 << 6);   //设置输出数据(OD)的第 6 位
__enable_irq();
...
}
```

这个函数本身是没有问题的,但如果将其放入另一个也会修改 PRIMASK 寄存器的函数中时:

```
void func_Y(void)
{
...
__disable_irq();
…  //时序关键代码
func_X();
…  //更多时序关键处理
__enable_irq();
...
}
```

在执行完 func_X()后,RPIMASK 会被清除,因此 func_Y 的第二部分在执行时中断是
使能的,这和设计初衷是不同的。

因此,应该声明一个管理 PRIMASK 的函数:

```
int enter_critical_region(void)
{
int old_primask;
old_primask = __get_PRIMASK();
__disable_irq();
return (old_primask);
}
```

利用这个辅助函数,可以如下重写代码:

```
void func_X(void)
{
int old_primask;
...
old_primask = enter_critical_region();
GPIOA->OD |= (1 << 6);    //设置输出数据(OD)的第 6 位
__set_PRIMASK(old_primask);
...
}


void func_Y(void)
{
int old_primask;
...
old_primask = enter_critical_region();
... //时序关键处理
func_X();
... //更多时序关键处理
__set_PRIMASK(old_primask);
...
}
```

G.6.8 SystemInit 函数

SystemInit 函数一般在 C 启动代码前执行,因此在 SystemInit 执行时全局和静态变量
都还没有初始化。另外,在 C 启动代码初始化存储器之后,SystemInit 函数中的变量都会
丢失。

G.6.9 断点和内联

这并不算是编程问题(更算是调试问题),不过需要指出的是,编译器可以在某个优化等

级内联一个函数,同时在代码映像中留一份(除非指定了 static __inline/static inline)。因此,如果在函数 X 中设置了一个断点,且 X 被另外一个函数 Y 调用,则函数 Y 中的代码在执行时可能无法触发断点。

可以利用编译选项禁止函数的内联。例如,ARM 编译器(Keil MDK-ARM 和 ARM DS-5)可以使用- -no_inline 和- -no_autoinline 命令行选项。

如果函数被声明为静态内联,C 编译器就不会对函数进行复制,然而,如果函数被工程中另一个程序文件引用了,则无法使用静态内联函数。

附录 H ARM Cortex-M0 微控制器面包板工程

H.1 背景

面包板一般用于电子原型平台,并且很容易修改,因此非常受高校以及电子爱好者的欢迎。当然面包板也有一些不足之处,例如,只能使用 DIP(双列直插)等封装插件器件。另外,它们还不是很稳定,器件间的连接也容易受到各种噪声的干扰,而且运行速度也有限。

H.2 硬件设计

基于 Cortex-M 的微控制器有多种验证的方法,例如可以将一些开发板(如 STM32F0以及 STM32L0 Discovery 板)插入到面包板中。不过这些板子相对于面包板而言还是比较大的,这里用的微控制器是 DIP(更小一些)封装的。

图 H.1 所示为一个具有基于 Cortex-M0 处理器的微控制器(NXP LPC1114FN28)面包板验证系统,之所以用这个微控制器,是因为它是少有的 DIP 封装的微控制器。

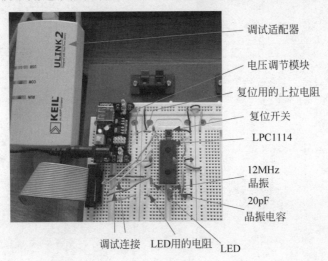

图 H.1 基于 Cortex-M0 的微控制器 LPC1114FN28/102 的简单面包板

LPC1114FN28/102 微控制器需要 1.8~3.6V 供电,典型值为 3.3V,这里利用一个简单的供电模块生成 3.3V 电压(可以在亚马逊等网站购买这种供电模块)。

图 H.1 所示电路的原理图如图 H.2 所示。

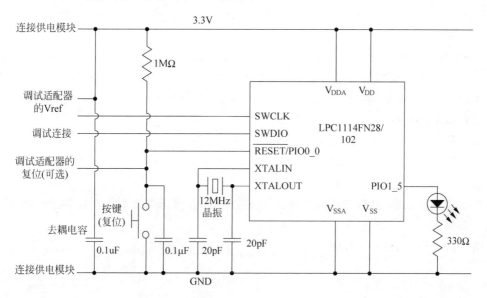

图 H.2 使用 LPC1114FN28/102 实现的简单 Blinky 工程原理图

请注意对于某些调试适配器(如 IAR I-Jet),若在调试中使用 20 针 IDC 连接,IDC 调试接头的第一脚需要连到板子的电源。

所用微控制器的引脚排列如图 H.3 所示。

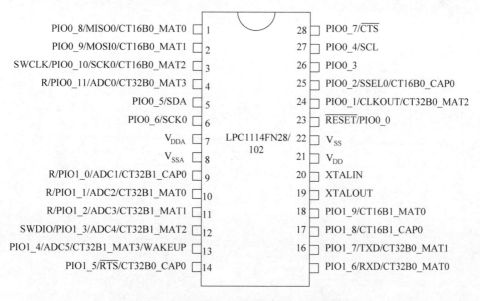

图 H.3 NXP LPC1114FN28/102 的引脚排列

如果要进行 Flash 编程和调试，则需要调试适配器。本书的这个例子用的是 Keil ULINK2，也可以根据自己用的工具链选择其他的调试适配器，附录 F"调试接头分配"介绍了调试适配器的引脚分布。在 Keil MDK-ARM 工程内，应将调试适配器设置为使用 SYSRESETREQ（系统复位请求）进行复位，而且串行线调试通信的时钟频率不能高于 250kHz。

另外，如果手头没有调试适配器，可以使用 FlashMagic（www.flashmagictool.com）等第三方软件利用 LPC1114 的在系统编程（ISP）特性下载程序映像。要使能 ISP 特性，需要在复位时将 PIO0_1 引脚拉低。如果复位完成后 PIO0_1 为低，微控制器会执行 ISP 固件并等待串行口的 ISP 命令。

为了处理通信（用于 ISP 编程以及 printf 消息），可以将 LPC1114 微控制器的 UART 接口连到第 18 章所示的 UART 转 USB 适配器（见图 18.3）（注：无须将 UART 转 USB 适配器的 VCC 连接到面包板的电源模块）。

在处理电路之前，稍微花些时间测试一下供电连接，并确保电源电压正确。在给电路连线时也要格外小心，不要把 IC 的方向放反了。

为了降低电源噪声，微控制器电源处放了一对 $0.1\mu F$ 的电容。

附录 I

参 考 文 档

	文 档 名 称	文档编号
1	ARMv6-M Architecture Reference Manual ARMv6-M 架构参考手册 http://infocenter. arm. com/help/topic/com. arm. doc. ddi0419c/index. html	ARM DDI 0419C
2	Cortex-M0 Devices Generic User Guide Cortex-M0 设备通用用户指南 http://infocenter. arm. com/help/topic/com. arm. doc. dui0497a/index. html	ARM DUI 0497A
3	Cortex-M0＋ Devices Generic User Guide Cortex-M0＋设备通用用户指南 http://infocenter. arm. com/help/topic/com. arm. doc. dui0662b/index. html	ARM DUI 0662B
4	Cortex-M0 r0p0 Technical Reference Manual Cortex-M0 r0p0 技术参考手册 http://infocenter. arm. com/help/topic/com. arm. doc. ddi0432c/index. html	ARM DDI 0432C
5	Cortex-M0＋ r0p1 Technical Reference Manual Cortex-M0＋ r0p0 技术参考手册 http://infocenter. arm. com/help/topic/com. arm. doc. ddi0484c/index. html	ARM DDI 0484C
6	Procedure Call Standard for ARM Architecture ARM 架构过程调用标准 http://infocenter. arm. com/help/topic/com. arm. doc. ihi0042e/IHI0042E＿aapcs. pdf	ARM IHI 0042E
7	AN237—Migrating from 8051 to Cortex Microcontroller AN237—从 8051 向 Cortex 微控制器移植 http://infocenter. arm. com/help/topic/com. arm. doc. dai0237a/index. html	ARM DAI 0237A
8	AN321—ARM Cortex-M Programming Guide to Memory Barrier Instructions AN321—ARM Cortex-M 内存屏障指令编程指南 http://infocenter. arm. com/help/topic/com. arm. doc. dai0321a/index. html	ARM DAI 0321A

	文 档 名 称	文档编号
9	Keil MDK-ARM Compiler Optimization - Getting the Best Optimized Code for your Embedded Application Keil MDK-ARM 编译器优化：为你的嵌入式应用获取最优化的代码 http://www.keil.com/appnotes/docs/apnt_202.asp	Keil Application Note 202
10	IAR Application Note—Mastering stack and heap for system reliability IAR 应用笔记——精通栈与堆以提升系统可靠性 http://www.iar.com/About/Blog/2012/4/Mastering-Stack-and-Heap-for-System-Reliability/	-
11	AMBA ® 3 AHB™-Lite 协议规范 http://infocenter.arm.com/help/topic/com.arm.doc.ihi0033a/index.html	ARM IHI 0033a
12	AMBA APB™协议规范 http://infocenter.arm.com/help/topic/com.arm.doc.ihi0024c/index.html	ARM IHI 0024C
13	CoreSight 技术介绍 http://infocenter.arm.com/help/topic/com.arm.doc.epm039795/index.html	ARM EPM 039795
14	ARM 调试接口 v5 http://infocenter.arm.com/help/topic/com.arm.doc.ihi0031c/index.html	ARM IHI 0031C
15	CoreSight™ MTB-M0＋技术参考文档 http://infocenter.arm.com/help/topic/com.arm.doc.set.coresight/index.html	ARM DDI 0486B
16	ARM Compiler armasm User Guide ARM 汇编器 armasm 用户指南 http://infocenter.arm.com/help/topic/com.arm.doc.dui0473k/index.html	ARM DUI 0473K